"十三五"国家重点出版物出版规划项目

中国工程院重大咨询项目　中国生态文明建设重大战略研究丛书

第　七　卷

新时期国家环境保护研究

中国工程院"新时期国家环境保护战略研究"　课题组

郝吉明　万本太　王金南　许嘉钰　蒋洪强　主编

科　学　出　版　社

北　京

内 容 简 介

本书是中国工程院重大咨询项目“生态文明建设若干战略问题研究”成果“中国生态文明建设重大战略研究丛书”的分册之一。本书紧密结合未来 10~15 年全球经济、科技发展变化趋势及我国经济社会发展趋势、资源能源需求和环境保护目标，对环境保护领域的现状、发展趋势和存在的问题进行全面深刻地剖析和预测，全面把握“新时期”的特点和要求，着力针对大气环境、水环境、农村环境与土壤环境、固废污染防治、海洋环境、环境风险与健康、国际环境保护等领域提出下一个 10 年，特别是“十三五”期间我国环境保护战略思路和重大举措。

本书内容系统性强、数据丰富，适合政府、企业环境管理人员和环境领域研究人员参考使用。

图书在版编目（CIP）数据

新时期国家环境保护研究/郝吉明等主编. —北京：科学出版社，2017.6
（中国生态文明建设重大战略研究丛书/周济，沈国舫主编）
“十三五”国家重点出版物出版规划项目 中国工程院重大咨询项目
ISBN 978-7-03-053022-6

Ⅰ. ①新… Ⅱ. ①郝… Ⅲ. ①环境保护–研究–中国 Ⅳ. ①X–12

中国版本图书馆 CIP 数据核字(2017)第 099836 号

责任编辑：马 俊 郝晨扬／责任校对：赵桂芬
责任印制：徐晓晨／封面设计：刘新新

科 学 出 版 社 出版
北京东黄城根北街 16 号
邮政编码：100717
http://www.sciencep.com

北京捷迅佳彩印刷有限公司 印刷
科学出版社发行 各地新华书店经销
*
2017 年 6 月第 一 版 开本：787×1092 1/16
2020 年 5 月第二次印刷 印张：24 1/4
字数：570 000

定价：268.00 元

（如有印装质量问题，我社负责调换）

丛书顾问及编写委员会

“新时期国家环境保护战略研究”
课题组成员名单

组　长： 郝吉明　清华大学教授，院士

副组长： 万本太　环境保护部，总工程师

专题研究组及主要成员

1. 环境形势的总体判断与战略目标研究专题组

　组　长

　　蒋洪强　环境保护部环境规划院部门主任，研究员

　成　员

　　王金南　环境保护部环境规划院副院长、总工程师，研究员

　　葛察忠　环境保护部环境规划院部门主任，研究员

　　吴文俊　环境保护部环境规划院，助理研究员

　　许开鹏　环境保护部环境规划院，副研究员

　　董战峰　环境保护部环境规划院，副研究员

2. 新时期构建国家生态环境安全格局战略和重大任务研究专题组

　组　长

　　王金南　环境保护部环境规划院副院长、总工程师，研究员

　成　员

　　蒋洪强　环境保护部环境规划院部门主任，研究员

　　张文忠　中国科学院地理科学与资源研究所，研究员

　　张惠远　环境保护部环境规划院，研究员

3. 新时期水环境保护战略和重大任务研究专题组

　组　长

　　曲久辉　中国科学院生态环境研究中心研究员，院士

　成　员

　　郑丙辉　中国环境科学研究院副院长，研究员

　　王　东　环境保护部环境规划院，研究员

　　王丽婧　中国环境科学研究院，副研究员

　　胡承志　中国科学院生态环境研究中心，副研究员

刘　琰　中国环境科学研究院，副研究员

付　青　中国环境科学研究院，副研究员

4. 新时期大气环境保护战略和重大任务研究专题组

组　长

侯立安　第二炮兵后勤科学技术研究所所长、教授，院士

成　员

杨金田　环境保护部环境规划院副总工程师，研究员

王书肖　清华大学环境学院大气污染与控制教研所所长，教授

田贺忠　北京师范大学环境学院大气环境研究中心主任，教授

宁　淼　环境保护部环境规划院室主任，副研究员

郑　伟　环境保护部环境规划院，副研究员

高　鑫　第二炮兵工程设计研究院，工程师

李　明　第二炮兵工程大学，讲师

陈冠益　天津大学环境学院院长，教授

张　林　浙江大学，教授

马德纲　天津大学，教授

许嘉钰　清华大学环境学院，副教授

高军凯　天津大学研究生

吕晶晶　同济大学研究生

刘保森　同济大学研究生

丁士元　北京师范大学研究生

赵　斌　清华大学环境学院研究生

蔡思翌　清华大学环境学院研究生

王　堃　北京师范大学环境学院研究生

滑申冰　北京师范大学环境学院研究生

王　婷　同济大学研究生

王　鹏　第二炮兵工程大学研究生

5. 新时期土壤环境保护战略和重大任务研究专题组

组　长

李广贺　清华大学，教授

成　员

颜增光　中国环境科学研究院，研究员

张　旭　清华大学，副教授

徐　猛　中国环境科学研究院，工程师

周友亚　中国环境科学研究院，研究员

6. 新时期固体废物资源化利用与污染防治战略研究专题组

组　长

段　宁　中国环境科学研究院研究员，院士

成　员

李金惠　清华大学，教授

孙笑非　清华大学，高级工程师

7. 新时期海洋环境保护战略和重大任务研究专题组

组　长

孟　伟　中国环境科学研究院院长，院士

成　员

雷　坤　中国环境科学研究院，研究员

刘录三　中国环境科学研究院，研究员

8. 新时期农村环境保护战略和重大任务研究专题组

组　长

高吉喜　环境保护部南京环境科学研究所所长，研究员

成　员

孙勤芳　环境保护部南京环境科学研究所，研究员

王夏晖　环境保护部环境规划院，研究员

张龙江　环境保护部南京环境科学研究所农村中心主任，研究员

陈　梅　环境保护部南京环境科学研究所，研究助理

周惠平　环境保护部南京环境科学研究所，副研究员

王　波　环境保护部环境规划院，助理研究员

李　松　环境保护部环境规划院，副研究员

蔡金傍　环境保护部南京环境科学研究所，副研究员

赵志强　环境保护部南京环境科学研究所，副研究员

朱　琳　环境保护部南京环境科学研究所，副研究员

刘臣炜　环境保护部南京环境科学研究所，研究助理

杜　静　环境保护部环境规划院，助理研究员

9. 新时期环境风险与健康战略研究专题组

组　长

魏复盛　中国环境监测总站研究员，院士

成　员

郭新彪　北京大学，教授

曹　东　环境保护部环境规划院，研究员

邓芙蓉　北京大学，副教授

倪　洋　北京大学研究生

10. 新时期的环境责任与全球环境战略研究专题组

组　长

周国梅　中国-东盟环境保护合作中心副主任，研究员

成　员

王　灿　清华大学系主任，教授

陈　刚　中国-东盟环境保护合作中心室主任，高级工程师

蓝　艳　中国-东盟环境保护合作中心，工程师

刘文玲　清华大学博士后

林　洁　清华大学研究生

彭　宁　中国-东盟环境保护合作中心项目主管

11. 新时期环境保护若干战略对策问题研究专题组

组　长

吴舜泽　环境保护部环境规划院副院长，研究员

成　员

王灿发　中国政法大学，教授

葛察忠　环境保护部环境规划院，研究员

董战峰　环境保护部环境规划院，研究员

璩爱玉　环境保护部环境规划院研究生

李红祥　环境保护部环境规划院研究生

王慧杰　环境保护部环境规划院研究生

课题工作组

组　长：王金南　环境保护部环境规划院副院长、总工程师，研究员

成　员：许嘉钰　清华大学环境学院，副教授

蒋洪强　环境保护部环境规划院部门主任，研究员

吴文俊　环境保护部环境规划院，助理研究员

高宇华　清华大学环境科学与工程研究院教育职员

董　雯　清华大学环境学院，助理研究员

丛书总序

为了积极参与对生态文明建设内涵的探索，更好地发挥“国家工程科技思想库”作用，中国工程院、国家开发银行和清华大学于 2013 年 5 月共同组织开展了“生态文明建设若干战略问题研究”重大咨询项目。项目以钱正英、徐匡迪、周生贤、解振华为顾问，周济、沈国舫任组长，郝吉明、孟伟任副组长，20 余位院士、200 余位专家参加了研究。2015 年 10 月，经过两年多的紧张工作，在深入分析和反复研讨的基础上，经过广泛征求意见，综合凝练形成了项目研究报告。研究成果上报国务院，并分报有关部委，供长远决策及制定“十三五”规划纲要参考，得到了有关领导的高度重视。

项目深入分析了我国现阶段开展生态文明建设所面临的形势，并提出：资源环境承载力压力巨大，生态安全形势严峻，气候变化导致生态保护与修复的难度增大，人民期盼与生态环境有效改善之间的落差加大，贫困地区脱贫致富与生态环境保护的矛盾将更加突出，与生态文明相适应的制度体系建设任重道远，生态文明意识扎根仍需长期努力，国际地位提升下的国家环境责任与义务加大八个重大挑战。

此基础上，研究提出了我国生态文明建设的国土生态安全和水土资源优化配置与空间格局、新形势下生态保护和建设、环境保护、生态文明建设的能源可持续发展、新型工业化、新型城镇化、农业现代化、绿色消费与文化教育以及生态文明建设的绿色交通运输重要领域的九大战略，并针对每项战略提出了需要落实的若干重点任务。

研究专门提出了生态文明建设“十三五”时期的目标与重点任务。目标是：到 2020 年，经济结构调整和产业绿色转型取得成效，高耗能产业得到有效控制，节能环保等战略性新兴产业蓬勃发展；能源资源消耗总量得到有效控制，利用效率大幅提升；生态环境质量有效改善，危害人体健康的突出环境问题得到有效遏制；划定并严守生态保护红线，保障国家生态安全的空间格局基本形成；生态文明制度体系基本形成，生态文明理念在全社会全面树立。

建议将以下指标列入“十三五”国民经济与社会发展规划，作为约束性控制指标，到 2020 年实现：战略性新兴产业占 GDP 比例大于等于 15%；能源消费总量小于等于 48 亿 t 标准煤；非化石能源占一次能源比例大于等于 15%；碳排放强度比 2005 年下降 40%~45%；水资源利用总量小于等于 6500 亿 m^3；全国生态资产保持率大于等于 100%，森林覆盖率大于等于 23%，森林蓄积量大于等于 161 亿 m^3；国家生态保护红线面积比例大于等于 30%，自然湿地保护率大于等于 55%；全国地级及以上城市 PM_{10} 浓度比 2015 年下降 15%以上；京津冀、长三角 $PM_{2.5}$ 浓度分别下降 25%、20%左右；七大流域干流及主要支流优于Ⅲ类的断面比例大于等于 75%；节能环保投入在公共财政支出中的占比稳定在 3%左右。

为实现上述目标，建议实施“民众为本，保护优先；红线约束，均衡发展；改革突破，从严追责；科技创新，绿色拉动”的指导方针，切实完成好以下九大重点任务：①实施绿色拉动战略驱动产业转型升级；②提高资源能源效率建设节约型社会；③以重大工程带动生态系统量质双升；④着力解决危害公众健康突出的环境问题；⑤划定并严守生态保护红线体系；⑥推进新型城镇化战略统筹城乡发展；⑦开展国家生态资产家底清查核算与监控评估平台建设，实施国家生态监测评估预警体系建设工程，建设生态环境监测监控的大数据整合技术平台；⑧全面开展全民生态文明新文化运动，引导和培育社会绿色生活消费模式；⑨实施生态文明工程科技支撑重大专项。

同时，为进一步推进生态文明建设，研究还提出了构建促进生态文明发展的法律体系，全面完善资源环境管理的行政体制，形成资源环境配置的市场作用机制，建立完善促进生态文明发展的制度体系，健全生态文明公众参与机制五个方面的保障条件与政策建议。

本套丛书汇集了“生态文明建设若干战略问题研究”的项目综合卷和 8 个课题分卷，分项目综合报告、课题报告和专题报告三个层次，提供相关领域的研究背景、涵盖内容和主要论点。综合卷包括综合报告和相关专题论述，每个课题分卷则包括课题综合报告及其专题报告。项目综合报告主要凝聚和总结了各课题和专题中达成共识的一些主要观点和结论，各课题形成的一些独特观点则主要在课题分卷中体现。本套丛书是项目研究成果的综合集成，凝聚了参研院士和专家们的睿智与心血。希望此书的出版，对于我国生态文明建设所涉及的相关工程科技领域重大问题的破题，予以帮助。

生态文明建设是新时期我国实现中华民族伟大复兴中国梦的重要内容，更是一项巨大的惠及民生的综合性建设，本项研究只是该系列研究的开始，由于各种原因，难免还有疏漏和不够妥当之处，请读者批评指正。

中国工程院“生态文明建设若干战略问题研究”

项目研究组

2016 年 9 月

前　言

我国环境保护工作虽取得明显成效，但未来环境形势依然十分严峻，新时期环境保护工作更为复杂和艰巨。“十三五”及未来一段时期，是我国全面建成小康社会的关键时期，也是深化改革开放、加快转变发展方式的攻坚时期，我国仍将处于工业化和城市化“双快速”发展阶段，经济总量仍将持续增长，城镇化率将超过 50%，主要污染物排放量还将远远高于环境容量，污染物范围日益扩大，污染物类型从常规污染物向常规污染和新型污染物的复合型转变。日益严重而又复杂的环境问题，使得我国环境质量改善的难度和压力进一步加大，城市灰霾、河流水污染、地下水污染、土壤污染、重金属污染等一些老百姓关心的问题十分突出，每年环境污染损失已占国内生产总值（GDP）的 3%以上，给人民生活和健康带来了严重威胁。对新时期我国经济发展与环境资源的突出矛盾问题和新型问题，必须深刻领会，必须以更高的层次、更宽的视野来研究这些环境问题。

随着全球环境问题的日益严重，国际社会对环境保护战略研究日益重视。特别是自“可持续发展”理念提出以来，对环境保护战略的研究已经广泛展开，不少国家已制定出与其国家经济发展相适应的环境保护发展战略，美国在这方面的经验尤为突出，是国际上最早提出国家环境安全战略的国家。随着我国环境保护的日益重要，在环境保护部等部门的组织下，中国科学院、中国工程院、环境保护部环境规划院、中国环境科学研究院、清华大学等单位组织实施了一系列重大环境保护战略研究项目，包括中国环境宏观战略研究、国家环境安全战略研究、国家“十一五”“十二五”环境保护战略研究，以及若干其他重要环境问题发展战略研究等。这些研究工作，为新时期开展环境保护战略研究奠定了很好的基础。

新时期全球经济、科技发展格局在不断发生变化，将对中国的环境战略产生直接影响，中国的环境战略设计必须在全球发展大趋势、大格局的背景下考虑，面向未来、勇于创新、直面挑战。为应对新时期环境方面的挑战，党中央、国务院高度重视，把环境保护摆上了更加重要的战略位置。中国共产党第十八次全国代表大会（党的十八大）提出了生态文明建设与政治建设、经济建设、社会建设、文化建设“五位一体”的新布局，确立了提高生态文明水平、建设“美丽中国”的愿景。“美丽中国”目标和生态文明建设战略任务，客观上要求必须进一步强化环境保护工作的战略地位。加强新时期环境保护战略研究，提出下一个 10 年，特别是“十三五”期间我国环境保护战略目标和重大举措，将能够有效地克服目前国家中长期环境决策的盲目性和随意性，是落实科学发展观、加强生态文明建设的内在要求，是全面建成小康社会的重要保障，具有重要的战略意义和现实意义。

本书是中国工程院“生态文明建设若干战略问题研究”重大咨询项目课题七“新时期国家环境保护战略研究”的研究成果，是集体智慧的结晶。国内环境相关领域的 80

多位专家和 16 家单位共同参与，经过两年多的研究，形成了课题研究成果，在研究成果的基础上进行系统编纂，形成了本书。新时期环境保护战略研究涉及的内容较多，如大气环境、水环境、农村环境与土壤环境、环境风险与健康等领域，这些领域的研究，需要突破以前的环境保护战略研究思路和框架，全面把握“新时期”的特点和要求，关注国家和人民对环境保护的“新期待”。

“新时期国家环境保护战略研究”紧密结合未来 10~15 年全球经济、科技发展变化趋势及我国经济社会发展趋势、资源能源需求和环境保护目标，分 11 个专题对环境保护领域的现状、发展趋势和存在的问题进行全面深刻地剖析和预测。

专题 1：环境形势的总体判断与战略目标研究。由环境保护部环境规划院蒋洪强研究员牵头，在分析我国当前和未来面临的总体环境形势及成因基础上，开展了基于经济社会发展的环境压力预测，提出了基于总量减排、质量改善和风险控制的新时期环境保护战略定位、战略布局、战略重点、战略目标及指标建议。

专题 2：新时期构建国家生态环境安全格局战略和重大任务研究。由环境保护部环境规划院王金南总工程师牵头，研究制定了全国环境功能区划，提出了国家和区域生态环境安全空间格局框架，提出了实行分类指导、分区管理的环境保护战略任务。

专题 3： 新时期水环境保护战略和重大任务研究。由中国科学院生态环境研究中心曲久辉院士牵头，以改善水环境质量、保障水环境安全为目标，判断我国水环境形势，开展水环境压力预测，统筹流域水污染防治和水环境安全、饮用水源保护、地下水污染防治、水生态系统保护、海洋环境保护等领域，提出了新时期水环境保护战略思想、战略目标和指标、重大战略任务和工程。

专题 4：新时期大气环境保护战略和重大任务研究。由第二炮兵后勤科学技术研究所侯立安院士牵头，以让群众呼吸新鲜空气为目标，深入剖析我国大气环境形势与压力，提出了新时期大气环境保护战略思想、战略目标和指标。以空气质量（特别是 $PM_{2.5}$）达标为约束条件，提出了能源结构优化、工业污染治理、机动车调控等大气环境保护重大战略任务和对策。

专题 5：新时期土壤环境保护战略和重大任务研究。由清华大学李广贺教授牵头，以保障人体健康、农产品安全、土壤生态安全和地下水安全为目标，基于对我国土壤污染形势的判断和突出问题的识别，分析土壤环境保护面临的新压力和挑战，提出了新时期土壤环境保护战略思想、战略目标和指标，以及土壤保护和土地安全利用新举措。

专题 6：新时期固体废物资源化利用与污染防治战略研究。由中国环境科学研究院段宁院士牵头，以进一步提高资源利用效率、减少固体废物资源化和处置过程中污染物的排放、推动循环经济的发展为目标，深入分析我国固体废物污染防治面临的形势和问题，识别未来固体废物污染防治和资源化利用面临的一些新挑战，提出了固体废物资源化利用与污染防治的战略目标、重大任务和重大工程。

专题 7：新时期海洋环境保护战略和重大任务研究。由中国环境科学研究院孟伟院士牵头，通过分析目前我国海洋环境现状及未来面临的形势，阐明了海洋环境问题的根源，提出了海洋环境保护面临的挑战与机遇，提出了保护海洋环境的战略目标、重点和任务，实现海洋经济持续发展和海洋资源的可持续利用，为建设生态文明和海洋强国提供战略建议。

专题 8：新时期农村环境保护战略和重大任务研究。由环境保护部南京环境科学研究所高吉喜所长牵头，通过国家农村环境保护形势判断、新时期农村环境保护缺位分析，提出了未来 10~15 年农村环境保护的战略目标。

专题 9：新时期环境风险与健康战略研究。由中国环境监测总站魏复盛院士牵头，在分析我国当前和未来面临的环境风险与健康形势基础上，评估预测环境风险因素，开展环境质量、环境风险与环境健康的关联研究，提出了基于防范环境风险、保障人群健康的环境保护战略构想、战略目标，提出了防范环境风险、保障环境安全的战略任务和重大工程建议。

专题 10：新时期的环境责任与全球环境战略研究。由中国-东盟环境保护合作中心周国梅研究员牵头，研究了当今全球环境问题的发展趋势，明确了新时期中国全球环境战略定位、战略格局和战略任务。

专题 11：新时期环境保护若干战略对策问题研究。由环境保护部环境规划院吴舜泽副院长牵头，通过分析新时期我国环境保护政策制度面临的问题和挑战，提出了我国环境保护战略实施的政策制度建议，为生态文明建设提供政策制度保障。

在“新时期国家环境保护战略研究”课题的实施过程中，始终得到了中国工程院、环境保护部、清华大学、环境保护部环境规划院、中国科学院生态环境研究中心、中国环境科学研究院、第二炮兵后勤科学技术研究所、中国环境监测总站、环境保护部南京环境科学研究所、中国-东盟环境保护合作中心、北京大学、北京师范大学、中国政法大学、天津大学、浙江大学、同济大学、第二炮兵工程大学（已更名为中国人民解放军火箭军工程大学）等单位领导和专家的大力支持和协助，在此一并致谢！

本书是集体智慧的结晶，体现了研究人员对我国环境保护的最新认识，对于广大的科技工作者、环境保护管理者具有很好的参考价值。由于课题研究时间较短、研究任务较重，研究内容上很难做到完全充分；又受我国环境保护所涉及问题的复杂性和编写人员水平的限制，书中难免存在不足之处，请有关专家和读者批评、指正。

编　者

2016 年 9 月

目　　录

第 1 章　2015~2030 年中国环境形势的总体判断与战略目标研究

1.1　发达国家能源资源消费与环境演变规律

1.1.1　发达国家能源消费演变趋势

1.1.1.1　能源消费逐年增长趋势与人均 GDP 增长密切相关

发达国家在工业化进程中，能源消费总量的快速增长和平缓增长与其人均 GDP 水平密切相关。当人均 GDP 低于 5000 美元时，能源消费呈现缓慢增长；当人均 GDP 为 5000~10 000 美元时，能源消费出现快速增长；当人均 GDP 为 10 000~15 000 美元时，即进入后工业化社会，能源消费再次出现平缓增长；而当 GDP 超过 15 000 美元之后，能源消费又出现加速趋势（图 1-1）。

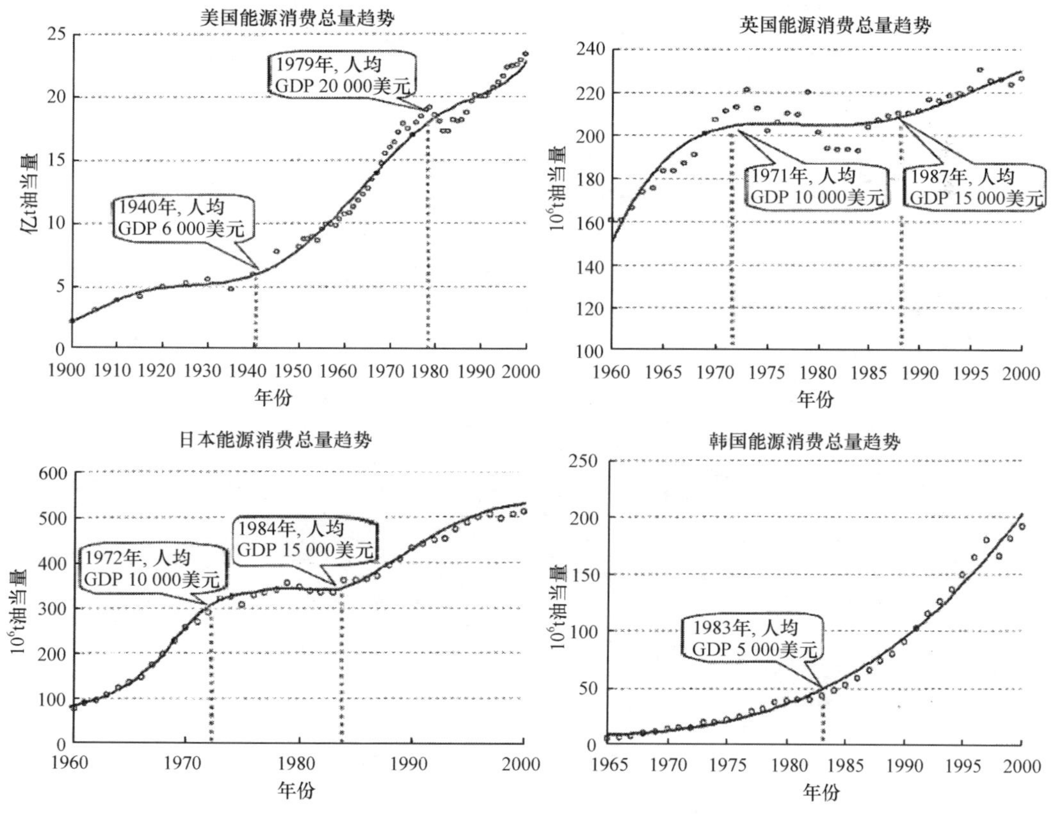

图 1-1　主要发达国家能源消费总量趋势

例如，美国在20世纪40年代之前，能源消费总量增长较为缓慢；而当GDP高于6000美元之后，能源消费便一路飙升，呈现持续快速增长势头；在经历石油危机，出现一个短暂的低增长期之后，目前能源消费又进入高增长期。英国在GDP小于10 000美元时，能源消费增长较快，而自20世纪70年代之后，能源消费呈现波动增长趋势，并逐渐进入平缓增长期。日本在20世纪六七十年代的经济加速发展时期内，出现了能源消费的快速增长；而当人均GDP超过10 000美元之后，由于经历石油危机，并大力推行节能技术，其能源消费出现平缓增长；当人均GDP高于15 000美元之后，能源消费又开始加速增长。新型工业化国家韩国，在人均GDP低于5000美元时，能源消费呈现缓慢增长，而在此之后能源消费逐步加速，至今仍持续快速增长。

人均能源消费与人均GDP之间存在正相关关系。从纵向上看，发达国家在工业化推进过程中，人均能源消费与人均GDP之间呈现同步增长趋势。人均GDP水平越高。人均能源消费就越大（图1-2）。从横向上看，不同发展水平的国家，人均能源消费呈现明显差异，按经济发展水平，也基本上呈线性排列。发达国家人均能源消费水平大大高于发展中国家，其中加拿大、美国人均能源消费水平较高（图1-3）。

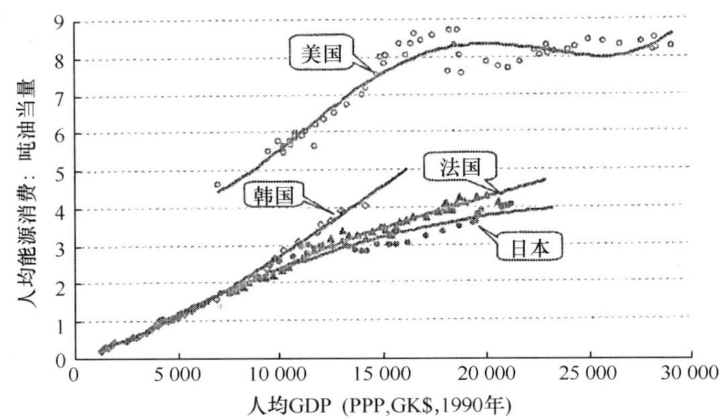

图1-2 人均能源消费与人均GDP的正相关关系

PPP，GK$意为购买力评价，按国际“元”计。下同

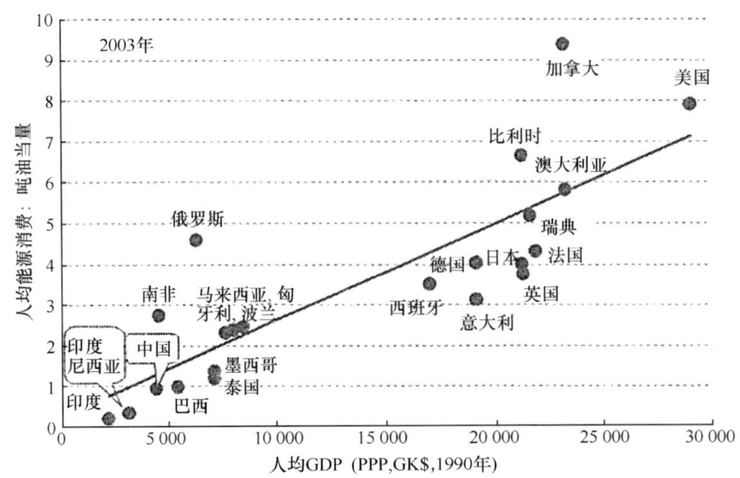

图1-3 部分国家人均GDP与人均能源消费的关系

1.1.1.2　能源消费结构转向油气为主且交通建筑部门比例上升

发达国家在工业化中后期，能源消费结构发生变化，从以煤为主转向以油气为主（图 1-4）。20 世纪初，美国能源消费结构中，煤炭所占比例为 70%左右，油气消费不到 10%；20 世纪 60 年代，英国煤炭消费占 70%左右，油气消费占 30%左右；日本煤炭消费占 60%左右，油气消费占 30%左右。这与目前我国能源消费结构大体相当。但此后，这些国家能源消费结构发生显著变化，煤炭消费比例逐渐减少，而油气资源消费逐渐占据主导地位。到 2000 年，美国、英国、日本等国家煤炭消费比例下降到 20%左右，油气消费比例则上升到 60%~70%。这不仅对能源效率的提高十分有利，而且对环境质量的改善大有裨益。

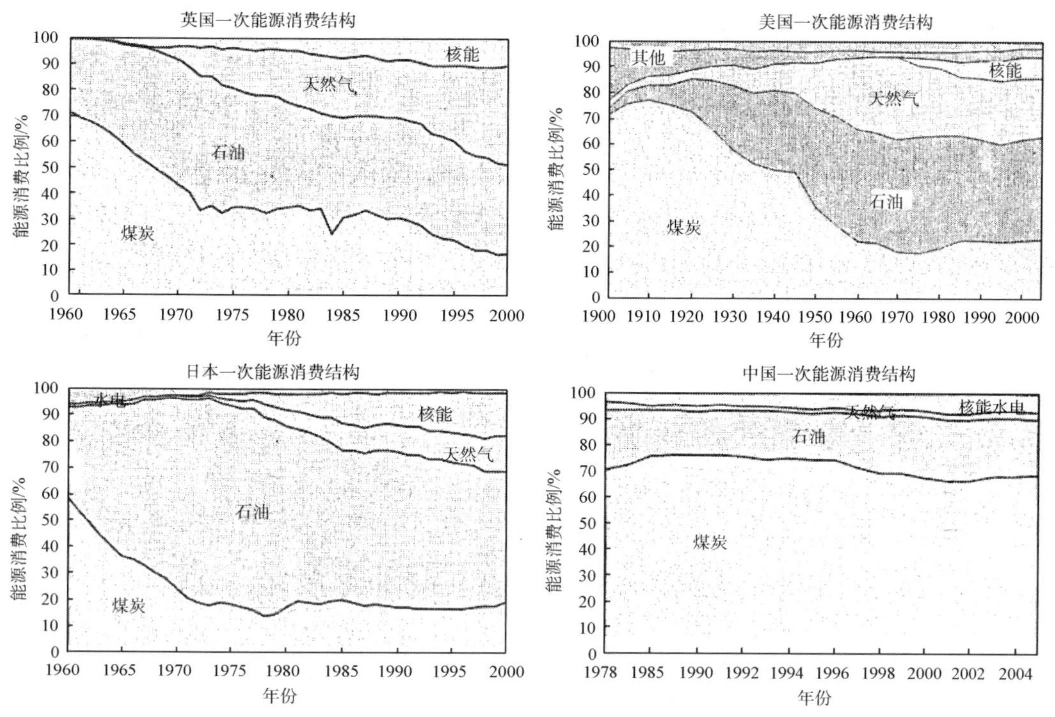

图 1-4　典型工业化国家能源消费结构的变化趋势

发达国家在工业化中后期，能源消费的部门结构发生变化，工业部门能源消费比例下降，交通、建筑等部门能源消费比例上升。随着人均收入水平的提高，居民的消费结构逐步升级，汽车和住房渐渐成为居民消费热点，人均汽车拥有量和人均住房面积不断提高，同时交通、建筑等部门的能源消费也随之相应提高。1970 年，美国汽车拥有量达到 1 亿多辆，油耗总量达到 3.14 亿 t；2000 年汽车拥有量达到 2 亿多辆，油耗总量达到 5.52 亿 t。从发达国家历程看，在人均 GDP 达到 10 000 美元前后，居民对住宅条件的需求最为强烈，在此阶段人均住房面积的增长速度也最快。在人均 GDP 达到 15 000~20 000 美元之后，人均住房面积增长则十分缓慢，基本达到平稳。伴随居民对汽车和住房消费的增长，交通、发电等部门在整个能源消费结构中所占比例也不断提高（图 1-5）。

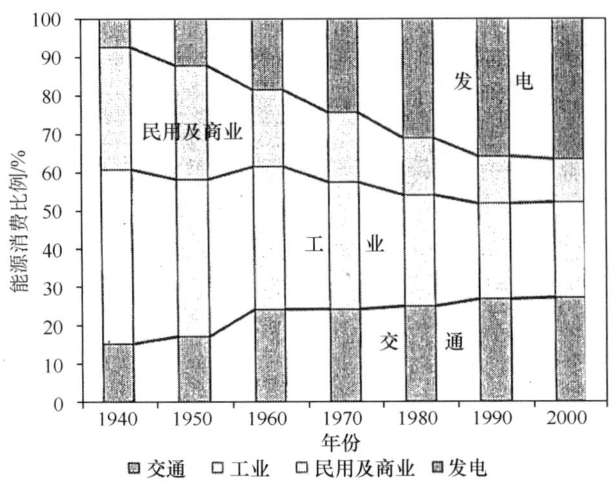

图 1-5 美国一次能源部门消费结构变化趋势

1.1.1.3 能源消费强度呈现抛物线趋势

从工业化国家发展历程看，能源消费强度（即单位 GDP 能耗）呈现出抛物线趋势特征。一般来说，在工业化起步阶段，能源消费强度开始增加；进入工业化中期阶段，重化工业加速发展，能源消费快速增长，增长速度超过 GDP 增速，消费强度达到顶峰；进入工业化成熟期之后，能源消费强度开始下降；进入后工业化社会，能源消费强度进一步下降。较为典型的例子是日本，其能源消费强度的峰值出现在 20 世纪 70 年代初期，这一时期恰是日本重化工业发展时期。随着工业化进程的演进、产业结构的调整和技术的进步，能源消费强度在经历了高峰期之后明显下降，而后维持在一个相当稳定的水平（图 1-6）。

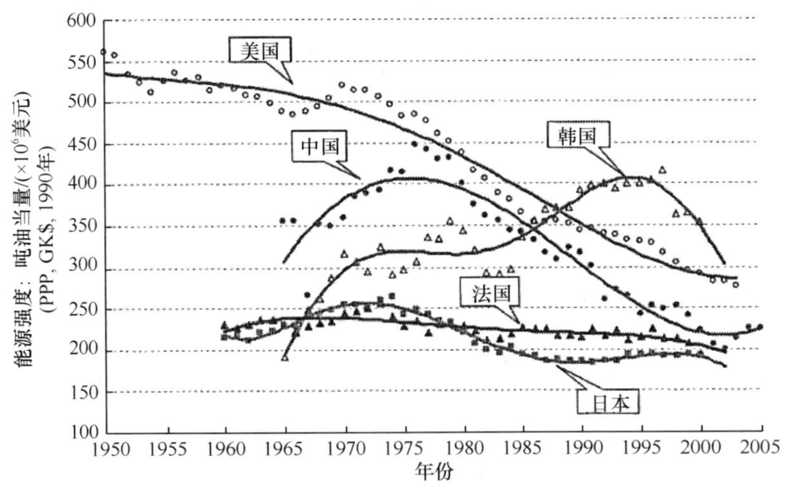

图 1-6 典型国家能源消费强度趋势比较

必须指出，我国 20 世纪 70 年代末出现的能源消费强度峰值并不是上述工业化过程的典型峰值点，它是我国改革开放过程中由于经济体制变革的效率因素而产生的能源消费强度下降。90 年代中期之后，我国开始进入工业化经济与能源消费同步增长的轨道，真正的工业化进程中的能源消费强度峰值点尚未到来。

1.1.2 发达国家矿产资源消费演变趋势

1.1.2.1 人均矿产资源消费呈现抛物线趋势

在工业化进程中，发达国家人均矿产资源消费呈现快速增长达到峰值后快速下降的抛物线趋势。在人均 GDP 达到 5000~10 000 美元时，人均大宗矿产（如钢铁、水泥）消费处于快速增长期，这一时期基础设施建设和重化工业发展迅猛；在人均 GDP 达到 10 000~15 000 美元时，人均大宗矿产消费达到顶峰，并进入缓慢增长期（图 1-7，图 1-8）。在人均 GDP 超过 15 000 美元之后，人均大宗矿产消费开始下降，这一时期重化工业开始衰退，高技术产业和服务业占据主导地位。铜、铝等有色金属矿产作为制造业的基本材料，拥有广泛的使用功能，其消费峰值到来较晚。当人均 GDP 达到 18 000~20 000 美元时，发达国家的人均铝消费才接近峰值（图 1-9）。不同工业化国家，人均矿产资源消费高峰出现的时间和峰值有所不同，这与不同国家的发展时间过程及其经济产品结构密切相关。

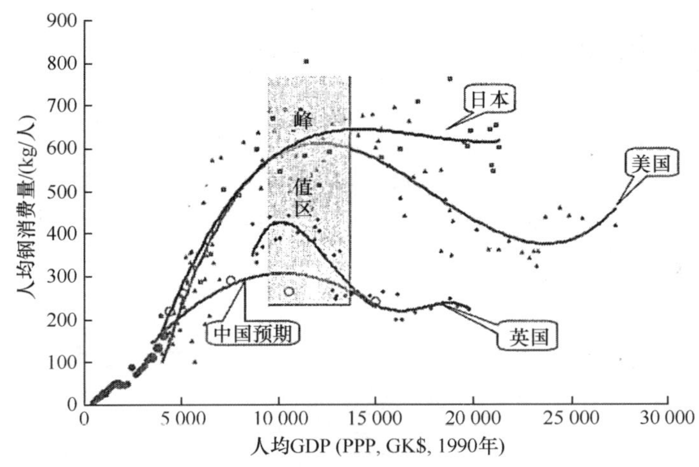

图 1-7　典型国家人均钢消费趋势

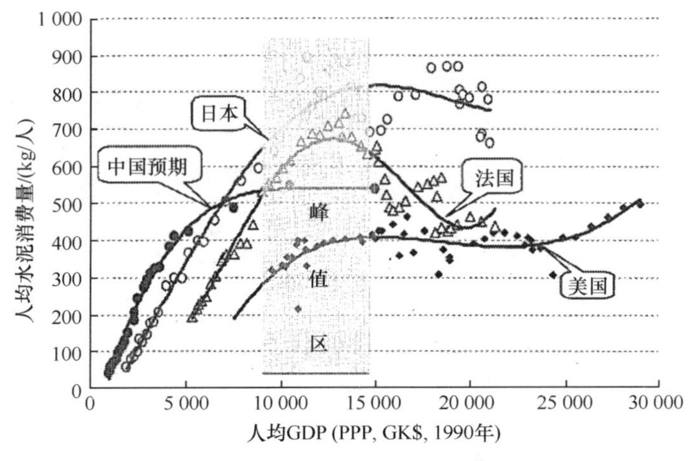

图 1-8　典型国家人均水泥消费趋势

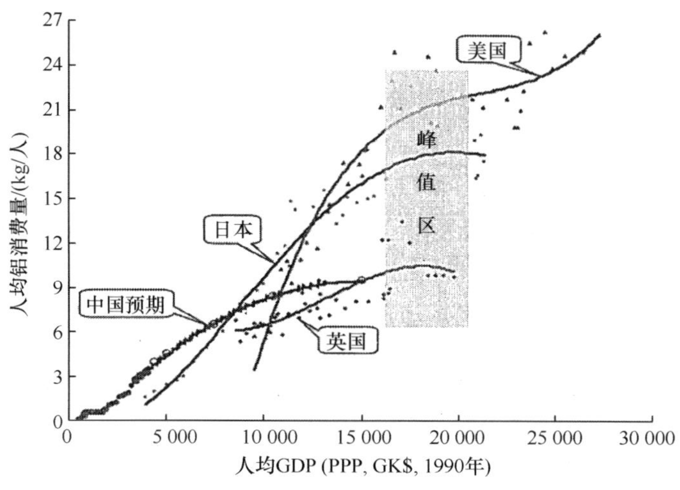

图 1-9　典型国家人均铝消费趋势

1.1.2.2　矿产资源消费与经济增长逐步脱钩，循环再生利用占据主导

从工业化国家发展历程看，矿产资源消费与经济增长之间呈现出逐步脱钩的趋势特征。即在工业化推进阶段，矿产资源消费随着经济增长而同步增长；而在进入工业化晚期和后工业化社会时期，矿产资源消费开始逐步与经济增长脱钩，钢铁、水泥等大宗矿产首先脱钩，其他矿产随后逐步脱钩，其消费趋势随经济发展而逐步趋于下降（图 1-10，图 1-11）。这表明，此时社会的物质财富积累已经基本满足社会需要，经济结构发生了重大调整，经济增长也从物质型增长转向服务型增长。

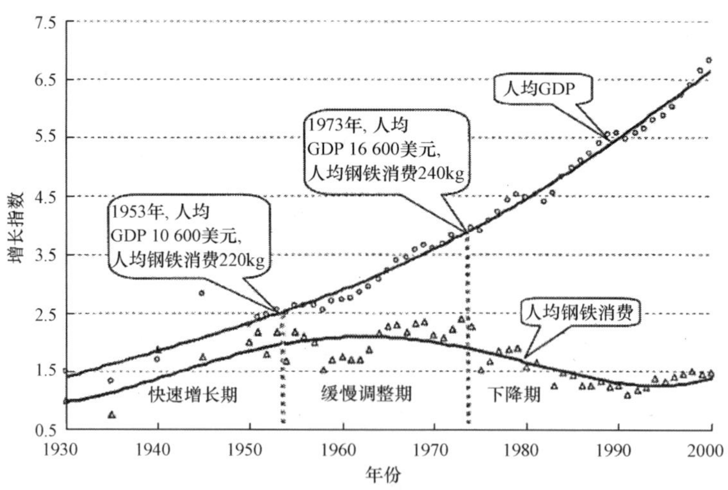

图 1-10　美国人均钢铁消费与人均 GDP 增长趋势变化
1930 年=1

在工业化进程中，发达国家在人均资源蓄积量达到一定水平后，矿产资源的再生利用和循环利用逐渐占据主导地位。欧美国家实现工业化后人均占有的钢铁蓄积量约为 5t，日本、韩国约为 10t。这些国家在完成工业化后，钢铁生产方式发生变化，由过去直接从矿石提炼转变为更多地利用废钢炼钢，钢铁生产过程中对铁矿资源的依赖程度和

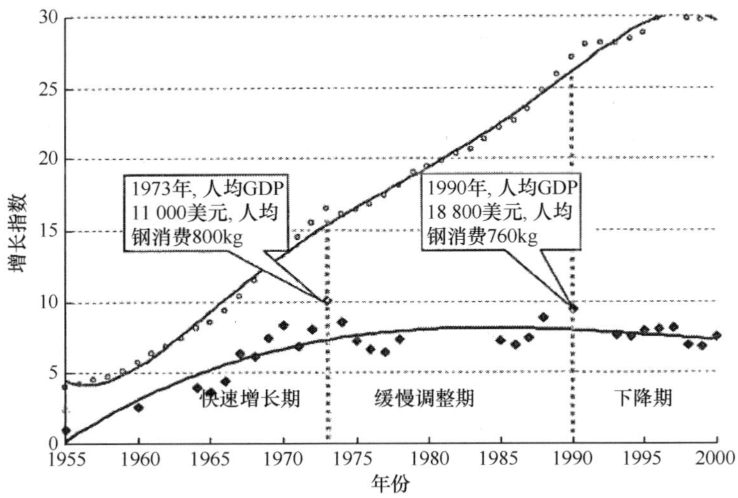

图 1-11　日本人均钢消费与人均 GDP 增长趋势变化

GDP 1955 年=4；人均钢消费 1955 年=1

对环境的影响程度已经降低，其再生利用和循环利用水平大大提高。

1.1.3　发达国家环境污染演变趋势

发达国家在工业化进程中，主要污染物排放量呈现快速增长而后稳步下降的趋势。与此对应，环境状况呈现“污染加剧→污染控制→环境改善”的特征。在工业化早期，随着经济规模的扩大，能源资源消费增长加快，导致污染物排放量加大，环境质量也因此而急剧下降。进入工业化晚期，能源资源消费增速减缓，污染物排放量在达到峰值点后趋于下降，环境“库兹涅茨拐点”出现。在进入后工业化社会后，能源消费增速减缓，资源消费趋于下降，经济增长与资源消费逐步脱钩，此时污染物排放量继续稳步下降，环境质量趋于好转。

例如，美国的 SO_2 排放量趋势大致分为两个阶段。第一阶段是从 20 世纪初至 70 年代的工业化阶段，经济增长、能源消费与 SO_2 排放量的变化呈同步上升趋势，经济发展的周期性波动与能源消费和 SO_2 排放量也有明显的对应关系。SO_2 排放量峰值出现在 1973 年，达到 2881 万 t，SO_2 排放量下降的拐点参数在 20 世纪 70 年代初，人均 GDP 为 14 000~16 000 美元。第二阶段从 70 年代开始，SO_2 排放量与经济发展脱钩，开始呈现持续下降趋势。到 1983 年的 SO_2 排放量为 2052 万 t，10 年间减少了 28.8%；到 2002 年的 SO_2 排放量仅为 1392 万 t，30 年间减少了 51.7%（图 1-12，图 1-13）。

日本的 SO_2 排放峰值出现在 1967 年，之后逐年下降。到 1977 年，SO_2 排放量为 170 万 t，10 年间下降了 66%；到 1987 年，SO_2 排放量为 90 万 t，20 年间下降了 82%。进入 20 世纪 90 年代以后，SO_2 排放量基本保持稳定，年排放量在 80 万~90 万 t（图 1-14）。日本 SO_2 排放量的快速下降与这一时期经济结构和能源结构的转变有密切关系。1955~1975 年，第一产业从 19.2%下降到 5.3%，第三产业从 47%增长到 50.9%，第二产业达到 43.1%的顶峰。能源结构中煤炭的比例从 1955 年的 47.2%迅速下降到 1975 年的 16.4%，石油的比例增加到 73.4%。工业化的完成，能源结构的调整，煤炭消费的

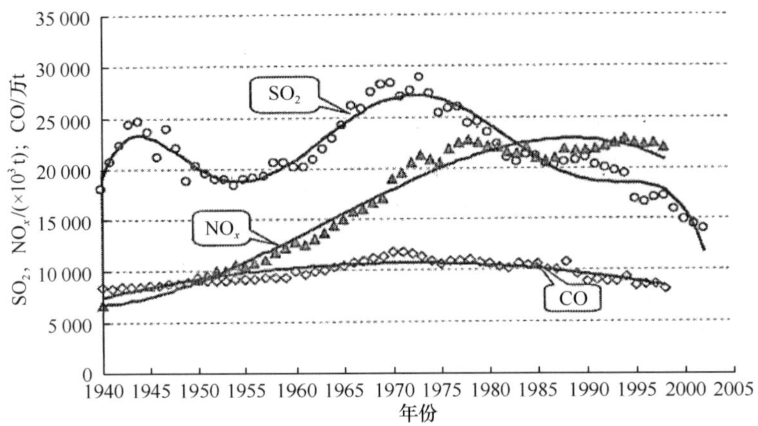

图 1-12　美国大气污染物排放变化趋势

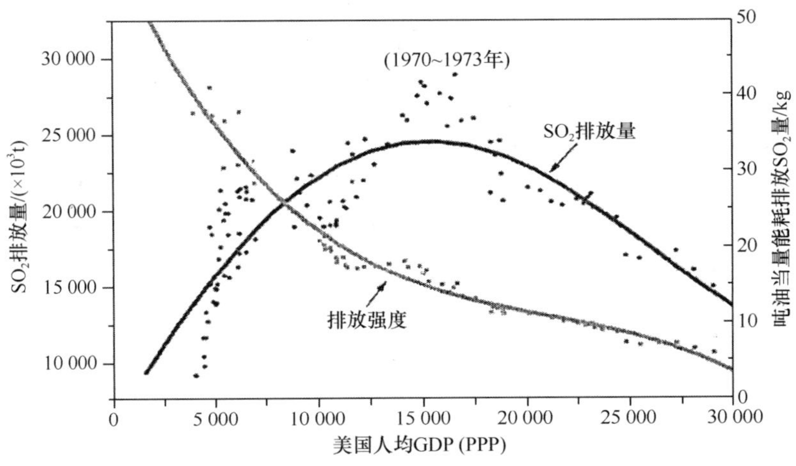

图 1-13　美国 SO_2 排放量、排放强度与经济发展的相关趋势

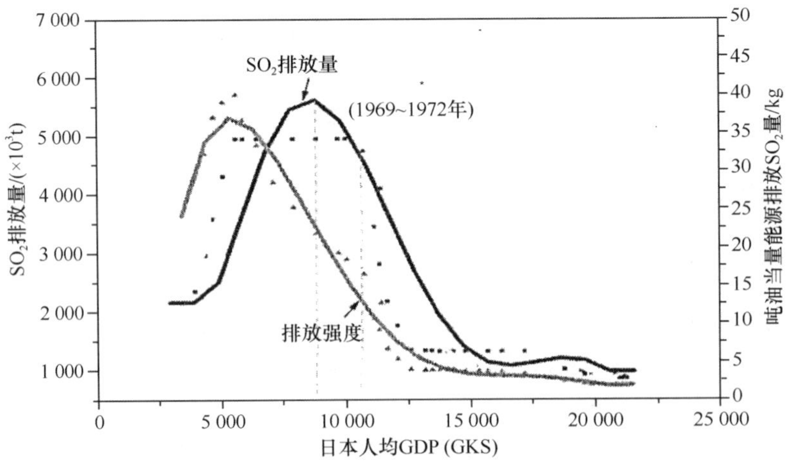

图 1-14　日本 SO_2 排放量、排放强度与经济发展的相关趋势

趋缓，使得 SO_2 排放在 20 世纪 70 年代快速下降。到 1999 年日本第二产业已经下降到 28.1%，第三产业增长到 70.5%。值得注意的是，20 世纪六七十年代的 10 余年间，日本 SO_2 排放量几乎没有增长，主要得益于能源结构的调整。

从欧洲主要工业化国家来看，自 20 世纪 70 年代以来，SO_2 排放量呈大幅下降趋势；除德国外，NO_x 排放量 80 年代呈上升趋势，1990 年左右达到峰值，90 年代以后逐步下降（图 1-15）。相应的，这些国家的空气质量有了明显改善。以德国为例，1990~1999 年，主要城市大气环境中的 SO_2 浓度降低了 50%~90%，平均浓度是 6μg/m³，大大低于世界卫生组织的空气质量标准（50μg/m³）。NO_x 浓度降低了 15%，平均浓度达到 37μg/m³，恰好低于世界卫生组织的标准值（40μg/m³）。悬浮颗粒物浓度降低了 20%~50%，年均浓度为 36μg/m³。

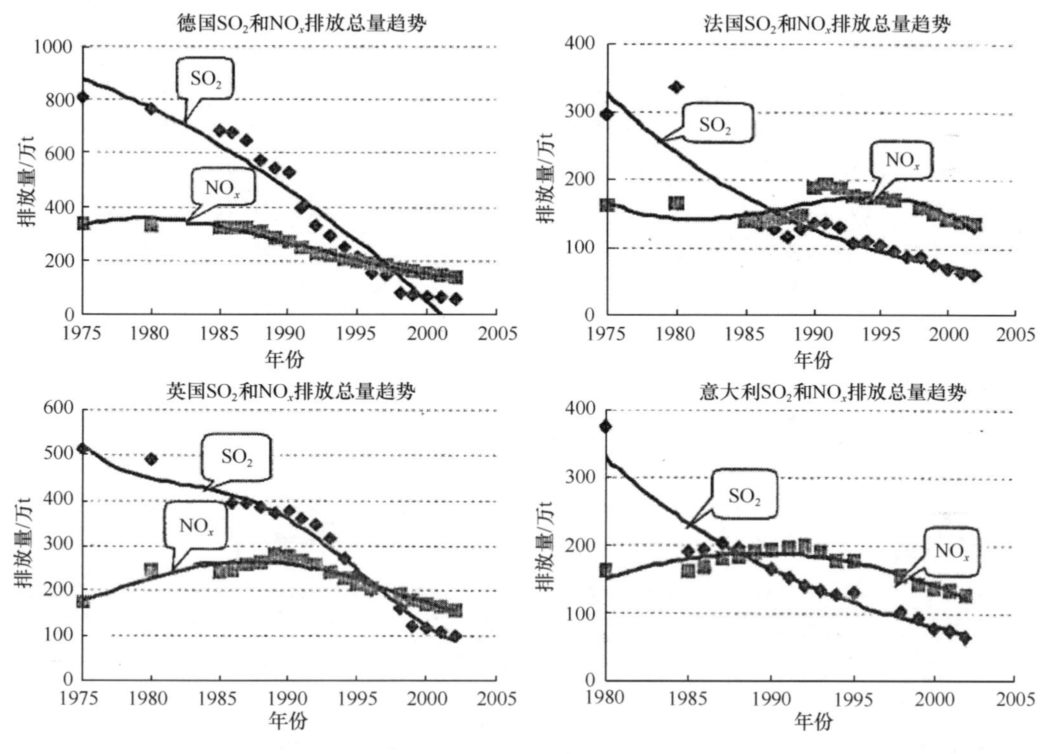

图 1-15　欧洲主要国家 SO_2 和 NO_x 排放总量趋势

1.1.4　发达国家环境保护的基本经验

20 世纪 60 年代末至 70 年代初，在西方国家掀起了大规模自发性、群众性的环境保护运动，开启了人类历史上的环境意识启蒙时代。正是在这一运动推动下，许多国家纷纷成立环境保护机构，制定环境保护法律，实施环境治理工程。1972 年在瑞典斯德哥尔摩召开的联合国人类环境会议，标志着全球环境保护运动拉开了序幕。自 70 年代以来的 40 多年间，工业化国家的环境质量有了明显改善。

20 世纪 70 年代以来，环境管制力的强化、环境治理投入的增加及环境政策的创新，是工业化国家促使环境质量改善的主要手段。

1.1.4.1 加强环境立法，完善管理措施

工业化国家遏制环境污染的一个重要手段就是立法，通过立法来对污染行为进行管制，以阻止公害的滋生和蔓延。20 世纪 70 年代初期，这些国家在原有零散的污染控制法律基础上，开始了大规模的环境立法活动，逐步创立了完备的环境法律体系。其环境立法有这样几个特点。

一是法律体系完备。典型的例子如美国。美国最早的环境法是 1948 年制定的《水污染控制法案》，这是联邦政府首次涉入污染控制领域。1969 年，美国制定了《国家环境政策法》，规定公共事业和建设项目必须进行环境影响评价，首次提出环境保护的预防原则。此后，相继制定了《清洁水法》《清洁空气法》和《饮用水安全法》等一大批环境法律。截至目前，美国已制定了 40 部与环境保护相关的法律，有超过 14 310 页的环境管制内容，构成了完整的环境法体系。

二是法律效力明显。典型的案例是美国的《清洁空气法》。据美国国家环境保护局（美国环保局）的研究显示，1970~1990 年的 20 年间，实施 1970 年的《清洁空气法法律修订案》与假设未实施该法律修订案比较后发现，实施该修订案使全国二氧化硫平均浓度比未实施时降低 40%，氮氧化物浓度降低 30%，一氧化碳浓度降低 50%，臭氧浓度降低 15%。由此可见，在控制污染方面，除了经济结构升级、能源结构调整等经济因素之外，环境法的制定和实施发挥了不可替代的作用。另据一项研究表明，在实施这部法律的 20 年间，所花费的成本大约为 6280 亿美元（1973~1990 年的成本，1973 年以前尚未在环境管理上有太大的花费），而获得的收益是 22.2 万亿美元，其获得的收益已远远超过所付出的成本。

三是法律可操作性强。法律之所以能够发挥效力，关键在于它目标明确，手段兼备，可操作性强。在政府有关法律法案和规划报告中，将许多环境和资源目标转化成为有具体日程表的量化环境政策目标。这对于监控政府政策的执行效果和向公众公布环境信息具有重要作用。2001 年，欧盟颁布了第六个环境行动规划，确定了气候变化、自然与生物多样性、环境与健康，以及自然资源和废物管理等 4 个优先领域，提出欧盟中长期环境保护目标：到 2008~2012 年，温室气体的排放量与 1990 年的水平相比减少 8%以上；到 2020 年，温室气体的排放量与 1990 年的水平相比减少 20%~40%；到 2010 年，废物减少量是 2000 年的 20%；到 2050 年，废物减少量是 2000 年的 50%。

在环境保护初期，工业化国家主要通过制定一系列法律制度，采取“命令-控制”模式来控制污染，完善管理措施，形成强制性的管理制度。也就是说，政府对企业污染治理采取了直接干预的方式，充分运用“看得见的手”来消除企业的“外部性”。这些手段包括：实施环境影响评价制度来开展事前预防，实施排放标准、排污许可、排污收费来控制污染总量排放，以及环境审计、自愿协议等。这种“命令-控制”手段的优点是，在短时期内在污染控制方面取得了较明显的效果；缺点是治污成本较高，不利于调动企业的积极性。因而目前许多国家更多地采用市场手段来加以弥补，以最合理的经济代价换取最大的环境效益。

（1）环境影响评价

这一制度是美国于 1969 年通过《国家环境政策法》而首次被采用的，欧洲国家也

随之实施了这一制度。目前，普遍为其他国家所仿效，是国际上最为流行的一个环境保护管理制度。环境影响评价是指对建设项目所造成的环境影响进行事前评估，并采取针对性的措施，使其对环境造成的损害降低到最低程度。考虑到有些项目对环境造成的损害不可逆转，通过实施这项制度就可以阻止这类项目的实行。任何项目如不进行环境影响评价，就不可能得到审批。目前，这项制度已从项目环评逐步走向规划环评和战略环评，在更宏观的层面上，对经济社会发展政策、计划、规划和战略可能带来的不利的环境影响进行充分评估和矫正，从而在经济社会发展和资源环境承载力之间取得最佳的平衡点。

（2）环境标准

为了使各类污染源排放量控制在安全水平，不至于对人体健康造成危害，必须对污染源设置“门槛浓度”，对区域环境质量设置边际安全水平。因此各国都在法律上规定了环境标准，主要包括污染物排放标准和环境质量标准。相对于环境影响评价制度而言，这是一种末端控制手段。标准的设定一般视当时的经济技术水平而定。标准过高，有可能增加污染治理成本而影响产业发展；标准过低，有可能给公众健康带来不利影响。因此，标准的设定也是力求在经济技术发展水平与公众健康福利之间取得平衡。

（3）排污许可和排污收费

在制定了环境标准之后，就必须选择达到目标的手段。如何控制污染源以达到相应的环境目标，成为政策设计的核心。第一种是采取集权管制方法，即环境管理部门统一对每个污染源分配削减量以达到环境标准。通常的原则是比例均等原则，这种原则要求对不同污染源等比例削减污染物排放量，其表面上显示公平，实际上因未考虑不同污染源削减成本的差异而使整个治理成本过大。第二种是按照负担能力原则，即根据企业的实际经营状况来分配削减量，要求经营状况良好的企业承担更多的削减量，但这一原则实际上是惩罚了先进企业、褒奖了后进企业，从而阻碍了企业效率的提高。第三种是成本最低原则，要求管理部门考察所有的污染源，寻找最低廉的削减成本，以最低的经济代价来完成总的削减量，但管理部门实际上是难以掌握极其充分的信息从而做到这一点的。因此，目前工业化国家普遍采用分散管制的方法，其中包括排污许可证制度和排污收费制度。

排污许可证制度，就是环境管理机构根据设定的环境目标来确定排污总量，并将其分解为单个的排污许可。排污许可证分配有两种做法：一是公开拍卖；二是根据现有污染源排放的历史水平进行无偿分配。这样，现有企业通过初次分配获得了初始排放权。由于初始排放权是可交易的，因此可以利用市场机制来削减污染。这项制度是一个有效的激励手段，在美国二氧化硫削减和国际温室气体削减中得到了广泛运用，取得了很好的效果。

排污收费，这是一种广泛运用的手段，即管理部门向每一个排污单位收取费用，以反映每一个排污单位对人体健康和生态系统所造成的损害。这一管理手段要求对所有污染源都应采取行动，以避免支付排污费，或者为污染付费。当然，这种手段要收到效果，就必须使排污费的收费标准达到或超过污染治理成本；否则，企业就会宁可交排污费获得排污权，也不愿去主动治理污染。

1.1.4.2　加大环境治理投入力度，形成多元化的投资机制

20 世纪 70 年代以来，工业化国家开展了规模宏大的污染治理运动。政府公共预算中环境预算大幅度增加，企业资本投资中污染防治投资显著增加，以及国家整个污染削

减和治理投资占 GDP 的比例稳步升高，这些都为城市环境基础设施的完善和企业污染防治能力的提高打下了坚实的基础，同时也为污染物减排和环境质量的改善创造了必要条件。其主要表现如下。

一是污染削减和治理投资总量占 GDP 的比例一般为 1.5%~2%，这是控制污染的必要条件。德国 1985 年污染削减和治理投资占 GDP 的比例为 1.4%，1990 年升至 1.5%，1995 年提高到 2%；美国 1998 年污染削减和治理投资占 GDP 的比例高达 1.6%。据世界银行一份研究报告称，当国家污染削减和治理总投资占 GDP 的比例达到 1.5%~2%时，才有可能控制环境污染；当达到 2%~3%时，才有可能改善环境质量。

二是政府公共预算中环境预算大幅度增加。日本 1961 年国家公害对策预算仅为 133 亿日元；到了 1975 年，年度一般预算已达到 3751 亿日元；1980 年以后，中央政府的环境预算较 20 世纪 70 年代翻了一番还多，占整个中央政府财政预算的 1%~1.5%；到 1994 年国家环境计划颁布后，环境预算又翻了近一番，1997 年达到 2.82 万亿日元，占同年国家财政预算的 3.6%。

三是企业污染治理投资显著增加。日本企业污染治理投资从 20 世纪 60 年代后期开始显著增加，到 70 年代中期达到高峰，随后又逐年下降。在投资高峰的 1975 年，企业污染投资高达 1.3 万亿日元，占同年企业总资本投资的 14%；1990 年投资降为 4600 亿日元，但仍占同年企业总资本投资的 3.1%，主要用于设备的管理和运行。从行业投资结构看，在 1974 年，电力、化工、钢铁和炼油行业的污染治理投资占日本企业污染治理投资总额的 66%。

四是形成污染治理投资多元化机制。一般，企业污染治理按照“污染者负担”原则，由企业自行筹集，大部分由企业向银行贷款，少部分由政府补贴；而环境基础设施建设大多由政府投资。美国于 1972 年修改的《联邦水污染控制法》把城市污水处理厂的建设费用，逐渐从州和地方政府转移到由联邦政府分担主要部分，规定联邦政府分担污水处理厂建设费用的 75%，并且大幅度提高了拨款总额。这项措施使美国城市污水处理设施覆盖人口由 1960 年的 4%提高到 1980 年的 73%。

五是建立环境基金。企业治污除了向政府政策性银行融资外，一些国家还建立了环境基金或类似的金融机构来帮助企业治污，支持环境建设。德国于 1990 年成立联邦环境基金，资金来源于一家前公共控股钢铁公司国有股份的私有化，资本金 30 亿马克，每年大约资助环境创新项目 1.4 亿马克。日本自 1965 年起成立环境事业团（原名污染控制服务团），其主要职责是为企业治理污染提供资金资助。由大藏省负责资金的统一预算和管理，环境厅参与管理并监督运作。事业团的资金来源包括一般的中央财政预算和财政投资、融资资金两部分。前者用来支付事业团的管理费、由事业团承担的公园及其设施建设的补助，以及由低息贷款造成的资金利润损失补助。融资资金来源于部分公共资金，如邮政储蓄资金和保险，直接用于事业团的建设和转让项目的贷款，或向企业和个人贷款。据统计，1975~1990 年，环境事业团所提供的低息贷款，占整个工业行业污染设备投资的 15%~25%，在日本企业污染防治中发挥了重要作用。

1.1.4.3　强化经济激励和鼓励公众参与的环境政策创新

强化经济激励，形成基于市场的政策机制，推进环境污染控制，是各国政府开展环境保护工作的通行做法。经济激励有两种方式：一是胡萝卜政策，即通过财政补助等措施来降低污染治理的投资成本；二是大棒政策，即通过税收或收费增加环境资源的使用成本。

（1）补助政策

一是补助金和补偿金政策。其办法是，由国家财政对执行环境政策的企业和个人进行全部或部分补助。在战后相当长一段时期内，工业化国家对企业治污实施了补助政策，以避免企业因治污而出现经营困难。实际上，这种补助政策是对企业治污的一种奖励，也是对特定产业采取的保护政策。据经济合作与发展组织（OECD）的统计，1975 年其主要成员国政府发放的补助金在企业治污投资中所占的比例美国 4.5%，日本 2.6%，德国 9.1%，挪威 14.2%，瑞典 5.3%，荷兰 1.1%。从工业化国家来看，政府补助主要侧重于污染治理技术的研发和推广，而企业治污设施建设和运行的费用，还是按照污染者负担原则，由企业自行负担。

二是投融资政策。从工业化国家来看，政府对企业治污给予长期低息贷款，并考虑到商业银行不会对企业治污进行积极融资，采取由国家政策性银行担当起污染防治投融资的主角。事实上，这是政府对企业治污采取的另外一种补助形式。

三是减税制度。德国为鼓励汽车提高排放标准，规定凡是在 2000 年前达到欧 3 标准的使用汽油的汽车可免税 250 马克/a，使用柴油的汽车可免税 500 马克/a；2005 年前达到欧 4 标准的使用汽油的汽车可免税 600 马克/a，使用柴油的汽车可免税 1200 马克/a。同时对 CO_2 排放量达到标准的汽车也规定了累加免税的措施。

（2）征税政策

这项政策与补助政策相反，是将污染削减和治理费用作为污染防治税而向污染者收费或征税。这一原则被称为“污染者负担原则”（简称 PPP 原则），是由 OECD 于 20 世纪 70 年代初期提出的，被许多国家采用。根据这一原则，许多国家通过征收污染税或环境税的形式来达到筹集资金、治理污染、增加环保投入的目的。

例如，硫税。工业化国家在削减二氧化硫排放方面，除了对燃料中的硫含量做出严格的限制，普遍采取了对硫排放征税。从征收方式看，丹麦、波兰、意大利等按 SO_2/S 排放量征收，挪威按硫含量的不同直接对含硫燃料征税。由于北欧国家深受酸雨危害，对硫排放征收了很高的税，如瑞典排放 1t SO_2 征收 3000 欧元左右，丹麦征收 1300 欧元左右，而法国、瑞士、西班牙（加利西亚）和芬兰（只对柴油征税）的税收每吨不到 50 欧元。一项研究表明，瑞典在 1989~1995 年估计有 30%的硫排放减少是征收燃油税的结果。

另外常见的主要还有氮税、碳税、燃油税、污水税等。

（3）排放交易

目前，在美国最常用的基于市场的政策工具就是可交易的许可证制度。这项制度最早是 1974 年美国环保局针对二氧化硫排放所做的排污权交易实验，而后推广至铅排放交易、水质许可证交易和含氯氟烃排放交易等。其基本做法是，首先，环保管理部门规定全国或某一区域的某种污染物允许排放总量。然后，将这些排污量的权利通过许可证的方式在污染者之间分配，这种分配可通过拍卖、继承或其他机制来进行。最后，分配好的排污权能够自由地在公开的市场上进行交易。对那些减少排放只付出较少成本并且拥有排污权的污染者来说，他们可以选择将节余的排污权出卖，或者作为排污信用储存起来，以备企业将来扩建、新建生产规模时使用。而对那些削减排放量会付出高昂代价的污染源来说，他们可选择到市场上去购买排污权，而不必付出巨大成本去削减排污量。由于某一区域的污染排放总量已经被限定，因此，不必担心允许进行排污权交易会影响到当地的环境质量或预定的环境目标的实现。这项政策的核心是，在制订污染物排污总量的削减目标后，利用不同企业削减排污量的成本差异，并运用市场机制使企业节余的排污量可交易，从而使污染物削减成本最小化。实际上，1974~1989 年开展二氧化硫排放交易实验以后，美国在削减二氧化硫排放量方面节约了 50 亿~120 亿美元的成本。

1990 年美国修订了《清洁空气法》，将可交易的许可证制度作为该法案的一个主要的政策工具。当年，美国二氧化硫排放量为 2100 万 t，其中电力部门排放 1700 万 t。立法目标是通过排污权交易，到 2010 年使电力部门二氧化硫排放量削减 1000 万 t。该计划分两个阶段执行：第一阶段从 1995 年 1 月至 1999 年 12 月，263 个电厂被指定为二氧化硫排放限制单位，要求比 1980 年减少 350 万 t 二氧化硫排放量；第二阶段从 2000 年 1 月到 2010 年，限制对象扩大到 2000 多家，包括了规模在 2.5 万 kW 以上的所有电厂，目标是使所有电厂的二氧化硫年排放量比 1980 年减少 1000 万 t。整个二氧化硫排污政策体系由参加单位的确定、初始分配许可、再分配许可（许可证交易）、审核调整许可 4 个部分组成。该计划与以前做法相比，创新之处在于：一是通过建立拍卖市场保证许可证可获得性，并解决了以往买卖双方私下交易导致的价格不透明、交易成本高的问题；二是该计划允许任何人购买许可，包括中间商、环境组织和普通公民。从实施的效果看，1990~2000 年，电力部门通过实施排污权交易，削减了 580 万 t 二氧化硫的排放量，形成了年交易额 10 亿美元的二氧化硫排放许可证交易市场。在未实施该计划的 20 世纪 80 年代，美国东北部湖泊中有 55%受到酸雨影响，河流中有 19%受到酸雨的破坏。在实施该计划后，已大大减少了长期酸化水体的数量，由此带来的经济效益每年达到 120 亿~400 亿美元。电厂二氧化硫削减成本也大幅度下降，在实施计划前，二氧化硫削减成本估计为 1500 美元/t，美国环保局预测的许可交易价格在 750 美元/t 以上，但从实际交易的情况看，交易价格最高仅为 212 美元，反映了社会平均治理成本要远远低于预测值。目前，美国已制订了清洁空气战略规划，计划到 2010 年，电力部门二氧化硫排放量再削减 460 万 t，完成预定的 1000 万 t 削减目标。当然，实行排污权交易的前提是，所有污染源都能得到严格监管，否则就会有风险。美国的做法是，一旦发现企业超出许可证允许的年度排放量之后，每吨二氧化硫排放量处以 2000 美元的罚款，并且将超标排放量抵消今后年度的许可排放量。

（4）保险费税

1980 年，美国制定了综合环境响应、赔偿与责任法案，针对能源、化工企业潜在的环境风险，通过征税建立保险基金，以用于将来污染物清理、环境恢复和对受害者进行补偿。主要有三种：一是超级基金，其来源是对特定的危险化学品生产企业每吨产品征税 0.22~4.88 美元，对石油生产企业每桶原油征税 0.097 美元，以此筹措 86%的基金，其余 14%的基金由联邦政府财政预算提供。其用途是对受有毒化学品污染的场地进行清理。运作方式是，由环保局运用超级基金对污染场地进行清理，然后要求潜在责任团体（即过去和现在的场地所有者、废弃物的产生者和原先将有毒物质转移到这个场所的机构）来偿还这笔资金。二是通过对所有的石油燃料及其制品企业每桶石油征收 0.05 美元的税费，建立“溢油责任信托基金”，以用于溢油事故中的责任赔偿。三是通过对煤炭生产企业每吨煤炭征收 0.55~1.10 美元的消费税，设立“肺病残疾信托基金”，以资助那些因长期在矿井中吸入大量煤尘而患病且不能工作的矿工。

西方国家的环境保护在很大程度上是由公众自发开展的反公害运动所推动的。目前，公众参与已经成为环境保护一支强有力的社会力量。其参与形式主要有决策型参与、监督型参与和行动型参与。

1）决策型参与。

这类参与是指公众通过规范化的法律程序和机制，参与环境法律法规、政策、规划和计划制定，以及开发建设项目决策。日本为此形成了几种机制。一是日本环境省和地方政府之下，都设有各种审议机构，如总理府下的动物保护审议会、环境省下的中央环境审议会、自然环境保护审议会等；地方政府也有相应的决策咨询机构，主要由专家学者、政府退休官员、企业和市民阶层的代表参加，其职责是负责审议政府即将出台的环境政策和重大行动方案。二是听证会制度。政府在出台重大政策之前，直接或委托审议会等机构组织召开由非政府组织（NGO）和市民代表参加的说明会，征求各方面的意见。然后，根据这些意见，协商调整政策和方案。三是政府委托一些研究机构和民间组织就一些热点环境问题进行民意调查，并作为政府决策依据。四是一些重大建设项目开展环境影响评价时，要举办说明会或听证会，听取与项目有关的当地居民的意见，并将意见告知当地行政长官。有时因公众反对意见强烈，也可阻止某些建设项目的运行。例如，日本 1964 年由于静冈县三岛、沼津和清水市民的反对，成功阻止了在该地建设石油化学开发区的计划，是日本环境保护史上首例成功的反公害运动。

2）监督型参与。

这类参与是指公众对政府和企业执行环境法律进行监督，通常借助媒体、社会活动、司法诉讼、选举等形式加以实现。但进行这类监督的前提条件是公众必须充分了解必要的环境信息。为此，许多国家制定了环境信息公开的法律法规，以保障公众的环境知情权。法国于 1998 年颁布的《环境法典》把环境信息的保障列入第二编“信息与民众参与”之中，并专门规定了除公众审议、环境评估和公众调查之外的其他获取环境信息的渠道。在国际法领域，1992 年联合国通过的《里约环境与发展宣言》中，明确提出：“在国家一级，每一个人都应适当地获得公共当局所有的关于环境的资料，各国应通过广泛提供资料来便于及鼓励公众的认识与参与”。欧洲共同体国家于 1998 年签署了《有关环境事项的信息获取、公众参与和得到司法公正的公约》，2006 年欧盟议会批准了保障公众对欧盟主要机构环境政策信息权的议案。

公众在拥有环境知情权的前提下，就可以广泛开展环境监督，对政府和企业形成一股强大的社会监督力量。比较常见的做法：一是环境诉讼。日本于 20 世纪六七十年代由公众发起的四大公害诉讼案的胜诉，对推动日本环境法律法规的完善和实施，起到了重要作用。二是政治选举。日本公害时期，由于自民党的消极态度，日本公众利用手中的选票，对自民党发出了强烈抗议，其选民支持率由 1960 年的 58%下降到 1969 年的 48%。

3）行动型参与。

随着环境教育的普及和环境意识的提高，公众参与环境保护的热情也在不断高涨。

欧盟及日本、美国等发达国家或地区，市民的自我环境保护行为非常普遍，如能够自觉分选垃圾、注意节水节电、选择生态标志产品消费等。许多市民还积极参加环境 NGO，如德国有 5%的人口加入了环境 NGO，每个组织都有具体而明确的工作领域。20 世纪 90 年代以来，这些环境 NGO 积极参与国家甚至欧盟重要政策的制定，经常与其他相关组织形成联盟，对政府、议会和国际组织进行游说，以影响法律和政策的制定。

1.1.4.4 发达国家环境保护与经济发展的经验教训

（1）工业化是人类环境问题的根源

回顾人类环境与发展的历程，工业化是最重要的历程，也是人类环境问题的根源。在人类早期的发展史上及各国的发展历程中，除了战争与自然灾害外，很少有大规模破坏环境的人类活动。

人类对生态环境的破坏主要始于工业革命以来的人类经济活动。工业革命启动了人类经济发展的飞跃历程，但也同时引爆了“生态环境炸弹”。英国工业革命爆发是以蒸汽机的广泛应用为标志的，而蒸汽机的广泛应用需要大量的煤炭能源，煤炭能源的开采又不断地推动了钢铁等工业部门的革命式的发展。随着工业经济的发展和科学技术的进步，石油、天然气等大量的地下能源也被转移至地表加以利用，从而推动日益扩张的经济活动。这些化石能源的使用造成了空气污染、温室气体排放、水体污染、固体废物等。工业革命为人类带来飞速发展的同时给人类自身的生存环境也带来了灾难性的影响。在这期间出现了许多典型的生态环境灾难性事件。

从 20 世纪五六十年代开始，人类才开始彻底检讨工业带来的环境污染问题。例如，卡逊的《寂静的春天》、罗马俱乐部的《增长的极限》，特别是 1972 年联合国首次召开了全球范围内的“人类环境大会”。从此，发达国家的环境与发展才开始真正转型，并逐步向好的方向转变。

1987 年，联合国秘书长委托挪威首相布伦特兰夫人为联合国环境与发展大会准备的报告《我们共同的未来》首次提出了“可持续发展”的环境与发展新理念，彻底改变了人类发展与环境脱节的状况。至此，全人类环境与发展才开始重新走向协调的方向。

概括起来，人类文明经历了托夫勒所说的三次浪潮：第一次浪潮，农业经济社会；第二次浪潮，工业经济社会；第三次浪潮，信息经济社会。而环境问题对应于经济也是从无到有，经历了环境产生期、多发期、严峻期、协调期，其根本上是工业化的副产品。正如周生贤曾总结的：“经济发展就像一个燃烧机，烧掉的是原料，剩下的是污染，产出的是国内生产总值”。

（2）经济活动强度决定污染程度

回顾发达国家环境与经济的发展历程，国际经验表明：环境问题与经济发展存在高度的一致性，主要的环境破坏都是源于人类工业化后的经济活动。经济活动强度决定对环境的影响与压力程度。

经济活动强度的大小取决于产业结构与资源环境效率。当产业结构中的污染行业多，产业的万元产值能耗物耗高，对环境的压力就大；反之则小。例如，一个以重化工为主的经济体，其污染必然严重。当重化工产业从英国转移到欧洲大陆的德国，再到北美大陆，然后到日韩，污染则也是随着这个同样的轨迹在迁移。污染中心也逐步地从西欧到北美再到东亚。

世界银行的研究也表明：在过去的几十年内，全球的环境污染产业结构并没有发生很大变化，主要是由 7 个污染行业组成。而发生变化的不过是空间的变化，污染行业从地球的一个地方转移到另外一个地方。

（3）不存在普适性的环境库兹涅茨曲线拐点

人们希望精细描述经济发展与污染排放的关系，环境库兹涅茨曲线便是其中的一种尝试。事实上，经济学家库兹涅茨本人并没有提出环境曲线，他提出的是经济发展水平与收入分配差异之间的经验关系公式，而非理论模型。之后，才有人将其转移到了环境领域。然而，无论是发达国家环境与发展的过程经验还是理论都表明：大致存在人均 GDP 与污染物排放的“倒 U”形曲线，但并不存在一个统一的转向协调时期的拐点。污染排放不仅与人均 GDP 相关，而且与产业结构和资源环境效率有很强的关联性。一个国家第二产业所占比例的高低及效率与 SO_2、颗粒物、CO_2 等污染排放量相关性最高。第二产业比例越高、资源环境效率越高，污染物排放越多；反之亦然。

对不同的污染物可能有不同的拐点，对不同的国家也有不同的拐点。

在欧美国家，SO_2 主要是由以煤炭为主的能源工业、重化工行业排放造成的，因此当发达国家的经济转型后，其排放量出现拐点并逐步减少，欧美的酸雨转折点大致出现于 20 世纪七十年代末期。能耗（CO_2）是由能源工业、交通运输业及生活用能排放造成的，所以即使在经济转型后，其排放量的拐点在有些欧洲国家才刚刚出现，而美国到现在还没有出现拐点。而化学需氧量（COD）主要是与生活污水与农业面源污染有关，随着人口稳定、生活质量的提高及农业生产的稳定，COD 排放基本稳定，曲线平滑没有明显的拐点。

1.1.4.5 国际经验对中国经济发展模式转变的启示及主要结论

发达国家环境与发展的经验与教训给中国带来很多启示，对于中国经济发展模式的转变具有不可或缺的借鉴意义。主要有以下几点。

一是环境问题与经济发展存在高度的一致性，主要的环境破坏都是源于人类工业化后的经济活动。经济活动强度决定对环境的影响与压力程度。经济活动强度的大小取决于产业结构与资源环境效率。当产业结构中的污染行业多，产业的万元产值能耗物耗高，对环境的压力就大；反之则小。

二是绝不可被动等待环境与经济转折点的到来，因为不同的污染物可能有不同的拐点，对不同的国家也有不同的拐点，并不存在一个统一的转向协调时期的拐点。污染排放不仅与人均 GDP 相关，而且与产业结构与资源环境效率有很强的关联性。

三是中国环境问题的解决程度取决于中国淘汰并改造第二产业的速度快慢，取决于进入后工业化时期的快慢。中国淘汰并改造第二产业速度越快、进入后工业化时期的速度越快，中国环境问题的解决就越快。

四是日本经济的转型，特别是通过能源价格提高与日元升值来推动环境经济效率的提高、经济的结构调整，是最值得中国借鉴的经验。但日本经济转型过程中经济总量的持续低迷，是最值得中国吸取的教训。日本的循环经济促进了本国生产部门环境经济效率的提高，日本经济的大规模海外扩张促进了其重化工污染产业向他国的转移。中国除了在国内促进清洁生产循环经济外，在维护形象的同时向海外的投资扩张也是必要的选择之一。

五是德国在其经济转型过程中允许德国马克升值并调整产业与贸易结构的经验值得我们借鉴。马克升值成为了德国节能减排的“防火墙”。产业结构调整后实现了污染物排放的大幅度减少，使其环境有了很大改善。

六是美国的高消费经济模式，包括对资源、环境、能源与土地的高消费，是最值得中国吸取的教训。美国的高消费模式使得美国背上了沉重的资源依赖包袱，成为全球无论总量还是人均都是最高的碳排放大国。为了维系其高消费水平，美国供养着世界最庞大的军队从而确保能源供应。中国有限的自然资源、脆弱的生态环境承载力、稀缺而又非环保的以煤为主的能源，决定了中国在经济起飞后必须避免美国式的高消费。如果中国的消费达到美国的水平，则大约需要 4 个地球的资源与能源支撑。因此，可持续消费是中国的必然选择，应当从源头开始进行协同控制，获得相应的协同效益。

七是我国经济发展模式的转变确立了目标，但并没有有效的手段来促使目标的实现。日本与德国的经验都表明：高能源价格、强劲的汇率，作为市场经济手段，是促进经济增长方式转变的最有效果、最有效率的手段。这是中国最值得借鉴的经济转型手段。中国可以通过税收定价主动人为制造“能源危机”与人民币升值，迫使中国经济主动超前转型。

1.2　我国经济、资源与环境污染现状

1.2.1　经济社会发展

1.2.1.1　我国经济快速增长及结构性难题

新中国成立 60 多年来，中国经济取得了令世界瞩目的高速增长，年均增长率达到了 7.8%左右，尤其是 1978 年改革开放后的 30 多年间，中国 GDP 年均增长率更是高达 9.76%，2011 年 GDP 达到了 47 万亿元（图 1-16）。从增长速度来看，中国已经历长达 30 多年高速增长，远高于世界 GDP 平均增长速度。在世界近代史上，连续 30 多年的高速增长非常罕见，作为一个大国来说是绝无仅有的。第二次世界大战后日本经济的黄金时期也只持续了 20 多年。中国目前是世界最大的出口国和制造国，也是第二大经济体。在经济发展迅速的同时，中国贫困率也从 65%下降到不足 10%，5 亿多人口脱贫，并且已经实现了千年发展目标。

改革开放后，虽然中国不同地区的经济增长率存在差异，但各省份的经济都呈现飞速发展。目前，长江三角洲（长三角）、珠江三角洲（珠三角）和京津冀三大都市经济圈的生产总值已经占全国的 35%，投资消费占 1/3，进出口总额占 3/4，成为拉动经济社会发展的三大引擎；中国区域发展战略也在不断完善，中央在做出率先发展东部地区决策的同时，相继制定了实施西部大开发、振兴东北老工业基地、促进中部地区崛起等重大战略部署。西部地区、东北地区、中部地区近些年的经济发展速度明显高于发展战略实施前，中国区域协调发展格局基本形成。另外，如果把中国 31 个省（自治区、直辖

市）都作为一个独立的经济体，那么它们能跻身全球发展最快的经济体之列。世界银行发布报告称，即使中国经济增速放缓，也将可能在 2030 年前跻身高收入行列，并成为世界第一大经济体（图 1-17）。

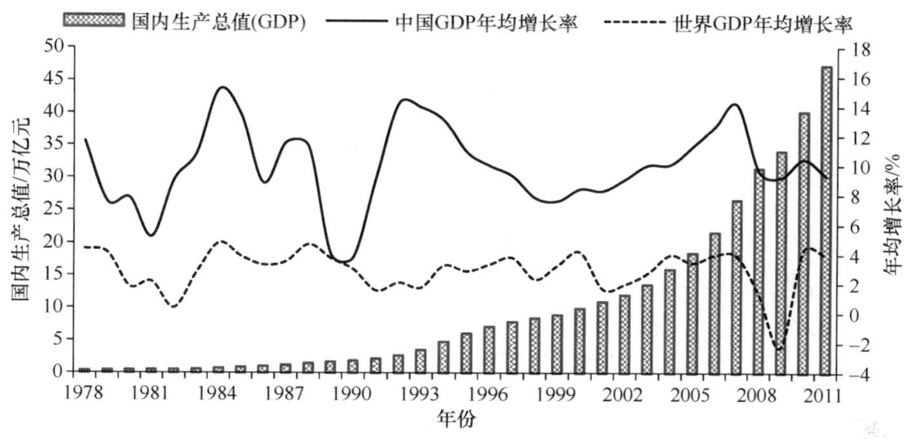

图 1-16　中国改革开放 30 多年的经济发展

数据来源：《中国统计年鉴 2012》；世界货币基金组织（IMF）数据库（http：//databank.worldbank.org/data/home.aspx）

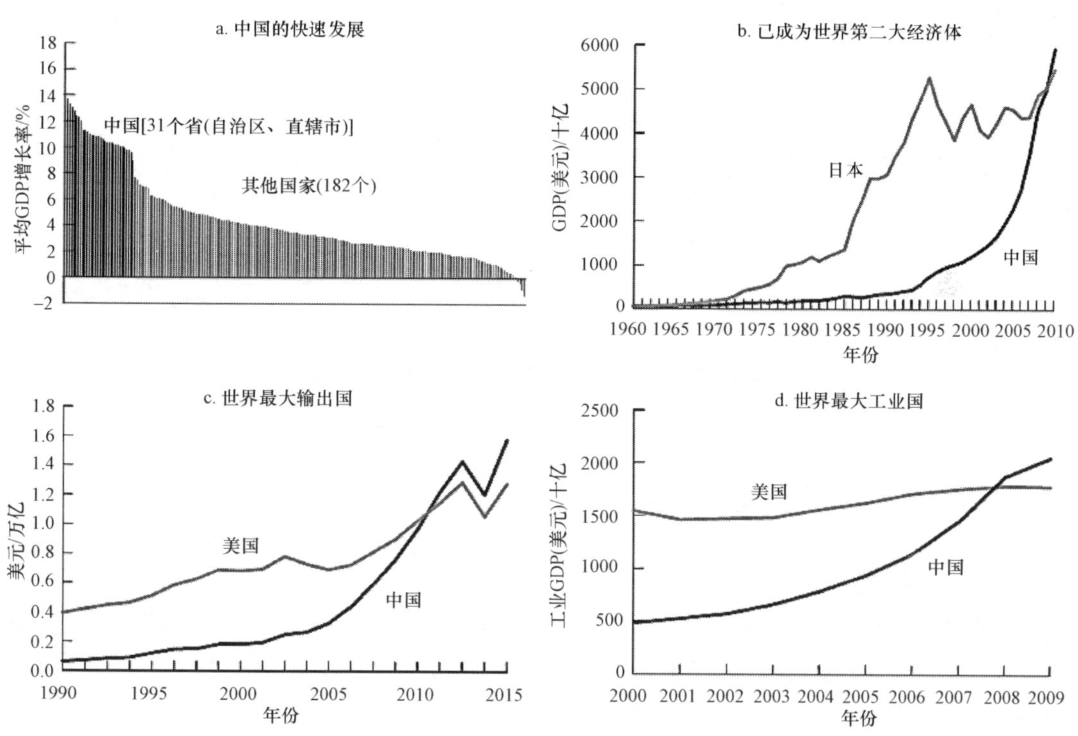

图 1-17　中国经济发展与世界其他国家比较

数据来源：世界银行报告《2030 年的中国》（*China 2030*）

改革开放 30 多年来，长期困扰我国经济发展的产业结构不合理的状况有了较大改观，三次产业增加值在国内生产总值中所占的比例从 1978 年的 28.2∶47.9∶23.9 调整为 2011 年的 10.0∶46.6∶43.4（图 1-18）。第三产业的比例明显加大，2011 年第三产业仅比第二产业低 3.2 个百分点；第一产业呈现逐年下降趋势，2011 年占国民经济比例仅为 10%。但第二产业比例呈现一定的波动性，20 世纪 80 年代呈现一定下降趋势；到 20 世纪 90 年代，呈现较为明显的增长趋势；21 世纪头十年则逐渐趋缓，呈小幅提高。

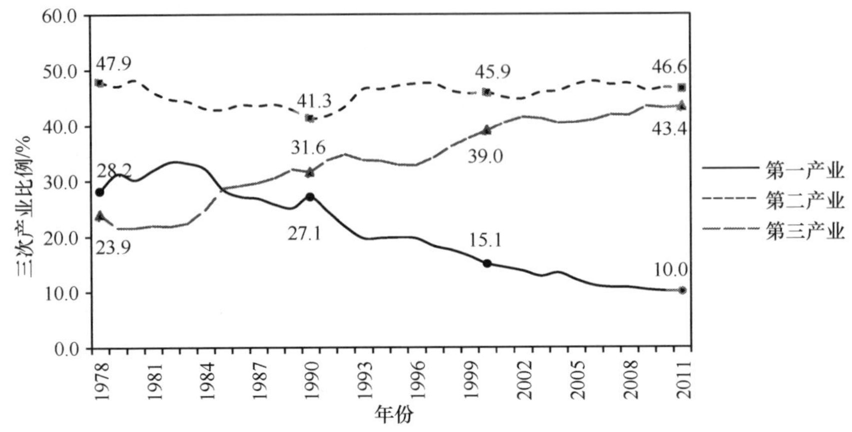

图 1-18　中国 1978~2011 年三次产业格局变化
数据来源：《中国统计年鉴 2012》

改革开放 30 多年来，中国产业发展呈现以下特征。

1）农业发展成绩突出。中国用占世界不足 10%的耕地解决了超过世界 20%人口的吃饭问题，到 20 世纪 80 年代中期农产品供给长期短缺的现象即得到根本改观，实现了总量基本平衡、丰年有余；同时，农业结构调整取得明显成效，国民经济所占比例从 1984 年的 33.4%逐步下降为 2011 年的 10%。

2）工业实现跨越式发展。按可比价格计算，2011 年工业增加值是 1978 年的 33 倍，2011 年达到 18.85 万亿元；2011 年水泥、粗钢、化学纤维、汽车保有量及产量分别比 1978 年增长 28 倍、19 倍、108 倍、122 倍和 15 倍，我国目前超越日本，确立了世界最大制造业大国地位；加快淘汰落后产能，工业技术水平不断提升，火电主力机组已发展到 60 万千瓦级，钢铁工业连铸比超过 95%，铜铅冶炼先进工艺产能占 70%以上，新型干法水泥达到 56%。

3）服务业发展迅猛。30 多年来年均增长 10.8%，2011 年服务业增加值达到 17.3 万亿元，交通运输及仓储邮电业、批发和零售业、住宿和餐饮业增加值分别比 1978 年增长 18.4 倍、20.1 倍和 38.3 倍。

在产业结构优化的同时，中国对外贸易结构也在不断升级，出口商品结构实现了“两个转变”。一是实现了从初级产品为主到工业制成品为主的转变，工业制成品的比例由 1978 年的 46.5%提升为 2011 年的 96.2%；二是实现了从劳动密集型产品为主到资本密集型和技术密集型产品为主的转变，1980 年机械及运输设备占全部出口的比例为 4.6%，到 2011 年机电和高新技术产品占全部出口的比例分别达到 42%和 22%。

中国目前所取得的成就，即使是改革开放当初的设计者也想象不到。然而中国模式在给世界带来经济增长奇迹的同时，结构性难题也不容忽视（程明亮，2009）。主要表现在以下 4 个方面。

1）劳动和资本收益的差距在扩大。马克思在 100 多年前的《工资、价格和利润》一文中就指出，劳动和资本的利益冲突是资本主义经济不稳定的一个重要原因。社会主义要消除劳资冲突，实现按劳分配。但从 2000 年以来，国民收入账户中劳动和资本的份额已经分别从 50%和 50%迅速下降到 30%和 70%。最低工资法在企业中实施困难。劳动和资本相抗衡的力量有待进一步提高。劳动和资本在新价值分配中的结构失衡是目前经济发展中需要协调的重要问题之一。

2）城市和农村发展的城乡二元化结构特征差异在拉大。马克思经济均衡发展的核心思想之一就是消除城乡差距。我国的城乡发展差异经历了一个“V”形的收入变动趋势，到目前已经处于重要的阶段。从新中国成立初期城乡差距不明显到计划经济时的工农业剪刀差造成了城乡差距。1978~1984 年改革开放初期，城乡收入差距从 2.6∶1 缩小到 1.8∶1。从这以后出现了一个重要拐点，之后城乡差距一直持续拉大。截至 2008 年，城乡收入差距已经扩大到 3.3∶1。如果将城乡居民财产性收入计算在内，城乡差距比例还将会扩大。

3）要素禀赋差异导致的地区差距在增大。截至 2011 年，我国约 70%的 GDP 是沿海省份贡献的，江浙粤沪四省市的 GDP 总量占比已超过 40%。而占国土面积 70%的中部、西部省区，经济发展依然滞后。由于制度和外部环境如土地、环境的制约，后发优势已经逐步变成后发劣势。大量的后发展地区居民如何实现工业化和现代化，是经济转型中的一个紧迫问题。

4）劳动力供需形势发生巨大转变。中国的人口结构正推动着中国的劳动力市场和区域发展分布发生重大转折，中西部地区的劳动力人口不再向东部大量流动，直接导致东部劳动力价格飙升。而西部地区劳动力人口数量增加，使得中西部本来不太充足的各种商品供应更为紧张。劳动力引导的区域发展布局颠覆了我国传统工业和制造业的发展格局，东部沿海地区、西部地区及中部地区都将随着劳动力供需新特征而进一步调整。

1.2.1.2　城镇化快速发展的资源环境压力

中国是世界上人口最多的国家，根据国际货币基金组织发布的《世界经济年鉴 2010》数据，2010 年世界总人口约为 68.1 亿人，其中，中国人口总量为 13.41 亿人，排在第一位，约占世界总人口的 20%；其次是印度，为 12.16 亿人；美国以 3.10 亿人的人口总量排在第三位（图 1-19）。

改革开放以来，我国城市化进程快速发展，城市化率从 1978 年的 18%快速上升到 2011 年 51.27%，年均提高 1 个百分点（图 1-20）。未来 10 年，我国仍将处于城市化快速发展阶段。诺贝尔经济学奖获得者约瑟夫·斯蒂格利茨（Joseph Stiglitz）称：“中国的城市化与美国的高科技发展将是深刻影响 21 世纪人类发展的两大课题。”城市化过程是一把“双刃剑”，快速发展一方面带来了社会、经济的繁荣和物质文明的巨大提高，为城市居民提供了优越的物质和文化生活条件；另一方面也带来了资源能源及原材料的过度消费，造成严重的生态环境问题。

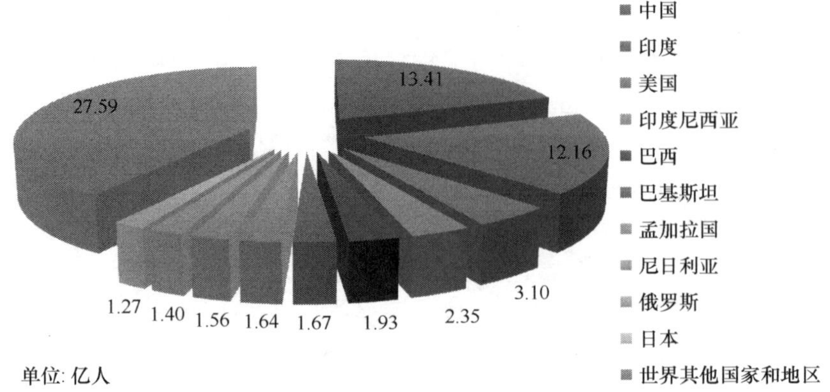

图 1-19 中国 2010 年人口及与世界其他国家人口比较（彩图请扫描正文末页二维码阅读）

数据来源：国际货币基金组织发布的《世界经济年鉴 2010》

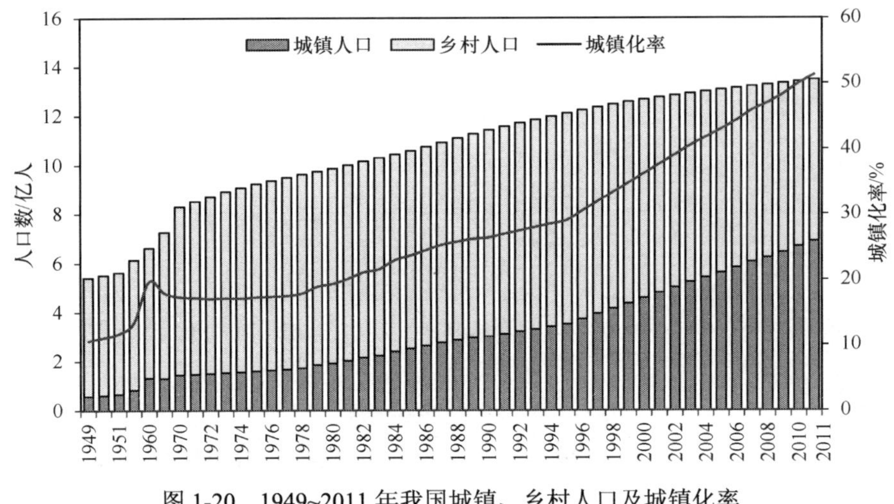

图 1-20 1949~2011 年我国城镇、乡村人口及城镇化率

另外，中国人口集中于中东部地区的分布特征将进一步加剧中国城镇化在局部区域资源消耗和污染排放的强度（图 1-21，图 1-22）。例如，从四大区域内各省（自治区、直辖市）来看，东部地区各省（自治区、直辖市）城镇化率存在较大差距，其中最高的是上海、北京、天津 3 个直辖市，2011 年分别为 89.3%、86.2%、80.5%，已经达到发达国家水平；广东、浙江、江苏 3 个省城镇化率处于东部第二梯队，分别为 66.5%、62.3%、61.9%，均接近东部地区平均水平；山东、海南、河北城镇化率水平较低，其中河北最低，仅为上海的一半。中部地区各省城镇化率水平差距不大，除湖北外均低于全国平均水平，其中湖北最高，为 51.8%，河南最低，仅为 40.6%；西部各省（自治区、直辖市）除内蒙古、重庆外，整体要低于全国平均水平，其中西藏、贵州、云南、甘肃等城镇化率较低，均不足 40%。东北地区 3 个省份城镇化率均高于全国平均水平，其中辽宁最高，为 64.1%；吉林最低，为 53.4%。总体来看，四大区域各省（自治区、直辖市）城镇化水平差距比较明显。

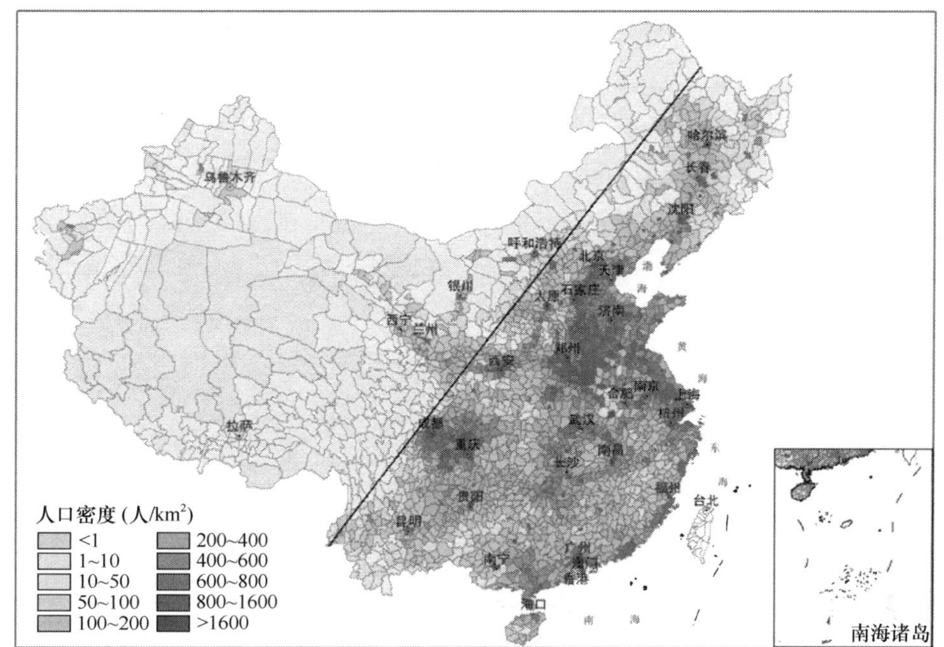

图 1-21　中国人口密度分布示意图（彩图请扫描正文末页二维码阅读）

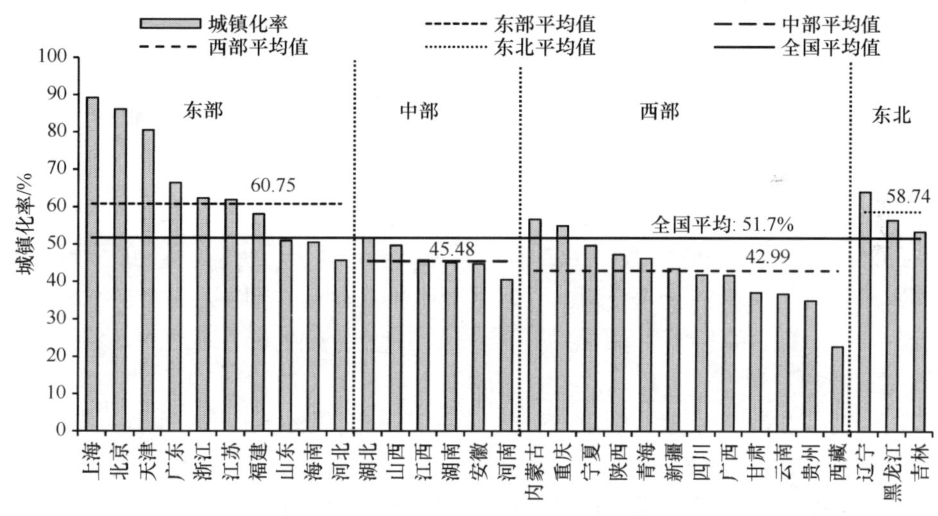

图 1-22　2011 年四大区域及各省（自治区、直辖市）城镇化率比较

快速城市化发展将带来严重的资源环境问题。环境保护部环境规划院对“九五”“十五”“十一五”以来我国城市化的边际资源环境影响测算结果显示，全国城市化率每上升一个百分点，将增加能源消耗 4940 万 t 标煤，增加城镇居民生活用水量约 11.6 亿 m^3；平均需增加钢材消耗 645 万 t，水泥 2190 万 t；增加城镇生活污水排放量 11 亿 t、增加生活 COD 排放量 3 万 t、增加生活氨氮排放量 1 万 t、增加生活氮氧化物排放量 19.5 万 t、增加生活 CO_2 排放量 2525 万 t、增加生活垃圾产生量 527 万 t（蒋洪强等，2012）。表 1-1 显示了近 15 年来城市化每提高一个百分点给资源环境所带来的影响。很显然，绝大部分边际资源环境影响指标都处于上升状态。

表 1-1　中国城市化每提高一个百分点给资源环境所带来的影响

指标	单位	“九五”	“十五”	“十一五”
能源消耗总量	万 t 标煤	4167	4641	6273
煤消耗量	万 t	2966	3221	4436
石油消耗量	万 t	643	731	866
天然气消耗量	亿 m^3	6.0	8.7	16.3
钢铁消耗量	万 t	346	583	1093
水泥消耗量	万 t	1596	2085	3061
城市生活用水量	亿 t	11.6	9.8	13.6
城市生活污水排放量	亿 t	7.3	9.2	21.0
城市生活 COD 产生量	万 t		56.6	102.6
城市生活 COD 排放量	万 t		11.8	–23.6
城市生活氨氮产生量	万 t		5.4	8.0
城市生活氨氮排放量	万 t		2.57	–0.6
城市生活 SO_2 排放量	万 t	–25	–0.07	–8
城市生活 NO_x 排放量	万 t	5.8	24.4	27.0
其中：机动车 NO_x 排放量	万 t		3.8	12.1
城市生活 CO_2 排放量	万 t	47	3474	3814
城市生活垃圾产生量	万 t	507	517	565

1.2.2　资源能源消费现状

1.2.2.1　中国资源保障程度较低

改革开放 30 多年来，中国工业化和城市化进程突飞猛进，经济的高速增长依赖高投入、高消耗、高污染、低效率的粗放型增长方式，以“资源换增长”的资源消耗型发展模式仍普遍存在。跟其他国家相比，我国资源相对紧缺，人均资源占有量大大低于世界平均水平。据统计，1990~2009 年，我国石油消费由 1.18 亿 t 增加到 3.84 亿 t，煤炭由 10.55 亿 t 增加到 29.58 亿 t，粗钢由 5100 万 t 增加到 5.72 亿 t，铜由 51.2 万 t 增加到 413.49 万 t，铝由 86.1 万 t 增加到 1288.61 万 t，20 年间能源矿产消费增加了 2 倍多，金属矿产消费增加了 8~15 倍。2009 年我国石油、铁矿石、铜和铝的对外依存度分别达到 52%、69%、65%和 55%。资源消耗持续增长的同时，资源利用效率依然较低，目前，每生产 1t 钢的用水量，中国是 25~56m^3，美国是 5.5m^3，英国是 5.5m^3。中国单位产值的矿产资源与能源消耗是世界平均值的 3 倍。据测算，“十一五”期间我国资源产出率仅为 320~350 美元/t 的水平，且有逐年下降的趋势，目前先进国家已达到 2500~3500 美元/t。根据初步判断，中国人力资源的红利期最多能持续到 2015 年左右，而投资持续增长的支撑十分有限，中国近 30 年来是用 20%~25%的投资增长率维持着 9.7%~11.6%的经济增长速度。这样的资源禀赋不可能支撑高投入、高消耗的发展模式。

1.2.2.2　矿物资源开采效率低下，生态破坏较为严重

改革开放以来，为了加快经济发展，提高资源保障程度，我国矿产资源开发强度日益加大，1999~2008 年我国非油气矿产资源开采量从 41.84 亿 t 快速增加到 67.2 亿 t，年

均增长 4.9%。我国的矿石资源的开采效率较低，产值也较小，如 2008 年每吨金属矿石开挖量创造的价值为 26 美元，比世界平均水平低 26%。其中，铁矿开采的资源效率分别是美国的 37.7%、日本的 76.9%、德国的 62.8%。同时，我国矿产资源开采造成的环境污染问题十分严重，2008 年，每开采 1t 矿产资源的废水、COD、氨氮排放量分别是 0.21t、0.22kg、0.01kg，远高于发达国家水平。粗放式的矿产资源开发态势，不仅造成了矿物资源的极大浪费，也产生了很大的生态环境问题，严重影响了矿产资源的可持续开采和生态环境的可持续利用。

1.2.2.3　能源消费量持续增长，能源效率依然较低

中国的能源消费总量节节攀升，由 1978 年的 5.71 亿 t 标煤增长到 2011 年的 34.80 亿 t 标煤，年均增长 5.6%，成为世界第二大能源消耗国（图 1-23）；同时中国以煤炭为主的能源消费结构并没有较大改观，虽然我国水电、核电、风电等清洁能源比例进一步提高，2011 年达到了 8%，但煤炭消费比例仍然占 68.4%，能源消费结构不利于污染减排（图 1-24）。在节能方面，中国节能提效工作取得一定的成绩，能源效率呈一定下降趋势（图 1-23），但我国能源效率仍然偏低，2010 年每万美元能耗是世界平均水平的 2.2 倍、是美国的 2.7 倍、是德国的 4.3 倍、是日本的 4.4 倍、是法国的 4.2 倍，甚至是巴西的 3.4 倍（图 1-25）。根据世界能源机构 2006 年统计，中国的普通钢、水泥、合成氨等高耗能产品的单位能耗要比最先进的国家分别高出 50%、60%和 33%。中国的综合能源效率约为 33%，比发达国家约低 10 个百分点。电力、钢铁、有色金属、石化、建材、化工、轻工、纺织等 8 个行业主要产品单位能耗平均比国际先进水平高 40%。钢铁、水泥、纸和纸板的单位产品综合能耗比国际先进水平分别高 21%、45%、120%。机动车油耗水平比欧洲地区高 25%，比日本高 25%。中国单位建筑面积采暖能耗相当于气候好、条件先进的发达国家的 2~3 倍。与此同时，我国碳排放占全球碳排放的份额也逐年提高，由 1978 年的 7.9%增加到 2011 年的 28%（Peters *et al.*，2013），超过美国，成为世界碳排放第一大国。

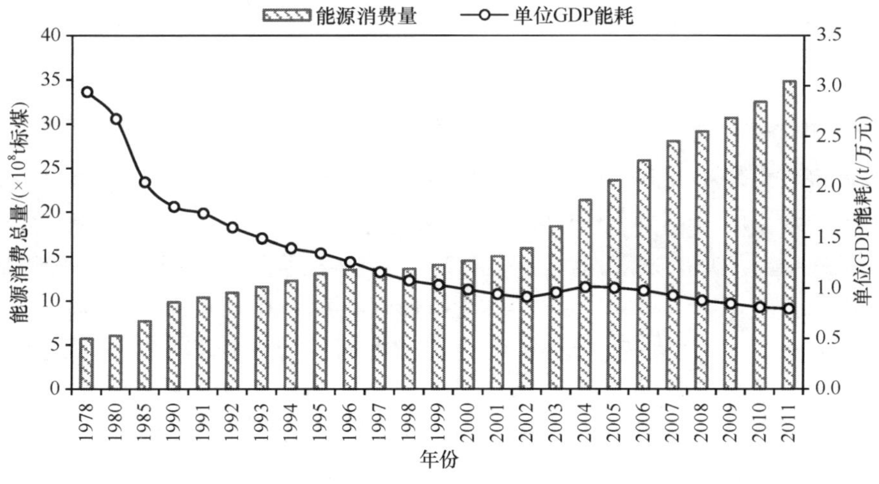

图 1-23　中国 1978~2011 年能源消费总量及能源消费强度

数据来源：《中国统计年鉴 2011》

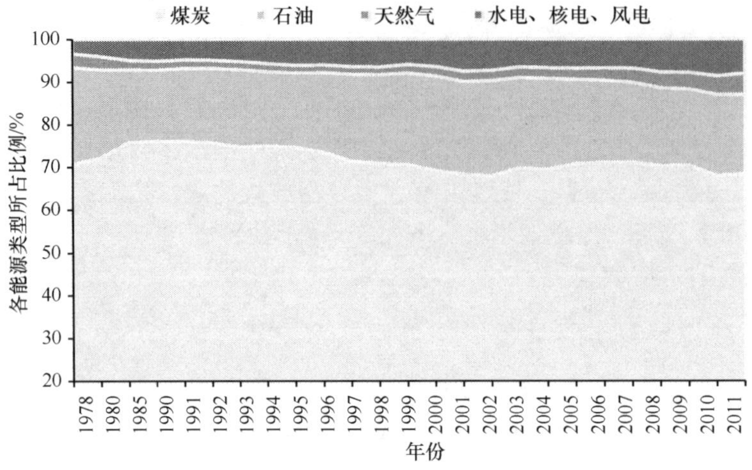

图 1-24　改革开放以来中国能源结构的变化趋势（彩图请扫描正文末页二维码阅读）
数据来源：《中国统计年鉴 2011》

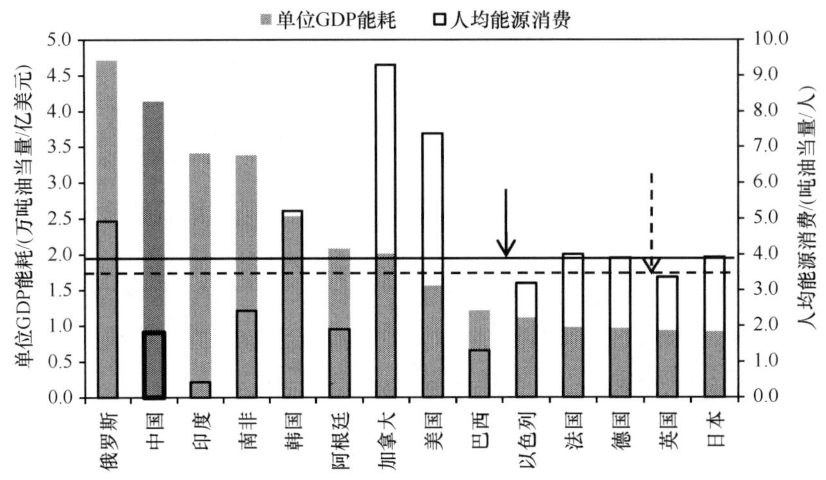

图 1-25　2010 年世界主要国家能源效率比较
数据来源：能源数据来源于 BP 公司报告 *Statistical Review of World Energy 2011*；人口数据来源于国际货币基金组织（IMF）网站；GDP 数据来源于《中国统计年鉴 2011》

1.2.2.4　人均水资源量较低，利用效率仍待提高

我国水资源总量在世界上处于前列，但是人均水资源量较低，2010 年仅为 2310.4m^3，只有世界平均水平的 1/4，属于缺水国家，水资源短缺也是制约我国可持续发展的重要瓶颈，并呈现日益严重的发展态势（图 1-26）。随着经济发展和城市化进程的加快，缺水范围在不断扩大，缺水程度日趋严重。据统计，全国 662 个城市中，400 个城市常年供水不足，其中有 110 个城市严重缺水。水资源利用呈增长态势，但与发达国家相比，我国用水效率仍然严重低下，我国平均每立方米水实现国内生产总值仅为世界平均水平的 1/5；2006 年美国的用水效率为 238 元/t，是中国用水效率的 6.43 倍。农业灌溉用水有效利用系数为 0.4~0.5，而发达国家为 0.7~0.8，万元 GDP 用水量高达 399m^3，而发达国家仅为 55m^3；一般工业用水重复利用率在 60%左右，发达国家已达 85%。此外，我国在污水处理回用、海水雨水利用等方面也处于较低水平，用水浪费进一步加剧了水资

源的短缺。

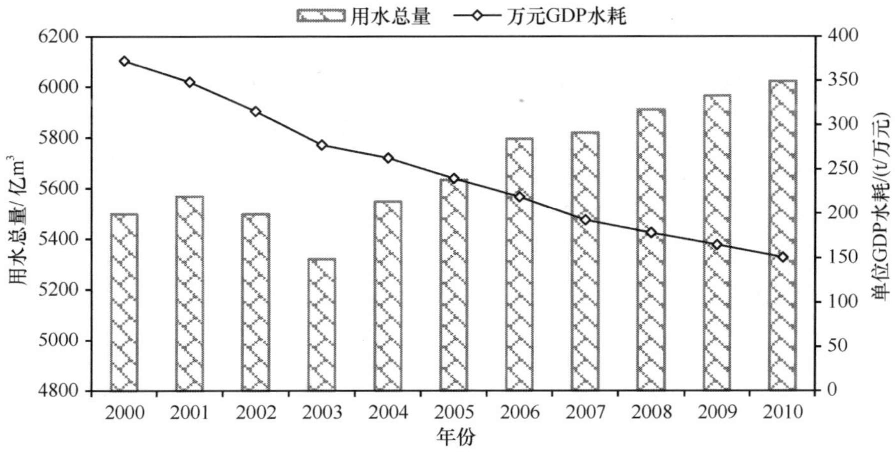

图 1-26　我国水资源利用效率变化趋势

数据来源：《中国统计年鉴 2011》，采用 2010 年不变价

1.2.3　主要污染物排放特征

改革开放以来，我国工业化和城市化高速发展，给环境保护工作带来巨大的压力，经济社会发展与生态环境保护的矛盾日益显现，化学需氧量（COD）、二氧化硫（SO_2）、氮氧化物（NO_x）、持久性有机污染物（POP）、汞（Hg）等主要污染物排放量都位居世界榜首。

1.2.3.1　废水及其污染物排放逐年递增

从总量来看，近 10 年全国废水排放量逐年增加，从 2001 年的 433 亿 t 增加到 2010 年的 617 亿 t，其中工业废水排放量所占比例逐年下降，从 47%下降到 38%。生活废水比例逐年上升，从 52%上升到 2010 年的 62%，成为主要废水排放来源（图 1-27）。从排

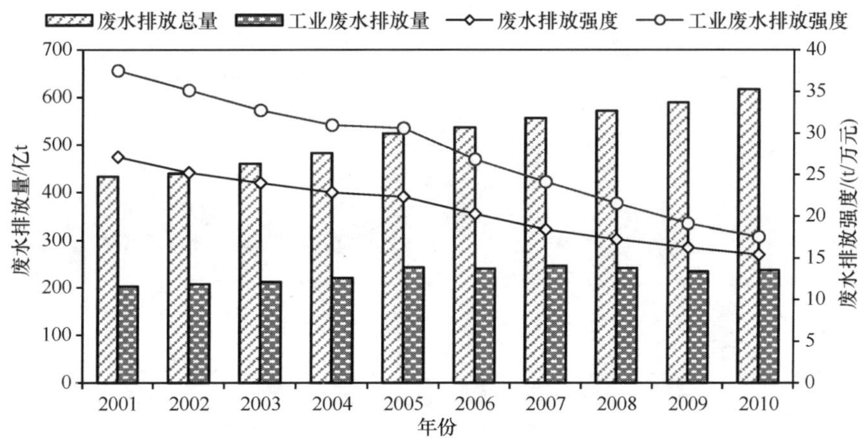

图 1-27　近 10 年全国废水和工业废水排放总量及排放强度

数据来源：污染物数据来源于《中国环境统计年报 2010》；GDP 数据来源于《中国统计年鉴 2011》，采用 2010 年不变价

放效率看，近 10 年废水排放强度呈现平稳下降趋势，从 2001 年的 27.1t/万元降低到 2010 年的 15.4t/万元，10 年间减少了 43%左右；而工业废水排放强度下降更为明显，从 2001 年的 37.5t/万元降低到 2010 年的 17.6t/万元，10 年间减少了 53%左右。

主要废水污染物化学需氧量（COD）排放总量 2001~2010 年基本呈先升后降的倒 U 形趋势，在 2006 年达到最高排放量后逐年减少，2010 年 COD 排放总量为 1238 万 t，较“十一五”初期下降了 13%（图 1-28）。一方面，生活排放逐渐成为中国 COD 排放的主要来源，从 2005 年的 57%增长到 2010 年的 65%。另一方面，中国近 10 年 COD 综合排放强度也呈逐年下降的趋势，从 2001 年的 8.8kg/万元下降到 3.1kg/万元，下降了一半以上。但中国仍然是世界 COD 排放最多的国家，因此，我国废水污染物减排仍然面临巨大压力。

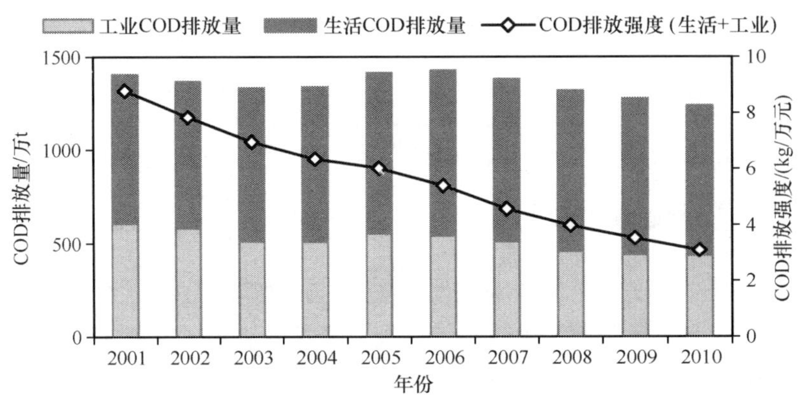

图 1-28　2001~2010 年中国 COD 排放总量和排放强度

数据来源：污染物数据来源于《中国环境统计年报 2010》；GDP 数据来源于《中国统计年鉴 2011》，采用 2010 年不变价

主要废水污染物氨氮排放总量 2001~2010 年也呈先升后降的倒 U 形趋势，在 2005 年达到最高排放量后逐年减少，2010 年氨氮排放总量为 120.3 万 t，较“十一五”初期下降了 15%（图 1-29）。一方面，生活来源排放是中国氨氮排放的主要来源，并且其所占比例也呈逐年上升趋势，从 2010 年的 70%增长到 2010 年的 77%；另一方面，中国近

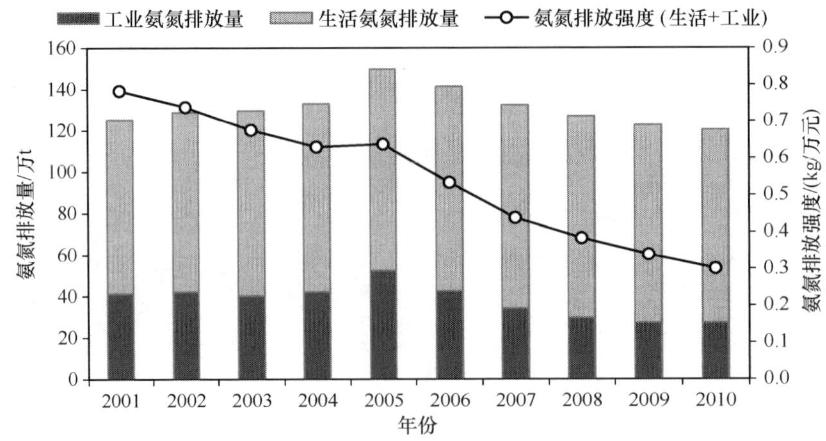

图 1-29　2001~2010 年中国氨氮排放总量和排放强度

10 年氨氮综合排放强度也呈逐年下降的趋势，从 2001 年的 0.8kg/万元下降到 0.3kg/万元，下降了 62.5%。

近 10 年间，中国工业主要废水重金属污染物氨氮排放总量呈现逐年下降趋势，从 2001 年的 1242 万 t 下降到 2010 年的 345 万 t，总体下降了 72%左右，各重金属污染物下降比例基本为 70%左右。到 2010 年，工业汞、镉、六价铬、铅、砷的排放量分别为 1.0t、30.1t、54.8t、140.8t、118.1t。其中工业铅和砷排放量所占比例最大，但呈下降趋势，从 2001 年的 80%下降到了 2010 年的 75%；工业六价铬排放量所占比例虽不大，但呈上升趋势，从 2001 年的 10%上升到 2001 年的 16%左右。工业镉的排放量所占比例变化不大，基本在 7%~10%。

1.2.3.2　大气污染排放压力依然严峻

我国 SO_2 排放量在 2006 年达到峰值 2588.8 万 t，是美国的 2 倍。随着我国节能减排工作的深入推进，"十一五"期间全国废气中 SO_2 排放总量、工业废气中 SO_2 排放量和生活废气中 SO_2 排放量均呈现逐年下降趋势，2010 年全国 SO_2 排放总量较 2005 年下降了 14.3%，超额完成了"十一五"总量减排任务，节能减排成效显著。在总 SO_2 排放量中，工业排放所占比例持续上升，由 2001 年的 80%升高到 2010 年的 85%左右。从 SO_2 排放强度来看，近 10 年排放强度呈下降趋势，其中"十一五"期间下降势头明显高于"十五"期间，且工业 SO_2 排放强度下降速率高于总排放强度。与发达国家相比，我国 SO_2 排放强度仍然处于高位，分别是美国、英国、日本等发达国家的 5~10 倍，高于同期世界平均水平，在我国以煤为主的能源消费结构难以改变、排放强度降低空间逐步减小的情况下，SO_2 的治理任重而道远（图 1-30）。

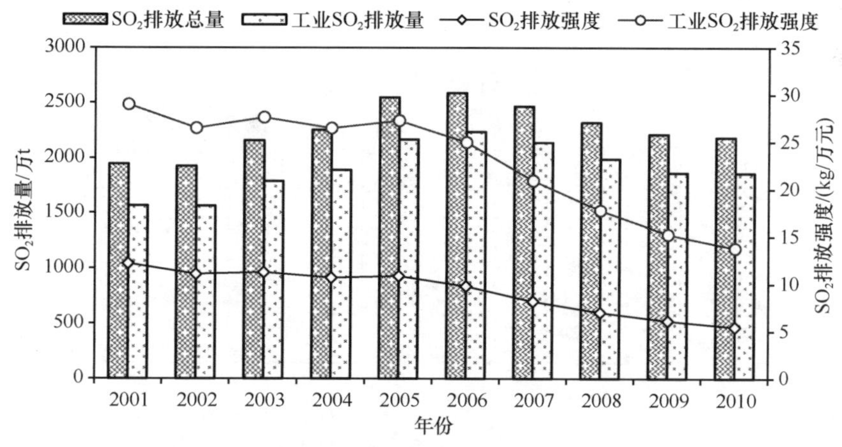

图 1-30　近 10 年中国 SO_2 排放量及排放强度趋势分析

数据来源：污染物数据来源于《中国环境统计年报 2010》

全国烟尘排放总量呈现波动中有所下降的总趋势，2010 年烟尘排放量达到 829 万 t，烟尘排放持续降低。与 SO_2 类似，工业烟尘排放量占烟尘排放总量的比例较大，近年约占总排放量的 80%（图 1-31）。1991~2010 年，工业烟尘排放量总体呈现在波动中下降的趋势，从 1991 年的 845 万 t 下降到 2010 年的 603 万 t，下降 28.6%；生活烟尘排放量在 1996~1998 年大幅下降后，近年基本稳定在 200 多万 t。同时，随着我国机动车拥有量的激增，公路交通对大气环境污染的压力不可小视。

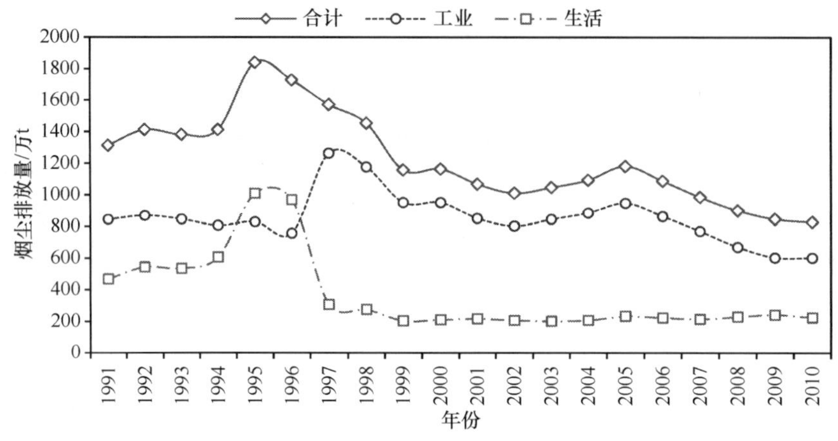

图 1-31　近 20 年我国烟尘排放量
数据来源：历年《中国环境统计年报》

氮氧化物（NO_x）是造成大气污染的主要污染源之一，主要包括 NO、NO_2、N_2O、N_2O_3、N_2O_4、N_2O_5 等几种。其主要危害包括对人体和动植物的致毒损害作用、形成酸雨及光化学烟雾、参与破坏臭氧层等。作为主要大气污染物，全国 NO_x 排放量呈不断增长的趋势，2010 年，NO_x 排放量为 1852.4 万 t，比上年增加 9.4%，比 2006 年增加 21.6%。其中，工业 NO_x 排放量为 1465.6 万 t，比上年增加 14.1%，比 2006 年增加 29%，占全国 NO_x 排放量的 79.1%；生活 NO_x 排放量为 386.8 万 t，比上年减少 5.2%，与 2006 年基本持平，占全国氮氧化物排放量的 20.9%（图 1-32）。其中交通源 NO_x 排放量为 290.6 万 t，占全国氮氧化物排放量的 15.7%，占生活源的 75%。

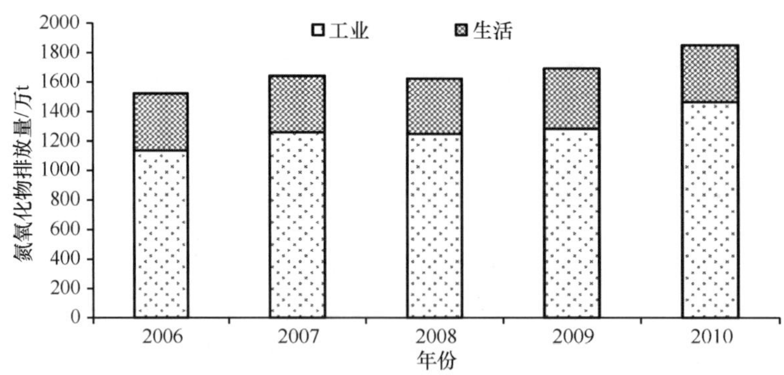

图 1-32　“十一五”期间我国氮氧化物排放情况
数据来源：《中国环境统计年报 2010》

我国挥发性有机物（VOC）排放总量同样较大，且呈逐年增长的趋势。2008 年的排放量为 2014.9 万 t，较 2002 年的 1645.5 万 t 增加了 369.4 万 t，年均增长率为 19%，较美国同年 VOC 排放量多 636 万 t（杨员，2015）。从 VOC 排放来源来看，生活源的排放总量总体上变化不大，2002~2008 年都在 1000 万 t 左右，其中 2002 年的排放量最大，为 1172 万 t，2003 年减少到 992 万 t，以后几年略有增多，从 2008 年开始又有所下降，为 1035 万 t。生活源所占比例逐渐下降，从 2002 年的 71.2%下降到 2008 年的 51.4%。其中，机动车尾气排放和生物质燃烧是生活的主要来源。工业源 VOC 排放量呈逐年增长的趋势，排放总量从 2001 年的 444 万 t 持续增长到 2008 年的 979 万 t，年均增长率为 10.4%。其中，工业过程 VOC 排放量较大，年均增长率为 10.6%，其占工业排放的比例由 2001 年的 55.2%增长到 2008 年的 56.0%；工业溶剂使用 VOC 排放量增长迅速，并于 2006 年成为工业中的第二大排放来源，年均增长率达到 14.1%，占工业排放的比例由 2001 年的 18.5%增长到 2008 年的 24.0%（表 1-2）。

表 1-2　我国 2001~2008 年挥发性有机物排放量估算　　（单位：万 t）

具体来源	2001 年	2002 年	2003 年	2004 年	2005 年	2006 年	2007 年	2008 年
1.机动车尾气排放	—	455.0	498.3	509.3	552.4	559.7	569.9	569.8
2.农村生物质燃烧	526.4	610.6	379.6	392.1	349.4	333.1	315.6	295.1
3.厨房油烟	83.1	84.3	85.4	86.5	87.5	88.4	89.3	90.1
4.化石燃料燃烧	3.1	3.3	3.8	4.3	4.8	5.4	6.2	6.4
5.涂料使用	96.9	106.2	125.0	152.4	191.8	252.3	292.1	314.3
6.工业过程合计	245.0	267.0	299.0	377.0	389.0	473.0	521.0	548.0
7.能源生产加工储运	114.2	119.1	132.0	147.8	157.9	169.2	181.1	189.9
8.垃圾处置	—	—	0.4	0.5	0.7	1.0	1.2	1.3
总计	1068.7	1645.5	1523.5	1669.9	1733.5	1882.1	1976.4	2014.9

注：本表计算结果来源于《2011—2020 年非常规性控制污染物排放清单分析与预测研究》，由于无法获得必要计算数据，2001 年机动车尾气 VOC 排放量和 2001 年、2002 年的垃圾处置 VOC 排放量没有参与计算

可吸入颗粒物（PM）逐渐成为主要的大气污染物，其对环境和人体健康的危害日益严重，其中尤以细颗粒物 $PM_{2.5}$ 对生态环境和人体健康伤害最大。改革开放以来，我国可吸入颗粒物逐渐成为我国大气环境的主要污染物之一。我国 PM_{10} 排放总量较大，且呈逐年增长的趋势，但是增长速度逐渐变缓。2002 年排放总量为 2224.85 万 t，持续增长到 2008 年 3054.22 万 t，年均增长率为 5.42%（表 1-3）。我国 $PM_{2.5}$ 排放总量同样较大，2002~2008 年前期增长速度比较快，2005 年排放量达到最高，为 1392.71 万 t。随后稍微有所降低，2008 年下降为 1336.80 万 t（表 1-4）。两种污染物主要来源于燃煤、道路扬尘和建筑扬尘三方面，占其主要来源的 90%以上。与发达国家相比，2008 年，我国可吸入颗粒物 PM_{10} 和细颗粒物 $PM_{2.5}$ 排放量分别是美国的 1.9 倍和 3.8 倍，减排压力巨大。

表 1-3　我国 2002~2008 年可吸入颗粒物 PM_{10} 排放量估算　　（单位：万 t）

来源	2002 年	2003 年	2004 年	2005 年	2006 年	2007 年	2008 年
燃煤	901.30	933.34	974.55	1052.43	968.77	878.07	802.45
工业工程	418.75	454.35	402.64	368.50	359.74	310.92	260.30
机动车尾气	25.35	27.56	29.52	32.11	34.37	36.83	39.05
道路扬尘	521.70	609.07	674.33	802.83	907.81	1038.35	1154.75
建筑扬尘	357.75	417.21	452.42	539.25	622.78	721.21	797.67
合计	2224.85	2441.53	2533.46	2795.12	2893.47	2985.38	3054.22

注：本表计算结果来源于《2011—2020 年非常规性控制污染物排放清单分析与预测研究》

表 1-4　我国 2002~2008 年细颗粒物 $PM_{2.5}$ 排放量估算　（单位：万 t）

来源	2002 年	2003 年	2004 年	2005 年	2006 年	2007 年	2008 年
燃煤	612.88	634.67	662.69	715.65	658.76	597.09	545.66
工业工程	284.74	308.95	273.79	250.57	244.62	211.42	177.01
机动车尾气	23.70	25.78	27.66	30.12	32.28	34.63	36.75
道路扬尘	142.28	166.11	183.91	218.95	247.58	283.19	314.93
建筑扬尘	117.71	137.27	148.85	177.42	204.91	237.30	262.45
合计	1181.31	1272.78	1296.90	1392.71	1388.15	1363.63	1336.80

注：本表计算结果来源于《2011—2020 年非常规性控制污染物排放清单分析与预测研究》

1.2.4　环境质量与风险状况

改革开放以来，中国经济增长在改善人民生活的同时，也使人类赖以生存的生态环境“满目疮痍”，发生了“翻天覆地”的变化。生态环境破坏问题十分突出，主要表现如下。

1.2.4.1　水污染依然在加剧，水环境安全堪忧

我国地表水环境质量总体呈恶化趋势，结构型、复合型和区域（流域）性污染集中体现和暴发；许多河流湖泊 60 年水质变迁可以概括为“50 年代，淘米洗菜；60 年代，洗衣灌溉；70 年代，水质变坏；80 年代，鱼虾绝代；90 年代，黑臭一片；21 世纪，拉稀生癌”。2010 年全国流经城市的河流中，70%的江河水系受到污染；七大水系监测断面中，劣Ⅴ类水质比例仍高达 20.8%；农村饮用水水源地水质仍有 1/3 左右不达标，3 亿农民无法喝到安全的饮用水，占农村人口总数的 45%；28 个国控重点湖库中，75%以上的湖库水体已普遍出现富营养化和水生态退化问题，水质为Ⅴ类或劣Ⅴ类的占 50%以上（图 1-33）。

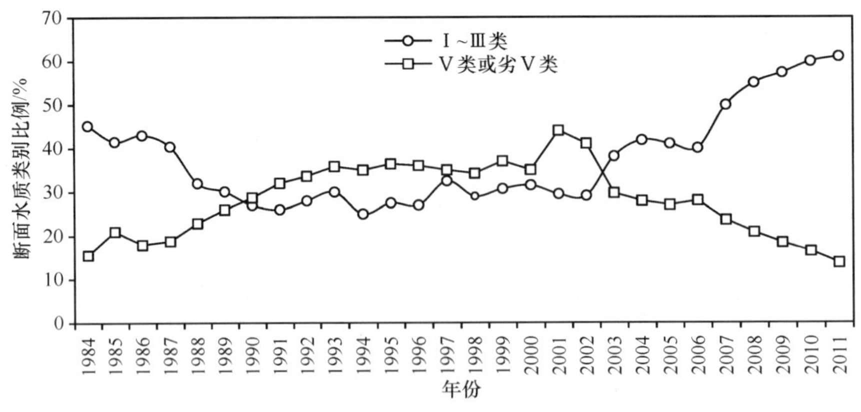

图 1-33　1984~2011 年地表水水质变化趋势
数据来源：1991~2011 年的《中国环境状况公报》

1.2.4.2　城市大气质量有所改善，区域空气质量出现恶化

从 30 年的时间尺度来看，以常规污染物指标衡量的城市空气质量都有所改善。与 1997 年相比，2011 年好于Ⅱ级以上城市的比例增加近 3 倍，劣于Ⅲ级的城市比例从 49.0%

下降到 1.2%；2011 年，325 个地级及以上城市（含部分地、州、盟所在地和省辖市）中，环境空气质量达标城市比例为 89.0%，超标城市比例为 11.0%（图 1-34）。

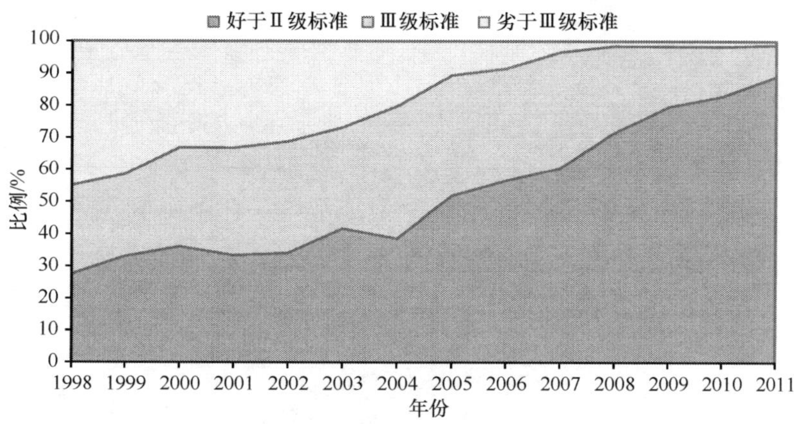

图 1-34　1998~2011 年不同级别空气质量城市的比例变化情况

数据来源：1998~2011 年的《中国环境状况公报》

但部分城市污染依然严重，臭氧、颗粒物等复合污染物日益严重，城市群集中区域出现了多种污染共存的复合型污染地区，局部农村地区空气质量也出现恶化。2009 年，全国空气质量达到优异水平的城市仅 21 个，仅占总监测城市个数的 4%。与人体健康关系较大的指标 PM_{10} 经人口加权后年均浓度为 0.095mg/m^3，距离世界卫生组织推荐的全球指导标准或健康阈值 0.015mg/m^3 差距明显。根据中国环境监测总站对天津、上海、重庆、广东、深圳、广州、苏州、南京等 9 个试点城市 $PM_{2.5}$ 的监测数据可知，试点城市的 $PM_{2.5}$ 超标状况严重，以世界卫生组织提出的 $PM_{2.5}$ 第一阶段（最低的）标准进行评价，各试点城市的 $PM_{2.5}$ 超标天数占全部监测天数的比例在 1.9%~48.9%；同时，2010 年各试点城市发生灰霾天数占全年天数的比例为 20.5%~52.3%，城市灰霾天气出现频率较高。

中国酸雨污染仍有加重蔓延的趋势，中国酸雨覆盖区域已经成为全球三大酸雨区之一，2011 年，监测的 468 个市（县）中，出现酸雨的市（县）227 个，占 48.5%。全国酸雨分布区域主要集中在长江沿线及以南、青藏高原以东地区，主要包括浙江、江西、福建、湖南、重庆的大部分地区，以及长江三角洲、珠江三角洲、湖北西部、四川东南部、广西北部地区。酸雨区面积约占国土面积的 12.9%（图 1-35）。局部地区的酸雨有所加重，主要由于氮氧化物排放量的持续增加，降水中硝酸根离子浓度快速升高，致使降水离子结构发生显著变化。氮氧化物是导致我国酸沉降的重要因素之一，对降水酸度的贡献仅次于 SO_2，酸雨类型已加速由硫酸型向硫酸硝酸复合型过渡。

1.2.4.3　经济发展造成生态破坏严重，生态退化未有明显改善趋势

经济和城市化的快速发展对生态环境的破坏十分严重，其中以水土流失、土地荒漠化、耕地减少、生物多样性减少等为主。全国水土流失面积已从新中国成立初期的 116 万 km^2 增加到现在的约 160 万 km^2，增长了 38%，占国土面积的 1/6。我国北方地区沙漠、戈壁、荒漠化土地总面积为 153.3 万 km^2，占国土面积的 16%，其中土地

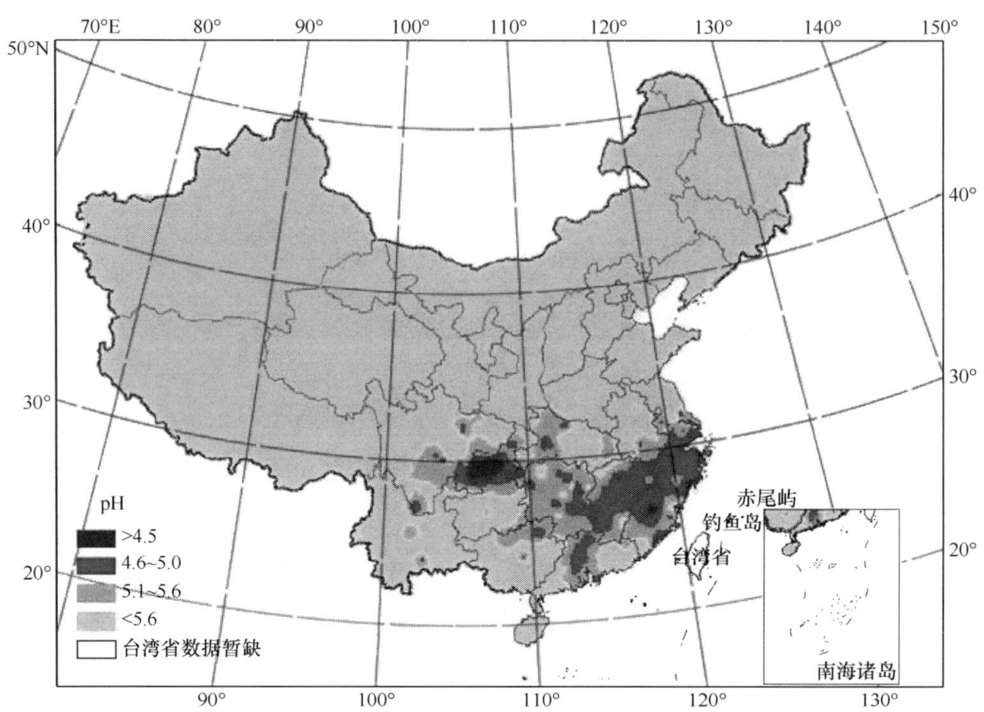

图 1-35　中国 2011 年的酸雨分布状况示意图（彩图请扫描正文末页二维码阅读）
资料来源：《中国环境状况公报 2011》

沙质荒漠化面积已达 20 万 km^2，且沙质荒漠化土地蔓延速度不断加快。人均耕地从 1952 年的 2.82 亩①下降到 2010 年的 1.36 亩。森林面积为 19 545 万 hm^2，覆盖率为 20.36%，只有全球平均水平的 2/3；人均森林面积 0.145hm^2，不足世界人均占有量的 1/4；人均森林蓄积量 10.151m^3，只有世界人均占有量的 1/7。全国草原退化、沙化、盐碱化是发展趋势，草原严重退化面积 9000 多万 hm^2，占可利用草场面积的 1/3，且以每年 130 万 hm^2 的速度退化；据估计，我国的植物物种中 15%~20%处于濒危状态，高于世界 10%~15% 的平均水平。

1.2.4.4　环境污染蚕食经济发展成就，生态环境损失成本逐年提高

环境污染正在侵蚀经济发展成就，资源、能源过度开采和利用，工业的快速发展直接对生态环境产生深刻影响，造成的生态破坏和污染损失逐年增加。自 20 世纪 90 年代中期以来，中国经济增长中有 2/3 是在环境污染和生态破坏的基础上实现的。由煤炭燃烧形成的酸雨造成的经济损失每年超过 1100 亿元。根据世界银行估计，每年中国环境污染和生态破坏造成的损失占 GDP 的比例高达 10%。另据环境保护部环境规划院测算（王金南等，2012a），环境污染和生态破坏造成的经济损失占当年 GDP 的 7%~8%，且呈逐年上升趋势。2004~2010 年的 7 年间，基于退化成本的环境污染损失从 5118.2 亿元提高到 11 032.8 亿元。从最新核算的 2010 年来看，“十一五”期间环境退化成本上升 89.6%，环境退化成本和生态破坏损失成本合计 15 513.8 亿元，约占当年 GDP 的 3.5%（图 1-36，图 1-37）。

① 1 亩≈666.7m^2。

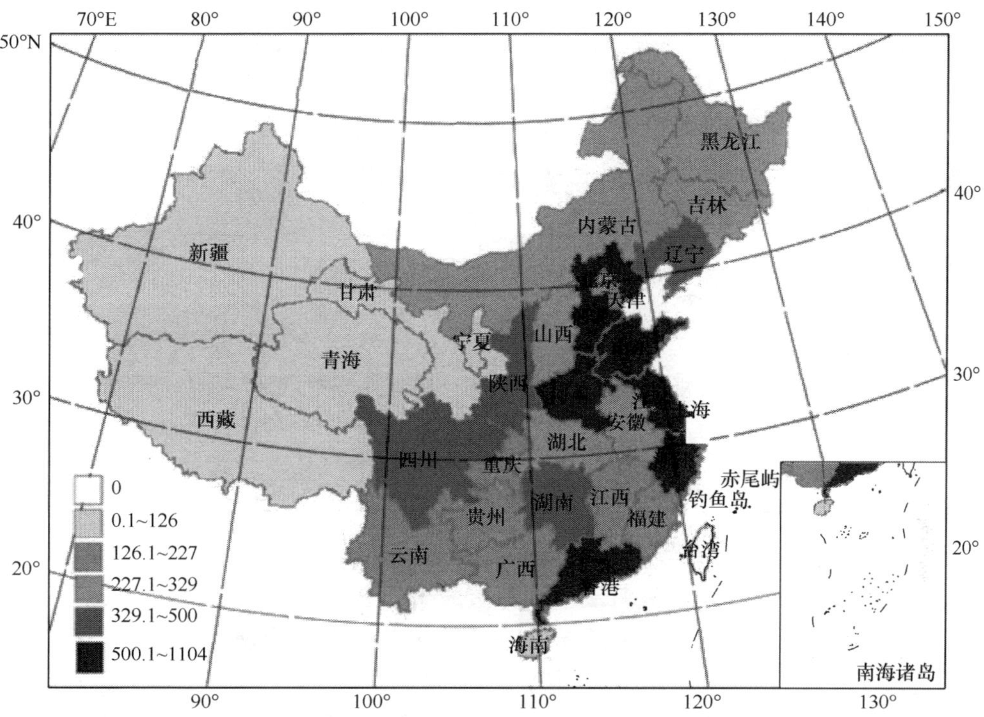

图 1-36　2010 年我国环境退化成本空间分布示意图（彩图请扫描正文末页二维码阅读）

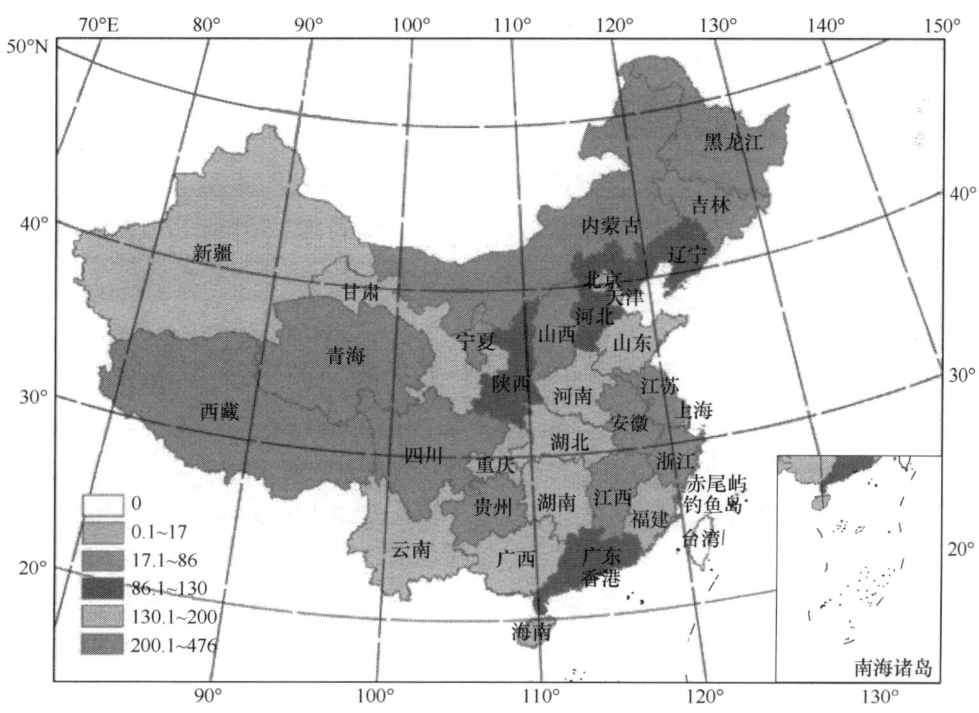

图 1-37　2010 年我国生态退化损失空间分布示意图（彩图请扫描正文末页二维码阅读）

资料来源：《中国环境经济核算研究报告 2010》

1.2.4.5 公众健康面临严重威胁，环境安全影响社会稳定

严重的环境问题已经危及群众健康和公共安全。根据 2009 年中国绿色国民经济核算研究成果，2009 年中国只有 1.47%的城市人口生活在低于世界卫生组织推荐的颗粒物阈值（PM_{10} 20μg/m^3）以下的环境中，由于大气污染造成约 39.9 万城市人口过早死亡，占总病因死亡人数的 5.0%，同时还造成约 56.7 万人因病住院，新发 22.7 万慢性支气管炎患者。另据中国环境规划院测算研究（王金南，2012b），2009 年 PM_{10} 没有达到新二级标准的城市，因大气污染而导致的过早死亡人数为 29.8 万人，导致的因呼吸系统和循环系统住院的人数约为 46.3 万人，造成约 2754.3 亿元的人体健康损失。中国城乡居民的癌症（恶性肿瘤）死亡率在过去 30 年中增长了八成以上，尤以肺癌和乳腺癌上升幅度最大，分别上升了 465%和 96%；我国城市居民的肺癌死亡率有明显升高，2007 年比 20 世纪 70 年代初期增长了 2.8 倍，恶性肿瘤死亡率比 20 世纪 70 年代初期增长了 0.9 倍；从最新研究看（王金南等，2012b），全国 PM_{10} 仅 3.9%左右城市达到一级标准，与 2009 年相比有所下降。

严重的环境安全问题也暴发了社会冲突，日益成为影响社会稳定的重要因素。2005 年松花江水污染和 2007 年太湖蓝藻事件都造成了上百万群众饮水困难。重金属等污染事件呈高发态势，化学品生产企业布局存在环境风险，危险废物非法堆存、运输和不规范处置现象十分普遍，垃圾围城现象愈演愈烈，防范核与辐射风险的压力进一步增加，因环境污染事故引起的群体性事件增多。一些地方广大群众改善环境的呼声越来越高，近年来环境投诉数量都在以每年 30%的速度上升。而环境问题导致的群体性事件也以每年 29%的速度递增。

1.2.5 环境保护体制机制

与发达国家相比，我国的环境保护工作起步较晚，受长期计划经济体制的影响，特别是随着我国市场经济体制的完善和以公有制为主体多种经济成分并存的经济体制改革的进展，现行的环境保护体制机制在一定程度上已影响了我国环境保护工作的进程。主要表现如下。

1.2.5.1 环境管理体制不顺，难以发挥统一监管作用

我国环境管理体制存在的问题主要体现在两方面：一是横向上，我国实行“统一监督管理与部门分工负责相结合”的基本管理原则，但目前统管部门与行业主管部门之间存在职能交叉现象，使得在环境管理实际工作中出现互相推诿或扯皮现象，环境保护部门难以实现有效的统一监督管理；二是纵向上，我国的环境行政组织由中央、省（自治区、直辖市）、市、县、乡镇政府的环境行政部门组成，各级环境保护部门接受各级政府领导，各级政府对本辖区环境质量负总责。这种以地域管理为主的管理体制，一方面，地方政府作为经济和环境政策的执行者，有利于调整产业结构，转变经济增长方式，使环境保护工作与经济建设和社会发展相协调。另一方面，由于地方经济利益的驱使容易滋生地方保护主义，干预环境管理工作；同时由于许多环境要素的流动性和生态系统的完整性，在解决跨区域环境问题时，在行政署地分割管理模式下，地方政府之间往往互相推诿，严重影响环

境管理效率。即使在同一行政区域，由于上级环境保护部门对下级环境保护部门没有行政管理权限，造成执法效力分散、凝聚力不强、有限的环境管理资源得不到共享。

《中华人民共和国环境保护法》第七条规定："国务院环境保护行政主管部门，对全国的环境保护工作实施统一监督管理"，"县级以上地方人民政府环境保护行政主管部门，对本辖区的环境保护工作实施统一监督管理"。第十六条规定："地方各级人民政府，应对本辖区环境质量负责，采取措施改善环境质量。"根据上述规定，各级环保部门按照所管辖的行政区划分职责范围。这种原则性规定，不具有实际操作性，环境行政执法中出现的关于上下级环保部门职责如何划分的问题，难以适用此规定加以解决。我国的环保部门分为县、区级，地、市级，省、自治区、直辖市和中央级，目前县、区级环保部门只能对其辖区内的一部分相对人（企事业单位）进行管理，而另一部分相对人由地市级或省级甚至中央环保部门直接实施监督管理，使县级环保部门在总量控制、烟控制区、噪声达标等管理工作中无法实现统一监督管理，往往造成该管的没有管到，想去管的又无权管的管理"真空"现象。

1.2.5.2　环境法律体系不完善，环境执法力度低

虽然我国的环境保护法律法规经过近 30 年的发展，已经具有相当的规模，但在某些领域仍为空白，而且现有的一些环保法律法规还存在着缺陷，严重滞后于现实的需要，与市场经济条件下的运行机制不相适应。有些环保法律法规不具体，不明确，相互之间存在着不协调，甚至还出现矛盾与冲突。现行的法律、法规对公民、法人或其他组织规定了法律禁止行为，这些规定较为系统、全面，但法律对违反各项规定所承担的责任没有相应的规定，或罚则规定不明确，无法追究其责任，此外，法律条文过于原则化、抽象化，对法律责任的规定过于笼统，导致环境行政执法具体操作起来难以落实。对环境违法行为的处罚力度不够，许多惩罚都是象征性的，罚款数额过低，对违法者构不成有效的威慑，造成当前违法成本低、守法成本高的局面。在现行的环保法律法规中，禁则多，罚则少，容易导致在环境执法中出现"两高一低"的现象，即守法成本高、执法成本高、违法成本低的情况，导致对破坏环境的不法行为不能给予应有的制裁。法律赋予环境行政执法的权限不足，环保部门没有行政强制权，对拒不履行环境行政处罚决定的行为，环保部门缺乏必要的查封、冻结、扣押、没收等行政强制手段，只能申请人民法院强制执行，造成环境行政执法疲软，有法难依，严重影响了环境执法工作的进行。行政干预在环境监督管理过程中依然存在，而且已成为阻碍环境执法的一大障碍。环保部门在环境执法过程中面临着协调管理相对人与领导者关系的问题，环保部门受政府直接领导，领导者往往又是某些具体环境行政执法中的关键因素。这就造成处罚的企业难以被处罚，关停的企业更是得不到关停。环评、"三同时"制度在经济发展过程中往往被当地政府简略，流于形式，致使老污染没治理，新污染又产生。

1.2.5.3　经济手段的作用亟待加强

环境问题实质上是个经济问题，解决环境问题必须利用经济手段；另外，市场经济是一种利益经济，市场主体的行为主要受利益机制驱动，利用经济手段解决环境问题，可以对市场主体的环境行为施加一定的经济刺激，从而促使其采取积极、主动的措施保

护环境。环境保护部在贯彻落实《节能减排综合性工作方案》的总体要求中提出：综合运用经济、法律和必要的行政手段，动员全社会力量，扎实作用于污染减排工作，确保实现减排约束性目标，推动经济社会又好又快发展。然而，长期以来中国环境管理以行政强制手段为主，经济手段相对滞后。主要表现在环境资源无偿使用，导致有限的环境资源得不到合理高效的配置；排污费征收标准低，而且排污费征收、使用等环节存在许多弊端；生态补偿机制尚未建立，导致环境污染和生态破坏不能尽快恢复治理；排污交易政策作为总量控制配套制度，不仅能够降低全社会污染治理成本，而且能够有效实现污染物总量控制目标，但至今尚未得到全面推广，导致主要污染物（SO_2、COD）污染治理成本难以下降，严重影响污染减排目标的实现。

1.2.5.4　环境管理能力建设薄弱，保障条件不足

目前，全国已初步形成了由各监测站组成的国家、省、市（县）三级环境监测网络，环境监察机构相继建立，执法监察能力得到进一步提升，科技、规划、标准、科研、宣教、信息支撑能力不断加强，对促进环境保护事业的发展起到重要保障作用。但是，相对于经济的粗放型增长和生态环境污染形势的日益严峻，环境监管整体能力仍十分薄弱，尤其是基层（县级）监管能力相对滞后，主要体现为环境保护部门人员编制紧张、人员素质低下、经费不足、设备落后等，在中西部地区尤为突出。在人员编制方面，人员处于超负荷运转状态；而多数县级环境监察部门的工人身份人数超过半数，执法能力严重不足。一些县区的环保机构挂靠或并入当地的城建部门，大多数基层县区至今还没有建立环境监理机构。在经费方面，有些基层环境保护部门的公务用车燃油费严重不足，使环境执法效率受到较大的影响。而且环境执法装备落后，基层环保部门现有的环境监测、环境监理的仪器设备严重缺乏、陈旧落后，品种少、档次低，缺少懂得用科学化、自动化仪器设备来实施监测和调查取证的技术人员，导致环保部门很多时候没办法对环境污染进行有效的现场取证，致使一些有力的证据灭失，给执法工作带来了很大的困难。环境执法力量薄弱，人员不足。面对不断增多、污染严重的中小企业，现有的执法人员队伍远远不能适应日益繁重的环境行政执法任务，只得穷于应付、疲于奔命，使得对排污单位的日常检查次数偏少、范围偏窄。

1.2.5.5　注重行政区域管理，忽视流域管理

我国的环境管理体制中环保机构的设置依附于行政区域的设置。近几年我国水资源保护注重市场主体而忽视了政府职能机关，管理体制的设置重视区域机构而忽视了流域机构，由此导致的弊端已暴露无遗。由于流域水资源管理机构没有独立的管理职责，缺乏统一调度和管理功能，因而没有能力协调流域内部各个行政区之间的水资源管理工作，无法真正实现流域统一管理，形成了“上游用水、下游无水；上游排污，下游污染”的局面。近几年淮河流域、太湖流域的污染治理情况就足以说明这一问题。现行的管理体制下，一般都存在着权力分散的特点，形成了权限重叠、权力分散的多元化管理体制，最终导致了水资源保护失去规范。根据有关法律的规定，除水行政主管部门、环保部门外，交通部门、卫生行政部门、地质矿产部门、市政管理部门、重要江河的水源保护机构都是水环境保护的协管部门。这些部门在水资源保护与管理方面既有主管又有协管，

既有分工又有协作。由于种种原因，这一管理体制存在着关系不顺、沟通与协调不够的问题。各部门难免从部门利益出发，造成权力设置的重复或空白，其结果是只有分工，没有协作，发挥不出整体效益。而由此产生的各部门权力的竞争，造成了对整体利益、长远利益的损害。

1.2.6 总体判断与成因分析

综上分析，我国的资源环境形势十分严峻，集中表现为主要污染物排放量超过环境承载能力，生态系统功能退化，资源保障能力不足，资源环境对经济发展的严重制约已经成为定局，结构型、压缩型、复合型污染的特征已经成为定局，环境保护面临的长期性、艰巨性、复杂性的矛盾和问题已经成为定局。当前我国环境形势呈现出一个新的特点，即环境风险上升、环境事故频发、群体性事件增多、环境损害加重。大中城市基础设施建设引发的环境群体性事件越来越多，包括交通、电力、垃圾焚烧厂等；小城镇、农村的违法排污引发的环境群体性事件增多，特别是重金属污染等；大型现代化工业企业由于安全生产事故引发的流域性、区域性的污染事件增多。造成环境形势严峻的原因是多方面的，突出表现如下。

1）思想认识还不到位。

中国工业化和城市化进程突飞猛进，经济的高速增长依赖高投入、高消耗、高污染、低效率的粗放型增长方式，以“资源换增长”的资源消耗型发展模式仍普遍存在，经济社会发展与生态环境保护的矛盾日益显现。而 GDP 长期以来作为衡量地方政府政绩的重要手段，在诸多经济发展指标中处于核心地位。一些地方领导干部特别是基层领导干部对落实科学发展观的认识还不到位，科学政绩观还远远没有形成。“重经济增长、轻环境保护”现象仍然突出，“先污染后治理”的错误认识依然存在，许多地方仍然把追求高速度经济增长当作硬任务，把环境保护作为软任务。

2）经济增长方式转变缓慢。

我国粗放工业模式尚未根本改变，目前，我国产业结构不合理的问题仍很突出，固定资产投资增长过快，重工业特别是高污染行业增长快，产业结构调整进展缓慢，经济增长过于依赖第二产业特别是重化工业。2000 年，重工业占工业总产值的比例为 60%左右，到 2009 年，已接近 70%。近 8 年来，高能耗、高污染行业年均增长率都在 15%以上，占全国工业能耗和二氧化硫排放近 70%的钢铁、建材、有色金属、电力、石油、化工等六大行业，同比增长超过 20%。我国已成为世界上能源、钢铁、水泥等消耗量最大的国家之一，主要矿产资源对外依存度逐年提高。消费结构快速升级，不可持续的消费行为日益盛行。如果不提高城镇化的质量，势必带来更大的环境压力和生态风险。

3）环境法制还不健全。

现有的环境法律法规不健全，可操作性不强，对违法企业的处罚额度过低，对纠正环境违法行为缺乏强制执行权。土壤、化学品污染防治和环境监测等还存在法律空白，排污许可证、总量控制等工作的法律支持亟待加强。环境执法监督偏软，在一些地方执法不到位，有法不依、执法不严、违法不究的现象还比较普遍。一些制约环保事业发展的体制问题依然存在，环保队伍薄弱的状况尚未根本改变，环保监管力量与日益繁重的环保任务越来越不适应。《中华人民共和国环境保护法》《中华人民共和国大气污染防治法》需要加以修订，“守法成本高、违法成本低”的问题长期没有得到解决。

4）环保投入比例偏低。

随着工业化和城市化进程的加快及人口持续增加，长期的粗放型经济增长，使得环境治理总体压力很大。过去那些使用简单技术、较少投资就能解决的问题现在已经越来越少，污染的治理难度和对资金的需求程度都有了明显的变化，环境治理的成本不断增大。污染的性质发生了显著变化，区域性、流域性、面源、生活性污染逐渐成为新的矛盾，这些污染的解决相对于传统工业的末端治理需要更大规模的环保投资。多年来中国在环境污染上的投资远低于应有的基本保障水平，政府环境包袱越背越重，环保资金需求强劲。根据发达国家经验，在经济高速增长时期，环保投入要在一定时间内持续稳定达到GDP的1.5%，才能有效地控制污染，达到3.0%才能使环境质量得到明显改善。目前我国环保投入增长速度缓慢，远低于经济增长速度，占GDP的比例偏低。比照国际经验，我国环保投资需求与实际投入的资金缺口仍较大。

5）环境管理体制不完善。

近几年我国环境保护注重市场主体而忽视了政府职能机关，各级环保部门特别是基层环保部门机构不健全，人员编制少，工作条件差，经费不落实，缺少必要的执法车辆和设备，监管能力明显不足。一些在基层从事环保工作的同志，许多地方存在“废水靠看、废气靠闻、噪声靠听”的情况。另外，我国的环境管理体制中环保机构的设置依附于行政区域的设置，但环境的污染不只是自身的问题，还存在污染物大气扩散等因素，需要区域间进行联防联控。总的来说，体制和制度安排不完善，环境监管水平长期滞后，导致了体制不顺、职责不清、人员素质低、执法不到位、地方保护等现象发生。

6）政策措施不完善。

财税、金融、价格、贸易等政策不配套，鼓励环境保护的力度不够。资源价格既不能反映资源的稀缺程度，又不能反映污染治理成本，对资源节约和环境保护缺乏应有的调节作用。排污权无偿取得及较低的排污费征收标准，使环境被廉价甚至无偿使用。“先排污、后收费”的排污费征收方式，使政府处于被动局面，也难以形成对企业的有效约束机制。长期以来，我国采取了资源无价、原料低价、产品高价的扭曲价格体系，原料生产与加工企业凭借对环境资源的无偿或低价占有获取超额利润，环境资源却没有得到应有的补偿，有利于环保的资源价格形成机制、生态补偿机制还未形成。我国对环保节能型企业和高污染、高消耗企业，在税赋和融资政策上没有区别对待，不利于调动各类企业节能减排的积极性。

当前，我国和世界不断发生着深刻变化，国家经济和环境保护都处在新的发展阶段。传统的以消耗能源和污染为代价的经济增长方式必须改变，不能再仅依靠GDP数量的增长，而应当在把握经济发展规律的前提下，采取更有力的措施提高经济发展质量和效益，促进经济社会又好又快的发展。加快转变经济发展方式是实现国民经济又好又快发展的必然要求。自从中国共产党第十七次全国代表大会（党的十七大）确立实现经济增长方式根本性转变的方针以来，我国在转变经济增长方式方面取得了不少成效，但总体上还没有转变高投入、高消耗、高排放、难循环、低效率的增长方式。只有通过环境保护倒逼经济结构升级及发展方式转变，实现环境保护优化经济增长的目的。

1.3　2015~2030 年我国经济与环境压力预测

1.3.1　经济社会发展

未来 20 年，中国将加速融入全球化，中国崛起将成为推动全球化的重要力量，中国经济对世界的影响也将持续增强，预计到 2030 年前后，中国将在经济总量上超越美国成为世界第一大经济体。但整个中国经济的增长速度会受到世界经济的影响或拖累，发展传统产业将面临巨大的资源环境压力和瓶颈，中国经济将不断朝着绿色转型的方向发展，这就意味着将从传统的石油、化工、钢铁等高污染、高消耗行业逐渐向高端制造业和现代服务业转变，而这种行业转型将在国内四大区域呈现梯度推进。

1.3.1.1　经济总量

在对我国未来经济发展形势和各大区域发展路径分析的基础上，采用三种情景方案对未来 20 年我国四大区域经济发展总量进行预测。

高情景方案：基于未来我国经济转型成功、国际经济形势十分有利、发展后劲充足的假设下，预测我国经济仍将长期保持 8%左右的增长速度，2015 年、2020 年、2030 年将分别达到 61.27 万亿元、93.40 万亿元、191.60 万亿元，经济总量将在 2030 年之前超过美国。从四大区域来看，到“十二五”末，即 2015 年，东部、中部、西部、东北地区 GDP 总量分别达到 30.62 万亿元、12.59 万亿元、12.43 万亿元、5.62 万亿元，到 2020 年，东部、中部、西部、东北地区 GDP 总量分别达到 44.79 万亿元、19.66 万亿元、19.94 万亿元、9.00 万亿元；到 2030 年，东部、中部、西部、东北地区 GDP 总量分别达到 86.83 万亿元、41.37 万亿元、43.73 万亿元、19.66 万亿元（表 1-5）。

表 1-5　高情景方案下 2010~2030 年我国四大区域 GDP 总量及增长率比较

区域	GDP 总量/万亿元				年均增长率/%		
	2010 年	2015 年	2020 年	2030 年	2010~2015 年	2015~2020 年	2020~2030 年
东部	21.32	30.62	44.79	86.83	7.51	7.91	6.84
中部	7.91	12.59	19.66	41.37	9.75	9.32	7.72
西部	7.48	12.43	19.94	43.73	10.70	9.91	8.17
东北	3.44	5.62	9.00	19.66	10.30	9.87	8.13
全国	40.15	61.27	93.40	191.60	8.82	8.80	7.45

中情景方案：假设未来我国经济转型总体成功，但由于宽松货币政策导致的通货膨胀居高不下，人民币不断升值和国际经济形势低迷使得出口优势逐渐消失的情景下，预测我国经济仍将呈现先快后慢的增长趋势，“十二五”期间 GDP 年均增长率仍将保持在 8%左右，2015 年 GDP 总量达到 59.14 万亿元；“十三五”期间 GDP 年均增长率将下降为 7%左右，2020 年 GDP 总量达到 85.20 万亿元；到 2020~2030 年 GDP 年均增长率将进一步下降为 6%左右，2030 年 GDP 总量将达到 162.57 万亿元，超过美国（表 1-6，图 1-38）。

表 1-6　中情景方案下 2010~2030 年我国四大区域 GDP 总量及增长率比较

区域	GDP 总量/万亿元				年均增长率/%		
	2010 年	2015 年	2020 年	2030 年	2010~2015 年	2015~2020 年	2020~2030 年
东部	21.32	29.55	40.86	73.67	6.75	6.69	6.07
中部	7.91	12.16	17.94	35.11	8.97	8.09	6.95
西部	7.48	12.00	18.19	37.11	9.92	8.67	7.39
东北	3.44	5.43	8.21	16.68	9.52	8.63	7.35
全国	40.15	59.14	85.20	162.57	8.05	7.57	6.67

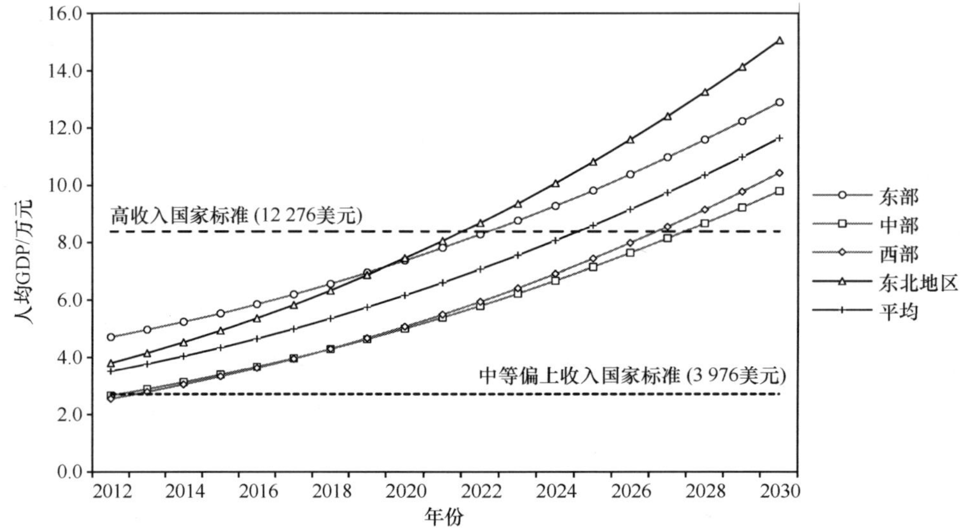

图 1-38　2012~2030 年四大区域人均 GDP 增长情况（中情景方案）
数据按 2010 年美元计价

低情景方案：假设未来我国经济转型总体没有实现较大突破，世界经济不景气严重影响了我国的出口贸易，高房价和高通胀严重透支国内消费能力，仅依靠固定资产投资拉动经济快速增长并不可持续，拉动经济发展的“三驾马车”均呈现后劲不足，决定经济增长的诸多因素相互消长，不确定、不稳定因素明显增加，经济形势空前复杂，经济发展形势存在诸多变数。预测我国经济增长速度将呈现持续下降趋势，“十二五”期间 GDP 年均增长率将下降到 7.8%左右，2015 年 GDP 总量仅为 58.42 万亿元；“十三五”期间 GDP 年均增长率将下降为 6%左右，2020 年 GDP 总量为 79.66 万亿元；到 2020~2030 年 GDP 年均增长率将进一步下降为 5%左右，2030 年 GDP 总量为 135.42 万亿元，与美国经济总量仍有一定差距（表 1-7）。

表 1-7　低情景方案下 2010~2030 年我国四大区域 GDP 总量及增长率比较

区域	GDP 总量/万亿元				年均增长率/%		
	2010 年	2015 年	2020 年	2030 年	2010~2015 年	2015~2020 年	2020~2030 年
东部	21.32	29.19	38.20	61.37	6.49	5.53	4.85
中部	7.91	12.01	16.77	29.24	8.71	6.91	5.72
西部	7.48	11.85	17.01	30.91	9.65	7.48	6.16
东北	3.44	5.36	7.68	13.90	9.25	7.45	6.11
全国	40.15	58.42	79.66	135.42	7.79	6.40	5.45

我国经济未来发展趋势仍然存在诸多变数，不同情景下四大区域经济总量增长趋势也将发生较为明显的变化。但中国作为世界第二大经济体向第一大经济体转变的总体方向是不变的，仅仅只是时间问题。而具体到我国四大区域来看，未来中部、西部、东北三大区域经济增长速度将高于东部地区，但其经济驱动因素中资源密集型重工业、劳动密集型低附加值加工业所占比例仍较高，这将对三大区域生态环境造成巨大压力，尤其是水资源较为短缺、生态较为脆弱、环境承载力不足的西部地区各省份。随着经济转型和城镇化发展，东部地区生态环境压力将逐渐从以工业为主向以生活为主转变，其面临的生活污染和压力将逐渐凸显。

1.3.1.2 人均 GDP

未来我国人均 GDP 将呈现加速增长的趋势，其中 2015 年将达到 5.00 万元，较 2010 年 3.07 万元，增加了 0.6 倍。2020 年、2030 年将进一步增长到 6.17 万元、11.64 万元，分别接近 2010 年的 2 倍和 4 倍。对比四大区域未来人均 GDP，其中东北地区人均 GDP 将呈现较快增长，2020 年、2030 年将分别达到 7.45 万元和 12.89 万元；东部地区人均 GDP 也将高于全国平均水平，2020 年、2030 年将分别达到 7.45 万元和 15.07 万元；西部地区人均 GDP 也将呈现较快增长趋势，2020 年、2030 年将分别达到 5.08 万元和 10.43 万元；中部地区人均 GDP 在 2020 年、2030 年将分别达到 5.01 万元和 9.8 万元；总体来看，我国东北、东部地区人均 GDP 仍要高于中部和西部地区。同时，在 2013 年左右所有区域都将达到中等偏上收入国家标准；东部和东北地区在 2020 年前后达到高收入国家标准，而中部和西部将到 2027 年前后达到。

1.3.1.3 三次产业结构

未来，我国四大区域三次产业结构都将逐步优化，表现在第一、第二产业比例逐渐下降，而第三产业结构逐渐提高。东部地区第一产业持续下降，2015 年下降到 5.6%，2030 年将进一步下降到 3.84%；第二产业将持续下降，到 2015 年下降到 48.71%，到 2030 年下降为 34.05%；第三产业将在 2013 年超过第二产业比例，到 2015 年达到 45.69%，最终到 2030 年达到 62.11%，东部地区将成为我国服务业最为发达的地区。中部地区第一产业比例 2015 年下降到 10.86%，2030 年将进一步下降到 6.81%；第二产业比例呈先慢后快的下降趋势，到 2015 年下降到 49.97%，到 2030 年下降为 37.06%；第三产业比例 2015 年增长到 39.18%，在 2020 年超过第二产业，最终到 2030 年达到 56.13%。西部地区第一产业比例 2015 年下降到 11.21%，2030 年将进一步下降到 7.00%；第二产业比例呈先慢后快的下降趋势，到 2015 年下降到 47.53%，到 2030 年下降为 35.39%；而第三产业比例 2015 年增长到 41.26%，在 2018 年左右超过第二产业，最终到 2030 年达到 57.61%。东北地区第一产业比例 2015 年下降到 9.58%，2030 年将进一步下降到 6.15%；第二产业比例到 2015 年下降到 49.45%，到 2030 年下降为 36.47%；而第三产业比例 2015 年将增长到 40.97%，在 2020 年左右超过第二产业，最终到 2030 年达到 57.38%（图 1-39）。

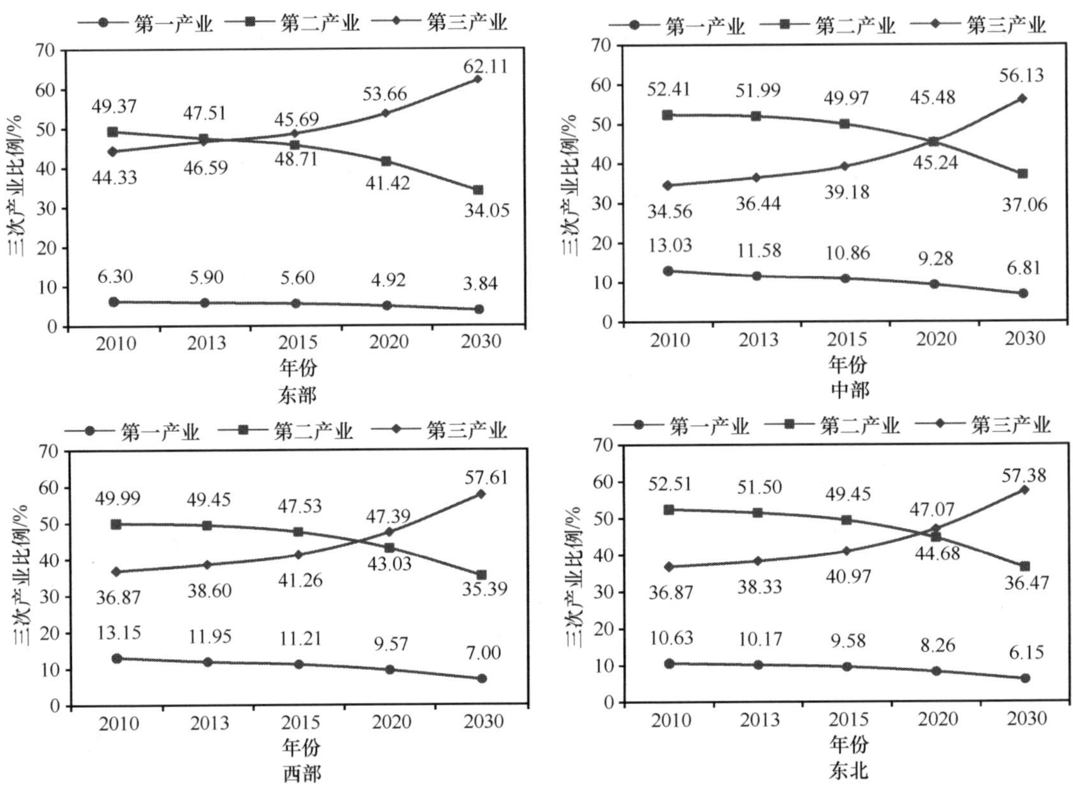

图 1-39　2010~2030 年四大区域三次产业结构变化

未来东部地区三次产业结构更趋合理，服务业发展水平最高，而中部、西部和东北地区三次产业结构也逐渐向低消耗、低污染方向发展，但要远远滞后于东部地区。

1.3.1.4　人口总量

目前，中国现在仍然处于人口增长阶段，但增长速度已经趋缓，年均新生儿出生量已经降至 400 万左右。近 30 多年的统计数据显示，中国目前人口出生率显著下降。“十一五”期间保持在 5‰左右，且呈逐年走低趋势，从 2006 年的 5.89‰下降到 2011 年的 4.79‰，下降了 1.1 个千分点。随着我国逐步进入老龄化社会，新生儿出生率将逐渐降低，老人死亡率将逐渐升高，预计到 2030 年左右，我国新生儿出生率将与老人死亡率持平，人口自然增长率将为 0，我国人口总量将达到峰值，随后逐渐下降。参考相关研究结果，预测我国 2015 年、2020 年总人口将缓慢增长到 13.746 亿人、13.836 亿人，到 2030 年最终增长到 13.994 亿人，达到 21 世纪峰值。

从四大区域来看，东部地区总人口仍然最多，东部地区总人口呈增长趋势，年均增长率为 6‰左右，但增长速度逐渐趋缓。中部地区总人口呈增长趋势，但年均增长率为 0.6‰左右，增长速度十分缓慢。西部地区未来人口总量与中部基本相当，西部地区总人口呈缓慢减少趋势，年均下降比率为 0.68‰左右。东北地区未来人口总量最少。中部地区总人口呈缓慢增加趋势，但增长十分缓慢，年均增长率为 0.54‰左右。总体来看，未来我国四大区域总人口仍以东部地区最多，且增长速度最快，而东北地区总人口最少，由于属于人口流出地区，西部地区未来总人口将呈现下降趋势（图 1-40）。

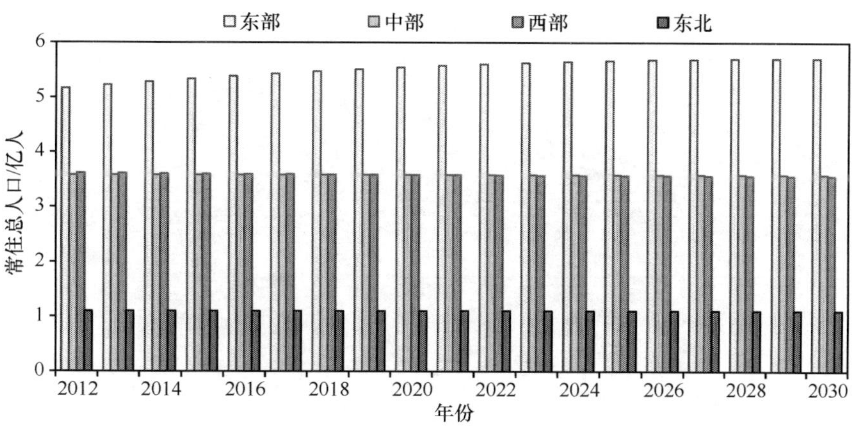

图 1-40　2012~2030 年四大区域常住总人口变化趋势预测

1.3.2　资源能源消耗

随着经济的不断发展，能源消耗也在不断增加，但由于能源利用率不断提高，能耗上升的速度比 GDP 的增长速度低得多。然而，能源效率不断提高的趋势在“十一五”期间出现逆转。尽管国家在替代能源领域投入了大量资金，包括风能、太阳能、水能及核能，但由于经济发展仍然以煤炭作为主要能源，能耗增加对环境的影响被放大。能源消费结构是影响大气环境质量的主要因素，在未来几年内仍将是中国所要面临的一个重大挑战。

1.3.2.1　能源总量

在 2030 年前我国经济仍将以重化工业发展为主，这些重化工业多是高耗能企业，因此在未来相当长的一段时间内，我国经济发展仍将以大量资源、能源消耗为基础，截至 2030 年我国能源消耗总量不断上升，能源消费总量将比 2010 年上涨 98%，成为我国经济发展的重要约束条件，同时也给环境保护工作带来巨大压力。2010 年我国能源消费总量为 32.5 亿 t 标煤，2015 年达到 42.99 亿 t 标煤，在“十二五”期间增长 32.3%，年均增长 6.5%，2020 年达到 50.1 亿 t 标煤，预计在“十三五”期间增长 19.2%，年均增长 3.6%，2030 年预计能源消费总量为 64.4 亿 t，比 2020 年增长 28.9%，在 2020~2030 年能源消费总量年均增长 2.5%（图 1-41）。

1.3.2.2　能源效率

我国的能源消费强度随技术进步和能源效率不断提高而逐步降低，其中煤炭消费强度下降幅度最大，石油、天然气及其他能源的消费强度也都呈明显下降趋势。2010 年全国能源消费强度为 0.809t 标煤/万元，2015 年下降到 0.677t 标煤/万元，降低了 16.3%，2020 年比 2015 年下降了 17.3%，2030 年又比 2020 年下降了 32.6%（图 1-42）。

随着经济的不断发展，能源消耗在不断增加，但能源利用率不断提高，能耗上升的速度比 GDP 的增长速度低得多。从预测结果可以看到，西部地区万元 GDP 能耗一直高于全国平均 GDP 能耗。西部地区 2010 年的单位 GDP 能耗为 1.083t 标煤/万元，高于

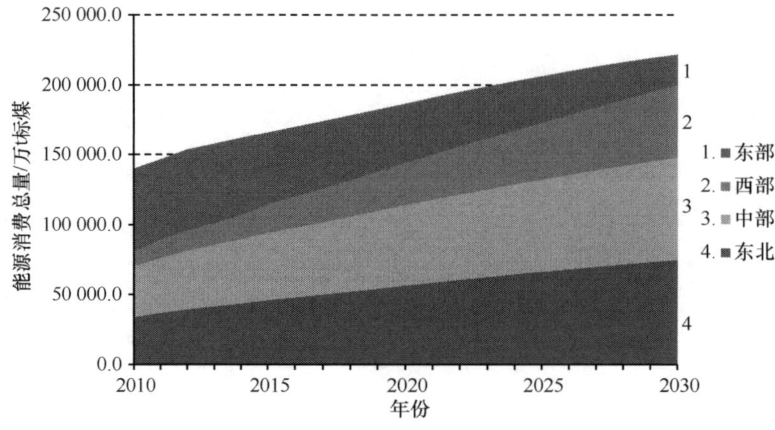

图 1-41　各区域能源消费总量预测

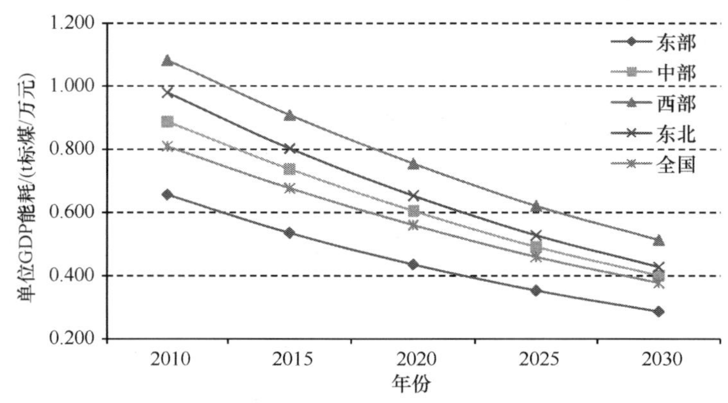

图 1-42　各区域单位 GDP 能耗预测

全国平均水平 0.809t 标煤/万元。2015 年降低到 0.908t 标煤/万元，“十二五”期间降低了 16.2%，2020 年为 0.755t 标煤/万元，“十三五”期间降低了 16.9%，2030 年为 0.513t 标煤/万元，比 2020 年降低了 32.1%。东北地区单位 GDP 能耗一直高于全国单位 GDP 能耗和中部、东部地区单位 GDP 能耗，但低于西部地区单位 GDP 能耗。东北地区 2010 年的单位 GDP 能耗为 0.979t 标煤/万元，高于全国平均水平 0.809t 标煤/万元。2015 年降低到 0.803t 标煤/万元，“十二五”期间降低了 18.0%，2020 年为 0.654t 标煤/万元，“十三五”期间降低了 18.6%，2030 年为 0.428t 标煤/万元，比 2020 年降低了 34.6%。

1.3.2.3　能源结构

“十二五”期间，我国把大力调整能源结构作为改变能源发展方式的主攻方向，传统能源的清洁高效利用将扮演重要角色，新能源和可再生能源发展也将得到大力推动。“十二五”规划纲要给新能源和可再生能源的发展规定了硬性任务：到 2015 年，非化石能源占一次能源消费比例达到 11.4%，单位国内生产总值能源消耗降低 16%，单位国内生产总值二氧化碳排放降低 17%。我国的煤炭消费呈现逐年下降趋势，到 2015 年煤炭消费量占能源消费量的比例为 64.6%，比 2010 年降低 3.4 个百分点，2020 年该比例为 61.5%，比 2015 年又降低了 3.1 个百分点。石油、天然气和其他能源的消费量逐年上升，石油消费量占能源消费量的比例在“十二五”期间增加 0.73 个百分点，2020 年预计比

2015 年再降低 2.0 个百分点，2030 年比 2020 年降低 2.2 个百分点；天然气消费量占能源量的比例在“十二五”期间增长 0.97 个百分点，预计 2020 年比 2015 年再增加 1.5 个百分点，2030 年比 2020 年再增加 2.7 个百分点；其他能源消费量占能源消费总量的比例在“十二五”期间增长 2.2 个百分点，2020 年比 2015 年再增加 3.6 个百分点，2030 年比 2020 年再增加 5 个百分点。由于煤炭消费比例已经呈现下降趋势，因此煤炭消费强度下降的趋势最为明显；石油、天然气及其他能源虽然消费比例呈现上升趋势，但消费强度仍然呈现逐年下降的趋势。

四大区域在一次能源消费结构和消费量的变化趋势是相同的。从一次能源消费结构来看，2010~2015 年，煤炭消费所占比例将呈逐年下降的趋势，但煤炭消费量仍然很高。从各种能源消费量来看，能源消耗总量呈逐年上升的趋势，虽然煤炭和石油占一次能源的比例在下降，但煤炭和石油的消耗量仍在增长。天然气和水电、核电、风能、生物质能等清洁能源消费量将不断提高，占整个一次能源消费的比例也将逐年增加（图 1-43）。

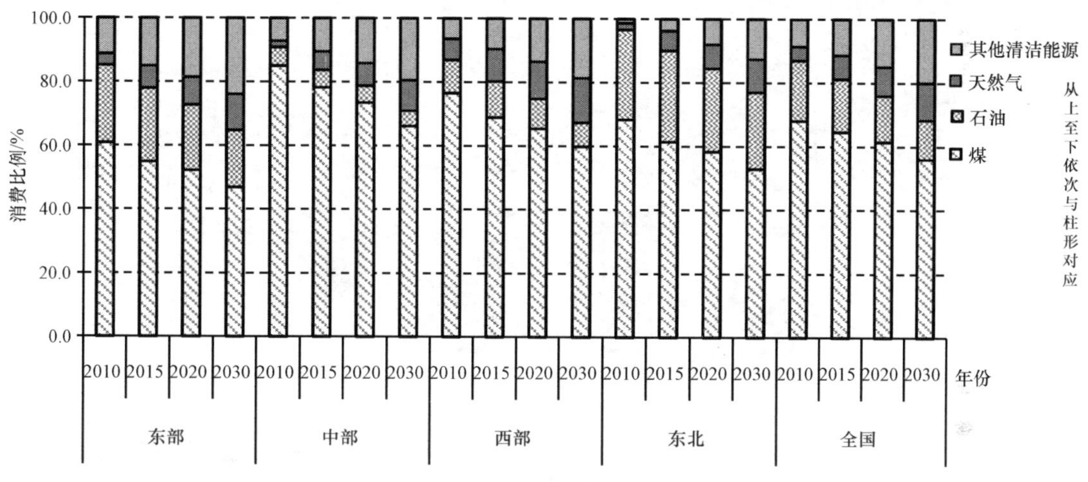

图 1-43 各区域能源消费构成预测

1.3.3 环境污染压力

1.3.3.1 水环境压力

随着我国人口的持续增长、经济快速发展、城镇化水平和人民生活水平的不断提高，对水资源的开发利用和保护提出了更高的要求，要满足社会发展对饮水安全的要求，满足经济快速发展和人口增长对保障经济供水安全和粮食安全的要求，满足人民生活水平提高和保持社会稳定对改善生态环境等方面的要求。社会经济的发展及城市化进程的加快使得我国水资源使用量将不断增加，水资源压力将十分突出。由现状分析可以看出，现阶段我国水资源使用主要以农业用水为主，随着未来我国建设进程的不断加快，社会经济发展水平及城市化建设水平的不断提高，将不同程度地增加农业、工业及生活用水量。

（1）用水总量

近年来虽然单位 GDP 的用水量逐年递减，全国的人均用水量却在不断攀升，随着人口的增加，工业化、城市化水平进一步提高，全国的总用水量仍将不断上涨。虽然从总量上来看，目前水资源的供需基本平衡，但随着用水量的不断提高，水污染等不确定因素的影响，在未来的 20 年内极有可能出现水资源的供需缺口。2011 年最严格的水资源管理制度被提升为国家战略，用水总量、用水效率和水功能区限制纳污“三条红线”拧紧用水阀门，从供水管理向需水管理转变。目前全国 25 条跨省江河流域水量分配技术方案基本完成，“三条红线”指标将完成逐级分解，基本建立覆盖省（市、县）的指标体系；火电、钢铁、纺织等高耗水行业用水定额更为严格；初步建立了水功能区达标评价体系，推进入河湖排污总量的动态监控；全国 78%的县级以上行政区实行城乡水务一体化管理。

据预测，在农业和工业用水强度逐步下降的情况下，我国用水量仍将持续上升，但用水结构将发生明显变化。2010 年总用水量 6037.8 亿 m^3，“十二五”期间，我国总用水量将继续上升，在 2015 年左右达到 6163.2 亿 m^3，比 2010 年增加了 2.1%；到 2020 年，总用水量上升为 6356.7 亿 m^3，比 2015 年增加了 3.1%；2030 年达到 6715.5 亿 m^3，比 2020 年增加了 5.6%（图 1-44，图 1-45）。

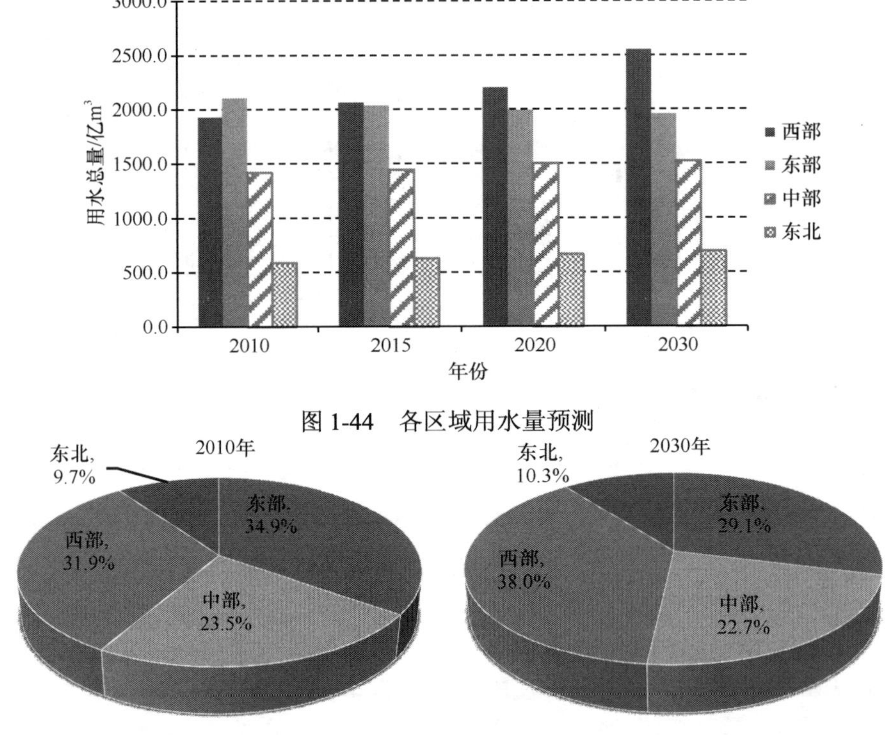

图 1-44　各区域用水量预测

图 1-45　2010 年和 2030 年各区域用水量占全国的比例变化

东部地区 2010～2030 年总用水量呈逐年降低趋势。中部地区用水总量呈下降的趋势。西部地区总用水量呈逐年增长的趋势。东北地区总用水量呈增长的趋势，从 2020 年后增长速度开始变缓。

（2）用水效率

我国近 2/3 的城市不同程度缺水，工程性、资源性、水质性缺水长期并存，水资源约束成为可持续发展的主要瓶颈。今后必须加快推进节水型社会建设，全面实行最严格的水资源管理制度，建立健全节约用水的利益调节机制。预测结果表明，2010～2030 年，各省通过节水型社会建设，用水效率将大大提高。到 2015 年，我国万元 GDP 用水量降低到 95m³（以 2010 年 GDP 不变价计算），比 2010 年降低了 36.8%，2020 年降低到 68m³，比 2015 年降低了 28.4%，2030 年又比 2020 年降低了 44.1%，降低到 38m³。工业用水效率也将大大提高，2015 年降低到 56m³，比 2010 年降低 30.8%，2020 年比 2015 年又降低了 22.4%，2030 年降低到 28m³，比 2020 年降低了 34.9%。从四大区域来看，四大区域的万元 GDP 用水量和万元工业增加值用水量都呈逐年下降的趋势，且下降的速度随着时间的推移变得越来越缓慢（图 1-46，图 1-47）。

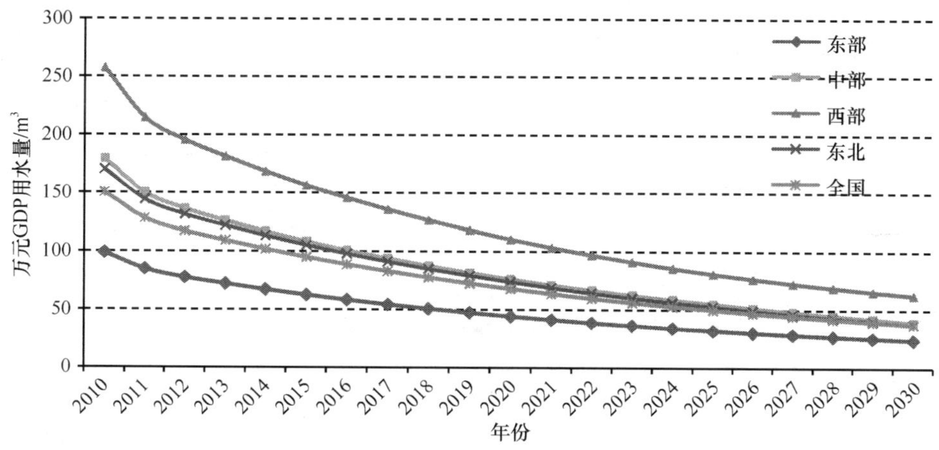

图 1-46　各区域万元 GDP 用水量预测

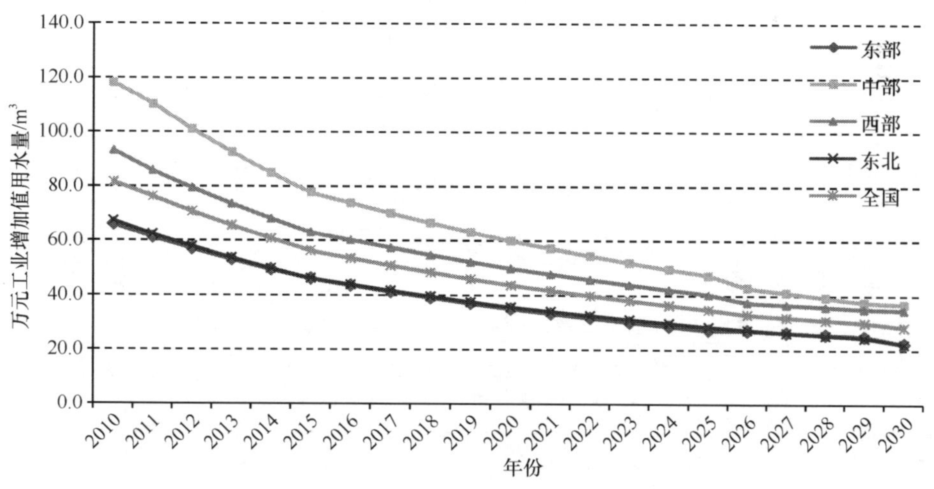

图 1-47　各区域万元工业增加值用水量预测

从四大区域用水量对比来看，万元 GDP 用水量西部最高，中部和东北次之，东部最低，仅东部地区低于全国平均水平，其余三个区域均高于全国平均水平。万元工业增加值用水量中部最高，西部次之，两区域均高于全国平均水平，东部和东北比较低，低于全国平均水平。从四大区域用水效率提高的速度来看，四大区域的万元 GDP 用水量和万元工业增加值用水量降低速度相当。

从四大区域人均用水量发展趋势来看，未来东部人均用水量逐渐降低，中部和东北地区逐年升高，在 2025 年前后达到最高点，之后开始下降，西部地区逐年升高；从四大区域人均用水量大小来看，2015 年后西部的人均用水量最高，东北其次，东部最低（图 1-48）。

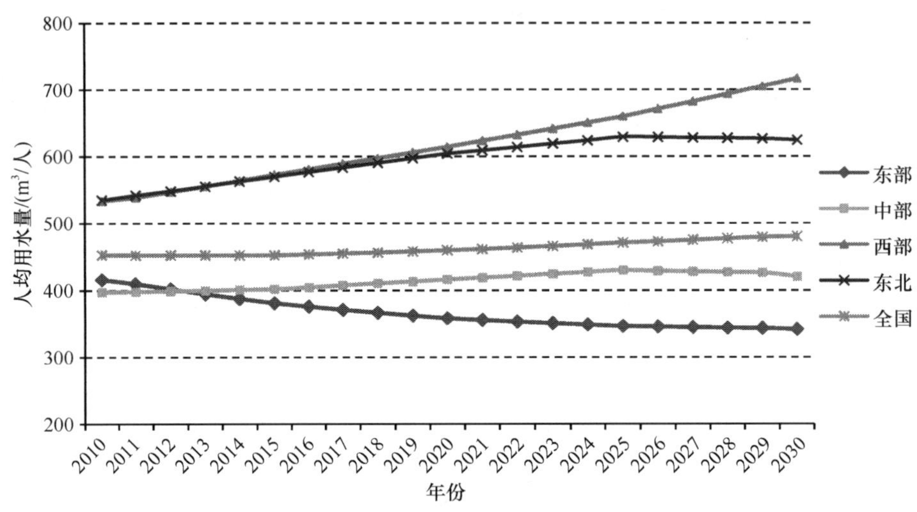

图 1-48　各区域人均用水量预测

（3）用水结构

我国生活用水和工业用水的比例在逐年下降，农业用水的比例总体呈上升趋势，生态用水的比例在逐年上升。2010～2030 年，我国用水总量逐年增加，农业用水呈增加趋势，从 2010 年的 3714.3 亿 m^3 增加到 2030 年的 4097.4 亿 m^3，年均增长 0.5%；工业用水呈先降后增的趋势，2015 年工业用水量比 2010 年降低 4.6%，为 1380.7 亿 m^3，2020 年又增加至 1394.2 亿 m^3，2030 年增加至 1416.8 亿 m^3，比 2010 年降低 2.2%；生活用水量和生态用水量逐年升高（图 1-49）。

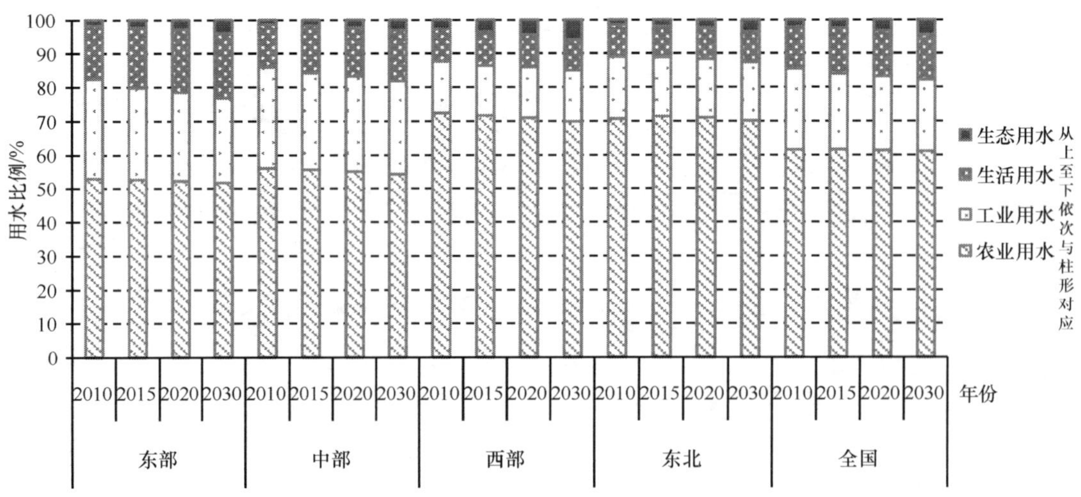

图 1-49　各区域用水结构预测

从四大区域各类型用水量来看，西部地区农业用水量最高，东部地区其次，东北地区最低；东部地区工业用水量最高，紧接着是中部和西部地区；生活用水量东部最高，西部和中部相当；生态用水量西部最高，东部次之。从各类型用水量增长速度来看，西部地区各类型用水量增长都很快，农业用水量东部逐年降低，其余三个区域总体是增加趋势，西部速度最快，东北次之；工业用水量东部和中部总体是降低的，东部降低速度很快，西部和东北总体呈增长趋势，西部增长较快；生活用水量西部地区增长较快，高于全国平均增长速度，东部和东北增长较慢；生态用水量西部增长速度最快，东部最慢。从用水结构变化来说，东部、中部、西部、东北农业用水和工业用水的比例都是在下降的，生活用水和生态用水的比例都是在上升的（图 1-50）。

1.3.3.2 大气环境压力

“十一五”期间，我国大气污染物总量控制任务完成较好，SO_2、烟尘和工业粉尘排放量下降幅度较大。但是 NO_x、$PM_{2.5}$、VOC、重金属等污染物导致的新的大气环境问题越来越突出，抵消了 SO_2 和烟尘等污染物的总量减排效果。以煤炭为主的能源消费导致的大气煤烟型污染正在向复合型污染转变，与复杂污染紧密相关的雾霾天气越来越多。未来一段时间，NO_x、VOC 等污染物的总量控制将取代 SO_2、烟尘和粉尘成为我国大气污染防治的重点。但是由于我国未来经济仍将以较快速度发展，能源消费量继续上升，NO_x、VOC 等污染物的控制设施、控制措施还不完善，其排放总量仍将持续上升一段时间，然后才出现拐点开始下降。

（1）SO_2

经过预测，我国 2011~2030 年历年 SO_2 排放总量持续减少，其中 2011~2020 年减少速度较快，2021~2030 年削减趋势趋缓。如图 1-51 所示，2010 年我国 SO_2 排放总量为 2185 万 t，排放量很大；到 2015 年预测排放量为 1992 万 t，比 2010 年削减了 8.8%；2020 年排放量为 1787 万 t，相比 2015 年削减了 10.3%；2030 年全国排放量为 1568 万 t，比 2020 年削减了 12.3%，比 2025 年削减了 4.2%。2011~2030 年将是我国推进主要污染物减排的关键时段，在减少煤炭在全国能源消费占比的同时加大产业结构调整力度、大力推行重污染行业企业清洁生产和发展循环经济，SO_2 排放量将得到有效控制，特别是结构调整力度大的东部地区。

我国各地区历年 SO_2 排放量在全国排放量的比例变化不大。东部地区 2010 年排放量占全国的 30.6%，2015 年降为 28.7%，说明东部地区在“十二五”期间减排力度较大；2020 年、2030 年比例上升，到 2030 年上升为 30.7%。中部地区 2010 年排放量占全国的 23.4%，2015 年上升为 23.7%，2020 年降为 21.9%，2030 年又上升为 22.7%。西部地区在 2011~2020 年的比例一直上升，从 2010 年的 37.4%上升为 2020 年的 39.6%，2020~2030 年比例下降，2030 年为 36.9%。东北地区该比例一直较低，但是一直在上升，从 2010 年的 8.6%上升到 2030 年的 9.7%。从中可以看出，相对于其他地区，不同地区减排力度集中时期不同，东部地区主要集中在 2011~2030 年的前半段，中部地区主要集中在中段，西部地区主要集中在后半段（图 1-52）。

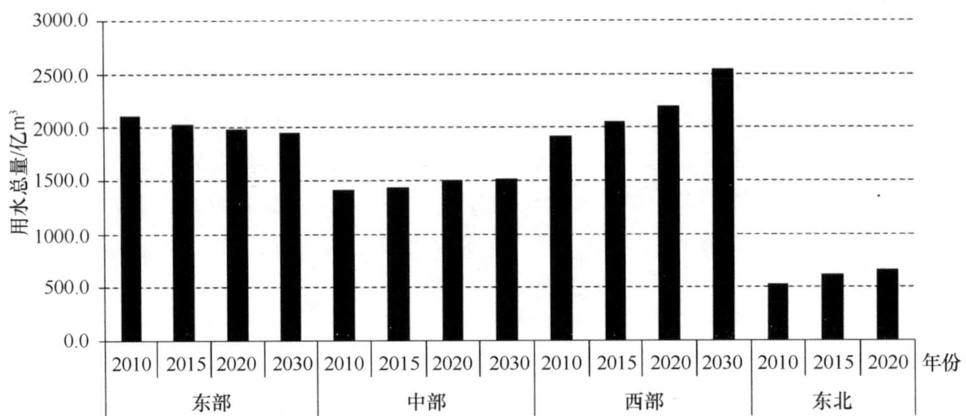

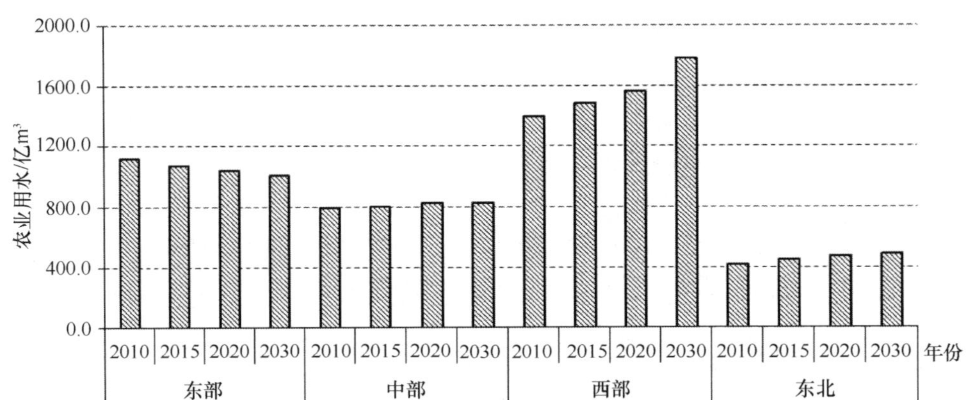

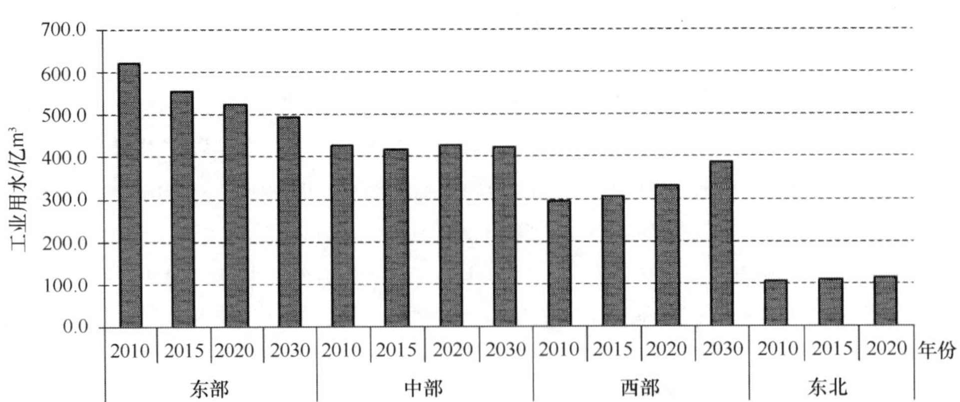

图 1-50　各区域用水量预测结果

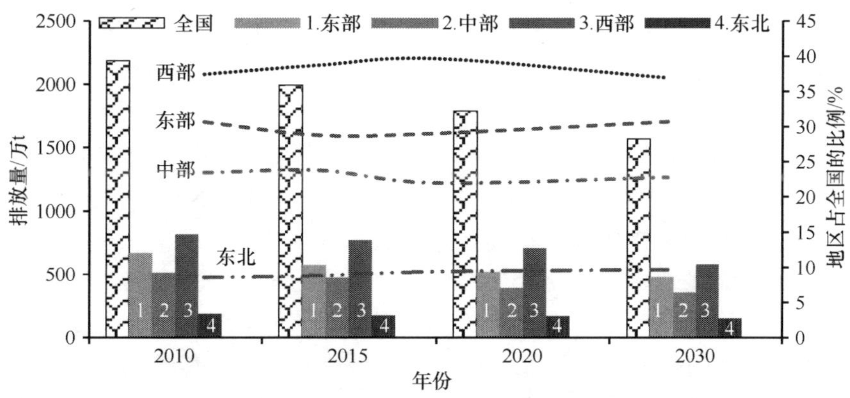

图 1-51　我国及各区域 SO_2 排放预测

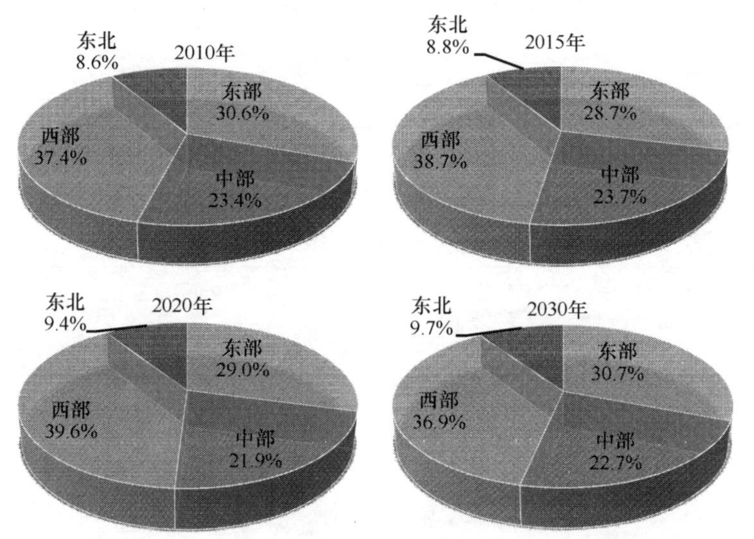

图 1-52　我国各区域 SO_2 排放量占全国的比例预测

我国单位 GDP SO_2 排放强度相对于发达国家较高，但是 2010～2030 年下降速度很快，特别是 2011~2020 年下降速度较快，2021~2030 年下降速度趋缓。从图 1-53 可以看出，

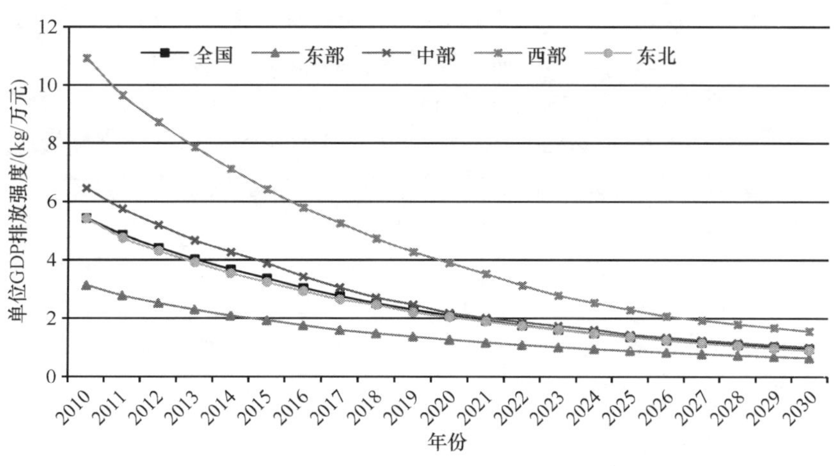

图 1-53　我国及各区域单位 GDP SO_2 排放强度

2010 年我国单位 GDP SO_2 排放强度为 5.44kg/万元，到 2015 年下降为 3.37kg/万元，为 2010 年的 61.9%；2020 年排放强度为 2.10kg/万元，比 2015 年下降了 37.7%，为 2010 年的 38.6%；2030 年为 0.96kg/万元，比 2020 年下降了 54.3%，为 2010 年的 17.6%。以上数据表明，2010～2030 年为我国产业调整与升级、污染治理与改善的关键时期，排放强度显著下降。2030 年我国将成为能源集约利用、单位 GDP SO_2 排放量少的国家。

我国不同地区的 SO_2 排放强度不同，其中东部地区最低，中部和东北地区与全国平均水平接近，西部地区最高。这表明东部地区的单位污染物产出值较高，能源利用效率高，其产业结构更趋合理，污染治理水平也较高；中部地区和东北地区是东部和西部的过渡模式；西部地区的排放强度最高，在几个区域中能源利用效率最低，相比其他地区其产业结构仍以高能耗高污染的行业为主，污染治理水平也更低。东部地区走在全国前列，其经济结构、污染治理水平等可供中部、西部和东北地区借鉴（图 1-54）。

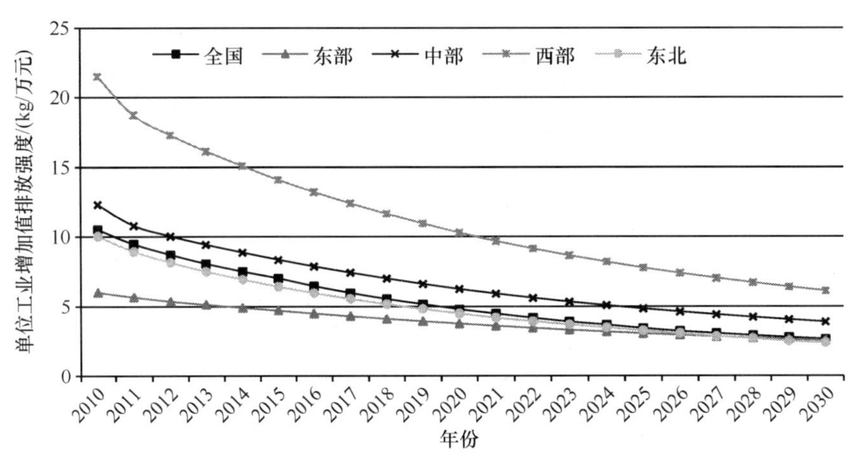

图 1-54 我国及各区域单位工业增加值 SO_2 排放强度

（2）NO_x

经过预测，在 2011~2013 年全国 NO_x 排放总量有增加的趋势，2013~2030 年全国 NO_x 排放总量又呈现下降趋势。2011 年全国 NO_x 的排放总量是 1956.32 万 t，到 2013 年增加到 2022.86 万 t，比 2011 年增加了 3.4%，其主要原因是“十二五”初期，刚刚开始产业转型升级与区域发展转变战略的调整，能源消费增加，使得全国 NO_x 排放总量增加。从 2013~2030 年，NO_x 排放总量总体呈现平稳下降趋势，主要原因是产业升级，能源消费结构得到调整，NO_x 排放总量逐年平稳削减。到 2020 年全国 NO_x 排放总量达到 1805.87 万 t，比 2013 年下降了 10.7%。到 2025 年全国 NO_x 排放总量达到 1515.64 万 t，比 2020 年下降了 16.1%。到 2030 年 NO_x 排放总量达到 1360.75 万 t，比 2025 年下降了 10.2%。从 2011~2030 年我国坚持以资源节约型、环境友好型社会作为加快转变经济发展方式的重要着力点，实施重点节能工程，推广先进节能技术和产品，大力推广清洁能源，抓好工业、建筑、交通运输等重点领域节能，调整能源消费结构，增加非化石能源比例，NO_x 排放总量将得到有效控制（图 1-55）。

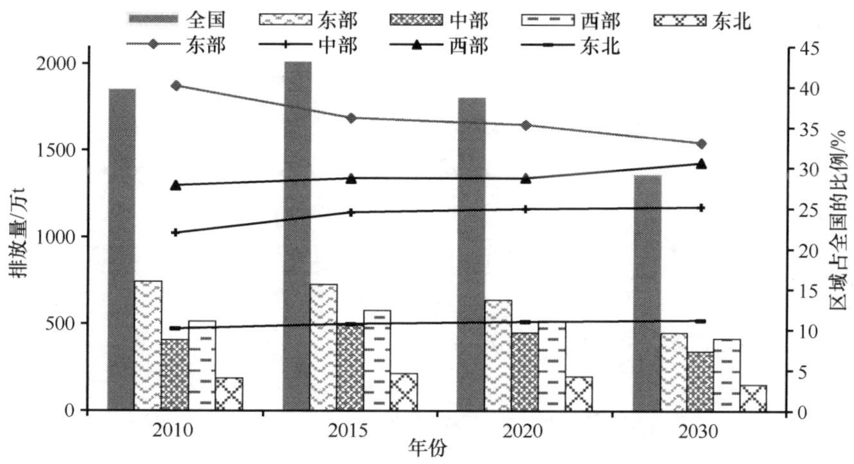

图 1-55　全国及各区域 NO_x 排放总量

我国各地区历年 NO_x 排放量占全国排放量的比例有一定变化，东部地区比例一直减小，其他地区小幅升高。东部地区 2010 年 NO_x 排放量占全国的 40.1%，2015~2030 年一直下降，2030 年降为 33.1%。中部地区 2010 年排放量占全国排放量的比例为 22.0%，2015 年上升为 24.5%，2020 年上升为 24.9%，2030 年为 25.2%。西部地区占比变化规律与中部地区相似，其排放量占全国排放量的比例从 2010 年的 27.8%上升为 2030 年的 30.6%。东北地区该比例一直较低，但是一直在上升，从 2010 年的 10.1%上升到 2030 年的 11.2%，升高速度较慢。从中可以看出，相对于其他地区，不同地区 NO_x 排放增长和减排力度集中时期不同，东部地区在“十二五”期间减排力度相对于其他地区大，2016~2030 年减排力度也较大；其他地区的总量控制工作也会逐渐加大，主要体现在“十二五”以后，如中部地区主要体现在 2022~2026 年，西部地区主要是 2021~2025 年（图 1-56）。

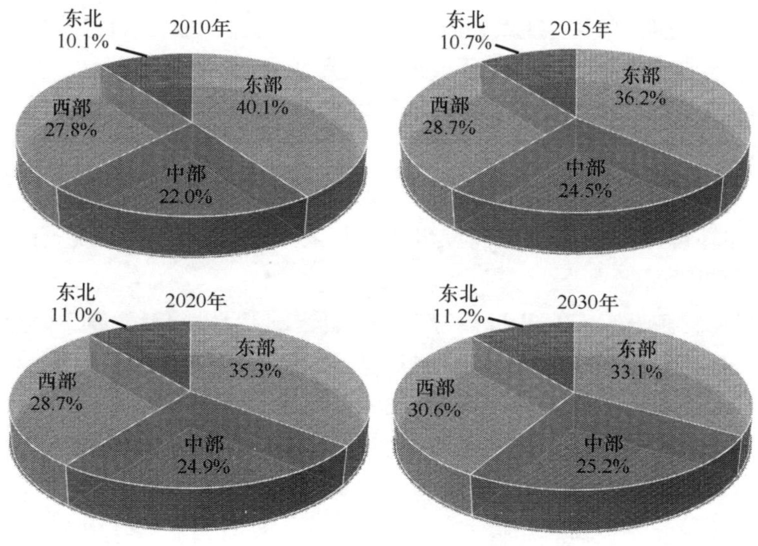

图 1-56　我国各区域 NO_x 排放比例预测

1.3.3.3 污染物排放强度

通过计算全国及区域的单位 GDP NO_x 排放强度（区域 NO_x 排放总量/区域 GDP）、单位工业增加值排放强度（区域工业 NO_x 排放总量/区域工业增加值）、单位人口排放强度（区域生活 NO_x 排放量/区域人口），比较不同地区 NO_x 排放相关行业和生活 NO_x 污染治理水平。根据预测，我国单位 GDP NO_x 排放强度在 2010～2030 年一直下降，而且下降速度在 2016~2025 年较快。从图 1-57 中可以看出，2010 年全国排放强度为 4.61kg/万元，到 2015 年下降为 3.40kg/万元，为 2010 年的 73.8%；2020 年排放强度为 2.12kg/万元，相比 2010 年下降了 54%，相比 2015 年下降了 37.6%；2030 年为 0.84kg/万元，比 2020 年下降了 60.4%，为 2010 年的 18.2%。以上数据表明，2010～2030 年我国单位 GDP NO_x 排放强度下降速度较快，其变化趋势与 SO_2 等污染物相似，只是在 2015 年后下降速度更快。

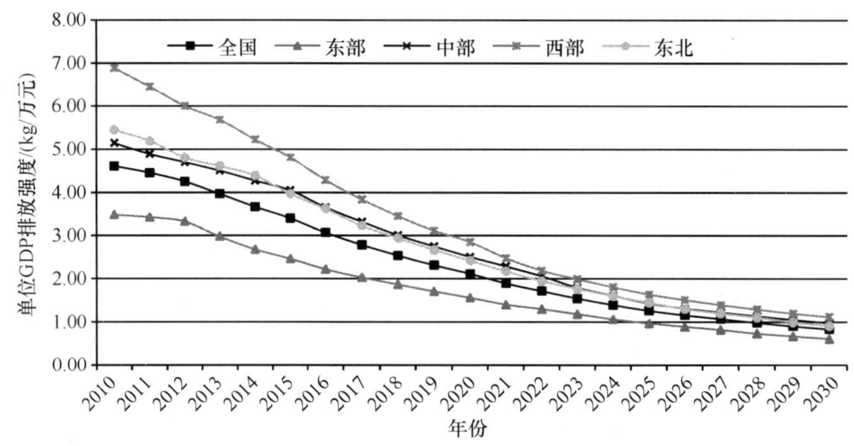

图 1-57 我国及区域单位 GDP NO_x 排放强度

我国单位工业增加值 NO_x 排放强度与单位 GDP 的排放强度趋势相同。2010 年全国单位工业增加值排放强度为 8.25kg/万元，2015 年下降为 6.66kg/万元，此后一直下降，到 2020 年为 4.69kg/万元，比 2010 年下降了 43.2%；2030 年下降为 2.20kg/万元，为 2010 年的 26.7%。东部地区排放强度最低，也是唯一一个低于全国平均水平的地区。2030 年，东部地区排放强度低于全国平均水平，其他地区高于全国。到 2030 年，我国各地区的工业生产水平和环境效率将显著提高，粗放增长的经济模式将得到改变，NO_x 单位工业增加值排放强度显著降低（图 1-58）。

我国人均 NO_x 排放强度在 2011~2012 年有短暂的升高，2013~2030 年持续下降。全国排放强度在 2010 年为 28.99t/万人，2012 年升高到 30.35t/万人，此后一直下降，2015 年为 27.90t/万人，2020 年为 22.32t/万人，2030 年下降到 19.01t/万人（图 1-59）。

经过未来 20 年的发展和治理，无论是单位 GDP、单位工业增加值还是单位人口的排放强度，2030 年前后都是东部地区最低，其他地区接近或者高于全国平均水平。相比 SO_2 等污染物，我国及不同地区的单位 GDP、单位工业增加值 NO_x 排放强度变化规律与之相似，都是在未来 20 年有比较明显的下降；人均排放强度与 SO_2 不同，NO_x 在 2012~2015 年达到峰值后逐渐下降，且东部地区下降速度最快。这表明东部地区生活 NO_x 治理效果比其他地区好，这可能与其取暖锅炉的脱硝实施改造效果好、机动车油品升级

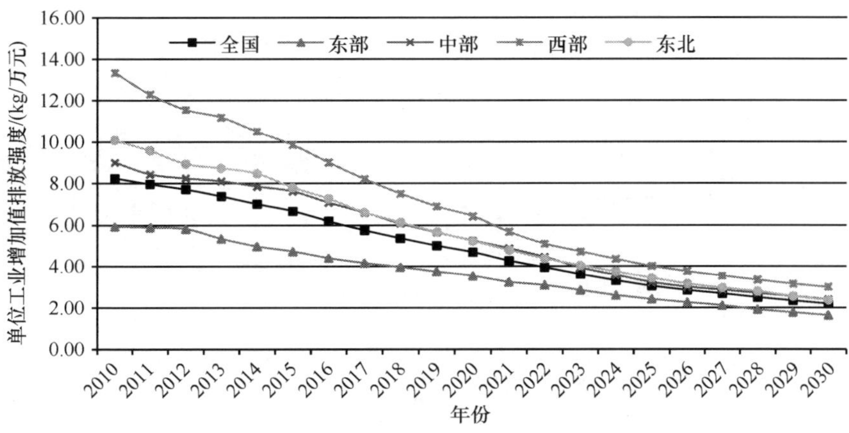

图 1-58　我国及各区域单位工业增加值 NO_x 排放强度

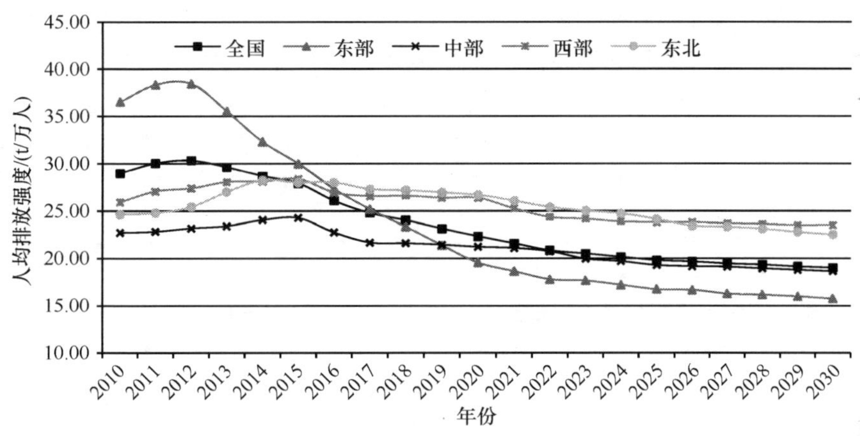

图 1-59　我国及各区域人均 NO_x 排放强度预测

快及电动车的推广有关。其他地区在加大电力、金属冶炼、石油化工等重点行业脱硝改造的同时，也应该加大生活污染的治理。

1.3.3.4　污染物排放结构

与 SO_2 污染排放结构类似，我国工业和生活 NO_x 排放量差别较大，历年工业排放量远高于生活排放。2010 年，我国工业 NO_x 排放量为 1465.8 万 t，生活排放量为 386.7 万 t，占总量的比例分别为 79.1%和 20.9%。2015 年，工业、生活排放量分别为 1632.5 万 t 和 380.3 万 t，占总量的比例分别为 81.1%和 18.9%，工业占比上升；2020 年工业和生活排放量分别为 1497.0 万 t 和 308.9 万 t，占比分别为 82.9%和 17.1%，工业占比继续呈上升状态；2030 年，工业排放量为 1094.7 万 t，占 80.4%，生活为 266.1 万 t，占 19.5%，工业占比下降。从全国情况来看，工业排放量所占比例在 2020 年前有较为明显的上升，2020 年后工业排放量比例都是下降的，但是下降幅度较小。针对 NO_x 排放总量大且持续上升的情况，我国应该加大脱硝治理力度，针对工业燃煤锅炉安装或者升级脱硝设施；针对燃油提高油品质量（图 1-60）。

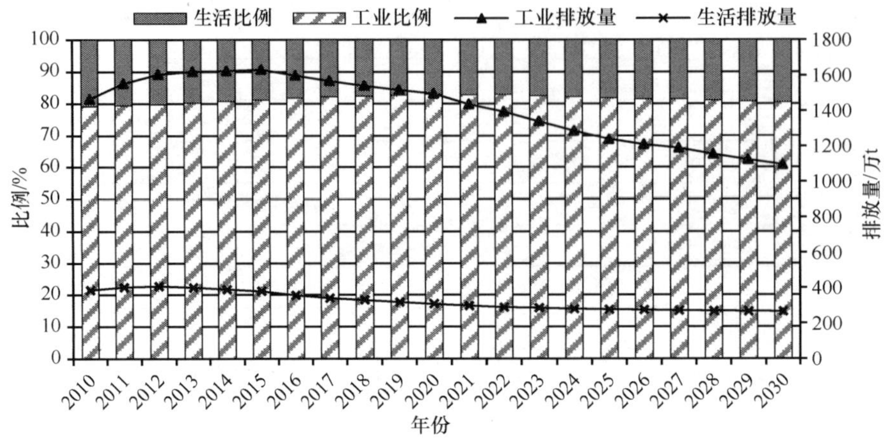

图 1-60　我国工业和生活 NO_x 排放量及所占比例预测

我国不同地区 NO_x 排放量差别较大，排放量从大到小为东部、西部、中部、东北；各地区工业和生活排放量差别也较大，每个地区工业排放比例都在 80%以上，而且该比例都在未来继续小幅增加然后才逐渐下降。NO_x 排放与 SO_2 相比，在总量及各地区占全国的比例、排放强度、排放结构方面都有相似性，如果加强总量控制与相关行业的结构调整，其总量和强度也会与 SO_2 一样逐渐降低。

（1）VOC 污染物排放量

经过预测，我国 2011~2030 年 VOC 排放总量在一段时间内将保持增长，然后才持续减少，其中 2011~2019 年都是增长的状态，2020~2030 年将逐渐减少。如图 1-61 所示，2010 年我国 VOC 排放总量为 1917 万 t，排放量很大；到 2015 年排放量为 2362 万 t，比 2010 年增长了 23.2%；2019 年排放量达到峰值 2446 万 t；2020 年排放量为 2422 万 t，比 2019 年降低，但是相比 2015 年增加了 2.5%；此后一直减少，2030 年排放量为 1885 万 t，比 2020 年削减了 22.2%，比 2025 年削减了 13.2%。2011~2030 年我国将加大力度推进 VOC 减排，如果没有国际国内的经济不稳定和波动的情况出现，2011~2015 年我国 VOC 排放量还将快速增长，2016~2019 年增长速度逐渐减缓，2020~2030 年总量逐渐减少。

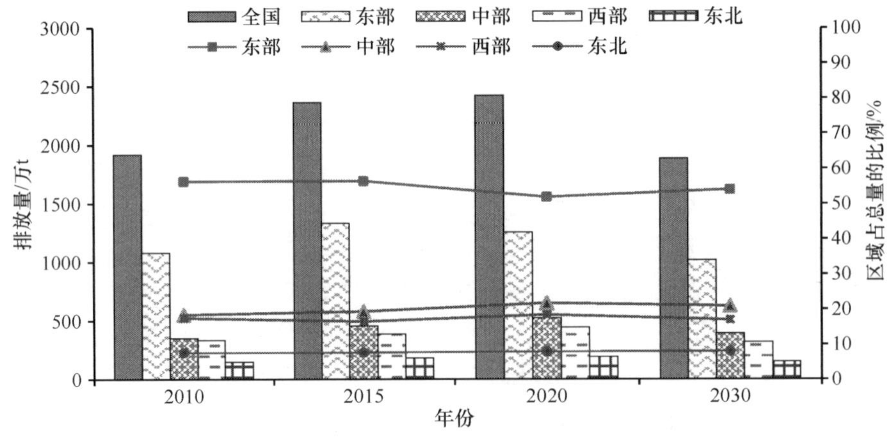

图 1-61　我国及各区域 VOC 排放预测

全国及各地区 VOC 排放量、各地区变化幅度见表 1-8。

表 1-8 全国及各地区 VOC 排放预测

全国及地区	排放量/万 t				变化幅度/%			
	2010 年	2015 年	2020 年	2030 年	2015 年比 2010 年	2020 年比 2015 年	2030 年比 2020 年	2030 年比 2010 年
全国	1917	2362	2422	1885	23.2	2.5	–22.2	–1.7
东部	1080	1332	1257	1019	23.3	–5.6	–18.9	–5.6
中部	354	458	527	394	29.4	15.1	–25.2	11.3
西部	335	390	447	320	16.4	14.6	–28.4	–4.5
东北	148	181	192	152	22.3	6.1	–20.8	2.7

我国各地区历年 VOC 排放量在全国的比例变化不大；东部地区略有下降，但是仍为排放的主要来源区域；中西部地区排放比例相差不大；东北地区比例最小但是一直在上升。东部地区 2010 年排放量占全国的 56.3%，2015 年稍有升高，2020 年降为 51.9%，2030 年上升为 54.0%，说明东部地区在“十三五”期间减排力度较大，所以比例降低显著，“十三五”以后其他地区减排力度相应增大，2030 年其比例上升。中部地区 2010 年为 18.4%，2015 年上升为 19.4%，2020 年上升为 21.7%，2030 年上升为 20.9%。西部地区的比例变化不是太大，从 2010 年的 17.5%下降为 2015 年的 16.5%，然后上升为 2020 年的 18.4%，2030 年又降为 17.0%。东北地区比例一直较低，但是一直在上升，从 2010 年的 7.7%上升到 2030 年的 8.1%。从中可以看出，相对于其他地区，不同地区排放增长和减排力度集中时期不同，东部地区虽然会在“十二五”期间加大 VOC 减排力度，但是只是针对重点城市，“十三五”期间其总量减排才会在全区域实施，减排效果也会在这一时期显现。其他地区主要在 2021~2030 年显现其 VOC 减排效果（图 1-62）。

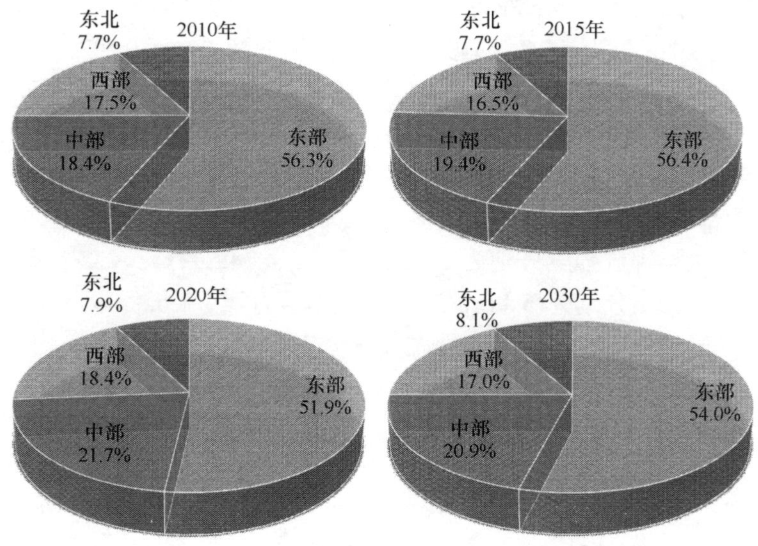

图 1-62 我国各区域 VOC 排放比例预测

（2）VOC 污染物排放强度

根据预测我国单位 GDP VOC 排放强度 2010～2030 年一直下降，而且下降速度较快，特别是 2015 年后。从图 1-63 中可以看出，2010 年全国排放强度为 4.78kg/万元，到 2015 年下降为 3.99kg/万元，为 2010 年的 83.5%；2020 年排放强度为 2.84kg/万元，比 2015 年下降了 28.8%，为 2010 年的 59.4%；2030 年为 1.16kg/万元，比 2020 年下降了 59.2%，为 2010 年的 24.3%。以上数据表明，2010～2030 年我国单位 GDP VOC 排放强度下降速度较快，但是与 SO_2 等污染物相比，其利用强度仍偏高。我国进行产业调整与升级、加大污染治理常规大气污染物的同时，应该注意非常规污染物的控制。特别是随着我国大多数地区由煤烟型污染向煤烟与机动车复合型污染转变，更应该加强 VOC 等非常规污染物的总量控制与质量改善。

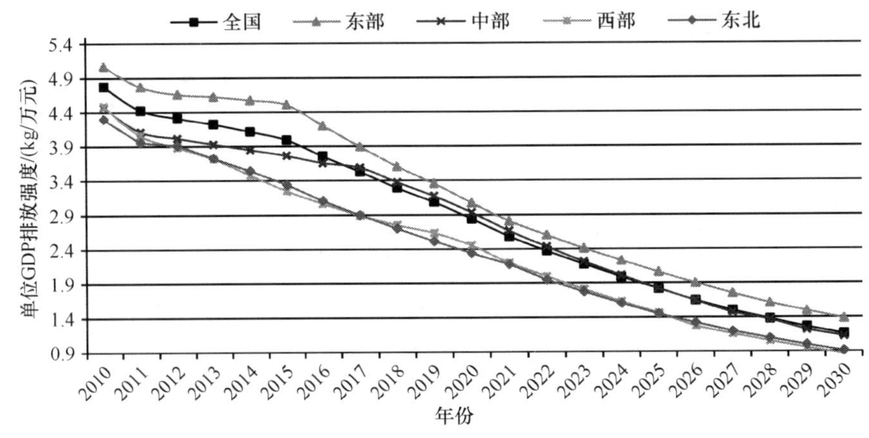

图 1-63 我国及各区域单位 GDP VOC 排放强度

我国单位工业增加值 VOC 排放强度先升高后降低。2010 年全国单位工业增加值排放强度为 6.36kg/万元，2011 年下降为 6.056kg/万元后，到 2015 年又上升为 6.35kg/万元，此后一直下降，到 2020 年为 4.96kg/万元，比 2010 年下降了 22%；2030 年下降为 2.33kg/万元，为 2010 年的 36.6%。东部地区排放强度最高，也是唯一一个高于全国平均水平的地区，其他地区都低于全国平均水平。2010 年，东部地区排放强度为 7.68kg/万元，中部地区为 4.97kg/万元，西部地区为 4.34kg/万元，东北地区为 5.71kg/万元；2015 年，东部、中部、西部、东北的排放强度分别为 8.06kg/万元、5.07kg/万元、4.05kg/万元、4.99kg/万元；2020 年排放强度分别为 5.92kg/万元、4.54kg/万元、3.73kg/万元、4.01kg/万元；2030 年排放强度分别为 3.12kg/万元、0.84kg/万元、1.55kg/万元、1.79kg/万元。2030 年，东部地区排放强度高于全国平均水平，其他地区低于全国平均水平。到 2030 年，我国各地区的工业生产水平和环境效率将显著提高，粗放增长的经济模式将得到改变，但是与 SO_2 等污染物相比，单位工业增加值排放强度仍较高（图 1-64）。

我国和各地区的人均 VOC 排放强度比较复杂，基本上都是在 2010~2030 年先升高后降低，最高点出现在 2020 年前后。从图 1-65 中可以看出，全国排放强度在 2010 年为 58.9t/万人，2015 年升高到 59.1t/万人，2020 年为 60.6t/万人，2030 年下降到 51.6t/万人。全国的人均 VOC 排放强度整体趋势为先升后降，2010~2020 年基本上为上升状态，但是从 2011~2030 年总体看为下降趋势，2030 年比 2010 年降低 12.3%。

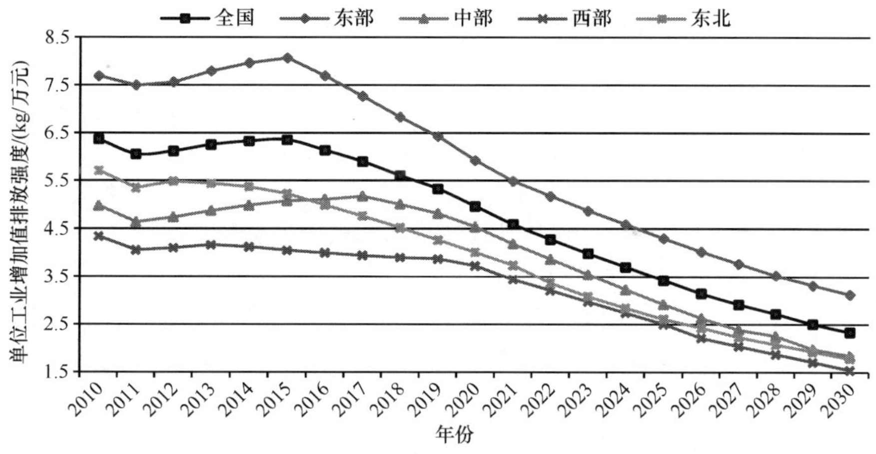

图 1-64　我国及各区域单位工业增加值 VOC 排放强度

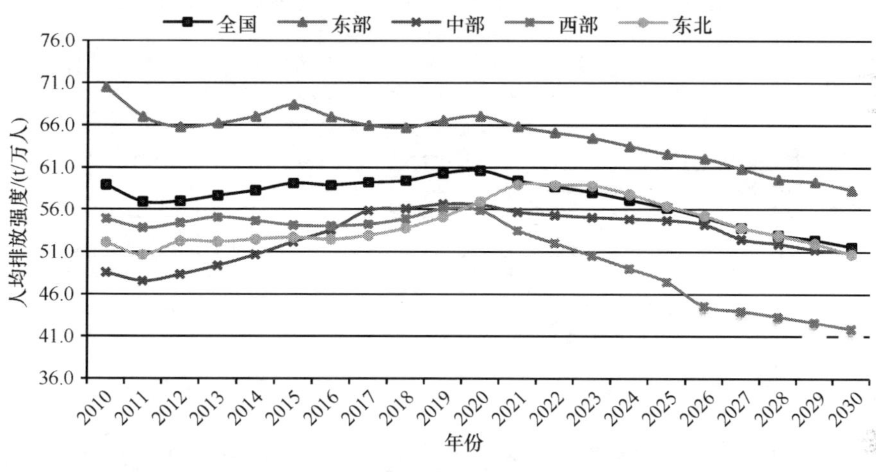

图 1-65　我国及各区域人均 VOC 排放强度预测

我国不同地区的 VOC 排放强度不同，无论是单位 GDP、单位工业增加值还是单位人口的排放强度，都是东部地区最高，其他地区接近或者低于全国平均水平。相比 SO_2 等污染物，全国及不同地区的 VOC 排放强度高而且不同地区之间的差异小，各地区强度在 2010~2015 年下降不明显，2020 年之后下降速度相对较快，特别是人均生活排放在 2020 年之前基本都是升高的，2020 年之后开始下降。这表明东部地区与 VOC 相关的行业较多，导致工业排放量大，而且东部地区的机动车保有量、厨房油烟产生量、有机溶剂使用等也比其他地区高。东部地区应该加大相关行业的污染治理水平，加大 VOC 的回收，加强机动车尾气治理，加快油漆涂料的环保溶剂使用等；其他三个区也应该加强 VOC 治理。

（3）VOC 污染物排放结构

相对于其他大气污染物，我国历年工业和生活 VOC 排放量差别较小，工业排放量虽然较大，但是生活排放比例也较高。2010 年，我国工业 VOC 排放量为 1130 万 t，生活排放量为 786 万 t，占总量的比例分别为 59.0%和 41.0%。2015 年，工业、生活排放量分别为 1556 万 t 和 806 万 t，排放量都增加，占总量的比例分别为 65.9%和 34.1%，工业占比上升；2020 年工业和生活排放量分别为 1583 万 t 和 839 万 t，占比分别为 65.9%和 34.1%，工业占比基本保持不变；2030 年，工业排放量为 1163 万 t，占 61.7%，生活为 723 万 t，占 38.3%，工业占比下降。从全国情况来看，工业排放量所占比例在 2011~2017 年有较为明显的上升，2018~2030 年工业排放量比例都是下降的，但是下降幅度较小。2010～2030 年是我国深入改革和努力提高人民生活水平的时期，以煤烟型污染为主的大气污染正在被复合型污染替代，重点行业的 VOC 排放还难以进行快速有效控制，石油化工、包装印刷、家具制造、电子制造、汽车制造等行业的污染仍较大；生活源很分散，难以收集和处理，减排难度更大。“十二五”时期的减排主要从重点行业入手，工业排放比例会显著下降；随着 VOC 减排工作的全面开展，特别是东部地区工业和生活减排效果的显现，VOC 排放量会减少，由于生活排放量的快速减少，工业排放比例会有所上升（图 1-66）。

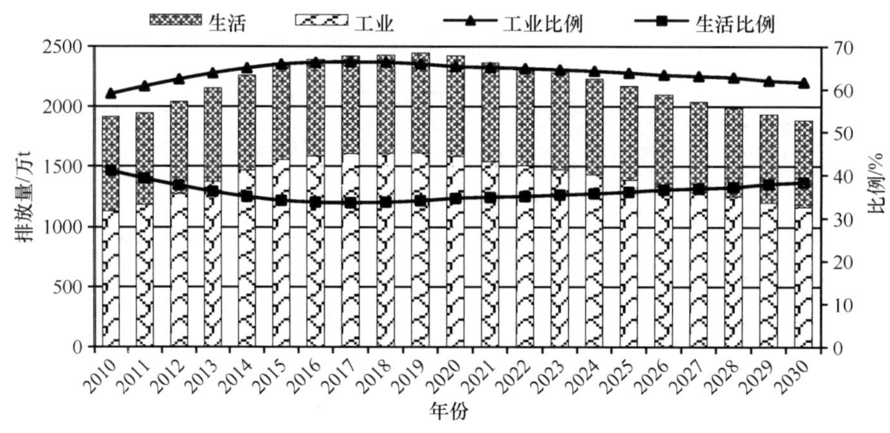

图 1-66　我国工业和生活 VOC 排放量及所占比例预测

我国不同地区 VOC 排放量差别较大，其工业和生活排放不相同，东部地区的工业和生活排放量都很大，主导了全国 VOC 排放的变化趋势。未来一段时间，各地区的 VOC 工业和生活排放都是先增加后减少，各地区的工业排放比例也是先增加后减少；工业排放比例比生活排放比例高，但是与其他大气污染物相比，两者差别较小。

1.3.3.5　固体废物环境压力

（1）工业固体废物

预测结果显示，全国工业固体废物产生量在未来将呈现快速增长趋势，年均增长率为 6.6%。从 2010 年的 24.1 亿 t，增加到 2015 年、2020 年和 2030 年的 45.1 亿 t、61.7 亿 t 和 106.6 亿 t，净增长量分别达到 21.0 亿 t、37.6 亿 t 和 82.5 亿 t。其中，“十二五”的年均增速将达到 13.3%（图 1-67）。

从各区域来看，东部地区工业固体废物产生量依然最大，其次是西部和中部地区，东北地区最小。各区域工业固体废物产生量均呈现增长趋势，东部、中部和西部地区年均增长率约为 6.7%，东北地区仅为 4.8%。此外，东部地区的河北省、中部地区的山西省，以及西部地区的内蒙古自治区工业固体废物产生量较大，到 2030 年均超过 12 亿 t，约占全国工业固体废物总产生量的 38.1%。因此，采取强有力措施控制并减少这三个地区工业固体废物产生量，对于全国工业固体废物管理具有显著作用（表 1-9）。

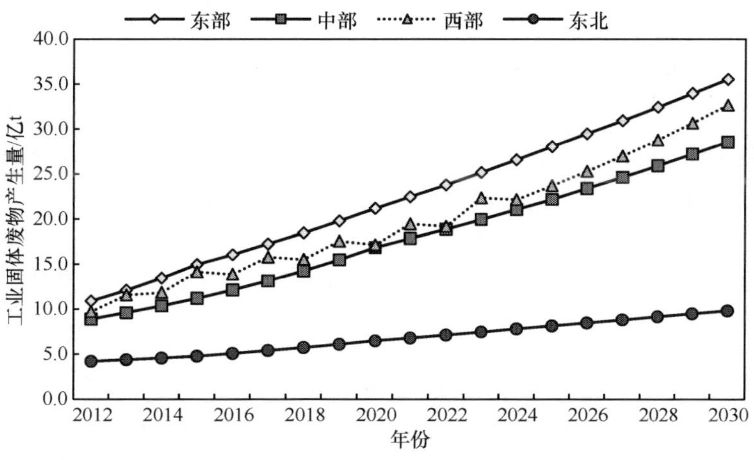

图 1-67　2012~2030 年四大区域工业固体废物产生量预测

表 1-9　四大区域各地工业固体废物预测结果　　（单位：万 t）

区域	地区	2010 年	2015 年	2020 年	2030 年
东部	河北	31 688	65 171	92 805	148 943
	山东	16 038	33 529	46 064	74 451
	江苏	9 064	20 870	25 466	40 255
	广东	5 456	9 471	16 790	38 491
	福建	7 487	8 090	14 613	28 047
	浙江	4 268	5 660	7 464	10 505
	上海	2 448	3 238	4 462	7 364
	天津	1 862	2 009	2 387	4 026
	北京	1 269	1 206	1 173	1 809
	海南	212	513	631	1 379
中部	山西	18 270	38 518	70 798	127 849
	河南	10 714	21 445	33 814	48 850
	安徽	9 158	17 842	22 383	38 587
	江西	9 407	12 959	14 441	26 078
	湖南	5 773	12 323	16 786	26 797
	湖北	6 813	8 831	10 345	17 357
西部	内蒙古	16 996	46 746	50 305	120 400
	四川	11 239	14 048	15 834	25 680
	云南	9 392	23 143	18 468	31 595
	贵州	8 188	9 492	11 932	19 714
	广西	6 232	8 628	10 107	14 602
	陕西	6 892	7 848	9 133	10 906
	新疆	3 914	10 750	19 460	34 203
	甘肃	3 745	5 751	8 364	14 404
	宁夏	2 465	4 873	7 532	12 598
	重庆	2 837	4 589	5 290	5 558
	青海	1 783	3 406	5 763	14 546
	西藏	11	16	23	43
东北	辽宁	17 273	31 299	39 965	58 179
	黑龙江	5 405	8 133	11 311	19 288
	吉林	4 642	8 293	13 371	20 620
总计		240 941	448 690	607 280	1 043 124

工业固体废物综合利用及堆放情况预测结果显示，全国未来工业固体废物综合利用率呈现增长趋势，从 2010 年的 67.1%，分别增加到 2015 年、2020 年和 2030 年的 73.3%、76.9%和 88.5%，分别净增长 6.2 个百分点、9.8 个百分点和 21.4 个百分点。具体预测结果如图 1-68 所示。其中，工业固体废物综合利用量和处置量呈现增长趋势，分别从 2010 年的 16.2 亿 t 和 5.7 亿 t 增加至 2030 年的 92.3 亿 t 和 14.1 亿 t。工业固体废物堆放量下降趋势更为明显，从 2010 年的 2.2 亿 t 减至 2030 年的 0.12 亿 t。未来随着工业固体废物综合利用水平和处置能力的不断提升，工业固体废物堆放量将进一步减少。

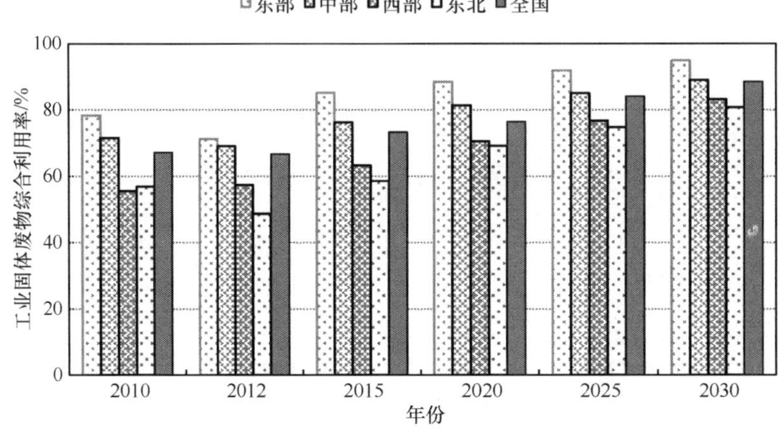

图 1-68　全国及四大区域工业固体废物综合利用率预测

全国未来工业固体废物综合利用率和综合利用量均呈现增长趋势，堆放量下降趋势更为明显，从 2010 年的 2.2 亿 t 减至 2030 年的 0.12 亿 t。从各区域来看，东部地区未来综合利用率高于其他地区及全国水平，综合利用量较大，约占全国的 35%以上，而且快速增加，堆放量逐年下降，至 2030 年基本实现“零”堆放。中部、西部、东北地区综合利用率均在增加，堆放量均在下降，但是西部地区堆放量水平依然很高，约占全国堆放量的 86.3%。

（2）城镇生活垃圾

1）城镇生活垃圾产生量预测。

从预测结果来看，全国城镇生活垃圾产生量将逐年增加，年均增长率约为 2.4%。到 2015 年、2020 年和 2030 年，全国城镇生活垃圾产生量将分别达到 3.0 亿 t、3.6 亿 t 和 4.2 亿 t，分别为 2010 年的 1.21 倍、1.44 倍和 1.68 倍。这主要是随着国民经济的不断发展，全国城镇人口及人均生活垃圾产生量将出现不同程度的增加所致。从各区域分布来看，城镇生活垃圾产生量东部地区最大，中部地区和西部地区相当，东北地区最少。而且，东部地区城镇生活垃圾产生量增长幅度较大，而后趋于平稳，中部和西部地区增长趋势类似，东北地区增长趋势不够明显。而且，四大区域城镇生活垃圾产生量占全国比例也将呈现出不同的变化趋势（图 1-69）。

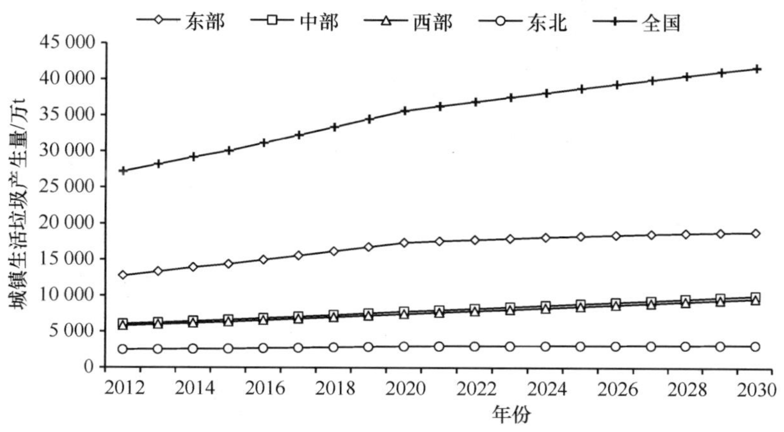

图 1-69　全国及四大区域城镇生活垃圾产生量预测

2）城镇生活垃圾无害化处理量预测。

预测结果表明，全国城镇生活垃圾无害化处理量呈现明显增长趋势，年均增长率为 4.2%。到 2015 年、2020 年和 2030 年，城镇生活垃圾无害化处理量将分别达到 22 447.8 万 t、30 434.2 万 t 和 37 937.9 万 t，分别为 2010 年的 1.82 倍、2.47 倍和 3.08 倍。以 2020 年预测结果为例，填埋、焚烧和其他处理方式处理量将分别达到 14 229.1 万 t、12 584.8 万 t 和 3620.3 万 t，所占比例分别为 46.8%、41.4%和 11.9%。相比于 2010 年而言，填埋处理所占比例明显下降，降低了 32.5 个百分点，焚烧处理比例增加趋势明显，上升了 21.9 个百分点（图 1-70）。

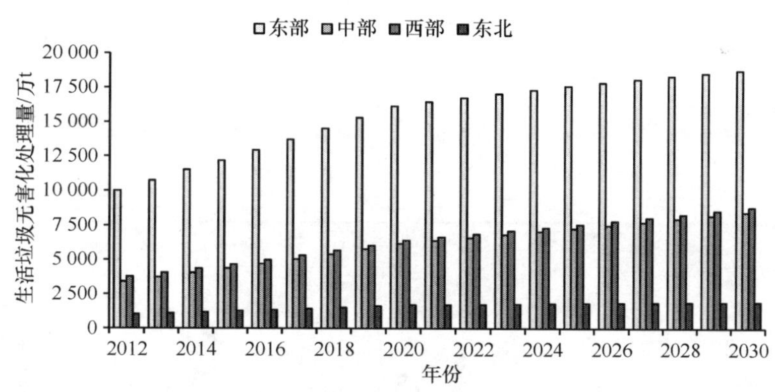

图 1-70　四大区域城镇生活垃圾无害化处理量预测

全国未来城镇生活垃圾无害化处理量增长趋势明显，年均增长率约为 4.2%。从四大区域无害化处理量情况来看，东部地区>西部地区>中部地区>东北地区的整体规律没有变化，同时均呈现不同程度增加趋势，这主要是因为各区域日益重视生活垃圾无害化处理，而且不断加大无害化处理设施的投入。其中，中部地区无害化处理量增长最快，年均增长率约为 5.2%，其次是西部地区，年均增长率为 4.9%。各区域城镇生活垃圾卫生填埋量、焚烧量和其他处理量均在不断增加（东部地区卫生填埋量除外），但是卫生填埋量所占比例逐年下降，焚烧量和其他处理量所占比例却在逐年上升。到 2030 年，除了东部地区焚烧成为主要无害化处理方式外，中部、西部和东北地区主要无害化处理方式依旧是卫生填埋，其次是焚烧和其他处理方式（表 1-10）。

表 1-10　四大区域城镇生活垃圾无害化处理量　　（单位：万 t）

区域	处理方式	2012 年	2015 年	2020 年	2030 年
东部	卫生填埋	5 526.2	5 275.8	5 339.8	4 269.7
	焚烧	4 071.9	6 138.8	8 709.6	11 427.8
	其他	406.5	766.8	2 101.6	3 049.3
中部	卫生填埋	2 616.1	3 187.9	3 929.7	4 603.9
	焚烧	662.5	980.7	1 695.5	2 917.9
	其他	118.9	186.3	545.8	935.0
西部	卫生填埋	2 823.3	3 324.4	3 889.6	4 463.8
	焚烧	758.1	1 082.4	1 819.6	3 140.0
	其他	153.1	246.7	702.7	1 206.9
东北	卫生填埋	811.6	942.9	1 070.0	1 030.1
	焚烧	154.6	218.3	360.1	511.6
	其他	50.9	96.7	270.1	382.0

（3）电子垃圾

未来 20 年间，我国经济发展水平将不断提高，人均 GDP 在 2013 年左右达到中等偏上收入国家标准；东部地区在 2020 年前后达到高收入国家标准，这表明我国居民收入水平未来将呈现快速增长趋势，居民电子产品购买量将不断增加。随着电子产品技术不断发展，产品换代周期将不断缩减，未来电子垃圾也将呈快速增长的趋势，但增长速度将逐渐趋缓。到 2015 年我国电子垃圾达到 645 万 t，较 2010 年增长 262.7 万 t，增加 69%；2020 年将达到 993.9 万 t，较 2015 年增加 348.9 万 t，增加 54%；到 2030 年将进一步增长到 1531.5 万 t，较 2020 年增加 537.6 万 t（图 1-71）。

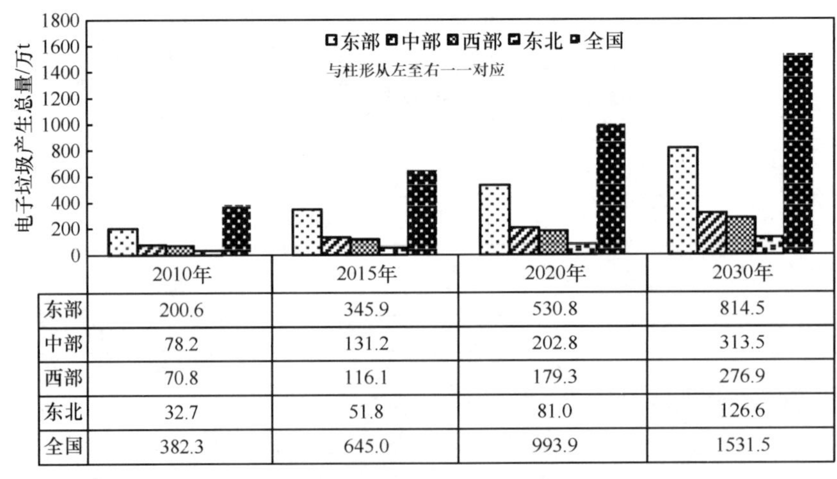

	2010年	2015年	2020年	2030年
东部	200.6	345.9	530.8	814.5
中部	78.2	131.2	202.8	313.5
西部	70.8	116.1	179.3	276.9
东北	32.7	51.8	81.0	126.6
全国	382.3	645.0	993.9	1531.5

图 1-71　2010~2030 年我国及四大区域电子垃圾产生量预测

从未来人均电子垃圾产生量来看，随着人均收入不断提高，人均电子垃圾产生量也将呈现快速增长趋势。从全国平均水平来看，2015 年达到 4.37kg，较 2010 年提高了 1.9kg；2020 年、2030 年将进一步增加到 7.18kg 和 10.94kg。其中东部地区人均电子垃圾产生量仍然最高，2015 年、2030 年分别达到 6.48kg、14.25kg，比全国平均水平分别高出 2.11kg 和 3.31kg；东北地区人均电子垃圾产生量排在第二位，2015 年、2030 年分别达到 4.71kg、11.43kg，与全国平均水平基本相当；中部地区人均电子垃圾产生量排在第三位，2015 年、2030 年分别为 3.65kg、8.67kg，分别低于全国平均水平 0.72kg 和 2.27kg；西部地区人均电子垃圾产生量最低，2015 年、2030 年分别为 3.23kg、7.78kg，分别低于全国平均水平 1.14kg 和 3.16kg。总体来看，未来我国东部地区人均电子垃圾产生量仍然最高，中部、西部地区仍然是最低水平（图 1-72）。

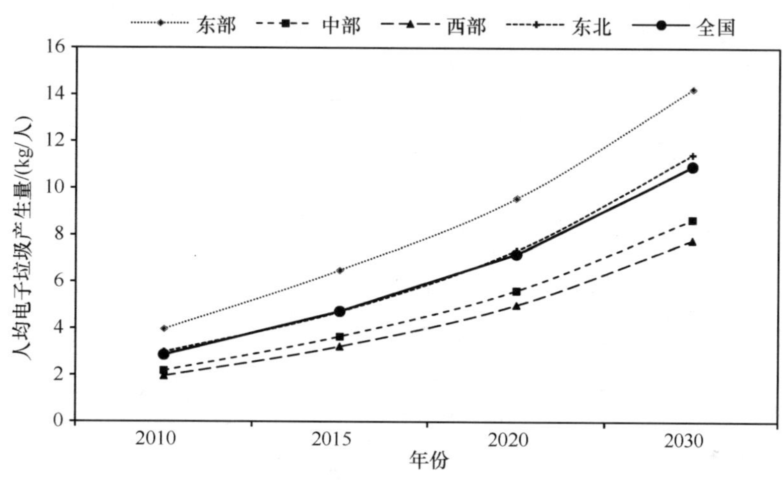

图 1-72 2010~2030 年我国及四大区域电子垃圾产生量预测

为了应对我国电子垃圾产生量的不断提高，未来我国将在收集、无害化处理及资源回收利用等方面加大对电子垃圾的处置能力。2015 年我国电子垃圾收集率达到 70%，较 2010 年提高 12 个百分点；到 2020 年、2030 年将分别提高到 80%和 98%左右，基本建立起全覆盖的电子废弃物回收网络，保证所有电子垃圾能够得到回收利用。随着电子垃圾收集率的提高，其无害化处理率也将呈逐年提高的趋势，2015 年达到 75%，较 2010 年提高 8 个百分点；到 2020 年、2030 年将分别提高到 85%和 95%左右，基本实现电子垃圾的无害化处理，减少电子垃圾对环境风险的巨大威胁。在电子垃圾处置量中，资源化利用比例也将呈现快速增长趋势，2015 年达到 57%，较 2010 年提高了 8 个百分点；到 2020 年、2030 年将分别提高到 65%和 80%左右，保证大部分电子垃圾能够得到回收利用，在减少电子垃圾环境风险的同时实现电子垃圾的循环利用效益。电子垃圾堆放量比例将呈逐年下降趋势，但堆放总量呈先上升后下降的倒 U 形曲线增长趋势，从 2010 年 236.1 万 t 增加到 2020 年的 318.1 万 t，到 2030 下降到 105.6 万 t（表 1-11）。

表 1-11　2010~2030 年我国及四大区域电子垃圾处置量　　（单位：万 t）

处置类型	区域	2010 年	2015 年	2020 年	2030 年
集中收集量	东部	115.3	242.1	424.6	798.2
	中部	44.9	91.8	162.2	307.2
	西部	40.7	81.3	143.5	271.4
	东北	18.8	36.3	64.8	124.1
	全国	219.7	451.5	795.1	1500.9
无害化处置量	东部	76.7	181.6	360.9	758.3
	中部	29.9	68.9	137.9	291.8
	西部	27.1	61.0	122.0	257.8
	东北	12.5	27.2	55.1	117.9
	全国	146.2	338.7	675.9	1425.8
资源化利用量	东部	38.7	103.5	234.6	606.6
	中部	15.1	39.3	89.6	233.5
	西部	13.7	34.8	79.3	206.3
	东北	6.3	15.5	35.8	94.3
	全国	73.8	193.1	439.3	1140.7
堆放量	东部	123.9	164.3	169.9	56.2
	中部	48.3	62.3	64.9	21.6
	西部	43.7	55.2	57.4	19.1
	东北	20.2	24.6	25.9	8.7
	全国	236.1	306.4	318.1	105.6

1.3.4　未来 5~10 年重要环境问题识别

（1）未来 5~10 年生态环境保护面临的压力和挑战

《中国环境宏观战略研究》（2009 年）指出：局部有所改善，总体尚未遏制，形势依然严峻，压力继续加大。

总体上看，未来 5~10 年甚至更长时期，我国的环境经济依然是“三高三山三大”这样一个特点：高经济增长、高资源消耗、高环境代价；环境污染大山、生态破坏大山、气候变化大山；排放最大国、压力最大国、受害最大国。

从未来经济发展压力来看，城镇化、工业化和农业现代化的边际资源环境压力依然处于上升时期。从“九五”到“十一五”来看，预计未来每提高城镇化率 1 个百分点，新增加能源消耗 4940 万 t 标煤，居民用水量 11.6 亿 m^3，钢材 645 万 t，水泥 2190 万 t，增加城镇污水 11 亿 t、生活 COD 3 万 t、生活氮氧化物 19.5 万 t、生活二氧化碳 2525 万 t、垃圾 527 万 t。另外一个是出口贸易的环境压力，预计外贸出口的内涵能源净出口每年 4.5 亿 t 标准煤，二氧化硫和二氧化碳排放净进口分别为 150 万 t（占全国 7%）和 10 亿 t（占全国 9%）。

从环境与社会经济角度看，改革开放 30 年的环境资源“红利”已经丧失殆尽，进入环境风险高发频发期和环境保护“还账”期，公众环境权益观显著增强，产生对环境质量的高诉求和对公共设施建设选址的“邻避心态”，环境问题将成为公众“发泄情绪”

的重要出口。环境保护做得好坏与否将直接影响美丽中国建设的进程，甚至影响到执政党的威信和执政力。

从环境保护领域的矛盾来看，传统污染问题与新的环境问题互相“煎熬”。特别是农村环境污染包围城市、污染场地和土壤污染、城市空气质量持续得不到改善、化学品生态环境风险、全球汞排放控制、国外资源“绿色”获取等新环境问题。以氮、磷、重金属等为代表的传统污染物尚未得到有效控制，以持久性有机污染物（POP）等为代表的新型污染物正持续进入水环境中。

从影响环境绩效的制度因素来看，目前的环境保护管理体制是一个“绩效内耗”的体制，特别是生态系统综合管理、水资源-水环境-水生态管理、农业污染防治管理表现得尤为突出。

（2）未来 10 年可能的重大生态环境问题

基于上述判断，我国未来 5~10 年可能会出现以下 10 个重大生态环境问题，需要特别给予关注。

1）暴发大规模的环境公共健康危机。

儿童血铅超标、POP、危险化学品、危险废物等突发环境事件呈高发态势，因环境污染引起群众过度恐慌问题显现。自 1996 年以来，环境污染导致的上访事件数量保持年均 29%的增速，公众关注度极强，对抗方式也更加激进，赔偿成本和维稳成本高。中国已经成为全球环境健康研究的最大“实验室”。过去近 20 年环境污染造成的公众健康影响已经进入显现期，公众环境健康成为一个大的社会问题，出现环境公共健康危机。而且，一般性的污染健康损害（如空气污染造成的慢性健康危害）已经很难找到污染责任主体。为此，建议加快设立国家环境损害赔偿基金，建立生态环境损害鉴定评估机制，以应对公众环境健康损害的集体索赔问题。

2）超大区域和跨区域灰霾和水污染继续蔓延。

区域灰霾污染短期内得不到治理和好转，特别是《大气污染防治行动计划》中 $PM_{2.5}$ 非控制区的灰霾污染继续蔓延，重演当年“两控区”制度的后果。同样，《水污染防治行动计划》部分偏离了流域水生态环境综合治理的思路，河海湖库、海洋和陆地、地表水和地下水等统筹问题得不到解决。流域性的水污染短期内不能有效根治。近岸海域的污染会继续蔓延，特别是以浒苔和赤潮为特征的污染可能会加剧。

3）土壤和地下水污染产生新的食品安全危机。

全国 3 万多个乡镇、约 60 万个建制村大部分没有环境基础设施，每年产生生活污水 90 多亿 t，生活垃圾 2.8 亿 t，直接影响到“米袋子”“菜篮子”“水缸子”。持久性有机污染物（POP）、环境激素等污染因子尚未有效管理，长期累积，应对新型环境问题的难度加大。随着全国土壤环境污染和地下水污染调查数据的全面公开和公众的压力，土壤和地下水污染产生的食品环境安全危机全面暴发。一些国家可能会建立散点式的粮食有毒污染物含量监测，以此提高政府对粮食安全质量监督的公信力。建议开展土壤环境功能区划，根据功能划分制定和实施《清洁土壤行动计划》。建议根据土壤和地下水污染评估，划定污染场地“禁种区”，实施污染耕地功能置换，从生产源头解决粮食环境安全危机的问题。

4）沿江型饮用水水源地安全事故进入频发期。

全国排查的 4.46 万家化学品企业，72%分布在重点流域沿岸，12.2%距离饮用水水源保护区、重要生态功能区等环境敏感区不足 1km，10.1%距离人口集中居住区不足 1km。全国共有近 1.2 万座尾矿库，其中危库、险库、病库 1470 多座。电子废物、工业废物、医疗废物和危险废物产生量持续增加。全球 70%左右的电子垃圾最终流入我国。因此，以化学品、重金属和核辐射为代表的环境风险问题更加突出。最近几年重大环境事件都是一些重化工项目建设的环境问题。东部沿海地区已经上升为全世界重化工最大密集区之一，而且有向中西部蔓延之势。特别是大江大河沿岸工业园区及化工企业的不合理布局，可能在未来 10 年对饮水安全造成严重的影响。建议全面开展全国饮用水水源地环境安全评估，每一个化工厂都要制订污染事故应急预案和应急设施。

5）机动车和面源成为大气和水污染的首要污染源。

目前，中国的汽车生产量和销售量都已经是全世界第一。全国机动车保有量已经超过 2.5 亿辆。随着工业污染治理和居民用能的清洁化，未来 10 年机动车污染将成为大中型城市主要地区的污染源。建议取消全国差异化的机动车污染控制及油品环境质量标准，加速机动车排放标准和油品标准升级，促进汽车行业的技术进步和提高其国际竞争力。同时，随着工业水污染、城镇污水治理加速和污水资源化加快，农村农业面源污染（包括农作物秸秆焚烧污染）将成为改善水质的瓶颈。

6）气候变化和资源开发加剧生态系统退化。

气候变化未来可能进一步增加我国洪涝和干旱灾害发生的概率，海河、黄河流域所面临的水资源短缺问题及浙闽地区、长江中下游和珠江流域的洪涝问题难以从气候变化的角度得到缓解。气候变化导致的径流性水量减少和水动力学条件变化将降低水体自净能力。全球变暖促进蓝藻繁殖，影响河湖水质与富营养化，进一步增加水资源安全保障的严峻性。气候变化、外来入侵物种、转基因生物的环境释放、生物燃料的生产对生物多样性和生态系统的影响进一步加剧，甚至造成农业减产和质量下降，影响国家粮食安全。一些重大的建设项目（如三峡工程）和不尊重科学的生态建设工程的生态影响陆续显现出来。长江、黄河流域、洞庭湖、鄱阳湖及近岸海域的生态问题将更加突出。

7）承诺并实施二氧化碳和汞排放总量控制。

2012 年，中国的二氧化碳排放量为 90 亿 t。发达国家国际气候变化的谈判核心目标是促使中国承诺总量控制和减排指标。根据国内主要权威研究机构预测，预计 2030 年二氧化碳排放量达到峰值 120 亿 t。预计 2020 年以后实施二氧化碳总量增量控制，2030 年以前实施二氧化碳总量减排控制，从而使二氧化碳排放总量下降。

目前已经签署汞和 POP 排放国际控制公约。据估算，全球每年人为源大气汞排放量约为 2100t，其中气态单质汞 1480t。我国是汞生产、使用和排放大国。2003 年全国人为源大气汞排放量达 696t，其中燃煤排放的大气汞为 278t。毫无疑问，未来 10 年中国将承受汞削减的巨大压力。建议“十三五”制订汞排放总量控制行动计划，对重点行业严格执行排放标准。

8）与周边国家的环境冲突和环境威胁论。

由于美国推行“亚太再平衡”战略及我国对周边国家的资源战略需求，可能会借助国际环境问题“责难”中国。对于跨界河流，中国基本上是处于河流上游，开发水资源肯定会遭到周边国家的反对，因此产生亚洲版本的“中国环境威胁论”。对于南海海洋自然生态系统保护，也会受到相关国家的“围困”。建议对于跨界河流在充分合作的基础上加紧开发，形成水资源开发“事实”。建议以中国为中心建立南海（国际）海洋自然保护区，通过保护南海海洋环境进一步彰显南海主权。

9）环境公民运动和生态政治危机频发。

目前，社会公众参与环境保护进入了一个新时期。公众的环境意识、参与能力与环境权益维护之间没有建立平衡关系。环境保护 NGO 成为目前非政府组织中数量最多、参与最活跃的社会团体。环境国际 NGO 和国内 NGO 相互交织。环境问题成为公众发泄社会不满的“出气筒”。因此，随着环境污染继续蔓延和公共环境健康危机暴发，新的环境公民运动频发，直接考验政府的公共决策，甚至暴发生态政治危机。特别是公众对污染治理设施的“邻避效应”发酵，找不到环境基础设施的建设场地。

由于现代监测技术的快速发展及环境信息“保密”的拖累，生态环境质量测不准、讲不清、不认可，环境污染与生态系统监测严重分离等问题十分突出。未来 10 年，国际与国内环境监测交叉、政府与社会监测对立，将直接导致建立独立的第三方监测和评估体系。

10）生态环境管理体制变革的不确定性。

中国共产党第十八届中央委员会第三次全体会议（中共十八届三中全会）《中共中央关于全面深化改革若干重大问题的决定》提出了改革生态环境管理体制的任务。生态环境管理体制改革的不确定性存在两种可能：一种是现有环境保护部门的生态保护监管职责剥离或者削弱；另一种是生态保护监管职能得到加强。目前，第一种可能性较大。有关部门都在研究生态文明建设体制和生态环境管理体制，在下一步政府机构改革中争取主动权。建议建立国内外的研究队伍，与相关权威研究机构合作，尽早向上级反映主张和建议，努力建立“污染防治与生态保护并举”的大环境。

我国大规模治污从“九五”淮河治污开始，历经多年持续治污，未来再经过 10 年的统筹部署、积极应对、有所作为，应能取得明显成效。国际经验或案例表明，存在人均 GDP 3000~8000 美元时环境状况开始转变的库兹涅茨倒 U 曲线（Kuznets curve）拐点现象，美国、欧盟等国家或地区大规模治污到环境质量明显改善的时间跨度约为 40 年（欧美国家在 1970~1990 年 21 年间控制二氧化硫、氮氧化物等常规污染物排放，1990~2010 年 21 年控制 PM_{10} 和 $PM_{2.5}$ 排放都取得了明显成效，使美国 2010 年 PM_{10}、$PM_{2.5}$ 浓度分别下降到 51μg/m^3、9.99μg/m^3），环境质量全面改善时人均 GDP 约为 1.5 万美元（2009 年 91 个国家数据显示，达到欧盟 PM_{10} 年均浓度 40μg/m^3 标准时人均 GDP 在 1 万~1.5 万美元），2020 年左右我国环境保护形势面临大转折的条件基本具备，传统的环境问题有望开始得到根治，但环境质量全面改善、人体健康保障和生态系统的平衡还需要 10 年以上的继续努力。因此，未来 10 年可能是环境保护大有作为的 10 年。

总体来看，未来 5~10 年，我国既有工业化阶段转变、经济发展的动力机制转换、资源能源需求和污染排放压力有望减小等有利条件，也有经济发展惯性很大、环境问题更为复杂、产业结构和增长方式调整不确定等不利因素，是“青山绿水”与“金山银山”战略抉择的“两难”期，也是发展转型、污染防治的攻坚期、相持期，还可能是环境质量改善速度和老百姓需求差距最大、资源环境瓶颈约束和发展矛盾最尖锐的困难期。若处理得当，可以为未来全面改善奠定基础，否则，污染延续蔓延可能产生难以控制的经济、社会、政治后果。

第 2 章　新时期环境战略定位与目标

2.1　战 略 定 位

目前我国正处于国家发展和环境保护的历史性转变的关键时期，人与环境的紧张与矛盾成为影响和制约我国可持续发展的重要瓶颈。中国共产党第十八届中央委员会第三次全体会议（中共十八届三中全会）明确指出，建设生态文明，必须建立系统完整的生态文明制度体系，用制度保护生态环境。生态文明理念是解决我国未来将要面临社会发展与环境保护这一矛盾的关键，生态文明以尊重和维护自然为前提，以人与人、人与自然、人与社会和谐共生为宗旨，以建立可持续的生产方式和消费方式为内涵，以引导人们走上持续、和谐的发展道路为着眼点。在生态文明建设重大战略背景之下，新时期中国环境保护宏观战略可以定位如下。

1）遵循“环境优先”的发展方式。高度重视我国环境问题的严峻形势及其影响后果，改革生态环境保护管理体制。对国家发展理念和发展方式进行重大调整，树立“环境优先”的战略思想，把环境质量作为指导各项工作的基本衡量标准之一，在其他工作与环境要求有冲突的时候，要服从环境保护的要求。实行从紧的和严厉的环境政策，实现环境保护而促进和优化经济发展的功能。改变传统的环境治理方式，对重要的生态系统实行休养生息。积极参与和协力推进全球可持续发展。

2）大幅强化环境执政能力。着重改善国家环境执政方式，大幅度强化国家环境执政能力，重建国家环境保护体制架构。显著扩展社会环境权利，形成广泛有力的环境保护社会行动格局。显著提高环境决策的科学化和民主化水平。

3）有力建成资源节约型和环境友好型社会。用 20~30 年时间使我国环境状况得到根本改善，实现环境保护的历史性转变，形成中国特色的生产发展、生活富裕、生态良好的文明发展道路。最终要实现“既要金山银山，又要绿水青山”这一科学目标。

2.2　战 略 目 标

2.2.1　总体目标

环境保护工作应贯彻“以人为本，优化发展，环境安全，生态文明”的战略思想，着眼于我国环境质量的全面改善和生态系统的完整与稳定，促进环境保护和经济社会的协调发展，努力提高国家的可持续发展能力，使人民群众喝上干净的水、呼吸清洁的空气、吃上安全的食物，保障人民群众在良好的环境中生产生活，确保人体健康，全面实现与现代化社会主义强国相适应的环境质量目标。

2.2.2　阶段目标

到 2015 年，主要污染物排放总量显著减少；城乡饮用水水源地环境安全得到有效保障，水质大幅提高；重金属污染得到有效控制，持久性有机污染物、危险化学品、危险废物等污染防治成效明显；城镇环境基础设施建设和运行水平得到提升；生态环境恶化趋势得到扭转；核与辐射安全监管能力明显增强，核与辐射安全水平进一步提高；环境监管体系得到健全。具体包括：化学需氧量、氨氮、二氧化硫和氮氧化物排放量较 2010 年分别减少 8%、10%、8%和 10%，80%的地级以上城市环境空气质量达到二级以上，七大水系国控断面好于Ⅲ类的比例大于 60%，地表水国控断面劣Ⅴ类水质的比例小于 15%。

到 2020 年，实现两个有效，即主要污染物排放得到有效控制，环境安全得到有效保障。具体来讲，主要污染物排放得到有效控制，核和辐射安全得到有效监管，生态环境质量明显改善，基本解决城镇污染和工业污染，饮用水水源不安全因素基本消除，环境状况与全面实现小康社会相适应，80%的城市环境空气质量达到二级以上，七大水系国控断面好于Ⅲ类的比例大于 60%，危害人体健康的突出环境问题（如细颗粒物、持久性有机物等）得到初步遏制，生态恶化趋势得到基本控制，生态系统服务得到提升，生态文明观念在全社会牢固树立。

到 2030 年，达到两个全面，即污染物排放总量得到全面控制，环境质量全面改善。具体来讲，污染物排放总量得到全面控制，全国水体基本消灭黑臭现象，农村污染、非点源、新型环境问题得到基本解决，饮用水水源、城市空气质量基本达到要求，生态系统结构趋于稳定，农村环境质量实现根本好转，核与辐射安全水平总体达到国际水平，人体健康得到有效保障，文明健康、资源节约、环境友好的生产、生活方式在全国得到普及，环境与经济社会基本协调。

第3章 新时期构建国家生态环境安全格局战略和重大任务研究

3.1 国家生态安全格局空间保障方案

根据中国共产党第十八次全国代表大会（中共十八大）报告，要大力推进生态文明建设，形成节约资源和保护环境的空间格局、产业结构、生产方式、生活方式。优化国土空间开发格局，促进生产空间集约高效、生活空间宜居适度、生态空间山清水秀，给自然留下更多修复空间，给农业留下更多良田，给子孙后代留下天蓝、地绿、水净的美好家园。

为形成集约高效的生产空间、宜居适度的生活空间、山清水秀的生态空间，实现国土空间优化开发，在全国主体功能区规划的基础上，依据不同区域的主要环境功能，制定全国环境功能区划方案。形成维护国家生态安全的生态空间，维护农产品生产、资源开发、城镇发展环境安全的生产和生活空间，分区提出维护和保障主要环境功能的总体目标和对策，通过设置水、大气、土壤和生态等要素环境管控导则，进一步为实现“生产空间集约高效、生活空间宜居适度、生态空间山清水秀”提供保障。

3.1.1 环境功能

3.1.1.1 环境功能类型

环境功能是指环境各要素及其构成的系统为人类生存、生活和生产所提供的环境服务的总称，包括保障自然生态安全和维护人居环境健康两个方面。一方面保障自然系统的安全和生态调节功能的稳定发挥，构建人类社会经济活动的生态安全格局，即保障自然生态安全；另一方面保障与人体直接接触的各环境要素的健康，如空气的干净、饮水的清洁、食品的卫生等，即维护人群环境健康。

保障自然生态安全方面：服务于保障区域自然本底状态，维护珍稀物种的自然繁衍，保留可持续生存发展空间，划为自然生态保留区，包括有代表性的自然保护区、有特殊价值的自然文化遗迹，以及未受大规模人类活动影响留作未来可持续发展的地区。服务于保障水源涵养、水土保持、防风固沙、维持生物多样性等生态调节功能的稳定发挥，保障区域生态安全，划为生态功能保育区，包括生态系统重要或者区域生态调节功能重要的，关系全国或较大范围区域的生态安全区域。

维护人居环境健康方面：服务于保障粮食、油料、蔬菜等主要农产品主要产地的环境安全，划为食物环境安全保障区；我国人多地少、土壤污染比较严重，现在及未来的粮食（畜牧、水产）主要产区，需要特别关注食物安全保障功能。服务于保障人口密度较高、城市化水平较高地区集居人群的饮水安全、空气清洁等居住环境的健康，划为聚居环境维护区，在目前和未来城镇化和工业化水平较高、发展潜力较大的地区，聚居环境维护功能最为重要。服务于矿产资源开发的环境维护，保障周边区域的环境安全，划为资源开发环境引导区，如人类社会经济所需的各类矿产与能源储量丰富，且具备较好的开发条件，以引导资源开发活动，保障区域环境安全的地区。

3.1.1.2　环境功能类型区

基于上述环境功能类型的考虑，将全国环境功能区分为 5 类：Ⅰ-自然生态保留区、Ⅱ-生态功能保育区、Ⅲ-食物环境安全保障区、Ⅳ-聚居环境维护区和Ⅴ-资源开发环境引导区等 5 个类型的环境功能区。

自然生态保留区是指服务于保障区域自然本底状态，维护珍稀物种的自然繁衍，保留可持续发展的环境空间区域，包括有代表性的自然保护区、有特殊价值的自然文化遗迹，以及未受大规模人类活动影响、留作未来可持续发展的地区。

生态功能保育区是指生态系统十分重要，保障水源涵养、水土保持、防风固沙、维持生物多样性等生态调节功能的稳定发挥，保障区域生态安全的区域。

食物环境安全保障区是指服务于保障粮食、畜牧、水产等农副产品主要产地环境安全的区域，包括现在及未来的粮食、畜牧、水产的主要产区。

聚居环境维护区是指服务于保障人口密度较高、城市化水平较高地区的饮水安全、空气清洁等居住环境健康的区域，包括目前城镇化和工业化水平较高及未来城镇化和工业化发展潜力较大的地区。

资源开发环境引导区是指服务于能源、矿产资源开发的环境维护，保障周边地区环境安全的区域，包括矿产与能源资源储量丰富、具备较好的开发条件的区域。

3.1.2　区划相关技术与方法

3.1.2.1　环境功能评价指标体系构建

根据环境功能的内涵，从保障自然生态安全、维护人群环境健康和区域环境支撑能力角度出发，构建环境功能综合评价指标体系，见表 3-1。由生态系统敏感性指数、生态系统服务功能重要性指数等两大类指标来表征自然生态安全类指数，由人口集聚度指数、经济发展水平指数等两大类指标来表征人群健康维护类指数，由环境容量指数、环境质量指数、污染物排放指数、可利用土地资源指数、可利用水资源指数来表征区域环境支撑能力指数。

3.1.2.2　环境功能评价方法

在环境功能评价指标体系的基础上，对每一个空间单元的 9 项指标进行标准化分级打分，将分项指标项综合归纳为一个综合指数（A）。根据环境功能综合评价指标，每个评价单元都相应地有一个环境功能综合评价值，反映了环境功能的空间分异规律。

环境功能综合评价指数（A）计算方法如下

$$A = KP_2 - P_1 \tag{3-1}$$

式中，P_1 为自然生态安全类指数；P_2 为人群健康维护类指数；K 为区域环境支撑能力指数。

表 3-1 环境功能评价指标体系

一级指标	二级指标	三级指标
自然生态安全类指数（P_1）	生态系统敏感性指数（d_1）	沙漠化敏感性 土壤侵蚀敏感性 石漠化敏感性 盐渍化敏感性
	生态系统服务功能重要性指数（d_2）	水源涵养重要性 土壤保持重要性 防风固沙重要性 生物多样性保护重要性
人群健康维护类指数（P_2）	人口集聚度指数（c_1）	人口密度 人口流动强度
	经济发展水平指数（c_2）	人均 GDP GDP 增长率
区域环境支撑能力指数（K）	环境容量指数（b_1）	大气环境容量 水环境容量 承载能力
	环境质量指数（b_2）	大气环境质量 地表水环境质量 土壤环境质量
	污染物排放指数（b_3）	水污染物排放指数 大气污染物排放指数
	可利用土地资源指数（b_4）	可利用土地资源
	可利用水资源指数（b_5）	地表水可利用量 地下水可利用量 已开发利用水资源量 入境可开发利用水资源潜力

（1）自然生态安全类指数

保障自然生态安全是指保障区域自然系统的安全和生态调节功能的稳定发挥，可用生态系统敏感性指数和生态系统重要性指数描述。保障自然生态安全指数（P_1）的计算方法如下

$$P_1=\mathrm{Max}\{[d_1],\ [d_2]\} \tag{3-2}$$

式中，d_1 为生态系统敏感性指数，包括土壤侵蚀敏感性、沙漠化敏感性、盐渍化敏感性和石漠化敏感性等评价因子；d_2 为生态系统服务功能重要性指数，包括生物多样性保护、土壤保持、水源涵养、防风固沙等重要性评价因子。

（2）人群健康维护类指数

维护人群环境健康是指保障与人体直接接触的各环境要素的健康，可用人口集聚度和经济发展水平描述区域经济社会发展状况，以及对维护人群环境健康方面环境功能的需求程度；维护人群环境健康指数（P_2）的计算方法如下

$$P_2=\sqrt{\frac{1}{2}\left([c_1]^2+[c_2]^2\right)} \tag{3-3}$$

式中，c_1 为人口集聚度指数，通过人口密度和人口流动强度等指标进行评价；c_2 为经济发展水平指数，通过人均地区 GDP 和地区 GDP 的增长率等要素进行评价。

（3）区域环境支撑能力指数

经济社会发展所需的区域环境支撑能力可用环境容量指数、环境质量指数、污染物排放指数、可利用土地资源指数和可利用水资源指数描述维护人群环境健康方面环境功能的供给程度。区域环境支撑能力指数（K）的计算方法如下

$$K = f\left(\frac{\text{Min}\{[b_1],[b_2],[b_3]\}}{\text{Max}\{[b_4],[b_5]\}}\right) \tag{3-4}$$

式中，b_1 为环境容量指数，通过大气环境容量和水环境容量等因素进行评价；b_2 为环境质量指数，通过区域的大气环境质量、地表水环境质量和土壤环境质量进行评价；b_3 为污染物排放指数，选择大气污染物排放指数和水污染物排放指数等要素进行评价；b_4 为可利用土地资源指数，选择后备适宜建设用地的数量、质量、集中规模等要素进行评价；b_5 为可利用水资源指数，选择水资源丰度、可利用数量及利用潜力等要素进行评价。

3.1.2.3 主导因素法

综合考虑对评价单元具有重要影响的主导因子及相关的国家政策、规划等，通过选取决定不同类型环境功能区形成的主导因素，划分自然生态保留区、生态功能保育区、食物环境安全保障区、聚居环境维护区和资源开发环境引导区，对评价结果进行修正，提出全国环境功能区划备选方案。

需要考虑的国家层面的相关规划、政策包括：《全国主体功能区规划》《中国生态功能区划》《重点流域水污染防治规划》《重金属污染综合防治“十二五”规划》《全国土壤环境保护规划》《全国城镇体系规划纲要》等。

主导因素法是自上而下划分环境功能区的技术方法，划分各类型区的主导因素见表 3-2。

表 3-2 各环境功能类型区的主导因子

环境功能区	主导因子
自然生态保留区	人口密度极低，人口流动性差 经济总量小，经济活力低
生态功能保育区	存在沙漠化、土壤侵蚀、石漠化、土壤盐渍化等风险 具有较高的水源涵养、水土保持、防风固沙、生物多样性保护及其他生态系统服务功能 生态系统的完整性、稳定性
食物环境安全保障区	国家主要耕地、牧场分布，主要农产品产地 海产品产量较高
聚居环境维护区	区域人口聚居规模较大，人口流动性强，城镇化水平高 区域的产业集聚度高，经济总量大，经济增速快 区域存在一定的环境问题或环境风险
资源开发环境引导区	能源矿产资源主要开发地区 具有相对稀缺的特色资源

3.1.2.4 环境功能分区技术流程

在环境功能评价指标和综合评价的基础上，环境功能分区技术分为 4 个步骤。

一是根据环境功能综合评价结果，从保障自然生态安全和维护人居环境健康两大类环境功能的角度，初步划分出两个大类，即生态功能保育区和聚居环境维护区。区域环境功能综合评价指数越高的地区环境功能越偏向于维护人群环境健康，反之则偏向于保障自然生态安全。当环境功能评价综合指数大于 1.0 时，原则上划分为维护人居环境健康的区域，即聚居环境维护区；当环境功能评价综合指数小于–0.3 时，原则上划分为保障自然生态安全的区域，即生态功能保育区。

二是采用主导因素法，考虑全国食物安全保障的重要性，根据国家重点建设的优势农产品主产区划分食物环境安全保障区，也就是说，食物环境安全保障区与其他区域相重叠时，要优先划分为食物环境安全保障区。

三是根据主导因素法，对相关部门现有分区进行归整，依次识别环境功能类型区。综合考虑对评价单元具有重要影响的主导因子及相关的国家政策、规划等，通过选取决定不同类型环境功能区形成的主导因素，划分自然生态保留区、生态功能保育区、食物环境安全保障区、聚居环境维护区和资源开发环境引导区，对评价结果进行修正，提出环境功能区划备选方案。

四是将环境功能区划备选方案与主体功能区规划、农业区划、海洋功能区划、土地利用总体规划等相关区划与规划相衔接，进行总体复核和调整，确定环境功能区划方案。

3.1.3 环境功能指标评价结果分析

依据构建的环境功能评价指标和计算方法，从保障自然生态安全类指数、维护人群环境健康指数、区域环境支撑能力三个方面，进行环境功能评价，为形成环境功能综合评价结果提供基础。

3.1.3.1 保障自然生态安全指数的评价结果

（1）生态系统服务功能重要性评价结果

根据水源涵养重要性评价结果，全国水源涵养的重要区域主要有昆仑山塔里木河源头，雅鲁藏布江源头，祁连山黑河和疏勒河源头，三江源，大兴安岭北部黑龙江、长白山松花江、东辽河源头，海拉尔河源头，大兴安岭南部西辽河源头，滦河源头，秦巴山区渭河、汉江、淮河源头，嘉陵江源头，乌蒙山珠江、乌江源头，湘江源头，北江源头，以及大别山、南岭等地区水源涵养区域。

根据土壤保持重要性评价结果，全国土壤保持的极重要区域主要包括黄土高原、三峡库区、西藏东南部，大兴安岭东南侧也有零星分布；重要区域为云贵高原、四川盆地东部、黄土高原中部地区、阴山山脉西部地区、大兴安岭东侧、横断山地区、西藏东南部和新疆的天山山脉西段、北麓及塔里木河南段；中等重要地区主要分布在太行山东部、西藏东部、青海东南部和四川西部、大兴安岭中部、东北平原大部、江南丘陵、山东半岛等广大地区。

根据生物多样性保护重要性评价结果，全国生物多样性保护的极重要区域主要包括小兴安岭北部、祁连山南部地区、川西高山峡谷地区、藏东南地区、滇西北地区、武陵山地区、南岭地区、十万大山地区、西双版纳、雪峰山南部、仙霞岭、海南岛中部山区等地区，面积为 37.2×10^4km^2；生物多样性保护重要区面积为 139.5×10^4km^2，主要包括小兴安岭北部、长白山、湖北西部、安徽南部、湖南西北部、广东北部、浙江西北部、福建中部、北山、祁连山北部、黄河源头、秦巴山区、横断山脉中部、云南西部、广西北部和南部地区，以及若羌、科尔沁右翼前旗、额敏、错那、基隆等地区。

根据防风固沙重要性评价结果，全国防风固沙的极重要区域主要分布在内蒙古浑善达克沙地、呼伦贝尔西部、科尔沁沙地、毛乌素沙地、柴达木盆地东部、河西走廊和阿拉善高原西部、准噶尔盆地周边、塔里木河流域、黑河下游，以及环京地区和西藏“一江两河”（雅鲁藏布江、拉萨河、年楚河）等地区；防风固沙重点区为严重沙漠化区域；中等重要地区主要是指中国“三北”防护林地区、黄淮平原、东北平原沙漠化中度敏感地区，以及东部沿海沙土分布区域；其余为防风固沙一般地区。

根据洪水调蓄重要性评价结果，全国防洪蓄洪的重要区域主要集中在一级、二级河流下游蓄洪区，其面积为 3.6×10^4km^2，分布在淮河、长江、松花江中下游蓄洪区及其大型湖泊等地。

将生物多样性保护、水源涵养、土壤保持、防风固沙和洪水调蓄的重要性评价结果进行空间叠加，得到全国综合生态系统服务功能重要性空间分布状况。评价结果表明，全国生态系统服务功能极重要地区面积达 248 万 km^2，约占国土面积的 25.8%，主要分布于内蒙古东部、黄土高原、新疆西部、秦巴山地、三江源、西南山地等地。重要地区面积达 188 万 km^2，约占国土面积的 19.6%。而中等重要和一般地区分别占国土面积的 31.7%和 23.0%（表 3-3）。

表 3-3　全国生态系统服务功能综合评价结果

重要性等级	面积/（$\times10^4$km^2）	面积占比/%
一般地区	221	23.0
中等重要	304	31.7
重要	188	19.6
极重要	248	25.8

生态系统服务功能重要的区域呈现全区域性的、集中连片分布，这种分布格局与生态系统类型分布格局直接相关。东北地区有大面积的针叶林、针阔混交林和草甸草原，沼泽面积广大，森林资源丰富是本区得天独厚的优势；华北地区以落叶阔叶林为主，生态重要区域主要分布在山区；华北地区以亚热带常绿阔叶林为主，川西南、滇西北的森林资源是我国西南林区的重要组成部分；华南地区以热带性植被为主，常绿阔叶雨林-季雨林特征明显；内蒙古地区以典型草原、荒漠草原为主；西北地区以荒漠草原为主；青藏地区以高原荒漠、草甸、草原为主。

这些区域包括大小兴安岭、长白山、西南林区、秦巴山地、藏东南、祁连山、天山、三江源、塔里木河、羌塘高原、松嫩平原、黄河三角洲、辽河三角洲、洞庭湖、鄱阳湖、呼伦贝尔草原、浙闽山地、南岭山地等地区，这些地区具有不同的生态重要类型（图 3-1）。

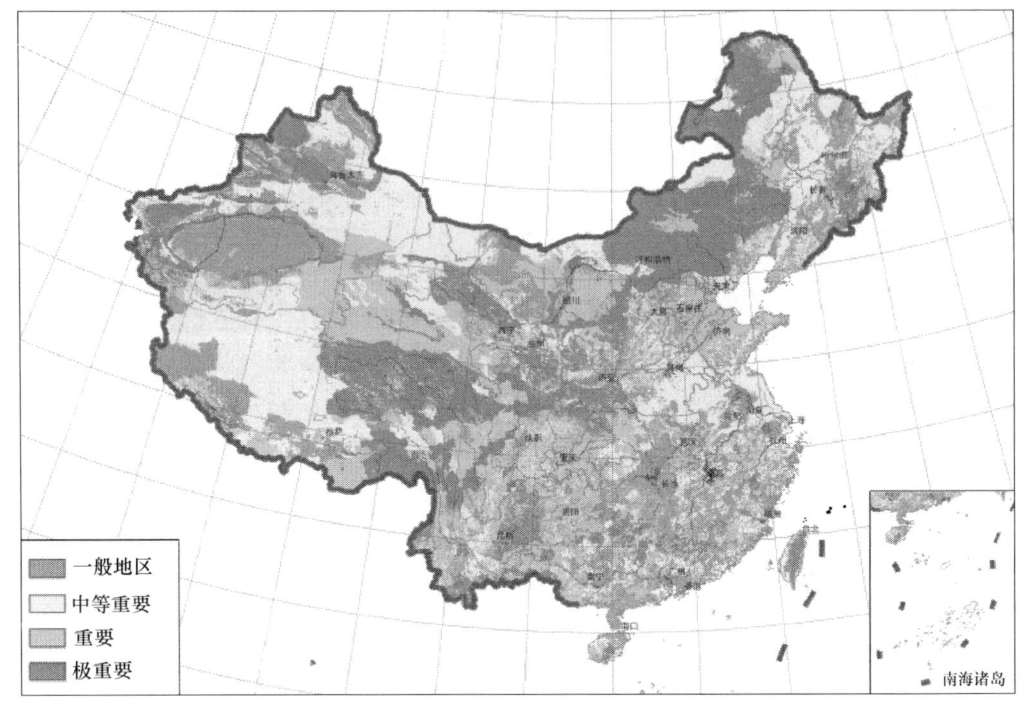

图 3-1　生态系统服务功能综合评价图（彩图请扫描正文末页二维码阅读）

（2）生态系统敏感性评价结果

根据土壤侵蚀敏感性评价，土壤侵蚀极敏感区域面积为 $27.1\times10^4km^2$，占国土面积的 2.8%，主要分布在黄土高原、西南山区、太行山部分、汉江源头山区、大青山、念青唐古拉山脉、横断山脉河谷地区等，其中黄土高原水土流失是一种长期的地质现象，但人类活动对土地、植被等自然资源实行掠夺式开发利用，导致植被退化严重，是引起这个地区水土流失的主要因素。高度敏感区面积为 $61.2\times10^4km^2$，占国土面积的 6.4%，主要分布在西南地区，以及燕山、努鲁儿虎山、大兴安岭东部，这些区域降水侵蚀力较大，很多区域土壤为沙壤土或壤黏土，且横断山脉、川西、滇西、秦巴山地，以及贵州、广西、湖南、江西等山区地形起伏较大，一旦植被破坏，容易发生水土流失；另外天山山脉、昆仑山脉局部降水较高，零星地区对水土流失高度敏感。

根据沙漠化敏感性评价，沙漠化敏感区域主要集中分布在西北干旱、半干旱地区。其中，沙漠化极敏感区域面积为 $111.2\times10^4km^2$，主要是沙漠地区周边绿洲和沙地，包括准噶尔盆地边缘，塔克拉玛干沙漠沿塔里木河、和田河、车尔臣河地区，吐鲁番盆地，巴丹吉林沙漠，腾格里沙漠周边绿洲，柴达木盆地北部，以及呼伦贝尔高原、科尔沁沙地、浑善达克沙地、毛乌素沙地、宁夏平原等地，另外藏北高原、三江源、黄河古道等地有零星分布，这些位于沙漠戈壁中的绿洲，生态环境异常脆弱，沙漠植被一旦被破坏就会引起沙丘活化、流沙再起等，造成绿洲退化；而沙地多为半湿润半干旱农牧交错带，年际气候变化较大，对于人类活动极其敏感。新疆天山南脉至塔里木河冲洪积平原如伽师、疏勒、温宿、轮台等地，古尔班通古特沙漠南部乌苏-阜康平原地区，疏勒河北部，柴达木盆地南部，四川若尔盖、河套平原，阴山山脉以北，以及黄河三角洲、科尔沁沙地以北广大地区等均为沙漠化高度敏感区域，面积为 $43\times10^4km^2$，该区域特征是气候干燥，大风日数较多，土壤质地多为沙质，且植被覆盖率低，容易发生沙化。

根据盐渍化敏感性评价，盐渍化敏感地区分布在西北干旱、半干旱地区。极敏感区面积为 79.5×10^4km²，除滨海半湿润地区的盐渍土外，大致分布在沿淮河－秦岭－巴颜喀拉山－唐古拉山－喜马拉雅山一线以北广阔的半干旱、干旱和漠境地区，主要分布在塔里木盆地周边、和田河谷、准噶尔盆地周边、柴达木盆地、吐鲁番盆地等闭流盆地、罗布泊、疏勒河下游、黑河下游、河套平原西部、阴山以北浑善达克沙地以西、呼伦贝尔东部、西辽河河谷平原、三江平原，以及环渤海、江苏沿海滨海低平原等地区，西北地区由于处于干旱、半干旱和漠境地区，蒸发量远远大于降水量，自然因素导致盐渍化严重；沿海地区主要由滨海盐土导致盐渍化。高度敏感区面积为 50.5×10^4km²，主要集中分布在准噶尔盆地东南部、哈密地区、北山洪积平原、河西走廊北部、阿拉善洪积平原区、宁夏平原、河套平原东部、海河平原、阴山以北河谷区域、东南沿海地区、大兴安岭、东北平原河谷地区，以及在青藏高原内零星分布，主要为洪积和湖积平原区域。

根据石漠化敏感性评价，石漠化极敏感区面积为 3.6×10^4km²，集中分布在贵州西部、南部区域，包括遵义、贵阳、毕节南部、安顺以南、六盘水、黔南，铜仁也有少量分布，百色、崇左、南宁交界处，桂林、贺州、四川西南峡谷山地大渡江下游及金沙江下游地区等地有成片分布；高度敏感区面积为 15.2×10^4km²，它与极敏感区交织分布，主要在贵州西部、中部、南部，广西西部、东部，四川西南部、东北部，云南东部，湖南中西部，广东北部等有片状分布。

根据冻融侵蚀敏感性评价，冻融侵蚀极敏感区面积为 46.1×10^4km²，主要分布在青藏高原西南部，海拔普遍高于 4500m，且坡度大多在 30°以上，主要包括阿里、冈底斯山脉以南，巴青、比如、丁青三县交界处，以及甘孜、色达、炉霍交界处，九龙、松潘、康定、金川等地也有零星分布。高度敏感区面积为 74.7×10^4km²，集中分布在阿尔泰山、天山、祁连山脉北部、昆仑山脉北部、横断山脉及大兴安岭高海拔地区。

将土壤侵蚀、沙漠化、盐渍化、石漠化和冻融侵蚀的评价结果进行空间叠加，得到全国综合生态敏感性空间分布状况。评价结果表明，全国生态极敏感区和高度敏感区的面积分别为 217 万 km² 和 164 万 km²，分别占全国国土面积的 22.6%和 17.1%（表 3-4），主要分布于西部与东部沿海等地区（图 3-2）。从空间分布来看，西北与华北地区的许多地区为沙漠化和盐渍化极敏感区，黄土高原多为水土流失极敏感区，青藏高原的许多地区为冻融侵蚀极敏感区，西南山地多为石漠化和水土流失极敏感区，东部沿海地区多为盐渍化极敏感区，而华中、华南的广大地区，除少数地区为水土流失极敏感区外，其他生态极敏感区较少。另外，中度敏感区面积为 227km²，占国土面积的 23.6%，其余为轻度敏感区和不敏感区。

表 3-4　全国生态敏感性评价结果

敏感性等级	面积/（$\times10^4$km²）	面积占比/%
不敏感	100	10.4
轻度敏感	252	26.3
中度敏感	227	23.6
高度敏感	164	17.1
极敏感	217	22.6

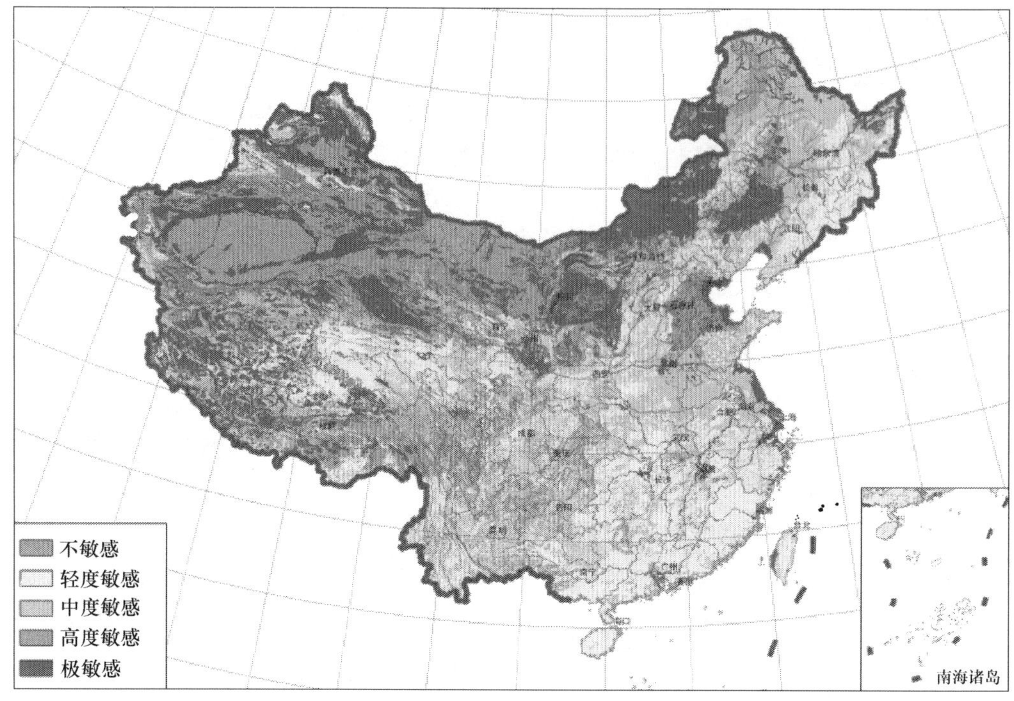

图 3-2　生态敏感性综合评价图（彩图请扫描正文末页二维码阅读）

3.1.3.2　维护人群环境健康指数的评价结果

（1）人口集聚水平评价结果

在我国长期形成的人口分布总体格局之下，由于近些年产业发展及城镇化快速发展的深刻影响，以长江三角洲、珠江三角洲、京津都市圈为核心的地区，人口集聚程度极为突出，已经成为我国人口资源环境矛盾比较突出的地区。人口集聚指数高的地区，已经开始由都市区向外围地区拓展，核心都市区之间也呈现出连片的态势。

在辽中南、胶东半岛、长江中游地区、成渝地区、福建沿海地区也初步形成了人口规模集聚的态势。其他几个值得关注的地区是：以武汉为核心的长江中游地区，以郑洛卞（郑州、洛阳、开封）为核心的中原地区、长株潭及湘赣铁路沿线，以西安为核心的关中地区、徐淮鲁南地区，以及天山北麓中段、南梧西江走廊等，初显人口集聚分布的趋向。

（2）经济发展态势评价结果

除特殊地区如内蒙古、新疆、青海和西藏外，“经济发展态势”分值自东向西逐级递减，即东部地区分值明显高于中西部地区，这一特征与我国区域经济发展的现状基本一致。这说明该指标能够准确地描述我国区域经济发展的格局。

“经济发展态势”的高值区集中且连片分布的区域，主要分布在长江三角洲、珠江三角洲和京津唐地区。属于我国最发达的地区，也是我国城市化和工业化水平最高的地区。“经济发展态势”分值较高且相对集中，但不连片分布的地区，主要集中分布在胶东半岛、辽中南、长（春）吉（林）地区、哈尔滨-大庆沿线、中原地区、关中地区、武汉周边、长株潭地区、福州-厦门地区等。“经济发展态势”低值地区，主要集中在我国西南、中部的一些山地和丘陵集中的地区，与我国贫困人口的分布状况具有一定的相似性（图 3-3）。

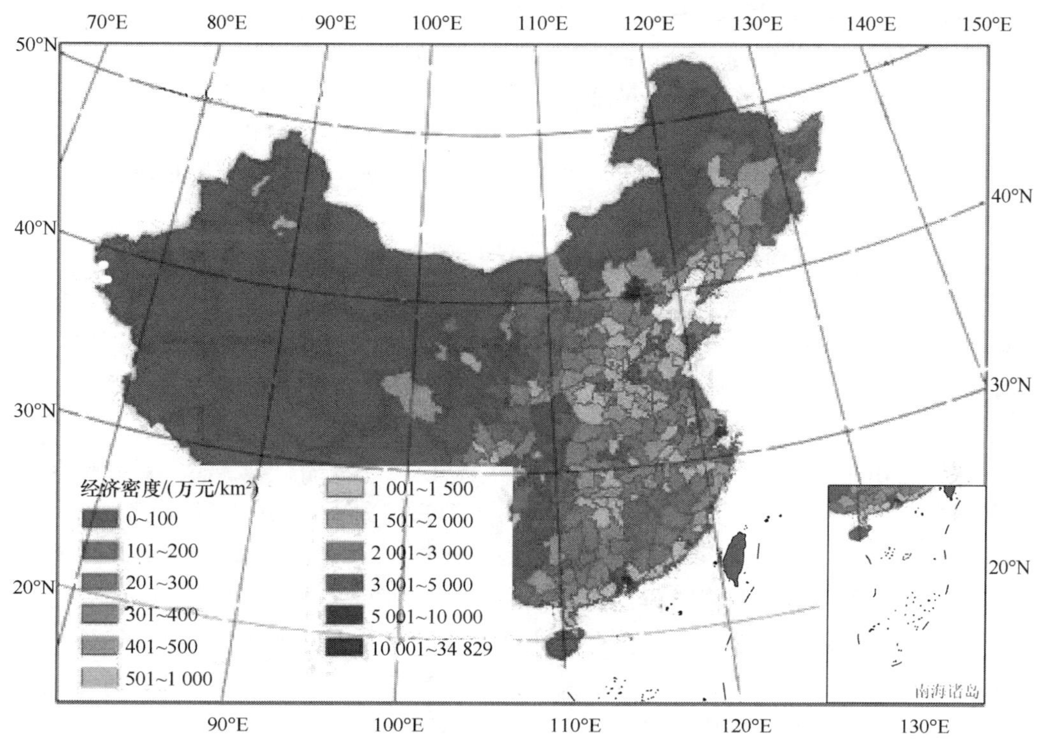

图 3-3　经济发展态势的评价示意图（彩图请扫描正文末页二维码阅读）

3.1.3.3　区域环境支撑能力的评价结果

（1）环境胁迫性评价结果

根据区域环境质量风险状况、区域污染物排放情况、区域环境容量状况，提出区域环境胁迫性评价方案。

受产业化和经济高速发展的影响，我国东部，特别是几个经济发展地区如长三角、珠三角地区的大气和水环境容量超载比较严重，SO_2 污染造成的酸雨、水污染造成的饮用水安全和水生态退化等环境问题突出。这些区域必须注意控制经济规模、促进经济与环境的协调发展。

与东部发达地区相比，西部环境胁迫程度高的地区较少，且分布特征不同。在西北地区，由于污染企业较少，除个别工业城市如甘肃兰州等外，大部分地区有剩余的 SO_2 环境容量。在水环境方面，造成环境胁迫程度高的地区可以分为两种类型：一种是由工业污水和生活污水所致，如新疆的库尔勒地区、四川成都、甘肃兰州等；另一种是由于农田的非点源污染，造成宁夏和内蒙古河套灌区的水环境容量超载。虽然目前大部分地区化学需氧量排放没有超过环境容量，但是由于该地区水资源匮乏，加上青海是三江源头地区，水质量要求高，水环境容量低，因此在开发过程中要谨慎考虑，必须杜绝污染，重视保护水源，规划与建立水源保护区。

在我国的西南地区，大气环境胁迫比较严重，如贵州、四川、重庆是使用高硫煤的地区，加上受地形条件的影响，不利于大气污染物的扩散和自净。目前没有超过大气 SO_2 环境容量的区域只有四川和云南西部，在这些区域，由于水资源量比较丰富，水环境容量较大，可以适度开放。但是由于西南地区近水源地区用水不受限制，用水越多，排水越多，造成滇池等湖泊的水污染问题也日渐严峻。

在全国范围内，相对于大气环境胁迫状况，水环境胁迫程度分布范围更加广泛。目前严重超过 COD 的环境容量、胁迫较大的区域主要是辽河、海河、淮河、松花江、长江和黄河中下游流域。珠江流域除去广西中部和珠三角外，水环境胁迫程度较低，是水环境较好的区域。

从污染物排放量和环境胁迫状况分布可以发现，大气 SO_2 高排放地区基本上是高胁迫地区。而对于水环境而言，COD 的低排放、高胁迫的区域主要分布在甘肃东部、山西中部和河北南部；COD 的高排放、低胁迫的区域主要分布在湖南中部、北部，湖北中部，广西南部。

经全国污染物胁迫综合分析发现，我国的京津冀、河南新郑洛工业带、长三角和珠三角地区、四川盆地、贵州大部分地区是环境胁迫比较严重的区域，必须对其产业结构和布局进行优化。西部的大部分地区、内蒙古东部和大兴安岭地区，东南沿海、安徽、江西等区域的环境容量较大，可以适度开发。

（2）人均可利用土地资源评价结果

我国人均可利用土地资源在空间分布上的基本特征是北方多于南方、人口稀疏区多于人口密集区。人均可利用土地资源的高值区相对集中于东北、华北北部、西北及黄河中游地区；低值区成片集中于青藏高原和中东部人口密集地区（图 3-4）。

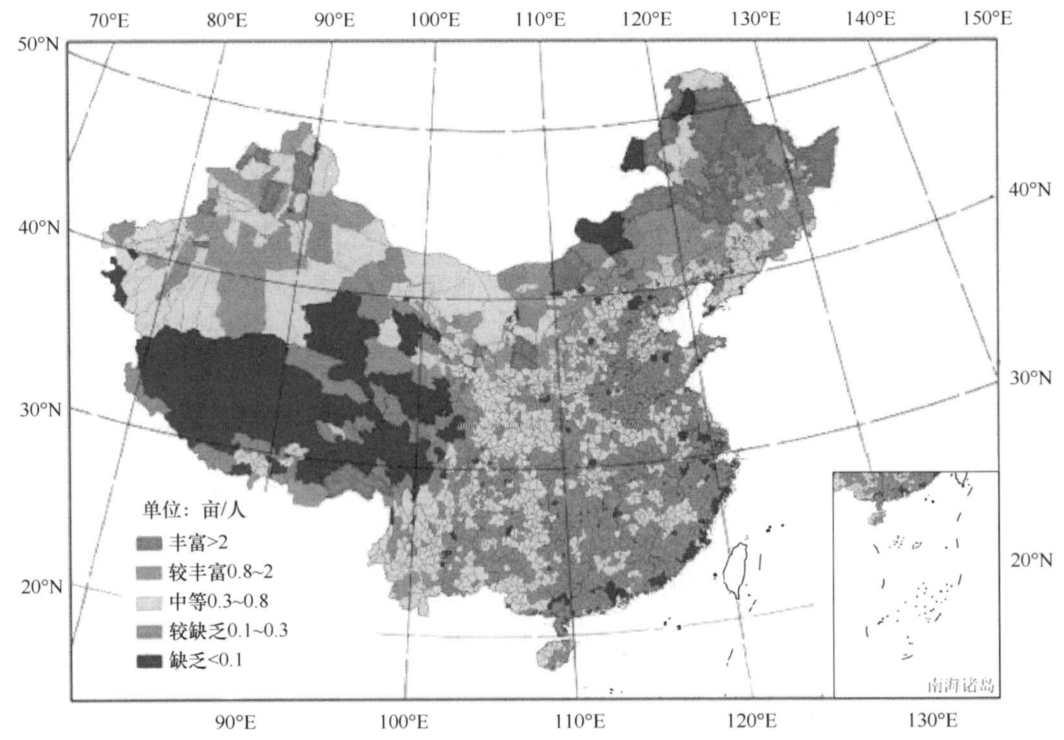

图 3-4　全国人均可利用土地资源评价图（彩图请扫描正文末页二维码阅读）

人均可利用土地资源丰富类含 79 个地域单元，主要分布在东北、华北北部、陕甘宁接壤区、新疆北部及藏东南等地；较丰富类含 176 个单元，主要分布在东北、华北北部、陕甘宁地区、新疆北部及藏东南等地的丰富类周围，此外在青海、山东、江西、云南等地有零星分布；中等类含 813 个单元，空间分布较为广泛，各省（自治区、直辖市）都有分布，相对集中于我国地形二级阶梯上；较缺乏类含 1025 个单元，主要分布于东部沿海及豫皖鄂湘赣等省（自治区、直辖市）；缺乏类含 282 个单元，除青藏高原地区的大面积分布外，其他地区的分布基本与城市分布密切相关，此外在内蒙古、新疆等地有零星片状分布。

（3）人均可利用水资源评价结果

我国人均可利用水资源潜力分布极不平衡，总体趋势是南多北少，山区多平原少。南方地区人均可利用水资源潜力较大，大部分地区在 500m^3 以上；北方除东北部分地区有较大潜力外，缺水问题都较为突出，甚至存在大范围的过度开发地区。按照人均可利用水资源潜力值，把全国各行政单元分为五级，分别为水资源丰富区、较丰富区、中等区、较缺乏区、缺乏区。

丰富区：主要分布在西藏、新疆、青海、四川、云南、贵州、湖南、广西、海南、江西、福建的部分地区，分布较集中。水资源丰富区多为人口稀少地区，区内总人口 23 256 万人，仅占全国总人口的 32.05%；区内 GDP 共计 50 727 亿元，仅占全国总量的 19.85%。其中，新疆南部、内蒙古西部地区虽然人均水资源潜力较大，但地处干旱区，属于水资源相对短缺地区。

较丰富区：主要分布在重庆、湖北、安徽、浙江、广东、香港、澳门、台湾。总面积 102.6 万 km^2，其中大陆地区为 69.17 万 km^2，占全国面积的 7.21%；区内人口 27 939 万人，占总人口的 22.27%；区内 GDP 共计 66 791 亿元，占全国总量的 26.14%。

中等区：所占面积较小，在四川、云南、贵州、湖南、陕西、宁夏、内蒙古、吉林连片分布。区域面积总计 143.68 万 km^2，占全国总面积的 15.69%；区内人口 5650 万人，占全国总人口的 4.59%；区内 GDP 共计 11602 亿元，占全国总量的 9.0%。

较缺乏区：零星分布在陕西、山西、辽宁、湖南、甘肃、河南、辽宁。共包含 275 个行政单元，总面积 76.73 万 km^2，占全国总面积的 7.99%；区内人口为 16 409 万人，占全国总人口的 13.3%；区内 GDP 共计 27 146 亿元，占全国总量的 4.54%。

缺乏区：主要分布在陕西、山西、河北、北京、天津、山东、江苏、上海等地区，其余主要为城市中心区域。总面积 84.04 万 km^2，占全国总面积的 8.75%。水资源缺乏区多为人口集中、经济集聚的地区，区内人口 34 221 万人，占全国总人口的 29.77%；区内 GDP 共计 99 273 亿元，占全国总量的 38.85%。

总体上看，我国缺水问题较为突出，并且水资源短缺地区多为人口集中、经济发达的地区，在国土面积 19.3%的水资源缺乏区内，集中了全国 45.3%的人口与 57.6%的 GDP。

3.1.3.4 环境功能综合评价结果

将每个县级单元指标标准化分级打分后进行综合，将定量评价指标体系综合归纳为一个指数，每个县级单元都有一个相应的赋值，共划分为 8 级，根据赋值的高低，以及生态环境的重要程度等特殊因子，对不同环境功能类型区进行划分。结合定性评价结果，参照相关规划对未来社会经济发展布局，对区域不同环境功能类型进行综合评价，结果如图 3-5 所示。

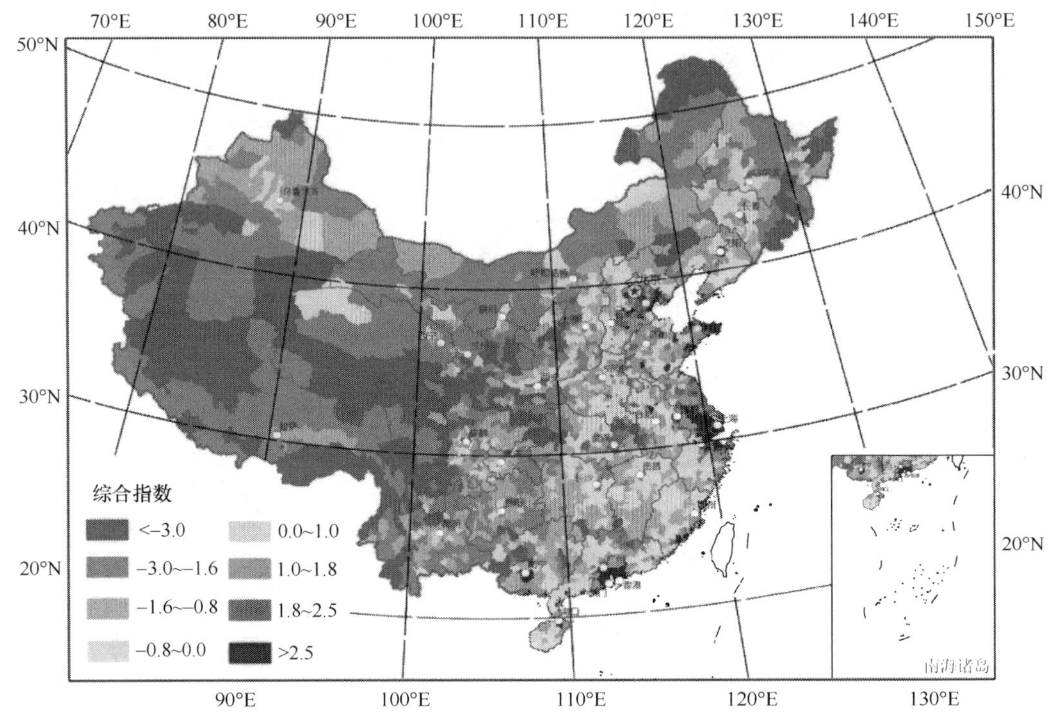

图 3-5　综合指数法评价结果图（彩图请扫描正文末页二维码阅读）

在辽中南、胶东半岛、长江中游地区、成渝地区、福建沿海地区初步形成了人口规模集聚的态势，以武汉为核心的长江中游地区，以郑洛卞为核心的中原地区、长株潭及湘赣铁路沿线，以西安为核心的关中地区、徐淮鲁南地区及天山北麓中段、南梧西江走廊等，初显了人口集聚分布的趋向。我国西南、中部的一些山地和丘陵集中的地区经济发展水平较低，与我国贫困人口的分布状况具有一定的相似性。内蒙古东部、黄土高原、新疆西部、秦巴山地、三江源、西南山地等地区是全国生态系统服务功能极重要的区域，约占国土面积的 25.8%。西北与华北的许多地区为沙漠化和盐渍化极敏感区，黄土高原多为水土流失极敏感区，青藏高原的许多地区为冻融侵蚀极敏感区，西南山地多为石漠化和水土流失极敏感区，东部沿海地区多为盐渍化极敏感区，生态极敏感区约占全国国土面积的 22.6%。

3.1.4　基于主导因素法的分区

食物环境安全保障区主要是应用主导因素法，根据全国食物安全保障的重要性来划分，根据国家重点建设的优势农产品主产区进行划分。也就是说如果食物环境安全保障区与其他区域相重叠时，要优先划分为食物环境安全保障区。这类地区分为三类：粮食及优势农产品环境安全保障区、畜禽产品环境安全保障区和水产品环境安全保障区。

粮食及优势农产品环境安全保障区以粮食保障重要性作为主导因素进行选择，并参考商品粮基地县名录、农业区划及全国主体功能区规划中对于国家级限制开发的农业地区的划分。

畜禽产品环境安全保障区在未被划分的区域中，按照草场分布及纯牧业县的分布进行划分。其中部分重要牧区在生态保育上的重要性非常高，如阿尔泰、呼伦贝尔、三江源等地区，因此未被划入这类地区。

水产品环境安全保障区划分原则是海岛县、半海岛县和南海诸岛，共划分出 8 个区。

3.1.5　分区总体复核与调整

以各评价单元环境功能综合评价值为基础，考虑各类功能区识别的主导因素，划分各类环境功能区及其亚区。各类环境功能区及其亚区的划分条件如下。

（1）Ⅰ类区——自然生态保留区

具有一定的自然文化资源价值的区域，包括有代表性的自然生态系统、濒危珍稀野生动植物物种的天然集中分布地、有特殊价值的自然遗迹所在地和文化遗迹等，以及受到人类活动破坏规模较小、资源储备不具备开发价值且暂时不再开发的区域。自然生态保留区的亚区划分如下。

1）Ⅰ-1. 自然资源保留区：依据法律法规，在国家层面划出一定面积予以特殊保护和管理的区域，包括国家级自然保护区、风景名胜区、地址公园、森林公园和世界自然文化遗产，参考《全国主体功能区规划》划定的禁止开发区。

2）Ⅰ-2. 后备保留区：法律法规在国家层面未作划定，尚未受到大规模人类活动干扰，生态服务功能不显著，暂不具备农牧业及资源开发价值，应受到保护以保留其自然状态和满足可持续发展需求的区域。

（2）Ⅱ类区——生态功能保育区

生态系统比较重要，区域生态调节功能重要，关系全国或较大范围区域的生态安全的区域，参考《全国主体功能区规划》划定的 25 个国家级重点生态功能区。生态功能保育区的亚区划分如下。

1）Ⅱ-1. 水源涵养区：重要河流上游和重要水源补给区、水源涵养生态功能重要性突出的地区，参考《全国主体功能区规划》划定的 8 个国家级水源涵养型重点生态功能区。

2）Ⅱ-2. 水土保持区：土壤侵蚀敏感性高、对下游的影响大、水土保持生态功能重要性突出的地区，参考《全国主体功能区规划》划定的 4 个国家级水土保持型重点生态功能区。

3）Ⅱ-3. 防风固沙区：降水量稀少、蒸发量大的干旱、半干旱地区等沙漠化敏感性高，沙尘对周边影响范围广、影响程度较大的地区，参考《全国主体功能区规划》划定的 6 个国家级防风固沙型重点生态功能区。

4）Ⅱ-4. 生物多样性保护区：濒危珍稀动植物的分布较广，典型的生态系统分布较多的地区，参考《全国主体功能区规划》划定的 7 个国家级生物多样性维持型重点生态功能区。

（3）Ⅲ类区——食物环境安全保障区

以确保我国食物初级生产重要地区的环境安全为主要目的，保障农产品生产安全的地区，参考主要粮食（油料、经济作物等优势农产品）主产地分布区，主要耕地分布地区，重点牧区、牧业县等地区。食物环境安全保障区的亚区划分如下。

1）Ⅲ-1. 粮食及优势农产品环境安全保障区：具备较好的粮食（油料、经济作物等）生产条件，以提供农产品生产为主并保障农产品生产安全的地区，参考农业部门确定的主要粮食（油料、经济作物等）产地分布区，国土部门划分的全国主要耕地分布地区，海洋部门划定的渔业保障区范围内的陆地地区。

2）Ⅲ-2. 畜禽产品环境安全保障区：以畜牧生产为主的地区，参考农业部门确定的重点牧区、牧业县等范围。

3）Ⅲ-3. 水产品环境安全保障区：以海洋渔业、海水养殖业为主的海岛县、半海岛县地区，参考海洋部门划定的渔业保障区范围内的陆地范围。

（4）Ⅳ类区——聚居环境维护区

人口分布密度较高、城市化水平较高、区域开发建设强度较高、未来城镇化和工业化发展潜力较大的地区，是以维护人口聚居环境卫生健康为主的区域。聚居环境维护区的亚区划分如下。

1）Ⅳ-1. 环境优化区：将人类活动聚居度高、经济社会发达、污染治理设施完善、环境质量较好的地区划为环境优化区，参考环境保护部命名的生态市、县，以及环境保护模范城市等。

2）Ⅳ-2. 聚居环境维持区：将城镇化和工业化潜力较大、污染排放和环境风险防范压力较大、环境质量尚可的地区划为环境维持区。

3）Ⅳ-3. 环境治理区：将人口聚居度较高但污染较重、污染治理设施不完善、环境质量较差的地区划为环境治理区，参考相关规划确定的水污染防治优先控制单元、大气污染控制重点区域、重金属治理重点区和土壤污染重点防控区等。

（5）Ⅴ类区——资源开发环境引导区

各类矿产与能源储量丰富，具备较好的开发条件，需要引导资源开发活动，保障区域环境安全的地区。参考国土部门确定的能源矿产资源重点开发地区，以及《全国主体功能区规划》确定为能源矿产资源点状开发的地区。

各类环境功能区空间范围的主要划分条件如表 3-5 所示。

表 3-5　环境功能类型区划分条件

分类	亚类	划分条件
Ⅰ类区——自然生态保留区	Ⅰ-1.自然资源保留区	1）依《自然保护区条例》划为国家级自然保护区 2）依《保护世界文化和自然遗产公约》纳入《世界遗产目录》的地区 3）依《风景名胜区条例》划为国家级风景名胜区范围的地区 4）依《森林公园管理办法》批准为国家森林公园的地区 5）依《国家地质公园规划编制技术要求》批准为国家地质公园的地区
	Ⅰ-2.后备保留区	1）人类活动影响较少，人口密度小 2）资源储量少且不具备开发价值

续表

分类	亚类	划分条件
Ⅱ类区—— 生态功能保育区	Ⅱ-1.水源涵养区	1）重要河流上游和重要水源补给区 2）《全国主体功能区规划》列入重点生态功能地区
	Ⅱ-2.水土保持区	1）土壤侵蚀敏感性高，对下游的影响大 2）《全国主体功能区规划》列入重点生态功能地区
	Ⅱ-3.防风固沙区	1）干旱、半干旱地区等沙漠化敏感性高；沙尘对周边影响范围广、影响程度较大 2）《全国主体功能区规划》列入重点生态功能地区
	Ⅱ-4.生物多样性保护区	1）濒危珍稀动植物的分布较广，典型的生态系统分布较多地区 2）《全国主体功能区规划》列入重点生态功能地区
Ⅲ类区—— 食物环境安全保障区	Ⅲ-1.粮食及优势农产品环境安全保障区	1）农业部门确定的主要粮食（油料、经济作物等）产地分布区 2）国土部门划分的全国主要耕地分布地区
	Ⅲ-2. 畜禽产品环境保障区	1）以放牧为主的草原地区 2）农业部门确定的重点牧区、牧业县等范围
	Ⅲ-3.水产品环境安全保障区	1）海岛县、半海岛县和南海诸岛等地区 2）参考海洋部门海洋功能区划确定的近海渔业养殖捕捞区范围
Ⅳ类区—— 聚居环境维护区	Ⅳ-1.环境优化区	1）人口分布密度较高、城镇化水平较高、经济规模较大、综合实力较强、区域开发强度较高 2）参考《全国主体功能区规划》确定的重点开发区域
	Ⅳ-2.聚居环境维持区 Ⅳ-3.环境治理区	1）人口分布密度高、城镇化水平高、经济规模大、综合实力强、区域开发强度高 2）参考《全国主体功能区规划》确定的优化开发区域
Ⅴ类区—— 资源开发环境引导区	—	1）矿产资源具备开发的技术经济条件 2）参考国土部门确定的主要矿产资源分布地区 3）参考《全国主体功能区规划》确定能源矿产资源点状开发的地区

3.1.6　全国环境功能区划方案

3.1.6.1　总体方案

基于环境功能评价结果，结合区域自然环境、社会经济特征和区域间相互关系，确定了全国环境功能区划空间方案。将国土面积的53.2%划为自然生态保留区和生态功能保育区，构建了我国生态安全格局，为国民经济的健康持续发展提供了生态保障；将国土面积的46.8%划为食物环境安全保障区、聚居环境维护区和资源开发环境引导区，主要从事农业生产、城镇化和工业化开发，以及资源开发利用，是人口主要分布区，是国民经济和社会发展活动的主要集中地区，重点维护人群健康（表3-6，图3-6）。

表 3-6　全国环境功能区划表

类型区	面积/万 km^2	占全国比例/%	管控方向
自然生态保留区	227.2	23.8	依法实施强制性保护，禁止开发活动。控制人类干扰，保留潜在环境功能
生态功能保育区	280.7	29.4	维护水源涵养、水土保持、防风固沙和生物多样性保护功能稳定
食物环境安全保障区	216.2	22.6	保障国家主要粮食生产地、畜牧产品产地、淡水渔业产品产地、近岸海水产品产地环境安全

续表

类型区	面积/万 km²	占全国比例/%	管控方向
聚居环境维护区	162.6	17.0	经济发展和环境保护协调的先导示范区域，提高集聚人口能力，保障环境质量不降低，加大环境治理，改善环境质量
资源开发环境引导区	69.6	7.2	控制资源开发对周边区域环境功能的影响

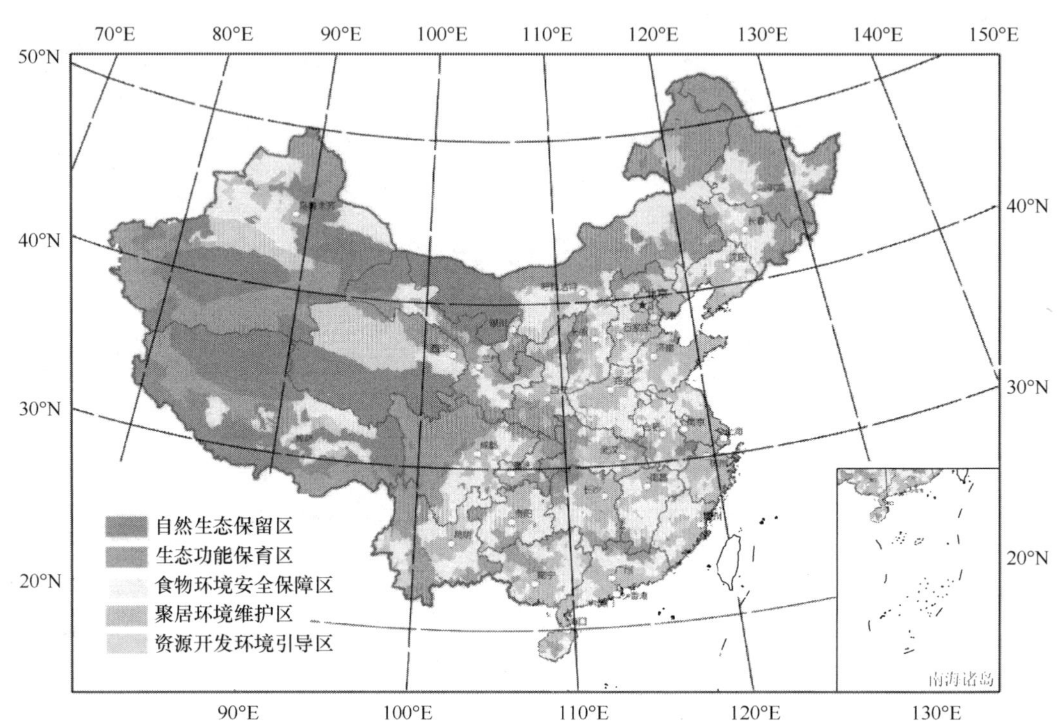

图 3-6　全国环境功能区划图（彩图请扫描正文末页二维码阅读）

自然生态保留区总面积约 227.2 万 km²，约占国土面积的 23.8%，包括依法设立的各级、各类保护区域，国家级自然保护区，国家级风景名胜区，世界自然文化遗产，国家森林公园和国家地质公园等区域，以及沙漠、荒漠、高海拔地区等人口稀少，当前不具备开发条件，作为保障国家永续发展的环境区域。坚持“依法管理、强制保护”，根据各类保护区域的法律规定，实行强制性保护。

生态功能保育区总面积约 280.7 万 km²，约占国土面积的 29.4%，包括大小兴安岭森林生态功能区、黄土高原丘陵沟壑水土保持生态功能区、塔里木河荒漠化防治生态功能区、秦巴生物多样性生态功能区等重点生态功能区。坚持“保护优先、有保有压、适度发展”，发展不影响生态功能的旅游等产业，限制大规模的工业化和城镇化开发，控制人类活动开发强度。

食物环境安全保障区总面积约 216.2 万 km²，约占国土面积的 22.6%，包括东北平原、黄淮海平原、长江流域、汾渭流域等粮食主产区，内蒙古、新疆、西藏、青海、四川等省（自治区）肉用牛羊、奶牛等养殖区，以及各大江河湖泊沿岸、海岛县、半海岛县和南海诸岛等地区。坚持“保障基本、安全发展”，以保障农业生产环境安全为基本出发点，适度进行工业和海岸线的开发建设，有序推进城镇化进程。

聚居环境维护区总面积约 162.6 万 km^2，约占国土面积的 17%，主要包括国家环境保护模范城市、国家生态建设示范区等，工业化和城镇化发展较快、生态环境压力较大、资源和环境问题逐渐显现、总体上环境承载力较强、生态环境尚未遭到严重破坏的地区，以及大气污染的重点治理区、重金属污染防治的全国重点防控区、土壤环境保护规划的土壤污染防控重点区域等。坚持“以人为本、优化发展”，以保障人居环境健康为根本出发点，引导人类开发建设活动的优化布局，促进经济社会与生态环境协调发展。

资源开发环境引导区总面积约 69.6 万 km^2，约占国土面积的 7.2%，主要包括鄂尔多斯盆地、新疆、山西、西南、东北等化石能源地区，攀枝花西部钒钛矿、滇黔磷矿、包头铁稀土矿、柴达木盐矿、河南铝土矿及钼矿、河北铁矿、长江中下游铜铅锌锡钨矿、鞍本铁矿等重要矿产资源勘查开发基地，以及长江三峡、西南诸河上游等水资源富集地区。坚持“规划先行、有序发展”，着眼于经济社会的长远发展，制定资源开发利用规划，规范各类资源的开发秩序，提高资源利用效率。

3.1.6.2 类型区空间方案

（1）Ⅰ类区——自然生态保留区

自然生态保留区空间范围见图 3-7，具体内容如下。

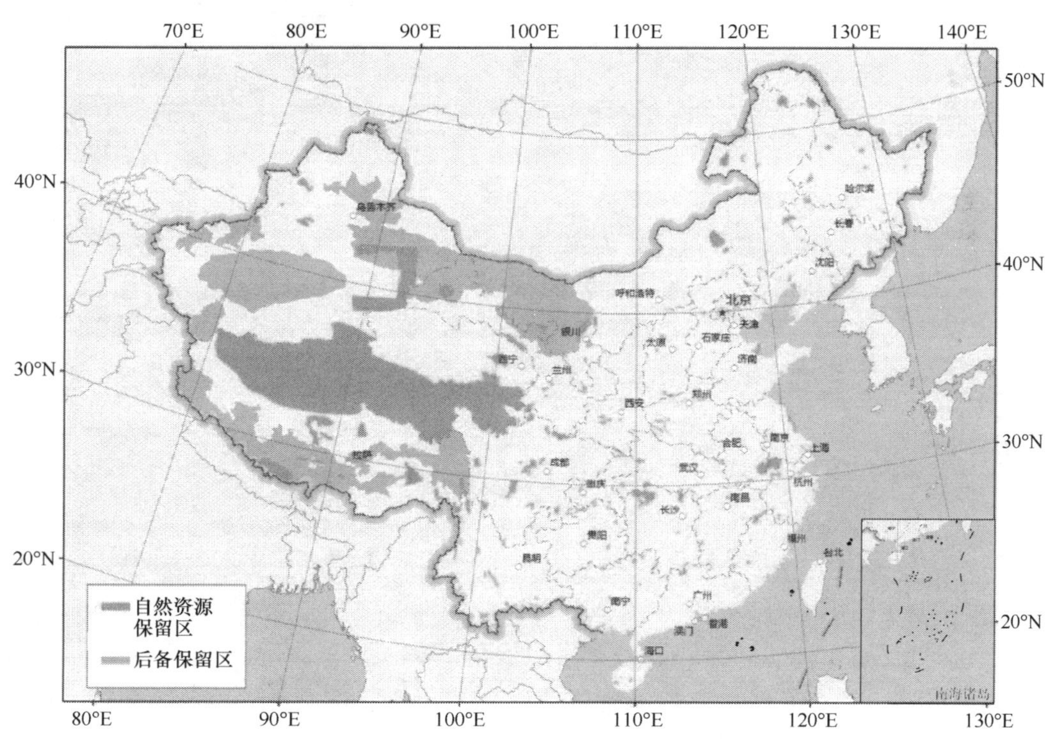

图 3-7 自然生态保留区分布图（彩图请扫描正文末页二维码阅读）

1）Ⅰ-1. 自然资源保留区。

自然资源保留区包括依法设立的各类自然文化保护区域，其中国家级自然保护区 319 个、世界自然文化遗产 46 个、国家重点风景名胜区 208 个、国家森林公园 738 处和国家地质公园 138 处，总面积约 120 万 km^2，占全国国土面积的 12.5%。新设立的国家级自然保护区、世界文化自然遗产、国家重点风景名胜区、国家森林公园和地质公园等自动进入自然资源保留区（图 3-7）。

要依据法律法规规定和相关规划实施强制性保护，严格控制人为因素对自然生态和文化自然遗产原真性、完整性的干扰。引导人口逐步有序转移，限制和逐步降低污染并实现污染物零排放，提高环境质量，保障生态服务功能。

2）Ⅰ-2. 后备保留区。

后备保留区包括羌塘、可可西里、阿尔金山和罗布泊等荒漠无人区，古尔班通古特沙漠、腾格里沙漠地区、青藏高原等高海拔地区。总面积约 107.2 万 km^2，约占全国国土面积的 11.2%。目前经济技术水平对这一类区域不具备开发利用条件。

要想作为后续发展环境空间，应控制人类活动干扰，保留自然原真状态，保留其潜在环境功能不被破坏。

（2）Ⅱ类区——生态功能保育区

生态功能保育区空间范围见图 3-8，具体内容如下。

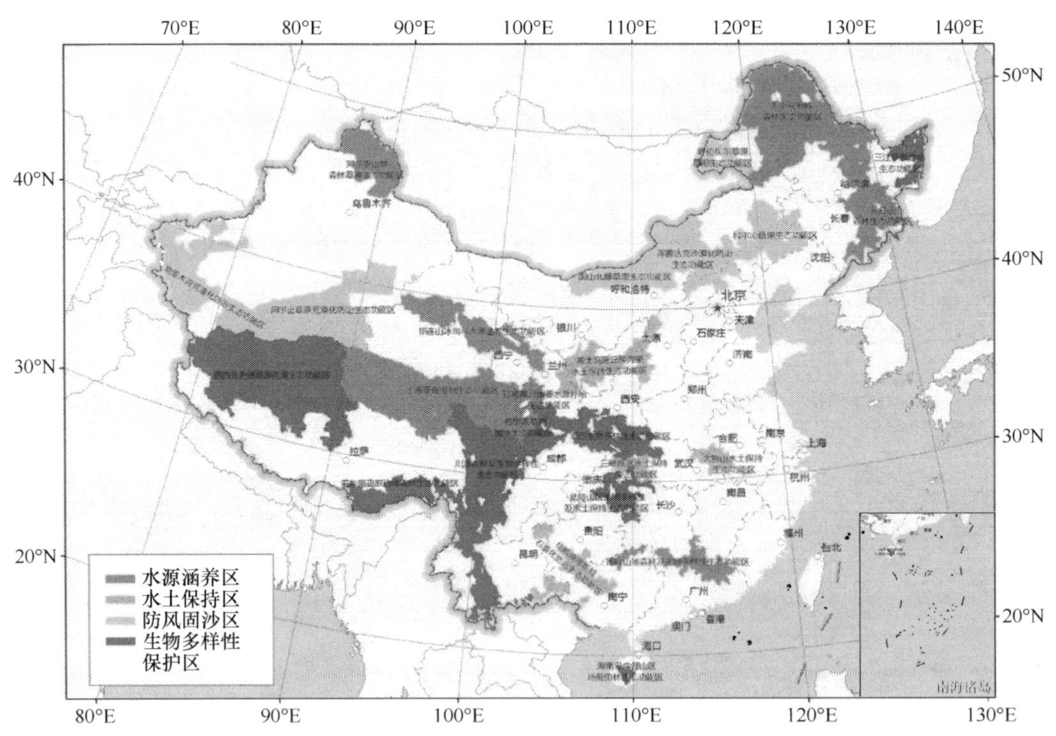

图 3-8 生态功能保育区分布图（彩图请扫描正文末页二维码阅读）

1）Ⅱ-1. 水源涵养区。

水源涵养区主要包括大兴安岭、秦巴山地、大别山、淮河源、南岭山地、东江源、珠江源、海南省中部山区、岷山、若尔盖、三江源、甘南、祁连山、天山及丹江口水库库区等，总面积 82.7 万 km^2，占全国国土面积的 8.6%。区域主要生态问题是人类活动干扰强度大；生态系统结构单一，生态功能衰退；森林资源过度开发、天然草原过度放牧等导致植被破坏、土地沙化、土壤侵蚀严重；湿地萎缩、面积减少。

要想推进天然植被恢复，应治理水土流失，维护或重建湿地、森林、草原等生态系统，保护具有水源涵养功能的植被，维护区域水源涵养生态调节功能的稳定发挥，保障区域生态安全。

2）Ⅱ-2. 水土保持区。

水土保持区包括太行山地、黄土高原、三江源区、四川盆地丘陵区、三峡库区、南方红壤丘陵区、西南喀斯特地区、金沙江干热河谷等。总面积 24.3 万 km^2，占全国国土面积的 2.5%。区域主要生态问题是不合理的土地利用，特别是陡坡开垦，导致地表植被退化、土壤侵蚀和石漠化危害严重。

需要调整产业结构，发展旱作节水农业，限制陡坡开垦和超载过牧，加强小流域综合治理，维护区域水土保持生态调节功能的稳定发挥，保障区域生态安全。

3）Ⅱ-3. 防风固沙区。

防风固沙区主要包括科尔沁沙地、呼伦贝尔沙地、阴山北麓-浑善达克沙地、毛乌素沙地、黑河中下游、塔里木河流域，以及环京津风沙源区等。总面积约 86.6 万 km^2，约占全国国土面积的 9.0%。区域主要生态问题为过度放牧、草原开垦、水资源严重短缺与水资源过度开发导致植被退化、土地沙化、沙尘暴等。

要严格控制放牧和草原生物资源的利用，加强西部内陆河流域规划和综合管理，合理利用水资源，保障生态用水，保护沙区湿地，加强植被恢复和保护，维护区域防风固沙生态调节功能的稳定发挥，保障区域生态安全。

4）Ⅱ-4. 生物多样性保护区。

生物多样性保护区主要包括长白山山地、秦巴山地、浙闽赣交界山区、武陵山山地、南岭地区、海南岛中南部山地、桂西南石灰岩地区、西双版纳和西藏东南山地热带雨林季雨林区、岷山-邛崃山、横断山区、北羌塘高寒荒漠草原区、伊犁-天山山地西段、三江平原湿地、松嫩平原湿地、辽河三角洲湿地、黄河三角洲湿地、苏北滩涂湿地、长江中下游湖泊湿地、东南沿海红树林等。总面积 87.1 万 km^2，占全国国土面积的 9.1%。主要生态问题是人口增加，以及农业扩张，交通、水电水利建设，生物资源过度开发，外来物种入侵等，导致自然栖息地破碎化、岛屿化严重；生物多样性受到严重威胁，许多野生动植物物种濒临灭绝（图 3-8）。

要禁止对野生动植物进行滥采滥捕，实现物种资源的良性循环和可持续利用，加强对外来物种入侵的控制，保护自然生态系统与重要物种栖息地，维护区域生物多样性保护生态调节功能的稳定发挥，保障区域生态安全。

（3）Ⅲ类区——食物环境安全保障区

食物环境安全保障区空间范围见图 3-9，具体内容如下。

1）Ⅲ-1. 粮食及优势农产品环境安全保障区。

按照传统农业区划，参考农业地理知识，去掉近期农业地位急剧下降的地区，包括东北平原、黄淮海平原、长江流域、汾渭流域、河套灌区、华南地区和甘肃与新疆地区等，共 7 区 23 片。总面积约 170.3 万 km^2，占全国国土面积的 17.7%。该区具备良好的粮食生产条件，是全国的粮食主产区。

要保障国家主要粮食生产地环境安全，为粮食生产提供安全健康的生产环境。

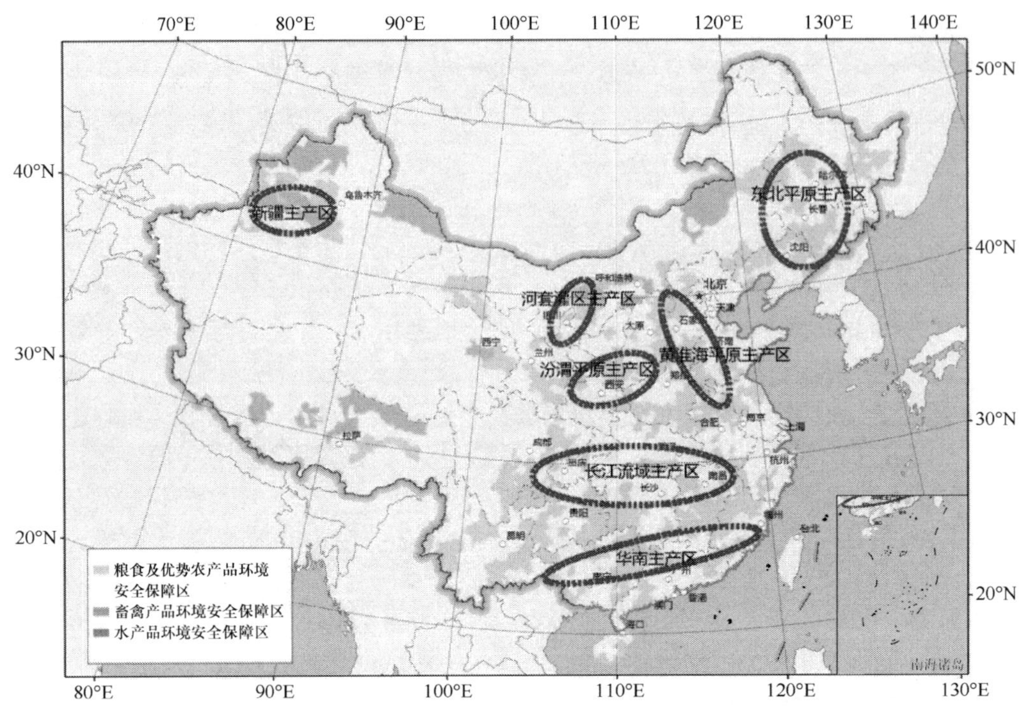

图 3-9　食物环境安全保障区分布图（彩图请扫描正文末页二维码阅读）

2）Ⅲ-2. 畜禽产品环境安全保障区。

畜禽产品环境安全保障区包括肉用牛羊、奶牛等放牧和养殖区，按照草场分布及牧业县的分布划分，分布于北部和西部边疆，包括内蒙古、新疆、西藏、青海、四川、甘肃、宁夏、黑龙江等省（自治区），总面积约 45.1 万 km^2，占全国国土面积的 4.7%。

要保障畜牧产品质量和数量，确保畜牧产品产地的环境安全。

3）Ⅲ-3. 水产品环境安全保障区。

水产品环境安全保障区是我国海水养殖和捕捞的主要作业区，主要是海岛县、半海岛县和南海诸岛，由南到北分为不同的养殖和捕捞区，共 8 个区。总面积约 0.8 万 km^2，约占全国国土面积的 0.1%。

要保障近岸海水产品的质量和数量，确保海水产品产地的环境安全。

（4）Ⅳ类区——聚居环境维护区

聚居环境维护区空间范围见图 3-10，具体内容如下。

1）Ⅳ-1. 环境优化区。

环境优化区是聚居环境维护区中经济社会发达、环境管理有效、生态环境质量较好的地区，包括国家环境保护模范城市、国家生态市（县）等，是环境-经济协调发展的先导示范区。总面积约 10.2 万 km^2，占全国国土面积的 1.1%。

环境优化区产业布局和结构合理，城镇体系比较完善，作为全国经济发展和环境保护协调的先导示范区域，是带动全国经济社会发展、提升国家竞争力的重要区域，要协调好发展与保护的关系，进一步加大环境保护投入，为进一步集聚人口和产业创造条件。

2）Ⅳ-2. 环境控制区。

环境控制区是聚居环境区中工业化和城镇化发展较快、生态环境压力较大、资源和环境问题逐渐显现、总体上环境承载力较强，生态尚未遭到严重破坏的地区，总面积约 129.4 万 km^2，占全国国土面积的 13.5%。

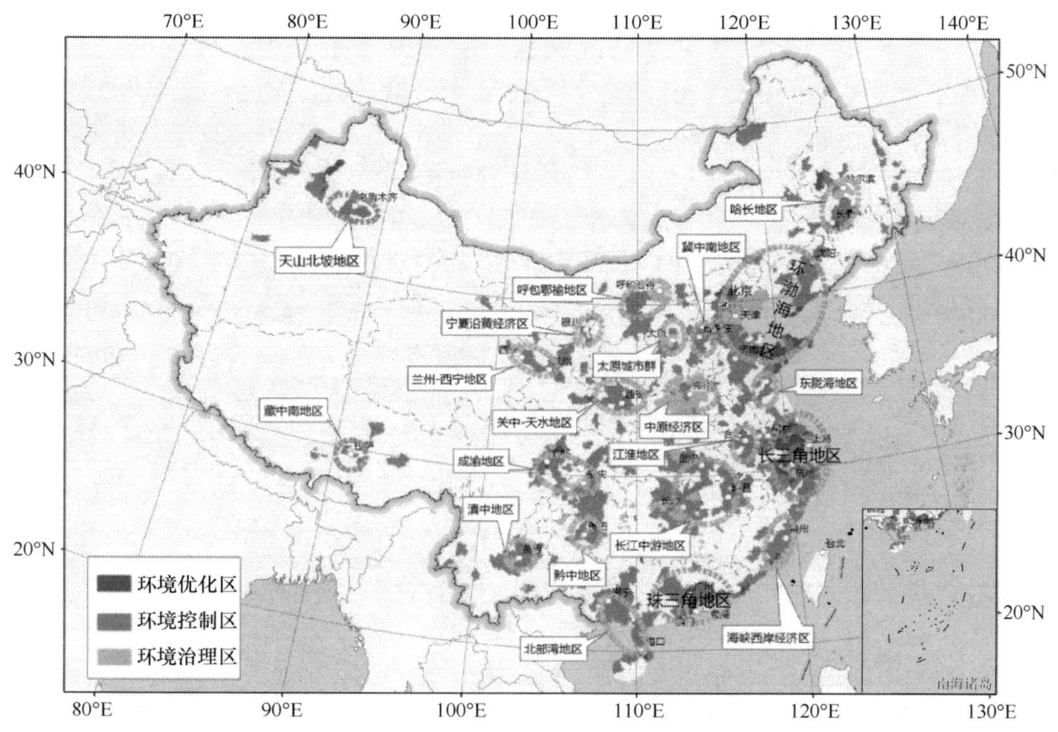

图 3-10　聚居环境维护区分布图（彩图请扫描正文末页二维码阅读）

环境控制区是全国重要的人口和经济密集区，是支撑我国经济快速发展的核心地区，未来主要城市化和工业化发展地区。要优化产业结构，降低能源和资源消耗，减少污染物排放，在保护环境的基础上推动经济持续发展，进一步加大环境保护和生态建设投入，加强环境风险防范，保障生态环境质量不降低，提高集聚人口能力。

3）Ⅳ-3. 环境治理区。

环境治理区是聚居环境区中环境质量较差、生态问题凸显、进一步持续发展受到威胁的地区，包括水污染防治规划中的全国优先控制单元、大气污染重点治理区、重金属污染防治规划中的全国重点防控区、土壤环境保护规划确定的土壤污染防控重点区域等，总面积约 23.0 万 km^2，占全国国土面积的 2.4%。

环境治理区是受长期环境污染和生态破坏，或者是不利于污染扩散或者环境本底较差导致区域生态环境质量较差的地区，但该区域是国家产业经济不可或缺的重要组成部分，在区域经济社会发展和城镇体系布局上也有重要意义。要升级产业结构，转变生产方式，减少资源能源消耗和污染排放，加大生态环境综合治理，切实解决危害人体健康的环境问题，逐步改善人居环境质量，保障区域环境健康。

（5）Ⅴ类区——资源开发环境引导区

资源开发环境引导区空间范围见图 3-11，具体内容如下。

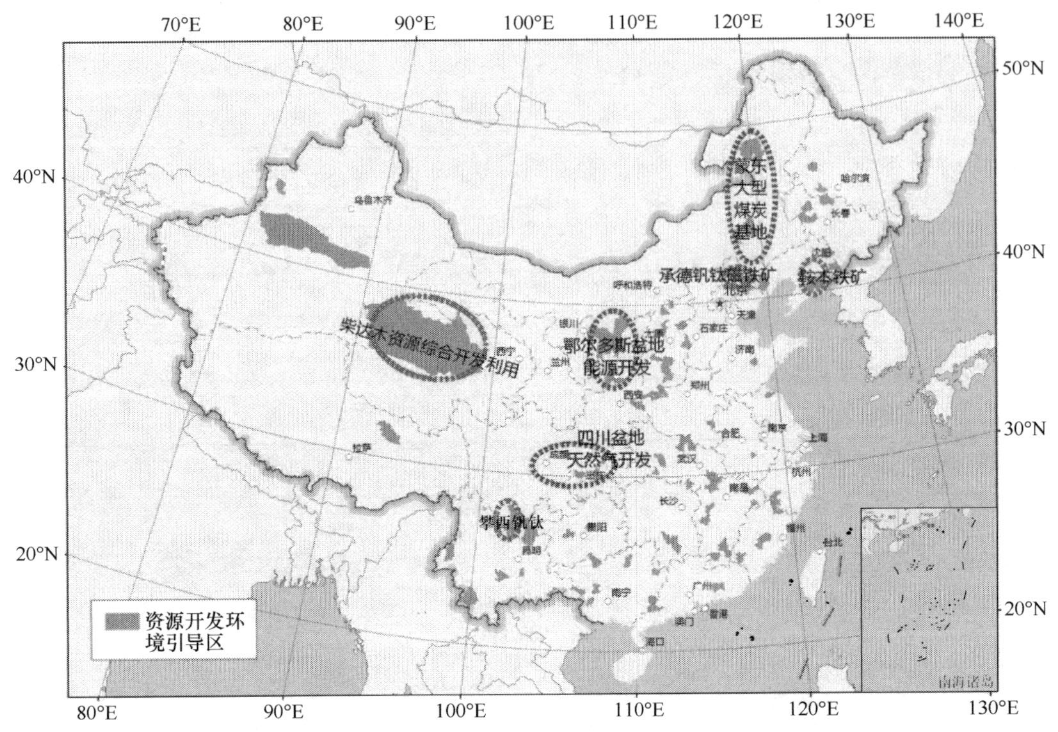

图 3-11　资源开发环境引导区分布图（彩图请扫描正文末页二维码阅读）

资源开发环境引导区包括鄂尔多斯盆地、新疆、山西、西南、东北等化石能源地区，攀枝花西部钒钛矿、滇黔磷矿、包头铁稀土矿、柴达木盐矿、河南铝土矿、长江中下游铜铅锌锡钨矿、鞍本铁矿等重要矿产资源开采区域，总面积约 69.6 万 km^2，约占国土面积的 7.2%。以保障区域矿产资源开发的环境安全为主要环境功能的区域。区域内人类干扰强度较大，生态破坏严重，特定污染物排放浓度较高。

总体目标是引导环境资源开发的秩序，严格资源开发环境准入条件，合理开发利用清洁型矿产资源，加强矿山迹地的生态恢复。控制资源开发对周边区域的影响，以不影响周边区域环境功能为基本要求。

3.1.7　区划方案对国家生态安全格局的保障

3.1.7.1　国家生态安全格局得到巩固

生态功能保育区与自然生态保留区共同构建了我国生态安全格局，区域生态功能大幅提升，生态系统的稳定性增强，为国民经济的健康持续发展提供了外围生态保障。

以青藏高原生态屏障、黄土高原-川滇生态屏障、东北森林带、北方防沙带和南方丘陵山地带等“两屏三带”为主体，以重要水系为骨架，以其他重点生态功能区为支撑，以点状分布的自然资源保留区为重要组成，共同构建了我国的生态安全战略格局。青藏高原生态屏障，重点保护好多样独特的生态系统，发挥涵养大江大河水源和调节气候的作用；黄土高原-川滇生态屏障重点加强水土流失防治和天然植被保护，发挥保障长江、黄河中下游地区生态安全的作用；东北森林带重点保护森林资源和生物多样性，发挥东北平原生态安全屏障的作用；北方防沙带重点加强防护林建设、草原保护和防风固沙，发挥“三北”地区生态安全屏障的作用；南方丘陵山地带重点加强植被恢复和水体流失防治，发挥华南和西南地区生态安全屏障的作用。

自然生态保育区涵盖了全国生态安全格局中的禁止开发区域，从空间布局来看，自然生态保育区包括 319 个国家级自然保护区、40 个世界自然文化遗产、208 个国家级风景名胜区、738 个国家森林公园和 138 个国家地质公园。对于国际重要湿地、水产种质资源保护区等国家强制性保护的区域，如青海鸟岛自然保护区、湖南东洞庭湖自然保护区等，已被纳入自然生态保育区进行管理。对自然保育区进行强制性保护将有利于保持自然原真状态，有利于维持和恢复区域生态服务功能，保障自然生态系统的可持续发展。

生态功能保留区覆盖了全国生态安全格局中的重点生态功能区，从空间布局来看，生态功能保留区根据生态服务功能的不同，分为水源涵养区、水土保持区、防风固沙区和生物多样性保护区。水源涵养区包括阿尔泰山地森林草原生态功能区、大小兴安岭森林生态功能区、三江源草原草甸湿地生态功能区、长白山森林生态功能区等 8 个功能区；水土保持区包括大别山水土保持生态功能区、桂黔滇喀斯特石漠化防治生态功能区、黄土高原丘陵沟壑水土保持生态功能区、三峡库区水土保持生态功能区等 4 个功能区；防风固沙区包括阿尔金草原荒漠化防治生态功能区、呼伦贝尔草原草甸生态功能区、浑善达克沙漠化防治生态功能区、塔里木河荒漠化防治生态功能区等 6 个功能区；生物多样性保护区包括藏东南高原边缘森林生态功能区、藏西北羌塘高原荒漠生态功能区、川滇森林及生物多样性生态功能区、秦巴生物多样性生态功能区等 7 个功能区。生态功能保留区主要保障区域主体生态功能稳定，保障区域生态系统的完整性和稳定性，维护国家生态安全，同时在不损害生态服务功能的前提下寻求发展。

生态功能保育区与自然生态保留区可承载人口、创造税收，使农业生产和工业化的压力大幅减轻，而涵养水源、防风固沙、保持水土、维持生物多样性、保护自然资源等生态功能大幅提升，生态系统的稳定性增强，近海海域生态环境得到改善。

3.1.7.2　生产空间环境安全得到维护

通过在较小尺度的密集布局，在较大空间的相对均衡分布，以陆桥通道、长江通道为两条横轴，以沿海、京哈、京广、包昆通道为三条纵轴构建“两横三纵”的聚居环境维护区格局，疏密有致，高效公平，对优化经济增长具有重大意义。推进环渤海、长江三角洲、珠江三角洲地区的开发，形成三个人口高度集居的特大城市群；推进哈长、江淮、海峡西岸、中原、长江中游、北部湾、成渝、关天等地区的开发，形成若干新的人口集居区；在条件适宜的地区，人口集中居住，产业集聚布局，城镇密集分布，人口和经济在国土空间的布局更趋于小区域集中、大区域均衡的高效公平模式，优化经济布局，促进形成集约高效的生产空间。

食物环境安全保障区的划定，重点保障国家主要粮食生产地、畜禽产品产地、淡水渔业产品产地、近岸海水产品产地环境安全。食物环境安全保障区总面积约 216.2 万 km^2，约占国土面积的 22.5%，包括东北平原、黄淮海平原、长江流域、汾渭流域等粮食主产区，内蒙古、新疆、西藏、青海、四川等省（自治区）肉用牛羊、奶牛等养殖区，以及各大江河湖泊沿岸、海岛县、半海岛县和南海诸岛等地区。以“7 区 23 带”粮食产地为主体、牧渔产品为补充的食物生产安全战略格局，控制了农业地区的工业污染，限制了化肥农药的使用强度，保障了食物产地的环境安全。

聚居环境维护区的划定，促进了人口和工业的集聚，使基础设施共享水平提高，资源利用效率提高，并且减轻了其他区域环境污染压力。聚居环境维护区总面积约 162.6 万 km^2，约占国土面积的 17%，主要包括国家环境保护模范城市、国家生态建设示范区等，工业化和城镇化发展较快、生态环境压力较大、资源和环境问题逐渐显现、总体上环境承载力较强、生态环境尚未遭到严重破坏的地区，以及大气污染的重点治理区、重金属污染防治的全国重点防控区、土壤环境保护规划的土壤污染防控重点区域等。以保障人居环境健康为根本出发点，引导人类开发建设活动的优化布局，促进经济社会与生态环境协调发展，加大环境治理力度，改善环境质量，保障环境质量不降低。

资源开发环境引导区的划定，着眼于经济社会的长远发展，规范各类资源的开发秩序，提高资源利用效率。资源开发环境引导区总面积约 69.6 万 km^2，约占国土面积的 7.2%，主要包括鄂尔多斯盆地、新疆、山西、西南、东北等化石能源地区，攀枝花西部钒钛矿、滇黔磷矿、包头铁稀土矿、柴达木盐矿、河南铝土矿及钼矿、河北铁矿、长江中下游铜铅锌锡钨矿、鞍本铁矿等重要矿产资源勘查开发基地，以及长江三峡等水能资源富集地区。点上开发、面上保护的资源引导战略，保障了资源开发区域的环境安全。

3.1.7.3 生活空间人群环境健康保障得到加强

人群的生活空间相对集中在聚居环境维护区，使基础设施共享水平提高，资源利用效率提高，并且减轻了其他区域环境污染压力。划定的聚居环境维护区具有的特征使之适宜进行高强度经济开发，使人口集聚地区的环境功能得到集约利用，人口集聚地区环境基础设施水平进一步提高，城镇内部空间结构布局进一步优化，工业活动的污染得到集中治理，相对于分散的小规模污染治理，污染治理水平大大提高，人群的环境卫生健康保障得到加强。

3.2 基于区划的分区环境管理体系

3.2.1 分区环境功能目标

Ⅰ类区——自然生态保留区：对具有一定的自然资源价值区域进行强制保护，设定自然保护区、森林公园、湿地公园、风景名胜区等。对尚未受到大规模人类活动影响仍保留着自然特点的较大区域进行保留，保障自然生态系统原真性和可持续发展空间，保留自然环境本底状态，维护生态系统结构和功能的完整性。

Ⅱ类区——生态功能保育区：保障区域生态调节功能稳定，重点在重要生态功能区、陆地和海洋生态环境敏感区、脆弱区等区域划定生态红线，保持并提高区域的水源涵养、水土保持、防风固沙、生物多样性保护等生态调节功能，保障区域生态系统的完整性和稳定性，维护国家生态安全。

Ⅲ类区——食物环境安全保障区：保障主要粮食及优势农产品生产地、畜禽产品产地和水产品产地的环境安全，优先保护耕地土壤环境，严控重金属污染。

Ⅳ类区——聚居环境维护区：保障主要人口集聚区环境健康，改善环境质量，防范环境风险，深化主要污染物总量减排，实现环境公共服务均等化。

Ⅴ类区——资源开发环境引导区：引导资源有序开发，严格总量控制制度，完善水资源开发的环境管理措施，确保环境质量稳定达标。重点要控制资源开发对周边生态环境的影响，保障区域生态环境安全。

3.2.2　分区环境质量要求

根据《全国环境功能区划》落实环境质量要求。根据各类环境功能区所承载的主体环境功能的不同，判断各类功能区环境服务的主体，根据其主体提出各类环境功能区对生态环境质量的总体要求，以及对水环境、大气环境、土壤环境、生态环境、噪声环境和核与辐射环境的质量要求，具体如表 3-7 所示。

表 3-7　环境功能区环境质量要求一览表

一级区	二级区	环境质量要求					
		水	大气	土壤	生态	噪声	核与辐射
Ⅰ自然生态保留区	自然资源保留区	本底值	本底值	本底值	本底值	本底值	不超过本底值
	后备保留区	本底值	本底值	本底值	本底值	本底值	不超过本底值
Ⅱ生态功能保育区	水源涵养区	Ⅱ类	一级	一级	水源涵养能力不退化	本底值	不超过本底值
	水土保持区	Ⅱ类	一级	一级	风力侵蚀强度小于中度	本底值	不超过本底值
	防风固沙区	Ⅱ类	一级（PM_{10}除外）	一级	风力侵蚀强度小于中度	本底值	不超过本底值
	生物多样性保护区	Ⅱ类	一级	一级	生态多样性指数不降低	本底值	不超过本底值
Ⅲ食物环境安全保障区	粮食及优势农产品环境安全保障区	渔业水Ⅲ类、灌溉水Ⅴ类	一级（执行《保护农作物的大气污染物最高允许浓度》）	菜地一级，一般农田二级（执行《食用农产品产地环境质量评价标准》）	农田生态系统健康	本底值	不超过本底值
	畜禽产品环境安全保障区	Ⅳ类	一级	二级	草原生态系统健康	本底值	不超过本底值
	水产品环境安全保障区	近岸海水《海水水质标准》一类	一级	二级	近海海洋生态系统健康	本底值	不超过本底值
Ⅳ聚居环境维护区	环境优化区	集中式饮用水水源地水质达标率>96%，水功能区达标率达到 100%	二级以上天数>80%	土壤环境质量达标率>90%	建成区绿化覆盖率>35%	噪声达标区覆盖率>60%	核辐射：公众年有效剂量当量不超过 0.1mSv；电磁辐射：公众一天内任意连续 6h 全身平均比吸收率<0.002W/kg

续表

一级区	二级区	环境质量要求					
		水	大气	土壤	生态	噪声	核与辐射
Ⅳ聚居环境维护区	环境控制区	集中式饮用水水源地水质达标率>90%，水功能区达标率达到 90%	二级以上天数>70%	土壤环境质量达标率>70%	建成区绿化覆盖率>30%	噪声达标区覆盖率>50%	核辐射：公众年有效剂量当量不超过0.3mSv；电磁辐射：公众一天内任意连续 6h 全身平均比吸收率<0.006W/kg
	环境治理区	集中式饮用水水源地水质达标率>80%，水功能区达标率达到 60%	二级以上天数>60%	土壤环境质量达标率>50%	建成区绿化覆盖率>20%	噪声达标区覆盖率>30%	核辐射：公众年有效剂量当量不超过1mSv；电磁辐射：公众一天内任意连续 6h 全身平均比吸收率<0.02W/kg
Ⅴ资源开发环境引导区		Ⅳ/Ⅴ类	三级	三级	基本保持稳定	局部可超标	核辐射：从事辐射工作人员年有效剂量当量限值为 50mSv；电磁辐射：职业照射每天 8h 工作时间内全身平均比吸收率<0.1W/kg

3.2.3 环境管理要求

通过《全国环境功能区划》落实环境管理要求。根据各类环境功能区的环境特征和环境保护重点，制定相关的污染物总量控制要求、环境质量控制要求、环境风险防范要求和自然生态保护要求，为相关环境保护政策的制定提供分区依据，具体如表 3-8 所示。

表 3-8 环境功能区环境管理要求一览表

一级区	二级区	环境管理要求			
		总量控制	环境质量	环境风险	生态保护与建设
Ⅰ自然生态保留区	自然资源保留区	零排放	维持现状	确保零风险	强制性保护
	后备保留区	零排放	维持现状	确保零风险	引导性保护
Ⅱ生态功能保育区	水源涵养区	大规模削减	生态服务功能不退化	防治水源涵养区生态破坏	以区域水源涵养林草保护为主
	水土保持区	大规模削减	生态服务功能不退化	防范水土流失风险	以区域水土保持项目区建设为主
	防风固沙区	大规模削减	生态服务功能不退化	防控沙尘源	以区域防风固沙林草保护为主
	生物多样性保护区	大规模削减	生态服务功能不退化	防范生物多样性丧失风险	以区域生物生境保护为主

续表

一级区	二级区	环境管理要求			
		总量控制	环境质量	环境风险	生态保护与建设
Ⅲ食物环境安全保障区	粮食及优势农产品环境安全保障区	大规模削减，增加重金属、POP 等指标	土壤质量不恶化，灌溉水质量达标	防范面源污染、土壤污染、土壤沙化风险	强化农田生态系统管理
	畜禽产品环境安全保障区	大规模削减，增加生物富集类指标	牧场土壤环境质量不恶化，保证牧草安全	防范草场退化、牧草污染风险	保护草原生态系统，舍饲圈养和以草定畜
	水产品环境安全保障区	大规模削减排放总量	近海海水质量不恶化	水体富营养化、近海水体污染	海岛、半岛、海洋生态系统保护
Ⅳ聚居环境维护区	环境优化区	适度削减	稳步提升	人口和产业聚集引起的群体性环境风险	城乡人居环境
	环境控制区	较大规模削减	较大幅度提升	高速工业化和城市化进程中的环境风险	城乡人居环境
	环境治理区	大规模削减	大幅度提升	评估现存的环境风险，加强预防	城乡人居环境
Ⅴ资源开发环境引导区		适当削减	不降低	资源开发环境风险	面上保护自然生态系统，点上进行矿山治理与恢复

3.2.4　产业准入要求

通过《全国环境功能区划方案》落实产业准入条件。根据各类环境功能区的环境特点、保护重点和环境承载能力，从产业的水污染物排放标准、气体污染物排放标准、清洁生产标准和环境影响评价要求等方面，提出分区的产业准入标准制定原则，为各区产业准入标准的制定提供指导，具体如表 3-9 所示。

表 3-9　环境功能区产业准入标准要求一览表

一级区	二级区	产业准入标准			
		废水排放标准	废气排放标准	清洁生产要求	生态影响要求
Ⅰ自然生态保留区	自然资源保留区	无污染物排放	无污染物排放	无清洁生产项目	局部旅游开发类项目不可对区域环境造成任何负面影响
	后备保留区	无污染物排放	无污染物排放	无清洁生产项目	建议不实施项目开发
Ⅱ生态功能保育区	水源涵养区	执行行业污染物排放标准中的特别排放限值和基准排水量	执行行业污染物排放标准中的特别排放限值	执行行业清洁生产一级水平	不破坏区域水源涵养能力
	水土保持区				不破坏区域水土保持能力
	防风固沙区				不破坏区域防风固沙能力
	生物多样性保护区				不破坏区域生物多样性维护能力

续表

一级区	二级区	产业准入标准			
		废水排放标准	废气排放标准	清洁生产要求	生态影响要求
Ⅲ食物环境安全保障区	粮食及优势农产品环境安全保障区	执行行业污染物排放标准中的特别排放限值和基准排水量，特别控制重金属、POP等可能造成土壤污染的污染物排放限值	执行行业污染物排放标准中的特别排放限值，严格控制烟尘、重金属、POP污染物	执行行业清洁生产一级水平	以保护土壤和灌溉水环境质量为基本要求
	畜禽产品环境安全保障区	执行行业污染物排放标准中的特别排放限值和基准排水量，特别控制可能导致草场退化的具有生态毒性的污染物和具有富集作用的污染物	执行行业污染物排放标准中的特别排放限值，严格控制烟尘、重金属、POP污染物	执行行业清洁生产一级水平	以保证牧场承载力不降低、土壤环境质量不恶化、牧草质量达标为基本要求
	水产品环境安全保障区	控制N、P等富营养化指标、重金属等生物富集指标		执行行业清洁生产一级水平	保证近海海洋环境质量
Ⅳ聚居环境维护区	环境优化区	执行行业污染物排放标准中的特别排放限值和基准排水量	执行行业污染物排放标准中的特别排放限值	执行行业清洁生产一级水平	产业升级，要求建设循环经济，严格控制产业能耗、水耗
	环境控制区	严格控制COD、氨氮等常规污染物排放标准，重点控制对饮用水造成威胁的有机、重金属、生物类污染物，适当控制排污许可证数量	严格控制PM_{10}、SO_2、NO_x、粉尘等常规污染物排放标准，重点控制重金属、有机类污染物，适当控制排污许可证	执行行业清洁生产二级水平	严格评估产业发展中可能产生的各种环境风险，做好避免和缓解措施
	环境治理区	以严格COD、氨氮污染物排放标准为主，适当增加特征污染物，逐步减少排污许可证总量	以严格SO_2、NO_x污染物排放标准为主，适当增加特征污染物，逐步减少排污许可证总量	执行行业清洁生产三级水平	项目以污染物治理为主，新建项目必须有腾挪出的环境容量
Ⅴ资源开发环境引导区		执行现有企业污染物排放限值，特征污染物排放限值可适当放宽，但以环境质量不恶化为前提		执行行业清洁生产三级水平	全面评估资源开发过程中的环境污染，将污染控制在可控范围内

3.2.5 环境管理导则

3.2.5.1 自然生态保留区：依法管理、强制保护

自然生态保留区是我国珍稀、濒危野生动植物物种的天然集中分布区域，汇集了我国各种有代表性的自然生态系统和自然遗迹，具有极其重大的科学文化价值，是我国保护自然文化资源的重要区域和珍稀动植物基因资源保护地。在该地区执行最严格的环境保护措施。

环境质量要保持自然本底状况，维护生态系统结构和功能的完整。严禁开展不符合主体功能定位的各类开发活动，引导人口逐步有序转移，实现污染物“零排放”，提高环境质量。

对自然生态保留区不得分配污染物排放总量，不得新建工业企业和矿产开发企业，

限期迁出或关闭污染物排放达不到国家和地方排放标准的现有各类企业。旅游及农牧业活动不得损害主体环境功能。各种餐饮、宾馆及游乐设施，其污染物排放必须达到国家或地方相关标准。

严格控制基础设施建设。除自然文化遗产保护、森林草原防火、应急救援和必要的旅游基础设施外，不得在自然生态保留区域建设交通基础设施。新建铁路、公路等交通基础设施，必须严格执行环境影响评价，严禁穿越自然保护区核心区，避免对重要自然景观和生态系统的分割。加强生态保护相关知识的培训和教育，提高保护区域各类基础能力建设水平。

加强环境影响评价管理。环境影响评价文件必须科学预测其对敏感物种和敏感生态系统的影响，并以不影响敏感物种生存、繁衍及生态系统的科学文化价值为目标，提出保护和恢复方案。

建立卫星遥感、无人机监测为主，地面监测为辅的天地一体化的生态环境监管体系，严格控制自然生态保留区人类活动的强度，落实各类基础设施建设及旅游开发活动的生态环境保护要求，严格控制自然生态保留区范围和功能区调整。对由人为因素导致丧失保留价值的，依法追究有关人员责任。

实施生态补偿政策和专项财政转移支付政策。拓宽保护区建设的资金渠道，加强环境基础公共服务设施建设，提高地方政府的公共服务能力。

3.2.5.2　生态功能保育区：生态优先、适度发展

生态功能保育区是我国重要的生态安全屏障，是全国关键性的水源涵养、水土保持、防风固沙、生物多样性保护区域，生态地位极其重要，但部分地区生态退化明显。必须坚持生态优先，坚决遏制生态系统退化的趋势，建设人与自然和谐相处的示范区。

水源涵养和生物多样性维护型生态功能区水质达到Ⅰ类，空气质量达到一级；水土保持型生态功能区的水质达到Ⅱ类，空气质量达到二级；防风固沙型生态功能区的水质达到Ⅱ类，空气质量得到改善。土壤环境维持自然本底水平。

从严控制排污许可证的发放，严格控制污染物排放总量，对污染物排放总量和浓度标准执行较严格的要求，将排污许可证允许的排放量作为污染物排放总量的管理依据，使污染物排放总量持续下降。

大力推进生态保护与建设，在生态环境脆弱敏感的地区开展生态移民。划定并严守生态红线，实施国家重点生态功能区生态环境质量监测、评价和考核，减轻人类活动对生态环境的压力。保持并逐步扩大生态空间，逐步关闭或搬迁红线区内造成生态破坏或污染严重的企业。

严禁盲目引入外来物种，严格控制转基因物种环境释放活动，减少对自然生态系统的人为干扰。在生态环境脆弱敏感地区开展生态移民，实施国家重点生态功能区生态环境质量监测、评价和考核，减轻人类活动对生态环境的压力。

严禁不适合主体环境功能定位的项目进入。规划及建设项目环境影响评价等文件，要设立有关生态环境评估的专门章节，并提出可行的预防措施。对各类开发活动进行严格管制，开发矿产资源、发展适宜产业和建设基础设施，必须开展主体功能适应性评价，不得损害生态系统的稳定性和完整性。严格控制开发强度，城镇建设和工业要集中布局、

点状开发，控制各类开发区数量和规模扩张，支持已有工业开发区改造成“零污染”的生态型工业区。鼓励与重点开发区域共建共办开发区，积极发展“飞地经济”。

加强环境基本公共服务设施建设，完善环境监测、环境信息公开、环境监管能力，提高污水和垃圾收集处理设施等环境保护基础设施服务水平。建立天地一体化的生态环境监管体系，对各类资源开发、生态建设和恢复等项目进行分类管理，依据不同的生态影响特点和程度，实行严格的生态环境监管。

逐步加大政府投资对生态环境保护方面的支持力度，重点用于国家重点生态功能区特别是中西部重点生态功能区的发展。对重点生态功能区内国家支持的建设项目，适当提高中央政府补助比例，逐步降低市（县）级政府投资比例。实施好天然林资源保护、京津风沙源治理等重大生态修复工程，推进荒漠化、石漠化、水土流失综合治理，扩大森林、湖泊、湿地面积，保护生物多样性。

实行更加严格的产业准入环境标准和碳排放标准，在不损害生态系统功能的前提下，鼓励因地制宜地发展旅游、农林牧产品生产和加工、观光休闲农业等产业。对不符合主体功能定位的现有产业，通过设备折旧补贴、设备贷款担保、迁移补贴、土地置换、关停补偿等手段，进行跨区域转移或关闭。

限制大规模的工业化和城镇化开发，控制人类活动开发强度。设置较为严格的产业准入环境标准，严格执行环境影响评价制度。制定并实施流域水资源、森林资源、草地资源、生物多样性等的生态补偿政策和用于生态保护工程的信贷优惠政策，对于区域内为生态保护作贡献的居民实施直接的生态补偿。

加强生态功能评估与考核，并向社会公布结果。

3.2.5.3　食物环境安全保障区：保障基本、安全发展

食物环境安全保障区是我国主要粮食及优势农产品生产地、畜禽产品产地和水产品产地，要优先保护耕地土壤环境，严控重金属类污染物和挥发性有机污染物等有毒物质排放，预防产地环境中的有害物质通过生物富集进入食物产品，危害人群健康。

农村区域执行《环境空气质量标准》二级标准；主要水产渔业生产区中珍稀水生生物栖息地、鱼虾类产卵场、仔稚幼鱼的索饵场等地表水达到《地表水环境质量标准》II类要求，其他水产渔业生产区达到《地表水环境质量标准》III类要求，并满足《渔业水质标准》，地下水达到《地下水质量标准》的相关要求；农田灌溉用水应满足《农田灌溉水质标准》，严格控制重金属类污染物和有毒物质；近岸海水水质达到《海水水质标准》一类标准；重点粮食蔬菜产地执行《食用农产品产地环境质量评价标准》和《温室蔬菜产地环境质量评价标准》要求，一般农田土壤达到《土壤环境质量标准》二级标准。

根据区域环境质量限制污染物排放总量，严格控制重金属类污染物和挥发性有机污染物等有毒物质排放，将排污许可证允许排放量作为污染物排放总量管理的依据，建立农业主产区环境质量监测网络，加强土壤污染治理与修复。

建立农业主产区环境质量监测网络，完善农产品产地环境质量评价标准体系，建立土壤环境质量定期监测和信息发布制度。加大土壤和地下水环境保护力度，重点治理重金属、持久性有机污染物和残留农药超标污染地区的农田土壤，确保土壤环境质量安全、粮食生产质量稳定，加强人工增雨（雪）、防雹作业，保障粮食稳产

增产。

以基本农田及饮用水水源地为主体，划定土壤环境保护优先区域，建立并实行严格的土壤环境保护制度，确保基本农田环境质量安全，保障饮用水水源地水质安全。对未达到优先区域土壤环境保护要求、造成土壤环境质量明显下降的地区，要依法问责。

强化土壤污染风险控制。建立土壤分类管理制度，禁止在土壤环境保护优先区域内新建有色金属、皮革制品、石油煤炭、化工医药、铅蓄电池制造等项目，逐步关闭或搬迁优先区内的已有项目。严格控制在优先区域周边新建排放有毒有害物质的项目。对已污染土地，要制订环境风险防控方案，并实施必要的治理和修复。规划环评和项目环评中，要强化土壤环境影响评价的内容。

加强面源污染控制。以规模化畜禽养殖和水产养殖为重点，持续推进水污染物减排。积极推进农业清洁生产，提高化肥、农药、农膜和水资源利用率，建立健全农药废弃包装物回收处理体系、废旧地膜回收加工网络。加强农村生活污染防治，改善农村人居环境。

控制牧区生活污染排放，推动超载减畜，加快传统能源替代和植被恢复，防治土地沙化。加强畜禽产品提供地区的生态治理与修复，发展替代能源，调整畜牧业结构，改善生态环境状况，强化生态监测监管。

水产品提供区域要控制陆源污染物排放，严格控制岸线工业开发和港口运输造成的环境污染，重点恢复和改善近岸海域的水质和生态环境，以整治陆源污染和海岸带综合治理为重点，陆海兼顾、河海统筹，促进海域环境质量的改善，努力增强海洋生态系统服务功能。

适度进行工业和海岸线的开发建设，有序推进城镇化进程。限制大规模的工业化、城镇化开发建设，按照保障农业生产环境安全的原则设置环境准入标准，积极推进农村环境综合整治工作，努力实现农业生产集约化。畜禽产品环境安全保障区要重点处理好载畜量与牧草承载力的关系，确保草地生态系统的稳定性，合理安排农牧业用地。水产品环境安全保障区要限制大规模工业和岸线开发建设，按照保障水产品环境安全的原则设置环境准入标准，确保水产品环境安全和沿海地区经济社会的可持续发展。

3.2.5.4　聚居环境维护区：严控污染、优化发展

聚居环境维护区承载了我国大部分的人口和经济总量，资源能源消耗高，污染物产生量大，要加强环境管理与治理，大幅削减污染物排放量，改善环境质量，防范环境风险，改善人居环境。

一般城镇和工业区环境空气质量执行《环境空气质量标准》二级标准。地表水环境依据《地表水环境质量标准》，集中式生活饮用水地表水源地一级保护区应达到Ⅱ类标准，集中式生活饮用水地表水源地二级保护区及准保护区应达到Ⅲ类标准，工业用水应达到Ⅳ类标准，景观用水应达到Ⅴ类标准，纳污水体要求不影响下游水体功能，地下水达到《地下水质量标准》相关要求。土壤环境达到《土壤环境质量标准》和土壤环境风险评估规范确定的目标要求。加强城镇辐射环境质量监督管理。

编制城市环境总体规划，明确城市环境功能分区，科学规划生态保护空间，确立城市生态红线，促进形成有利于污染控制和降低居民健康风险的城市空间格局。

可以分配增量，但总量分配需以满足区域环境质量标准要求为限。开发建设项目，要依据产业规划把好产业政策关；依据功能区的要求，把好污染物排放标准关，把好分配给企业的许可排放总量关。

深化环境影响评价制度，强化环境风险评价，建立区域环境风险评估和防控制度，强化建设项目和现有企业环境风险监管。要依据建设项目的排放情况对周边环境的影响评价，提出防止污染和避免造成生态破坏的对策措施。环评的硬要求：一是污染物排放必须按所在功能区要求达标；二是污染物排放总量必须满足国家对该区的总量分配指标要求。

环境优化区增加污染物总量控制指标，提高主要污染物总量减排指标削减率，全面推行主要污染物排污交易制度，制定严格的地方排放标准，积极开展以应对水体污染、降温除尘等为目的的人工增雨（雪）作业，对重化工业集中区、开发区实行循环化和生态化改造，区域污染物排放水平要达到国际先进水平。加强城镇人居环境体系建设，加快建立生态绿地、防护绿地和生态廊道，扩大公共设施空间和绿色生态空间，全面开展城镇生态系统保护与生态功能修复，提高城镇生态文明水平。

环境优化区要执行严格的产业准入标准，逐步淘汰落后产能和高污染高环境风险产品，鼓励高新技术、高端服务业等资源节约型、环境友好型产业落户，优化城镇、开发区、产业区的布局，提升产业层次。

环境控制区要严格执行环境影响评价制度，强化环境风险评价，建立区域环境风险评估和防控制度，强化建设项目和现有企业环境风险监管，工业污染物必须全面稳定达标排放，建立环境污染和生态破坏严重地区的“区域限批”制度，科学规划开发建设布局，合理利用环境容量，严格发放排污许可证，完善排污权交易制度，提高区域资源、能源利用效率，加大生态建设投入，维护区域生态良好状态，增强区域生态承载能力。

环境控制区要在充分考虑区域环境承载力的前提下，合理加快工业化和城镇化进程，在承接优化开发区域产业的有序转移、限制开发区域和禁止开发区域的人口转移的过程中，防止工业化、城镇化造成占地和用水过多、生态环境压力过大等问题，强化绿色信贷、绿色保险和绿色证券在产业发展中发挥的引导作用。

环境治理区要重点实施污染物减排，对排污许可证的申请实施严格审核，严格控制地区特殊污染物的排放，加强环境综合治理，大力实施水环境综合整治、大气环境综合整治、土壤污染治理、重金属污染治理等环境综合治理工程，强化城镇污水、垃圾收集与处理设施建设，加强环境管理和监督力度，提高各类治污设施的效率，强化对企业污染物稳定达标排放的监管。限期实现功能区区域、流域达标，逐步恢复生态功能。

环境治理区要加快淘汰落后产能，严把标准关，对于新上项目严格按相关标准和程序执行，不合规、不达标的现有项目予以淘汰或关停整改，新建项目的立项和审批必须设立有效的污染物允许排放量指标，建立新建项目与污染减排、淘汰落后产能相衔接的审批机制，落实产能等量或减量置换制度，并强化新建项目和已有项目扩大再生产的环境影响评价，产业园区要配套建设污染集中处理设施，提高达标排放率，推广清洁生产等强化管理措施。

3.2.5.5　资源开发环境引导区：规划先行、有序发展

资源开发环境引导区是我国重要的能源资源储备基地，生态系统较为脆弱。重点要控制资源开发对周边生态环境的影响，保障区域生态环境安全。

深化资源开发利用规划环评，严格论证生态环境影响并提出切实可行的恢复措施。建立资源开发利用规划环评和建设项目环境影响评价文件审批联动机制，禁止新建、扩建、改建不符合资源开发利用规划要求的项目，加强资源开发活动对生态环境影响的控制。

完善并严格落实矿山生态环境恢复治理制度。制定资源开发环境保护与生态恢复治理等技术规范和标准，实施生态环境恢复治理重点工程，积极推进实施矿山生态环境恢复治理相关制度，将资源开发生态环境保护与恢复治理目标纳入企业年检的重要内容，并实行较高的返还治理比例。

明确各级政府对本行政区域内资源开发生态环境恢复治理的目标任务，列入各级政府的任期目标和年度工作目标。建立资源开发生态环境监测网络，对造成严重环境污染和生态破坏的，责令限期整改，逾期整改不达标的予以关闭。

制定资源开发利用规划，规范各类资源的开发秩序，提高资源利用效率。严格控制矿产资源开发利用活动对生态环境的影响范围，依据资源环境承载能力，合理布局后续加工基地。加强矿产资源开发整合，提高新建矿山最低开采规模标准和采选技术准入条件，引导资源向大型、特大型现代化矿山企业集中，促进形成集约、高效、协调的矿山开发格局。统筹流域上下游关系，系统分析水能和水资源开发的生态环境影响，规范水能资源的开发秩序。

3.2.6　生产力空间布局引导

根据我国生态系统服务功能重要性、生态环境敏感性和脆弱性，结合我国土地资源承载力、水资源承载力、水环境容量、大气环境容量使用状况及空间格局，以及各空间单元的承载力负荷状况，基于环境功能区划方案和生态红线体系，识别具有较大潜力和超载比较严重的区域，作为产业布局调整的基本依据。引导城市建设和重大产业布局向环境相对不敏感、资源环境承载力较强的区域发展。

我国的京津冀北、河南新郑洛工业带、长三角和珠三角地区、四川盆地、贵州大部分地区是环境胁迫比较严重的区域，必须对产业结构和布局进行优化。西部的大部分地区、内蒙古东部和大兴安岭地区，东南沿海、安徽、江西等区域的环境容量较大，可以适度开发。

第 4 章 新时期水环境保护战略和重大任务研究

4.1 水环境质量状况与特征

江河、湖、海、地下水等统称为水体，尤其是江河、湖、海作为与人类生存和发展密切相关的独特资源，在供水、防洪、航运、旅游及维系区域生态平衡方面发挥着巨大作用。

中国是世界上河流、湖泊众多，海域面积广阔的国家之一，流域面积大于 $1000km^2$ 的有 1500 多条河流，孕育了松花江水系、辽河水系、海河水系、黄河水系、淮河水系、长江水系、珠江水系等七大水系。天然湖泊遍布全国，大于 $1km^2$ 的湖泊 2800 多个，湖泊面积约占全国陆地总面积的 0.8%。海岸线绵长，拥有大陆岸线 18 000km，岛屿岸线 14 000km，管辖海域面积近 473 万 km^2，约为陆地面积的 1/2。此外，我国水资源总量的 1/3 和全国总供水量的 20%来自地下水，地下水亦在国民生产生活中发挥着举足轻重的作用。

然而，20 世纪 70 年代以来，随着我国社会经济的迅速发展，上述水体不同程度地遭受了环境污染与生态破坏。尽管“十一五”以来总量控制取得了显著成效，但从中国水污染问题和特征来看，水污染形势仍然相当严峻，水环境安全状况堪忧。

4.1.1 总量减排取得初步成效

“十一五”污染物总量减排的约束性指标为，到 2010 年，COD_{Cr} 排放量比 2005 年下降 10%，即全国 COD_{Cr} 排放量由 2005 年的 1414.2 万 t 减少到 1272.8 万 t。据统计，2010 年，我国化学需氧量排放总量 1238.1 万 t，比上年下降 3.09%。与 2005 年相比，化学需氧量排放总量下降 12.45%，超额完成 10%的减排任务。

2012 年，全国化学需氧量排放总量 2423.7 万 t，比上年下降 3.05%；氨氮排放总量 253.6 万 t，比上年下降 2.62%。主要污染物总量减排年度目标全面完成。

从 1998~2012 年的 COD_{Cr} 排放趋势来看（图 4-1），总体上工业 COD_{Cr} 排放量呈波动下降趋势，生活 COD_{Cr} 排放量呈持续稳定趋势，全国 COD_{Cr} 排放总量在波动中有所下降。其中，在“十五”期间，GDP 年增长速率持续稳定在 10%以上，工业 COD_{Cr} 排放量相应出现较大幅度的反弹。而在“十一五”期间，2006 年、2007 年 GDP 增长速率维持在 15%，但工业 COD_{Cr} 排放量得到有效遏制并实现下降，生活 COD_{Cr} 排放量亦得到控制并出现近 5 年来的首次下降。可见，总量控制措施在“十一五”初期已颇显成效，并延续至“十一五”和“十二五”整个时段，使得主要污染物 COD_{Cr} 排放增长得以遏制。

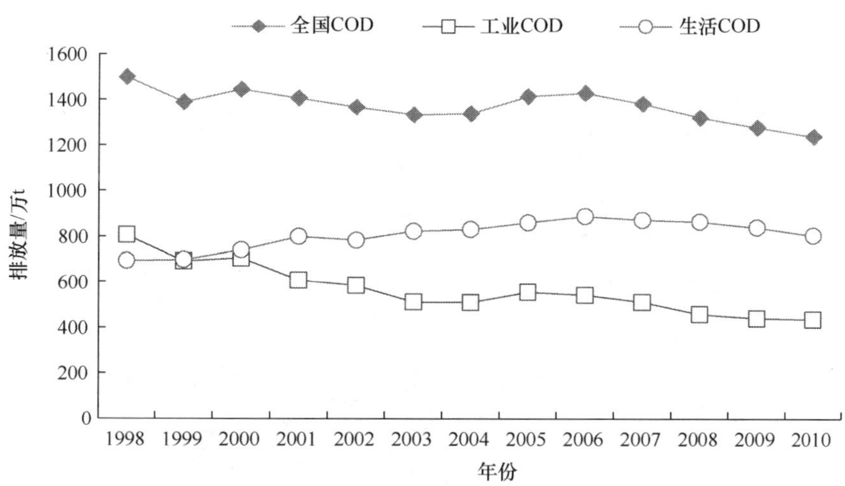

图 4-1　1998~2010 年全国化学需氧量排放趋势

4.1.2　江河水体有机物污染仍然较重

根据《中国环境状况公报》（环境保护部，2001—2012），我国河流水环境质量总体有所改善，但污染尚未得到全面遏制。

2001 年七大水系监测的 752 个重点断面中，Ⅰ～Ⅲ类水质占 29.5%，Ⅳ类水质占 17.7%，Ⅴ类和劣Ⅴ类水质占 52.8%。其中，七大水系干流 154 个国控断面中，Ⅰ～Ⅲ类水质断面占 50.6%，Ⅳ类水质占 26.0%，Ⅴ类和劣Ⅴ类水质占 23.4%，各水系干流水质好于支流。2001 年七大水系污染由重到轻的顺序依次是：海河、辽河、淮河、黄河、松花江、长江和珠江。

2005 年，长江、黄河、珠江、松花江、淮河、海河和辽河等七大水系总体水质与 2014 年基本持平。国家环境监测网（简称国控网）七大水系的 411 个地表水监测断面中，Ⅰ～Ⅲ类、Ⅳ～Ⅴ类和劣Ⅴ类水质的断面比例分别为 41%、32%和 27%。其中，珠江、长江水质较好，辽河、淮河、黄河、松花江水质较差，海河污染严重。主要污染指标为氨氮（NH_3-N）、五日生化需氧量（BOD_5）、高锰酸盐指数（COD_{Mn}）和石油类。

2007 年全国长江、黄河、珠江、松花江、淮河、海河和辽河等七大水系总体水质为中度污染。在 197 条河流 407 个断面中，Ⅰ～Ⅲ类、Ⅳ～Ⅴ类和劣Ⅴ类水质的断面比例分别为 49.9%、26.5%和 23.6%。其中，珠江、长江总体水质良好，松花江为轻度污染，黄河、淮河为中度污染，辽河、海河为重度污染。

2010 年，长江、黄河、珠江、松花江、淮河、海河和辽河七大水系总体为轻度污染。在 204 条河流 409 个地表水国控监测断面中，Ⅰ～Ⅲ类、Ⅳ～Ⅴ类和劣Ⅴ类水质的断面比例分别为 59.9%、23.7%和 16.4%。主要污染指标为高锰酸盐指数、五日生化需氧量和氨氮。其中，长江、珠江水质良好，松花江、淮河为轻度污染，黄河、辽河为中度污染，海河为重度污染。

2012 年，长江、黄河、珠江、松花江、淮河、海河、辽河、浙闽片河流、西北诸河和西南诸河等十大流域的国控断面中，Ⅰ～Ⅲ类、Ⅳ～Ⅴ类和劣Ⅴ类水质断面比例分别为 68.9%、20.9%和 10.2%。主要污染指标为 COD_{Cr}、BOD_5 和 COD_{Mn}。

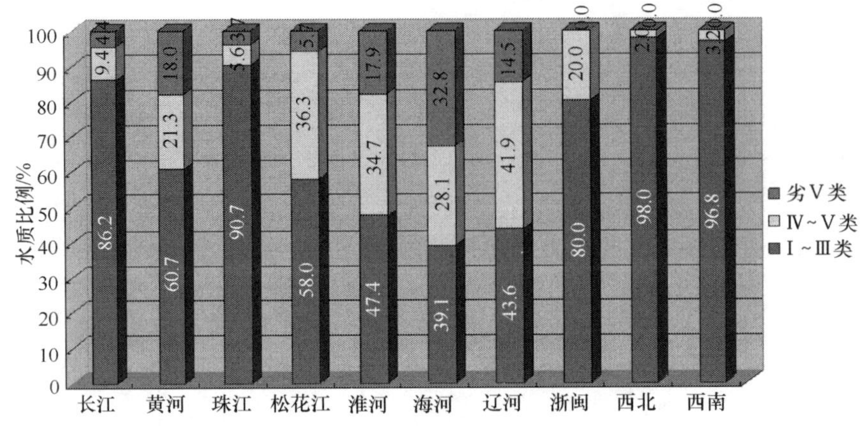

图 4-2　2012 年我国七大水系水质类别

从七大水系的水质变化趋势来看（图 4-3），“十五”期间水质在前期呈显著恶化趋势，后期有所遏制，Ⅰ～Ⅲ类水质类别比例先大幅降低后略有上升；“十一五”期间水质比“十五”期末显著好转，Ⅰ～Ⅲ类水质类别比例稳步上升，Ⅳ～Ⅴ类、劣Ⅴ类水质类别比例稳步下降。在空间分布上，七大水系干流水质好于支流水质。

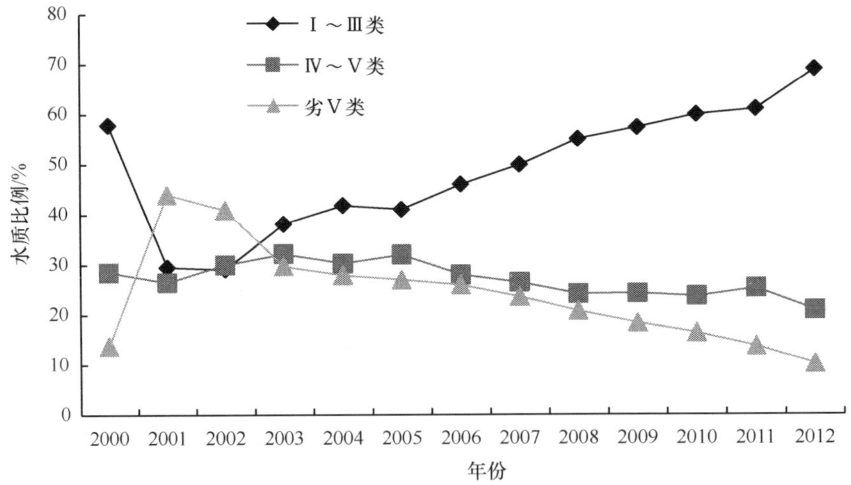

图 4-3　2000~2012 年我国七大水系水质变化趋势

从七大水系主要污染物分析来看（表 4-1），氨氮（NH_3-N）、石油类、五日生化需氧量（BOD_5）、高锰酸盐指数（COD_{Mn}）是河流主要污染物，出现频次排在前三位的是 NH_3-N、BOD_5、石油类。部分河流黑臭现象突出是 COD_{Mn} 等有机物污染严重所致。在污染类型方面，存在河流有机污染型（黑臭）向氮、磷污染型转变的特征；在污染源贡献方面，工业污染源得到一定控制，城镇生活污染源、农业畜禽养殖污染源作用显著。

表 4-1　全国七大水系主要污染物情况统计

水系名称	氨氮	石油类	五日生化需氧量	高锰酸盐指数	溶解氧
长江水系	√	√	√		
黄河水系	√	√	√		
珠江水系	√	√			√
松花江水系	√	√	√	√	
淮河水系	√		√	√	
海河水系	√		√	√	
辽河水系	√	√	√	√	
出现频次排序	①	③	②	④	⑤

4.1.3　湖泊水库富营养化问题突出

20 世纪 70 年代初，我国湖泊富营养化问题初见端倪，调查的 34 个湖泊中，富营养化的湖泊仅占 5%；80 年代末，61%的被调查湖泊处于富营养化状态，到 90 年代后期，已有 88.6%的被调查湖泊处于富营养化状态，东部的湖泊几乎全部处于富营养化状态。湖泊富营养化带来生物多样性丧失、生态系统退化、生态服务功能受损等诸多问题，使湖泊水生态安全难以保障。

目前，全国湖库富营养化仍然呈恶化趋势。2007 年数据显示，我国已经发生富营养化的湖泊面积达到 5000km^2，具备发生条件的湖泊面积达到 14 000km^2，到 2010 年，我国发生富营养化的湖泊面积约为 6700km^2。根据监测结果，全国湖库水体主要污染物为总氮（TN）、总磷（TP），而总氮、总磷浓度偏高正是导致富营养化的重要内因。

2001 年太湖和滇池外海均属于中度富营养化状态，巢湖属轻度富营养化状态。洱海、兴凯湖、博斯腾湖和洪湖水质良好，湖体水质均达到Ⅲ类标准；洞庭湖、镜泊湖和洪泽湖水质达到Ⅳ类标准；白洋淀、达赉湖和南四湖污染严重，均为劣Ⅴ类水质。大型水库水质总体良好，北京密云、抚顺大伙房、吉林松花湖、天津于桥、湖北丹江口、合肥董铺、青岛崂山、烟台门楼、汉口石门和杭州千岛湖 10 座大型水库中，千岛湖和丹江口水库为Ⅰ类水质，于桥水库和松花湖为Ⅲ类水质，其余 6 座水库为Ⅱ类水质。

2005 年，28 个国控重点湖库中，满足Ⅱ类水质的湖库 2 个，占 7%；Ⅲ类水质的湖库 6 个，占 21%；Ⅳ水质的湖库 3 个，占 11%；Ⅴ类水质的湖库 5 个，占 18%；劣Ⅴ类水质湖库 12 个，占 43%。其中，太湖、滇池和巢湖水质均为劣Ⅴ类。主要污染指标为总氮和总磷。

2007 年中国环境状况公报显示，57.2%的国控重点湖库水质已经是Ⅴ类和劣Ⅴ类，53.8%的国控重点湖库已经呈现富营养化。其中，太湖和巢湖呈中度富营养化，蓝藻水华发生天数占全年的 50%以上，分布面积超过 30%；滇池水体重度富营养化，蓝藻水华遍及全湖，发生天数占全年的 2/3 以上；三峡水库多数支流处于轻度或中度富营养化状态（数据来源：环境保护部“全国重点湖泊水库生态安全调查与评估”项目）。

2010 年，26 个国控重点湖泊（水库）中，满足Ⅱ类水质的 1 个，占 3.8%；Ⅲ类的 5 个，占 19.2%；Ⅳ类的 4 个，占 15.4%；Ⅴ类的 6 个，占 23.1%；劣Ⅴ类的 10 个，占

38.5%。主要污染指标是总氮和总磷。大型水库水质好于大型淡水湖泊和城市内湖。26个国控重点湖泊（水库）中，营养状态为重度富营养化的 1 个，占 3.8%；中度富营养化的 2 个，占 7.7%；轻度富营养化的 11 个，占 42.3%；其他均为中营养，占 46.2%。

2012 年，62 个国控重点湖泊（水库）中，Ⅰ～Ⅲ类、Ⅳ～Ⅴ类和劣Ⅴ类水质的湖泊（水库）比例分别为 61.3%、27.4%和 11.3%。主要污染指标为总磷、化学需氧量和高锰酸盐指数。除密云水库和班公湖外，对其他 60 个湖泊（水库）开展了营养状态监测。其中，4 个为中度富营养化状态，占 6.7%；11 个为轻度富营养化状态，占 18.3%；37 个为中营养状态，占 61.7%；8 个为贫营养状态，占 13.3%（图 4-4）。

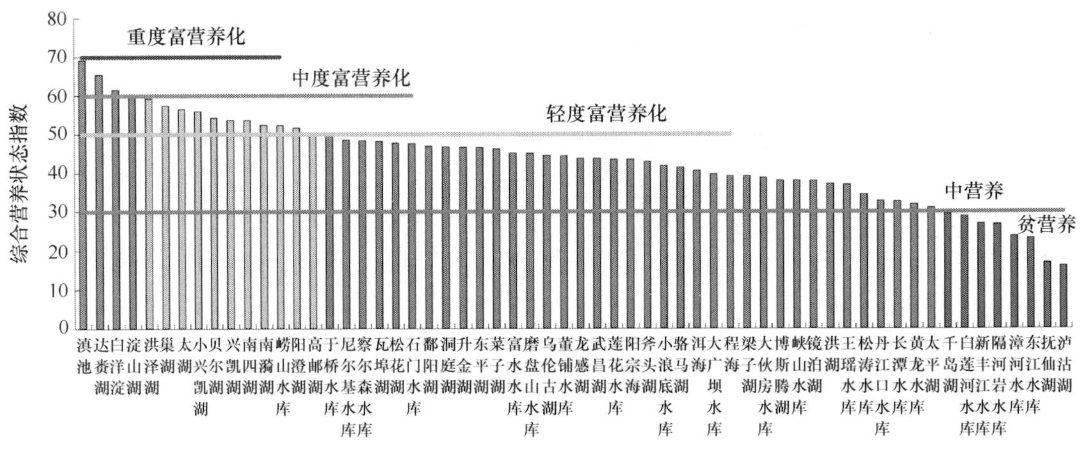

图 4-4　2012 年湖泊水库富营养化状况

湖泊富营养化带来生物多样性丧失、生态系统退化、生态服务功能受损等诸多问题，湖泊水生态安全难以保障。例如，根据全国重点湖库生态安全调查评估结果，截至 2008 年，太湖、巢湖和滇池的水生植被退化、土著鱼类物种多样性显著下降，鱼类小型化与杂型化现象明显。太湖鱼类物种从 20 世纪 60 年代的 106 种下降到近年来的 70 多种，洄游性鱼类几乎绝迹；巢湖鱼类物种从 20 世纪 60 年代的 83 种下降到近年来的 54 种，水生植物覆盖率由 20 世纪 50 年代初的 20%下降到 2008 年的 1%；滇池许多土著鱼类纷纷绝迹。三峡、丹江口、小浪底水库受成库后水动力条件变化影响，鱼类生物多样性有所下降。

富营养化直接导致湖泊水库生态服务功能不同程度受损。太湖 2007 年 5 月蓝藻水华暴发造成的直接经济损失超过 20 亿元，200 万人的饮用水无法得到正常供应，旅游接待量同比下降 40%，太湖、巢湖鱼类等水产品中的微囊藻毒素也时有检出，水产品安全受损；太湖、巢湖、滇池、洪泽湖生态服务功能（供水、水产品、休闲娱乐及旅游等）价值每年约 1600 亿元，年损失约超过 900 亿元。目前三峡、小浪底、丹江口水库生态服务功能基本稳定，鄱阳湖、洞庭湖和洪泽湖有进一步下降的趋势，而太湖、巢湖和滇池已严重受损。

4.1.4　近岸海域赤潮暴发形势仍然严峻

目前，我国近岸海域水质总体属轻度污染水平，近年来，近岸海域水质总体虽有所改善，但劣Ⅳ类水体比例仍然较高；全海域赤潮发生次数、面积呈现先升后降的特征，至 2012 年赤潮灾害问题仍然严重，赤潮高发区集中在东海海域，发生次数和累计面积分别占全海域的 73%和 84%，且有加剧趋势。总体上，近岸海域污染尚未得到有效控制，导致滨海湿地生境不断丧失，海洋生态环境退化，海洋资源质量下降、数量锐减，海洋生态系统健康受损，影响食品安全和人体健康，近岸海域生态服务功能发挥受限甚至丧失。

2001 年，近岸海域水质主要受到活性磷酸盐和无机氮的影响，部分海域主要污染物是化学需氧量、石油类和铅。近岸海域Ⅰ类、Ⅱ类海水占 41.4%，Ⅲ类海水占 12.2%，Ⅳ类和劣Ⅳ类海水占 46.4%。

2005 年，近岸大部分海域水质良好，但局部海域污染严重。远海海域水质保持良好状况。全国近岸海域Ⅰ类、Ⅱ类海水比例占 67.2%，与 2004 年相比上升 17.6 个百分点；Ⅲ类海水占 8.9%，下降 6.5 个百分点；Ⅳ类和劣Ⅳ类海水占 23.9%，下降 11.1 个百分点。

2010 年，全国近岸海域水质总体为轻度污染。近岸海域监测面积共 279 225km^2。按照监测点位计算，Ⅰ类、Ⅱ类海水占 62.7%，比 2009 年下降 10.2 个百分点；Ⅲ类海水占 14.1%，比 2009 年上升 8.1 个百分点；Ⅳ类和劣Ⅳ类海水占 23.2%，比 2009 年上升 2.1 个百分点。

2012 年，全国近岸海域水质总体稳定，水质级别为一般。主要超标指标为无机氮和活性磷酸盐。按照监测点位计算，Ⅰ类、Ⅱ类海水比例为 69.4%，与 2011 年相比，上升 6.6 个百分点；Ⅲ类、Ⅳ类海水比例为 12.0%，下降 8.3 个百分点；劣Ⅳ类海水比例为 18.6%，上升 1.7 个百分点（图 4-5）。

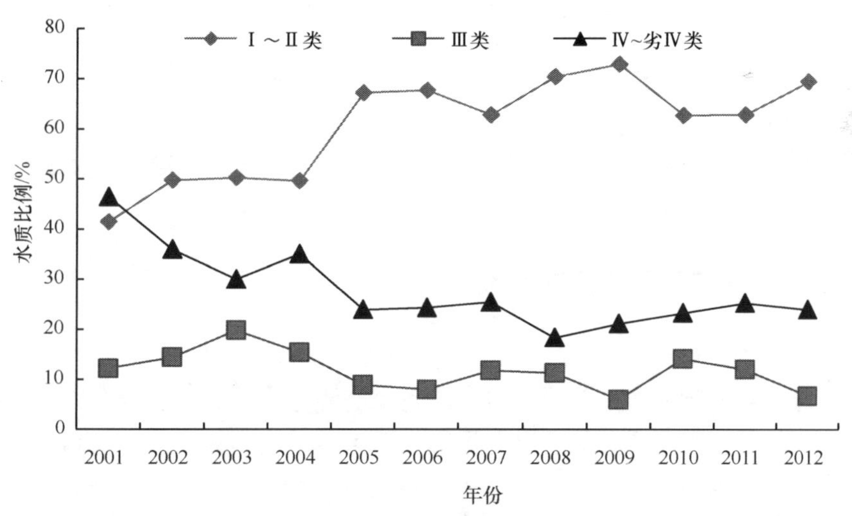

图 4-5　2001~2012 年近岸海域水质变化

2012 年，全海域共发现赤潮 73 次，累计面积 7971km^2。东海发现赤潮次数最多，为 38 次；渤海赤潮累计面积最大，为 3869km^2。赤潮高发期集中在 5～6 月。2012 年赤潮发现次数为 2008 年以来最多，但累计面积较 5 年平均值减少 2585km^2。

1999~2012 年全海域赤潮发生次数、面积总体呈现“先升后降”的特征。“九五”期末年均发生赤潮 20 余次，至“十五”时期年均达 90 余次，赤潮发生次数及发生面积在波动中大幅度上升，至 2004 年赤潮发生次数达到 96 次、发生面积达到 2.6 万 km^2。“十一五”期间赤潮发生次数降至年均 76 次，“十二五”初期年均 64 次，其间呈波动降低态势，总体有所改善（图 4-6）。

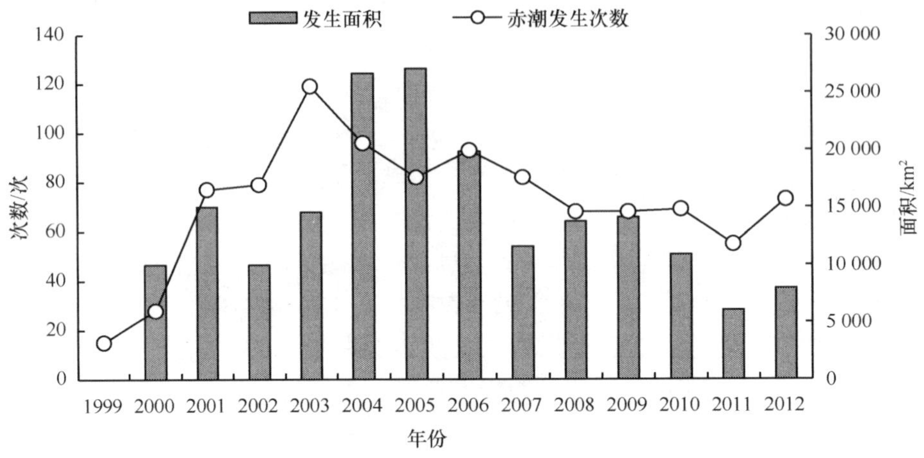

图 4-6　1999~2012 年全国海域赤潮发生状况变化

我国海域赤潮具有区域集中、持续时间长、大面积赤潮、有毒赤潮出现频繁等特征。赤潮高发区集中在东海海域，发生次数和累计面积分别占全海域的 73%和 84%，且有加剧趋势。20 世纪 90 年代长江口共发生赤潮 38 次，2000~2004 年 5 年间出现赤潮 57 次，至 2012 年，长江口全年就发生赤潮 38 次。此外，大面积赤潮（100km^2 以上）分别占赤潮发生总次数和累计总面积的 37%和 88%；有毒赤潮分别占赤潮发生总次数和累计总面积的 30%和 16.4%。

导致海域赤潮的主要营养物质为无机氮、磷酸盐。近 20 年来，河口无机氮、活性磷酸盐浓度不断上升，如长江口水域 2004 年硝酸盐（氮）含量为 1963 年的 3.4 倍，渤海海域无机氮含量与 1982 年相比亦显著增加，直接加剧海域赤潮暴发，硝酸盐（氮）成为我国近岸海域水体的主要污染指标。

4.1.5　地下水超采严重且水质堪忧

我国地下水资源地域分布不均。据调查，全国地下水资源量多年平均为 8218 亿 m^3，其中，北方地区（占全国总面积的 64%）地下水资源量为 2458 亿 m^3，约占全国地下水资源量的 30%；南方地区（占全国总面积的 36%）地下水资源量为 5760 亿 m^3，约占全国地下水资源量的 70%。总体上，全国地下水资源量由东南向西北逐渐降低。

近几十年来，随着我国经济社会的快速发展，地下水资源开发利用量呈迅速增长态势，由 20 世纪 70 年代的 570 亿 m^3/a，增长到 80 年代的 750 亿 m^3/a，到 2009 年地下水开采总量已达 1098 亿 m^3，占全国总供水量的 18%。其中，北部和西部城市地下水利用率为 50%~80%。然而，由于地下水资源的长期过量开采，全国部分区域地下水水位持续下降，目前已有 16 个省（直辖市）、70 多个城市发生了不同程度的地面沉降，沉降面积达 6.4 万 km^2。全国地下水漏斗达到 200 余个，主要分布在受地下水开采影响较大的华北、华东地区。地下水漏斗和地面沉降给区域的生产生活、居民生命安全带来巨大隐患。

全国地下水环境质量总体上“南方优于北方，山区优于平原，深层优于浅层”。2012年，在全国 198 个地市级行政区开展了地下水水质监测，监测点总数为 4929 个，其中国家级监测点为 800 个。依据《地下水质量标准》（GB/T 14848—93），综合评价结果为水质呈优良级的监测点为 580 个，占全部监测点的 11.8%；水质呈良好级的监测点为 1348 个，占 27.3%；水质呈较好级的监测点为 176 个，占 3.6%；水质呈较差级的监测点为 1999 个，占 40.5%；水质呈极差级的监测点为 826 个，占 16.8%。主要超标指标为铁、锰、氟化物、“三氮”（亚硝酸盐氮、硝酸盐氮和氨氮）、总硬度、溶解性总固体、硫酸盐、氯化物等，个别监测点存在重（类）金属超标现象。

与上年相比，有连续监测数据的水质监测点总数为 4677 个，分布在 187 个城市，其中水质呈变好趋势的监测点为 793 个，占监测点总数的 17.0%；呈稳定趋势的监测点为 2974 个，占 63.6%；呈变差趋势的监测点为 910 个，占 19.4%。

据近十几年地下水水质变化情况的不完全统计分析，初步判断我国地下水污染的趋势为：由点状、条带状向面上扩散，由浅层向深层渗透，由城市向周边蔓延。其中，南方地区地下水环境质量变化趋势以保持相对稳定为主，地下水污染主要发生在城市及其周边地区。北方地区地下水环境质量变化趋势以下降为主，其中，华北地区地下水环境质量进一步恶化；西北地区地下水环境质量总体保持稳定，局部有所恶化，特别是大中城市及其周边地区、农业开发区地下水污染不断加重；东北地区地下水环境质量以下降为主，大中城市及其周边和农业开发区污染有所加重，地下水污染从城市向周围蔓延。

4.1.6　水体中新型污染物成为潜在隐患

除了传统有机污染物以外，新型和有毒有害污染物的影响日益显著，亦加大了水污染治理的难度，威胁人体健康和饮用水安全。

目前，持久性有机污染物（POP）是指具有持久性、生物蓄积性、半挥发性和毒性，能在大气中远距离迁移并能沉积回地球，对人类健康和环境具有严重危害的有机化合物。国际上公认 POP 具有能在环境中持久地存在、能蓄积在食物链中对有较高营养等级的生物造成影响、能够经过长距离迁移到达偏远的极地地区、在相应环境浓度下会对接触该物质的生物造成有害或有毒效应等特性。

近年来，我国对一些水体的环境污染展开调查，在长江黄石段检出 100 多种有机物，松花江哈尔滨段检出 264 种，第二松花江吉林段检出的有机物近 417 种，珠江检出的有机物 241 种，太湖检出的有机物污染 74 种，沱江检出的有机物污染 175 种，上海市黄浦江水源中检出的有机污染物 400 多种。这些检出的有机物多数属于 POP 物质。POP 农药已不同程度地残留于大部分河流和湖泊水体中，由于它的长距离迁移性，也导致了地下水的污染。我国境内水体、底泥、沉积物等环境介质及农作物、家禽家畜、野生动物和人体组织、乳汁和血液中均有 POP 被检出的报道。

总体上，POP 物质来源广泛，在我国的现存量很大，是潜在的污染隐患，但由于监测手段不完善等，目前具有存量不清、污染源的地点范围不明确、人群暴露情况和健康影响状况亦不明确等特点，控制手段缺乏。然而，毋庸置疑，上述问题已然凸显、亟待解决。

4.1.7 生态流量缺乏保障加剧生态退化

生态流量是指为保证生态系统服务功能，用以维持或恢复生态系统基本结构与功能所需的最小流量，包括河道、河口、湿地生态流量等。合理确定水资源开发的规模和度，预留足量的生态用水量，对于恢复和维持健康的生态系统、促进流域及河口区域经济社会和环境的可持续发展有着非常重要的意义。

当前，水资源分配不均且缺乏对水资源的合理规划，导致我国存在水资源开发过度，用水高峰季节造成水资源匮乏，城镇用水、工业用水、农业用水最终挤占生态水量等问题。现状流量无法满足生态流量，河道和河口生态流量无法保障，水生态系统受到极大影响。以海河流域为例，其水资源开发利用率高达 98%，平原 21 条主要天然河流干枯长度达到 2000km 以上，占总长度的 60%。2005 年人均水资源占有量降至 276m^3，不足全国平均水平的 1/7，仅为 1956~2000 年平均水资源量的 74.5%，流域经济社会总用水量超过多年平均可利用量的 50%。根据相关学者海河流域河道最小生态流量的研究，海河流域潘家口、响水堡、官厅等主要观测站大部分时间实测流量均低于最小生态流量，无法满足河道生态需水要求。为弥补供水不足，海河流域每年超采地下水 30 亿~40 亿 m^3，1980~2000 年已累积超采近 400 亿 m^3，形成了 11 个浅层和 7 个深层地下漏斗，部分含水层枯竭，导致了地下水水位下降，沿海部分地区出现海水入侵现象。

4.1.8 饮用水水源地服务功能受损

截至目前，我国 85%以上的地级以上城市划分了集中式饮用水水源保护区，开展了诸多饮用水水源保护行动。然而，由于流域总体水污染形势依然严峻、水生态系统退化，饮用水水源地水质安全总体尚不乐观，服务功能不同程度受损。

地级以上城市集中式水源地水质状况稳定，但也不容乐观。根据环境保护部（环保部）《地级以上城市集中式饮用水水源环境状况评估报告》，2010 年 314 个城市 812 个水源（河流型、湖库型和地下水型水源分别占 36.3%、26.5%、37.2%）年供水总量 318.7 亿 m^3，供水服务总人口 32 535.6 万人。然而，水源水质状况不容乐观，城市水源达标率 82.8%，达标供水 278.3 亿 m^3，占总供水量的 87.3%；不达标供水 35.7 亿 m^3，影响城市人口超过 5000 万人。地表水源以常规指标超标为主，个别水源重金属如铁、锰、钼等超标，部分水源检出特定物质如邻苯二甲酸二丁酯等；地下水源以常规指标如铁、锰、总硬度、氨氮、硫酸盐等超标为主。

农村饮用水以地下水为主，超过四成水源水质不能满足功能要求，饮水安全堪忧。环保部 2779 个农村饮用水源的抽样调查结果显示，抽样调查水源以地下水为主，占调查总数的 76%，服务人口占调查人口的 66.4%。若不计细菌类指标，水源达标率为 73.9%，若计入细菌类指标，水质达标仅为 58.5%，达标服务人口比例为 70.2%。主要污染物为粪大肠菌群、氨氮、总硬度、锰、高锰酸盐指数、亚硝酸盐等。

水源地有机污染物检查率较高。2006 年，发改委、水利部、住建部、卫生部四部委组织了对 120 个城市 152 个典型饮用水水源地的有机污染物调查，有机污染物检出率达 40%，其中，有 29 个水源地出现了 1 或 2 项有机污染物超出《地表水环境质量标准（GB 3838—2002）》限值的情况，主要超标污染物为苯、四氯化碳、苯并（a）芘、多氯联苯等。

4.2　水环境保护压力与形势

4.2.1　经济持续稳定增长但发展模式粗放

经济发展模式仍然粗放。目前各大流域产业结构性污染问题普遍，高投入、高污染的企业比例仍然较大，低水平、低效益的小型企业仍广泛分布，经济发展方式仍然粗放，没有真正摆脱资源高消耗、高污染、低产出的粗放型发展模式。资源利用效率虽然不断提升，但总体仍然较低且地区差异大，如 2010 年，西部重庆市单位工业增加值用水量为 128t/万元，北京市则为 18t/万元。总体上，经济的持续增长对资源环境的压力较大，资源环境对发展的支撑能力被削弱（图 4-7，图 4-8）。

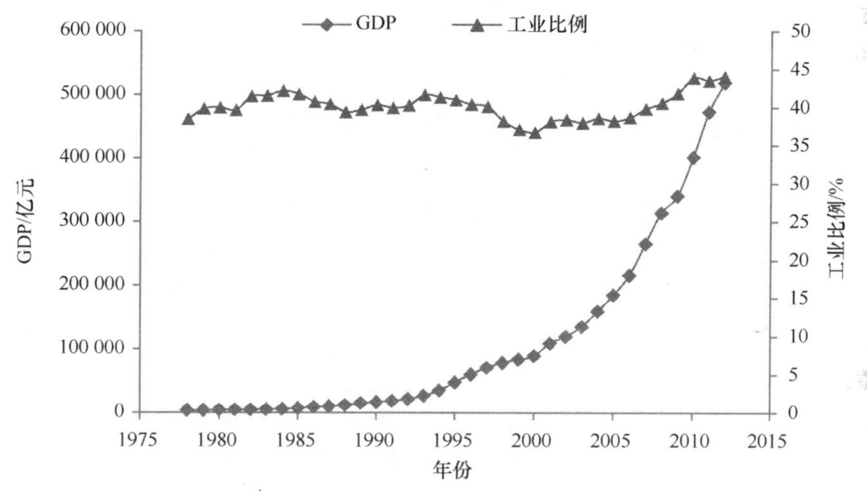

图 4-7　我国 GDP、工业比例变化

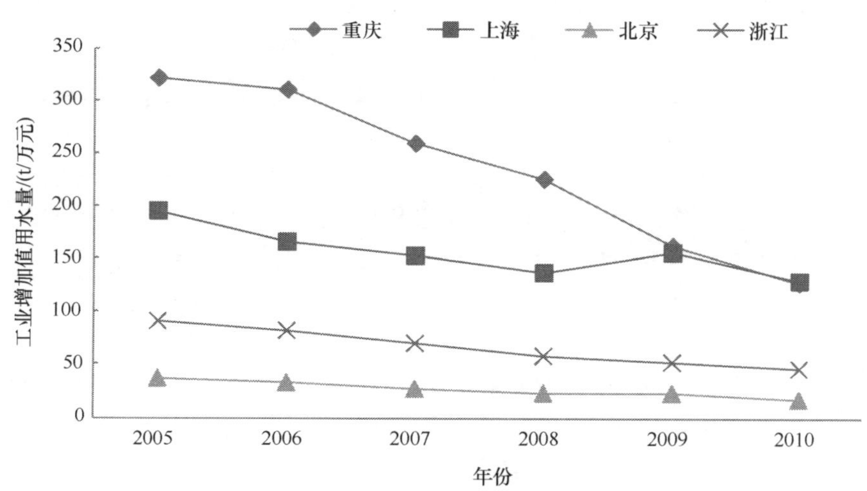

图 4-8　我国典型城市单位工业增加值用水量变化

经济发展的布局性污染问题突出。例如，太湖滨湖新区、合肥巢湖滨湖新城的开发建设，造成湖滨带和缓冲区急剧消失，破坏了入湖污染截留功能；三峡水库沿岸分布有4个大型化工园区及12个万吨级以上化学品装卸码头和中转仓库；丹江口水库沿岸分布有4个含有大量多氯联苯的电力电容器存放库，是水库生态安全的重要风险源。上述问题加大了水环境污染事故发生的风险、挤占了水体生态空间。

21世纪以来，我国的GDP年均增长率保持在9%以上，随着经济结构的调整，实施积极的财政政策扩大内需及加入世界贸易组织（WTO）等原因，“十五”期间经济增长势头迅猛，截至2005年实现了比改革开放初1978年GDP增长近12倍。“十一五”期间，我国的GDP增长水平为8%左右。“十二五”期间，在经济平稳较快发展的要求下，国内生产总值年均增长预计超过目标值7%。在多年高速增长后，我国发展不平衡、不协调、不可持续问题依然突出。目前我国已进入重化工发展阶段，投资主导型经济增长的特征仍将继续，投资率将维持在35%~40%水平上，经济仍以粗放的方式增长，将带来资源环境矛盾、废水排放量和污染物排放量的激增，给水环境造成巨大压力。

4.2.2 城镇化发展速度较快但质量不高

从1996年开始进入城市化发展中期的快速成长阶段，到2010年我国城市化水平已达到47.6%。我国城市化水平已经逐步接近中等收入国家的平均水平，逐渐步入所谓“城市型社会”的关键时期。虽然我国的城镇化发展取得了举世瞩目的成就，然而，在快速城镇化进程中，由于种种主客观原因的限制，很多地区城镇化质量并不高。城市更新、旧城改造、用地扩展、功能置换、重大工程建设等一系列城市建设活动成为城市发展的主旋律，然而城镇化的机制不健全，城镇化进程与城镇公共服务能力、资源环境承载能力并不相适应等。

由于城镇化质量不高，快速城镇化只能导致日益严重的资源与能源环境压力。从1980~2005年的26年间我国城市化是一种高能耗、高水耗和高地耗的高资源消耗的城市化模式，城镇化水平每提高1%，所消耗的水量为17亿m^3，所占用的建设用地为1004km^2，所消耗的能源为6978万t标煤。若不改变和调整这种“挥霍型”的城镇化模式，建立“节约型”健康的城镇化发展模式，伴随着未来全国的工业化和城市化，将占用越来越多的非建设用地，取水难度、能源获取越来越大，并导致更加严重的空气、土壤和水污染。

由于城镇化质量不高，人口数量、布局和土地利用缺乏合理有效的规划调控，影响流域和区域的生态安全格局。人口均向大城市和特大城市聚集，并日益严重拥挤；城镇规划、土地规划建设未能有效体现主体功能区的要求、有效保障水体的水生态安全、维护水生态系统的生存空间。根据《全国重点湖泊水库生态安全调查及评估》结果，我国重点湖泊水库流域人口密度大多超过300人/km^2的适宜水平，其中，太湖流域人口密度已达1200人/km^2。此外，流域土地管理水平滞后，流域生态敏感用地（如自然保护区、生态环境脆弱区、水域及其缓冲区等）未能得到严格保护，土地集约利用水平不高，资源利用效率低下。土地利用格局在城镇发展驱动下朝不利方向演替，高生态价值的林草地覆盖不同程度地减少，“人进湖退”现象短期难以扭转。例如，太湖流域1990~2008

年建设用地平均每年新增 32.66km^2，耕地平均每年减少 239.64km^2。

按照国际经验，城镇化进程分为起步、加速和成熟三个阶段，其中 30%~70%的过程是城市化加速阶段。2005 年，全国总人口为 13.0628 亿人，城镇人口为 56 157 万人，比 1990 年增长了 85.98%；城镇化比例由 26.41%增加到 42.99%，年均增长 1.1%，表示我国进入了城镇化加速发展阶段。未来一个时期，中国仍将处在城镇化加速发展阶段。根据《国家环境安全战略报告》《中国可持续发展水资源战略研究》《中国环境宏观战略研究》等相关资料显示，2050 年，我国人口预计达到 16 亿人；城镇化率将达到 62%；在 2005 年治理水平下，城镇废水排放总量基本翻一番，从 282.93×10^4 万 t 上升到 678.01×10^4 万 t，COD 生活废水排放量为 1682.15 万 t，亦增长了一倍多。延续传统发展模式和不合理的利用方式，资源短缺程度将进一步加剧，人均资源消耗量的增加，导致污染物总量仍保持较高水平，对资源、水环境形成巨大的压力。同时，随着建设小康社会进程的加快，区域经济发展与资源分布不协调也加剧了我国人与资源的矛盾，必然对生态与环境质量的提高形成新的挑战（图 4-9）。

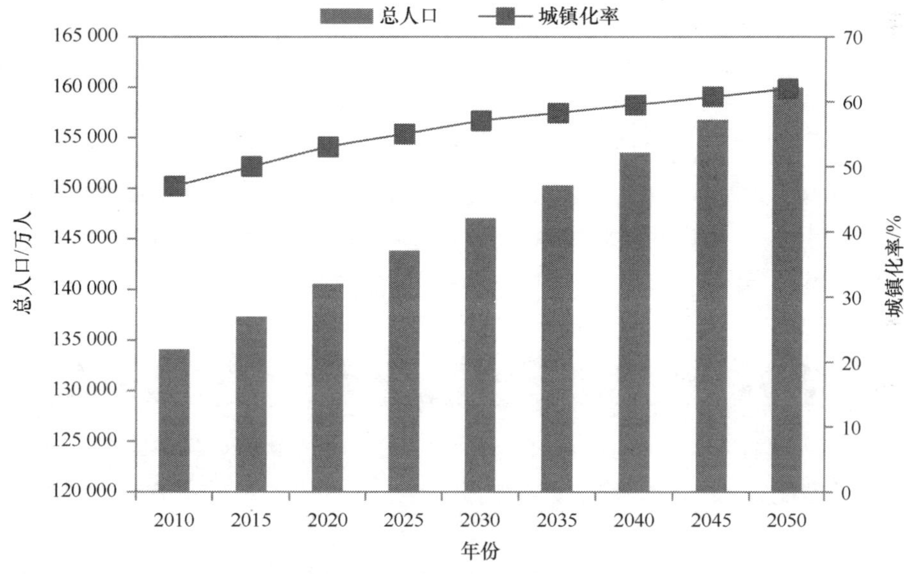

图 4-9　2010~2020 年我国城镇人口及总人口变化趋势

4.2.3　污染治理难度不断加大但治理水平偏低

过去我国水环境污染主要表现为工业点源污染。“十五”以来，随着国家水环境保护工作的逐步深入、流域内水污染防治工作的稳步推进，点源污染得到逐步控制，水污染防治形势逐步发生改变。伴随未来社会经济的发展，改善和解决流域现存和潜在的环境问题面临诸多挑战。

在水体污染物的排放结构上，存在从单一到多元的复合型污染特征。20 世纪 90 年代以前，各流域以工业和城镇生活点源污染为主。之后，随着点源污染得到控制，集约化养殖迅速发展、化肥和农药的大量不合理使用及农村村落的聚集、乡镇企业的发展，使得农村面源污染日益严重，在排污结构中占据优势比例。此外，由于污染物在水体内的长期累积，底泥污染物含量高、内源污染亦不容忽视。

与此同时，在水体污染的污染类型上，存在从传统污染物（COD、BOD_5、氨氮、总氮、总磷）向传统、新型和有毒有害污染物（POP、藻毒素等）复合污染转变的特征。在水体污染的空间格局上，控制重点存在从干流向支流，从流域内到跨界，从地表水到地下水污染的趋势。污染形势愈渐复杂、污染治理难度加大。

在水环境容量不足、水环境污染问题日趋复杂、环境风险不断增大的条件下，未来我国水污染治理难度不断加大，然而，目前治理水平仍然偏低。一方面，污水处理基础设施的建设仍然滞后于治污需求，实际处理率偏低，运行和管理存在诸多问题，影响点源污染的全面有效治理。另一方面，面源、内源等污染源难以集中控制、处理难度大。此外，新型污染物和有毒有机物污染源等底数不清、治理困难。

截至2012年9月底，全国城市、县累计建成城镇污水处理厂3272座，处理能力达到1.40亿 m^3/d，污水处理率从2003年的42.4%至2010年的77.5%，增长了35.1个百分点。目前我国污水排放量大，2010年污水排放量为617.3亿t，高达138.9亿t的污水仍有待处理，处理率仍滞后于治污需求，且污水集中处理仍存在多种问题。

1）污水处理技术落后。污水处理技术落后，导致处理效率低、能耗高等问题。我国总体污水处理能力偏低，德国、瑞士等西欧发达国家城镇生活处理率均超过90%，我国污水处理率尚待提高；城市、城镇污水处理厂负荷高，管网配套工程覆盖率低，污水不能被全部收集进入污水处理厂、城市污水处理设施设计规模不合理等直接导致了污水处理运行负荷率不高；畜禽养殖、农业灌溉、城市径流等污染源分布分散，增加了污水处理难度；难以针对特定污染物进行处理，对污染物组成的未知，会导致不能完全处理污染物中的有毒有害污染物、难降解物质及新型污染物，导致经过污水处理厂排放的水依旧带来水体污染。

2）资金短缺，投资力度不够。污水处理厂建设资金的短缺，高额的运行维护管理费用，是导致污水处理率低、水体污染的一个原因。2011年我国的水处理设备运行状况是1/3运行正常、1/3不正常、1/3处于闲置状态，我国污水的实际处理率远远低于污水处理设施的处理能力。随着环保力度的加强，国家逐步加大对污染治理的投资，但远远不能满足需要。

3）管理水平低，污染治理缺乏统筹管理。污水处理管理体制不健全，缺乏统筹管理。部分地区水质检测手段缺乏，运行管理经验不足等，导致管理不善，造成污水处理设施不能正常运行，严重影响了处理效果。

4.2.4 非污染损害行为破坏生境且缺乏有效管理

除了污染物的排放，人类生产生活中的一些非污染损害行为亦对生态环境造成恶劣影响。过度捕捞，导致生物资源衰退；围海围湖造地，导致滨湖、滨海湿地生境大量丧失，景观破坏越演越烈；水资源消耗量不断增加、资源过度开采，导致河道径流减少、入海淡水量短缺、近岸海域生境遭破坏、地下水漏斗区出现及咸水入侵；海砂过度开采，导致岸线失稳。

例如，大黄鱼、小黄鱼曾经是我国百姓餐桌上常见的美味，它们曾经与带鱼、乌贼并称为我国近海的“四大海产”。然而由于过度捕捞，在《中国物种红色名录》中，它们均被列为“易危”物种。曾经著名的大黄鱼和小黄鱼“鱼汛”已经难得一见。在小黄鱼的产地之一渤海的莱州湾，1959 年调查显示，带鱼和小黄鱼位列该区域优势鱼种的前两位；到 1998~1999 年，小黄鱼跌出前 15 位。滦南大规模围海造地目前因抽纱造地已导致其浅海和滩涂消失，鱼虾及从东亚到大洋洲迁徙的红腹滨鹬数量急剧下降。在浙江玉环县，在漩门二期、三期围垦完成后，全县滩涂和浅海面积减少近 10 万亩、5000 名渔民转产。胶州湾水域填海工程导致 14 种优势品种只剩下 1 种，东海岸贝类养殖消失。

此外，人为活动引起的物理条件改变亦对生态系统产生重大影响。例如，人为改变形成的江湖阻隔，极大地改变了湖泊水文水动力特性，导致水位下降、湿地萎缩、生境破碎，加剧生态系统退化，不利于富营养化的控制。江湖阻隔亦导致鱼类洄游通道丧失，生态系统平衡遭到破坏，水生态系统的自净能力明显减弱，致使水华暴发。

4.2.5　水污染事故频发且风险防范能力极为薄弱

自 1993 年有环境统计数据以来，我国已发生近 3 万起突发环境事件，其中重大、特大突发环境事件 1000 多起。

2012 年，全国共发生 542 起突发环境事件，包括 5 起重大突发环境事件，5 起较大突发环境事件，532 起一般突发环境事件，未发生特别重大的突发环境事件。环保部直接调度处理了 33 起突发环境事件，与 2011 年相比下降 69%。从时间分布上看，第一季度 13 起，第二季度 14 起，第三季度 5 起，第四季度 1 起。按事件起因分类，生产安全事故引发的突发环境事件 11 起，交通事故引发的 11 起，企业排污引发的 3 起，自然灾害引发的 1 起，其他因素引发的 7 起。按污染类型来分，33 起事件中有 30 起为水污染，2 起为血铅，1 起为大气污染。在 30 起水污染事件中 4 起为海洋污染，其他 26 起均不同程度影响到饮用水水源地。

根据相关统计数据，2006~2011 年，环保部调度处置的突发环境事件平均为 140 起/a，其中，按照事故发生原因划分，由工业企业导致的事故占 42%、交通事故导致的占 22%；按照环境影响要素划分，水污染事件占 55%，比例最高，其次为大气污染事件（图 4-10）。

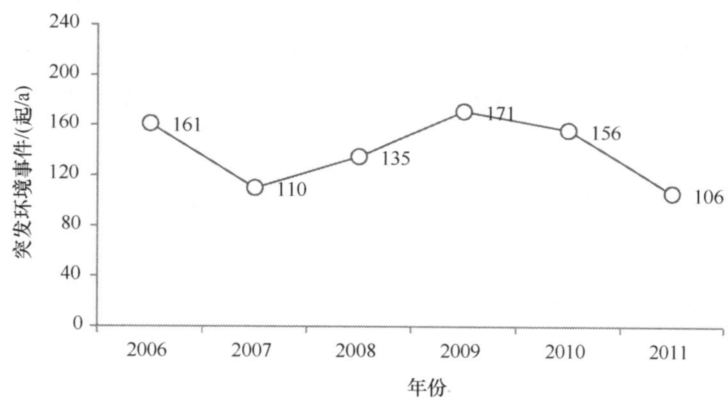

图 4-10　我国突发环境事件发生状况（环保部调度处置）

突发环境事件的频繁发生往往带来巨大的损失和严重的后果，甚至影响到饮用水源安全、人群健康和社会稳定。例如，近年来的松花江水污染事故，太湖蓝藻水华事件，江苏盐城、广西龙江、山西长治、广西贺江等水污染事件，一度造成城市停水和老百姓恐慌。

相关数据显示，我国正处于并将在一定时期内处于突发环境事件高发期，故水污染事故带来的突发型风险防范需求迫切。然而，我国的风险监控预警、应急处理处置等能力仍然薄弱，未来仍面临诸多挑战。例如，我国虽然在各流域建设了 1000 多座水质自动监测站和 15 000 余座污染源自动监测站，但现有的水环境日常和自动监测体系多以监督性监测为目的来设计实施，虽然可以为风险预警监控奠定一定基础，但无法支撑风险预警的监控需求。此外，我国各地水环境监测能力参差不齐，且由于条块分割管理现状，水环境风险管理所需要的相关监测信息共享困难，难以支撑预警和应急监测需求。最后，实现风险的科学有效管理需要技术指导、平台工具、政策机制等多方位支撑，但目前缺乏系统的风险管理技术体系指导、可用于支撑风险管理决策的集成化工具支撑、相关的政策和机制。

4.2.6 环境保护力度不断加大但理念、方式和依据存在缺位

20 世纪 70 年代末至 80 年代，伴随我国社会经济发展过程中环境问题的出现，环境保护被提上日程。1989 年《中华人民共和国环境保护法》得以颁布实施，环境保护被确定为我国的基本国策。此后，我国确立了“八项环境管理制度”（环境影响评价制度、“三同时”制度、排污收费制度、城市环境综合整治定量考核制度、环境保护目标责任制度、排污申报与排污许可证制度、污染期限治理制度、污染集中控制制度）及“三大基本政策”（预防为主，谁污染谁治理和强化环境管理），使得环境管理工作逐渐步入正轨。

20 世纪 90 年代以来，环境管理力度不断加大、管理工作不断深入。九五”期间我国即提出了实施污染物排放总量控制，建立全国主要污染物排放总量控制指标体系和定期公布制度；“十一五”期间，进一步完善了总量减排工作，建立了污染物减排“三大体系”（减排指标、减排监测、减排考核体系）。同时，“九五”“十五”和“十一五”期间，针对“三河（海河、淮河、辽河）”“三湖（太湖、巢湖、滇池）”、松花江、三峡水库及其上游、黄河中上游、丹江口水库、渤海海域等重点流域和海域，编制实施了水污染防治计划/规划。上述规划的实施、总量减排目标的落实，对水污染排放控制、缓解水质急剧恶化的趋势发挥了重要作用。

“十二五”期间，我国以“改善质量-削减总量-防范风险”为主线，全面实施“重点流域水污染防治规划（2011—2015）”。通过启动《重金属污染综合防治“十二五”规划》，对汞、铬、镉、铅和类金属砷等 5 种重金属进行总量控制。此外，批准了《全国地下水污染防治规划（2011—2020 年）》，加大对地下水污染状况调查力度，切实保障地下水饮用水水源环境安全，逐步建成以防为主的地下水污染防治体系，保障地下水资源可持续利用，推动社会经济可持续发展。

然而，尽管近 30 年来，我国水环境保护的力度不断加大、水环境管理的能力不断增强。然而，面临水环境保护的新形势，水环境保护的管理理念、管理方式和管理依据

仍存在缺位和不足。

管理理念上，重治理、轻保护，重事后管理、轻风险防范。自“九五”以来，“三湖”污染治理投入 200 多亿元，太湖综合治理预算 1115 亿元。先污染、后治理的模式付出了巨大的经济和环境代价，且收效甚微。相反，水质尚好的河流、湖泊只需几亿或十几亿就能起到重要的维护和改善作用，却疏于关注和管理。重治理、轻保护的模式不仅事倍功半，且产生“逆政策效应”。此外，目前水环境累积型风险、突发型等潜在风险不断加大，且风险预警、应急和管理能力薄弱。

管理方式上，未实现真正统筹管理。由于部门职能分割、行政管辖区域分割等限制，水量和水质、地表水和地下水、区域和流域的全面统筹管理难以实现。管理手段单一，仅限于狭义的水污染防治和水环境治理，缺乏从社会、经济、资源利用、污染控制、生态调控、政策机制等多要素的综合统筹管理。

管理依据上，存在政策法规、机制体制、标准规范的不完善，使得水环境监管执法无法可依或者依据不足。例如，我国饮用水安全法、地下水污染防治条例、化学品环境管理条例和环境监测条例等相关法律法规仍存在缺位；现行地表水环境质量标准、饮用水水源、地下水及海洋等环境质量标准仍需要及时修订完善；流域统筹管理或协作机制、流域水环境保护的生态补偿机制、污染事故损害赔偿机制等尚未建立；难以全面有效地促进水环境管理水平的提升。

4.2.7 科技支撑能力不断提升但仍滞后于管理需求

我国早在“六五”期间，就将环境保护和污染防治技术列为国家科技攻关计划，而后相继开展了河流污染物总量控制和河流水环境综合整治等研究。依托国家科技攻关计划项目，“七五”期间，开展了“水污染及城市水资源化技术”“环境背景值和环境容量”等相关重要研究；“八五”“九五”期间，围绕水污染治理和水资源的合理利用，开展了“污水处理与水工业关键技术的研究”“西北地区水资源合理利用与生态环境保护”“海水资源综合利用关键技术”“海岸带资源环境利用关键技术”“黄河中下游水资源开发利用及河道减淤清淤关键技术”等一系列研究。依托国家重点基础研究发展计划（973 计划）、国家高技术研究发展计划（863 计划），开展了“湖泊富营养化过程与蓝藻水华暴发机理研究”“湖泊蓝藻水华生态灾害形成机理及防治的基础”等研究，在水环境污染控制与水体修复、富营养化机理研究、饮用水水质安全保障、环境风险预测预警等方面取得了一系列成果。在“十一五”期间，国家设立了“水污染控制与治理”重大科技专项，设置了湖泊、河流、城市水环境、饮用水、流域监控、战略与政策等主题任务，开展了相关水污染控制与治理技术的系统性研究和重大流域示范，确定了显著的成绩和示范效果。

然而，我国水环境管理的科技支撑能力虽然不断提升，但总体仍滞后于管理需求。

一是，对流域水环境保护中的一些机理性问题认识仍然不足，尚未能充分识别工农业生产、大型水利工程建设、资源与能源开发、城市化过程等人类活动对水环境的影响机理，掌握人类活动在地球环境和区域环境演化中的作用，以及了解水生态系统可能带来的后果。

二是，尚未全面构建我国水环境基准和标准体系。水环境基准是水环境标准制定的科学依据，也是整个环境保护工作的基石。由于缺乏适合于我国国情和区域特点的环境基准体系的系统理论研究，我国现行的水环境质量标准主要是参照和借鉴发达国家的基准或标准制定的。“十一五”以来，国家水专项在我国环境基准研究方面展开了大量有价值的探索，但尚未构建我国水环境基准和标准体系。

三是，尚未全面构建我国水环境风险预警和管理的技术体系。建立“环境风险防控为目标导向的”环境管理模式，推进水环境风险管理的战略转变是推进生态文明建设的重要举措。然而，流域水环境风险评估、预警等科技支撑的缺乏是我国当前各大流域提升风险管理能力的首要瓶颈。“十一五”以来，依托国家 863 计划、国家水专项项目和中国科学院（中科院）重大交叉项目等，开展了污染事故应急、水环境风险评估与预警、水华灾害预警等相关技术的研发和示范，但相关技术仍待完善、拓展、深入和有效整合，尚未能构建适合我国不同地区、不同水体类型和风险类型的水环境风险预警和管理的技术体系，实现综合性示范。

四是，尚未有效建立水污染控制成套适用技术和设备。20 世纪 80 年代以来，科技部等有关部委和地方政府有关部门投入了大量科技资源用于水污染控制诸多单项关键技术的研发。但随着环境问题的日益复杂、污染治理难度的加大、生态文明对环境管理要求的不断提升，水污染控制技术和治理设备的要求亦不断提高。当前尚未有效建立适用于不同地区、不同行业和不同环境管理要求的水污染控制成套适用技术和设备并投入实践，尚未建立有效的水污染控制技术管理体系对技术筛选、技术设计及有效性评估进行集成化管理。

4.3　新时期水环境保护战略目标

面对资源约束趋紧、环境污染严重、生态系统退化的严峻形势，党的十八大提出大力推进生态文明建设，建设美丽中国，按照“坚持节约优先、保护优先、自然恢复为主的方针，着力推进绿色发展、循环发展、低碳发展，形成节约资源和保护环境的空间格局、产业结构、生产方式、生活方式，从源头上扭转生态环境恶化趋势”。

中国共产党第十八届中央委员会第三次全体会议（党的十八届三中全会）进一步指出，要“紧紧围绕建设美丽中国深化生态文明体制改革，加快建立生态文明制度，健全国土空间开发、资源节约利用、生态环境保护的体制机制，推动形成人与自然和谐发展现代化建设新格局”。

《国家环境保护“十二五”规划》明确提出，到 2015 年，主要污染物排放总量显著减少，城乡饮用水水源地水质安全得到有效保障，水质大幅提高。《中国环境宏观战略研究》提出到 2020 年实现重点流域水环境质量改善和重点区域饮用水安全；到 2030 年实现全国流域水环境质量全面改善、确保饮用水安全，解决水质性缺水问题；到 2050 年实现流域水环境质量按功能区全面达标，饮用水安全得到保障，水生态系统健康的目标要求。

水环境保护是生态文明建设的“主战场”，新时期水环境保护的战略目标，应与《国家环境保护“十二五”规划》等规划、《中国环境宏观战略研究》、国家水体污染治理重大专项等最新研究成果充分衔接，并把生态文明建设的内涵和要求融入水环境保护中，切实推进以环保优化经济、人与自然的和谐发展。

新时期水环境保护战略目标如下。

总体目标：以科学发展观为指导，以保障人民群众身体健康为出发点，以协同新时期水环境保护与经济社会发展为核心，大力推进生态文明建设。实施流域水环境综合管理，以水环境保护优化产业发展、城镇发展和资源开发利用。加大水污染防治投入和治理力度，有效控制主要污染物排放量，并逐步拓展总量控制范围。逐步改善流域水环境质量，维护和恢复水生态系统健康，全面构建水环境安全的生态空间格局。完善水环境保护相关法律法规和标准规范，提高环境监督执法、监控预警和风险管理能力，增强公众的水环境保护意识，促进流域可持续发展，支撑美丽中国建设目标的实现。

近期：严格确保饮用水安全；实现水质良好湖泊、水库、河流的优先保护，有效防止水质退化；实现流域主要干支流、主要入海河流中重污染水体（劣Ⅴ类水体和黑臭水体）的基本消除；实现其他一般水体水质的稳定或持续改善。

中远期：持续、全面改善流域水环境质量，保障河道、近岸海域生态流量和地下水水位，维护和恢复水生态系统健康，增强水生态系统服务功能，构建水环境安全的生态空间格局。

4.4　新时期水环境保护战略任务

4.4.1　建立水环境保护的分区管理格局

一是，面向流域/区域生态保护的水环境分区管理格局。

着眼国家主体功能区中提出的“优化开发区、重点开发区、限制开发区和禁止开发区”中有关环境保护的要求，根据不同区域的生态功能、环境与资源现状，从人类活动影响水体的作用过程出发，结合流域特点划定水环境管理的“红-黄-蓝线区”；分别制定不同的生态保护和经济发展要求，为实现环境保护和经济发展奠定基础，构建基于水环境安全的管理空间格局。

其中，“红线区”主要包括水源保护区、自然保护区、重要湿地、重要人文景观等重要生态区和基本农田，红线范围内严禁新增各种人为开发和利用活动；“黄线区”为生态敏感区，主要为水域环境、水体缓冲带，要加强生态修复工程建设，同时加强滨岸带（滨湖、滨库、滨海）污染物拦截、水土流失和面源污染控制。“蓝线区”主要为生态敏感程度相对低、开发条件相对好的地域，主要加强土地集约利用、生态农业和矿山生态修复等方面的生态环境建设。

二是，面向总量控制的水污染防治空间格局。

以重点流域水污染防治分区体系为基础，强化地表水和地下水、流域和近岸海域的统筹管理，实施全国水环境分区管理。

地表水建立流域、控制区、控制单元三级分区体系，根据各控制单元水污染状况、水环境改善需求和水环境风险水平，按照水质维护、水质改善和风险防范等类型制订水污染综合防治方案，实施分类防治。地下水可根据水文地质结构、地下水脆弱性、地下水污染状况、使用功能和保护目标等，划定地下水污染治理区、防控区及一般保护区，实施分区防护。

4.4.2 以水环境保护优化流域产业与城镇发展

4.4.2.1 加快产业结构调整

以环境标准优化产业结构，推进产业升级。制定和实施造纸及纸制品业、化学原料及化学制品制造业、纺织业、黑色金属冶炼及压延加工业、农副食品加工业、食品制造业、饮料制造业、医药制造业及皮革、毛皮、羽毛（绒）及其制品业等重污染行业的主要污染物排放限值。2014年，造纸、纺织印染、皮革、电镀等水污染重点行业研究制定或修订用水、节能和污染物排放等相关标准。

加大落后产能淘汰力度。按照《产业结构调整指导目录（2011年修正）》淘汰重污染行业的落后产能。依法关停一批高污染、高能耗的“低、小、散”企业。对于潜在环境危害风险大、升级改造困难的企业，也要逐步予以淘汰。鼓励有新技术、新产品的企业开展技术改造和产业结构调整升级。

强化节能环保准入条件。健全重污染行业的许可准入条件，严格控制“两高一资”行业新增产能，新建、改建、扩建项目要在控制区内实施产能减量置换。开展地区产业发展规划的环境影响评价，按照各流域生态承载力的约束，合理确定产业发展规模。从严审批产生有毒有害污染物的新建和扩建项目，暂停审批总量超标地区的新增污染物排放量建设项目，切实加强建设项目的环境验收管理。

大力推进清洁生产和循环经济。按照循环经济理念，鼓励企业实行清洁生产，推行工业用水循环利用，发展节水型工业。对制浆造纸企业、焦化企业，直排长江干流的化工企业、有色金属矿采选业、有色金属冶炼及压延加工业、黑色金属冶炼及压延加工业及存在严重污染隐患的“双超双有”企业要依法实行强制清洁生产审核。对没有开展审核或没有通过审核的企业，要限期整改。通过政策引导和建立激励机制，积极引导企业自觉实行清洁生产。大力发展工业园区循环经济，加强生态工业园区建设，加快节能减排技术示范和推广。

实施全过程水污染控制，实现深度处理回用，推进产业升级。针对石化、冶金、化工、制药、造纸、纺织印染等重点行业，制订清洁生产源头控污、高效管理过程减排和末端治理全过程水污染控制体系，评估筛选和应用水污染控制最佳可行技术；实施节水代水，提高单位产值水循环利用率；应用先进技术，强化污水深度处理，提高废水回用率。

4.4.2.2 优化产业空间布局

按照国家对跨区域产业布局优化宏观指导，结合水环境分区管理要求制订产业布局规划，实行取水总量和排污总量双约束指标，强力推进产业布局调整和优化，有序推进产业梯度转移和环保搬迁、退城进园，防止落后产能转移，推动形成分工合理、优势互补、各具特色的区域经济和产业发展格局。

以水质保护目标优化区域产业布局，推进企业间、行业间、产业间共生耦合，形成循环链接的产业体系；鼓励集约化、现代化、清洁化、节约型的产业发展模式，促进企业循环式生产、园区循环式发展、产业循环式组合，构建循环型工业体系。园区实施严格的雨污分流、集中治污；对于可能对园区废水集中处理设施正常运行产生影响的电镀、化工、皮革加工等企业，必须建设独立的废水处理设施或者预处理设施。

4.4.2.3 促进新型城镇化发展

最大限度地释放城市水生态空间，土地开发利用要留足滨河、滨湖、滨海地带，保证生物栖息地、鱼类洄游通道等生态空间。要逐步扩大退耕还林、退牧还草、退渔还湿范围，提高水源涵养及生态自我调节能力。加快河流湖泊等水域的清淤疏浚。

产业布局要与城市水生态格局相协调，严禁在城市水源上游、水生态敏感区等区域规划污染环境和破坏生态的项目，不断改善城乡结合部水环境状况，保持河湖水系连通。将水环境容量作为城镇化建设的约束性指标，各城市发展过程中需要将相关环境要求纳入规划，限期消除城市黑臭水体。

提升城市化的资源环境保障程度。城市化道路的选择必须与资源环境承载能力相适应，将城市化发展对资源环境的代价降到最低程度。要依据资源环境承载能力，推行资源节约型、环境友好型、紧凑清洁型的城市化发展模式。在城市总体规划实施过程中，要妥善处理好资源与环境保护和发展的动态关系，把单位城市化水平的能耗、水耗、建设用地消耗、污染物排放量等作为约束性指标，同单位 GDP 能耗、单位 GDP 水耗、单位 GDP 污染物排放量一样纳入消减目标，提出明确的消减比例和控制标准。通过一系列资源环境约束指标的控制，逐步提高中国城市化进程中的资源环境保障程度和城镇化发展质量。

4.4.3 优先保护水质良好水体

4.4.3.1 强化饮用水安全保障

通过水源地水质改善提高饮用水安全保障水平。统筹流域水污染防治和水源地保护，推进地表水饮用水水源全面稳定达到III类水质，在此基础上采取措施，实现达到II类水质的目标要求。

加强饮用水水源规范化建设。完善水源保护区划，设立保护区标识标志。建设一级保护区隔离防护工程，开展保护区环境综合整治。逐步健全饮用水水源保护专门机构，加强水源汇水区内森林保育和水土流失治理、湿地保护等生态修复工程。

加强饮用水水源风险防范。重点排查水源保护区及汇水区内石化、制药、化工、造纸、矿山开采、冶炼行业企业的污染排放情况，其他涉及有毒有害物质的企业生产、使用、储存、排放情况，保护区内道路交通及船舶航运穿越情况。全面分析可能影响水源安全的薄弱环节并提出防范措施。逐步取缔自来水供水范围内的自备水源。2015 年年底前，地级以上城市水源逐一建立环境管理档案，重点记录水质变化趋势、风险分布及防控对策等。

改善农村和分散式供水地区饮水条件。建设农村饮水安全工程，发展规模化集中供水。建设农村水源保护示范工程，通过水源替代、简易处理等方式，统筹解决农村居民饮水安全问题。近 5 年时间全面完成分散式饮用水水源保护范围的划定，定期开展水质常规指标监测和卫生检测。

强化供水设施建设和用水安全监管。近 5 年对使用年限超过 50 年、漏损或对供水水质有影响的供水管网完成更新改造。加强二次供水设施的维护和监管。加强供水水质卫生监督，加大对用户龙头水的检测范围，加大抽查频次。加快取缔供水水质不合格的自建供水设施。

加强应急供水能力建设，提高应对突发性水源污染和自然灾害的供水安全保障能力。完善水厂应急处理设施、储备应急供水保障能力。建立国家和省（市）应对重特大突然性事件的应急抢险专业队伍，配备必要的应急供水装置装备。健全应急响应机制，完善应急预案。

4.4.3.2 强化水质良好水体的优先保护

以反退化理念为指导，对江河源头区及现状水质好于Ⅲ类的水环境良好水域，实施优先保护。严禁破坏生态环境的行为，推进流域水污染的综合治理，强化水体实施生态封育和工程修复，维护或改善水质良好河流、湖泊水库、地下水域、近岸海域的水环境质量，保护水体生态完整性。

国家应尽快开展水生态状况调研诊断，逐年确定实施优先保护、严格执行反退化的重点水域清单。省级人民政府进一步确定本辖区内实施反退化的水质良好水域清单，并向社会公开。

设定水生态红线，建立良好水体的反退化和风险防范保护制度。识别良好水体退化的潜在风险；以反退化和风险防范为原则，设定水生态红线，划定良好水体保护区，严格禁止良好水体保护区内的排污行为。建立良好水体生态保护制度，实施生态补偿和生态封育等措施，防治良好水体退化。

实施受损水体的生态修复，提升水生态质量。通过河道连通性维持、河滨植被恢复、河道形态整治、水生生境建设、自然水文情势和生物群落修复等措施，恢复水体生态完整性；在重点河湖、海洋等岸带区域实施退耕退渔，释放生态空间；实施河流汇入口、湿地和重要鱼类栖息地的生态修复。

建立国家清洁水基金，以中央引导性资金为主，地方和社会投入为辅。重点解决民生问题突出、公众关注度高的跨界水环境污染治理、饮用水水源保护区建设、重要海湾保护、江河源头区水环境保护，以及水生态脆弱区或敏感区的水环境保护和治理技术研发等。鼓励条件成熟的地区，开展地方清洁水基金试点。

4.4.4 强化流域环境综合整治

4.4.4.1 完善城市环境基础设施建设

优化供排水格局，统筹规划建设城市给排水、污水和垃圾处理等基础设施，合理设计排水通道，实施排污口整治、关闭与调整，实现高低用水功能之间的相对分离与协调。

完善城市排水管网和污水再生利用系统。加强污水收集，逐步减轻城市雨水径流污染。已经实行雨污分流的城市，应将初期雨水收集后送至污水处理厂与污水共同处理；正在进行雨污分流建设的城市，应注意初期雨水收集的管道建设与运输；仍在实施合流制污水收集的城市，要加强污水处理厂对汛期雨水的收集、处理与抗冲击能力。新建、改建、扩建的城市污水处理设施，必须同步建设污水处理回用设施与管网。

提升城市污水处理水平，依据城市水环境质量需求，推进污水处理厂建设和提标改造，新建、扩建污水处理厂按照“集中和分散相结合”的原则，优化布局。加快开展城市污水管网覆盖率统计，实行污水管网覆盖率与污水处理率双指标约束。

加强污泥处理处置，全面排查长期储存在坑、塘、洼、湖等临时场地的未经严格处理的污泥，制订限期治理计划。

4.4.4.2　加大农村环境污染治理力度

在环境敏感区域划定畜禽养殖和水产养殖限养区、禁养区。规模化畜禽养殖场按照工业企业方式实施监管。继续推广测土配方施肥和推广使用生物有机肥，争取 5 年内测土配方施肥面积要达到 12 亿亩以上。

优先考虑还田等资源化利用方式消纳农村生产生活污染。对难以资源化利用的，继续实施农村环境连片整治和农村清洁工程，集中和分散处理相结合，因地制宜地建设无动力或微动力污水处理设施。因地制宜地强化环境保护的村规村约建设，宣教与激励相结合，提高村民环境保护意识，引导生产生活方式转变。

加快农村河道、坑塘等水域的垃圾清理、清淤、疏浚和环境综合整治，促进农村小流域清水产流，全面消除农村黑臭水体。

4.4.4.3　加强有毒有害物质管理

加强水体中有毒有害物质来源管控，实施危险化学品环境管理登记制度，分行业、分类别建立并动态更新重点环境管理危险化学品清单，明确有毒有害物质防控对象。

制订有毒有害化学品淘汰清单，依法淘汰高毒、难降解、高环境危害的化学品。限制生产和使用高环境风险化学品。限制涉及有毒有害物质排放的产品出口，鼓励替代产品的生产和出口。

实施水体中有毒有害物质全过程风险管理。建立危险化学品运输信息通报和备案制度，实行重点环境管理危险化学品的环境风险评估制度，建立化学品环境污染责任终身追究制。加强持久性有机污染物排放重点行业监督管理。将有毒有害物质排放纳入排污申报和许可证管理，明确水体中有毒有害物质重点防控区域。

4.4.4.4　强化湖库富营养化与水华控制

贯彻“绿色流域建设”的湖泊（含水库）富营养化治理思路，开展流域系统控源、主要进行清水入湖修复、湖滨生态系统修复及重污染水域水体生境改善与藻华控制，实现湖泊水体水质改善、富营养化缓减与生态修复的目标。中远期，实现主要湖库重污染水域水质提高一个等级，全湖（库）富营养化明显改善，消除蓝藻水华大面积暴发；湖泊水库主要入湖河流消除劣Ⅴ类，湖滨生态系统修复良好。

制订“一湖一策”科学方案。核定主要湖泊水库水环境承载力，提出污染物控制目标，制订基于水环境承载力、经济和环境协调发展的湖库水环境安全保障的“一湖一策”方案，并组织实施。

加强流域污染源系统控制。加强湖库流域乡镇、农村、农田面源污染系统控制。流域乡镇、农村污水因地制宜地采取集中和分散处理相结合的方式，乡镇污水处理率达到80%以上，农村生活污水处理率达到70%以上，采取多手段措施开展农田面源规模控制。大力推进种植结构优化调整，进行生态农业建设。

开展清水入湖修复。统筹实施“小流域产业结构优化调整-污染源工程处理-低污染水净化”三位一体的小流域控源措施；开展入湖河流河道生态修复、河内水质净化与河口生态修复，逐步实现清水入湖修复与清水输送入湖。

设立湖滨带并开展生态修复。加快、加强湖滨、入湖河滨生态系统的修复与保护，杜绝湖滨、河滨带内开发活动，采取生态及工程措施修复湖滨带，最大限度地完善其自然生态系统。根据不同湖泊实际情况在湖滨带外围设置一定范围的缓冲带，将缓冲带内圈建设为生态保护带，缓冲带外围建设为绿色经济带，构建环湖多自然型生态缓冲带及污染控制带。

加强湖库内负荷控制与生态修复。根据湖泊底泥污染程度，实施重污染水域底泥环保疏浚；有条件的湖湾积极开展以水生植物恢复为主要内容的生态修复；根据蓝藻水华季节性暴发情况，采用人工与机械相结合的方式，实施蓝藻水华收集与处理处置；强化蓝藻水华监控、监管，建立应急处置方案，实现快速除藻，确保用水安全。

4.4.4.5 加快防治地下水污染

划定地下水开发利用红线，制订流域、区域地下水开发利用总量控制指标，实行水量和水位双控制。重点开展华北平原、珠三角、长三角、西南岩溶地区地下水重金属和有机物污染治理。针对威胁饮水安全的地下水污染，逐步开展修复示范工作。

综合整治污染场地。开发利用可能存在地下水和土壤污染的场地，必须进行场地及周边地下水和土壤环境状况调查评估。地下水健康风险较大或威胁饮用水水源环境安全的场地，要进行地下水污染防控和修复。禁止在未经治理的污染场地上建设除治理修复工程外的其他项目。

设市城市在2年内完成潜在污染场地全面调查工作，建立地下水和土壤点源污染场地清单；近期内，直辖市、省会城市和计划单列市优先选取对地下水环境威胁较大的场地，开展风险评估与修复示范工程。

4.4.4.6 保障河道生态流量

优化流域水资源总量及其利用方式，明确河流生态用水情况，在流域层面上统筹配置水资源量，合理规划水资源利用方式，确保河流环境流量。

强化流域水利工程建设和水电开发规划环境影响评价工作，合理确定水电规划的梯级布局。科学调度闸坝，制订库群和梯级水库联合调度制度，综合采取河湖联调、湖库联调、库闸联调等手段，合理安排闸坝下泄水量和泄水时间，保证下游水体生态流量。

加快研究制定生态流量标准并纳入流域综合调度方案。2017年年底前，黄河、淮河、海河流域试点建立流域生态流量保障机制。

4.4.4.7　实行陆海统筹管理

禁止在一类、二类近岸海域环境功能区和水质超标海域新增相应排放污染物的排污口，取缔设置不合理的排污口。开展岸线资源利用状况调查，建立海岸带生态红线管理制度，有针对性地实施岸线生态修复工程。

4.4.5　着力提升科技支撑能力

4.4.5.1　加强科研投入和成果转化

进一步加大政府环保科研投入力度。加强适用于我国国情的水环境质量基准体系、大型水利工程建设的生态环境效应等基础性研究。重点支持饮用水微污染处理、富营养化控制、新型污染物防治、大型水利工程建设生态环境效应、水环境风险评估与预警、地表地下污染物协同控制、流域水质目标综合管理等技术研发。加强水污染防治技术、管理等方面的国际交流合作。

加强国家重要科技成果转化。充分发挥我国水体污染控制与治理重大专项研究、国家 863、973 等重要科技计划及部门重点项目的科技支撑作用，积极推进成果的应用与转化。定期总结和更新先进实用技术目录并加以推广，鼓励各地积极采用。

4.4.5.2　强化企业自主创新能力

强化企业在基础创新、应用技术创新中的主体地位。鼓励创建和扶持产学研创新联盟，出台相关政策措施，引导和推进企业强化科技创新。

鼓励重点行业企业（尤其大型企业）加大环境保护科技研发力度。推动生产及污染治理技术升级改造，采用原材料利用率高、污染物排放量少的清洁工艺，选取先进的生产技术和设备，提高水的重复利用率，减少废水和污染物排放。

4.4.5.3　加快培育环保市场

推行环境污染第三方治理和监测。鼓励第三方力量充分参与环境保护工作，充分发挥其客观立场和监督作用。

着力把水污染治理的政策要求有效转化为节能环保产业发展的市场需求，促进重大环保技术装备、产品的创新开发与产业化应用。

扩大国内消费市场，积极支持新业态、新模式，培育一批具有国际竞争力的大型节能环保企业，大幅增加水污染治理装备、产品、服务产业产值，有效推动节能环保、新能源等战略性新兴产业发展。鼓励外商投资节能环保产业。

4.4.6　创新水环境管理体制和机制

4.4.6.1　完善流域协作管理机制

巩固和发展流域部际联席会议制度，加强部门协调联动，及时研究解决流域水环境保护的重大问题。全面加强环保、水利、农业、工信、国家发改委等部门合作，各部门密切配合、协调力量、统一行动，形成水污染防治的强大合力，从宏观调控、结构调整、水资源开发、产业升级、农村污染控制、城镇污水、垃圾处理等方面建立合作平台。

建立跨流域协调机制和事故应急处置机制，强化跨流域协调管理。鼓励跨界断面开展联合监测、预警和事故应急。拓展企业、公众等利益相关方参与水环境保护管理决策的渠道。

建立由利益相关方广泛参与的流域水环境会商机制，促进流域上下游、左右岸协同治污，落实政策措施，转化应用科技成果，推广流域示范项目，提高治污效率。

建立跨流域、区域及部门的信息交换机制，支撑流域协作管理。建立跨流域水环境信息协调机构，出台水环境信息共享管理办法；以点带面开展试点示范工作，进而推广至其他流域。

4.4.6.2 完善污染物总量控制制度

通过排污许可制度，理顺企事业污染物达标排放与环境质量达标的关系。通过环境评价控制新增污染物排放；通过给企事业单位发放许可证，控制污染物排放；通过对流域（控制区、控制单元）限定排污量，控制区内污染物排污总量。

继续深化化学需氧量、氨氮总量控制，依据水质目标确定总量削减目标，安排减排措施，分解落实到控制单元。启动实施氮、磷总量控制，近期从长江流域、珠江流域试点实施，继而在全国推广实施。

对于其他污染指标，按照流域、控制区、控制单元分级识别水环境问题，分区确定特征总量控制指标，制订综合水质目标管理和技术经济可行性的总量控制方案，完善流域区域排放标准体系。

4.4.6.3 建立水环境综合监测评估考核机制

建立国家水环境（水质、水量）综合监测制度。统筹地表水、地下水、近岸海域的水环境监测体系，整合现有环保、水利、国土等部门水污染源和水环境监测能力，通过采取政府主导、规范市场的方式拓展水环境监测范围。

建立国家水环境调查评估制度。定期对河流、湖泊、地下水和近岸海域进行水环境状况调查评估，全面识别水生态环境问题。

建立国家水环境考核制度。整合现有的涉水相关规划（方案）的考核，落实地方政府责任，规范考核程序，精简考核内容。由国务院制定考核办法，每年年初对各省（自治区、直辖市）水环境状况和保护工作进行考核。考核和评估结果向社会公布，作为地方各级人民政府领导班子和主要领导干部综合考核评价的重要依据。

4.4.6.4 建立水环境风险监控预警机制

加快完成现有监测资源的充分开发和高效管理，强化水环境监控预警功能。一方面，着眼于风险预警需求，调整现有监测资源的应用方向，重点加快饮用水水源地周边监测资源的整合，着力推进重点区域污染源-水环境-敏感目标（水源地）联防联控。另一方面，强化现有站点的运行管理，提升监测数据分析、风险信息识别和预警能力。

大力推进我国水环境风险预警的监控网络建设。完善流域水环境风险预警的日常监控网络。整合常规监测、自动监控、移动监测等技术手段，进一步建设覆盖全流域的动态预警监控网络，实现污染源-水环境质量-敏感受体的预警监控。实现监控网络数据与水环境风险管理平台的高效集成，有效利用和挖掘监控信息。

大力推进我国流域/区域水环境风险评估与预警平台开发建设，并实现业务化应用。近期重点支撑我国突发性水污染事件的应急处理处置，未来全面支撑我国水环境风险管理能力建设。

建立水生态风险发布机制。依托风险评估和预警管理平台，逐步实现水污染事故风险、水生态灾害等风险信息向社会公众公开。

4.4.6.5　完善水环境生态保护补偿机制

各省（自治区、直辖市）按东、中、西部分别缴纳一定数额的保证金，国家财政同时予以适当支持，用于跨省界水体水质保护。依据年度跨省界水体水质目标完成情况的考核，对完成任务的省（自治区、直辖市）返还保证金，未完成任务的地方扣押保证金，同时对环境质量有明显改善的地区予以适当奖励。

跨流域调水受益地区要对水资源调出的区域给予经济补偿，弥补供水区域生产生活因保护水源受到的影响。妥善处理搬迁取缔饮用水水源保护区划定前已存在的合法企业和相关设施，应给予适当的经济补偿。对饮用水水源一级保护区内的移民搬迁必须予以妥善安置；对二级保护区内因保护水源生产生活受严重影响的居民，要给予一定的经济补偿。

鼓励流域上下游自愿商定跨界断面水质目标，建立水环境生态保护补偿机制，依据跨界断面水质达标或污染物排放状况核定补偿标准，除经济补偿外还可采用对口协作、产业转移、共建园区等方式进行补偿。

建立海洋重大污染事故污染损害赔偿机制，探索建立健全沿海环境污染责任保险制度。

加强对补偿情况与实施效果的监测评估，完善奖惩分明、保护与激励并行的制度措施。

4.4.6.6　完善水污染防治的市场化运作机制

加大污水处理费和排污收费征收力度，合理制订收费标准。积极推行政府采购服务方式，建立公平、公正、公开的市场竞争机制，鼓励实行特许经营等方式提高治污效率。

推行水权交易制度，鼓励缺水地区开展工业用水和农业用水之间的水权置换，工业企业可以通过支持农业节水获得发展所需的用水指标。

将资源稀缺性计入水价，重点针对工业和第三产业用水，推行区域性差别水价政策；保持农业生产和居民生活用水价格的连续性和稳定性。逐步实行用水超定额累进加价制度，对高耗水行业实行差别水价政策。

加快污水处理厂除磷脱氮提标改造进程，将污泥处置成本纳入污水处理费征收范围，逐步将污水处理费征收标准提高到 1.3 元/t 以上；对于中西部一些地区，按上述标准征收污水处理费确有困难的，在管网齐备、处理设施运行正常的情况下，各级政府给予适当补助。对污水处理、污泥无害化及垃圾处理等企业，特别是在农村地区的，实行土地、电价政策优惠。

综合运用财政和货币政策，引导金融机构增加水环境保护信贷资金。对涉及重金属等高环境风险行业企业，强制投保环境污染责任保险。

4.4.7 严格水环境执法和监管

4.4.7.1 健全法律法规标准

修改《中华人民共和国水污染防治法》，明确排污许可、排污交易等重要制度的运作方式，强化工业、城镇、农村水污染防治的具体措施，健全地下水污染防治的法律制度，加大违法惩处力度，震慑违法行为，改变“违法成本低、守法成本高”现象。

研究制定饮用水安全法、地下水污染防治条例、化学品环境管理条例和环境监测条例等相关法律法规。分别制定、修订饮用水水源、地下水及海洋等环境质量标准，从严制定或修订污染物排放标准，鼓励各地方制定实施严于国家的地方污染物排放标准。

针对流域性水环境问题，制定完善的相关管理条例，如制定流域水资源生态调度条例、流域水资源与水环境保护条例等。加强流域水环境风险源识别、水环境风险评估、突发环境事件应急控制阈值、应急控制技术等标准规范建设。

探索流域综合管理的相关立法。按照流域统筹综合管理理念，针对重点流域探索建立流域立法。整合流域内的水功能区和水环境功能区划定、取水总量与排污总量控制、取水许可与排污许可管理等，从全流域统筹层面优化确定水域功能、保护目标、保护措施、监测考核方案，合理配置水资源，落实责任分工。真正促进水质和水量、地表水和地下水、上游和下游、流域和区域的统筹管理。

实施控制单元的污染源、排污口、控制断面的协同管理。2014 年，全面开展全国水功能区入河排污口排查，依法取缔未获审批的入河排污口。

4.4.7.2 完善环境司法程序

健全环境行政执法与刑事司法衔接机制，加强环境保护部门与公安、检察院、法院等机关的协作，完善移送、受理、立案等程序规定。

推动设立环境保护审判庭，集中审理或审查有关环境保护案件。维护公众环境权益，鼓励环境公益诉讼，完善水环境污染损害鉴定评估机制和重大疑难案件咨询制度。

4.4.7.3 提升水环境监管能力

强化监测分析技术的规范化建设，包括强化监测分析工作的质量控制管理，提高监测数据的准确性、精密性和代表性。

以完善监督性监测为重点，提升已有环境监管能力。优化现有水质监测断面布局、重点加强跨流域控制断面、水功能区及沿河重点污染源的监测。加强重金属、有毒有机污染物监测能力，提升饮用水水源地水环境质量监测指标全分析及评价能力。

以流域生态安全保障为重点，增强生态指标的监测能力。强化湖泊、水库、入湖河流的叶绿素 a、浮游植物、浮游动物等生态学指标监测能力建设。在重点水域逐步启动底栖动物及生物毒理学监测。

以污染风险防控为重点，强化环境应急监测能力建设。加强地表水、地下水自动监控能力建设；建立与流域/区域环境特征相适应的水体、沉积物、水生生物应急监测技术方法库，制订应急监测方案，配备应急监测设备、人员队伍；加强应急监测培训，定期开展流域、区域应急监测演练；提升水环境风险预警和应急监控能力。

4.4.7.4 严格环境执法

建立联合执法、交叉执法新机制。以小造纸、小塑料、小化工、小炼油、小制革等非法小作坊为重点，坚决取缔无环保设施、工商未注册的非法企业。增强执法刚性，严厉打击各类环境违法行为，加大对排放有毒物质、非法转移和倾倒危险废物等严重犯罪行为的打击力度。对环境法律法规执行、相关问题整改情况进行后督察，挂牌督办严重污染环境或造成重大社会影响的环境违法案件，并对存在严重环境问题的地区实施区域限批。

4.4.8 增强全社会水环境保护意识

4.4.8.1 加强水环境保护宣传教育

加大媒体宣传力度。充分利用报纸、电视、广播、杂志及互联网等载体，宣传水污染防治法律法规和政策措施，客观报道水污染防治工作进展、存在的问题及主要原因，提高公众对水环境保护的认识。

加强学校环保教育。开展水环境保护相关的专题讲座、征文比赛、科技创新，以及夏令营、冬令营等丰富多彩的课外活动和社会实践活动，培养青少年保护水环境的意识及技能。

4.4.8.2 加大水环境信息公开力度

国家定期发布流域、控制区、控制单元水环境状况，公布反退化水体清单、良好水域清单和限期消除劣Ⅴ类水体清单。地方政府按期发布辖区内饮用水水质状况、地表及地下水体水质状况，公布地方反退化水体清单、消除黑臭水体清单及水质良好水体清单等信息。

各级政府应定期公开违法违规企业处罚整改情况等信息，督促指导各行业健全环境信息公开制度，要求重点企业详细公开环境信息。

企业应定期披露主要污染物排放、环保设施建设运行、环境污染事故应急预案及清洁生产审核等相关信息。有关企业还要定期公布周边地下水污染状况，接受公众监督。

污染物排放超过国家或者地方排放标准，或超过总量控制指标的污染严重企业，要向社会公开主要污染物的名称、排放方式、排放浓度和总量、超标及超总量等情况，以及相应的治理措施及治理工作进展情况。

4.4.8.3 广泛动员公众参与

培养公民珍爱自然、保护环境的意识，不向河沟倾倒、堆放及丢弃垃圾，并积极清理河滩、海滩的生活垃圾。鼓励和引导公民参与清洁水行动，形成全社会共同参与机制。

4.4.8.4 推进公众监督

通过有奖举报等方式，激励公众参与监督企业的环境行为。广泛听取、采纳群众意见和建议，及时解决群众关心的水环境问题。

第 5 章　新时期大气环境保护战略和重大任务研究

5.1　中国大气环境质量和主要污染物排放现状

随着国民经济的持续快速发展，我国人民生活水平不断提高。然而，我国巨大的能源消费规模和以煤为主的能源消费结构导致各种有害大气的污染物大量排放，使得我国大气环境污染问题日益严重。近年来全国各地多次发生大范围长时间的雾霾天气，已经成为了社会焦点问题。鉴于目前我国复杂的大气污染形势，系统了解我国大气环境质量的历史、现状及特征对于解决大气环境污染问题具有重大意义。

为客观评价和了解“十一五”和“十二五”期间大气污染物排放状况，根据全国及地方环境统计资料和环境质量报告，结合国内外相关学者的研究成果，对近年来全国主要大气污染物［SO_2、NO_x、工业烟尘、粉尘、挥发性有机物（VOC）、NH_3 等］的排放状况进行了统计分析，明确主要大气污染物排放的变化趋势、地区分布和行业贡献特征，为制定新时期大气环境保护战略和重大任务提供科学依据。

5.1.1　总体状况

2012 年以前，我国以 1996 年发布的《环境空气质量标准（GB 3095—1996)》，以及 2000 年发布的《环境空气质量标准（GB 3095—1996 修改单)》作为评判环境空气质量的依据。该标准将环境空气质量分为三级，将环境空气质量功能区分为三类。

一类区为自然保护区、风景名胜区和其他需要特殊保护的地区。

二类区为城镇规划中确定的居住区、商业交通居民混合区、文化区、一般工业区和农村地区。

三类区为特定工业区。

一类区执行 1 级标准，二类区执行 2 级标准，三类区执行三级标准。

因此，一般认为城市空气质量达到 2 级或 2 级以上为达标，3 级或劣 3 级为不达标。

根据环境保护部公布的历年《中国环境状况公报》，统计了 2005~2010 年我国县级以上城市空气质量状况（图 5-1），以及 2007~2012 年我国地级以上城市空气质量状况（图 5-2）。

从以上两图中可以看出，近几年我国城市空气质量达到二级标准的比例有明显提高，同时 3 级及劣 3 级的比例有了明显的下降。

此外，由图 5-3 可以明显看出我国环保重点城市的环境空气质量状况分布图的变化，曲线的峰值由 3 级标准转移到了 2 级标准，反映出空气质量达到 2 级标准的比例有了显著提高，表明环境空气质量较差的城市自“十一五”以来环境空气质量有所改善。

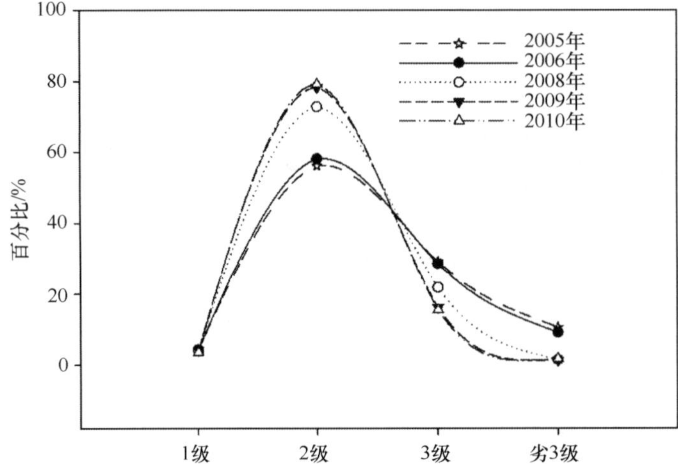

图 5-1 2005~2010 年我国县级以上城市空气质量状况

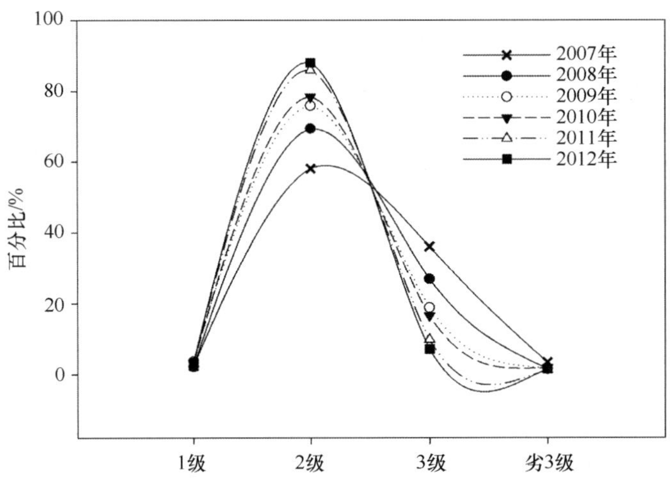

图 5-2 2007~2012 年我国地级以上城市空气质量情况

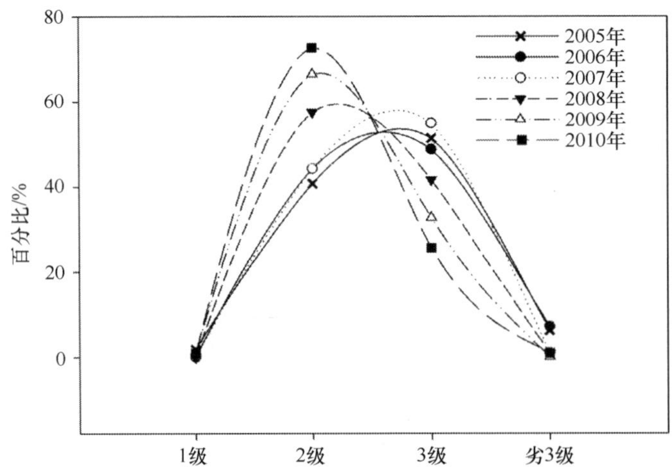

图 5-3 2005~2010 年我国环保重点城市空气质量状况

2011 年与 2005 年相比（图 5-4），全国 31 个省（自治区、直辖市）中，6.45%的城市空气质量达到二级标准的天数有所下降，90.3%的城市空气质量达到二级标准的天数有所提高，其中合肥市空气质量达到二级标准的天数占全年的比例下降了将近 8%，达到 303 天，长沙市空气质量达到二级标准的天数占全年的比例上升了将近 39%，达到 341 天。海口市空气质量达到二级标准的天数达到了 100%。2011 年兰州达到二级标准的天数最少，仅为 244 天，其次为乌鲁木齐，仅为 276 天。

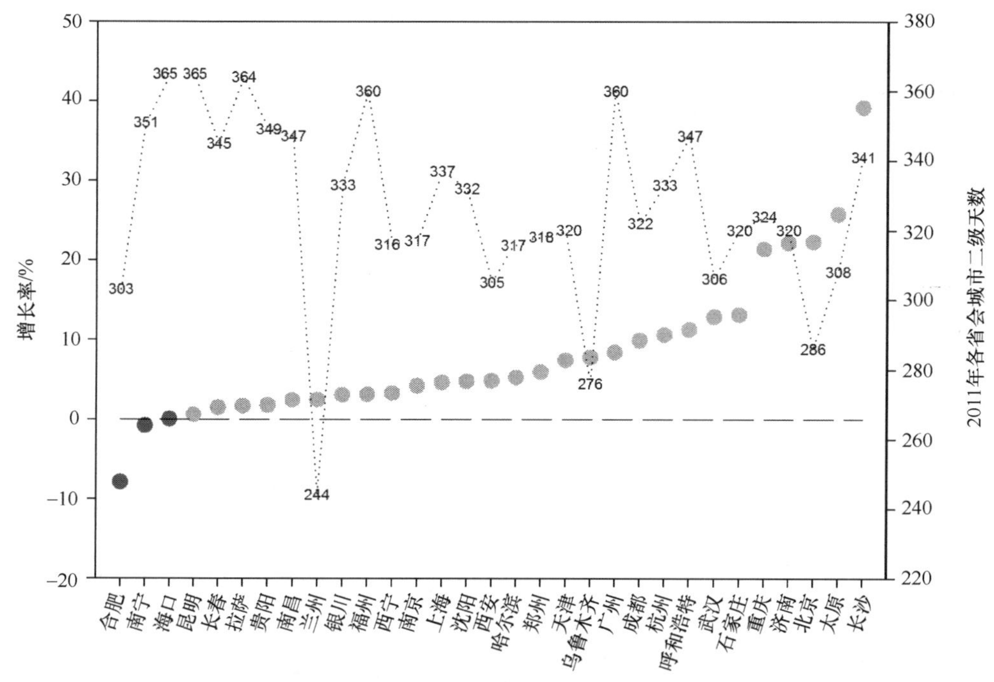

图 5-4　2005~2011 年各省会城市达到二级天数的增长率及 2011 年二级天数

为贯彻《中华人民共和国环境保护法》和《中华人民共和国大气污染防治法》，保护和改善生活环境、生态环境，保障人体健康，2012 年我国颁布了新修订的《环境空气质量标准》(GB 3095—2012)。该标准首次发布于 1982 年，1996 年进行了第一次修订，2000 年为第二次修订，本次为第三次修订。此次修订调整了环境空气功能区分类，将三类区并入二类区；增设了细颗粒物（粒径小于等于 2.5μm）浓度限值和臭氧 8h 平均浓度限值；调整了可吸入颗粒物（粒径小于等于 10μm）、二氧化氮、铅和苯并（a）芘的浓度限值；并重新调整了数据统计的有效性规定。

虽然近年来我国空气质量标准有了显著提高，但是参照《世界卫生组织关于空气颗粒物、臭氧、二氧化氮和二氧化硫的空气质量准则》，可以看出目前我国的环境空气质量标准限值依然较为宽松。由表 5-1 可以看出，新颁布的空气质量标准中 PM_{10} 与 $PM_{2.5}$ 的二级标准均属于世界卫生组织（WHO）过渡时期目标-1（IT-1）的标准限值，是最严格的空气质量准则值（AQG）的 3 倍。

表 5-1 WHO 对于颗粒物的空气质量准则和过渡时期目标：24h 浓度

项目	PM_{10}/（μg/m³）	$PM_{2.5}$/（μg/m³）
过渡时期目标-1（IT-1）	150	75
过渡时期目标-2（IT-2）	100	50
过渡时期目标-3（IT-3）	75	37.5
空气质量准则值（AQG）	50	25

同时，通过统计 2007~2009 年我国不同人口规模城市空气质量达标比例（图 5-5），可以看出我国人口在 100 万以上城市的达标比例依然较低，空气质量状况不容乐观。这就需要我们重新审视我国环境空气质量现状，深入了解区域大气复合污染特征，以便更好地应对大气环境保护面临的机遇和挑战。

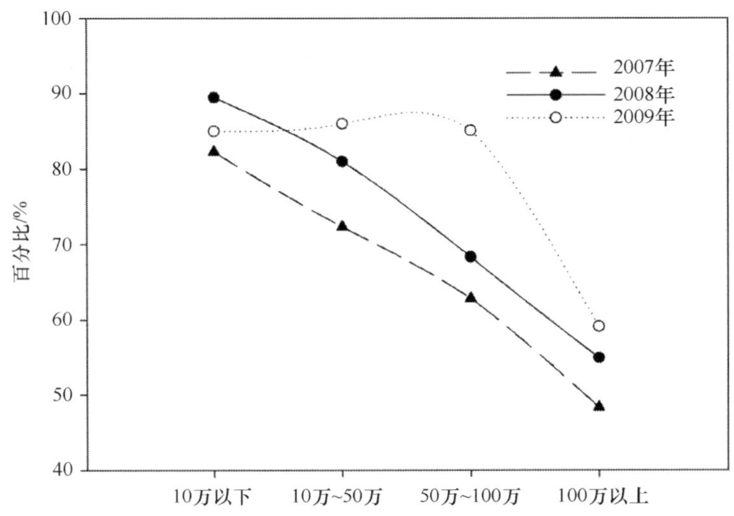

图 5-5 我国不同人口规模城市的空气质量达标比例情况

5.1.2 二氧化硫

二氧化硫（SO_2）是我国空气污染的主要污染物之一。它不仅直接危害人体健康，而且是导致区域酸雨污染和二次颗粒物的重要前体物质。

5.1.2.1 全国二氧化硫排放现状

根据环保部公布的数据及相关年鉴的统计资料，整理得到“十一五”以来二氧化硫（SO_2）的年际变化图，如图 5-6 所示。

可见，“十一五”以来，全国二氧化硫的排放量总体呈下降趋势。2006 年全国二氧化硫排放量为 2588.8 万 t，截至 2012 年，二氧化硫的排放量为 2117.6 万 t，比 2006 年减少了 18.2%。其中，工业源二氧化硫的排放量呈下降趋势，数据结果显示，工业源二氧化硫已经从 2006 年的 2237.6 万 t 下降至 2012 年的 1911.7 万 t，这主要是由于从“十一五”开始，全国燃煤电厂及部分工业企业安装配备了脱硫装置削减二氧化硫的排放，使得排放到大气中的二氧化硫逐步减少；生活源二氧化硫的排放量基本稳定，在 2011

年和 2012 年出现了一定程度的下降趋势，主要是由于天然气等清洁能源的大量使用及部分中小燃煤锅炉的减少，城市居民生活直接排放的二氧化硫有所减少。

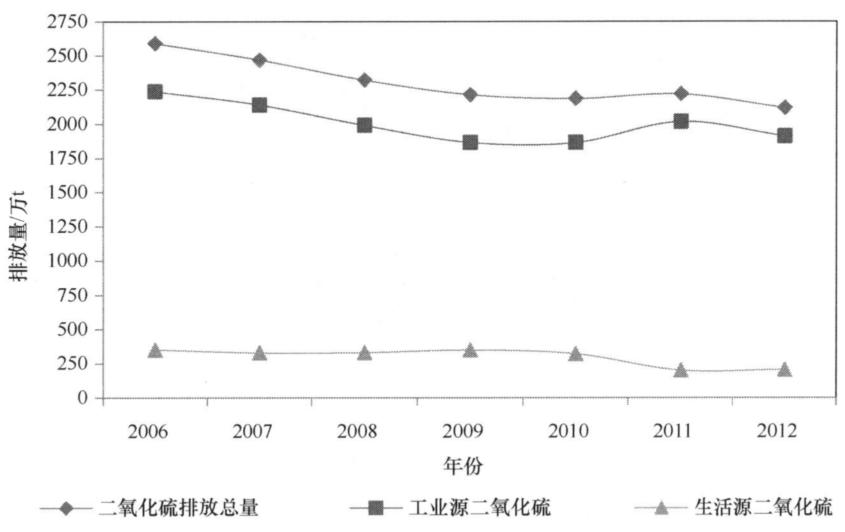

图 5-6　全国二氧化硫排放量年际变化

5.1.2.2　各地区各行业二氧化硫排放现状

2011 全国二氧化硫排放总量 2217.9 万 t，从地区分布来看（图 5-7），排放量超过 100 万 t 的地区依次为山东、河北、内蒙古、山西、河南、辽宁、贵州和江苏，8 个地区的二氧化硫排放量占全国排放量的 48.3%。各地区中，山东工业源二氧化硫排放量最大，贵州生活二氧化硫排放量最大，浙江集中式污染治理设施二氧化硫排放量最大。

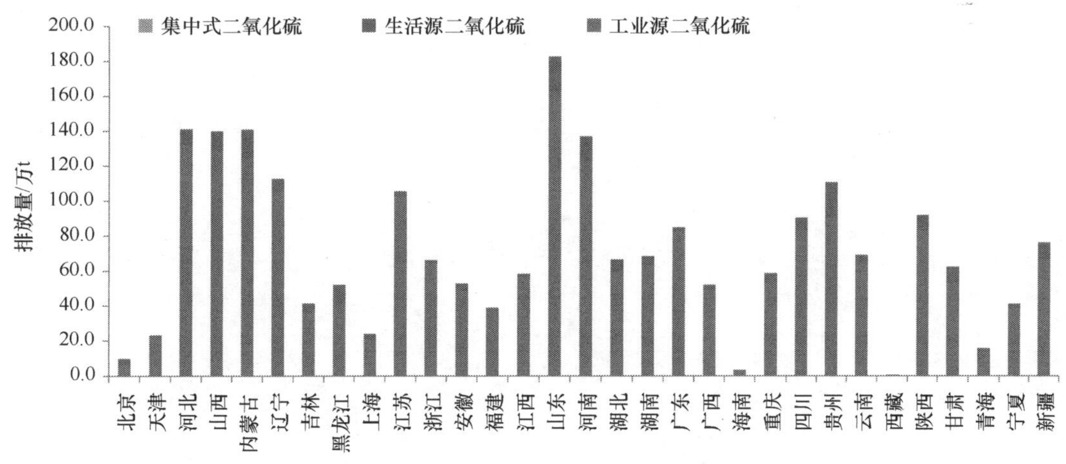

图 5-7　2011 年各地区二氧化硫排放情况（彩图请扫描正文末页二维码阅读）

从排放源来看，工业源二氧化硫排放量 2017.2 万 t，占全国二氧化硫排放总量的 91.0%；生活源二氧化硫排放量 200.4 万 t，占全国二氧化硫排放总量的 9.0%；集中式污染治理设施二氧化硫排放量 0.3 万 t。从行业分布来看，电力、燃气及水的生产和供应的行业二氧化硫的排放量最大，达到 960.8 万 t，其次为传统制造业和金属冶炼业，排放量分别为 554.1 万 t 和 388.9 万 t，三者分担率合计达到 94.38%（图 5-8）。

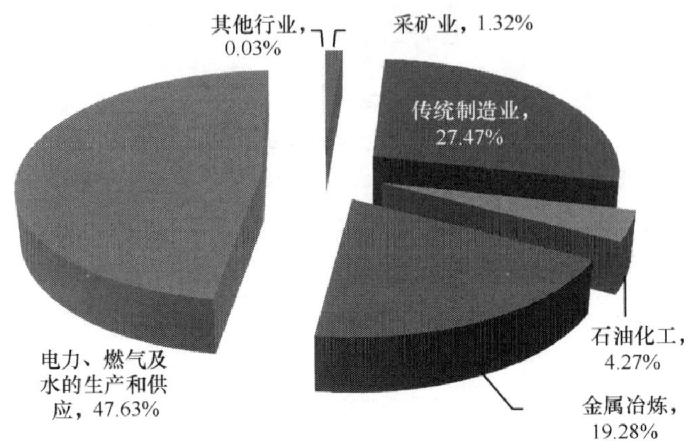

图 5-8　2011 年工业源二氧化硫排放行业分担率

5.1.2.3　二氧化硫浓度情况

根据《中国环境状况公报（2006—2011）》，分析比较了 2006~2011 年二氧化硫年均浓度达标状况（图 5-9）。2006 年以来，全国主要城市二氧化硫年均浓度达标率（达到或优于二级标准）逐年增高。尤其在 2011 年时，二氧化硫年均浓度达标率达到 96%。且连续两年（2010~2011 年）超过三级标准的城市比例为 0%。可见，“十一五”以来，随着一系列酸雨和二氧化硫污染控制对策的实施，燃煤电厂大规模安装使用烟气脱硫设施、淘汰落后产能，城市供热采暖等采用低硫燃料、天然气替代等综合措施，我国城市大气二氧化硫污染状况有明显好转。

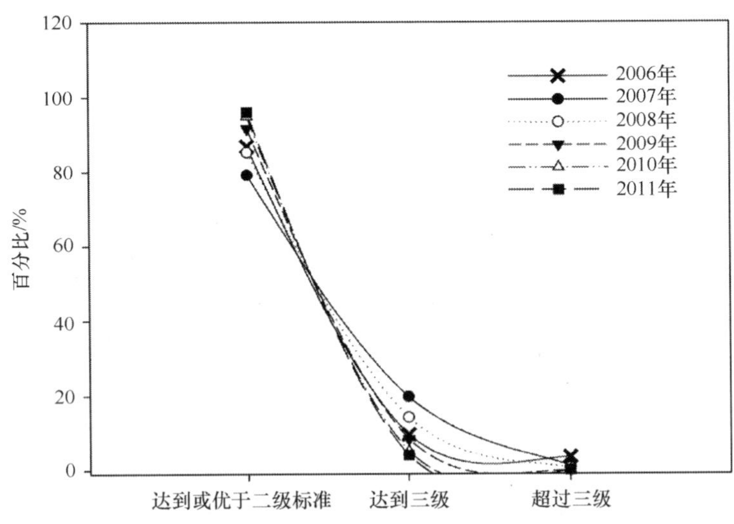

图 5-9　2006~2011 年我国二氧化硫年均浓度达标情况

如图 5-10 所示，2005~2011 年全国大型城市中 16.12%的城市二氧化硫浓度增加，80.64%的城市二氧化硫浓度有所下降。其中，西宁市二氧化硫浓度降低了将近 59%，达到 46μg/m^3，但仍低于 SO_2 一级标准限值（50μg/m^3）；成都市二氧化硫浓度下降了 60%，达到 31μg/m³。尤其值得注意的是，2005~2011 年乌鲁木齐在所有 31 个主要城市中二氧化硫浓度最高，平均值达到 97.5μg/m³，表明乌鲁木齐市二氧化硫浓度仍处于较高的水平，急需进一步强化污染治理力度。

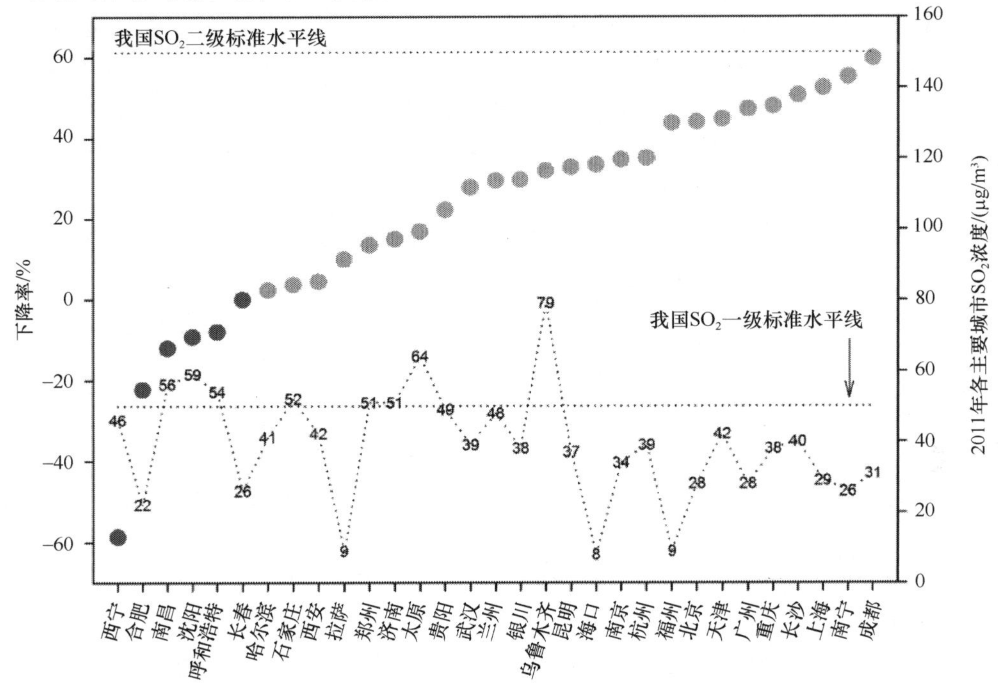

图 5-10　2005~2011 年我国各大型城市 SO_2 日均浓度下降率及 2011 年 SO_2 日均浓度

近年来，随着城市大气环境综合整治的实施，我国东部主要城市大气二氧化硫浓度呈现下降的趋势。以北京为例，根据《北京市统计年鉴》统计数据，2000~2012 年北京市二氧化硫日均浓度变化趋势如图 5-11 所示。从图中可以看出，自 2006 年以来，北京

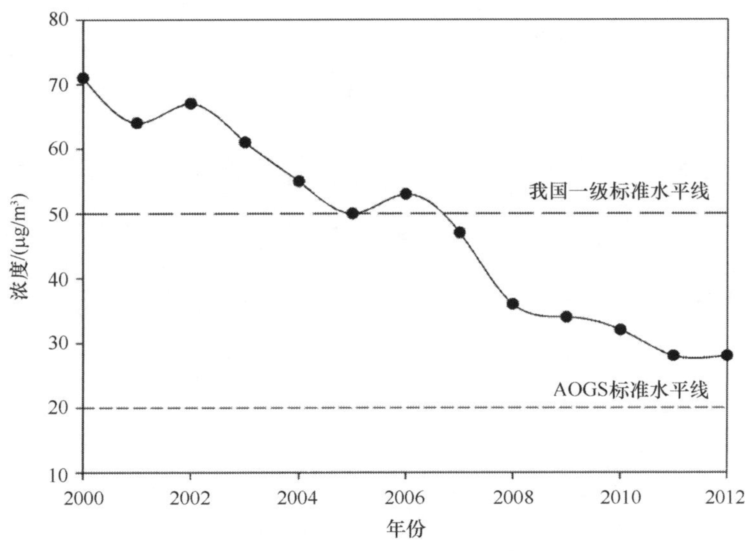

图 5-11　2000~2012 年北京市 SO_2 日均浓度变化情况

市二氧化硫日均浓度均处于国家一级标准水平线下。2010 年以来，北京市二氧化硫日均浓度趋于平稳，但与 WHO 公布的标准水平线（20μg/m^3）仍存在一定的差距。

同时根据《上海市统计年鉴》资料，2010~2011 年，中心城区二氧化硫年度日平均值为 29μg/m^3，满足国家二氧化硫日均浓度一级标准水平限值要求，但仍高于 WHO 推荐的日均浓度标准水平线。

总体而言，虽然近年来我国主要城市大气二氧化硫污染情况有较为明显的好转，但是依然存在浓度水平相对较高、环境空气质量标准限值较为宽松等问题。如表 5-2 所示，我国新颁布的《环境空气质量标准》（GB 3095—2012）中关于二氧化硫日均浓度的二级标准，仍然高于 WHO《空气质量准则》第一个过渡阶段的浓度限值；而国家一级标准限值则是 WHO 空气质量准则（AQG）的 2.5 倍。

表 5-2　WHO《空气质量准则》与我国《环境空气质量标准》（GB 3095—2012）关于二氧化硫日均浓度标准的对比

过渡时期目标-1（IT-1）	过渡时期目标-2（IT-2）	空气质量准则（AQG）
125μg/m^3	50μg/m^3	20μg/m^3
国家二级标准	国家一级标准	
150μg/m^3	50μg/m^3	

5.1.3　氮氧化物（NO_x）

5.1.3.1　全国氮氧化物排放现状（NO_x）

根据环保部公布的数据及相关年鉴的统计资料，整理得到“十一五”以来氮氧化物（NO_x）的年际变化图，见图 5-12。

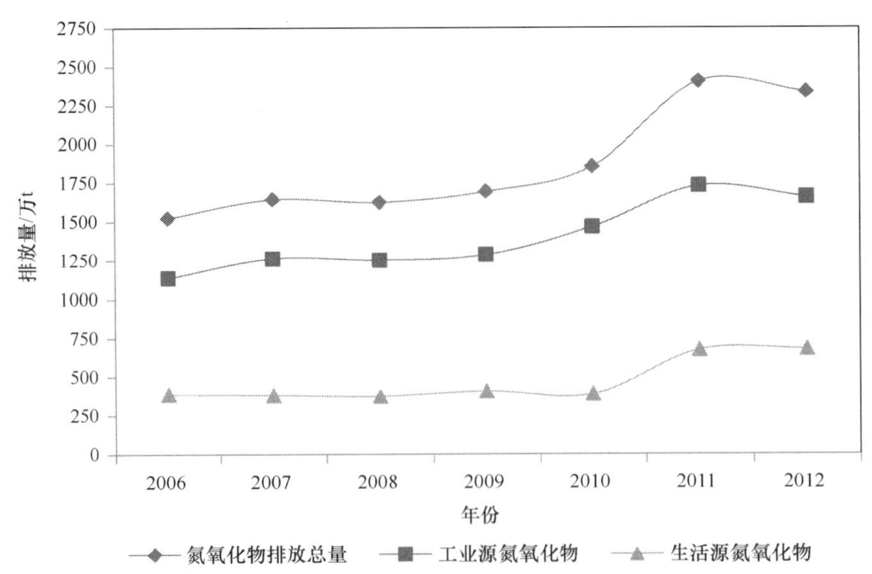

图 5-12　全国氮氧化物排放量年际变化

显而易见，“十一五”期间全国氮氧化物的排放量随着 GDP 的增长呈现上升的态势。进入“十二五”以来，随着氮氧化物排放被纳入“十二五”计划的环保约束性指标，通过淘汰能耗高、污染严重的老旧小火电机组、新建的和部分现有燃煤电厂安装烟气脱硝设施、强化城市机动车尾气污染控制等措施的实施，氮氧化物排放有所下降。2012 年，全国氮氧化物排放总量已达到 2337.8 万 t，相比 2006 年，增加了 53.4%，其中工业源贡献最大，为 1658.1 万 t，生活源则为 679.9 万 t。需要注意的是，2008 年排放量出现负增长现象，主要是由于北京奥运会期间，中国对空气质量的重视及其对部分工业企业的取缔和关闭。但在 2008 年以后出现了大幅反弹，截至 2011 年，排放量增长至 2404.3 万 t。

5.1.3.2 各地区各行业氮氧化物排放现状

2011 年全国氮氧化物排放总量 2404.3 万 t。从地区分布来看（图 5-13），其中，氮氧化物排放量超过 100 万 t 的地区依次为山东、河北、河南、江苏、内蒙古、广东、山西和辽宁，8 个地区的氮氧化物排放量占全国氮氧化物排放量的 49.7%。工业源氮氧化物排放量最大的是山东，生活源氮氧化物排放量最大的是黑龙江，机动车源氮氧化物排放量最大的是河北，集中式污染治理设施氮氧化物排放量最大的是江苏。

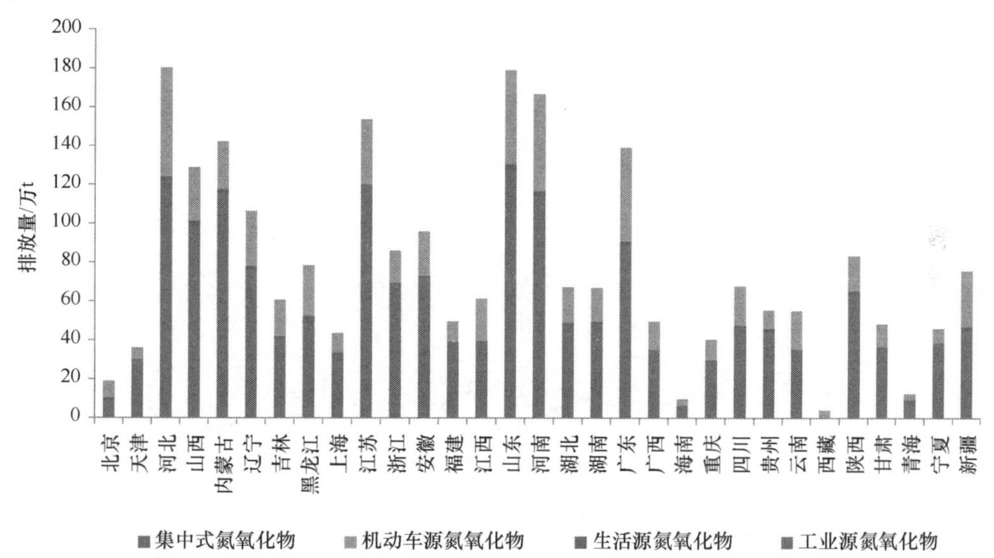

图 5-13 2011 年各地区氮氧化物排放情况（彩图请扫描正文末页二维码阅读）

从工业上的行业分布来看（图 5-14），NO_x 分担率最大的三个行业为电力、燃气及水的生产和供应，传统制造业和金属冶炼业，分别为 1108 万 t、390.9 万 t 和 115.3 万 t，三者分担率合计为 97.23%。可见，NO_x 排放主要是电力行业、制造业和金属冶炼业。

从生活源上来看，机动车是 NO_x 排放的重要贡献源。按车型来分，大型载客汽车、大型载货汽车和中型载货汽车对 NO_x 排放的贡献最大。数据显示，2011 年，全国汽车产量、销量分别达到 1841.9 万辆和 1850.5 万辆，其中，汽车 9266.4 万辆，低速汽车 1228.0 万辆，摩托车 10 260.2 万辆，机动车源氮氧化物（NO_x）排放量增至 637.5 万 t，同比 2010 年增加 6.5%。可见，机动车已经成为氮氧化物排放的重要污染源。

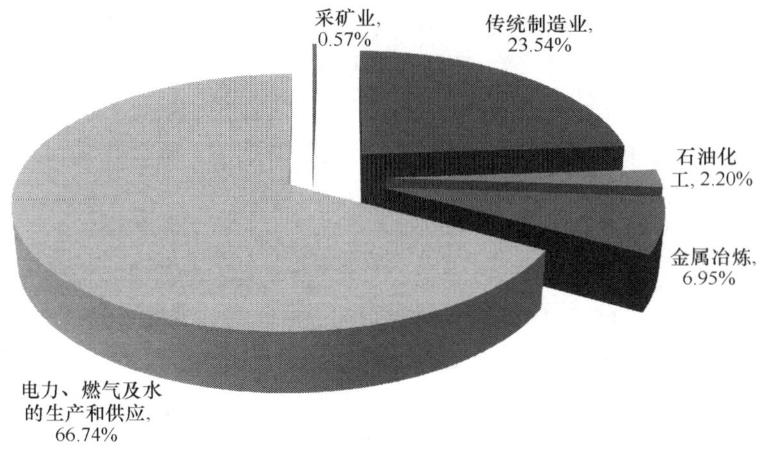

图 5-14　2011 年工业源 NO_x 排放行业分担率

5.1.3.3　二氧化氮浓度情况

环境大气中的二氧化氮作为一种刺激性的气体，可以直接危害人体健康。同时，还是形成区域酸雨、近地面光化学烟雾和臭氧污染，以及二次颗粒物和区域灰霾的重要前体物质。

总体而言，我国大部分城市环境空气中的二氧化氮平均浓度并不高，且采用的环境标准符合 WHO 公布的《环境空气质量准则》。根据《中国环境状况公报》，近几年，所有监测城市的环境大气二氧化氮浓度均达到国家环境空气质量二级标准。但北京、广州、上海、乌鲁木齐等地的二氧化氮浓度较其他城市和地区明显偏高。同时，通过统计 2007~2011 年历年环境空气质量数据，发现全国主要城市环境空气中二氧化氮浓度达到一级标准的比例有所下降（图 5-15）。这可能与我国城市机动车保有量快速增长导致机动车尾气污染排放贡献增加有关。

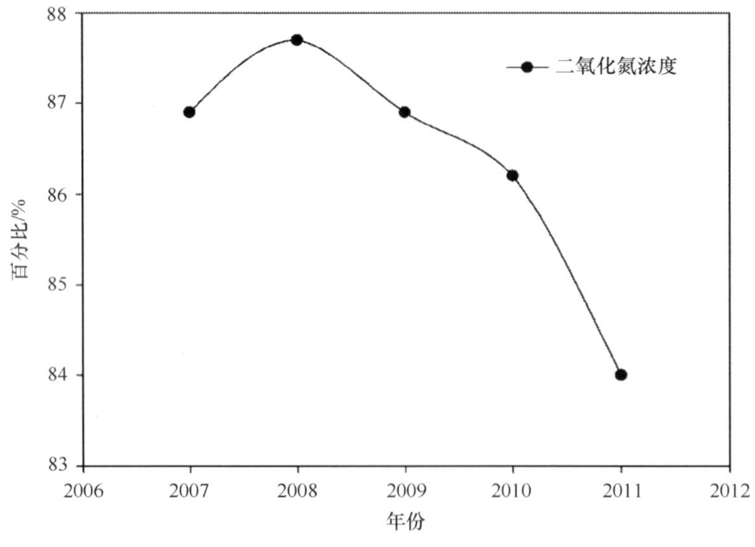

图 5-15　2006~2011 年我国 NO_2 浓度达一级标准的比例

如图 5-16 所示，2005~2011 年全国主要城市中有 45.16%的城市环境大气的二氧化氮日均浓度有所升高，41.93%的城市二氧化氮日均浓度有所下降。其中，2005~2011 年贵阳市二氧化氮日均浓度从 13μg/m³ 增加到 30μg/m³，升高了 131%；而同期重庆市二氧化氮日均浓度从 48μg/m³ 下降到 31μg/m³，下降了 35.4%。值得注意的是，在 31 个主要城市中，北京在 2005~2006 年二氧化氮日均浓度最高，达到 66μg/m³，而乌鲁木齐在 2007~2011 年二氧化氮日均浓度最高，最高值达到 68μg/m³。

以北京为例，在 2000~2012 年，全市二氧化氮日均浓度整体呈波动下降的趋势（图 5-17），2008 年达到浓度的低谷，之后出现小幅反弹。尽管二氧化氮日均浓度波动较大，但低于国家一级标准（80μg/m³）限值。

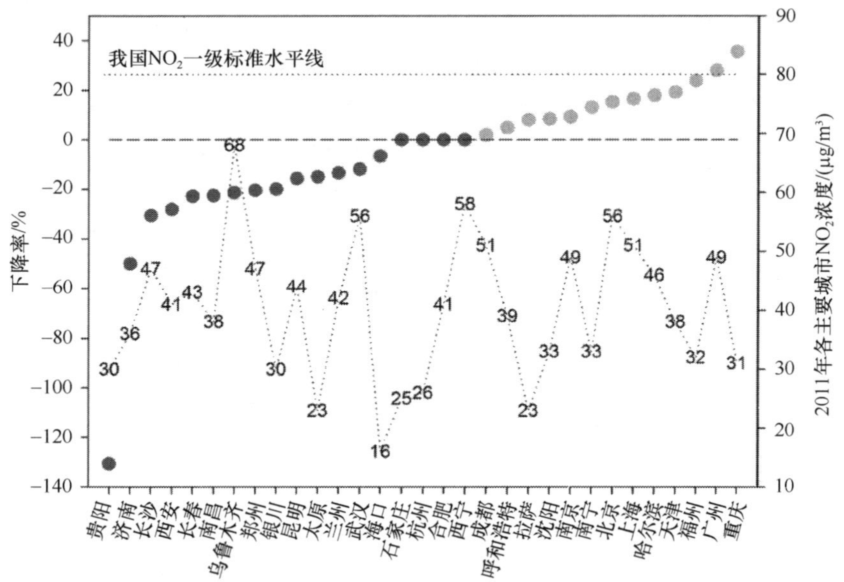

图 5-16　2005~2011 年我国各主要城市 NO_2 日均浓度下降率及 2011 年 NO_2 日均浓度

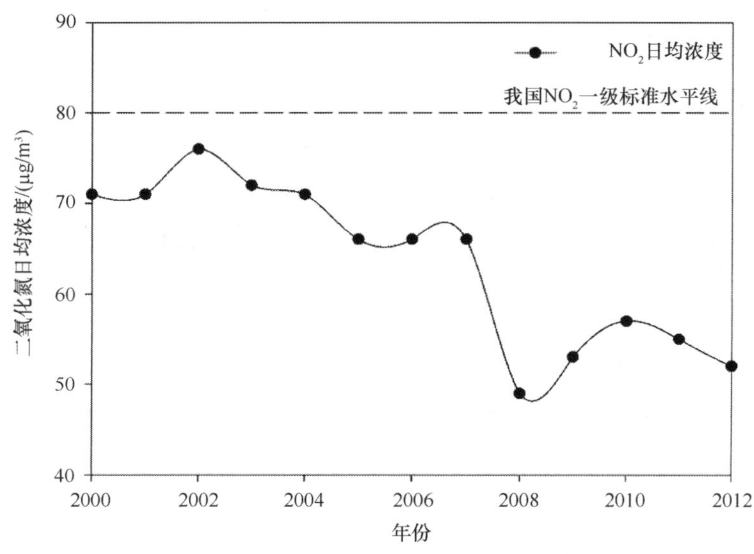

图 5-17　2000~2012 年北京市二氧化氮日均浓度变化

5.1.4　可吸入颗粒物（PM_{10}）和细颗粒物（$PM_{2.5}$）

PM_{10}是指环境空气中空气动力学当量直径小于等于 10μm 的颗粒，它代表了可进入人体呼吸道的颗粒物，也称可吸入颗粒物。

$PM_{2.5}$是指环境空气中空气动力学当量直径小于等于 2.5μm 的颗粒，也称细颗粒物。

5.1.4.1　PM_{10}

根据美国健康效应研究所（HEI）的相关报道，环境空气中 PM_{10} 浓度每增加 10μg/m^3 死亡率增加 0.4%。因此，当 PM_{10}浓度达到 150μg/m^3 时预期日死亡率会增加 5%，这是值得特别关注的，并建议立即采取控制措施。100μg/m^3 的过渡时期目标-2（IT-2）浓度将会导致日死亡率增加大约 2.5%，而过渡时期目标-3（IT-3）浓度会导致日死亡率增加 1.2%。可见，控制大气环境中的 PM_{10}浓度对于保护公众健康意义重大。

根据环境保护部统计资料，2007~2011 年 PM_{10}浓度日均值地级城市达标（达到或优于二级）比例逐年提高（图 5-18），达到三级的比例有所下降，其中达到或优于二级标准的比例 2011 年较 2007 年升高 18.8%，但超过三级的比例变化不是很明显。表明这部分污染较为严重的城市空气质量改善不明显。

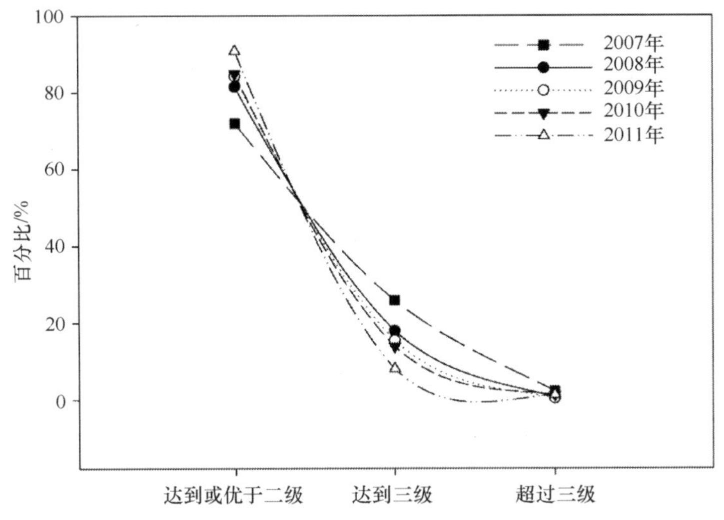

图 5-18　2007~2011 年地级城市 PM_{10}日均值达标比例

通过对全国各主要城市 2011 年与 2005 年 PM_{10}浓度进行对比（图 5-19），19.35%的城市出现 PM_{10}浓度正增长，80.64%的城市 PM_{10}浓度出现负增长。其中，合肥市 PM_{10}浓度增长最为明显，2011 年较 2005 年年均 PM_{10}浓度增长了近 19%，由 95μg/m^3 增加至 113μg/m^3，需要加大环境空气污染治理力度；而太原市年均 PM_{10} 浓度下降最为明显，2011 年较 2005 年 PM_{10}浓度下降了近 59%，由 139μg/m^3 下降至 57μg/m^3。另外，2005~2011 年，兰州市 PM_{10}日均值浓度最高，平均达 150μg/m^3，乌鲁木齐次之，平均达 136μg/m^3。2011 年兰州 PM_{10}日均值浓度最高，达到 138μg/m^3。表明部分城市的环境空气颗粒物污染形势依然不容乐观。

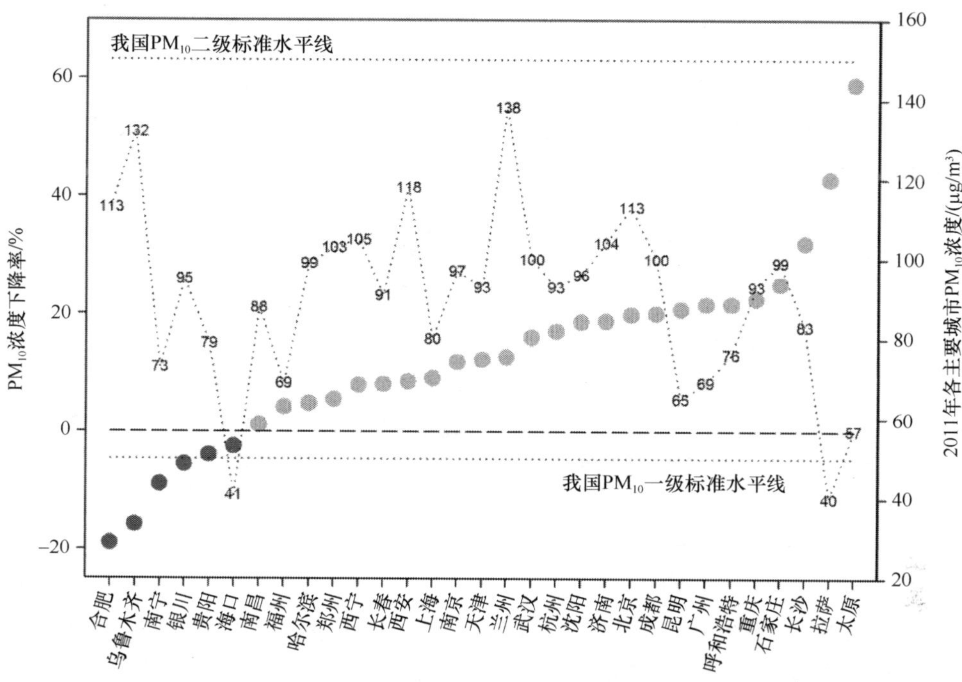

图 5-19　2005~2011 年各主要城市 PM_{10} 日均值浓度的下降率及 2011 年日均值浓度

总体上来看，随着近几年环境治理力度的不断加强，全国主要城市大气 PM_{10} 达标比例有所提高，但仍有许多城市的大气 PM_{10} 颗粒物浓度处于较高的水平。以首都北京为例，由图 5-20 可以看出，尽管 2008 年以来 PM_{10} 浓度已满足二级标准并呈现逐年下降的趋势，但 PM_{10} 的浓度仍然处于较高的水平，远高于国家一级标准水平线，以及 WHO 推荐的 IT-3 浓度水平线。可见，虽然北京市环境空气质量已经达到国家二级标准（GB 3095—2000），但仍需要进一步加强环境空气污染治理力度，以达到减少短期、长期暴露给生态环境和公众健康带来的危害。

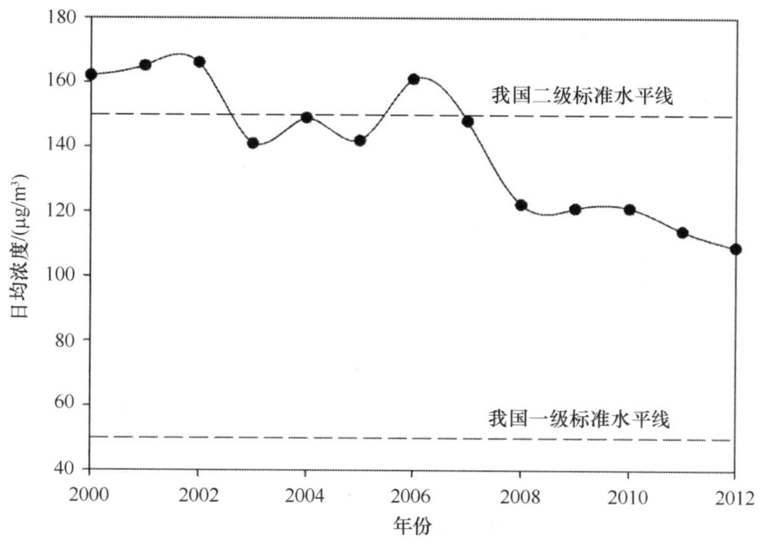

图 5-20　2000~2012 年北京市 PM_{10} 日均浓度

5.1.4.2 $PM_{2.5}$

$PM_{2.5}$是区域大气复合污染及灰霾天气的典型污染物，从排放源的组成来看，$PM_{2.5}$污染成分复杂。大量污染物来自于人类活动，主要包括燃煤、机动车尾气等排放的一次污染物及其在空气中发生化学反应而生成的二次粒子。以北京市为例，$PM_{2.5}$主要来自燃煤工业、生物质燃烧、二次硫酸盐、机动车尾气、二次硝酸盐、扬尘和其他。

自 2011~2012 年全国大部多次出现长时间雾霾污染天气之后，大气环境中$PM_{2.5}$受到了国内外专家学者和公众的高度关注，并直接促使我国最新修订版《环境空气质量标准 GB 3095—2012》的出台。

在新修订颁布的标准中，首次规定了$PM_{2.5}$的浓度标准限值。其中，$PM_{2.5}$日均浓度一级标准（35μg/m^3）接近 WHO 的 AOGS 标准（25μg/m^3），而$PM_{2.5}$日均浓度二级标准（75μg/m^3）与《世界卫生组织关于空气颗粒物、臭氧、二氧化氮和二氧化硫的空气质量准则》中 IT-1 标准浓度（75μg/m^3）相同。虽然从规定的标准限值上来看，我国在大气$PM_{2.5}$控制方面还处于初级水平，但是向环境空气细颗粒物污染治理迈出了重要一步。

上海市作为我国具有举足轻重地位的大城市，率先启动了$PM_{2.5}$监测数据的发布工作。自启动$PM_{2.5}$监测发布工作以来，2012 年上海市$PM_{2.5}$平均浓度为 48μg/m^3，超出新颁布的国家环境空气质量$PM_{2.5}$年均浓度二级标准限值 13μg/m^3。

2013 年以来，上海市 1 月$PM_{2.5}$超过国家二级标准的天数为 16 天，18 个污染天气中的首要污染物均为$PM_{2.5}$。其中，有 6 天$PM_{2.5}$浓度超过国家二级标准两倍以上，属于重度污染，有 3 天$PM_{2.5}$浓度超过国家二级标准的 1.5 倍，属于中度污染。2 月和 3 月中各有两天属于$PM_{2.5}$重度污染。4~6 月分别出现 8 天、7 天、7 天的不达标情况，且在这三个月中，91%的污染天气的首要污染物为$PM_{2.5}$。

2013 年 9 月上海市$PM_{2.5}$超过国家二级标准的天数为 2 天，仅有 1 天作为首要污染物，没有出现$PM_{2.5}$中度污染的情况。同时，通过统计各月$PM_{2.5}$日均浓度发现，1~9 月的$PM_{2.5}$日均浓度有明显下降（图 5-21），这体现出上海市$PM_{2.5}$浓度夏季较低的特点。

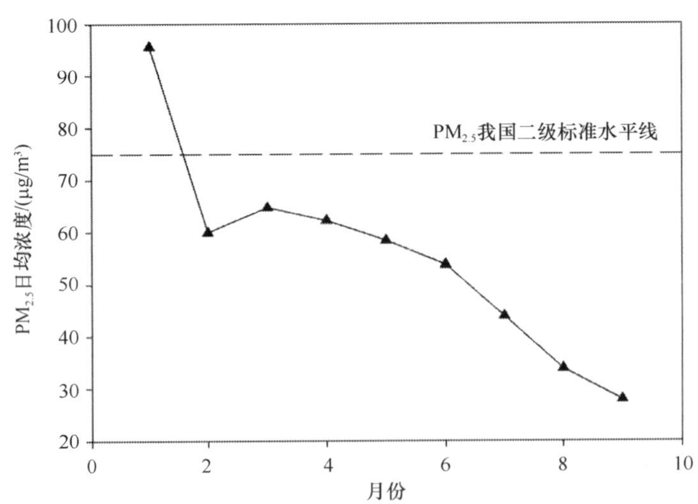

图 5-21　2013 年上海市各月$PM_{2.5}$日均浓度

上海、北京、广东 $PM_{2.5}$ 年均浓度在 2011~2013 年基本都维持在一个较高的水平。2010 年北京市大气中 $PM_{2.5}$ 年平均浓度为 60~70μg/m³，广州市为 45~50μg/m³，与世界卫生组织环境空气质量指导值（10μg/m³）相比，北京市 $PM_{2.5}$ 年平均浓度超标 5~6 倍，广州市超标 3.5~4 倍。与世界卫生组织环境空气质量第一阶段目标值（35μg/m³）相比，北京市 $PM_{2.5}$ 的年平均浓度超标 0.7~1 倍，广州市超标 0.3~0.4 倍。

此外，河北、山东、河南三省 $PM_{2.5}$ 污染最为严重，西藏、内蒙古等西部欠发达地区的细颗粒污染浓度最低。京津冀、长三角、珠三角等区域每年出现灰霾污染的天数达 100 天以上，南京、杭州、深圳、东莞等城市灰霾污染也较严重。

5.1.5　区域酸雨和臭氧污染

总体来看，近几年我国区域性的酸雨污染形势有所缓解，而臭氧污染发生率呈增长态势。

5.1.5.1　酸雨

我国酸雨主要是硫酸型。近几年，我国酸雨发生频率虽然呈总体下降的趋势，但变化不大(图 5-22)。2011 年酸雨发生频率在 75%~100%的城市比例比 2006 年下降了 7.2%，未出现酸雨的城市比例比 2006 年提高了 5.5%。

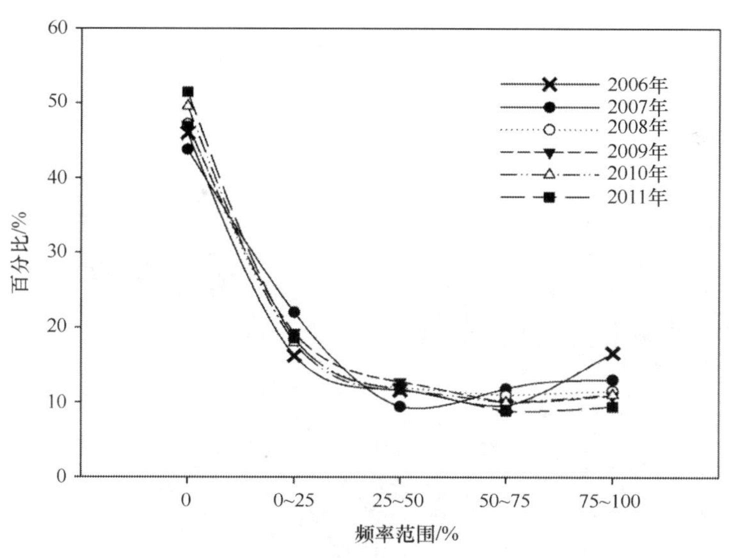

图 5-22　2006~2011 年酸雨发生频率分段统计图

同时，近几年，重酸雨（pH<4.5）、较重酸雨（4.5<pH<5）发生频率逐年下降，酸雨（5<pH<5.6）频率稍有波动（图 5-23）。但总体趋势是酸雨发生的频率逐渐减小。2011 年与 2006 年相比，重酸雨发生频率下降 4.6%，较重酸雨发生频率下降 4.9%。

如图 5-24~图 5-26 所示，2006~2012 年全国酸雨分布区域总体上较为稳定，出现酸雨面积约占国土面积的 12.9%，主要集中在长江沿线以南及青藏高原以东地区。主要包括浙江、江西、福建、湖南、重庆大部，以及长江三角洲、珠江三角洲、湖北西部、四

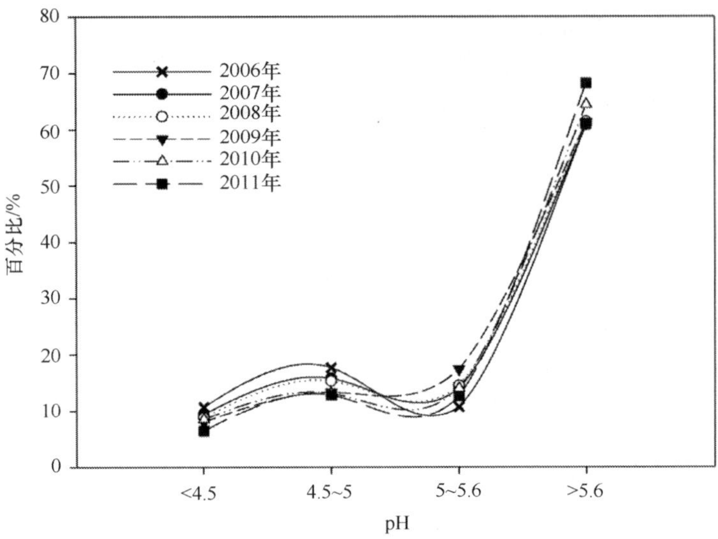

图 5-23 2006~2011 年酸雨 pH 频率图

川东南部、广西北部地区。另外，北方的图们等部分地区也出现酸雨。与 2006 年相比，2012 年南方地区出现 pH 小于 5.0 的较重酸雨的地区面积有所降低。

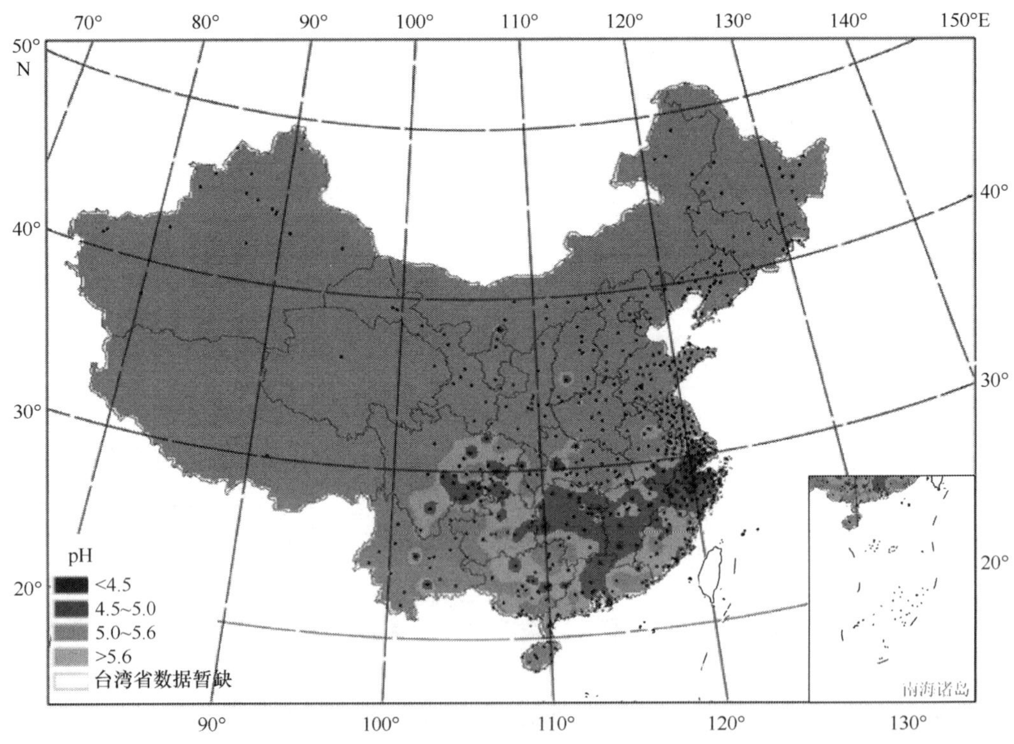

图 5-24 2006 年全国降水 pH 年均等值线图（彩图请扫描正文末页二维码阅读）

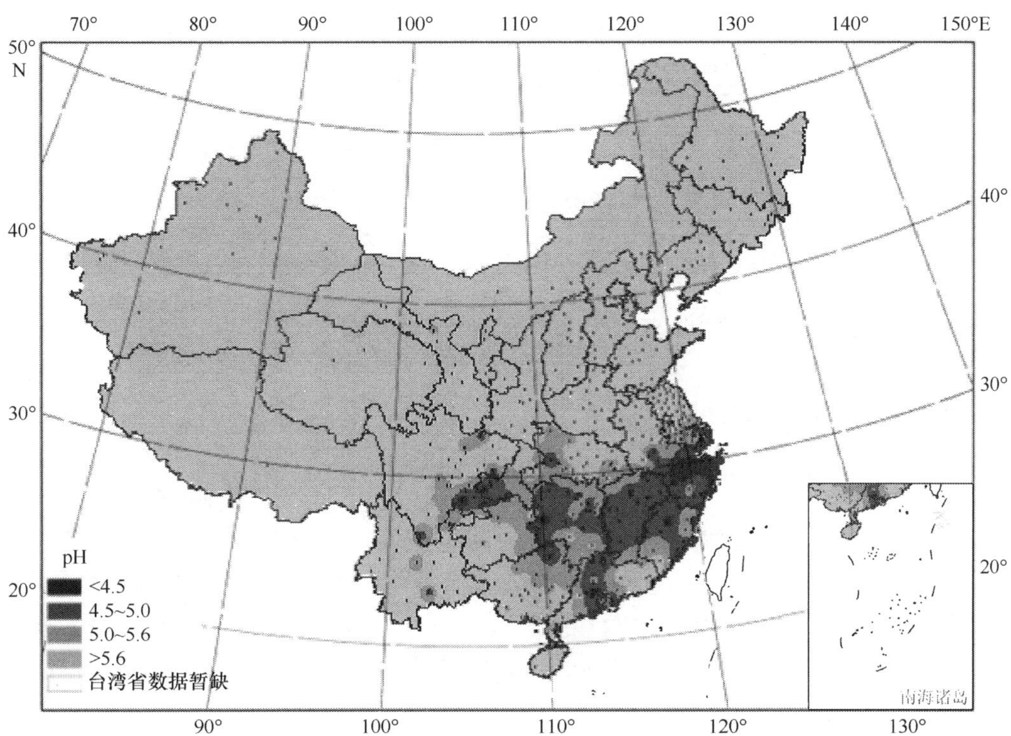

图 5-25　2010 年全国降水 pH 年均等值线图（彩图请扫描正文末页二维码阅读）

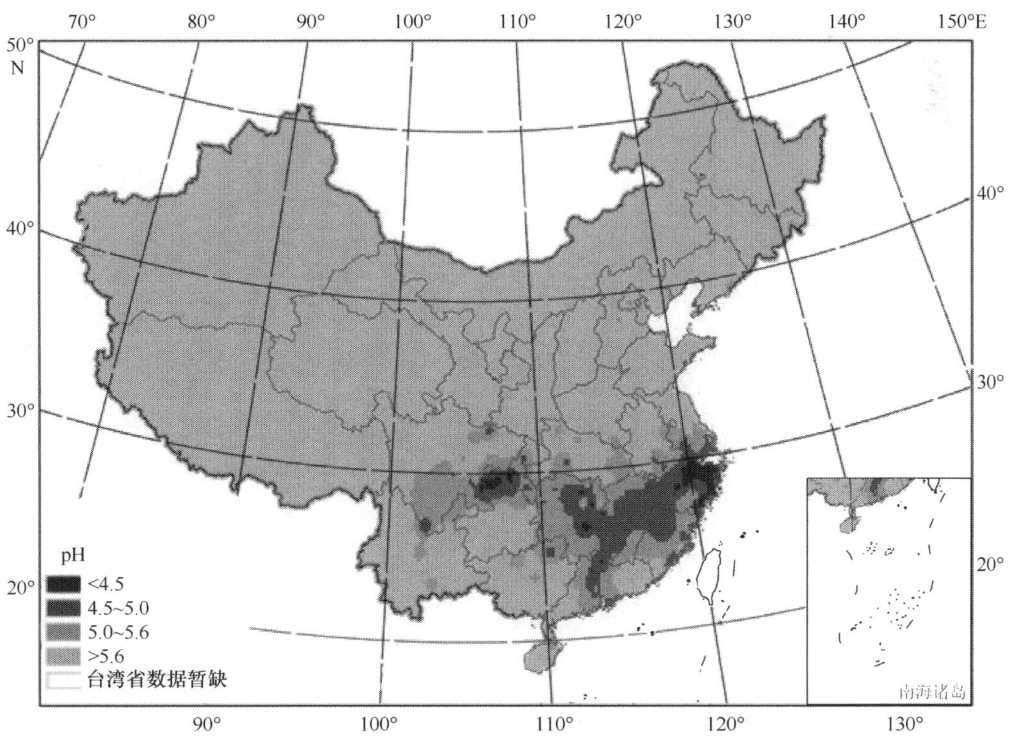

图 5-26　2012 年全国降水 pH 年均等值线图（彩图请扫描正文末页二维码阅读）

5.1.5.2 臭氧污染

总体而言，全国大部分地区夏季臭氧（O_3）小时平均浓度变化幅度大，春秋次之，冬季最小。臭氧浓度月均值夏初较高，而冬季臭氧浓度月均值普遍较低。另外，在地区分布上，我国华北-东北地区是臭氧总量的高值区，而西南及青藏地区则是臭氧总量的低值区。

我国重点区域，如京津冀地区 2008~2011 年夏季臭氧浓度的总体水平呈现上升的趋势（图 5-27），2008 年和 2009 年夏季臭氧平均浓度基本保持不变，从 2009 年开始逐年增加。其中，2009~2010 年夏季臭氧平均浓度上升幅度最大，上升了 14%，而 2011 年夏季比 2010 年上升了 5.9%。2008~2011 年夏季臭氧日均浓度变化幅度分别是 58.9~211.1μg/m^3、62.3~241.5μg/m^3、67.6~257.3μg/m^3 和 49.0~268.5μg/m^3，夏季日均值变化幅度不断增加。2008~2011 年夏季臭氧平均日小时最大值也逐年增加，分别为（163.3±42.7）μg/m^3、（175.2±48.8）μg/m^3、（199.6±52.6）μg/m^3 和（207.2±62.1）μg/m^3，与 2009 年相比，2010 年夏季臭氧最高浓度显著上升，达到 200μg/m^3 左右，2011 年夏季也基本维持这个值，表明臭氧污染严重，臭氧浓度超过国家现行二级标准的天数逐年增加，分别为 23%、23%、45%、49%。另外，研究还发现 2008~2011 年夏季大气氧化剂 O_x 也呈现上升趋势，其浓度分别为（133.2±33.0）μg/m^3、（129.4±31.2）μg/m^3、（155.3±40.2）μg/m^3 和（166.6±45.7）μg/m^3。综上，近年来的研究表明我国京津冀地区的大气氧化性逐渐增强，发生区域光化学污染的风险呈现增加趋势。

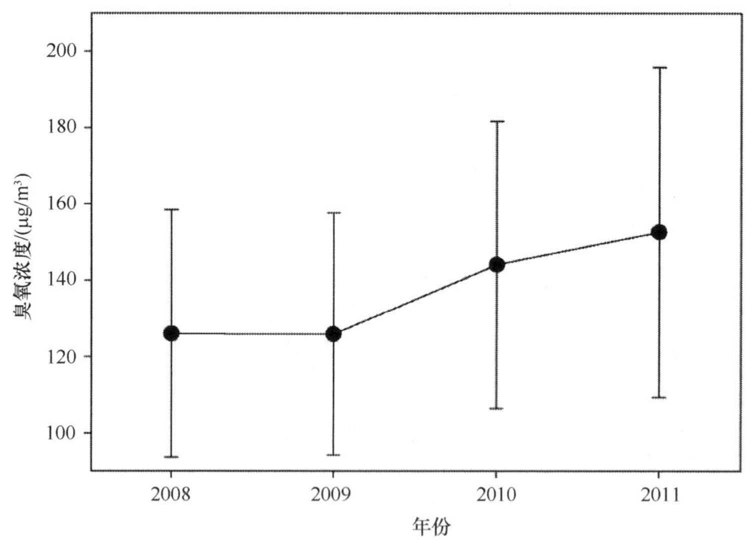

图 5-27 2008~2011 年京津冀地区臭氧浓度变化

另外，通过统计 2013 年以来上海市环保局公布的上海市大气中臭氧 8h 平均浓度，发现在 6~9 月，上海地区臭氧污染逐渐严重。5 月，没有出现臭氧作为首要污染物的天气；到 6 月，有 2 天的首要污染物为臭氧，占首要污染物的 33%。7~9 月，臭氧成为最主要的首要污染物，成为首要污染物的天数分别为 24 天、21 天、18 天。由此可见，北京、上海等主要城市需要高度关注臭氧污染，并积极采取措施加以预防和治理。

5.1.6　烟尘、粉尘排放现状

根据环境状况公报，“十一五”期间全国粉尘、烟尘排放量随着 GDP 的增长，排放总量呈现下降的态势。截至 2011 年，全国烟（粉）尘排放量 1278.8 万 t。其中，工业源烟（粉）尘排放量 1100.9 万 t，占全国烟（粉）尘排放总量的 86.1%；生活源烟（粉）尘排放量 114.8 万 t，占全国烟（粉）尘排放总量的 9.0%；机动车源烟（粉）尘排放量 62.9 万 t，占全国烟（粉）尘排放总量的 4.9%；集中式污染治理设施烟（粉）尘排放量 0.2 万 t。

由于进入“十一五”，全国燃煤电厂及部分工业企业安装配备了脱硫和脱硝装置，以及冶炼行业除尘设备设施的建设，工业烟尘和工业粉尘排放有所下降。生活源烟尘排放维持在一个较低的水平，主要是由于国家有关部门对城市排放源的重视及人们环保意识的增强。

从地区分布来看（图 5-28），烟（粉）尘排放量超过 50 万 t 的地区依次为河北、山西、山东、内蒙古、辽宁、河南、黑龙江、江苏和新疆，这 9 个地区烟（粉）尘排放量占全国烟（粉）尘排放量的 55.1%。各地区中，河北工业源烟（粉）尘排放量最大，黑龙江生活源烟（粉）尘排放量最大，河北机动车源烟（粉）尘排放量最大，安徽集中式污染治理设施烟（粉）尘排放量最大。

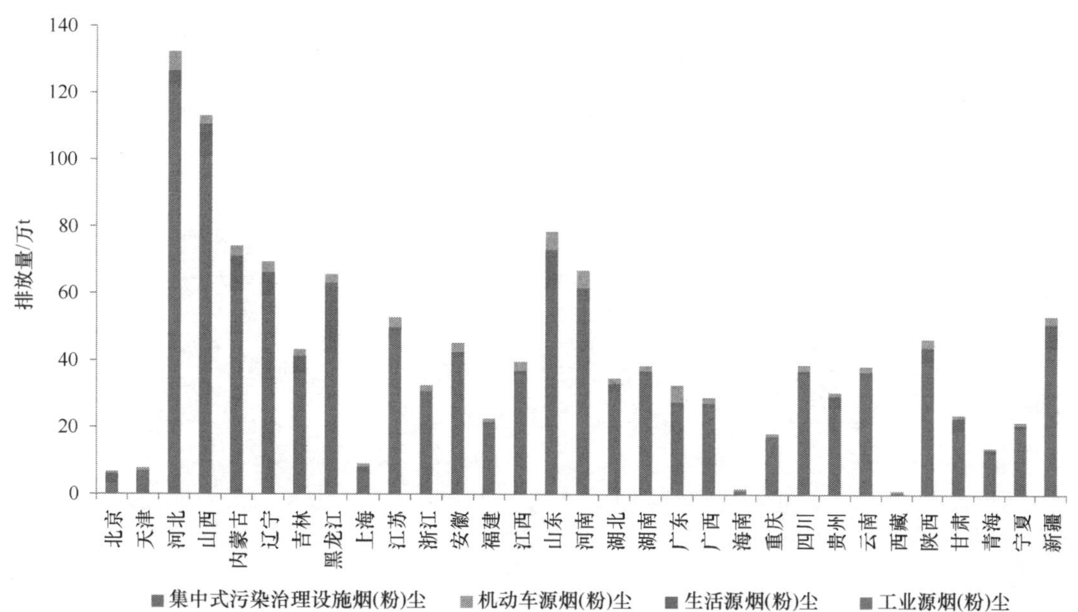

图 5-28　2011 年各地区烟（粉）排放情况（彩图请扫描正文末页二维码阅读）

从行业分布来看（图 5-29），工业烟（粉）尘分担率最大的三个行业为传统制造业、冶炼业及电力、燃气及水的生产和供应行业，分别为 416.4 万 t、241 万 t 和 216.8 万 t，其中制造业中，非金属矿物制造业分担率最大，为 27.15%。三者分担率合计约为 85.03%。可见，工业烟（粉）排放主要是传统制造业，其次为电力燃气及水的生产和供应行业及冶炼业。

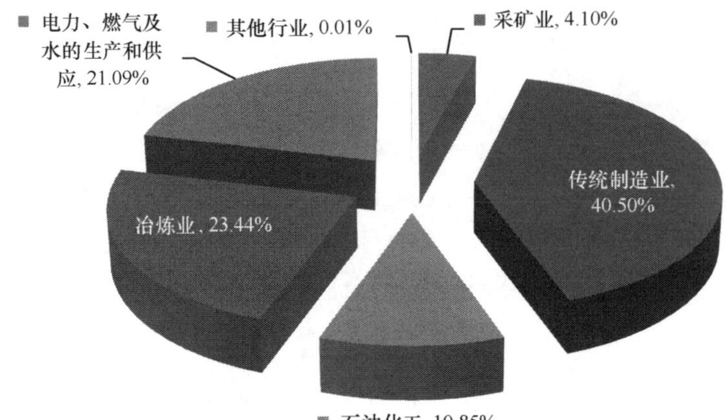

图 5-29　2011 年工业烟（粉）尘排放行业分担率

从中国三大城市群分布来看，工业源对烟（粉）尘排放的贡献最大，其次为生活源和机动车源。京津冀经济发展迅速，人口密集，交通运输频繁，其中北京排放源为生活源，河北和天津燃煤电厂、钢铁冶炼等工业企业聚集，加工制造业密集，增加污染物的排放；长三角是全国交通最发达的地区，人口稠密，机动车保有量快速增长。另外，上海、浙江和江苏燃煤电厂极其密集，能源消费量大，烟（粉）尘的排放源主要是机动车源和工业燃煤源；珠三角地区交通便利，贸易活动频繁，人口密集，机动车流动量较大，制造业发达，燃煤电厂相对较少，煤炭消费量低，烟（粉）尘排放主要是工业源和机动车源。

5.1.7　挥发性有机物

挥发性有机物（VOC）是指沸点在 50~250℃的化合物，室温下饱和蒸汽压超过 0.1mmHg（约 13.33Pa），在常温下以蒸汽形式存在于空气中的一类有机物，成分较为复杂，含有很多种类的有机物。

根据刘金凤、曹国良（2008 年发表于中国环境科学）等的研究给出了 2000~2007 年全国挥发性有机物排放量年际变化情况（图 5-30）。可见，“十一五”以来全国挥发性有机物的排放量总体呈上升态势。2000 年全国挥发性有机物排放总量约为 827.3 万 t；到 2007 年，排放总量增加到约 3710.1 万 t。重点区域大气污染防治报告表明，2010 年，全国挥发性有机物排放总量显著上升，其中重点区域（京津冀、长三角、珠三角等）排放了约 50%的挥发性有机物。

然而，目前中国缺少 VOC 排放标准体系，以及对相关行业的控制标准，现有污染控制力度难以满足人民群众对改善环境空气质量的迫切要求，迫切需要开展详细的基础研究，摸清 VOC 排放底数，并尽快制定相关的法规和标准体系。

5.1.8　氨

近年来，随着科学家对大气气溶胶化学认识的不断深入，大气氨（NH_3）排放污染也越来越受到环境科学学者的关注。氨是一种碱性物质，它对所接触的皮肤组织都有腐蚀和刺激作用，可以吸收皮肤组织中的水分，使组织蛋白变性，并使组织脂肪皂化，破坏细胞膜结构。浓度过高时除腐蚀作用外，还可通过三叉神经末梢的反向作用引起心脏停搏和呼吸停止。

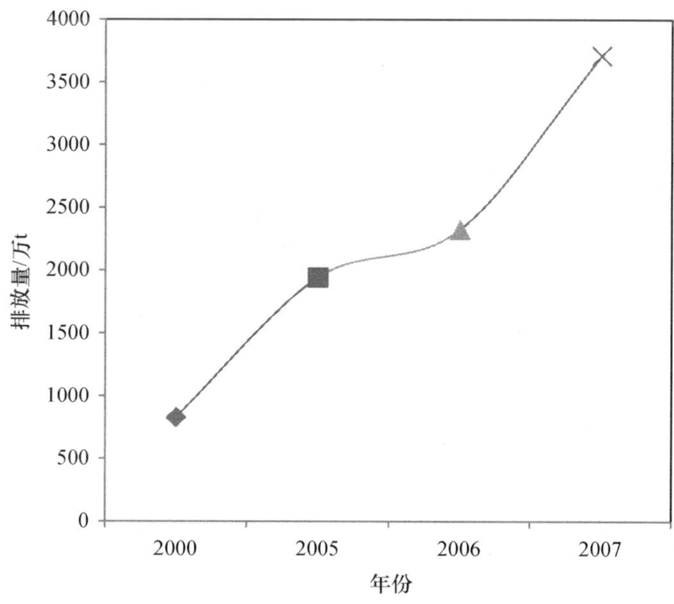

图 5-30　全国挥发性有机物（VOC）排放量年际变化

从全国大气氨排放变化趋势来看（图 5-31），近年来全国大气氨的排放总量呈快速上升趋势，年均增长率为 3.6%。中国是农业大国，因此，NH_3 主要来源为化肥施用、

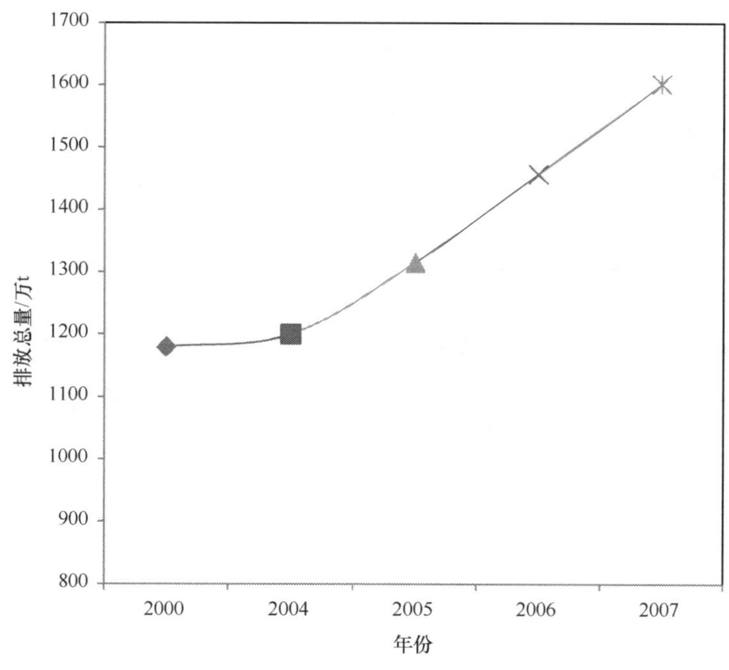

图 5-31　全国 NH_3 排放量年际变化

家畜蓄养、人体排放和化工过程等，其中化肥施用的排放量最大，其次是牲畜蓄养、化工过程和人体排泄。李新艳等估算结果表明，2007 年全国各地区家禽家畜存栏量 12 309.3 万头、农田化肥施用量 5107.8 万 t。截至 2007 年，全国大气氨排放总量已达 1601.7 万 t。

以 2007 年为例，全国 NH_3 排放总量为 1601.7 万 t。从地区分布来看（图 5-32），其中，排放量超过 80 万 t 的地区依次为山东、河南、四川、河北和江苏，占全国排放量的 37.2%；北京、天津、上海、海南、青海和宁夏等地 NH_3 排放总量较低，仅占全国排放量的 3.1%。根据宋宇等的研究表明，各地区中，化肥施用、家畜蓄养和生物质燃烧源 NH_3 排放量最大的省份为河南，广东垃圾处理和交通运输的 NH_3 排放量最大，农业土壤、固氮作物、堆肥、化工过程、人体排放 NH_3 排放量最大的分别为黑龙江、广西、山东和河北。

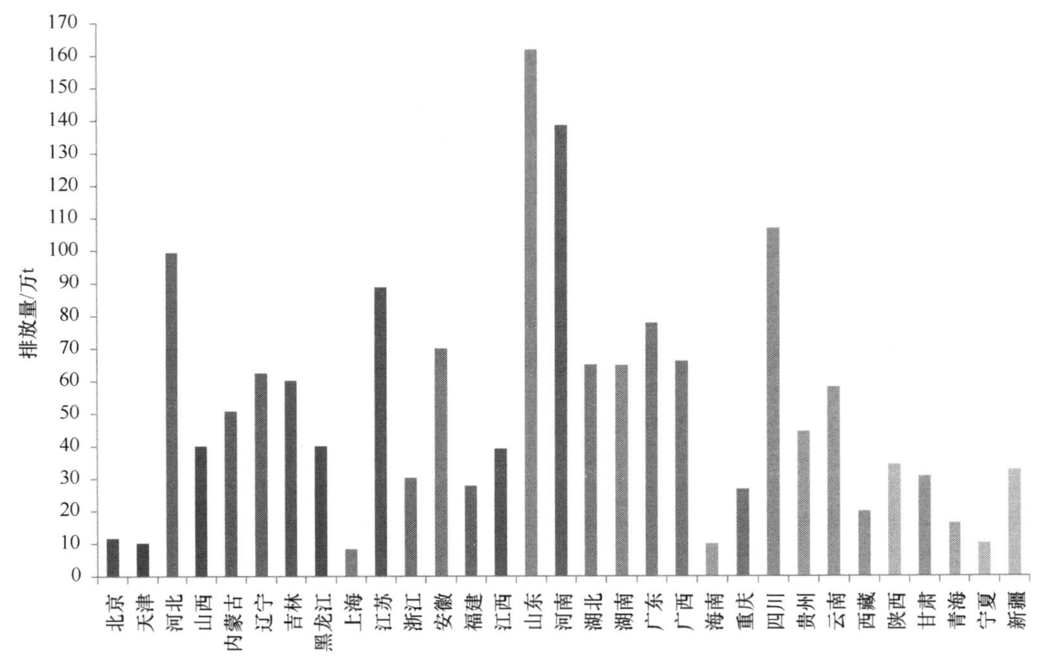

图 5-32　2007 年全国各地区 NH_3 的排放情况

从排放源和行业分布来看（图 5-33），能源消费和工业行业对 NH_3 贡献很小，基本可以忽略。分担率最大的两个排放源及行业为家畜业和化肥施用，两者分担率合计 86.93%，其次为堆肥、化工工艺和农业土壤，分担率分别为 2.79%、2.43%和 2.42%。

从三大城市群来看，京津冀地区排放量分担率最高的为河北，主要由于该省份家禽、家畜饲养量很大，农田面积较广及化肥施用量较高；长三角地区高新技术产业发达，家禽、家畜饲养量很少，该地区交通运输业发达，部分农田、化工企业集中在江苏和浙江，是 NH_3 排放的主要来源；珠三角地区，人口密集，农田面积较小，交通运输业发达，主要排放源为化肥施用和交通运输。

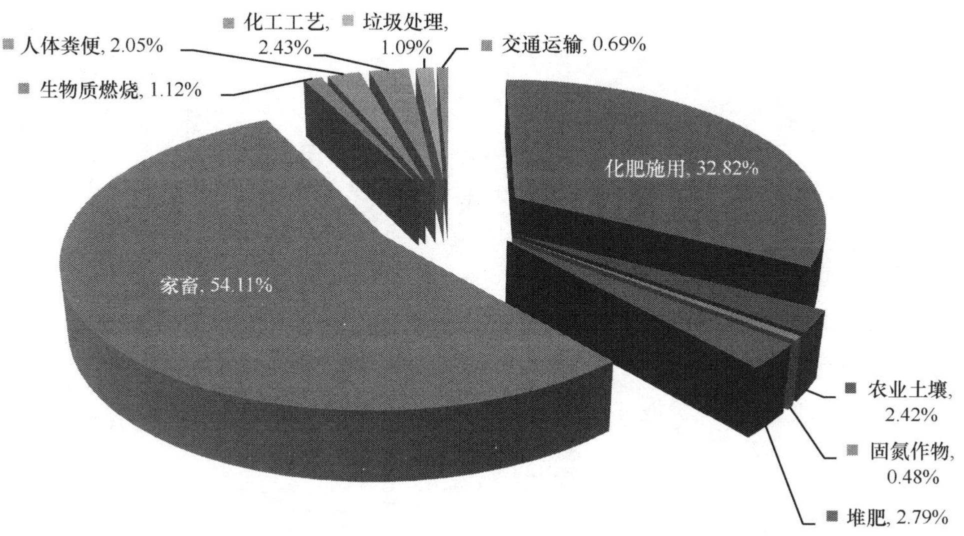

图 5-33 2007 年 NH_3 排放源和行业的分担率（彩图请扫描正文末页二维码阅读）

5.1.9 重金属污染情况

通常，将密度在 4.5g/cm^3 以上的金属称为重金属，主要包括汞（Hg）、铅（Pb）、砷（As）、镉（Cd）、铬（Cr）和锌（Zn）等 8 种元素。严格来说，砷不属于重金属，但是其在空气中的污染程度不容忽视，因此也将其放入重金属中一并研究。

目前，社会关注度较高的重金属主要为 Pb、Hg、Cr、Cd 和 As。本研究结合国内外相关学者的研究成果，从全国排放总量变化趋势分布、地区分布，以及来源和行业分布特征等方面分析中国重金属污染排放的历史现状。

从全国分布来看（图 5-34），2000 年以来全国主要大气重金属的排放量均呈逐步上升态势。其中，Pb 的排放量呈线性增长趋势，2009 年，中国各种人为源向大气环境中释放的 pb 排放量达 9624t，同比 2001 年增长 6847t，年均增长率达 17.6%。Tian 等的研究数据显示，中国燃煤中的 pb 含量远远高于世界水平，约为 23.32μg/g，因此导致中国大气 pb 的排放量占全球 pb 排放量的比例很大。

As 的排放量维持较高的水平，2001 年燃煤源 As 排放总量约为 1312t，自“十一五”以来，尽管中国对有害重金属污染越来越重视，但 2009 年燃煤源 As 排放总量依然高达 2242t。

Hg 的排放量在 500~900t，自“十一五”以来，全国大部分燃煤电厂及部分工业企业安装配备的脱硫装置削减了大气 Hg 的排放量，联合国环境规划署（UNEP）的研究报告表明，中国大气 Hg 的排放量占全球大气 Hg 排放总量的 40%。

全国大气 Cd 的排放总量呈稳步增长趋势，2001 年全国 Cd 排放总量为 854t，截至 2009 年，全国 Cd 排放总量达 1884t，年增长率为 10.5%。

从整体来看，Pb 的排放总量远远超过其余重金属的排放总量，其对环境的污染和公众健康的危害不容忽视。这主要是由于中国煤炭中 Pb 元素含量较高，在没有脱除装置或者脱除效率较低的情况下，Pb 排放量与煤炭消费量呈正相关增长；此外，在冶金工业过程中，也会排放大量的重金属颗粒物。

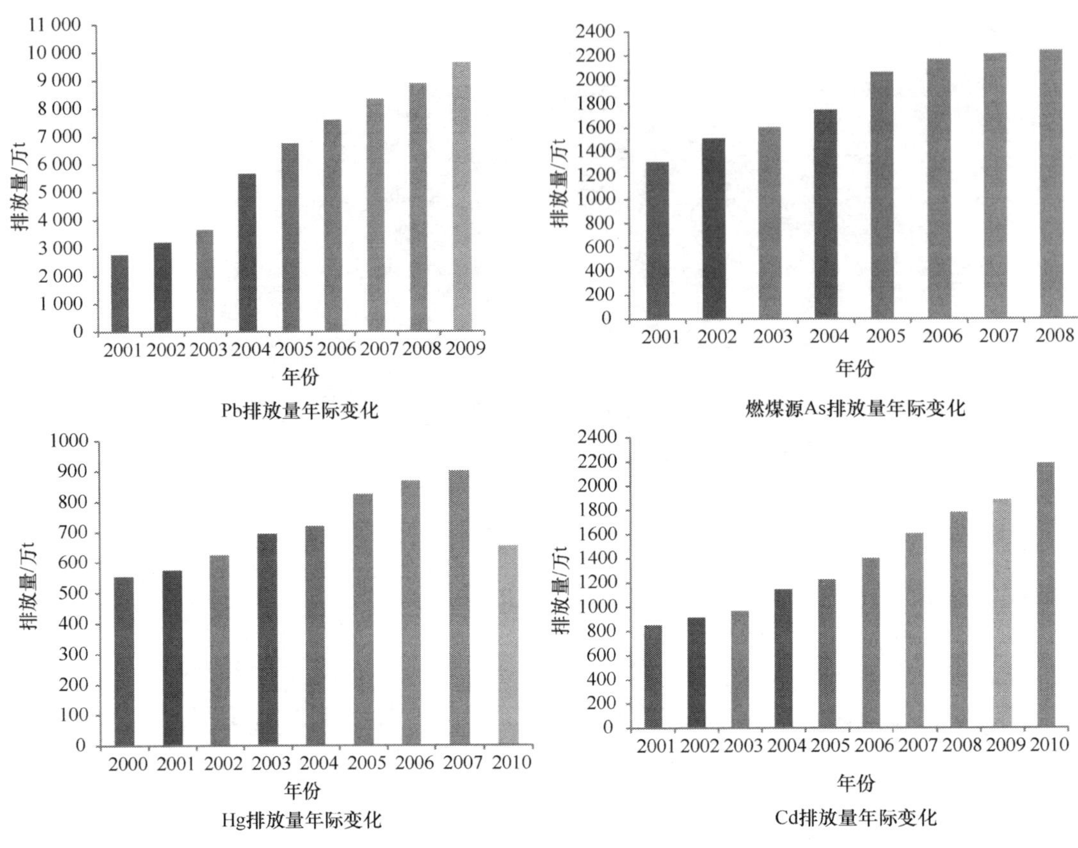

图 5-34 重金属排放量年际变化

从地区分布来看（图 5-35，图 5-36），各省份大气中重金属排放总量的大小依次为 Pb、Cr、Cd、As 和 Hg。

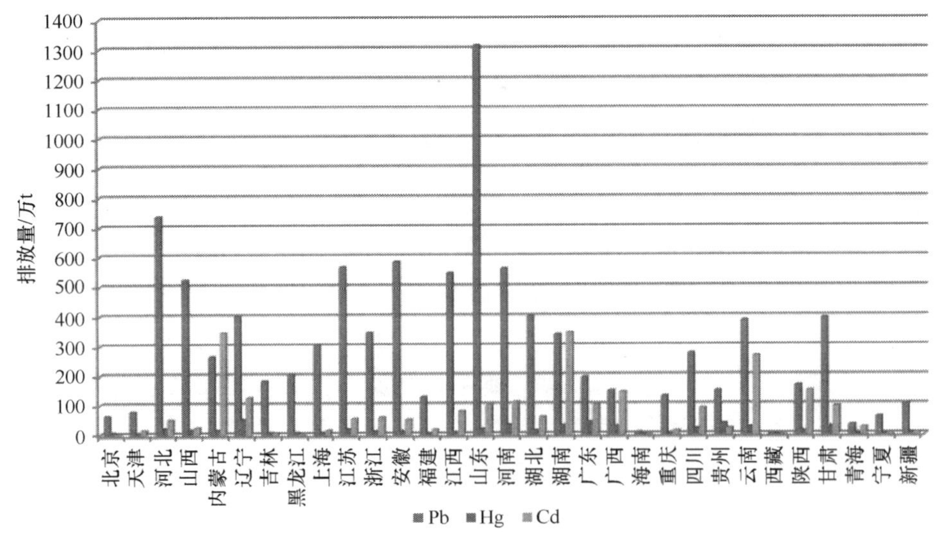

图 5-35 各地区 Pb、Cd 和 Hg 排放情况（彩图请扫描正文末页二维码阅读）

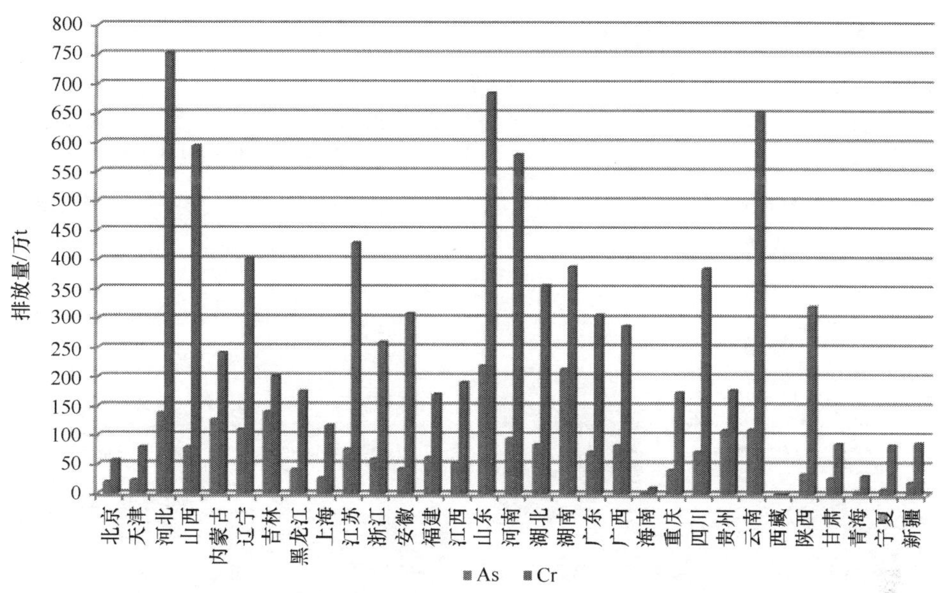

图5-36 各地区燃煤源As和Cr排放情况（彩图请扫描正文末页二维码阅读）

其中，9个地区Pb排放量超过400t，依次为：山东、河北、安徽、江苏、江西、河南、山西、湖北和辽宁，占全国排放总量的58.5%。排放量不足100t的地区依次为：天津、北京、宁夏、青海、海南和西藏，占全国排放总量的2.6%。

2008年Cr的排放总量（燃煤源排放）仅次于Pb，其中，Cr排放量超过400t的地区依次为：河北、山东、云南、山西、河南、江苏和辽宁，占全国排放总量的45.7%。排放量不足100t的地区依次为：新疆、甘肃、宁夏、天津、北京、青海、海南、西藏，占全国排放总量的4.9%。

2010年Cd的排放总量为2416.2t，其中排放量超过100t的地区依次为：内蒙古、湖南、云南、陕西、广西、辽宁、河南和山东，占全国排放总量的70.3%。排放量不足50t的地区依次为：青海、陕西、贵州、福建、上海、天津、重庆、吉林、新疆、宁夏、北京、黑龙江和海南，占全国排放总量的6.9%。

2009年燃煤源As的排放总量已达2205.59t，其中，排放量超过100t的地区依次为：山东、湖南、吉林、河北、内蒙古、云南、辽宁和贵州，占全国排放总量的53.1%。排放量不足50t的地区依次为：安徽、黑龙江、重庆、陕西、甘肃、上海、天津、新疆、北京、宁夏、青海和海南，占全国排放总量的13.4%。

中国Hg的排放总量占全球总量的30%~40%，以1999年为例，其中排放量超过30t的地区依次为：辽宁、广东、贵州、河南、湖南和广西，占全国排放总量的45.2%。排放量不足8t的地区依次为：新疆、天津、福建、青海、宁夏、内蒙古、西藏和海南，占全国排放总量的4.3%。

从行业及排放源的分布来看（图5-37），吴文俊等的研究数据表明，大气环境中As和Pb分担率最大的三个行业排放源为电力行业、工业部门和生活部门，分别为7910.16t、3879.6t和1172.54t，三者分担率合计为93.6%；有研究表明，Cd分担率最大的三个行业排放源为冶炼（包括铜、锌、铅冶炼）、工业部门（燃煤）和石油燃烧，分别为 1673.3t、303.2t 和 130.6t，三者分担率合计为 85.71%；David G. Streets 等的研究表明，Hg（包括 Hg^0、Hg^+和 Hg^{2+}）分担率最大的 4 个行业为工业部门、电力行业、金属冶炼行业和水泥生产部门，分别为 215.82t、124.26t、117.72t 和 91.56t，四者分担率合计为 84%；有研究数据表明，大气中 Cr 的主要来源为燃煤，在燃煤行业中，分担率最大的两个部门为工业部门和电力行业，分别为 7454.26t 和 1098.31t，两者合计分担率为 99.52%。

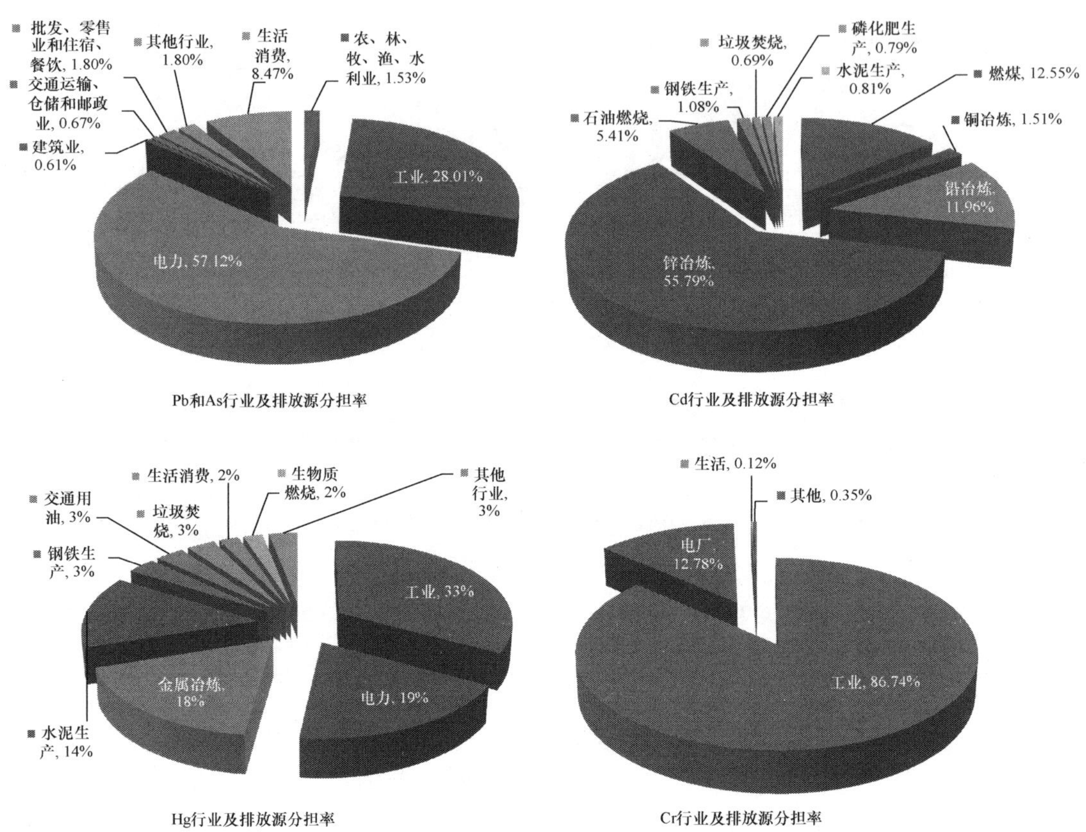

图 5-37　Pb 和 As、Cd、Hg、Cr 行业及排放源分担率

可见，大气环境中重金属的主要来源为工业部门、电力行业及冶金行业等。

从中国三大城市群分布来看，京津冀地区重金属污染主要为 Cr、Pb 和 As 的污染，其中 Pb 污染最严重，主要是由于天津、河北重工业企业和电力企业较多，煤炭的大量消费会向大气环境中排放大量的重金属颗粒物，此外该地区机动车辆较多，也会排放部分重金属的化合物，加重污染；长三角地区 Pb 污染最严重，其次为 Cr、Cd、As 污染，从产业结构看，该地区的工业部门、电力行业及冶炼行业发达，重金属排放总量随着工业产值的飙升大幅度上升；珠三角地区主要是 Cd、Hg 污染，该地区经济发展主要以第二、第三产业为支撑，燃煤电厂较少，煤炭消费量低，所以总体污染较轻。可见，目前中国的整体空气质量并不乐观，部分地区出现了重金属污染事件，控制和防治重金属污染势在必行。

5.1.10　小结

2013 年，我国发布了《大气污染防治计划》，根据计划，到 2017 年煤炭占能源消费总量比例将降低到 65%以下。然而，从图 5-38 中可见，我国能源消费总量呈线性增长，煤炭虽然在能源结构中的比例有所下降，但煤炭消费量逐年增加，估计到 2017 年，煤炭消费总量仍然可观。

虽然“十一五”以来，环保投入不断增加，技术工艺不断进步，环境监督和管理不断强化，二氧化硫污染有所缓解。但是，以煤为主的能源结构没有发生根本性的改变，我国大部分城市和地区依然呈现出以颗粒物和二氧化硫作为主要污染物的煤烟型污染特征。

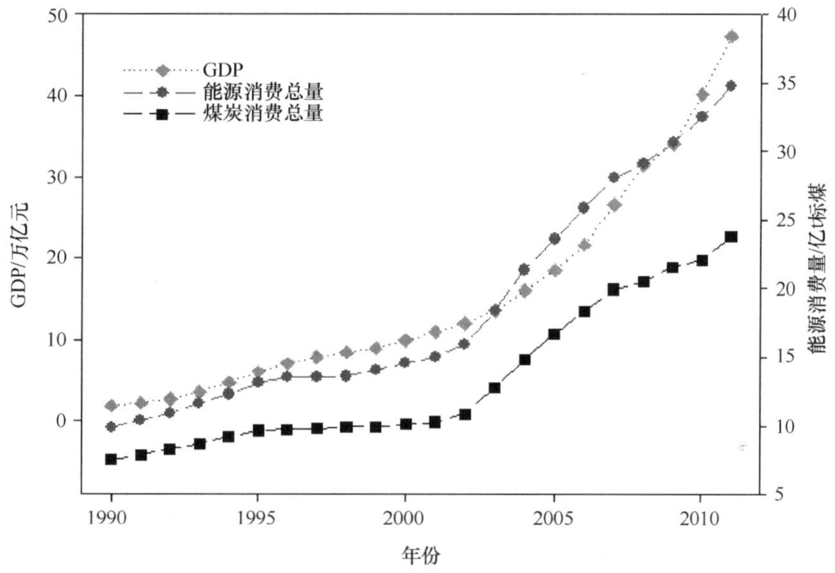

图 5-38　1990~2011 年我国能源消耗总量变化情况

煤炭燃烧所产生的大气颗粒物、二氧化硫、氮氧化物，以及铅、汞等有害重金属污染不仅给我国生态环境带来了巨大压力，也使得我国在国际中面临更多的跨境环境污染纷争。同时，区域酸雨形势较为稳定，没有明显的缓解，二氧化氮浓度在个别大中城市有逐渐上升的趋势，氮氧化物对区域酸雨的贡献也呈现增加态势。

此外，由于机动车保有量及其使用率不断提高、能源需求不断增加等，夏季，臭氧在珠江三角洲、上海等发达地区逐渐成为首要污染物，光化学污染呈现逐渐加重趋势。春冬季以 $PM_{2.5}$ 为典型代表的区域大气复合污染和灰霾天气，也已成为社会各界高度关注和亟待解决的重大环境问题。

综合来看，近年来我国主要城市大气污染得到一定程度的改善，但我国大气污染形势依然令人担忧。原有的常规大气环境污染问题尚未得到有效解决，细颗粒物、臭氧和灰霾等区域大气复合污染等新的环境问题突出显现，Hg 等重金属污染控制的压力越来越大。这就要求我们积极应对大气环境污染，减少源头排放、加快技术革新；调整优化产业结构、能源结构；完善环境经济政策，发挥市场机制作用；健全法律法规，明确政府、企业和社会责任并严格依法进行监督管理；建立区域协作机制、监测预警应急体系，统筹区域环境治理，妥善应对重污染天气；提高公众参与积极性，动员全民参与环境保护。

5.2　2010~2030年中国面临的大气环境压力预测分析

根据我国现有的社会经济状况和国际上发达国家的发展历程，对2010~2030年我国的社会经济发展趋势进行预测。在此基础上，分别在现有的政策条件下和在进一步加强环境管理的情况下预测大气污染物的排放情况。根据目前我国大气环境质量状况，研究认为以 PM_{10} 和 $PM_{2.5}$ 为代表的大气颗粒物污染将是我国相当长一段时期内面临的最主要的大气环境问题，$PM_{2.5}$ 污染何时得到解决，可能直接决定我国空气质量何时得到全面改善。

5.2.1　发展趋势预测

5.2.1.1　经济发展趋势预测

20世纪90年代中期，我国开始整体进入工业化中期阶段。至“十五”末期，我国仍处于工业化中期阶段。到2011年，我国人均GDP达到5432美元，三次产业比例分别为10.1∶46.8∶43.1，重工业占工业增加值的70%左右，城市化率达到51.3%，总体上我国经济发展水平已迈入中等收入国家行列，处于工业化进程的中后期阶段，并正逐步迈进工业化后期和经济稳定增长阶段，但还未完全实现工业现代化。

我国经济发展呈现出新特征。一是即将进入中速发展通道。作为追赶型经济体的典型代表，在经历了过去30年的高速发展后，我国很有可能如日本、韩国、法国、意大利、瑞典等国家在工业化和经济恢复的进程中所经历的一样，开始转入中速发展通道。我国GDP增速已从2010年第四季度以来连续6个季度持续放缓，并降至8%以下。二是经济增长的动力机制出现转换苗头。过度依赖投资、出口的经济增长模式开始转变，内需保持持续增长势头，有可能开启“消费驱动型经济增长”模式，市场性需求启动开始部分弥补刺激性政策的退出。我国人口红利等优势逐步消失，要素成本不断上升，技术进步对经济增长贡献日益提高。研发占GDP的比例从2005年的1.32%上升至2010年的1.76%。三是经济结构逐步调整。第二产业占GDP的比例由2005年的47.4%下降到2010年的46.8%，第三产业比例由40.5%提高到43%，虽然没有实现“十一五”预期目标，但反映了产业结构进一步优化调整的基本态势。而从工业内部结构看，重工业主导型特征依然明显，占比持续稳定在70%左右。四是区域经济格局发生变化。区域发展差距巨大，2010年人均地区生产总值最高的上海已经超过11 000美元（7.45万元人民币），而最低的贵州则刚刚超过2000美元（1.32万元人民币）。就产业和就业结构、城镇化水平等进行综合判断，我国东部地区总体上已经进入工业化后期，区域经济发展趋缓并平稳；而中西部地区还处于工业化中期阶段，有些地区甚至尚处于工业化初（中）期阶段，仍将呈现加速发展的态势。2008年以来，我国的中西部地区发展速度持续超过东部地区，对国民经济的贡献率有所提升，区域发展相对差距趋于缩小，这种区域经济增长的趋势在中期阶段仍将持续，我国区域经济多元化增长格局正在形成，经济增长重心呈现向中西部转移特征。

综合上述分析，预计我国将在 2020 年左右基本完成工业化进入后工业化阶段，2030 年左右基本完成城市化进程。按照世界银行收入分组标准，2011 年我国处于中等偏上收入国家行列。假设我国保持 7%~8%的经济增速，并考虑到人民币升值等因素，到 2020 年，预计我国人均 GDP 将达到 11 000 美元左右，基本能够进入世界高收入国家行列，能够大体实现工业化的发展水平，如图 5-39 所示。我国三产结构预期将由 2010 年的 10.1∶46.8∶43.1 调整至 2020 年的 7∶43∶50 左右、2030 年的 5∶36∶59 左右（表 5-3）。我国政府提出到 2020 年建设创新型国家的奋斗目标，世界银行预测到 2030 年中国有可能建成以创造力和思想推动经济增长的国家。另外，美国、法国、日本、韩国等国家城市化进程都有一个持续几十年的明显上升期，在达到 70%左右开始基本稳定或呈现极为缓慢的增长。2011 年我国的城市率为 51%，预计中国城市化率 2020 年将达到 60%，2030 年将达到 67%左右，大体上在 2030 年前后基本完成城市化。

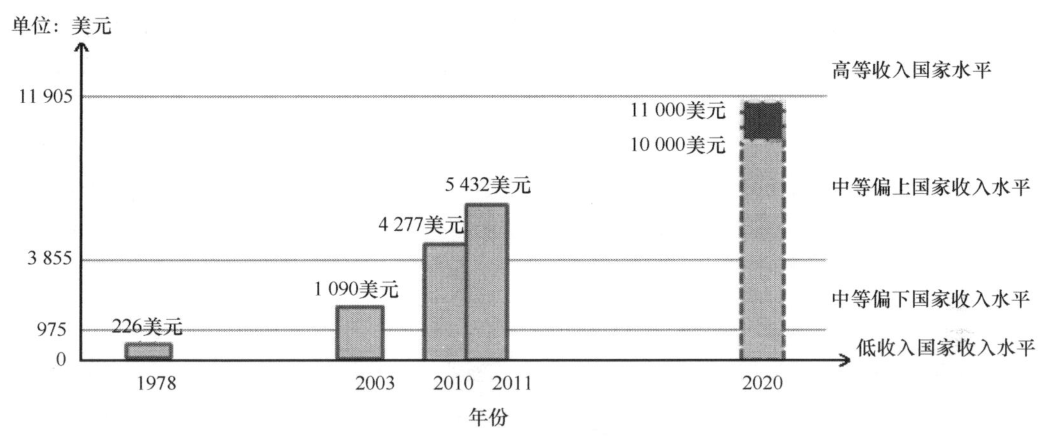

图 5-39　我国人均 GDP 增长预期

表 5-3　我国产业结构比例预期　（%）

产业结构	行业比例	2011 年	2020 年	2030 年
产业结构	工业比例	46.8	43	36
	服务业比例	43.1	50	59
	农业比例	10.1	7	5

5.2.1.2　能源消耗压力预测

英国、法国和韩国大体上在人均 GDP 达到 12 000 国际元后能源消耗增长放缓。美国在 1955 年，德国、法国在 20 世纪 70 年代中期完成工业化后，钢铁、水泥消耗开始明显减少。2011 年，我国一次能源消费量占世界总量的 21.3%（我国经济总量约占世界经济的 10%），仍保持较高增长水平。预期在基本完成工业化后，我国人均能源消耗增长将开始放缓；完成城市化后，单位经济总量的物质需求开始明显减少。

（1）2010~2020 年工业能源消费预测

根据经济预测结果和能源消费系数，对我国工业 39 个行业的 2010~2020 年能源消费总量进行预测，结果见表 5-4。可见，随着经济的增长，我国工业行业能源消费总量增长较快，“十二五”期间增长 18.21%，“十三五”预计增长 3.39%，2020 年工业能源消耗总量预计达到 27.78 亿 t 标煤左右。从行业看，黑色金属冶炼及压延加工业、化学原料及化学制品制造业、非金属矿物制品业、电力热力的生产和供应业、有色金属冶炼及压延加工业、煤炭开采和洗选业等行业是能源消费的主要部门。并且，除了黑色冶金和非金属制造业外，其他重点行业能源消费总量在 2020 年前都在不断增加，但增长趋势渐缓。

表 5-4　工业能源消耗总量预测结果　　（单位：万 t 标煤）

行业	2007 年	2015 年	2020 年
煤炭开采和洗选业	7 170.75	13 710.28	16 568.63
石油和天然气开采业	3 677.49	4 975.60	5 582.82
黑色金属矿采选业	1 313.84	2 667.46	3 164.61
有色金属矿采选业	820.25	1 171.15	1 086.15
非金属矿采选业	946.93	2 173.99	2 555.40
其他采矿业	126.51	418.60	655.50
农副食品加工业	2 335.75	4 940.94	6 966.11
食品制造业	1 322.19	2 685.79	3 803.53
饮料制造业	979.85	1 993.35	2 568.27
烟草制品业	230.19	324.17	347.05
纺织业	6 207.57	8 697.02	8 879.83
纺织服装、鞋、帽制造业	676.27	1 015.84	1 087.54
皮革、毛皮、羽毛（绒）及其制品业	375.33	531.73	542.92
木材加工及木、竹、藤、棕、草制品业	828.88	1 614.70	1 728.65
家具制造业	147.82	2 17.53	232.88
造纸及纸制品业	3 342.68	4 612.45	4 914.84
印刷业和记录媒介的复制	323.53	515.67	575.89
文教体育用品制造业	207.68	361.62	423.12
石油加工、炼焦及核燃料加工业	13 176.51	12 935.11	11 996.19
化学原料及化学制品制造业	27 245.27	40 095.30	47 130.44
医药制造业	1 183.14	2 175.71	2 557.49
化学纤维制造业	1 553.97	1 542.94	1 362.83
橡胶制品业	1 259.12	1 749.77	1 703.15
塑料制品业	1 625.99	2 436.07	2 259.26
非金属矿物制品业	20 354.84	33 612.11	25 701.32
黑色金属冶炼及压延加工业	47 774.37	54 559.13	47 252.67
有色金属冶炼及压延加工业	10 686.37	15 178.11	15 497.22
金属制品业	2 832.47	5 847.93	8 619.56
通用设备制造业	2 586.52	5 507.54	7 764.96
专用设备制造业	1 441.14	2 851.28	3 673.61

续表

行业	2007 年	2015 年	2020 年
交通运输设备制造业	2 376.95	4 748.85	5 845.36
电气机械及器材制造业	1 543.42	3 273.20	4 614.79
通信设备、计算机及其他电子设备制造业	2 007.02	3 614.14	4 872.02
仪器仪表及文化、办公用机械制造业	259.09	376.56	442.63
工艺品及其他制造业	1 285.44	1 580.25	1 538.06
废弃资源和废旧材料回收加工业	49.45	154.06	258.86
电力、热力的生产和供应业	18 474.59	21 583.92	20 310.64
燃气生产和供应业	616.4	1 401.34	1 805.51
水的生产和供应业	801.73	861.17	879.26
工业合计	190 167.3	268 712.4	277 769.6

同时，经预测可得，2010~2020 年我国工业主要能源消费量都有不同程度增长（表 5-5）。其中，煤炭消费量“十二五”期间增长 30.83%，到 2020 年回落到 31.56 亿 t，比 2015 年下降 1.93%，其所占能源消费总量的比例由 2007 年的 84.02%下降到 2020 年的 79.46%。石油消费量“十二五”期间增长 25%，“十三五”将增长 9.33%，到 2020 年为 2.46 亿 t。其所占能源消费总量的比例由 2007 年的 10.3%增长到 2020 年 12.4%。天然气消费量“十二五”期间将增长 30.31%，到 2020 年达到 99.29 亿 m^3，比 2015 年增长 18.94%，其所占能源消费总量的比例由 2007 年的 3.25%上升到 2020 年的 4.65%。其他能源消费量“十二五”期间增长 32.54%，到 2020 年达到 9919.44 万 t 标煤，比 2015 年增长 18.86%。

表 5-5　工业主要能源消费预测量

年份	煤炭/亿 t	石油/亿 t	天然气/亿 m^3	其他能源（水电/核电等）/万 t 标煤
2007	24.53	1.50	50.97	5049.53
2015	32.18	2.25	83.48	8345.19
2020	31.56	2.46	99.29	9919.44

（2）2010~2020 年生活能源消费预测

根据生活能源消费系数，结合城镇、农村预测人口数，分别预测得出城镇生活、农村生活各项商品能源消费量结果，见表 5-6。由于我国城镇化率逐年提高，在预测年将一直保持农村人口向城镇流动的趋势，使城镇人口快速发展，而农村人口呈现缓慢下降的趋势。因此，虽然城镇人均总能源消费量和农村人均总能源消费量都逐年增长，但城镇商品能源消费量快速增长，“十二五”期间增长 23.88%，2020 年将比 2015 年增长 16.62%，而农村商品能源消费量稳中有降，“十二五”期间增长 1.17%，2020 年将比 2015 年下降 5.07%，且城镇商品能源消费量占生活商品能源消费量的比例由 2007 年的 62.60%上升到 2020 年的 74.03%。从各项生活商品能源看，我国生活用煤炭消费量呈现逐年下降的趋势，“十二五”期间下降 14%，2020 年将比 2015 年下降 9.76%。而生活用石油、天然气和其他能源消费量均呈现逐年上升趋势，“十二五”期间将分别增长 25.71%、50.67%和 22.08%，2020 年将比 2015 年分别增长 15.3%、25.59%和 12.74%。

表 5-6　生活商品能源消费量预测结果

项目	指标	2007 年	2015 年	2020 年
城镇	总能耗/万 t 标煤	16 770.91	22 558.90	26 307.22
	煤炭/万 t	2 150.61	2 178.95	2 150.44
	石油/万 t	2 048.63	2 842.42	3 373.67
	天然气/万 m^3	132 932.33	211 293.86	265 494.43
	其他/万 t 标煤	4 587.24	6 223.63	7 271.71
农村	总能耗/万 t 标煤	10 018.80	9 720.33	9 227.71
	煤炭/万 t	5 689.99	4 618.04	3 983.33
	石油/万 t	557.74	577.97	570.09
	天然气/万 m^3	453.38	512.83	523.16
	其他/万 t 标煤	1 832.25	2 006.99	2 007.50
合计	总能耗/万 t 标煤	26 789.71	32 279.23	35 534.93
	煤炭/万 t	7 840.6	6 796.99	6 133.77
	石油/万 t	2 606.37	3 420.39	3 943.76
	天然气/万 m^3	133 385.71	211 806.69	266 017.60
	其他/万 t 标煤	6 419.49	8 230.62	9 279.21

另外，农村除使用常规商品能源外，还会使用部分非商品能源，主要包括沼气、秸秆和薪柴等。根据非商品能源消费系数和农村人口预测数据，对 2010~2020 年生活非商品能源消费量的预测结果见表 5-7。可见，农村非商品能源消费总量“十二五”期间下降 2.41%，2020 年预计达到 2.68 亿 t，比 2015 年降低 5.63%。其中，为了提高能源利用效率，并提高清洁能源的消费比例，沼气的消费量快速提高，2015 年比 2010 年增长 26.36%，2020 年比 2015 年增长 13.52%；秸秆和薪柴的消费量都在 2010 年后呈现逐年下降的趋势。

表 5-7　生活非商品能源消费量预测结果

用能领域	指标	2007 年	2015 年	2020 年
生活用能	沼气/亿 m^3	102.40	155.45	176.46
	秸秆/亿 t	3.40	3.88	3.63
	薪柴/亿 t	1.82	1.86	1.75
	合计/亿 t 标煤	2.60	2.84	2.68

（3）2010~2020 年能源消费总量预测

由表 5-8 可知，我国能源消费总量在“十二五”期间增长 16.6%，2020 年将达到 41.97 亿 t，比 2015 年增长 6.33%。从终端能源消费来看，工业能源消费量占能源消费总量的比例在 2015 年左右达到最大，2015 年为 68.1%，然后逐年下降，2020 年为 66.2%；生活商品能源消费量占能源消费总量的比例在未来 10 年基本保持稳定；其他行业占能源消费总量的比例在 2010 年后不断提高，预计到 2020 年将达到 19.0%。从能源消费结构来看，煤炭的消费比例呈逐年下降趋势，到 2020 年为 64.84%，比 2015 年降低 4.55 个百分点；石油、天然气和其他能源的消费比例呈逐年上升，“十二五”期间分别增长 2.23 个百分点、0.69 个百分点和 1.84 个百分点，2020 年比 2015 年再分别增加 3.39 个百分点、

0.69 个百分点和 0.47 个百分点。从能源消费强度来看（图 5-40），煤炭、石油、天然气及其他能源的消费强度都呈明显下降趋势，“十二五”期间分别下降 28.56%、17.27%、11.35%、14.42%，2020 年比 2015 年再分别下降 34.38%、19.57%、18.66%、18.35%。从燃料煤、燃料油消费量来看（表 5-9），除了生活用燃料煤消费量逐年降低之外，所有行业的燃料煤和燃料油消费量都逐年提高。工业行业燃料煤和燃料油消费量在“十二五”期间分别增长 14.36%和 36.84%，2020 年比 2015 年分别再增长 0.21%和 11.54%；生活用燃料煤消费量逐年下降，“十二五”期间下降 13.92%，2020 年比 2015 年再下降 10.29%，而生活用燃料油消费量逐年上升，“十二五”期间增长 25.93%，2020 年比 2015 年上涨 14.71%；其他行业燃料煤和燃料油消费量“十二五”期间分别增长 1.82%和 33.04%，2020 年比 2015 年分别增长 1.79%和 28.48%。电力行业、非金属制品业、化工行业和黑色冶金行业都是燃料煤的主要适用行业。

表 5-8　能源消费量预测结果　（单位：亿 t 标煤）

领域	2007 年	2015 年	2020 年
工业	19.02	26.87	27.78
生活	2.68	3.23	3.55
其他	4.86	6.53	7.96
非商品能源	2.57	2.84	2.68
合计	29.13	39.47	41.97

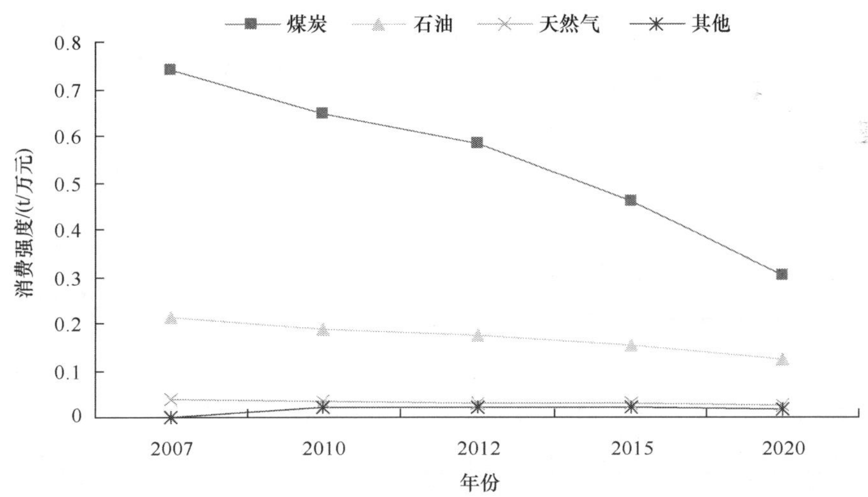

图 5-40　主要能源消费强度

表 5-9　各部门燃烧煤和燃料油消费量　（单位：亿 t 标煤）

领域	2007 年		2015 年		2020 年	
	燃料煤	燃料油	燃料煤	燃料油	燃料煤	燃料油
工业	17.61	0.59	23.65	1.04	23.70	1.16
生活	0.78	0.26	0.68	0.34	0.61	0.39
其他	0.53	1.93	0.56	3.02	0.57	3.88

5.2.2 主要大气污染物排放趋势预测

5.2.2.1 二氧化硫排放量预测

方案一

（1）燃烧过程

根据燃料煤、燃料油的消费量，以及各个行业燃烧过程中在现有的政策条件趋势下的二氧化硫削减系数，预测 2010~2020 年各部门燃烧过程二氧化硫排放量如表 5-10 所示。2010~2020 年燃烧过程二氧化硫排放量呈现先升后降的趋势，在 2015 年左右达到拐点。2015 年比 2010 年增长了 7.06%，2020 年比 2015 年下降了 8.17%。其中，工业燃烧过程二氧化硫排放量与燃烧过程二氧化硫排放总量的趋势相同，“十二五”期间增长了 7.22%，2020 年比 2015 年下降了 10.18%；而生活及其他行业燃烧过程二氧化硫排放量呈现逐年上升的趋势，“十二五”期间增长了 2.87%，2020 年比 2015 年增长了 8.67%。

表 5-10 在现有发展趋势下燃烧过程二氧化硫排放量 （单位：万 t）

领域	2010 年	2015 年	2020 年
工业	1814.73	1945.72	1747.60
生活及其他	219.56	232.24	252.38
合计	2034.29	2177.96	1999.98

表 5-11 给出在现有发展趋势下燃烧过程主要行业 2010~2020 年二氧化硫排放量预测结果。电力行业、非金属制造业、黑色金属冶炼业和化学工业分别占燃烧过程二氧化硫排放量的 50%、9%、5%、5%左右，排在前四位，2010~2020 年二氧化硫排放量均呈逐年上升的趋势。其中，电力行业作为二氧化硫排放的最主要行业，预计在“十二五”期间二氧化硫排放量增长了 5.07%，2020 年将比 2015 年增长了 3%。

表 5-11 在现有发展趋势下燃烧过程主要行业二氧化硫排放量 （单位：万 t）

主要行业	2010 年	2015 年	2020 年
电力行业	60.00	63.04	64.93
化工行业	36.00	37.82	38.96
黑色金属冶炼业	23.50	24.69	25.43
非金属制品业	13.50	14.18	14.61

（2）工艺过程

在现有的治理趋势水平下，2010~2020 年工艺过程二氧化硫排放量如表 5-12 所示。预计工艺过程二氧化硫排放总量“十二五”期间增长了 10.98%，而 2020 年比 2015 年下降了 2.6%。在工艺过程二氧化硫排放中，非金属矿物制品业和黑色金属冶炼及压延加工业的工艺过程二氧化硫排放量相对较高，各占工艺过程二氧化硫排放总量的 30%左右。除了化学原料及化学制品制造业的二氧化硫排放量逐年上升外，其他行业的二氧化硫排放量都呈现先升后降的趋势。

表 5-12　在现有治理趋势水平下工艺过程主要行业二氧化硫排放量　（单位：万 t）

主要行业	2010 年	2015 年	2020 年
非金属矿物制品业	123.17	160.67	145.56
黑色金属冶炼及压延加工业	126.85	148.69	145.84
有色金属冶炼及压延加工业	49.13	49.42	44.10
石油加工炼焦及核燃料加工业	44.58	46.35	42.82
化学原料及化学制品制造业	31.31	43.54	58.70
总计	375.04	448.67	437.02

（3）合计

在现有的治理趋势水平下，2010~2020 年二氧化硫排放总量及各主要部门的排放比例如表 5-13 所示。预计二氧化硫排放总量在 2015 年左右达到拐点，之后开始逐年下降，“十二五”期间增长了 9.02%，2020 年比 2015 年下降了 7.22%。在二氧化硫排放总量中工业燃烧过程二氧化硫排放量一直占据主要地位，但其占二氧化硫排放总量的比例逐年下降，2015 年比 2010 年下降 1.24 个百分点，2020 年比 2015 年再下降 2.37 个百分点。其中，电力行业作为二氧化硫治理的重点行业，占二氧化硫排放总量的比例也呈逐年下降，2015 年比 2010 年下降 1.81 个百分点，2020 年比 2015 年再下降 0.99 个百分点。生活及其他行业由于污染源相对分散，治理相对困难，而且排放量快速增长，因此其二氧化硫排放量和排放比例都呈上升的趋势。预计在“十二五”期间占二氧化硫排放总量的比例仍有下降，但 2020 年比 2015 年上涨 1.52 个百分点。

表 5-13　在现有治理趋势水平下二氧化硫排放总量及主要部门二氧化硫排放比例

主要行业	2010 年	2015 年	2020 年
工业燃烧过程二氧化硫排放量/%	75.32	74.08	71.71
其中：电力行业/%	43.37	41.56	40.57
工艺过程二氧化硫排放量/%	16.39	17.98	18.88
生活及其他/%	9.11	8.84	10.36
二氧化硫排放总量/万 t	2409.33	2626.63	2437.00

方案二

方案二是在进一步加强环境管理的情况下，预测年内大气污染物的排放情况，因此方案二预测在“十二五”和“十三五”期间，我国将进一步加强对大气主要污染物的污染治理工作，预测到 2020 年二氧化硫排放量将在 2010 年的基础上削减 10%。

（1）燃烧过程

根据燃料煤、燃料油的消费量，以及各个行业燃烧过程中在国家加强环境管理的情况下的二氧化硫削减系数，预测 2010~2020 年各部门燃烧过程二氧化硫排放量如表 5-14 所示。燃烧过程二氧化硫排放量呈现下降趋势，2015 年比 2010 年下降了 4.37%，2020 年比 2015 年下降了 21.26%。其中，工业、生活及其他行业燃烧过程二氧化硫排放量“十二五”期间分别下降了 0.22%和 31.79%，2020 年比 2015 年分别下降了 20.89%和 24.85%。

表 5-14　在加强控制趋势下燃烧过程二氧化硫排放量　（单位：万 t）

领域	2010 年	2015 年	2020 年
工业	1710.80	1707.01	1350.41
生活及其他	258.98	176.65	132.75
合计	1969.78	1883.66	1483.16

（2）工艺过程

在国家加强环境管理的情况下，2010~2020 年工艺过程二氧化硫排放量如表 5-15 所示。预计工艺过程二氧化硫排放总量“十二五”期间增长了 17.71%，而 2020 年比 2015 年下降了 3.56%。在工艺过程二氧化硫排放中，非金属矿物制品业和黑色金属冶炼及压延加工业的工艺过程二氧化硫排放量相对较高，各占工艺过程二氧化硫排放总量的 30%左右。非金属矿物制品业和黑色金属冶炼及压延加工业二氧化硫排放量先升后降，有色金属冶炼及压延加工业和石油加工炼焦及核燃料加工业为逐年下降，化学原料及化学制品制造业为逐年上升。

表 5-15　在加强控制趋势下工艺过程主要行业二氧化硫排放量　（单位：万 t）

主要行业	2010 年	2015 年	2020 年
非金属矿物制品业	122.32	159.40	144.23
黑色金属冶炼及压延加工业	124.33	145.33	142.07
有色金属冶炼及压延加工业	42.11	41.18	35.28
石油加工炼焦及核燃料加工业	42.23	37.82	33.42
化学原料及化学制品制造业	29.08	40.11	53.72
总计	360.07	423.84	408.72

（3）合计

在国家加强环境管理的情况下，2010~2020 年二氧化硫排放总量及各主要部门的二氧化硫排放比例如表 5-16 所示。预计二氧化硫排放总量 “十二五”期间下降了 0.8%，而 2020 年比 2015 年下降了 17.87%。工业燃烧过程二氧化硫排放量占二氧化硫排放总量的比例逐年下降，2015 年比 2010 年下降了 1.98%，2020 年与 2015 年相比又下降了 3.67%。其中，电力行业作为二氧化硫治理的重点行业，占二氧化硫排放总量的比例也呈逐年下降，2015 年比 2010 年下降了 8.91%，2020 年比 2015 年下降了 11.18%。

表 5-16　在加强控制趋势下二氧化硫排放总量及主要部门二氧化硫排放比例

主要行业	2010 年	2015 年	2020 年
工业燃烧过程二氧化硫排放量/%	74.75	73.27	70.58
其中：电力行业/%	41.43	37.74	33.52
工艺过程二氧化硫排放量/%	16.56	19.15	22.49
生活及其他/%	8.69	7.58	6.94
二氧化硫排放总量/万 t	2348.79	2329.80	1913.39

5.2.2.2　氮氧化物排放量预测

方案一

（1）氮氧化物排放总量

根据能源消费总量和氮氧化物排放系数，预测的 2010~2020 年氮氧化物排放量如表 5-17 所示。氮氧化物排放总量逐年上升，“十二五”期间增长了 14.9%，2020 年比 2015 年增长了 1.13%。其中，工业氮氧化物排放量呈现先升后降的趋势，在 2015 年左右达到拐点，“十二五”期间增长了 10.8%，但 2020 年比 2015 年下降了 5.96%。而生活及其他行业氮氧化物排放量“十二五”期间增长了 26.4%，2020 年比 2015 年增长了 18.5%，它的增长导致氮氧化物排放总量的快速增长。

表 5-17　在现有发展趋势下主要部门氮氧化物排放量　　（单位：万 t）

领域	2010 年	2015 年	2020 年
工业	1642.10	1819.39	1711.02
生活及其他	586.58	741.56	878.77
合计	2228.68	2560.95	2589.79

表 5-18 给出在现有发展趋势下主要行业 2010~2020 年氮氧化物排放量预测结果。鉴于电力行业是氮氧化物的重要排放部门，占氮氧化物排放总量的 50%以上，占工业氮氧化物排放总量的 80%左右，故电力行业是氮氧化物治理的重点。因此，电力行业的氮氧化物排放量虽然在预测年内一直占据首位，但占氮氧化物排放总量的比例不断降低。预计电力行业氮氧化物排放量“十二五”期间增长了 10.26%，但 2020 年氮氧化物治理收到一定效果，比 2015 年下降了 5.18%。

表 5-18　在现有发展趋势下主要行业氮氧化物排放量　　（单位：万 t）

主要行业	2010 年	2015 年	2020 年
电力行业	1235.45	1362.20	1291.66
非金属制品业	89.91	95.47	63.07
黑色冶金业	62.30	69.22	64.25
化工行业	55.13	58.74	54.75

（2）机动车氮氧化物排放量

在预测机动车的各种污染物排放量过程中，排放因子的确定没有考虑到污染物的产生和各种机动车尾气治理设施的不同情况，因此在预测与机动车相关的各项污染物排放时只能预测一种情况下的排放量。机动车氮氧化物排放总量逐年上升，2015 年达到 255.60 万 t，占氮氧化物排放总量的 10%，“十二五”期间增长了 30.55%，2020 年达到 322.46 万 t，比 2015 年增长了 26.16%，占氮氧化物排放总量的 12.5%。

方案二

方案二预测在“十二五”和“十三五”期间，我国将进一步加强对氮氧化物的污染治理工作，预测到 2020 年氮氧化物排放量将在 2010 年的基础上削减 12.03%。根据能源消费总量和氮氧化物排放系数，预测的 2010~2020 年氮氧化物排放量如表 5-19 所示。氮氧化物排放总量在 2015 年左右达到拐点后逐步下降，2015 年与 2010 年基本持平，而

2020 年比 2015 年降低了 12%。其中，工业行业是氮氧化物排放的主要部门，也是氮氧化物治理的重点。预计工业氮氧化物排放量在“十二五”期间下降了 2.17%，2020 年比 2015 年再下降 15.85%。在国家加强氮氧化物治理的情况下，生活及其他行业氮氧化物排放控制同样得到重视，预计生活及其他行业氮氧化物排放量“十二五”期间增长 6%，而 2020 年比 2015 年下降了 1.66%。另外，表 5-20 给出在国家加强环境管理的情况下主要行业 2010~2020 年氮氧化物排放量预测结果。其中，电力行业的氮氧化物排放量在预测年内一直占据首位，但占氮氧化物排放总量的比例不断降低。

表 5-19　在加强控制趋势下主要部门氮氧化物排放量　（单位：万 t）

领域	2010 年	2015 年	2020 年
工业	1585.45	1551.12	1305.26
生活及其他	550.44	583.39	573.68
合计	2135.89	2134.51	1878.94

表 5-20　在加强控制趋势下主要行业氮氧化物排放量　（单位：万 t）

主要行业	2010 年	2015 年	2020 年
电力行业	1192.05	1154.23	972.73
非金属制品业	87.67	85.22	52.44
黑色金属冶炼业	60.01	62.67	55.03
化工行业	54.59	49.64	38.23

5.2.2.3　烟尘排放量预测

方案一

根据能源消费总量和烟尘排放系数，预测的在现有治理趋势和管理水平下 2010~2020 年烟尘排放量如表 5-21 所示。烟尘排放总量逐年下降，预计“十二五”期间下降了 22.1%，2020 年比 2015 年又降低了 24%。在烟尘治理过程中由于工业烟尘治理相对成熟，因此在预测年内预计将以生活及其他行业治理为重点。其中，工业烟尘排放量预计在“十二五”期间降低了 19.3%，2020 年比 2015 年又下降了 23%；生活及其他行业烟尘排放量预计在“十二五”期间降低了 52.8%，2020 年比 2015 年又降低了 43.1%。

表 5-21　现有发展趋势下主要部门烟尘排放量　（单位：万 t）

领域	2010 年	2015 年	2020 年
工业	970.60	783.42	603.70
生活及其他	88.12	41.58	23.66
合计	1058.72	825.00	627.36

表 5-22 给出在现有发展趋势下主要行业 2010~2020 年烟尘排放量预测结果。电力行业、非金属制品业、石油加工业和化工行业是烟尘的重要排放部门，约占工业烟尘排放总量的 65%以上，是烟尘治理的重点行业。其中，电力行业的烟尘排放量在预测年内一直占据首位，虽然电力行业的烟尘处理率已经相对较高，但在预测年内烟尘排放量随

产品产量增长仍将不断增长。预计“十二五”期间将增长 15.23%，2020 年比 2015 年再增长 2.3%。非金属制品业、石油加工业和化工行业由于目前的烟尘处理仍有一定潜力，因此在预测年内都有一定程度降低。以非金属制品业为例，预计在“十二五”期间烟尘排放量降低了 32.3%，2020 年比 2015 年又降低了 67.9%。

表 5-22　在现有发展趋势下主要行业烟尘排放量　（单位：万 t）

主要行业	2010 年	2015 年	2020 年
电力行业	275.63	317.62	324.88
非金属制品业	178.74	121.01	38.88
石油加工业	133.61	62.94	35.04
化工行业	110.37	82.53	64.20

方案二

在国家加强环境管理的情况下，2010~2020 年烟尘排放量如表 5-23 所示。烟尘排放总量逐年下降，预计 2015 比 2010 年降低了 20%，2020 年比 2015 年再降低 25%。其中，工业和生活及其他行业烟尘排放量“十二五”期间分别降低了 19.2%和 47%，2020 年比 2015 年又分别下降 23%和 29%。

表 5-23　在加强控制趋势下主要部门烟尘排放量　（单位：万 t）

领域	2010 年	2015 年	2020 年
工业	958.22	774.18	596.49
生活及其他	29.37	15.59	9.47
合计	987.59	789.77	605.96

5.2.2.4　工业粉尘排放量预测

方案一

在现有治理趋势和管理水平下 2010~2020 年工业粉尘排放量预测情况如表 5-24 所示。由于我国的除尘技术和管理水平已经相对成熟，因此工业粉尘排放量在预测年内逐年下降，预计“十二五”期间下降了 9.38%，2020 年比 2015 年再下降 43.18%。对于粉尘排放量最高的非金属制品业，其排放量在“十二五”期间下降了 4.95%，2020 年比 2015 年再下降 45.25%。

表 5-24　在现有发展趋势下工业主要行业粉尘排放量　（单位：万 t）

主要行业	2010 年	2015 年	2020 年
非金属制品业	533.83	507.39	277.80
黑色金属冶炼业	191.52	148.91	86.33
有色金属冶炼业	37.32	32.86	22.39
化学工业	12.28	13.55	12.16
石油加工及炼焦业	5.54	4.58	3.21
工业合计	821.58	744.50	423.05

方案二

在国家加强环境管理的情况下，2010~2020 年工业粉尘排放量如表 5-25 所示。工业粉尘排放量在预测年内逐年下降，预计“十二五”期间下降了 14.18%，2020 年比 2015 年再下降 50.4%。对于粉尘排放量最高的非金属制品业，其排放量在“十二五”期间将下降了 10%，2020 年比 2015 年再下降 52.2%。

表 5-25　在加强控制趋势下工业主要行业粉尘排放量　（单位：万 t）

主要行业	2010 年	2015 年	2020 年
非金属制品业	461.20	415.14	198.43
黑色金属冶炼业	165.47	121.83	61.67
有色金属冶炼业	32.24	26.89	16.00
化学工业	10.61	11.08	8.69
石油加工及炼焦业	4.79	3.74	2.30
工业合计	709.80	609.14	302.18

5.2.3　大气环境质量压力预测

根据我国 333 个地级及以上城市的大气环境监测数据，2010 年我国地级城市的 SO_2、NO_2 和 PM_{10} 年均浓度分别为 35μg/m^3、28μg/m^3 和 79μg/m^3。根据《环境空气质量标准》（GB 3095—1996），有 18 个城市的 SO_2 年均浓度没有达到国家二级标准，有 50 个城市的 PM_{10} 年均浓度没有达到国家二级标准，共有 61 个城市存在着空气质量不能达到年均浓度国家标准的问题；根据《环境空气质量标准》（GB 3095—2012），这 333 个地级及以上城市中，不能达到 SO_2、NO_2 和 PM_{10} 年均浓度二级标准的城市数量将分别升高至 18 个、51 个和 201 个，即使不考虑 $PM_{2.5}$ 和 O_3 污染的问题，也有 216 个城市的空气质量不能达到年均浓度国家标准。如果依据世界卫生组织 2005 年更新的空气质量指导值来衡量，我国城市大气环境中的 NO_2 年均浓度与世界卫生组织的要求（40μg/m^3）差距不大，大部分城市的 NO_2 年均浓度均能达到这一要求；但 PM_{10} 的年均浓度则与世界卫生组织的要求（20μg/m^3）差距甚远，甚至连我国 PM_{10} 年均浓度最低的城市海口也未达到这一要求，而全国城市的平均 PM_{10} 年均浓度比世界卫生组织的标准高出 3 倍。世界卫生组织在 2005 年更新的空气质量指导值中弱化了对 SO_2 的要求，根据欧美发达国家的控制经验，在目前的浓度水平下，SO_2 对人体健康的影响已经远远低于大气颗粒物，尤其是 $PM_{2.5}$ 的影响，因此，只要满足了对 $PM_{2.5}$ 的控制要求，大气环境中 SO_2 对人体健康的影响就基本上可以忽略。我国现在针对 $PM_{2.5}$ 监测的数据还相对缺乏，但是根据国内外开展研究的经验数据，大气中 $PM_{2.5}$ 的质量浓度为 PM_{10} 质量浓度的 50%~60%，由此判断，我国大气环境中 $PM_{2.5}$ 的质量浓度至少比世界卫生组织的指导值高出 3 倍。综上所述，以 PM_{10} 和 $PM_{2.5}$ 为代表的大气颗粒物污染将是我国相当长一段时期内面临的最主要的大气环境问题。由于大气颗粒物来源的复杂性，对于我国大部分城市，尤其是东部空气污染较为严重的城市而言，$PM_{2.5}$ 污染的控制难度大于 PM_{10}，因此，$PM_{2.5}$ 污染何时得到解决，可能直接决定我国空气质量何时得到全面改善。

根据我国经济发展的宏观形势进行判断，直至 2020 年，我国将仍然处于工业化中后期这一历史阶段，主要大气污染物排放强度高的钢铁、水泥、石化等重化工业产量还将进一步增长，这将造成我国的大气环境质量压力持续增大；2020 年以后，如果经济结构能够实现成功转型，在技术进步、经济结构与消费方式改变等因素的综合作用下，大气环境质量压力可能相应有所减轻。而我国计划在 2050 年后达到中等发达国家的水平，届时除了社会经济发展需要达到较高水平，环境空气质量也应该能够基本保障人民群众的健康需求。从而到 2050 年前后，我国主要城市的环境空气质量应该基本达到世界卫生组织空气质量准则的要求。为了实现这一计划，我国绝大多数城市需要在 15～20 年使环境空气质量稳定达到标准的要求；在 2025 年左右，全国空气质量达标的城市应达到 80%左右。

5.3　中国主要大气污染物分阶段排放控制目标研究

本节针对当前人民群众最为关心的大气 $PM_{2.5}$ 浓度超标和长时间大范围灰霾天气导致大气能见度降低的现状，根据最新修订的《环境空气质量标准》(GB 3095—2012)，以环境大气 $PM_{2.5}$ 质量浓度达标作为约束条件，研究了主要大气污染物（SO_2、NO_x、颗粒物、NH_3 等）分阶段（2020 年、2030 年）的排放控制目标。由于数值模拟具有成本低、速度快的优点，本研究采用美国国家环境保护局开发的 CMAQ4.7 数值模型对中国主要大气污染物的浓度进行了模拟，并与卫星反演结果进行了对比。针对中国东部地区是空气污染最严重的地区，在这个区域内建立响应曲面模型（郝吉明等，2016），构建区域内污染物浓度和排放源之间的关系，由此可以看出一个城市或地区内的污染物浓度受到其他城市或地区内污染物排放的影响程度。

5.3.1　未来主要污染物排放量分情景预测

中国现有的污染控制措施不足以从根本上改善空气质量。为了实现空气质量的根本好转，中国政府出台了一批新的政策、措施和标准。2012 年，中国颁布了新的《环境空气质量标准》(GB 3095—2012)，规定 $PM_{2.5}$ 年均浓度限值为 $35\mu g/m^3$。研究表明，这一标准需要一次 PM，以及 SO_2、NO_x、非甲烷挥发性有机物 NMVOC 等气态前体物的同时大幅削减才能达标。要研究污染物排放量的控制目标，首先要弄清楚的是，在现有政策和现有执行力度下，我国未来污染物的排放量将有多大的增长潜力；如果充分应用现有可行的控制技术，污染物的排放量最低可下降到什么水平；这样就确定了制定排放量控制目标的上下限。此外，如果近期刚颁布的控制政策，以及接下来很有可能颁布的控制政策得到应用，对污染物的排放量有多大影响。

为解决上述问题，本节采用情景分析的方法，在本研究建立的 2005 年、2010 年排放清单基础上，预测未来中长期（2010~2030 年）中国人为源一次 PM，以及 SO_2、NO_x、NMVOC 可能的排放情况，评估未来可能的节能和污染控制政策措施对污染物排放趋势的影响。

5.3.1.1 情景设置

本研究设置了两个能源情景，分别是趋势照常情景（business-as-usual，BAU）和新政策情景（new policy）。BAU 情景假定未来继续采用现有的政策和现有的执行力度（到2010 年末），新的节能政策没有出台，电力、工业、民用、交通等部门的发展保持现有轨迹。例如，根据国家规划，到 2020 年单位 GDP 的 CO_2 排放量应比 2005 年降低 40%~45%。PC 情景假设未来国家采取可持续的能源发展战略，改变生产生活方式，改善能源结构和工业结构，提高能源利用效率；政府制定的方针路线、法律法规得到了充分执行。

在两个能源情景的基础上，分别设置了三个污染控制策略，即基准策略（[0]策略）、循序渐进策略（[1]策略）和最大减排潜力策略（[2]策略）。[0]策略假定未来继续采用现有的政策和现有的执行力度（到 2010 年末），新的减排政策没有出台。[1]策略假定未来不断出台新的控制政策，在 2011~2015 年假定我国的"十二五" 规划得到实施，在 2016 年后假设控制政策逐渐缓慢加严，先进的控制技术循序渐进地被推广。[2]策略假定技术上可行的减排措施均得到了最大限度的应用，是通过各种污染控制措施可以实现的最大限度的减排策略。

两个能源情景和三个污染控制策略进行组合，构成了 6 个污染控制情景（BAU[0]、BAU[1]、BAU[2]、PC[0]、PC[1]、PC[2]）。各情景的名称和定义如表 5-26 所示。

表 5-26 能源和污染控制情景的名称和定义

能源情景	能源情景定义	污染控制策略	污染控制策略定义	控制情景
趋势照常情景（BAU 情景）	现有的政策和现有的执行力度（到 2010 年末）	基准策略（[0]策略）	现有的政策和现有的执行力度（到 2010 年末）	BAU[0]
		循序渐进策略（[1]策略）	在 2011~2015 年假定我国的"十二五"规划得到实施，在 2016 年后假设控制政策逐渐缓慢加严	BAU[1]
		最大减排潜力策略（[2]策略）	技术上可行的减排措施得到了最大限度的应用	BAU[2]
新政策情景	假设未来国家采取更加可持续的能源发展战略	基准策略（[0]策略）	现有的政策和现有的执行力度（到 2010 年末）	PC[0]
		循序渐进策略（[1]策略）	在 2011~2015 年假定我国的"十二五"规划得到实施，在 2016 年后假设控制政策逐渐缓慢加严	PC[1]
		最大减排潜力策略（[2]策略）	技术上可行的减排措施得到了最大限度的应用	PC[2]

5.3.1.2 能源消费量的预测

能源消费量的预测是污染物排放量预测的基础和前提，本研究重点在于污染物排放量的预测，因此仅对能源消费量预测的方法进行概要的介绍，详细的介绍可参见 Zhao 等的研究。本研究利用日本国立环境研究所开发的 AIM/Enduse 模式对未来的能源需求进行预测。首先，预测了人口、GDP、城市化率等"驱动力"的变化情况；其次，根据驱动力的变化，预测了未来能源服务的需求量；再次，分情景预测了未来的能源技术分布和能源效率；最后，根据能源服务需求、能源技术分布和能源效率计算未来能源消费量。能源消费量预测的主要参数如表 5-27 所示。

表 5-27　“十二五”经济发展和主要服务量需求

项目	2010 年	BAU		PC	
		2020 年	2030 年	2020 年	2030 年
GDP（2005 年不变价）/亿元	311 654	657 407	1 177 184	657 407	1 177 184
人口/亿人	13.40	14.40	14.74	14.40	14.74
城市化率/%	49.7	58.0	63.0	58.0	63.0
发电量/（$\times10^9$kW·h）	4 205	6 690	8 506	5 598	7 457
燃煤发电比例/%	75	74	73	64	57
燃煤电厂热效率/%	35.7	38.0	40.0	38.8	41.7
粗钢产量/（$\times10^6$t）	627	710	680	610	570
水泥产量/（$\times10^6$t）	1 880	2 001	2 050	1 751	1 751
城镇居民人均住宅面积/m^2	23.0	29.0	33.0	27.0	29.0
农村居民人均住宅面积/m^2	34.1	39.0	42.0	37.0	39.0
千人机动车保有量	58.2	191.2	380.2	178.5	325.2
新能源和可再生能源比例/%[a]	7.5	8.3	8.9	11.9	15.8
单位 GDP 的 CO_2 排放量/（t/万元）[b]	2.67	1.82	1.20	1.48	0.84

a. 包括水电、太阳能、风电、海洋能、核电等，不包括生物质利用；

b. 2005 年的单位 GDP 的 CO_2 排放量为 3.22 t/万元，这是国家 CO_2 减排目标的基准（到 2020 年，单位 GDP 的 CO_2 排放量在 2005 年基础上削减 40%~45%）

经过计算，在BAU和PC情景下，中国能源消费总量将从2010年的4159Mtce（million ton coal equivalent，百万 tce）分别增加到 2030 年的 6817Mtce 和 5295Mtce。在两个情景下，煤在能源结构中一直占据主导地位。然而，在 BAU 和 PC 情景下，煤所占的比例将从 2010 年的 68.1%分别下降到 2030 年的 59.5%和 51.8%。原油所占的比例有所升高，这主要是由于机动车保有量的迅速增长。在 PC 情景下，由于实行了可持续的能源政策，天然气、生物质清洁利用、核能和其他可再生能源所占比例明显高于 BAU 情景。分品种的能源消费量如图 5-41 所示。

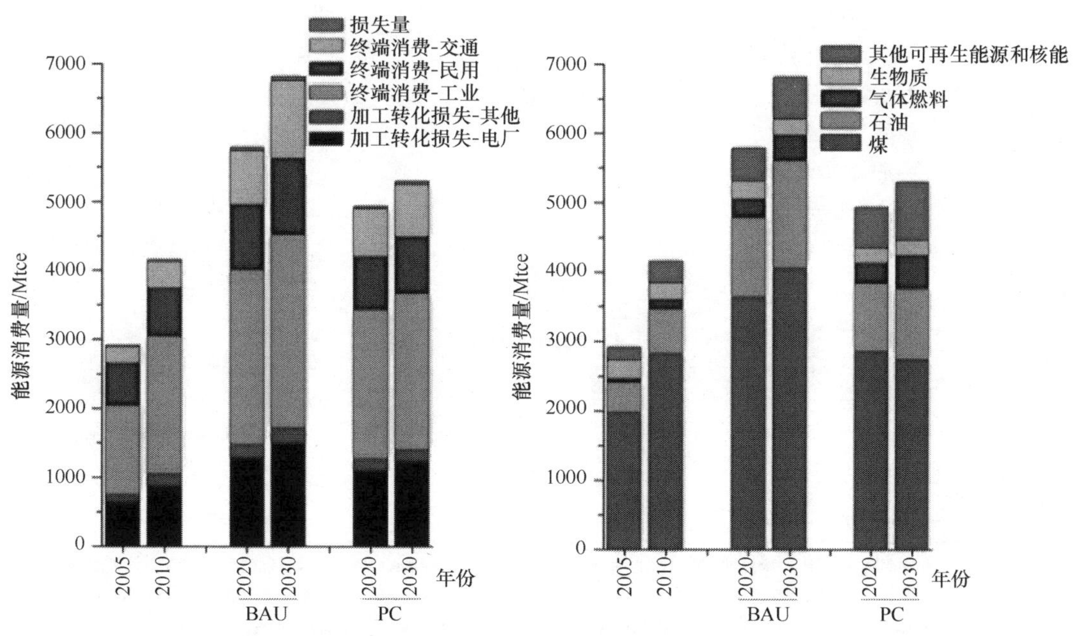

图 5-41　能源消费总量（彩图请扫描正文末页二维码阅读）

“生物质”包括传统燃烧、沼气、生物燃料和生物质发电；“其他可再生能源”包括水电、太阳能、风能、海洋能等

5.3.1.3 污染物控制情景

（1）电厂

BAU[0]/PC[0]情景主要基于现有政策和标准，具体来说，NO_x和 PM 的主要控制技术仍以低氮燃烧技术（LNB）和电除尘（ESP）为主，石灰石-石膏湿法烟气脱硫系统（FGD）的安装比例缓慢增长。BAU[1]/PC[1]情景假设《环境保护“十二五”规划》和 2011 年新颁布的《火电厂大气污染物排放标准》得到实施。FGD 的安装比例到 2015 年即达到 100%；从 2011 年起，新建电厂须安装 LNB 和烟气脱硝装置（SCR/SNCR），现有 300MW 以上机组须在 2015 年前完成烟气脱硝改造，现有 300MW 以下机组也将在 2015 年后缓慢推广烟气脱硝装置；高效除尘技术（布袋除尘、电袋复合除尘等）逐渐被推广，到 2020 年和 2030 年分别达到 35%和 50%。BAU[2]/PC[2]情景假定最先进的减排技术，如 FGD、LNB+SCR、高效除尘（HED）等，得到充分利用。燃煤电厂主要污染控制技术的应用比例如表 5-28 所示。

表 5-28 主要固定源关键污染控制技术的应用比例 （%）

能源技术	污控技术	基准年		BAU[0]/PC[0]		BAU[1]/PC[1]		BAU[2]/PC[2]
		2005 年	2010 年	2020 年	2030 年	2020 年	2030 年	2030 年
电厂煤粉炉	WET（PM）	8	0	0	0	0	0	0
	ESP（PM）	92	93	90	80	65	50	0
	HED（PM）	0	7	10	20	35	50	100
	FGD（SO_2）	12	88	93	96	100	100	100
	LNB（NO_x）	53	75	82	84	8	0	0
	LNB+SNCR（NO_x）	0	1	1	1	6	7	0
	LNB+SCR（NO_x）	1	12	12	12	86	94	100
工业层燃炉	CYC（PM）	23	0	0	0	0	0	0
	WET（PM）	73	95	95	95	60	20	0
	ESP（PM）	0	0	0	0	20	40	0
	HED（PM）	0	5	5	5	20	40	100
	FGD（SO_2）	0	1	1	1	40	80	100
	LNB（NO_x）	0	0	0	0	91	100	0
	LNB+SCR（NO_x）	0	0	0	0	0	0	100
民用锅炉	CYC（PM）	23	14	12	10	0	0	0
	WET（PM）	63	78	81	85	80	60	50
	HED（PM）	0	0	0	0	20	40	50
	DC（SO_2）	0	0	5	10	20	40	100
燃煤炉灶	STV_ADV_C	0	0	0	0	10	30	100
生物质炉灶	STV_ADV_B	0	0	0	0	10	30	50
	STV_PELL	0	0	0	0	0	0	50

注：CYC，旋风除尘；WET，湿法除尘；ESP，电除尘；HED，高效除尘；FGD，烟气脱硫；LNB，低氮燃烧技术；SCR，选择性催化还原；SNCR，选择性非催化还原；DC，燃用低硫型煤；STV_ADV_C，先进燃煤炉灶；STV_ADV_B，先进生物质炉灶，如改进燃烧条件、催化型炉灶等；STV_PELL，生物质型煤炉灶。这张表给出的是全国平均的污染控制技术应用比例，实际各地区有所差别，经济发达地区的应用比例一般高于欠发达地区

（2）工业

关于工业锅炉的最新排放标准是 2001 年颁布的《锅炉大气污染物排放标准》（GB 13271—2001）。北京、广东等部分省（市）也颁布了新的地方标准。BAU[0]/PC[0]情景假设采取现有政策和现有执行力度，SO_2和 NO_x几乎处于无控状态，除尘技术以湿法除尘（WET）为主。BAU[1]/PC[1]情景假定在 2011~2015 年，《环境保护“十二五”规划》得到充分实施，在 2015 年后，新的政策循序渐进地出现。对于 SO_2，FGD 得到大规模推广，到 2015 年、2020 年和 2030 年应用比例分别达到 20%、40%和 80%。对于 NO_x，在 2011~2015 年，新建工业锅炉安装 LNB，重点地区的现有锅炉开始进行 LNB 改造；到 2020 年，大多数现有锅炉都将安装 LNB。对于 PM，ESP 和 HED 将缓慢取代低效的 WET。BAU[2]/PC[2]情景假定最先进的减排技术，如 FGD、LNB+SCR、HED 等，得到充分利用。各情景下工业锅炉污染控制技术的应用比例如表 5-28 所示。

对于工业过程源，2010 年前的主要排放标准是 1996 年的《工业炉窑大气污染物排放标准》。特定工业的专门标准只有 2004 年的《水泥大气污染物排放标准》和 1996 年的《炼焦炉大气污染物排放标准》。然而，在 2010~2012 年短短 3 年内，新的排放标准爆炸式地出现，这可能对未来的排放量趋势产生重大影响。这些标准包括《炼铁工业大气污染物排放标准》等 6 项钢铁工业排放标准，《炼焦化学工业污染物排放标准》《平板玻璃工业大气污染物排放标准》《陶瓷工业污染物排放标准》《砖瓦工业大气污染物排放标准（征求意见稿）》《铝工业污染物排放标准》《铅、锌工业污染物排放标准》《硫酸工业污染物排放标准》《硝酸工业污染物排放标准》等。BAU[0]/PC[0]情景假定现有政策和现有执行力度。BAU[1]/PC[1]情景假设上述 2010~2012 年颁布的最新排放标准（或征求意见稿）逐步实施，考虑到实际执行过程中的难度，控制措施的应用速度相对于标准的规定会有所滞后。BAU[2]/PC[2]情景假定现有最先进的控制措施得到充分应用。

对于工业过程源的 NMVOC 排放，BAU[0]/PC[0]情景仅考虑了现有的政策和执行力度。BAU[1]/PC[1]情景是基于我们对中国污染控制政策发展趋势的最新理解设计的。它假定在“十二五”期间，新的 NMVOC 排放标准（覆盖排放源范围和严格程度与欧盟指令 1999/13/EC 和 2004/42/EC 相似或略弱，因不同行业而异）将会在重点省份颁布并执行；“十三五”期间，在其他省份也会颁布执行。之后，NMVOC 的排放标准会进一步逐渐加严。BAU[2]/PC[2]情景假定最佳可用技术得到充分应用。

（3）民用部门和生物质开放燃烧

民用部门的主要排放源是小煤炉和生物质炉灶。因此，能源结构调整会在污染物减排中起到关键性的作用。BAU 情景和 PC 情景假定了不同能源结构调整的趋势。在末端治理方面，对民用部门和生物质开放燃烧，在 BAU[0]/PC[0]情景中没有采用 SO_2和 NO_x末端控制措施，民用锅炉的除尘措施以旋风除尘和湿法除尘为主。在 BAU[1]/PC[1]情景中，HED 和低硫型煤得到逐步采用，两者的应用比例在 2020 年和 2030 年分别达到 20%和 40%。此外，我们考虑了先进煤炉、先进生物质炉灶（如燃烧方式调整、催化炉灶）等措施的运用。在 BAU[2]/PC[2]情景下，最先进的控制措施得到充分应用，除以上提到的控制措施外，还包括推广生物质型煤炉灶及强力禁止开放燃烧。民用部门主要污染控制技术的应用比例如表 5-28 所示。

（4）交通部门

2000 年以来，中国实施了一系列新车排放标准，包括针对轻型车的 GB 18352 系列、针对重型柴油车的 GB 17691 系列、针对重型汽油车的 GB 14762 系列、针对摩托车的 GB 14622 系列、针对农用车的 GB 19756 系列、针对农业和工程机械的 GB 20891 系列。大多数排放标准与相应的欧洲标准是一致的，即使晚了若干年颁布。在 BAU[0]/PC[0]情景下，仅实施现有的标准；在 BAU[1]/PC[1]和 BAU[2]/PC[2]情景下，欧洲现有的标准将逐渐在中国实施，两个标准之间间隔的时间与欧洲的情况相同或者略短。各情景的设置如图 5-42 所示。在 BAU[2]/PC[2]情景中，还将加快淘汰高排放车辆，因此到 2030 年，达到欧洲现有最严格排放标准的车辆比例几乎达到 100%。

类型	00	01	02	03	04	05	06	07	08	09	10	11	12	13	14	15	16	17	18	19	20	21	22	23	24	25	26	27	28	29	30
轻型车	1	1	1	1	1	2	2	2	3	3	3	4	4	4	4	4	4	4	4	4	4	4	4	4	4	4	4	4	4	4	4
重型柴油车		1	1	1	2	2	2	3	3	3	3	3	3	4	4	4	5	5	5	5	5	5	5	5	5	5	5	5	5	5	5
重型汽油车				1	2	2	2	2	2	2	2	2	2	2	2	2	2	2	2	2	2	2	2	2	2	2	2	2	2	2	2
摩托车(2～4人)				1	2	2	2	2	2	3	3	3	3	3	3	3	3	3	3	3	3	3	3	3	3	3	3	3	3	3	3
农村用车							1	2	2	2	2	2	2	2	2	2	2	2	2	2	2	2	2	2	2	2	2	2	2	2	2
拖拉机									1	1	2	2	2	2	2	2	2	2	2	2	2	2	2	2	2	2	2	2	2	2	2
火车和轮船																															

BAU[0]/PC[0]情景

类型	00	01	02	03	04	05	06	07	08	09	10	11	12	13	14	15	16	17	18	19	20	21	22	23	24	25	26	27	28	29	30
轻型车	1	1	1	1	1	2	2	2	3	3	3	4	4	4	4	4	5	5	5	5	6	6	6	6	6	6	6	6	6	6	6
重型柴油车		1	1	1	2	2	2	3	3	3	3	3	3	4	4	4	5	5	5	6	6	6	6	6	6	6	6	6	6	6	6
重型汽油车				1	2	2	2	2	2	2	2	2	2	2	2	2	2	2	2	2	2	2	2	2	2	2	2	2	2	2	2
摩托车(2～4人)				1	2	2	2	2	2	3	3	3	3	3	3	3	3	3	3	3	3	3	3	3	3	3	3	3	3	3	3
农村用车							1	2	2	2	2	2	2	3	3	3	3	4	4	4	5	5	5	6	6	6	6	6	6	6	6
拖拉机									1	1	2	2	2	2	3A	3A	3A	3A	3B	3B	3B	4	4	4	4	4	4	4	4	4	4
火车和轮船															3A	3A	3A	3A	3B	3B	3B	4	4	4	4	4	4	4	4	4	4

BAU[1]/PC[1]和BAU[2]/PC[2]情景

图 5-42　机动车排放标准的实施时间（彩图请扫描正文末页二维码阅读）

黑色的数字表示 2010 年年末前颁布的标准，红色数字表示未来假定出台的标准。重型柴油车欧 4 和欧 5 标准的实施时间由于技术原因与原计划相比有所推迟

（5）溶剂使用

BAU[0]/PC[0]情景仅考虑了现有的政策和执行力度。BAU[1]/PC[1]情景是基于我们对中国污染控制政策发展趋势的最新理解设计的。它假定在“十二五”期间，新的 NMVOC 排放标准（覆盖范围和严格程度与欧盟指令 1999/13/EC 和 2004/42/EC 相似或略弱，因不同行业而异）将会在重点省份颁布并执行；“十三五”期间，在其他省份也会颁布执行。之后，NMVOC 的排放标准会进一步逐渐加严。BAU[2]/PC[2]情景假定最佳可用技术得到充分的应用。

5.3.1.4　污染物排放预测结果

中国 2005~2030 年各污染物的排放量如图 5-43 所示。到 2030 年，人为源 NO_x

排放量在 BAU[0]、BAU[1]、BAU[2]、PC[0]、PC[1]和 PC[2]情景下分别达到 3540 万 t、1580 万 t、1120 万 t、2520 万 t、1150 万 t 和 800 万 t，相对于 2010 年分别变化了 36%、–39%、–57%、–3%、–56%和–69%。在 BAU[0]和 PC[0]情景下，未来排放量的部门分布不会有明显变化。但在 BAU[1]、BAU[2]、PC[1]和 PC[2]情景下，由于 SNCR/SCR 的大量应用，电厂的比例在 2011~2015 年会显著下降，但在 2015 年后，由于减排潜力用尽，反而会有所上升；由于新标准的不断实施，交通部门的比例在 2011~2030 年会一路下降；尽管采用了一些控制措施，工业源的比例会上升，反映出工业源减排的难度。

2010 年 SO_2 排放量约为 2440 万 t，在现有政策和现有执行力度下，到 2030 年增长了 26%，达到 3070 万 t。通过采用一系列节能措施，2030 年 SO_2 排放量会减少到 1950 万 t，比基准情景低 37%。通过采用“循序渐进”的污染控制措施，SO_2 排放量会进一步减少 790 万 t，其中工业锅炉和工业过程贡献了减排量的 82%。在最大减排潜力情景下，2030 年的排放量仅为 830 万 t，相当于基准情景的 27%，或 2010 年排放量的 34%。

2010 年，PM_{10} 和 $PM_{2.5}$ 排放量分别约为 1580 万 t 和 1180 万 t。在现有政策和现有执行力度下，PM_{10} 和 $PM_{2.5}$ 排放量一直到 2030 年仅会有微小的变化。采用一系列的节能措施，将会使 PM_{10}/$PM_{2.5}$ 排放量相对于基准情景下降约 28%，其中民用部门的排放量下降最为显著（由于煤和生物质被清洁燃料替代）。采用“循序渐进”的污染控制措施，PM_{10}/$PM_{2.5}$ 排放量会进一步下降 24%，这主要是工业部门采用高效除尘设施的结果。在最大减排潜力情景下，PM_{10} 和 $PM_{2.5}$ 排放量分别下降到 440 万 t 和 270 万 t，大约相当于基准情景的 1/4。

2010 年的 NMVOC 排放总量约为 2290 万 t。如果没有进一步的控制措施出台，2030 年的排放量将增长到约 2900 万 t。民用和交通部门的排放量将下降，这主要是由于已经颁布的机动车排放标准及逐渐减少的生物质直接燃烧。通过实施一系列节能政策措施，在 PC[0]情景下，2030 年 NMVOC 总排放量将降至 2430 万 t，比 BAU[0]情景的排放量低 16%。其中民用部门的排放量降低最明显，主要是由于传统生物质被清洁能源替代。PC[1]情景相对于 PC[0]情景将进一步减排 750 万 t（2030 年），这反映出工业、交通、溶剂使用、化石燃料分配等多个部门减排措施的成效，其中溶剂使用和工业部门分别贡献了减排总量的 54%和 31%。如果最佳可用技术得到充分的应用，2030 年的 NMVOC 排放量将减少到 1040 万 t，仅相当于 BAU[0]情景排放量的约 1/3。

5.3.2　大气污染现状的模拟与验证

5.3.2.1　空气质量模拟系统

目前，美国国家环境保护局开发的 CMAQ 模型，在国内外中国污染模拟研究中有着最为广泛的应用。本研究采用了 CMAQ4.7，对中国 2005 年全年的空气质量状况进行了模拟。将模拟域在垂直方向上从地面层到对流层顶不均等划分为 14 层，较密集地分布在近地面的混合层（PBL）内。模拟采用单向网格嵌套，最外层网格（domain1）空间分辨率为 36km×36km，覆盖整个东亚，包括中国、朝鲜、韩国及日本等，

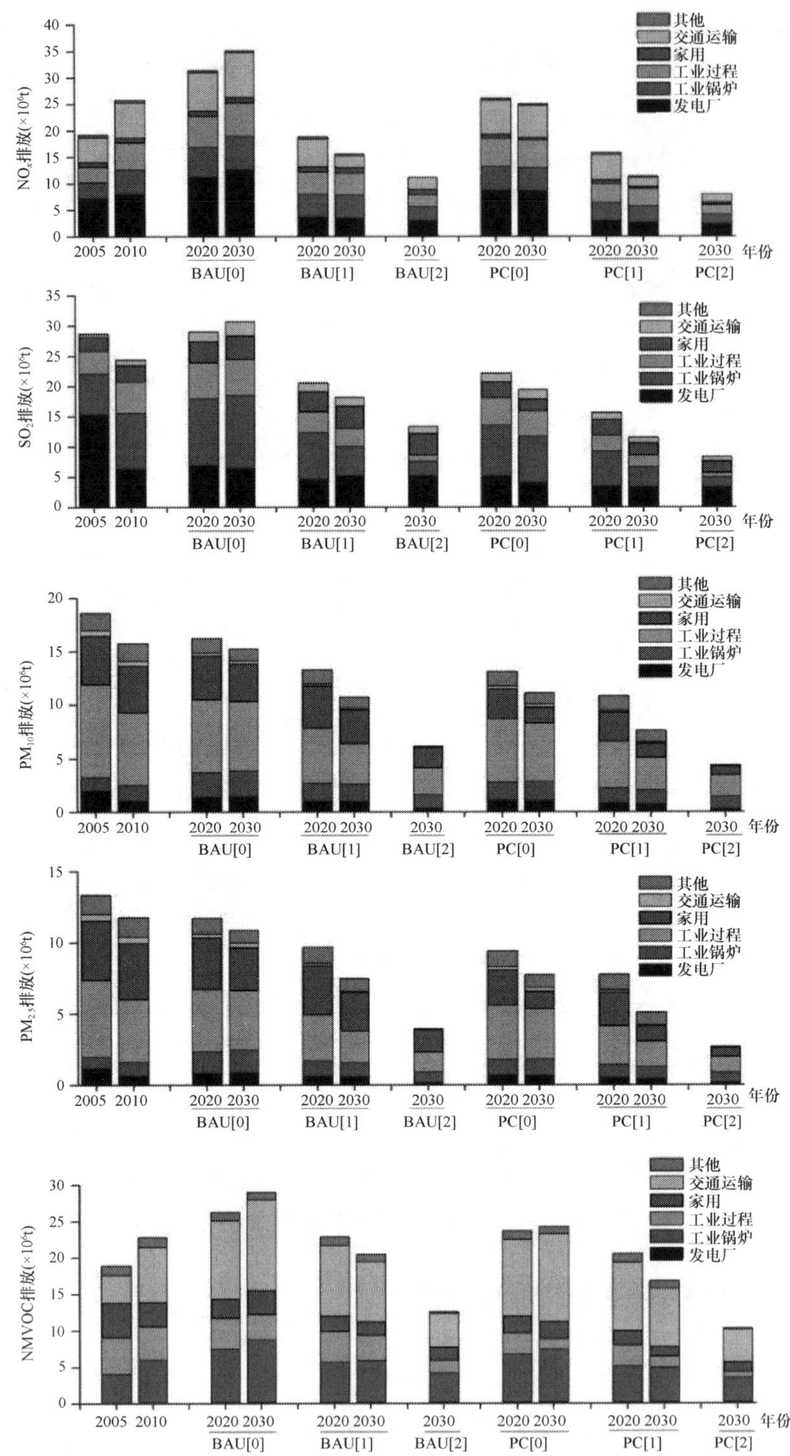

图 5-43　2005~2030 年分部门大气污染物排放量

第二层网格（domain2）空间分辨率为 12km×12km，覆盖中国经济较发达的东部地区，外层粗网格为内部网格提供初始及边界场，如图 5-44 所示。最外层的边界场来自全球化学传输模型 GEOS-Chem 的模拟结果。模拟采用 CB-05 机理作为气相化学反应机理。

气溶胶反应机理采用 AERO5，其中的气溶胶热力学模型为 ISORROPIA，气溶胶尺度分布采用粗模态和细模态双模态分布、对数正态分布，二次无机气溶胶部分采用 NH_3-H_2SO_4-HNO_3-H_2O 液相和气相化学体系，二次有机气溶胶采用 Pandis 等有机气溶胶产出率的方法。模拟时段为 2005 年全年，研究提前 7 天模拟，减少模型初始条件的影响。

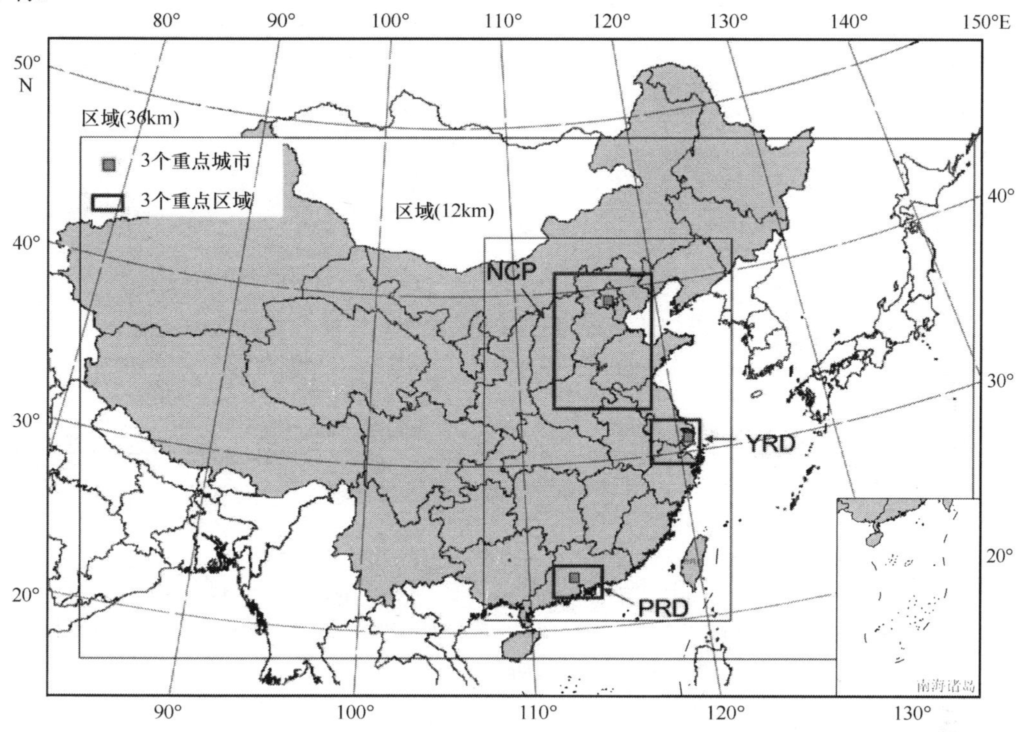

图 5-44　MM5-CMAQ 模拟区域：三个蓝色框代表三个重点区域，分别为华北地区（NCP）、长三角地区（YRD）、珠三角地区（PRD）（彩图请扫描正文末页二维码阅读）

本研究建立了高精度多污染物排放清单，用于空气质量模拟。这在前面的章节中已经详细介绍，这里不再赘述。

本研究采用由美国宾夕法尼亚州立大学（The Pennsylvania State University，PSU）和美国国家大气研究中心（National Center for Atmospheric Research）联合开发的中尺度气象预报模型 MM5 进行气象场的模拟。MM5 的模拟区域采取 Lambert 投影，两条真实纬度分别为北纬 25°和北纬 40°；为保证边界气象场的准确性，MM5 模拟区域比空气质量模拟区域的水平各边界多 3 个网格；垂直分为以下 24 个 σ 层：1.000、0.995、0.988、0.980、0.970、0.956、0.938、0.916、0.893、0.868、0.839、0.808、0.777、0.744、0.702、0.648、0.582、0.500、0.400、0.300、0.200、0.120、0.052 和 0.000。地形和地表类型数据采用美国地质调查局（USGS）的全球数据；第一猜测场来自于美国国家环境预报中心（NCEP）的全球分析资料，水平分辨率为 1°×1°，时间间隔为 6h；客观分析采用 NCEP ADP（automated data processing）全球地表和高空观测资料，进行网格四维数据同化（Grid FDDA）。模拟域的物理过程的参数化选择如下：Kain-Fritsch 的积云参数化方案，Pleim-Xiu 的边界层及土地表层参数化方案，Reisner 的多相显式水汽方案，云模式（Cloud-radiation）的辐射参数化方法及多层土壤模式。

为验证 CMAQ 模拟系统的可靠性，研究搜集了 SO_2、NO_2、PM_{10}、O_3、$PM_{2.5}$、OC、EC、SO_4^{2-}、NO_3^-、NH_4^+的地表浓度数据，以及 SO_2、NO_2 垂直柱浓度和气溶胶光学厚度（AOD）的卫星观测资料，如表 5-29 所示，将其与 CMAQ 模拟的结果进行比较。

表 5-29　CMAQ 模拟验证的观测数据来源

变量	类型	频率	站点	数据来源
SO_2，NO_2，PM_{10}	地表浓度	日均	北京、上海、广州市区	地方环保局
O_3	地表浓度	日均	北京市区	北京环保局
$PM_{2.5}$，OC，EC，SO_4^{2-}，NO_3^-，NH_4^+	地表浓度	月均	北京清华站、密云站	清华大学
NO_2	对流层柱浓度	月均	OMI：0.125°×0.125°	http：//www.temis.nl/airpollution/no2.html
SO_2	对流层柱浓度	月均	SCIAMACHY：0.5°×0.5°	http：//www.temis.nl/aviation/so2.php
AOD	对流层柱浓度	月均	MODIS/Terra：1°×1°	http：//ladsweb.nascom.nasa.gov/data/search.html

5.3.2.2　NO_2、SO_2 柱浓度及气溶胶光学厚度与卫星资料比较

针对对流层 NO_2、SO_2 的柱浓度和气溶胶光学厚度 AOD，研究分别选取了 OMI（ozone measurement instrument）、SCIAMACHY 和 MODIS（moderate resolution imaging spectroradiometer）卫星反演结果进行了验证。

考虑到每个卫星扫过陆地上空的时间，研究提取了北京时间（BT）14：00、10：00 和 11：00 时间节点所分别对应的 CMAQ 模拟垂直方向各层的 NO_2、SO_2 及 $PM_{2.5}$ 各组分的浓度，同时提取 MM5 模拟的各层层高、温度、压强数据，计算得到模拟的对流层 NO_2、SO_2 的柱浓度及 AOD。

由于模拟结果与卫星资料在空间分辨率上存在差异，研究对卫星资料的原始网格进行调整，OMI 卫星提供的 NO_2 柱浓度数据的分辨率较高（0.125°×0.125°），研究将其插值为与 CMAQ 内层模拟域一致的 12km×12km 网格，对于分辨率相对较低的 SCIAMACHY-SO_2 柱浓度数据（0.5°×0.5°）及 MODIS-AOD 数据（1°×1°），研究将其插值为与 CMAQ 外层模拟域一致的 36km×36km 网格。

本研究还选取了三个发达城市群，即华北平原（North China Plain，NCP）、长三角地区（Yangtze River delta，YRD）及珠三角地区（Pearl River delta，PRD）作为目标区域。为更好地考察其季节变化，本研究将一年中的 12 个月归为 4 个季节，分别为冬季（12 月、1 月、2 月）、春季（3 月、4 月、5 月）、夏季（6 月、7 月、8 月）和秋季（9 月、10 月、11 月）。

本研究选择了两个统计指标评价，即相关系数（correlation coefficient，R）和平均标准偏差（normalized mean bias，NMB）来评价模拟与观测的比较结果。统计指标的计算公式如下

$$R=\sqrt{\frac{\left[\sum_{i=1}^{N}\left(M_i-\bar{M}\right)\left(O_i-\bar{O}\right)\right]}{\sum_{i=1}^{N}\left(M_i-\bar{M}\right)^2\sum_{i=1}^{N}\left(O_i-\bar{O}\right)^2}} \tag{5-1}$$

$$\mathrm{NMB}=\frac{\sum_{i=1}^{N}(M_i-O_i)}{\sum_{i=1}^{N}O_i}$$

式中，M_i 和 O_i 分别是模拟与观测的时空序列值；$\bar{M}$ 和 $\bar{O}$ 分别是模拟与观测的序列平均值。

2005 年对流层柱 NO_2、SO_2 浓度和 AOD 的空间分布分析认为，对于所有季节，卫星反演与 CMAQ 模拟结果的空间分布基本吻合。高浓度污染集中分布在中国东部地区，尤其是华北平原、长三角和珠三角地区，另外在四川盆地也有较高的 SO_2 柱浓度和 AOD 的分布。

从污染地理分布情况来看，CMAQ 模拟的 NO_2、SO_2 柱浓度和 AOD 与卫星观测相比均有很好的相关性，其相关系数分别为 0.89、0.85 和 0.79。冬季 PRD 的 AOD 模拟相关性相对较差，但其他季节相关性很好，可能原因是 MODIS 卫星的空间分辨率降低导致网格错位等。

从污染程度来看，CMAQ 模拟的 NO_2、SO_2 柱浓度和 AOD 在年均水平上与卫星反演结果基本相符，尤其是 NO_2 柱浓度。在整个中国地区，模拟结果与观测间的 NMB 为–11%，在华北平原、长三角和珠三角分别为–11%、–17%和 12%，仅对珠三角的 NO_2 柱浓度在秋季和冬季有所高估。CMAQ 模拟的 SO_2 柱浓度结果与卫星反演结果有一定差异，对于整个中国大陆有 27%的低估，尤其是在春夏季较为偏远的地区，而对于污染地区，如华北平原、长三角和珠三角地区有明显的高估，其 NMB 分别为 32%、91%和 24%，特别是在秋冬季。从全国范围来看，CMAQ 对 AOD 的模拟有 27%的低估。其中，长三角的 AOD 基本吻合，NMB 为–2%；华北地区的 AOD 有 22%高估，尤其是在秋冬季，高估近 50%；而珠三角地区有 41%的低估，主要在春夏，其 NMB 分别为–55%和–69%。

5.3.2.3　$PM_{2.5}$ 及其组分浓度与地表观测数据的对比

研究采用清华大学校园监测站（代表北京市区）和密云监测站（代表北京郊区）的观测结果，对于 CMAQ 模拟 $PM_{2.5}$ 及其主要化学组分浓度进行了验证，其比较结果如表 5-30 所示。

总体上看，CMAQ 对两个监测站的 $PM_{2.5}$ 浓度均有较为明显的低估，这主要来自于对有机碳（OC）、元素碳（EC）和其他未检测出的物质的低估。CMAQ 对于无机颗粒物，即硫酸盐、硝酸盐和铵盐的模拟与清华站的观测结果基本吻合，其 NMB 为–28%~16%。而与密云站相比，模型对硫酸盐的模拟有 42%的低估，对硝酸盐的模拟有 61%的高估。从 CMAQ 模拟 OC 的情况看，在清华站二次有机气溶胶（SOA）占主导的春夏季模拟比秋冬季的模拟差，并且在主要为 SOA 贡献的密云站比清华站的模拟结果差，这表明 CMAQ 在 SOA 的模拟方面确实存在不足。CMAQ 对 EC 的模拟在城区与郊区均有低估，说明对 EC 排放有所低估。

表 5-30 CMAQ 模拟 $PM_{2.5}$ 及其组分与地表观测数据的比较 （单位：μg/m³）

目标	获得方式	清华（城市站点）					密云（郊区站点）				
		春季	夏季	秋季	冬季	全年	春季	夏季	秋季	冬季	全年
$PM_{2.5}$	观测	125.6	101.3	115.0	157.7	124.9	72.5	64.5	69.9	77.0	71.0
	模拟	87.6	91.3	123.6	136.6	109.8	44.8	44.7	63.6	38.4	47.9
	NMB	–30%	–10%	8%	–13%	–12%	–38%	–31%	–9%	–50%	–33%
SO_4^{2-}	观测	8.7	20.3	13.4	11.4	13.4	6.9	18.9	13.7	5.4	11.2
	模拟	9.5	14.1	12.4	10.0	11.5	7.0	10.3	8.5	3.2	7.2
	NMB	9%	–30%	–7%	–12%	–14%	0%	–45%	–38%	–40%	–36%
NO_3^-	观测	8.1	9.7	10.9	7.8	9.1	5.3	4.6	8.1	3.5	5.3
	模拟	9.4	9.5	13.8	8.6	10.3	8.8	7.4	12.6	5.7	8.6
	NMB	15%	–2%	27%	10%	13%	68%	62%	56%	66%	62%
NH_4^+	观测	4.9	8.8	7.5	6.1	6.8	4.1	7.1	6.5	2.9	5.2
	模拟	6.4	8.2	9.3	6.0	7.5	5.5	6.6	7.4	3.2	5.6
	NMB	30%	–7%	23%	0%	10%	33%	–8%	13%	9%	9%
OC	观测	15.6	15.3	24.7	25.0	20.1	17.2	8.7	17.6	16.1	14.9
	模拟	9.7	8.8	15.4	17.6	12.9	6.3	4.7	9.0	8.3	7.1
	NMB	–38%	–42%	–38%	–29%	–36%	–63%	–45%	–49%	–48%	–52%
EC	观测	4.8	5.2	9.2	9.0	7.1	3.0	2.3	4.0	3.6	3.2
	模拟	4.2	4.0	6.3	7.1	5.4	2.4	2.0	3.3	3.0	2.7
	NMB	–13%	–22%	–32%	–22%	–24%	–21%	–15%	–16%	–18%	–17%

5.3.3 大气污染物排放控制目标

研究的基本思路是：在 5.3.1 节预测的各污染物排放量增长潜力（BAU[0]情景下的排放量）和最大减排潜力（PC[2]情景下的排放量）之间，变动各污染物的排放量，通过本研究建立的响应表面模型，预测重点城市的 $PM_{2.5}$ 浓度，如果各重点城市 $PM_{2.5}$ 浓度接近但不超过预设的浓度限值，说明该控制策略是较合理的。如果超过限值，应严加控制，如果明显低于限值，应减弱控制。最终，确定较为优化的污染物排放控制目标。

本研究的主要环境目标是，到 2030 年，各重点城市城区年均 $PM_{2.5}$ 浓度应达到国家二级标准（35μg/m³）。对于重点城市的选择，中国政府确定了“三区十群”共 13 个城市群，作为区域联防联控的重点，其中 10 个城市群位于中国东部模拟域内，是本研究考虑的重点地区。在这 10 个城市群中，我们选择了经济社会较为发达的重点城市，作为空气质量达标的目标城市，具体包括：北京、天津、石家庄、唐山（京津冀），上海、宁波、南京、苏州、嘉兴、杭州（长三角），广州（珠三角），沈阳（辽宁中部），济南（山东），武汉（武汉及其周边），长沙（长株潭），福建（海峡西岸），太原（山西中北部）和西安（陕西关中）。考虑到模型模拟结果与观测数据之间不可避免的存在差异，而且由于计算量的限制，本研究仅针对 1 月、7 月两个典型月份建立了 RSM，因此本研究中采用了 2010 年重点城市的监测数据来校准模型模拟结果。监测数据来源于环保部数据中心（http：//datacenter.mep.gov.cn/），原始数据为 PM_{10} 浓度，本研究将其乘以 0.7，

作为 $PM_{2.5}$ 浓度的估计值。本研究建立的 RSM 以 2005 年为基准年，研究根据 2005~2010 年各省各污染物排放量的变化，利用 RSM，预测了 2010 年 1 月、7 月的 $PM_{2.5}$ 浓度，将 2010 年 1 月、7 月平均模拟浓度与 2010 年年均 $PM_{2.5}$ 监测浓度进行对比，计算校正系数，将模拟值校正为年均监测值。

在 5.3.1 节中，我们分情景对中国未来主要污染物的排放量进行了预测，确定了各污染物排放量的增长潜力（BAU[0]情景下的排放量）和最大减排潜力（PC[2]情景下的排放量）。但是，关于 NH_3 的控制技术和减排潜力，国内还缺乏这方面的研究，因此本研究直接引用了国际系统分析研究所（IIASA）针对欧盟 25 国的研究成果，估计我国各省氨的减排潜力为 2010 年排放量的 45%。在 BAU[1]情景下，假设各省 NH_3 的排放量保持 2010 年的水平不变。

在 BAU[0]和 PC[2]情景之间，变动各污染物的排放量，采用研究建立的多区域-多污染物 RSM 进行反复试算，即可得到各情景下重点城市的 $PM_{2.5}$ 浓度。但为确定较为优化的减排量分配方案，在变动各污染物的排放量时，不能随意而为，而应遵循一定的原则。在 5.3.1 节中建立的 BAU[1]情景，假设在能源政策方面，采用现有的政策和现有的执行力度（到 2010 年末），新的节能政策没有出台，电力、工业、民用、交通等部门的发展保持现有轨迹；在末端治理政策方面，假设在 2011~2015 年，“十二五”规划中的控制措施得到执行，在 2015 年后，我国污染控制政策逐渐缓慢加严，先进的控制技术循序渐进地推广。由于我国目前已全面实施“十二五”规划，且出于改善空气质量的民生需求，未来污染控制政策缓慢加严也是顺理成章，因此，我们在制订各区域污染物减排目标时，假定任何区域的减排目标必须与 BAU[1]情景相当或比它更严格。表 5-31 和表 5-32 中的“情景 1”即 5.3.1 节中建立的 BAU[1]情景。表 5-31 和表 5-32 分别给出了几种控制情景下各污染物 2030 年的排放系数（相对于 2010 年）以及相应的重点城市 $PM_{2.5}$ 浓度。从表 5-32 可以看出，在 BAU[1]情景下，除珠三角外，其他 9 个城市群的重点城市均全部高于 35μg/m^3 的浓度限值。

如何进一步严加控制措施，就有多种选择。我们先考虑了一种极端情况，即“重点省份”（即包含了目标城市的省份，也即“三区十群”所在的省份）$PM_{2.5}$、SO_2、NO_x、NH_3 的排放量均达到最大减排潜力，而其他省份仍维持在 BAU[1]情景的控制水平，此即“情景 2”。可以看出，在该情景下，各目标城市的 $PM_{2.5}$ 浓度均明显低于 35μg/m^3 的浓度限值。这说明，在全国普遍实施 BAU[1]控制措施的前提下，通过“重点省份”的严加控制，完全可以实现重点城市空气质量达标。因此，接下来的控制情景（情景 3~情景 7）均假设除“重点省份”外的其他省份实施 BAU[1]的控制措施，而变动“重点省份”的控制措施。

如何优化“重点省份”的控制措施？本研究，以及清华大学此前在中国东部和长三角地区的研究均表明，$PM_{2.5}$ 浓度对一次 PM 排放，特别是本地一次 PM 排放的响应最为敏感，因此对一次 PM 采取尽可能严格的措施。然而，当减排量与最大减排潜力过于接近时，减排成本会迅速上升，且部分控制措施难以充分实行，如禁止生物质开放燃烧等。因此，在方案 3 中，我们假设对“重点省份”的一次 PM 尽可能进行大力度的控制，但部分成本较高，或推行难度大、难以充分实行的措施（如禁止生物质开放燃烧、全面推广生物质型煤等）不施行或仅部分施行，我们在本研究中，将这种减排方式称为“准

表 5-31　各减排方案下各地区主要污染物 2030 年的排放系数（2010=1.0，各情景的定义参见上文）

地区	情景 1	情景 2	情景 3	情景 4	情景 5	情景 6	情景 7	情景 1	情景 2	情景 3	情景 4	情景 5	情景 6	情景 7
	$PM_{2.5}$ 排放系数							SO_2 排放系数						
北京	0.75	0.33	0.40	0.40	0.40	0.40	0.33	0.64	0.27	0.64	0.64	0.28	0.28	0.27
天津	0.66	0.27	0.31	0.31	0.31	0.31	0.31	0.70	0.32	0.70	0.70	0.34	0.34	0.34
河北	0.65	0.26	0.31	0.31	0.31	0.31	0.31	0.86	0.37	0.86	0.86	0.39	0.39	0.39
山西	0.62	0.21	0.26	0.26	0.26	0.26	0.52	0.81	0.38	0.81	0.81	0.39	0.39	0.81
内蒙古	0.65	0.65	0.65	0.65	0.65	0.65	0.65	0.83	0.83	0.83	0.83	0.83	0.83	0.83
上海	0.74	0.35	0.41	0.41	0.41	0.41	0.41	0.54	0.26	0.54	0.54	0.27	0.27	0.43
江苏	0.59	0.21	0.27	0.27	0.27	0.27	0.27	0.74	0.32	0.74	0.74	0.33	0.33	0.57
浙江	0.60	0.25	0.32	0.32	0.32	0.32	0.32	0.63	0.30	0.63	0.63	0.32	0.32	0.51
安徽	0.61	0.61	0.61	0.61	0.61	0.61	0.61	0.79	0.79	0.79	0.79	0.79	0.79	0.79
福建	0.64	0.24	0.29	0.29	0.29	0.29	0.61	0.75	0.34	0.75	0.75	0.35	0.35	0.75
江西	0.61	0.61	0.61	0.61	0.61	0.61	0.61	0.76	0.76	0.76	0.76	0.76	0.76	0.76
山东	0.57	0.21	0.26	0.26	0.26	0.26	0.29	0.65	0.28	0.65	0.65	0.29	0.29	0.65
河南	0.57	0.57	0.57	0.57	0.57	0.57	0.57	0.70	0.70	0.70	0.70	0.70	0.70	0.70
湖北	0.65	0.23	0.27	0.27	0.27	0.27	0.31	0.65	0.29	0.65	0.65	0.30	0.30	0.65
湖南	0.66	0.21	0.26	0.26	0.26	0.26	0.44	0.76	0.34	0.76	0.76	0.35	0.35	0.76
广东	0.59	0.21	0.26	0.26	0.26	0.26	0.59	0.73	0.32	0.73	0.73	0.33	0.33	0.73
辽宁	0.63	0.25	0.29	0.29	0.29	0.29	0.43	0.69	0.29	0.69	0.69	0.30	0.30	0.69
陕西	0.60	0.17	0.22	0.22	0.22	0.22	0.25	0.92	0.44	0.92	0.92	0.46	0.46	0.92

地区	情景 1	情景 2	情景 3	情景 4	情景 5	情景 6	情景 7	情景 1	情景 2	情景 3	情景 4	情景 5	情景 6	情景 7
	NO_x 排放系数							NH_3 排放系数						
北京	0.46	0.20	0.46	0.21	0.46	0.21	0.20	1.00	0.55	1.00	1.00	1.00	1.00	0.65
天津	0.48	0.22	0.48	0.23	0.48	0.23	0.23	1.00	0.55	1.00	1.00	1.00	1.00	1.00
河北	0.62	0.28	0.62	0.29	0.62	0.29	0.29	1.00	0.55	1.00	1.00	1.00	1.00	1.00
山西	0.59	0.28	0.59	0.29	0.59	0.29	0.59	1.00	0.55	1.00	1.00	1.00	1.00	1.00
内蒙古	0.56	0.56	0.56	0.56	0.56	0.56	0.56	1.00	1.00	1.00	1.00	1.00	1.00	1.00
上海	0.59	0.27	0.59	0.29	0.59	0.29	0.29	1.00	0.55	1.00	1.00	1.00	1.00	1.00
江苏	0.53	0.25	0.53	0.26	0.53	0.26	0.26	1.00	0.55	1.00	1.00	1.00	1.00	1.00
浙江	0.50	0.25	0.50	0.26	0.50	0.26	0.26	1.00	0.55	1.00	1.00	1.00	1.00	1.00
安徽	0.57	0.57	0.57	0.57	0.57	0.57	0.57	1.00	1.00	1.00	1.00	1.00	1.00	1.00
福建	0.84	0.38	0.84	0.39	0.84	0.39	0.84	1.00	0.55	1.00	1.00	1.00	1.00	1.00
江西	0.70	0.70	0.70	0.70	0.70	0.70	0.70	1.00	1.00	1.00	1.00	1.00	1.00	1.00
山东	0.58	0.27	0.58	0.28	0.58	0.28	0.58	1.00	0.55	1.00	1.00	1.00	1.00	1.00
河南	0.58	0.58	0.58	0.58	0.58	0.58	0.58	1.00	1.00	1.00	1.00	1.00	1.00	1.00
湖北	0.61	0.27	0.61	0.29	0.61	0.29	0.61	1.00	0.55	1.00	1.00	1.00	1.00	1.00
湖南	0.68	0.30	0.68	0.31	0.68	0.31	0.68	1.00	0.55	1.00	1.00	1.00	1.00	1.00
广东	0.64	0.30	0.64	0.32	0.64	0.32	0.64	1.00	0.55	1.00	1.00	1.00	1.00	1.00
辽宁	0.63	0.27	0.63	0.29	0.63	0.29	0.63	1.00	0.55	1.00	1.00	1.00	1.00	1.00
陕西	0.60	0.30	0.60	0.31	0.60	0.31	0.60	1.00	0.55	1.00	1.00	1.00	1.00	1.00

表 5-32　各减排方案下各重点城市 2030 年 $PM_{2.5}$ 年均浓度
（以 2010 年年均监测浓度校正，各情景的定义参见上文）（单位：μg/m³）

城市	所属区域	情景 1	情景 2	情景 3	情景 4	情景 5	情景 6	情景 7
北京	京津冀	62.7	29.6	49.6	44.1	43.4	39.7	34.1
天津	京津冀	46.3	19.4	29.0	27.1	26.1	24.9	26.1
石家庄	京津冀	48.3	18.8	30.6	28.9	27.7	26.3	20.6
唐山	京津冀	42.2	17.3	28.8	25.4	25.5	22.9	24.3
上海	长三角	41.3	26.1	33.4	30.5	30.2	27.9	30.5
宁波	长三角	50.1	22.6	37.8	34.9	34.3	31.8	34.0
南京	长三角	46.8	26.2	32.3	29.9	30.1	27.7	29.7
苏州	长三角	38.0	20.4	27.3	24.1	24.3	21.5	23.6
嘉兴	长三角	49.5	24.6	38.3	35.2	34.7	32.3	34.7
杭州	长三角	50.1	21.5	35.5	32.8	32.5	30.2	32.1
广州	珠三角	28.6	16.2	19.6	18.6	18.6	17.3	28.5
沈阳	辽宁中部	46.6	17.6	30.0	29.2	26.9	25.9	34.0
济南	山东	54.5	24.3	34.2	30.2	29.0	26.2	34.1
武汉	武汉及其周边	54.2	21.0	32.9	30.4	29.5	27.1	34.1
长沙	长株潭	44.3	19.0	24.2	22.3	22.1	20.0	34.1
福建	海峡西岸	36.6	16.2	26.1	23.8	24.5	22.4	34.6
太原	山西中北部	37.5	16.7	20.3	19.3	18.6	17.7	34.0
西安	陕西关中	58.5	25.8	31.8	29.5	27.0	25.5	33.7

最大减排”。在此情景下，除京津冀和长三角的部分城市外，其他目标城市均能实现 $PM_{2.5}$ 浓度达标。这说明，除京津冀和长三角外，其他重点地区在 SO_2、NO_x、NH_3 实施 BAU[1] 控制措施的基础上，宜仅通过严加一次 PM 的控制实现 $PM_{2.5}$ 浓度达标。而对于京津冀和长三角，应对气态前体物进一步严加控制。

情景 4 假设“重点省份” $PM_{2.5}$ 和 NO_x 实施“准最大减排”措施，SO_2 和 NH_3 实施 BAU[1]下的控制措施；情景 5 假设 $PM_{2.5}$ 和 SO_2 实施“准最大减排”措施，NO_x 和 NH_3 实施 BAU[1]下的控制措施；情景 6 假设 $PM_{2.5}$、NO_x 和 SO_2 实施“准最大减排”措施，NH_3 实施 BAU[1]下的控制措施。长三角地区在情景 4 下个别城市会略高于 35μg/m³ 的浓度限值，而在情景 5 和情景 6 下均能达标。但本研究和此前的研究均表明，随着 NO_x 控制水平的加大，$PM_{2.5}$ 的响应会明显增强，相反，如果减排力度不大，对 $PM_{2.5}$ 削减效果很弱甚至有负效应，且考虑到 NO_x 环境影响的多样性（臭氧、酸沉降、富营养化、气候效应等），对 NO_x 加强控制势在必行。因此，宜优先对 NO_x 实施严格的控制措施，在此基础上，适当严加 SO_2 的控制措施使空气质量达标。在京津冀地区，北京市在情景 6 下 $PM_{2.5}$ 浓度仍高达 39.7μg/m³。这意味着，应对北京市实施更为严格的控制措施，具体来说，一方面应对控制难度较大的 NH_3 实施控制；另一方面应进一步将 $PM_{2.5}$、NO_x 和 SO_2 的控制措施由“准最大减排”变为“最大减排”。

上述的情景通过试算，我们明确了各重点地区的基本控制策略，在情景 7 中，我们依据上文确定的原则，分区域制定了不同的控制策略，使各目标城市 $PM_{2.5}$ 浓度达标。在京津冀地区，对 $PM_{2.5}$、NO_x 和 SO_2 实施“准最大减排”措施，NH_3 实施 BAU[1]下的控制措施，其中北京市 $PM_{2.5}$、NO_x 和 SO_2 实施"最大减排"措施，NH_3 的排放量相对于 2010 年减排 35%。在长三角地区，对 $PM_{2.5}$、NO_x 实施"准最大减排"措施，SO_2 的控制力度介于 BAU[1]和"准最大减排"之间，相对于 2010 年的排放系数在 0.43~0.57（因省而异），NH_3 实施 BAU[1]下的控制措施。山东、陕西、湖北、辽宁、湖南、山西、福建 7 省，SO_2、NO_x、NH_3 实施 BAU[1]的控制措施，一次 $PM_{2.5}$ 的控制力度在 BAU[1]和"准最大减排"之间，相对于 2010 年的排放系数分别为 0.29、0.25、0.31、0.43、0.44、0.52 和 0.61。珠三角和其他非重点省份实施 BAU[1]的控制措施。该情景综合考虑了各排放源控制的敏感性、控制技术的可行性、各区域达标难度的差异及污染物减排的多重环境影响，是本研究所推荐采用的控制策略。

以上确定了各地区 2030 年的排放量控制目标，这一目标需要在未来 20 年中循序渐进地实现，因此，制订分阶段的排放量控制目标，有重要意义。本研究以 5.3.1.1 中建立的 6 个排放情景下的分阶段排放量为基础，结合前面确定的 2030 年排放量控制目标，确定了未来分阶段排放量控制目标。具体做法是，如果某地区 2030 年某污染物的排放量控制目标与 6 个情景中某情景 2030 年排放量相同，则假定该地区该污染物分阶段的控制目标与这一控制情景下相应年份的排放量相同。如果某地区 2030 年某污染物的控制目标与 6 个情景中任何一个情景 2030 年的排放量都不同，则该地区该污染物的分阶段控制目标由相邻两情景下相应年份的排放量插值确定。根据这一方法，确定各地区分阶段的排放量控制目标如表 5-33 所示。

表 5-33　各地区各污染物排放量分阶段控制目标　　（单位：$\times 10^3$t）

地区	$PM_{2.5}$ 排放量			SO_2 排放量			NO_x 排放量			NH_3 排放量		
	2010 年	2020 年	2030 年	2010 年	2020 年	2030 年	2010 年	2020 年	2030 年	2010 年	2020 年	2030 年
北京	89	52	29	325	167	86	464	223	91	84	74	56
天津	114	62	35	331	180	112	405	167	94	97	97	97
河北	861	471	268	1164	789	452	1579	867	466	1063	1063	1063
山西	471	348	243	1023	944	832	1050	757	624	287	287	287
内蒙古	413	348	270	1054	933	878	1205	813	680	593	593	593
上海	112	70	46	620	315	268	466	219	133	62	62	62
江苏	703	344	187	1185	862	680	1736	800	459	1133	1133	1133
浙江	327	178	106	1592	979	806	1257	588	333	365	365	365
安徽	609	492	371	576	477	452	996	697	569	1009	1009	1009
福建	216	172	131	555	467	417	727	677	609	368	368	368
江西	261	212	160	390	324	297	495	407	345	477	477	477
山东	1026	531	301	2465	1916	1599	2438	1865	1409	1586	1586	1586
河南	847	670	484	1187	951	827	1754	1243	1009	2007	2007	2007
湖北	569	301	178	1182	888	765	989	716	606	981	981	981
湖南	510	330	226	849	746	649	850	658	575	854	854	854
广东	507	388	297	1259	1007	914	1753	1348	1123	893	893	893
辽宁	462	298	198	954	727	658	1119	841	702	589	589	589
陕西	311	155	79	727	704	671	662	465	397	402	402	402

以上在假设各个月份削减比例相同的情况下，得到了各地区主要污染物全年排放量的分阶段控制目标。然而，各个月份的污染物排放量和污染状况存在较大差异。清华大学此前的研究表明，在中国东部大部分区域，冬季的颗粒物浓度明显高于夏季，且多发生重污染。这一方面是因为冬季多静稳天气，不利于污染物扩散；另一方面，冬季北方中国采暖燃煤排放大量 PM、SO_2、NO_x 等污染物，导致上述污染物冬季排放较大。此外，清华大学此前的研究还表明，冬季 $PM_{2.5}$ 浓度对前体物减排的响应关系与夏季存在较大差异。例如，冬季一次颗粒物排放对 $PM_{2.5}$ 浓度的贡献大，可达 50%甚至更多，而夏季气态前体物对 $PM_{2.5}$ 的贡献则一般大于一次颗粒物。此外，在长三角和京津冀大部分地区，冬季 NO_x 的少量减排会导致 $PM_{2.5}$ 浓度上升，当 NO_x 减排量增加到 50%时才能实现 $PM_{2.5}$ 浓度的削减，因此，应对 NO_x 排放量进行大幅削减，从而克服 NO_x 减排的不利影响；在夏季，小幅 NO_x 减排即可导致 $PM_{2.5}$ 浓度下降，因此可适当放宽对 NO_x 排放的限制。基于以上考虑，我们有必要在不同季节采取不同的污染控制政策：加强冬季的污染物排放控制，特别是加强一次颗粒物和 NO_x 排放量的控制力度，从而减少重污染时段的发生。具体来说，可将用于采暖的中小燃煤锅炉改为热电联产或大型锅炉，并配套严格的末端控制技术；在污染严重的中心城区可改为天然气等清洁能源。分散的燃煤和生物质炉灶应逐渐采用电采暖、热泵、分散天然气采暖等清洁能源技术予以替代。应完善应急调控机制，在重污染时段采用减少重污染工业产品产量、机动车限行等应急措施，减少污染物排放量，从而达到缓和重污染的目的。

5.3.4　大气环境污染对室内空气质量的影响

人的一生 70%～90%的时间在室内度过，因此室内空气污染给人类健康带来的危害更大。然而，室内环境空气质量不容乐观。大气污染给室内空气污染造成了特别大的影响，如表 5-34 所示。尤其是在大气环境 $PM_{2.5}$ 短期内难以达标的情况下，降低室内空气 $PM_{2.5}$ 浓度，保证室内空气质量显得尤为紧迫、重要。因此我们要特别关注室内空气质量状况。

表 5-34　室内外空气 $PM_{2.5}$ 监测结果　　（单位：μg/m³）

时间	12：00	13：00	14：00	15：00	16：00	17：00	18：00	19：00	20：00
室外	159	117	135	140	155	194	195	205	176
室内	136	110	98	132	133	140	152	160	138

注：室内门窗关闭

5.4　中国大气输送环境背景场识别和大气环境治理格局

5.4.1　大气输送环境背景场识别

任阵海等采取环境背景场，对我国各种输送型控制区大气污染物排放控制和分配进行了科学分析和计算。研究结果如下：①我国一些地区（特别是西南地区）有多种常驻性静风区，全年各季静风日数平均可达 20 天左右。静风区的输送很弱，局地大气污染严重，主要是由局地排放源造成的。由于不具备排放输出条件，应根据地区情况，控制本地区排放，在严重污染区应制订本地区长期削减措施和控制规划。②在常驻性输送通道汇区（如四川盆地、两湖盆地、鄱阳湖盆地、关中盆地等）为污染物汇集区，汇区上游各类网络输送通道网，特别是常驻性输送通道（如四川达县和重庆梁平输送通道，浙江杭州经金华、衢州、玉山、黄溪至南昌的常驻性东风输送通道，江西景德镇、鄱阳的东北风输送通道）上的地区，为了减轻污染物汇集区的堆积，应控制排放。我国各地区常驻性输送通道汇区，目前多数已形成严重污染，应采取措施，控制或停止汇区及通道网络通过地区的排放。③我国各地区有多类通道网相交形成辐合带区，有些辐合带对应的 1500m 或 3000m 高空多有相对高浓度污染物输送带，在有适宜输送系统影响时，造成低空污染物汇聚及高空污染物输出，并为华北地区冬季航测资料所证实。因此，在常驻性辐合带控制地区（如京津冀常驻性辐合带、西南地区辐合带等）及辐合带两侧的输送通道网络区，应抑制排放。④在我国网络输送背景场中，有许多区域性网状输送通道辐散区（源），由各支状通道向四周呈辐散型输出（如冬季 1 月吉林省输送源区，山东辽东半岛辐散源区，江苏省北部辐散源区；夏季 7 月陕甘宁辐散源区等），有利于局地污染物的疏散难以形成大气严重污染区。

根据我国大气输送网络，将 113 个环保重点城市分为常驻性辐合区、一般性辐合区、辐散区和高原气候区 4 种类型，城市分类情况如表 5-35 所示。

表 5-35　113 个环保重点城市分类

常驻性辐合区	华北	北京、天津、石家庄、唐山、秦皇岛、邯郸、保定、太原、大同、阳泉、呼和浩特、包头、赤峰
	川黔	重庆、成都、自贡、攀枝花、泸州、德阳、南充、宜宾、贵阳、遵义
	两湖盆地	武汉、宜昌、荆州、长沙、株洲、湘潭、岳阳、常德
	汉中盆地	西安、铜川、宝鸡、咸阳、渭南
	鄱阳湖盆地	南昌、九江
一般性辐合区	华中	长治、临汾、郑州、开封、洛阳、平顶山、安阳、焦作、三门峡
	东北	沈阳、鞍山、抚顺、本溪、锦州、长春、吉林、哈尔滨、齐齐哈尔、牡丹江
	西北	兰州、金昌、西宁、银川、石嘴山
	长江下游	上海、南京、无锡、徐州、常州、苏州、南通、扬州、镇江、杭州、宁波、湖州、绍兴、合肥、芜湖、马鞍山
辐散区	辽东山东半岛	大连、连云港、青岛、烟台、潍坊、日照、枣庄、济宁、泰安
	华南及南部沿海	广州、韶关、深圳、珠海、汕头、湛江、南宁、柳州、桂林、北海、海口、温州、福州、厦门、泉州
高原气候区	云南	昆明、玉溪、曲靖
	西藏	拉萨

5.4.2　大气环境治理区域分布格局

城市作为政治、经济和文化最活跃的部分，已经成为我国社会发展和国力增强的重要单元。通过产业结构升级和产业转移、劳动地域分工、区域基础设施网络化等的共同作用，一些大城市与周边地区保持着高度的社会、经济和生活联系，继而通过密集的交通网和资源网相连形成多个城市群。城市群正成为我国城市化过程中区域经济的主要形态。城市群体系充分体现了区域分工与区域经济一体化特征，在各方面都具有高度一体化倾向。

在城市群发展的过程中，受大气环流及大气化学的双重作用，城市间大气污染相互影响明显，相邻城市间污染传输影响极为突出。在京津冀、长三角和珠三角等区域，部分城市二氧化硫浓度受外来源的贡献率达 30%~40%，氮氧化物为 12%~20%，可吸入颗粒物为 16%~26%；区域内城市大气污染变化过程呈现明显的同步性，重污染天气一般在一天内先后出现。

京津冀、长三角、珠三角地区，以及辽宁中部、山东、武汉及其周边、长株潭、成渝、海峡西岸、山西中北部、陕西关中、甘宁、新疆乌鲁木齐城市群等 13 个地区（图 5-45）是我国经济活动水平和污染排放高度集中的区域，大气环境问题更加突出。一是主要大气污染物排放负荷巨大，远远超过环境承载能力（表 5-36）。这 13 个城市群以占全国约 14%的国土面积，排放了 47%的二氧化硫、50%的氮氧化物、41%的烟粉尘和 50%的挥发性有机物，单位面积污染物排放强度是全国平均水平的 2.9~3.6 倍。二是大气环境污染十分严重（表 5-37）。按照新修订的《环境空气质量标准》评价，这 13 个城市群 2010 年 82%的城市达不到国家二级标准。三是以 $PM_{2.5}$ 为特征的复合型大气污染日益突出。2010 年，7 个 $PM_{2.5}$ 监测试点城市年均浓度超出国家二级标准的 14%~157%，

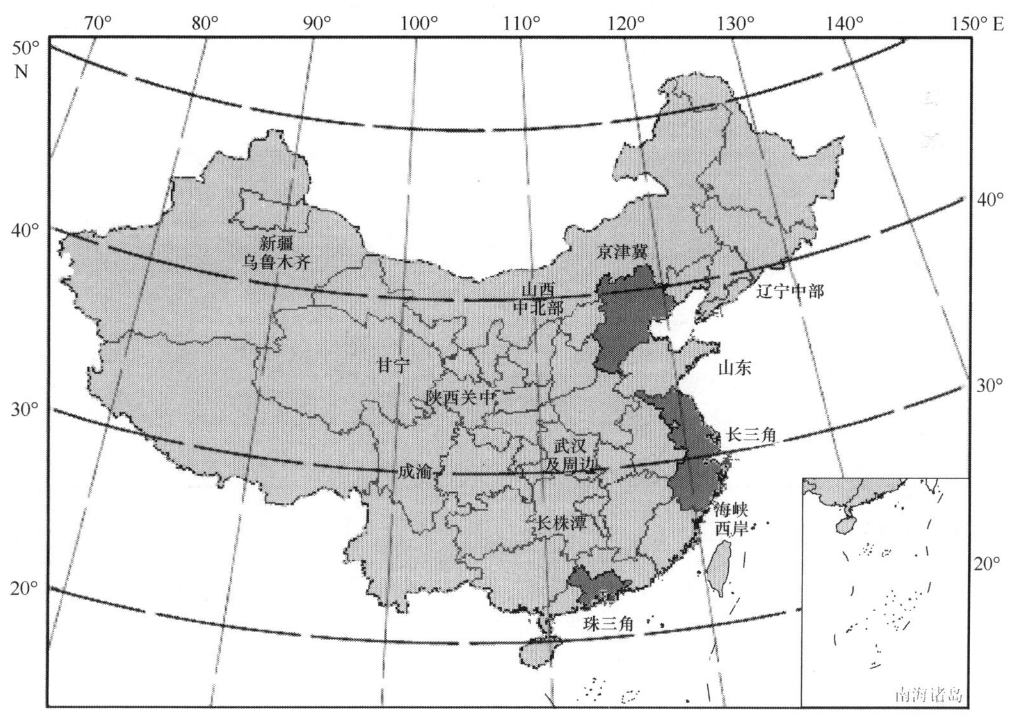

图 5-45　京津冀、长三角、珠三角等 13 个城市群地理位置示意图（彩图请扫描正文末页二维码阅读）

表 5-36　2010 年京津冀、长三角、珠三角等 13 个城市群主要污染物排放量（单位：万 t）

区域	地区	二氧化硫	氮氧化物	工业烟粉尘	重点行业挥发性有机物
京津冀	北京	10.4	19.8	3.96	11.6
	天津	23.8	34.0	7.99	15.6
	河北	143.78	171.29	95.89	15.4
长三角	上海	25.5	44.3	8.9	23.9
	江苏	108.55	147.19	96.18	51.3
	浙江	68.4	85.3	43.33	52.7
珠三角	广东	50.7	88.9	37.7	38.1
辽宁中部	辽宁	62.31	54.71	50.44	24.2
山东	山东	181.1	174	58.1	79.6
武汉及其周边	湖北	39.27	36.97	24.17	20.7
长株潭	湖南	12.04	14.13	17.05	3.8
成渝	重庆	56.1	27.21	22.43	15.6
	四川	73.2	52.01	38.36	8.9
海峡西岸	福建	40.91	43.37	27.88	26.5
山西中北部	山西	53.94	46.37	32.43	2.6
陕西关中	陕西	61.34	49.8	21.56	10.2
甘宁	甘肃	25.69	18.21	7.4	8.6
	宁夏	6.68	9.3	3.04	3.95
新疆乌鲁木齐	新疆	18.3	19.87	7.22	4.0

表 5-37　2010 年京津冀、长三角、珠三角等 13 个城市群主要空气污染物年均浓度（单位：$\mu g/m^3$）

区域	二氧化硫	二氧化氮	可吸入颗粒物
京津冀	45	33	82
长三角	33	38	89
珠三角	26	40	58
辽宁中部	46	33	84
山东	52	38	96
武汉及其周边	28	28	91
长株潭	51	40	86
成渝	43	35	76
海峡西岸	29	26	71
山西中北部	44	19	75
陕西关中	37	35	106
甘宁	46	32	111
新疆乌鲁木齐	43	36	96

京津冀、长三角、珠三角等区域每年出现灰霾天数 100 天以上。四是大气污染防治面临更加严峻的挑战。2015 年，这 13 个城市群二氧化硫、氮氧化物、工业烟粉尘、挥发性有机物新增排放量，分别占 2010 年排放量的 15%、22%、17%和 20%，污染防治任务十分艰巨。

图 5-46 对以上 13 个城市群污染类型进行了归类。其中，京津冀、长三角、珠三角区域与山东城市群为复合型污染严重区，应重点针对细颗粒物和臭氧等大气环境问题进行控制，长三角、珠三角还要加强酸雨的控制，京津冀、江苏省和山东城市群还应加强

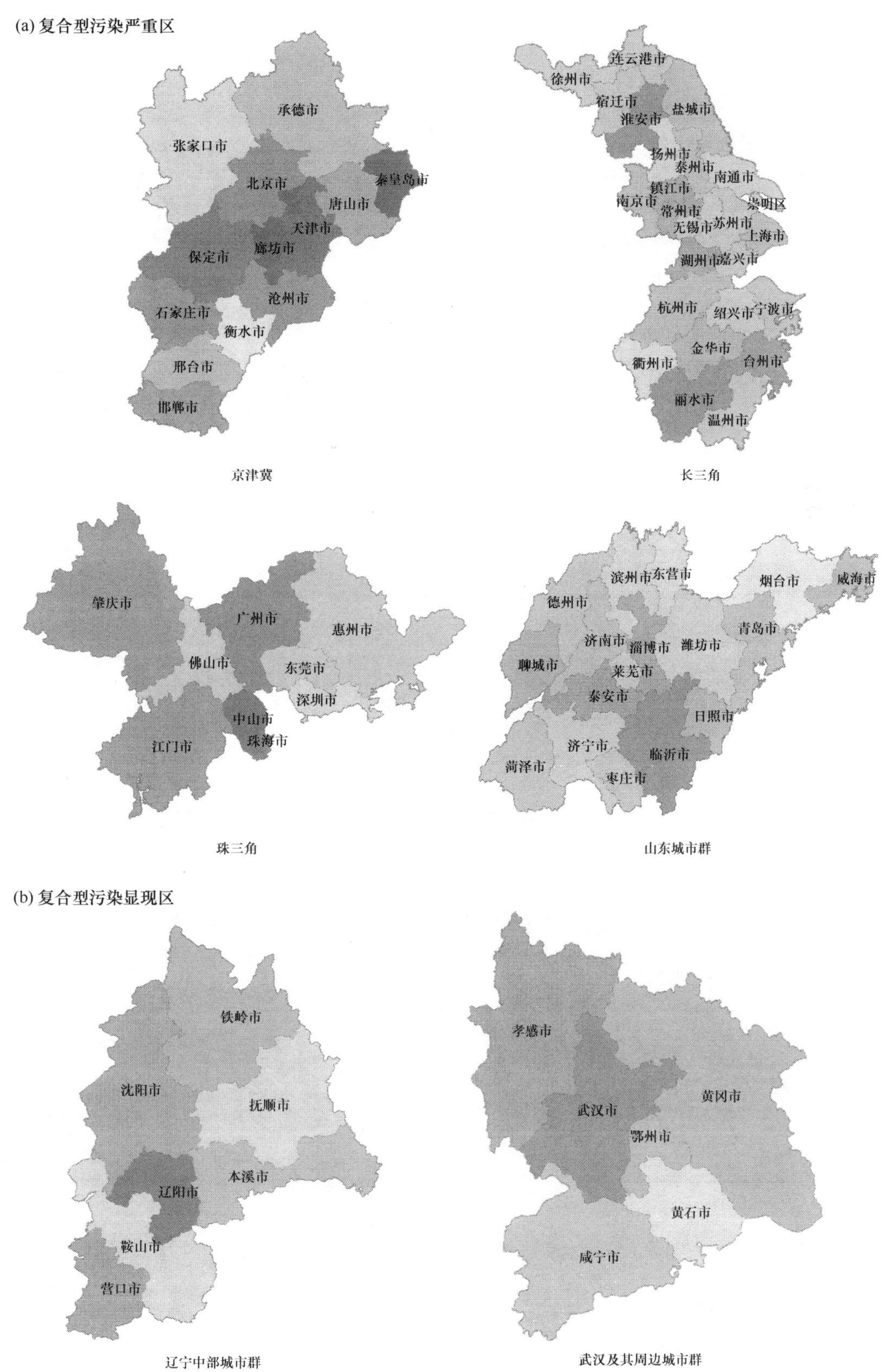
(a) 复合型污染严重区
承德市
张家口市
北京市
秦皇岛市
唐山市
天津市
保定市
廊坊市
沧州市
石家庄市
衡水市
邢台市
邯郸市
京津冀
连云港市
徐州市
宿迁市
盐城市
淮安市
扬州市
泰州市
南通市
镇江市
南京市
常州市
崇明区
无锡市
苏州市
上海市
湖州市
嘉兴市
杭州市
绍兴市
宁波市
金华市
衢州市
台州市
丽水市
温州市
长三角
肇庆市
广州市
惠州市
佛山市
东莞市
深圳市
中山市
珠海市
江门市
珠三角
滨州市
东营市
烟台市
威海市
德州市
青岛市
济南市
淄博市
潍坊市
聊城市
莱芜市
泰安市
日照市
济宁市
临沂市
菏泽市
枣庄市
山东城市群
(b) 复合型污染显现区
铁岭市
沈阳市
抚顺市
本溪市
辽阳市
鞍山市
营口市
辽宁中部城市群
孝感市
黄冈市
武汉市
鄂州市
黄石市
咸宁市
武汉及其周边城市群

长株潭城市群

成渝城市群

海峡西岸城市群

(c) 传统煤烟型污染区

山西中北部城市群

陕西关中城市群

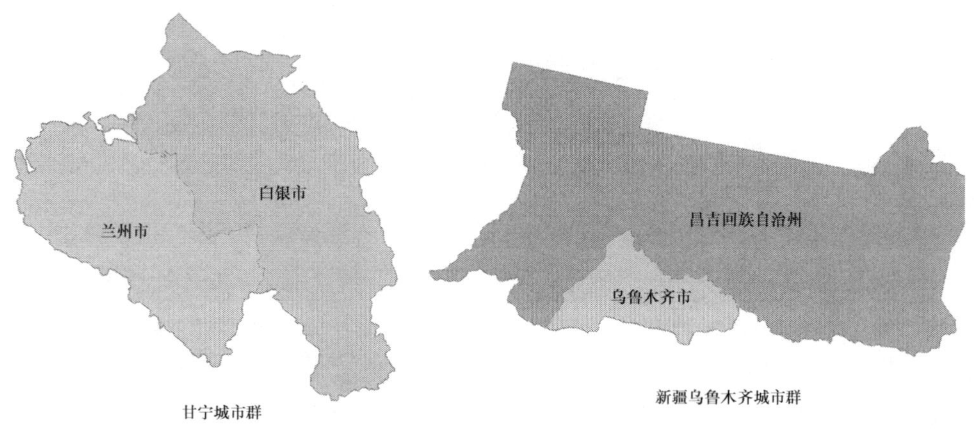

图 5-46　京津冀、长三角、珠三角等 13 个城市群污染类型（彩图请扫描正文末页二维码阅读）

可吸入颗粒物的控制。辽宁中部、武汉及其周边、长株潭、成渝、海峡西岸城市群为复合型污染显现区，应重点控制可吸入颗粒物、二氧化硫、二氧化氮，同时注重细颗粒物、臭氧等复合污染的控制，此外，武汉及其周边、长株潭、成渝还应加强酸雨的控制，辽宁中部城市群应加强采暖季燃煤污染控制。山西中北部、陕西关中、甘宁、新疆乌鲁木齐城市群，以传统煤烟型污染控制为主，重点控制可吸入颗粒物、二氧化硫污染，加强采暖季燃煤污染控制。

5.5　新时期中国大气环境保护对策建议

“十二五”时期，我国工业化和城市化快速发展，资源能源消耗持续增长，大气环境将面临前所未有的压力。为实现 2020 年全面建成小康社会对大气环境质量的要求，“十二五”以来，我国大气环境管理工作取得了积极进展。特别表现为：一是颁布新的《环境空气质量标准》，实现了与世界卫生组织（WHO）第一阶段目标值接轨。京津冀、长三角、珠三角等重点区域，以及直辖市、省会城市和计划单列市，共计 74 个城市已开展 $PM_{2.5}$ 监测并实时发布了监测信息。二是国务院批复了《重点区域大气污染防治“十二五”规划》，将改善环境空气质量作为根本目标，提出要切实解决 $PM_{2.5}$ 等突出大气环境污染问题，在加快产业结构调整、优化能源结构、实施多污染物协同控制等方面提出了有力的措施，创新了多项大气环境管理政策，包括实施特别排放限值、倍量替代、城市达标管理等，这是我国“十二五”大气污染防治的主要抓手。三是 2013 年 9 月 10 日国务院颁布实施了《大气污染防治行动计划》，明确提出到 2017 年，全国地级及以上城市可吸入颗粒物浓度比 2012 年下降 10%以上，优良天数逐年提高；京津冀、长三角、珠三角等区域细颗粒物浓度分别下降 25%、20%、15%左右，其中北京市细颗粒物年均浓度控制在 $60\mu g/m^3$ 左右。为达到 2020 年和 2030 年分阶段的大气环境质量目标和主要大气污染物排放控制目标，提出以下对策建议。

5.5.1 深化多污染源综合治理，强化多污染物协同控制

5.5.1.1 全面推进二氧化硫减排

深化火电行业二氧化硫治理。燃煤机组全部安装脱硫设施；对不能稳定达标的脱硫设施进行升级改造；烟气脱硫设施要按照规定取消烟气旁路，强化对脱硫设施的监督管理。

加强钢铁、石化等非电行业的烟气二氧化硫治理。所有钢铁企业的烧结机和球团生产设备、石油炼制企业的催化裂化装置、有色金属冶炼企业都要安装脱硫设施。加强大中型燃煤锅炉烟气治理，规模在 20t（蒸 t）/h 及以上的全部实施脱硫。积极推进陶瓷、玻璃、砖瓦等建材行业二氧化硫的控制。

5.5.1.2 全面开展氮氧化物污染防治

大力推进火电和水泥行业氮氧化物控制。除循环流化床锅炉以外的燃煤机组均要安装脱硝设施；新型干法水泥窑要实施低氮燃烧技术改造，配套建设脱硝设施。

积极开展烧结机、燃煤工业锅炉等烟气脱硝示范。在京津冀、长三角、珠三角地区，开展烧结机烟气脱硝示范工程建设。推进燃煤工业锅炉低氮燃烧改造和脱硝示范。

5.5.1.3 大力削减颗粒物排放

深化火电行业烟尘治理。燃煤机组必须配套高效除尘设施，对烟尘排放浓度不能稳定达标的燃煤机组进行高效除尘改造。

强化水泥行业粉尘治理。水泥窑及窑磨一体机除尘设施应全部改造为袋式除尘器。水泥企业破碎机、磨机、包装机、烘干机、烘干磨、煤磨机、冷却机、水泥仓及其他通风设备需采用高效除尘器，确保颗粒物排放稳定达标。加强水泥厂和粉磨站颗粒物排放综合治理，采取有效措施控制水泥行业颗粒物无组织排放，大力推广散装水泥生产，限制和减少袋装水泥生产，所有原材料、产品必须密闭贮存、输送，车船装、卸料采取有效措施防止起尘。

深化钢铁行业颗粒物治理。现役烧结（球团）设备机头烟尘不能稳定达标排放的进行高效除尘技术改造，重点地区应达到特别排放限值的要求。炼焦工序应配备地面站高效除尘系统，积极推广使用干熄焦技术；炼铁出铁口、撇渣器、铁水沟等位置设置密闭收尘罩，并配置袋式除尘器。

全面推进燃煤工业锅炉烟尘治理。燃煤工业锅炉烟尘不能稳定达标排放的，应进行高效除尘改造，重点地区应达到特别排放限值的要求。沸腾炉和煤粉炉必须安装袋式除尘装置。积极采用天然气等清洁能源替代燃煤；使用生物质成型燃料应符合相关技术规范，使用专用燃烧设备；对无清洁能源替代条件的，推广使用洁净型煤。

积极推进工业炉窑颗粒物治理。积极推广工业炉窑使用清洁能源，陶瓷、玻璃等工业炉窑可采用天然气、煤制气等替代燃煤，推广应用黏土砖生产内燃技术。加强工业炉窑除尘工作，安装高效除尘设备，确保达标排放。

5.5.1.4　完善挥发性有机物污染防治体系

开展挥发性有机物摸底调查。针对石化、有机化工、表面涂装、包装印刷、合成材料、化学药品原药制造、塑料产品制造、通信设备计算机及其他电子设备制造等重点行业，开展挥发性有机物排放调查工作，制订分行业挥发性有机物排放系数，编制重点行业排放清单，摸清挥发性有机物行业和地区分布特征，筛选重点排放源，建立挥发性有机物重点监管企业名录。在复合型大气污染严重地区，开展大气环境挥发性有机物调查性监测，掌握大气环境中挥发性有机物浓度水平、季节变化、区域分布特征。

完善重点行业挥发性有机物排放控制要求和政策体系。尽快制定相关行业挥发性有机物排放标准、清洁生产评价指标体系和环境工程技术规范；加快制定完善固定污染源挥发性有机物测定方法标准、监测技术规范及监测仪器标准；加强挥发性有机物面源污染控制，研究制定涂料、油墨、胶黏剂、建筑板材、家具、干洗等含有机溶剂产品的环境标志产品认证标准；建立含有机溶剂产品销售使用的准入制度，实施挥发性有机化合物含量限值管理。建立有机溶剂使用申报制度。在工业企业、工业园区和城市三个层面，开展挥发性有机物污染综合防治试点工作，探索挥发性有机物的监测、治理技术和监督管理机制。

全面开展加油站、储油库和油罐车油气回收治理。限时完成加油站、储油库和油罐车油气回收治理工作，在原油成品油码头积极开展油气回收治理。建设油气回收在线监控系统平台试点，实现对重点储油库和加油站油气回收远程集中监测、管理和控制。

大力削减石化行业挥发性有机物排放。在石化企业开展泄漏检测与修复（LDAR）技术改造，加强石化生产、输送和储存过程挥发性有机物泄漏的监测和监管，对泄漏率超过标准的要进行设备改造；严格控制储存、运输环节的呼吸损耗，原料、中间产品、成品储存设施应全部采用高效密封的浮顶罐，或安装顶空联通置换油气回收装置。炼油与石油化工生产工艺单元排放的有机工艺尾气，应回收利用，不能（或不能完全）回收利用的，应采用锅炉、工艺加热炉、焚烧炉予以焚烧，或采用吸收、吸附、冷凝等非焚烧方式予以处理；废水收集系统液面与环境空气之间应采取隔离措施，曝气池、气浮池等应加盖密闭，并收集废气净化处理。加强回收装置与有机废气治理设施的监管，确保挥发性有机物排放稳定达标，重点地区执行特别排放限值。石化企业有组织地进行废气排放，逐步安装在线连续监测系统，工厂边界安装挥发性有机物环境监测设施。

积极推进有机化工等行业挥发性有机物控制。提升有机化工（含有机化学原料、合成材料、日用化工、涂料、油墨、胶黏剂、染料、化学溶剂、试剂生产等）、医药化工、塑料制品企业装备水平，严格控制跑冒滴漏。原料、中间产品与成品应密闭储存，对于实际蒸汽压大于 2.8kPa、容积大于 $100m^3$ 的有机液体储罐，采用高效密封方式的浮顶罐或安装密闭排气系统进行净化处理。排放挥发性有机物的生产工序要在密闭空间或设备中实施，产生的含挥发性有机物废气需进行净化处理。逐步开展排放有毒、恶臭等挥发性有机物的有机化工企业在线连续监测系统的建设，并与环境保护主管部门联网。

加强表面涂装工艺挥发性有机物排放控制。积极推进汽车制造与维修、船舶制造、集装箱、电子产品、家用电器、家具制造、装备制造、电线电缆等行业表面涂装工艺挥发性有机物的污染控制。全面提高水性、高固分、粉末、紫外线固化涂料等低挥发性有机物含量涂料的使用比例；推广汽车行业先进涂装工艺技术的使用，优化喷漆工艺与设备。使用溶剂型涂料的表面涂装工序必须密闭作业，配备有机废气收集系统，安装高效回收净化设施。

推进溶剂使用工艺挥发性有机物治理。包装印刷业必须使用符合环保要求的油墨，烘干车间需安装活性炭等吸附设备回收有机溶剂，对车间有机废气进行净化处理。在纺织印染、皮革加工、制鞋、人造板生产、日化等行业，积极推广使用低毒、低挥发性溶剂，食品加工行业必须使用低挥发性溶剂，制鞋行业胶黏剂应符合国家强制性标准《鞋和箱包胶黏剂》的要求；同时开展挥发性有机物收集与净化处理。

5.5.1.5 加强有毒废气污染控制

加强有毒废气污染控制。编制发布国家有毒空气污染物优先控制名录，推进排放有毒废气企业的环境监管，对重点排放企业实施强制性清洁生产审核；把有毒空气污染物排放控制作为环境影响评价审批的重要内容，明确控制措施和应急对策。开展重点地区铅、汞、镉、苯并（a）芘、二噁英等有毒空气污染物调查性监测。完善有毒空气污染物的排放标准与防治技术规范。

积极推进大气汞污染控制工作。调查燃煤电厂、燃煤工业锅炉、有色金属（铅、锌、铜）冶炼和水泥生产等重点行业大气汞排放与控制情况，完成比较完整的全国范围的排放源清单，建立大气汞污染防治动态信息平台；筛选出重点行业大气汞污染防治可行性技术，评估并推荐最佳可行性技术和最佳环境实践指南；开展重点行业大气汞污染控制试点，调查与测算大气汞排放情况，探索大气汞监测与防控能力建设，评估各种排放控制技术，建立大气汞的环境影响评价机制；分析重点行业大气汞的减排潜力，调研其大气汞污染控制法规政策与管理现状，分析履约差距，设计大气汞污染控制行动计划。

积极开展消耗臭氧层物质淘汰工作。完善消耗臭氧层物质生产、使用和进出口的审批、监管制度。按照《蒙特利尔议定书》的要求，完成含氢氯氟烃、医用气雾剂全氯氟烃、甲基溴等约束性指标的淘汰任务，严格控制含氢氯氟烃、甲烷氯化物生产装置能力的过快增长，加强相关行业替代品和替代技术的开发和应用，强化国家、地方及行业履约能力建设。

5.5.1.6 深化面源污染治理

综合整治城市扬尘。加强施工扬尘环境监理和执法检查。在项目开工前，建设单位与施工单位应向建设、环保等部门分别提交扬尘污染防治方案与具体实施方案，并将扬尘污染防治纳入工程监理范围，扬尘污染防治费用纳入工程预算。将施工企业扬尘污染控制情况纳入建筑企业信用管理系统，定期公布，作为招投标的重要依据。加强现场执法检查，强化土方作业时段监督管理，增加检查频次，加大处罚力度。推进建筑工地绿色施工。建设工程施工现场必须全封闭设置围挡墙，严禁敞开式作业；施工现场道路、作业区、生活区必须进行地面硬化；积极推广使用散装水泥，市区施工工地全部使用预拌混凝土和预拌砂浆，杜绝现场搅拌混凝土和砂浆；对因堆放、装卸、运输、搅拌等易产生扬尘的污染源，应采取遮盖、洒水、封闭等控制措施；施工现场的垃圾、渣土、沙石等要及时清运，建筑施工场地出口设置冲洗平台。建设城市扬尘视频监控平台，在城市市区内，主要施工工地出口、起重机、料堆等易起尘的位置安装视频监控设施，新增建筑工地在开工建设前要安装视频监控设施，实现施工工地重点环节和部位的精细化管理。推进堆场扬尘综合治理。强化煤堆、料堆的监督管理。大型煤堆、料堆场应建立密闭料仓与传送装置，露天堆放的应加以覆盖或建设自动喷淋装置。电厂、港口的大型煤堆、料堆应安装视频监控设施，并与城市扬尘视频监控平台联网。对长期堆放的废弃物，应采取覆绿、铺装、硬化、定期喷洒抑尘剂或稳定剂等措施。积极推进粉煤灰、炉渣、矿渣的综合利用，减少堆放量。控制道路扬尘污染。积极推行城市道路机械化清扫，提高机械化清扫率。增加城市道路冲洗保洁频次，切实降低道路积尘负荷。减少道路开挖面积，缩短裸露时间，开挖道路应分段封闭施工，及时修复破损道路路面。加强道路两侧绿化，减少裸露地面。加强渣土运输车辆监督管理，所有城市渣土运输车辆实施密闭运输，实施资质管理与备案制度，安装 GPS 定位系统，对重点地区、重点路段的渣土运输车辆实施全面监控。加强城市绿化建设。结合城市发展和工业布局，加强城市绿化建设，努力提高城市绿化水平，增强环境自净能力。打造绿色生态保护屏障，构建防风固沙体系。实施生态修复，加强对各类废弃矿区的治理，恢复生态植被和景观，抑制扬尘产生。

开展餐饮油烟污染治理。严格新建饮食服务经营场所的环保审批；推广使用管道煤气、天然气、电等清洁能源；餐饮服务经营场所应安装高效油烟净化设施，并强化运行监管；强化无油烟净化设施露天烧烤的环境监管；推广使用高效净化型家用吸油烟机。

加强秸秆焚烧环境监管。禁止农作物秸秆、城市清扫废物、园林废物、建筑废弃物等生物质的违规露天焚烧。全面推广秸秆还田、秸秆制肥、秸秆饲料化、秸秆能源化利用等综合利用措施，制订实施秸秆综合利用实施方案，建立秸秆综合利用示范工程，促进秸秆资源化利用，加强秸秆焚烧监管。进一步加强重点区域秸秆焚烧和火点监测信息发布工作，建立和完善市、县（区）、镇、村四级秸秆焚烧责任体系，完善目标责任追究制度。

5.5.1.7　全面强化移动源污染控制

建立全新的城市可持续交通体系。优化城市功能和布局规划，推广智能交通管理，缓解城市交通拥堵。实施公交优先战略，提高公共交通出行比例，加强步行、自行车交通系统建设。根据城市发展规划，合理控制机动车保有量，北京、上海、广州等特大城市要严格限制机动车保有量。通过鼓励绿色出行、增加使用成本等措施，降低机动车使用强度。

推动油品配套升级。北京市从 2013 年 2 月 1 日起实施第五阶段机动车排放地方标准（简称“京 V”，相当于欧洲 5 号标准）。上海、深圳、广州、南京这 4 个城市目前的汽油和柴油均执行国四标准，而在除了这 5 个城市外的广大中国，均执行国三标准，即车用汽油含硫量不超过 150ppm（$1ppm=1\times10^6$），车用柴油含硫量不得超过 350ppm。与此同时，欧盟和日本已经将汽油和柴油中的含硫量降至 10ppm，美国是 30ppm。这意味着中国当前的汽油标准是欧洲、日本的 15 倍，美国的 5 倍，柴油则是欧日标准的 30 余倍。而在实际情况中，汽油的质量更为糟糕。2012 年，《齐鲁晚报》在山东随机抽取了 6 份 93 号汽油样品，其中有 2 份汽油的硫含量分别高达 680ppm 和 910ppm。美国空气洁净协会发布报告称，如果能在全美供应硫含量10ppm的燃油（现行标准是30ppm），相当于超过3300万辆的机动车消失在马路上。截至2012年6月底，我国机动车保有量为2.33亿辆，如果中国的汽柴油中含硫量由国三标准的150ppm降低到30ppm（即达到美国的现行标准），减少的车辆会远远不止3300万辆，而北京2011年摇号限购一整年，才减少了60万辆车。由此不难发现，企图通过对车辆限行来治理空气污染问题，不是最好的做法，而提升油品质量，将会对空气质量改善起到巨大的作用。因此要加快石油炼制企业升级改造，积极推动车用燃料的低硫化和无硫化。加强油品质量的监督检查，严厉打击非法生产、销售不合格油品行为，建立健全炼化企业油品质量控制制度，全面保障油品质量。

加快淘汰黄标车和老旧车辆。采取划定禁行区域、经济补偿等方式，加速黄标车和老旧车辆淘汰进程。严格执行老旧机动车强制报废制度，强化营运车辆强制报废的有效管理和监控。

加强机动车环保管理。环保、工业和信息化、质检、工商等部门联合加强对新生产车辆环保监管，严厉打击生产、销售环保不达标车辆的违法行为；加强在用机动车年度检验，对不达标车辆不得发放环保合格标志，不得上路行驶。加快柴油车车用尿素供应体系建设。研究缩短公交车、出租车强制报废年限。鼓励出租车每年更换高效尾气净化装置。

加快推进低速汽车升级换代。不断提高低速汽车（三轮汽车、低速货车）节能环保要求，减少污染排放，促进相关产业和产品技术升级换代。

大力推广新能源汽车。公交、环卫等行业和政府机关要率先使用新能源汽车，采取直接上牌、财政补贴等措施鼓励个人购买。北京、上海、广州等城市每年新增或更新的公交车中新能源和清洁燃料车的比例达到60%以上。

开展非道路移动源污染防治。开展非道路移动源排放调查，掌握工程机械、火车机车、船舶、农业机械、工业机械和飞机等非道路移动源的污染状况，建立管理台账。推进非道路移动机械和船舶的排放控制。积极开展施工机械环保治理，推进安装大气污染物后处理装置。加快天津、上海、南京、宁波、广州、青岛等地区的“绿色港口”建设。

5.5.2 调整优化产业结构，推动产业转型升级

5.5.2.1 严控“两高”行业新增产能

修订高耗能、高污染和资源性行业准入条件，明确资源能源节约和污染物排放等指标。有条件的地区要制订符合当地功能定位、严于国家要求的产业准入目录。严格控制“两高”行业新增产能，新建、改建、扩建项目要实行产能等量或减量置换。

5.5.2.2 淘汰落后产能，压缩过剩产能

结合产业发展实际和环境质量状况，进一步提高环保、能耗、安全、质量等标准，分区域明确落后产能淘汰任务，倒逼产业转型升级。

加大环保、能耗、安全执法处罚力度，建立以节能环保标准促进“两高”行业过剩产能退出的机制。制定财政、土地、金融等扶持政策，支持产能过剩“两高”行业企业

退出、转型发展。发挥优强企业对行业发展的主导作用，通过跨地区、跨所有制企业兼并重组，推动过剩产能压缩。严禁核准产能严重过剩行业新增产能项目。

5.5.2.3　推动传统产业改造升级

严格落实《产业结构调整指导目录》。加快运用高新技术和先进适用技术改造提升传统产业，促进信息化和工业化深度融合，重点支持对产业升级带动作用大的重点项目和重污染企业搬迁改造。调整《加工贸易禁止类商品目录》，提高加工贸易准入门槛，促进加工贸易转型升级。合理引导企业兼并重组，提高产业集中度。大力发展节能环保产业，使之成为新一轮经济发展的增长点和新兴支柱产业。

5.5.2.4　推行清洁生产，发展循环经济

编制清洁生产推行规划，制（修）订清洁生产评价指标体系，发布重点行业清洁生产推行方案。重点围绕主要污染物减排和重金属污染治理，全面推进农业、工业、建筑、商贸服务等领域清洁生产示范，从源头和全过程控制污染物产生和排放，降低资源消耗。发布清洁生产审核方案，公布清洁生产强制审核企业名单。实施清洁生产示范工程，推广应用清洁生产技术。

鼓励产业集聚发展，实施园区循环化改造，推进能源梯级利用、水资源循环利用、废物交换利用、土地节约集约利用，促进企业循环式生产、园区循环式发展、产业循环式组合，构建循环型工业体系。推动水泥、钢铁等工业窑炉、高炉实施废物协同处置。大力发展机电产品再制造，推进资源再生利用产业发展。

5.5.2.5　优化工业分布格局

整个中国地势是西高东低，西部有青藏高原和黄土高原，而东部多为平原地带，海拔落差高达几千米。从整个气象角度上来说，青藏高原、黄土高原中国西部地区相对于大气西风带有避风港的效应，因此在卫星上始终看到中国东部是一块大气污染非常严重的地区。当然这与中国的污染物排放有很大的关系，同时也与气象条件有一定的关系。在这个气象背景之下，如果中国的工业都布设在大地形东侧这一背风坡上，那么就很容易引起大气污染。因此在对中国大气环境保护战略研究时，要从中国大地形的这个角度上考虑优化工业布局。

5.5.3　加快调整能源结构，增加清洁能源供应

5.5.3.1　实施煤炭消费总量控制

综合考虑各地社会经济发展水平、能源消费特征、大气污染现状等因素，制订国家煤炭消费总量中长期控制目标，实行目标责任管理。要设置煤炭消耗红线值。京津冀、长三角、珠三角等区域力争实现煤炭消费总量负增长，通过逐步提高接受外输电比例、增加天然气供应、加大非化石能源利用强度等措施替代燃煤。

京津冀、长三角、珠三角等区域新建项目禁止配套建设自备燃煤电站。耗煤项目要实行煤炭减量替代。除热电联产外，禁止审批新建燃煤发电项目；现有多台燃煤机组装

机容量合计达到 30 万 kW 以上的，可按照煤炭等量替代的原则建设为大容量燃煤机组。

5.5.3.2 加快清洁能源替代利用

加大天然气、煤制天然气、煤层气供应。提高天然气干线管输能力，优化天然气使用方式，新增天然气应优先保障居民生活或用于替代燃煤；鼓励发展天然气分布式能源等高效利用项目，限制发展天然气化工项目；有序发展天然气调峰电站，原则上不再新建天然气发电项目。制订煤制天然气发展规划，在满足最严格的环保要求和保障水资源供应的前提下，加快煤制天然气产业化和规模化步伐。积极有序地发展水电，开发利用地热能、风能、太阳能、生物质能，安全高效地发展核电。

京津冀区域城市建成区、长三角城市群、珠三角区域要加快现有工业企业燃煤设施天然气替代步伐；到 2017 年，基本完成燃煤锅炉、工业窑炉、自备燃煤电站的天然气替代改造任务。

5.5.3.3 全面推进煤炭清洁利用

提高煤炭洗选比例，新建煤矿应同步建设煤炭洗选设施，现有煤矿要加快建设与改造。禁止进口高灰分、高硫分的劣质煤炭，研究出台煤炭质量管理办法。限制高硫石油焦的进口。扩大城市高污染燃料禁燃区范围，逐步由城市建成区扩展到近郊。结合城中村、城乡结合部、棚户区改造，通过政策补偿和实施峰谷电价、季节性电价、阶梯电价、调峰电价等措施，逐步推行以天然气或电替代煤炭。鼓励北方农村地区建设洁净煤配送中心，推广使用洁净煤和型煤。

天津市、河北省、山西省、内蒙古自治区和山东省要将煤炭更多地用于燃烧效率高且污染治理措施到位的燃煤电厂，鼓励工业窑炉和锅炉使用清洁能源。

5.5.3.4 提高能源使用效率

严格落实节能评估审查制度。新建高耗能项目单位产品（产值）能耗要达到国内先进水平，用能设备达到一级能效标准。京津冀、长三角、珠三角等区域，新建高耗能项目单位产品（产值）能耗要达到国际先进水平。积极发展绿色建筑，政府投资的公共建筑、保障性住房等要率先执行绿色建筑标准。新建建筑要严格执行强制性节能标准，推广使用太阳能热水系统、地源热泵、空气源热泵、光伏建筑一体化、“热—电—冷”三联供等技术和装备。推进供热计量改革，加快北方采暖地区既有居住建筑供热计量和节能改造；新建建筑和完成供热计量改造的既有建筑逐步实行供热计量收费。加快热力管网建设与改造。

5.5.4 完善环境管理体系，建立防治协作等机制

5.5.4.1 完善环境管理体系

完善政府负责、环保部门统一监督管理、有关部门协调配合、全社会共同参与的环境管理体系。

分解任务目标。国务院与各省（自治区、直辖市）人民政府签订大气污染防治目标

责任书，明确地方各级人民政府对本行政区域内的大气环境质量负总责，同时将目标任务分解落实到地方人民政府和企业。将重点区域的细颗粒物指标、非重点地区的可吸入颗粒物指标作为社会经济发展的约束性指标，构建以环境质量改善为核心的目标责任考核体系，并纳入地方各级人民政府政绩考核。对限制开发区域和生态脆弱的国家扶贫开发工作重点县取消地区生产总值考核。

实行严格责任追究。落实环境目标责任制，定期发布主要污染物减排、环境质量等考核结果，对未完成环保目标任务或发生重特大突发环境事件，以及干预、伪造监测数据的，监察机关要依法依纪追究有关单位和人员的责任，环保部门要对有关地区和企业实施建设项目环评限批，取消国家授予的环境保护荣誉称号。

5.5.4.2　建立防治协作机制

加强部门协调联动。各有关部门要密切配合、协调力量、统一行动，形成大气污染防治的强大合力。环境保护部要加强指导、协调、监督和综合管理，充分发挥环境保护部际联席会议的作用，促进部门间协同联动与信息共享。国家发改委、财政等综合部门要制定有利于环境保护的财税、产业、价格和投资政策。

建立区域协作机制。京津冀、长三角、珠三角等区域要建立健全区域、省、市联动的重污染天气区域大气污染防治协作机制，由区域内省级人民政府和国务院有关部门参加，协调解决区域内突出环境问题，组织实施环评会商、联合执法、信息共享、预警应急等大气污染防治措施，通报区域大气污染防治工作进展，研究确定阶段性工作要求、工作重点和主要任务。

加强环保部门与气象局的协作机制。空气质量和气象条件密切相关，要分析气象条件对于大气环境质量的影响。空气污染同时受到污染物的排放和气象扩散能力影响，当两者不匹配时，将会导致空气污染天气的出现。环保部主要在城市，不太可能在农村和县都设有监测站，而气象局的监测站密布全国，因此环保部和气象局要加大协作力度，发挥各自部门的人力物力优势，做到信息共享、互相补充，建立联合监测网。通过联合监测网，可以探明大气污染的输送，再反演出污染物排放源。根据气象条件，设定工业生产时间表，避开静稳天气进行工业生产，可以有效减少大气污染程度。

5.5.4.3　建立监测预警和应急系统

建立监测预警体系。环保部门要加强与气象部门的合作，建立重污染天气监测预警体系。要做好重污染天气过程的趋势分析，完善会商研判机制，提高监测预警的准确度，及时发布监测预警信息。

制定完善应急预案。空气质量未达到规定标准的城市应制订和完善重污染天气应急预案并向社会公布；要落实责任主体，明确应急组织机构及其职责、预警预报及响应程序、应急处置及保障措施等内容，按不同污染等级确定企业限产停产、机动车和扬尘管控、中小学校停课及可行的气象干预等应对措施。开展重污染天气应急演练。

及时采取应急措施。将重污染天气应急响应纳入地方人民政府突发事件应急管理体系，实行政府主要负责人负责制。要依据重污染天气的预警等级，迅速启动应急预案，引导公众做好卫生防护。

研究重污染天气的应急处理措施。由于重污染天气对人们的生产、生活影响极大，因此要加大应对重污染天气的应急处理措施。加强对污染源的解析研究，预测出大气对污染物的容量，计算出污染积累程度和天气条件变化之间的关系，有效地抑制重污染天气。

5.5.5 完善法律法规标准，严格依法监督管理

5.5.5.1 完善法律法规标准

加快《中华人民共和国大气污染防治法》修订步伐，重点健全总量控制、排污许可、应急预警、法律责任等方面的制度，研究增加对恶意排污、造成重大污染危害的企业及其相关负责人追究刑事责任的内容，加大对违法行为的处罚力度，建立生态环境损害终身追究制。建立健全环境公益诉讼制度。研究起草环境税法草案，加快修改《中华人民共和国环境保护法》，尽快出台机动车污染防治条例和排污许可证管理条例。各地区可结合实际，出台地方性大气污染防治法规、规章。

加快制（修）订重点行业排放标准及汽车燃料消耗量标准、油品标准、供热计量标准等，完善行业污染防治技术政策和清洁生产评价指标体系。

加快修订完善环境空气质量标准，在标准中增加挥发性有机物和重金属锰、镍和总铬含量的浓度限值，完善镉、汞、砷的一级和二级标准。

5.5.5.2 加强环保部门权力

环保部作为政府部门，有权要求企业如期实现环保标准。但中国的大气污染治理存在多头管理，权责不清的现象。例如，针对汽油和柴油的品质而言，质检总局管油品质量检测，质检总局旗下的标准委管标准，工商局管商品油，国家发改委控制价格，环保部主管环保和减排，但在这个关乎全民利益或是国际承诺的问题上，却是有责无权。相比较而言，国外的环保部门具备制订油品环境标准等诸多权力，颇为强势。日本的《大气法》就规定，环保标准优先于产品标准，环境大臣确定有害物质指标，经济产业大臣只能在此基础上提升工业质量标准。而在美国，国家环境保护局有权规定油品质量，达不到标准的油企不予登记，即不能在市场上销售。因此，我们国家也有必要加强环保部门的权力，形成环保部门的统一负责制，这样才能有效地治理大气污染问题。

5.5.5.3 提高环境监管能力

完善国家监察、地方监管、单位负责的环境监管体制，加强对地方人民政府执行环境法律法规和政策的监督。加大环境监测、信息、应急、监察等能力建设力度，达到标准化建设要求。

建设城市站、背景站、区域站统一布局的国家空气质量监测网络，加强监测数据质量管理，客观反映空气质量状况。加强重点污染源在线监控体系建设，推进环境卫星应

用。建设国家、省、市三级机动车排污监管平台。

5.5.5.4　加大环保执法力度

推进联合执法、区域执法、交叉执法等执法机制创新，明确重点，加大力度，严厉打击环境违法行为。对偷排偷放、屡查屡犯的违法企业，要依法停产关闭。对涉嫌环境犯罪的，要依法追究刑事责任。落实执法责任，对监督缺位、执法不力、徇私枉法等行为，监察机关要依法追究有关部门和人员的责任。对造成生态环境损害的责任者严格实行赔偿制度，依法追究刑事责任。

5.5.5.5　实行环境信息公开

国家每月公布空气质量最差的 10 个城市和最好的 10 个城市的名单。各省（自治区、直辖市）要公布本行政区域内地级及以上城市空气质量排名。地级及以上城市要在当地主要媒体及时发布空气质量监测信息。

各级环保部门和企业要主动公开新建项目环境影响评价、企业污染物排放、治污设施运行情况等环境信息，健全举报制度，加强社会监督。涉及群众利益的建设项目，应充分听取公众意见。建立重污染行业企业环境信息强制公开制度。

5.5.6　发挥市场机制作用，完善环境经济政策

完善中央环境保护投入管理机制，带动地方人民政府加大投入力度。在环境执法到位、价格机制理顺的基础上，中央财政统筹整合主要污染物减排等专项，设立大气污染防治专项资金，对重点区域按治理成效实施“以奖代补”；中央基本建设投资也要加大对重点区域大气污染防治的支持力度。

同时把环境保护列入各级财政年度预算并逐步增加投入。适时增加同级环境保护能力建设经费安排。加大对中西部地区环境保护的支持力度。围绕推进环境基本公共服务均等化和改善环境质量状况，完善一般性转移支付制度，加大对国家重点生态功能区、中西部地区和民族自治地方环境保护的转移支付力度。深化“以奖促防”“以奖促治”“以奖代补”等政策，强化各级财政资金的引导作用。

5.5.6.1　发挥市场机制调节作用

本着“谁污染、谁负责，多排放、多负担，节能减排得收益、获补偿”的原则，积极推行激励与约束并举的节能减排新机制。分行业、分地区对水、电等资源类产品制订企业消耗定额。建立企业“领跑者”制度，对能效、排污强度达到更高标准的先进企业给予鼓励。全面落实“合同能源管理”的财税优惠政策，完善促进环境服务业发展的扶持政策，推行污染治理设施投资、建设、运行一体化特许经营。完善绿色信贷和绿色证券政策，将企业环境信息纳入征信系统。严格限制环境违法企业贷款和上市融资。推进排污权有偿使用和交易试点。坚持谁受益、谁补偿原则，完善对重点生态功能区的生态补偿机制，推动地区间建立横向生态补偿制度。

5.5.6.2 完善价格税收政策

按照合理补偿成本、优质优价和污染者付费的原则，实行阶梯式电价，完善脱硝电价政策。推进天然气价格形成机制改革，理顺天然气与可替代能源的比价关系。合理确定成品油价格。加大排污费征收力度，做到应收尽收。适时提高排污收费标准，将挥发性有机物纳入排污费征收范围。加快资源税改革，推动环境保护费改税。

5.5.6.3 拓宽投融资渠道

发展环保市场，推行节能量、碳排放权制度，建立吸引社会资本投入生态环境保护的市场化机制，推行环境污染第三方治理。鼓励民间资本和社会资本进入大气污染防治领域。引导银行业金融机构加大对大气污染防治项目的信贷支持。探索排污权抵押融资模式，拓展节能环保设施融资、租赁业务。地方人民政府要对涉及民生的“煤改气”项目、黄标车和老旧车辆淘汰、轻型载货车替代低速货车等加大政策支持力度，对重点行业清洁生产示范工程给予引导性资金支持。要将空气质量监测站点建设及其运行和监管经费纳入各级财政预算予以保障。

5.5.7 加强科技支撑，加大人才培养力度

5.5.7.1 强化科技研发和推广

在国家、部门和地方相关科技计划和专项中，加大对大气污染治理科技研发的支持力度，完善技术创新体系。加强灰霾、臭氧的形成机理、来源解析、迁移规律和监测预警等研究，为污染治理提供科学支撑。加强大气污染与人群健康关系的研究。支持企业技术中心、国家重点实验室、国家工程实验室建设，推进大型大气光化学模拟仓、大型气溶胶模拟仓等科技基础设施建设。加强脱硫、脱硝、高效除尘、挥发性有机物控制、柴油机（车）排放净化、环境监测，以及新能源汽车、智能电网等方面的技术研发，推进技术成果转化应用。

5.5.7.2 加强专业人才培养

根据我国大气环境保护的战略需求，依靠高校、科研院所和科技创新型企业，通过市场调节配置，加强高层次创新人才和专业技术人才的培养，构建面向市场的科技创新平台和产业研发基地，形成产学研用的体制机制，为大气环境保护和质量改善提供智力支持。深入开展大规模环境管理干部教育培训，提高管理人才队伍能力水平。鼓励管理人才到高等院校深造，选派一定比例的人员在职攻读硕士或定向委培博士，提高管理人才队伍的学历水平。打造创新型科研人才队伍，重点培养造就环境科研领军人才，多渠道培养中青年科研人才。打造专业配套、结构合理的工程技术人才队伍，重点加强环保工程师队伍建设，加快工程技术创新团队建设，加大国际化环保工程技术人才的引进和培养力度。打造数量充足、业务精通的监测人才队伍，重点优化环境监测人才体系，增加环境监测人员的编制，调整人员结构，培养环境监测领域的高级人才和技术骨干。打造高素质信息与宣教人才队伍，带动环境保护宣教资源的优化配置，积极依托科研院校，

建设环境保护宣传文化人才培养基地。发展环保产业职业经理人队伍，探索建立环保产业经营管理人才职业资格培训和认证制度，全面提升环保产业人才的经营管理能力。制订相关政策措施，鼓励环保产业科技人才进行技术创新和新产品开发，提升环保产业人才的产品研发和生产能力。

5.5.7.3 加强国际科技交流与合作

加强大气污染治理先进技术、管理经验等方面的国际交流与合作。充分利用国际环境科技资源，最大限度地学习、引进发达国家的最新环境技术和先进的环境管理经验，加强我国环境科技创新实力和自主创新能力，提高污染防治和环境管理的水平，促进环保高技术产业化。按照“平等互利、成果共享、保护知识产权、遵从国际惯例”的原则，以双边、多边、政府、非政府等多种形式，更加广泛和深入地开展环境保护国际科技合作，使我国的环境科技事业更好地融入国际化、全球化的环境。在保障国家环境安全的前提下，根据我国环境科技发展和环境管理的需要，积极主动地选择国家需要的环境科技合作项目，开拓新的合作形式，利用各种合作渠道，在合作中保证平等合作、双赢互利。

5.5.8 明确政府企业责任，动员全民参与环境保护

5.5.8.1 明确地方政府统领责任

地方各级人民政府对本行政区域内的大气环境质量负总责，要根据国家的总体部署及控制目标，制订本地区的实施细则，确定工作重点任务和年度控制指标，完善政策措施，并向社会公开；要不断加大监管力度，确保任务明确、项目清晰、资金保障。

5.5.8.2 强化企业施治

企业是大气污染治理的责任主体，要按照环保规范要求，加强内部管理，增加资金投入，采用先进的生产工艺和治理技术，确保达标排放，甚至达到“零排放”；要自觉履行环境保护的社会责任，接受社会监督。

5.5.8.3 广泛动员社会参与

环境治理，人人有责。要积极开展多种形式的宣传教育，普及大气污染防治的科学知识。倡导文明、节约、绿色的消费方式和生活习惯，引导公众从自身做起、从点滴做起、从身边的小事做起，在全社会树立起“同呼吸、共奋斗”的行为准则，共同改善空气质量。

第 6 章　新时期土壤环境保护战略和重大任务研究

6.1　我国土壤污染形势、突出问题及新时期面临的挑战

（1）我国土壤环境质量受到多重影响，守护耕地红线面临巨大压力

土壤是构成地球表层系统的基本环境要素，是具有固、液、气多相的开放体系，是农业的基本生产资料和人类赖以生存的物质基础，并支撑着陆地生态系统中的生命过程。

我国土壤环境质量受到多重影响，现有水土流失面积 356.92 万 km^2，占国土总面积的 37.2%；中国荒漠化土地面积 263.62 万 km^2，超过国土总面积的 1/4；中国盐碱化土壤面积约 3690 万 hm^2，其中受盐碱化影响的耕地总面积达 624 万 hm^2。

中国约 50%以上的耕地缺乏微量元素，耕地缺磷面积达 51%，缺钾面积达 60%。由于过度垦殖，土壤因有机质匮乏而导致养分状况失衡，土壤养分长期的低投入、高支出造成全国范围土壤肥力的下降。

近 30 年来，随着我国工业化、城市化、农业高度集约化的快速发展，土壤环境污染日益加剧，已对粮食及食品安全、饮用水安全、区域生态安全、人居环境健康、经济社会可持续发展构成了严重威胁。我国土壤污染的总体形势严峻，部分地区土壤污染严重，在重污染企业或工业密集区、工矿开采区及周边地区、城市和城郊地区出现了土壤重污染区和高风险区。

由此，我国土壤环境质量正面临着全球“粮食安全、生态退化、环境污染、资源匮乏、能源紧缺、全球变化、灾害频发”等重大挑战，守护耕地红线面临巨大压力。因此，如何协调发挥土壤的生产功能、环境保护功能、生态工程建设支撑功能和全球变化缓解功能，是新时期我国土壤环境保护的重要任务。

（2）我国农田土壤环境污染问题突出，确保农产品安全的任务日趋艰巨

经济快速发展地区农田土壤污染呈现出严重的持久性有机污染物、重金属和新型污染物的复合污染状态。我国的工矿区及周边影响区土壤污染问题更加严重，出现了区域性土壤地球化学元素异常，土壤中镉、铬、铅、砷、汞等重（类）金属污染程度加剧。据报道目前我国受镉、砷、铬、铅等重金属污染的耕地面积近 2000 万 hm^2，约占总耕地面积的 1/5。其中，工业“三废”污染耕地 1000 万 hm^2，污水灌溉的农田面积已达 330 多万 hm^2，耕地污染问题突出。

我国耕地土壤污染加剧，严重威胁到国家“米袋子”和“菜篮子”民生工程；流域和区域土壤污染规模较大，呈现镉、铅、汞的重金属复合污染，部分地区重大污染隐患突出。因此，遏制耕地土壤污染退化，守住我国耕地红线，确保耕地资源质量和农产品安全的任务日趋艰巨。

（3）工业企业场地土壤污染状况触目惊心，人居环境健康令人担忧

随着国家“退二进三”旧城改造政策的实施，全国几乎所有的大中城市正面临着化工、冶金、石化、制药、废旧物资回收加工等重污染行业的大批企业关闭和搬迁问题。我国已关停的各类企业近万家，近 1/5 土壤存在不同程度的严重污染。据不完全统计，至 2008 年，在北京、江苏、辽宁、广东、重庆等地的污染企业搬迁达数千家，已置换 30 余万亩工业用地。

搬迁企业遗留场地存在着重金属、农药、挥发性和持久性有机污染物等的严重污染。由此引发的环境污染事故和对人体健康伤害事件时有发生，已经成为城市土地开发利用中的环境隐患，城市人居环境健康确实令人担忧。

（4）我国土壤环境保护面临巨大挑战，污染防治与环境监管难度日益加大

我国土壤污染类型多样，呈现出新老污染物并存、无机有机复合污染的局面。土壤污染途径多，原因复杂，控制难度大。土壤环境监督管理体系不健全，土壤污染防治投入不足，全社会防治意识不强。由土壤污染引发的农产品质量安全问题和群体性事件逐年增多，成为影响群众身体健康和社会稳定的重要因素。

履行国际环境公约和国家环境外交，日益凸现土壤环境数据的谈判分量。在国际履约和环境外交中，迫切需要土壤环境领域提供较为全面、系统的科学数据、研究结论和对策方案，为我国社会经济发展创造良好的外部环境。

我国土壤环境状况总体不容乐观，耕地土壤环境质量堪忧，小尺度的场地土壤污染与区域尺度部分地区的农用地污染问题突出，对农产品质量和人体健康构成严重威胁，影响社会和谐稳定。因此，在今后相当长的一段时期里，土壤环境安全将面临更严峻的挑战。由此，国家层面的土壤环境保护政策与战略性规划制订，土壤环境保护支撑技术体系与对策的形成，土壤环境保护法律法规、技术标准与技术规范的完善，成为我国土壤环境保护和污染防治的重大瓶颈问题。

6.2　我国土壤环境综合治理格局和新时期土壤环境保护战略

我国 21 世纪前 20 年全面建成小康社会的宏伟战略目标和任务，包括经济增长、民主法治建设、教育科技文化和可持续发展与生态环境等重要战略目标。可持续发展和环境保护是全面建成小康社会和整个现代化过程的重要内容，是实现其他经济、社会目标的重要保障。

提高生态文明水平，建设“美丽中国”，强化环境保护工作的战略地位成为我国环境保护战略目标和重大举措；加强新时期环境保护战略研究是落实科学发展观、加强生态文明建设的内在要求，是全面建成小康社会的重要保障。在经济快速发展的中国，加大土壤环境管理的力度成为生态文明建设的重要组成部分。在过去的 40 年中，许多发达国家都建立了防治土壤污染的法规、政策和标准体系，并建立和实施了相应的管理系统，这些经验都值得中国参考和借鉴。

近 10 年来，国家高度重视加强土壤污染防治工作。胡锦涛在十七大报告中明确指

出：重点加强水、大气、土壤等污染防治，改善城乡人居环境。2009 年李克强副总理在全国农村环境保护工作电视电话会议上强调，“要在认真做好全国土壤污染调查的基础上，加强对工农业用地的环境监测和评估，通过技术、工程等多种手段，积极防治土壤污染”。2010 年 1 月 27 日国务院总理温家宝主持召开国务院常务会议，再次强调农村环境综合整治与土壤污染防治，加快解决农村环境突出问题，强化了环境保护基础工作。

国务院《关于落实科学发展观，加强环境保护的决定》中也明确要求“以防治土壤污染为重点，加强农村环境保护”。充分体现了党和国家对土壤环境保护工作的关注和重视。在《国家中长期科学和技术发展规划纲要（2006—2020 年）》中明确提出“查明土壤污染成因，建立控制及修复受污染土壤的技术体系；区域性复合污染形成机理与防治技术；环境健康风险、基准、标准和预警；有毒有害污染物在不同介质中的界面迁移与循环，以及生态与环境监测与预警技术；城市与城镇群污染防控技术；减少土壤污染”。可见，土壤环境监管和污染防治成为我国生态文明建设的重要举措，是国家环境保护中长期科技发展的战略需求。

基于对我国土壤环境保护和污染防控所面临的重大需求的分析，新时期土壤环境保护总体战略格局和新时期土壤环境保护战略应该包括以下几个方面。

（1）确定土壤环境保护优先区域、严格控制新增土壤污染

研究建立健全土壤环境保护与污染控制的法律法规体系。在国家和地方层面完善土壤环保标准体系，建立优先区域，构建相对完整的政策管理体系，严格控制新增土壤污染。

（2）强化污染土壤环境风险控制、构建污染防控技术体系

建立健全污染耕地土壤环境监测和农产品质量检测系统，推行与实施分类管理机制。加强被污染地块环境监管，建立土地再开发利用的土壤环境强制调查与环境风险评价制度，强化污染土壤环境风险控制，构建污染防控技术体系。

（3）加快土壤环境保护工程建设、提升土壤环境监管能力

在国家层面上，研究建立土壤环境状况调查制度，构建和完善国家、地方土壤环境监测网，加快建立土壤环境例行监测制度。建立适合我国国情的被污染耕地土壤和搬迁遗留场地污染土壤的修复模式和技术，形成技术、工程与管理体系，提升我国土壤环境监管的水平与能力。

6.3 我国土壤环境保护支撑技术与宏观对策

加强环境保护是落实生态文明水平建设的重要举措，从政策的指导思想上，我国应以保护人居环境安全与人体健康为宗旨，以土地可持续管理与利用为目标，针对不同土壤污染类型和典型行业土壤污染特点，结合我国国情，充分借鉴国外先进管理理念和经验，发展绿色、可持续的土壤环境保护技术体系。

用科学发展观统领环境保护工作，依靠科技进步，发展循环经济，完善监督体制，建立长效机制，在发展中解决土壤环境保护和管理问题。未来的 5~10 年，全面摸清我国土壤环境状况，建立严格的耕地和集中式饮用水水源地土壤环境保护制度，初步遏制

土壤污染上升势头，全面提升土壤环境综合监管能力，初步控制被污染土地开发利用的环境风险，有序推进典型地区土壤污染治理与修复试点示范，逐步建立土壤环境保护政策、法规和标准体系。力争到 2020 年，建成国家土壤环境保护体系，使全国土壤环境质量得到明显改善。

为应对新时期环境方面的挑战，进一步强化环境保护工作的战略地位，突破过去的环境保护战略研究思路和框架，全面把握“新时期”的特点和要求，关注国家和人民对环境保护的“新期待”，适应绿色发展、低碳发展、循环发展、绿色转型的要求，更加注重科技创新驱动战略在环保中的重要作用，更加注重信息公开和人民群众健康要求，新时期应从以下几个方面着重开展土壤环境保护工作。

（1）健全土壤环境保护法律法规和标准体系

完善土壤环境保护标准体系，建立土壤环境质量标准、修复土壤环境管理技术标准体系基准等；研究制订土壤环境质量评估和等级划分、环境风险评估、污染防治等技术规范系列。

（2）健全环境管理体制，完善环境监管制度

加强土壤环境保护制度建设，研究建立优先区域保护成效的评估和考核机制；完善有利于土壤环境保护和综合治理产业发展的税收、信贷、补贴等经济政策；研究制定土壤污染损害责任保险等政策措施。

（3）加强公众参与环节，注重信息公开

探讨建立土壤环境保护培训、公众参与和信息公开机制，完善土壤环境信息发布制度，鼓励和引导公众参与和支持土壤环境保护。制订实施土壤环境保护宣传教育行动计划，广泛宣传土壤环境保护相关科学知识和法规政策。

（4）推动土壤污染防治技术研发，形成技术与工程体系

土壤环境污染问题的解决关键是依赖于土壤环境技术的发展。由此，加强土壤环境保护和综合治理基础和应用研究，适时启动实施重大科技专项，研发安全、实用、高效、低廉的修复新产品，以及实用性强、低能耗、创新型的场地修复专业性工程设备，形成一批标志性修复工程，基本实施规范化修复工程，支撑我国污染土壤环境质量改善与有效监管。

（5）落实环境保护责任制，探讨土壤污染防治的投融资机制

研究建立土壤环境保护与污染防治的政策体系，落实企业的主体责任；探讨建立我国土壤环境保护与污染防治的投融资机制，研究引导和鼓励社会资金进入土壤环境保护和综合治理的方式与途径。

第 7 章 新时期固体废物资源化利用与污染防治战略研究

7.1 国家固体废物产生、资源化及污染防治现状分析

（1）工业固体废物

随着社会经济的发展，我国固体废物产生量逐年增长，工业固体废物从 2003 年的不到 10 亿 t 增长到 2012 年的 32.9 亿 t，10 年间产生量增长了 2.3 倍，如图 7-1 所示。从 2003 年不到 10 亿 t 增长到 2009 年的 20 亿 t，用了 6 年时间，从 20 亿 t 到 30 亿 t 仅用了 2 年时间，增长十分迅速。

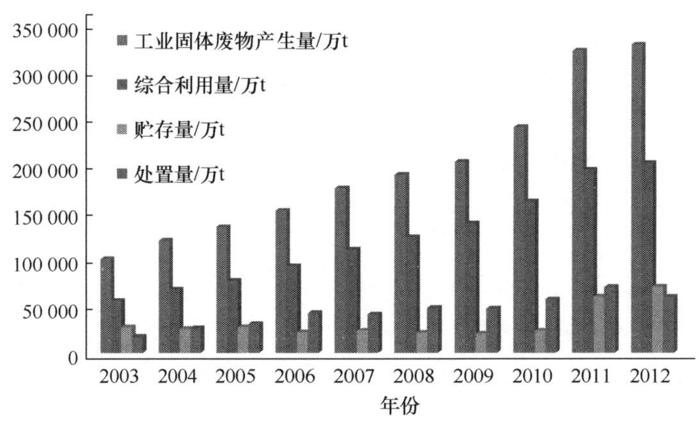

图 7-1 2003~2012 年中国工业固体废物产生利用处置情况（彩图请扫描正文末页二维码阅读）

图 7-2 显示 2011 年各工业行业工业固体废物产生情况，从图中可以看出黑色金属矿采选业、电力热力生产和供应业、黑色金属冶炼及压延业、有色金属矿采选业、煤炭开采和洗选业、化学原料和化学品制造业产生的工业固体废物分别占当年总产量的 23%、20%、14%、12%、11%和 9%，这 6 个行业工业固体废物产生量共占全年总产生量的 89%。可见，中国工业固体废物产生行业相对集中。

图 7-3 为 2011 年各行业工业固体废物利用和处置情况。废物产生量最多的 6 个行业综合利用率分别为：黑色金属冶炼及压延工业综合利用率 90.07%；电力热力生产和供应业综合利用率 81.83%；煤炭开采和洗选业综合利用率 73.4%；化学原料和化学品制造业综合利用率 63.76%；有色金属矿采选业综合利用率 36.1%；黑色金属矿采选业综合利用率 19.35%。6 个废物产生量最大的行业中 4 个行业超出综合利用率平均水平（60%），废物产生量最大的黑色金属矿采选业，其废物综合利用率最低，仅为 19.35%，其次为有色金属矿采选业，废物综合利用率 36.1%，黑色金属冶炼及压延工业综合利用率最高，达到 90.07%。

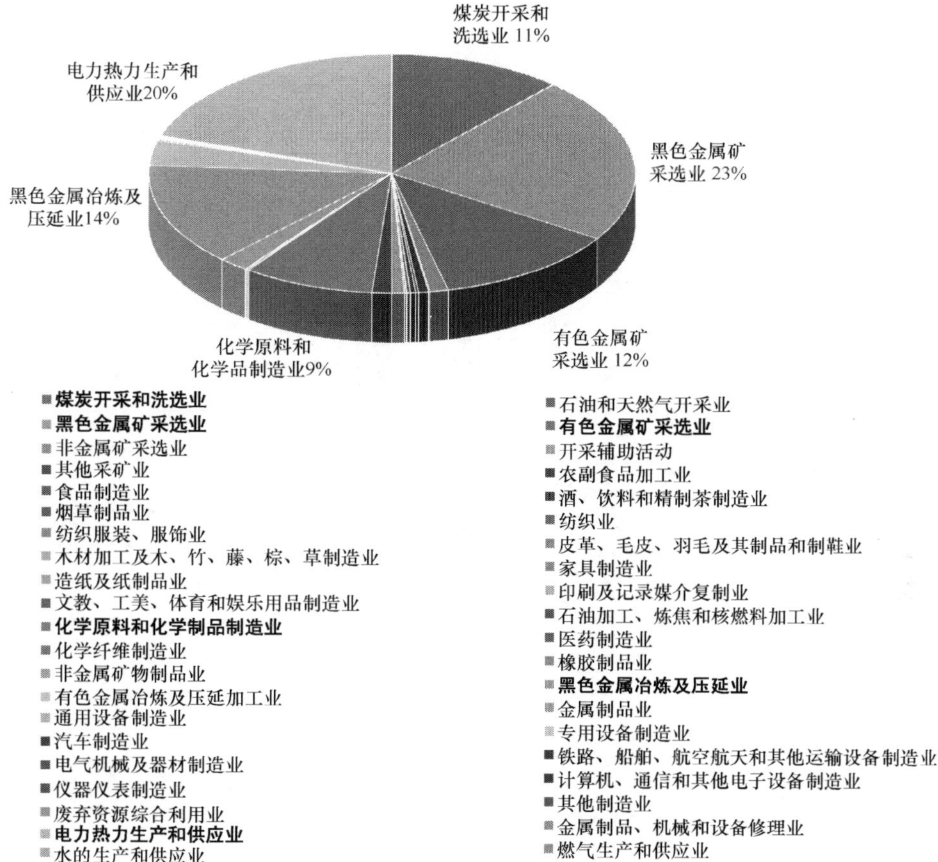

图 7-2　2011 年中国各行业工业固体废物产生量（彩图请扫描正文末页二维码阅读）

各行业工业固体废物综合利用率相差巨大，这与废物种类及目前综合利用技术有关。表 7-1 列举了 2011 年大宗工业固体废物产生情况、综合利用率及综合利用方式。可见，工业固体废物的综合利用方式大多是以制造建筑材料为主，资源化后产品价值较低。

表 7-1　2011 年大宗工业固体废物产生量、综合利用率及综合利用方式

种类	产生量	综合利用率/%	综合利用方式
尾矿	15.81 亿 t	17	再选、生产建筑材料、回填、复垦
煤矸石	6.59 亿 t	62	煤矸石发电、生产建材产品、筑基铺路、土地复垦、塌陷区治理和井下充填换煤
粉煤灰	5.4 亿 t	68	生产水泥、混凝土及其他建材产品和筑路回填、提取矿物高值化利用
工业副产石膏	1.69 亿 t	46.2	水泥缓凝剂和用于生产纸面石膏板、石膏砌块等石膏建材
化工废渣	电石渣 1757 万 t	100	水泥、碳化砖、粉煤灰砖、室内装饰材料等建材产品，近年来扩展到用于工业脱硫及生产碳酸钙、氯化钙、硫酸钙等化工产品
冶炼渣	钢铁冶金渣 4 亿 t	96.7	再选回收有价元素、生产渣粉用于水泥和混凝土、建筑和道路材料
	有色冶炼渣 7639 万 t	48	

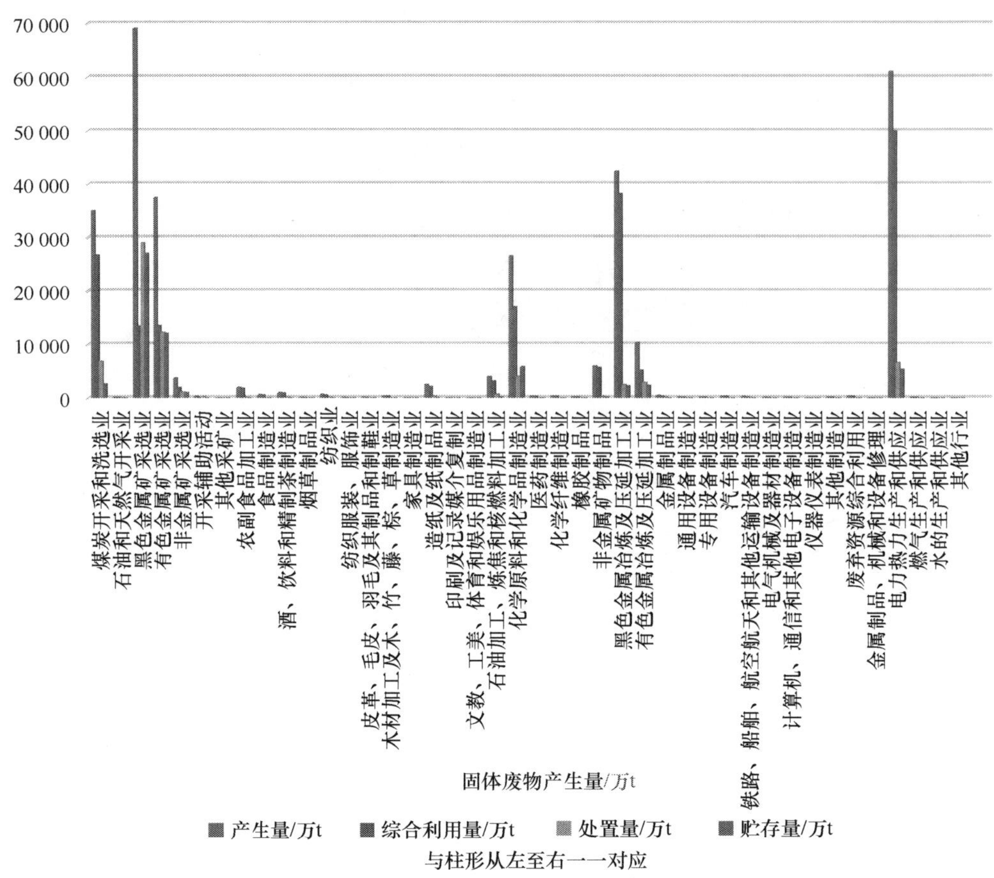

图 7-3　2011 年各行业工业固体废物利用处置情况（彩图请扫描正文末页二维码阅读）

（2）危险废物

中国危险废物的产生量也在逐年大幅增加，如图 7-4 所示，2011 年危险废物产生量呈现突跃式增长，数量比 2010 年增长了 1844.47 万 t，涨幅达 116%。其中，非金属矿采选业比 2010 年增长 629.61 万 t，涨幅 674.5%；化学原料及化学品制造业比 2010 年增长 252.6 万 t，涨幅 64.8%；有色金属冶炼及压延业比 2010 年增长 191.5 万 t，涨幅 105.3%；

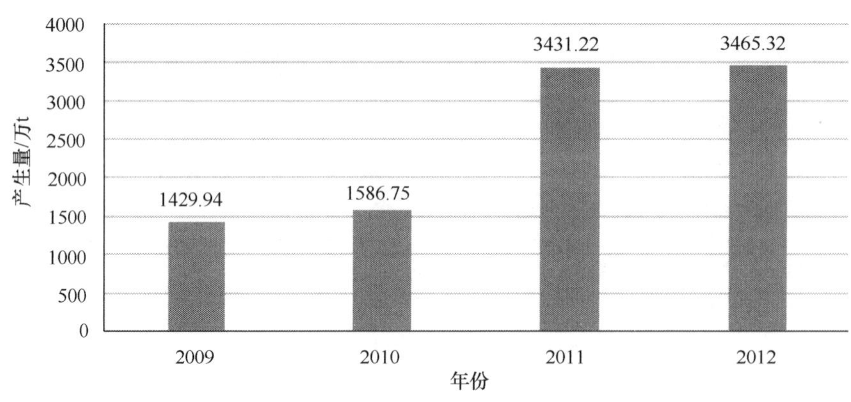

图 7-4　2009~2012 年工业危险废物产生情况

造纸及纸制品业比 2010 年增长 621.7 万 t，涨幅 501.1%，这四项共增长 1695.41 万 t，占总增长量的 91.9%。2011 年危险废物共产生 3431 万 t，其中综合利用率 51%、处置率 26%、贮存率 23%。

截至 2012 年 12 月底，全国 56 个危险废物集中处置项目中建成设施数量（含正式运行、试运行和基本建成等）共计 37 个，危险废物集中处置能力为 142 万 t/a，已形成危险废物处置利用设施体系中的“国家部队”（图 7-5）。2012 年中国危险废物经营企业约 1700 家（包括医疗废物）（图 7-6），这些持证企业核准经营规模近 3300 万 t，但实际利用处置危险废物 1200 余万 t。2015 年 12 月根据各省环保厅最新统计数据，由省级环境保护主管部门颁发的危险废物经营许可证企业共 1300 家（不含医疗废物）（图 7-7）。环保部发证企业 20 家。

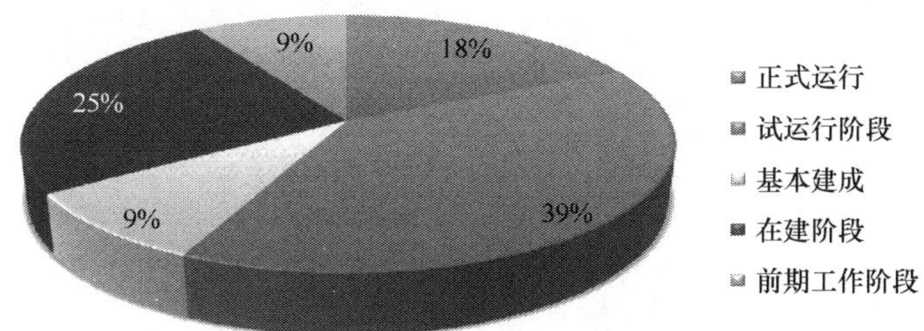

图 7-5 规划内危险废物处置设施建设运营情况（彩图请扫描正文末页二维码阅读）

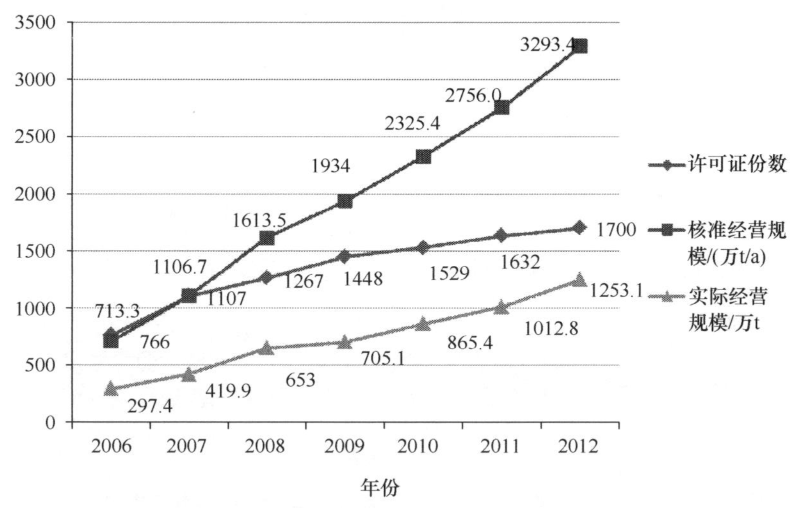

图 7-6 2006～2012 年危险废物经营许可证数量规模

2011 年，全国危险废物集中处理（置）厂（场）共 644 座，见图 7-8，其中江苏 126 座、广东 92 座、浙江 63 座、辽宁 55 座、山东 40 座、湖北 33 座、河北 30 座，数量较多。但是 2011 年全国危险废物被集中处理处置的量较少，约 24%的危险废物被集中处置，约 20%的危险废物被集中综合利用，见图 7-9。可见，危险废物集中处理处置设施在经济发达的中东部地区比较集中，而经济欠发达的西部地区则数量较少。中国的危险废物集中处理处置能力仍有相当大的提升空间。

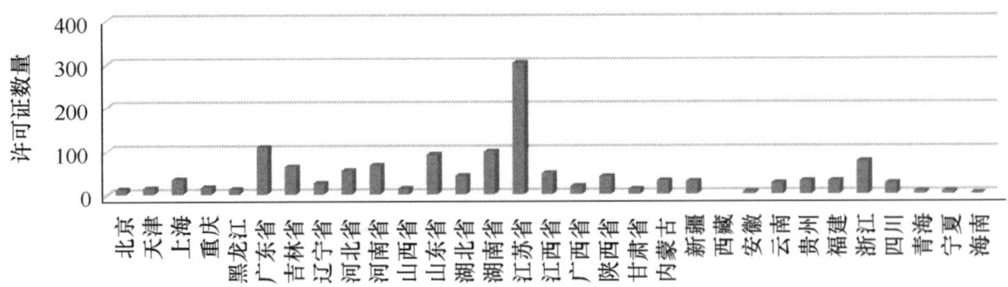

图 7-7　截至 2013 年 12 月各地区颁发危险废物经营许可证情况

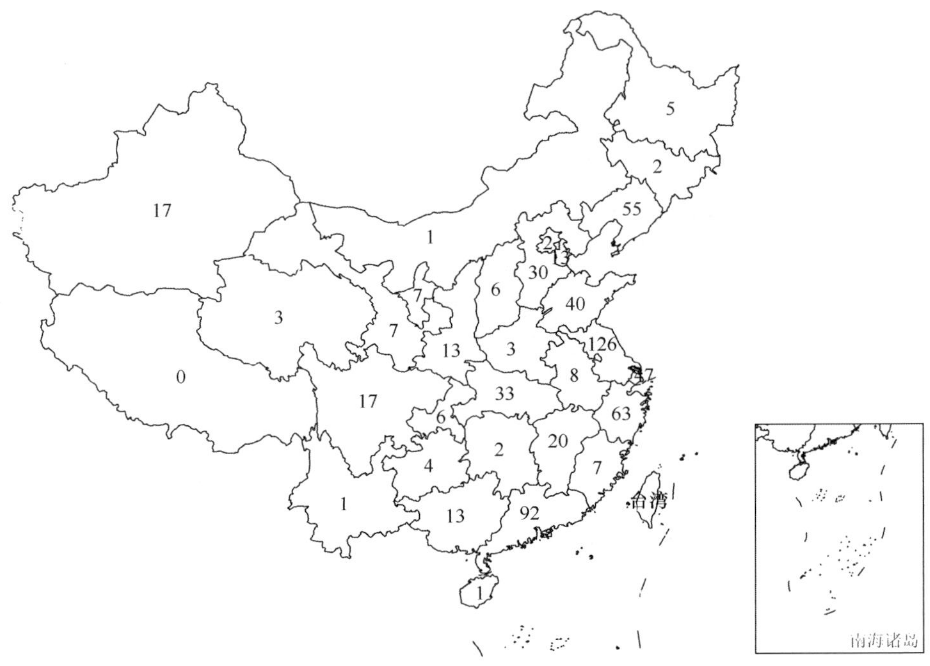

图 7-8　2011 年全国危险废物集中处理（置）厂（场）各省级行政区分布数

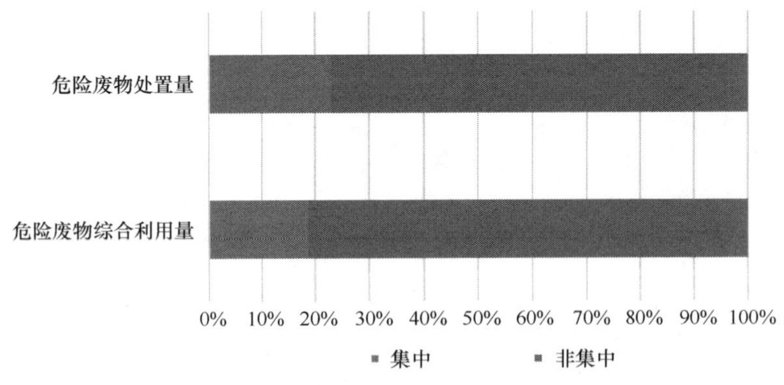

图 7-9　2011 年工业危险废物集中、非集中处理处置情况（彩图请扫描正文末页二维码阅读）

到 2012 年全国持有危险废物经营证的企业处置能力为第一次全国污染源普查危险废物产生量的 50%左右，急需新建一批处理处置设施。且已有设施侧重于综合利用，集中处置设施缺乏，设施负荷率不足 40%。

另外，现阶段对危险废物的管理多注重污染排放、环境质量管理，而忽略了环境风险管理。

危险废物中有几类需要特别关注。

1）化学原料及化学品制造业危险废物。

我国从 1996 年开始在环境统计中定期公布危险废物统计数据，各行业中化学原料及化学品制造业产生的危险废物数量一直居于前列。危险废物多来自基础化学原料制造和合成材料制造两类子行业，产生的危险废物种类很多，主要为废酸、废碱、废有机溶剂、有机树脂类废物、染料涂料类废物、残渣等。在所有的危险废物种类中，废酸也是产生量最大的。目前，大部分废酸都采取中和物化处理，而对其资源化利用很少。

2）废荧光灯管。

随着我国节能减排工作的推进和绿色照明工程的实施，大量节能灯、直管型荧光灯等进入家庭和社会，荧光灯年产量上了一个新台阶，2011 年我国荧光灯行业产量约为 70.24 亿只。废弃荧光灯管对环境的危害主要来源于荧光灯中所含的汞。汞俗称水银，是一种有毒重金属。汞具有持久性、迁移性和高度的生物富集性，毒性很强。随意丢弃荧光灯管，会造成土壤、地下水等污染。

从资源利用的角度，可以对废弃荧光灯管中的有价资源进行回收再利用。荧光灯中含有 97.16%的玻璃、1.05%的镍铜金属丝、0.94%的铝、0.08%的钨、0.05%的锡、0.28%的荧光粉。灯头中的铜、铝、钨、锡是宝贵的二次资源，研究表明从废弃产品中回收铅、铝等金属所消耗的能量比直接从金属矿中冶炼的能耗少 30%；回收玻璃可节约原材料如纯碱、硼砂、红丹等，这些材料都是工业生产中的紧缺物质；普通荧光灯粉的回收价值相对较低，而稀土荧光灯粉含有宝贵的稀土资源，如钇、铕、铈、铽等。

目前，日本、美国、欧盟等发达国家或地区及我国台湾已经建立了较为完善的回收体系，见表 7-2。国外发达国家一般将废荧光灯管按照产生源分为两类进行回收，即家庭生活类和企事业单位类。家庭生活类是指居民在日常生活中产生的废荧光灯管；企事业单位类通常是指政府、机关工厂等企事业单位在正常运转过程中产生的废荧光灯管。

此外，各国针对不同的废荧光灯管产生源建立了不同的回收体系，总结起来，不外乎两种，即专业的回收公司回收和生产商或销售商“拿回”两种模式。专业回收公司回收模式通常由地方政府或社区以委托或者与专业回收公司合作方式对废荧光灯管进行回收，地方政府或社区承担回收费用。回收公司必须得到政府的授权和认可，并受到政府的监督。生产商或销售商的“拿回”模式是指生产商或销售商负责对售卖的荧光灯管进行回收，并承担相应的回收处置费用。但是，实际上，生产商或销售商会通过提高荧光灯管的价格，将废荧光灯管的回收处理费用转嫁到消费者身上。

在我国大陆，废荧光灯管的回收体系尚未建立，无论家庭产生的还是企事业单位产生的废荧光灯管一般会混杂在生活垃圾中一同被收集。

3）废 CRT 玻璃。

我国在 2003 年开始进入大量阴极射线管（CRT）报废期，2008~2012 年达到高峰期，每年将产生 4000 万~5000 万台废 CRT；此外，还有大量废 CRT 通过非法途径从美国、欧洲、日本等发达国家或地区被转运到国内。我国通过家电“以旧换新”政策的实施，已经建立起了废旧家电回收和拆解体系。截至 2011 年 4 月底，在一年半的时间里，我国已经拆

表 7-2 国内外废荧光灯管回收体系总结

地区		灯管种类	回收主体	回收模式	费用承担方
美国		家庭生活类	回收公司	邮寄	地方政府
			家庭危险废物回收组织	产废者自行交送	
		企事业单位类	回收公司	上门回收	
			零售商和公用事业单位	设置回收站	
			回收公司	产废者自行交送	
日本		家庭生活类	回收公司	设置回收站	地方政府
		企事业单位类	废弃物处理公司	上门回收	企事业单位
欧盟	德国	家庭生活类	生产商	生产商自行回收	生产商
			销售商	销售商自行回收	销售商
			回收公司	①在社区设立回收点；②专车定点回收；③由①和②结合	社区
	瑞典	家庭生活类	回收公司	设置回收站	社区
	奥地利	家庭生活类	回收公司	设置回收站	社区
			销售商	销售商自行回收	销售商
	荷兰	家庭生活类	回收公司	①设置回收站；②专车定时定点收集	社区
			销售商	销售商自行回收	销售商
中国	中国台湾	家庭生活类	销售商	销售商自行回收	销售商
	中国大陆	无分类	无回收体系		

解废旧家电 3800 万台，拆解出废玻璃 25 万 t，废金属 9 万 t，废塑料 11 万 t，其他废物 3 万 t。CRT 玻璃中含有铅、钡、锶等重金属，由于含碱性氧化物较多，玻璃结构松弛，氧化铅易于溶出，若处理不当会对生态环境和人类健康造成极大危害；同时废 CRT 玻璃也具有资源化利用价值。

废 CRT 玻璃可分为闭环循环和开环利用两种方式，闭环是指废 CRT 经拆解、清洗等预处理后重新用于制造 CRT 玻壳。开环是指废 CRT 用于 CRT 玻壳制造业之外的其他领域。随着显示器技术的不断革新，对 CRT 玻璃的需求量越来越少，因此开环利用成为了研究的热点。开环利用分间接和直接两种方式，间接即通过分离技术将含铅玻璃中的铅从玻璃网络体中解离提取出来，这种方法虽然技术成熟但难以进行工业化应用；直接利用是指将经过拆解、清洗等预处理的废 CRT 玻璃直接用于适合的领域，如制备建材、研制新型玻璃基材料、冶金应用、制备辐射防护材料等，但因为缺少可操作性强的相关规范，或产品需求量有限，而不适合大范围工业应用。

4）废矿物油。

废汽油、柴油、润滑油、液压油、煤油、油泥等统称为废矿物油。2010 年中国废矿物油市场容量为 483.84 万 t，随着各类机动车保有量的显著增加，从机动车维修、拆解行业单位产生的废矿物油也将显著增加。

国内针对废矿物油的收集、再生和应用各个环节并没有形成科学、合理、成熟的管理模式，同时因为监管力度不足，导致大量废矿物油被非法收集、低级利用，不仅造成了环境污染，还造成了巨大的资源浪费。

目前，我国废旧油回收、提纯、循环利用率不到 5%，而且大部分采用酸土法旧工艺和裂解柴油方法提纯，不仅工艺技术落后、回收率低、质量差，而且又容易导致二次污染。由于传统的废油处理方法能耗高、污染大、效率低，甚至未经任何处理便燃烧了，结果不仅造成能源、资源的巨大浪费，而且严重污染环境。

（3）生活垃圾

中国城市生活垃圾的清运量庞大。图 7-10 显示从 2001~2011 年中国城市生活垃圾清运量及无害化处理情况，从图中可以看出，2001~2004 年清运量增长快速，2004~2011 年清运量基本保持稳定，在 15 000 万 t 左右。而无害化处理量逐年稳步提高。

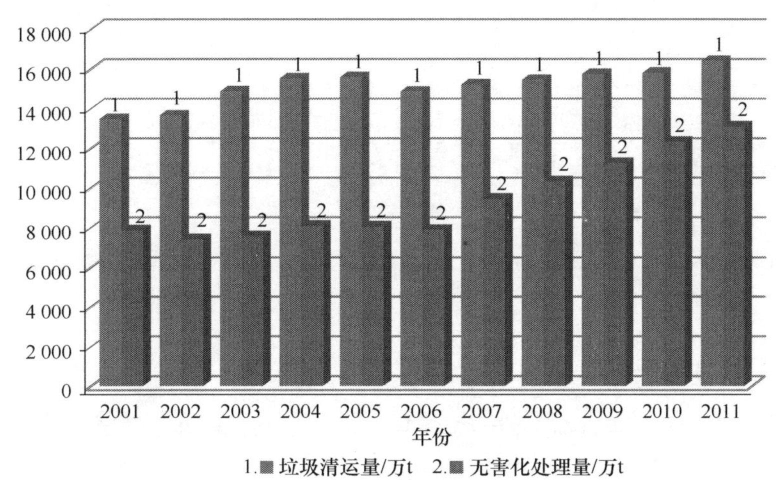

图 7-10　2001~2011 年全国城市生活垃圾清运量及无害化处理量

图 7-11 显示垃圾无害化处理中各部分所占比例。可以看出卫生填埋和焚烧仍然是垃圾无害化处理的主要方式。以 2011 年为例，填埋所占比例为 77%，20%为焚烧处置，3%为其他方式。

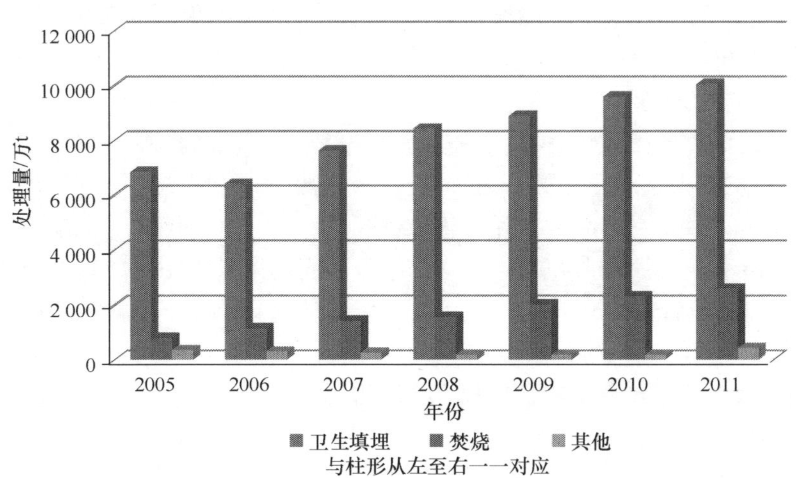

图 7-11　2005~2011 年全国城市生活垃圾各种方式无害化处理量（彩图请扫描正文末页二维码阅读）

2000 年 4 月，住房和城乡建设部（住建部）选定北京、上海、广州、南京、深圳、杭州、厦门、桂林 8 个城市作为垃圾分类收集的试点城市，经过几年的实践，虽然取得了一些经验，但效果并不理想。各试点城市基本上将垃圾分为有机垃圾、危险垃圾和可回收垃圾三类。这些试点城市在推行生活垃圾分类收集的过程中，结合本地实际，初步形成了一些具有地方特色的分类收集实施原则、指导思想和方法。例如，北京市结合申办奥运会，把分类收集作为建设绿色北京的一项重要工作，提出了“系统性、广泛性、有序性”的指导方针，并在全市党政机关、企事业单位实施废纸分类收集，推广使用再生纸办公。再如，南京市逐步建立由小区保洁员、居民、物业管理公司和环卫管理部门共同参与的“四位一体”的垃圾分类回收体系。广州市首先由居民对垃圾进行初步分选，再运送到分拣中心细分，最后再根据各种垃圾的组成成分分别进行再利用。但是，这些试点城市在进行分类收集的过程中也存在很多问题，如在垃圾分类收集的全面铺开方面缺少有力的政策扶持和配套的执行措施，以及市民对分类收集的意识不强、积极性不高等，使得生活垃圾分类收集推广进展缓慢，减量成效不大。

2011 年国务院发布的《关于进一步加强城市生活垃圾处理工作意见的通知》中明确要求推进垃圾分类工作。国家发展与改革委员会、国家住房和城乡建设部及环境保护部共同编制的《全国城镇生活垃圾无害化处理设施建设规划》（2011—2015 年）（征求意见稿）中明确要求：“十二五”期间，每个省（区）建成 1 个以上生活垃圾分类示范城市，并在示范的基础上加以推广。

（4）城市矿产类废物

“城市矿产”是对废弃资源再生利用规模化发展的形象比喻，是指工业化和城镇化过程产生和蕴藏在废旧机电设备、电线电缆、通信工具、汽车、家电、电子产品、金属和塑料包装物，以及废料中，可循环利用的钢铁、有色金属、稀贵金属、塑料、橡胶等资源，其利用量相当于原生矿产资源。2010 年，国家发改委和财政部联合发布《关于开展城市矿产示范基地建设的通知》，截至目前，国家发改委和财政部已经累计确定了四批共 39 个国家“城市矿产”示范基地。经过几年的建设，国家“城市矿产”示范基地已成为国家重要的资源供应地，39 个示范基地形成每年约 3500 万 t 的再生资源聚集加工能力。表 7-3 显示了 2011 年中国城市矿产类废物回收情况及城市矿产示范基地加工处理能力。可以看出，示范基地在废钢铁、废塑料、废纸、报废汽车方面的加工处理能力远远不能满足当前的需要。

目前，全国已有各类废旧物资回收企业 50 000 余家，回收网点 50 万个，回收加工厂 5000 余个，从业人员近千万人。2011 年，我国废钢铁利用量达 9100 万 t，同比增长 5%，其中社会回收废钢铁 5000 多万 t。废钢铁利用量占当年粗钢产量的 13%。2011 年，我国国内主要废有色金属回收利用量达 465 万 t，同比增长 12.3%。其中废铜 100 万 t、废铝 220 万 t、废铅 135 万 t、废锌 10 万 t。我国再生铜、铅、铝占铜、铅、铝当年产量的比例分别达到 50%、23%和 42%。2011 年，我国废塑料产生量约 2800 万 t，再生利用量为 2100 多万 t，同比增长 9.37%，占塑料消费总量的 24%。2011 年，我国废旧轮胎产生量约 1000 万 t，无害化利用率约 60%，其中翻新轮胎约 1600 万条，再生橡胶产量约 300 万 t，胶粉产量约 30 万 t。2011 年，我国电视机、洗衣机、电冰箱、房间空调器、微型计算机 5 种电器生产量达 7.4 亿台，社会保有量超过 18 亿台（其中居民社会保有量占 90%）。理论报废量接近 7000 万台，质量约 200 万 t。全国家电以旧换新累计回收废旧家电 6000 多万台，其中，废旧电视机 5100 万台，废旧电冰箱 220 万台，废旧洗衣机 470 万台，废旧房间空调器 22 万台，废旧微型计算机 260 万台，回收率为 88%；拆解处理废旧家电 5600 多万台，其中，废旧电视机 4730 万台、废旧电冰箱 220 万台、废旧洗衣机 430 万台、废旧房间空调器 27 万台、废旧微型计算机 210 万台，处理率为 91.1%。截至 2011 年年底，我国规范化的废弃电器电子产品处理企业近 100 家。

表 7-3 2011 年中国城市矿产类废物回收情况及城市矿产示范基地加工处理能力

资源类型	废钢铁/万 t	废有色金属/ 万 t				废塑料/万 t	废纸/万 t	废弃电器/ 万台	报废汽车/万辆
		铜	铝	铅	合计				
回收利用量	9100	100	220	135	465	2700	7015	6000	400
示范基地加工处理能力	1137	594	296	254	1064	599	143	7070	178

注：表中数据不含其他未列出金属的数据

7.2 国家固体废物资源化与污染防治战略

7.2.1 固体废物资源化与污染防治面临的问题

（1）固体废物产生量逐渐增加，种类复杂，工作压力大

我国是固体废物产生大国，我国的国民经济和工业仍处于快速发展之中，在未来的 10~20 年，我国的固体废物产生量预计仍会呈现逐渐增加的态势，且随着社会发展，新出现的废物流不断增加，如电子废物、包装类废物等，而未来废物种类将更加复杂，给固体废物的资源化利用和污染防治带来更多的压力。

（2）固体废物资源化利用能力不足，整体发展不均衡

2011 年《巴塞尔公约》第十次缔约方大会中，举办了“预防、尽量减少和回收废物”主题论坛，强调减少废物产生和废物循环利用的重要性。2012 年联合国可持续发展大会中提出，应进一步实行减量化、再利用和再循环（3R），加强废物的能量回收，从而以环境无害化方式对全球大部分废物实行管理，并尽可能将废物作为一种资源加以利用；2013 年，亚洲 3R 区域论坛也继续强调 3R 及废物资源循环利用的理念，并提出了明确的目标体系，由此可见，废物资源化利用是未来固体废物处理处置领域的发展趋势。

而目前我国固体废物资源化利用能力还不能满足固体废物大量产生所带来的资源化需求，大量的废物被分散处理，增加了二次污染的风险；且对某些废物的资源化技术落后或缺乏深度资源化技术；对价值较低的废物的资源化利用程度较低，缺乏相应的政策扶持，而某些废物的资源化处理能力过剩。

（3）固体废物污染防治工作基础薄弱，环境无害化管理与处置水平较低

我国在固体废物处理处置方面欠账多，造成大量固体废物的堆存，严重污染地表和地下水。处理处置技术落后，大部分得到处置的固体废物水平均较低，危险废物综合利用行业的低水平利用现象尤其突出，生产企业附属的危险废物处置设施达不到标准和技术规范的要求，管理水平低。危险废物处置设施严重缺乏。固体的综合利用水平低下，

已造成相当严重的二次污染。例如，广东、浙江某些地区回收利用废线路板过程中产生大量废酸并任意倾倒，致使周围土壤和地下水污染严重，直接影响居民生活。

在一些废塑料、报废汽车、废金属等再生资源加工利用集散地，“小、散、乱”现象突出，政府部门疏于监管，资源回收利用水平低下，污染严重，社会影响大。

（4）生活垃圾分类收集推广进展缓慢，减量成效不大

从目前城市垃圾分类收集现状看，实行分类收集的这些城市均属于经济水平和居民文化素质较高的大城市。洛阳、西安等中西部城市仍普遍采用混合收集；有的城市垃圾分类回收率不高，甚至没有分类回收；还有许多城市根本就没有配置垃圾分类收集容器，有垃圾分类收集容器的城市，市民和路人也做不到分类投放，即使分类投放，由于没有垃圾分拣中心，还是将垃圾混合后运送到垃圾处理场集中处理。此外，由于在后续环节缺乏相应的分类运输和分类处理的设施，使垃圾分类流于形式，部分居民辛辛苦苦分类的垃圾最终被混在一起运输处理，极容易给居民造成被欺骗感，挫伤了居民分类收集垃圾的积极性，打击了居民的分类热情，产生了负面影响。

生活垃圾资源化水平低，大部分生活垃圾都以填埋方式处置，占用大量土地。

（5）城市矿产开发存在诸多问题与挑战

目前我国城市矿产开发利用还存在诸多问题与挑战：一是回收工作分散化、无序化的现象较为普遍，回收人员个体化、无组织化的问题依然存在；二是总体产业化水平低，集约化水平差，龙头型、骨干型和支柱型的再生利用企业数量偏少；三是加工利用水平技术不高，存在把高品质、高性能的优质再生资源作为加工低端、低档次产品的原料使用的现象；四是精深加工能力及研发能力不足，制约了产业的进一步发展。

7.2.2　固体废物资源化及污染防治中长期需求与工作建议

从我国固体废物资源化及污染防治的发展趋势来看，将更加趋向于专业化、集中化与园区化，静脉产业园区、城市矿产示范园区将面临更加有利的发展环境，部分企业的规模和专业化水平将会被提高。为加快转变经济发展方式，推进实现绿色发展、循环发展、低碳发展，我国中（2020 年）长期（2030 年）固体废物资源化及污染防治的需求和工作建议如下。

（1）大力推进清洁生产与固体废物减量化

针对我国固体废物产生量逐渐增加，应将固体废物减量化工作贯穿于社会生产、生活的方方面面，建议国家制定一系列激励与惩罚政策，鼓励企事业单位、家庭减少固体废物产生量。

选择重点行业和有条件的城市开展危险废物减量化试点工作。落实生产者责任延伸制度，开展工业产品生态设计，减少有毒有害物质使用量。在重点危险废物产生行业和企业中，推行强制性清洁生产审核。

针对新出现的社会源废物、产品类废物，如电子废物、包装废物等，应鼓励生产企业开展电器电子产品生态设计，避免产品使用过度包装，从而从源头上减少废物的产生量。

（2）推动大宗固体废物资源化产业可持续发展，提升产业发展质量

针对大宗工业固体废物，国家资金应大力支持开展利用大宗工业固体废物制备建筑

材料等研究，支持资源利用效率高，科技含量高，经济、社会环境效益好的开发利用技术及装备的研发，并开展工程示范。

建议国家制定相关激励政策，鼓励固体废物资源化产品的使用，并尽快推动固体废物资源化产品相关标准及环境风险评价的研究工作。

（3）继续支持城市矿产示范基地建设

应进一步推动城市矿产开发工作的长期、可持续发展，建议进一步加强园区化建设水平，并建立城市矿产示范基地准入与退出动态机制，加大地方财政对城市矿产开发利用的支持力度，支持城市矿产开发利用关键技术与设备的研发，支持技术转让平台及国际市场的开拓。

鼓励并支持企业投入资金研发产生量大、影响面广，但资源化价值较低的废纸、废玻璃，以及部分工业固体废物和危险废物处理技术，中央财政通过直接补贴或贴息等形式予以支持。开发废荧光灯管、废矿物油、电子废物（包括废弃电路板、CRT 玻璃、荧光粉、废电池、非金属材料、液晶显示器）等资源化利用关键技术，提升产业发展质量。

（4）加强基础设施建设，提高固体废物环境无害化管理与共处置水平

应进一步加大我国固体废物环境无害化管理及处理处置技术的研究，加强危险废物处理处置设施的能力建设，大力加强对危险废物处理处置设施管理和技术人员的培训，提升现有设施的运营管理水平。针对各地再生资源处理处置集散地和园区，引导规模小、分散的作坊和企业进入专业化园区，并开展污染防治专项研究。

完善固体废物回收体系建设，推动分类收集与专业化、规模化收集。统筹推进固体废物处理处置设施建设，各省（自治区、直辖市）应当制订固体废物污染防治设施选址规划；提高危险废物环境无害化处置水平，鼓励跨区域合作处理处置固体废物，鼓励大型石油化工等产业基地配套建设固体废物处理处置设施，鼓励使用水泥回转窑等工业窑炉协同处置危险废物。

第 8 章　新时期海洋环境保护战略和重大任务研究

8.1　我国海洋环境现状

8.1.1　河流入海污染源状况

8.1.1.1　主要河流入海污染物

2010 年，经由全国 66 条主要河流入海的污染物量分别为：化学需氧量（COD_{Cr}）1653 万 t，氨氮（以氮计）60.7 万 t，总磷 29.2 万 t，石油类 8.5 万 t，重金属 4.16 万 t（其中铜 4159t、铅 2812t、锌 34 318t、镉 191t、汞 77t），砷 4226t。其中，长江入海径流量比上年增大 25%，所携带的 COD_{Cr}、氨氮和总磷等污染物入海量分别增加 59%、290% 和 26%。

2011 年，在枯水期、丰水期和平水期对 54 条主要入海河流污染物排海状况开展了监测，河流入海的污染物量分别为：化学需氧量（COD_{Cr}）1582 万 t，氨氮（以氮计）32.0 万 t，硝酸盐氮（以氮计）164 万 t，亚硝酸盐氮（以氮计）7.6 万 t，总磷（以磷计）23.6 万 t，石油类 8.1 万 t，重金属 2.49 万 t（其中铜 3485t、铅 1850t、锌 19 350t、镉 150t、汞 35t），砷 3137t。

2012 年，经由全国 72 条主要河流入海的污染物量分别为：化学需氧量（COD_{Cr}）1388 万 t，氨氮（以氮计）32.8 万 t，硝酸盐氮（以氮计）228 万 t，亚硝酸盐氮（以氮计）6.2 万 t，总磷（以磷计）35.9 万 t，石油类 9.3 万 t，重金属 4.62 万 t（其中锌 40 147t、铜 3710t、铅 2067t、镉 226t、汞 77t），砷 3758t。

连续三年实施监测的河流入海污染物量统计结果见表 8-1，2012 年经由河流入海的 COD_{Cr} 较上年降低 14%，硝酸盐氮、总磷分别增加 38%、47%。

表 8-1　主要河流入海污染物　　（单位：t）

河流名称	统计年份	COD_{Cr}	总氮	总磷	石油类	重金属	砷
长江	2010	10 783 668	405 098	214 411	52 638	31 064	2 636
	2011	9 543 470	132 950	165 842	51 580	12 943	1 844
	2012	7 769 810	153 710	150 743	56 331	36 245	2 516
钱塘江	2010	992 427	30 115	11 453	2 445	801	38
	2011	823 173	23 581	4 193	2 008	763	51
	2012	846 667	22 155	12 099	1 733	430	36
珠江	2010	632 016	45 007	21 801	14 045	2 934	926
	2011	658 560	56 448	24 763	14 112	4 033	806
	2012	464 585	32 265	152 205	9 783	3 726	725

续表

河流名称	统计年份	COD_{Cr}	总氮	总磷	石油类	重金属	砷
闽江	2010	614 807	19 674	4 658	1 341	725	95
	2011	896 248	21 218	6 736	1 399	2 424	70
	2012	813 944	14 341	6 044	954	1 834	40
黄河	2010	549 032	12 492	1 587	5 849	692	30
	2011	180 948	4 702	1 735	949	640	47
	2012	439 794	17 573	3 070	8 692	1 110	56
椒江	2010	205 377	6 502	665	412	227	14
	2011	298 440	2 952	1 102	288	88	23
	2012	191 388	3 287	724	200	37	4
甬江	2010	121 345	9 150	889	706	69	3
	2011	258 580	6 649	1 811	315	65	7
	2012	154 000	5 628	2 393	337	77	7.6
南流江	2010	111 779	814	2 695	406	184	12
	2011	148 674	1 396	963	585	274	6
	2012	158 831	932	1 352	405	166	10
小清河	2010	113 367	252	128	500	655	5
	2011	381 195	755	1 186	2 522	384	4
	2012	161 411	143	242	199	29	2.1
防城江	2010	91 677	479	—	96	51	4
	2011	36 855	804	348	67	31	1
	2012	22 946	172	69	25	6.7	0.26
钦江	2010	45 045	1 531	2 565	121	116	3
	2011	70 470	668	362	123	97	1
	2012	31 583	738	332	91	59	0.7
敖江	2010	42 453	342	246	206	51	0.7
	2011	45 815	647	186	144	26	1
	2012	37 897	708	106	130	26	1.3
大风江	2010	37 546	744	1 160	111	75	2
	2011	51 350	1 014	133	95	66	1
	2012	18 458	239	130	32	17	0.2
木兰溪	2010	21 153	2 176	1 561	29	228	5
	2011	36 990	1 503	1 251	34	109	0.002
	2012	30 024	1 906	924	46	81	45
晋江	2010	15 320	736	331	114	84	2
	2011	44 059	2 237	465	175	198	2
	2012	21 517	1 160	580	141	82	3.3
双台子河	2010	13 444	415	2 128	217	72	12
	2011	88 882	821	259	101	23	3
	2012	55 000	154	115	47	16	2.5

续表

河流名称	统计年份	COD_{Cr}	总氮	总磷	石油类	重金属	砷
霍童溪	2010	12 010	147	34	31	41	3
	2011	28 124	367	88	36	55	0.004
	2012	21 945	408	29	25	14	1
龙江	2010	8 050	1 117	242	9.1	22	0.2
	2011	6 584	1 663	308	14	75	0.001
	2012	9 044	1 565	481	18	80	0.1
大沽河	2010	5 413	116	19	33	7.6	0.3
	2011	1 871	29	3	7	3	0.2
	2012	2 667	73	12	8	3	0.2
碧流河	2010	1 228	9	1	2	0.1	0.1
	2011	82 482	28	23	30	4	0.2
	2012	20 838	32	26	10	1.3	0.16

8.1.1.2 主要河口区环境状况

2005~2012 年，辽河口、黄河口、长江口和珠江口水体主要环境要素的监测结果表明，黄河口环境状况相对稳定，辽河口、长江口和珠江口环境状况的年际波动较大。

辽河口：盐度分布的年际波动较大，2007~2009 年夏季河口区盐度普遍高于 25，2010 年以来河口区盐度显著下降，2012 年盐度小于 25 的区域面积达 1361km^2。除 2009 年，辽河口水体中化学需氧量的平均值均在 2.0mg/L 以上，其含量水平为四大河口之首；无机氮平均含量总体呈降低趋势，但 2012 年显著升高；活性磷酸盐平均含量总体呈升高趋势，但 2012 年显著降低（图 8-1）。

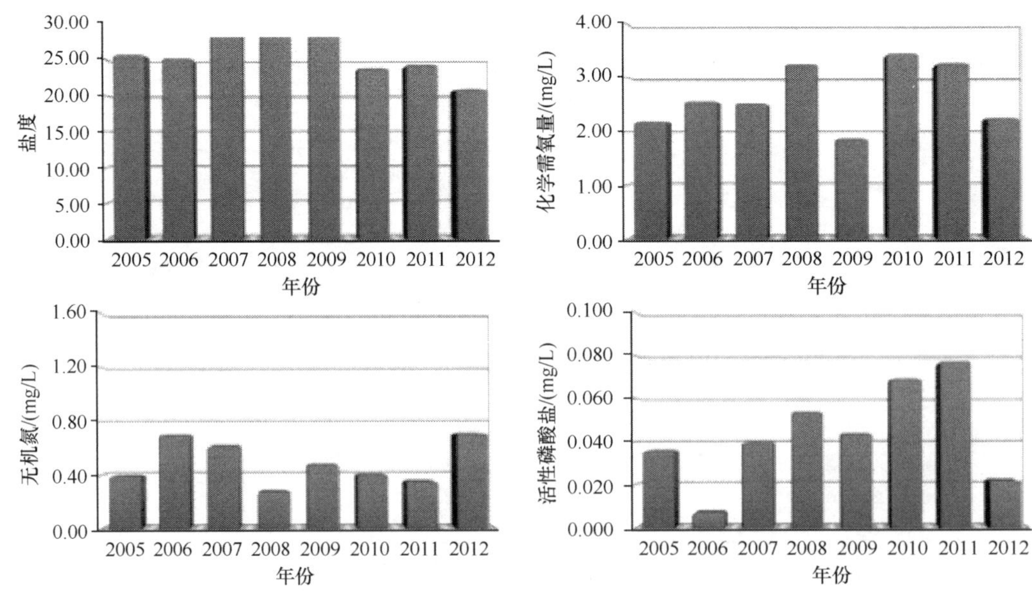

图 8-1 辽河口水体中主要环境要素平均值的年际变化

黄河口：2012 年夏季，黄河口盐度较 2005~2011 年同期有所降低，盐度小于 25 的区域面积达 937km^2，为历年来最高。2007 年以来，黄河口水体中化学需氧量的平均值有所降低并趋于稳定，无机氮和活性磷酸盐平均含量的年际波动幅度较小，河口区活性磷酸盐的含量水平与河口以外海域相当（图 8-2）。

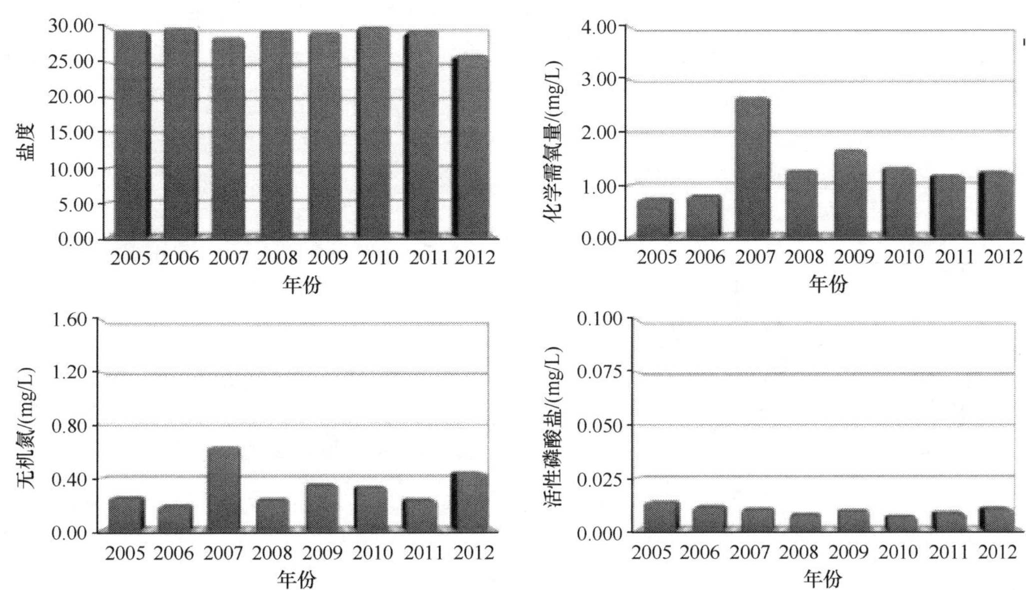

图 8-2 黄河口水体中主要环境要素平均值的年际变化

长江口：2005~2012 年夏季，长江口盐度小于 25 的区域面积呈先降后升并趋于稳定的年际变化趋势，其中，2012 年夏季长江口盐度小于 25 的区域面积为 7400km^2 以上，是 2007 年的两倍（图 8-3）。

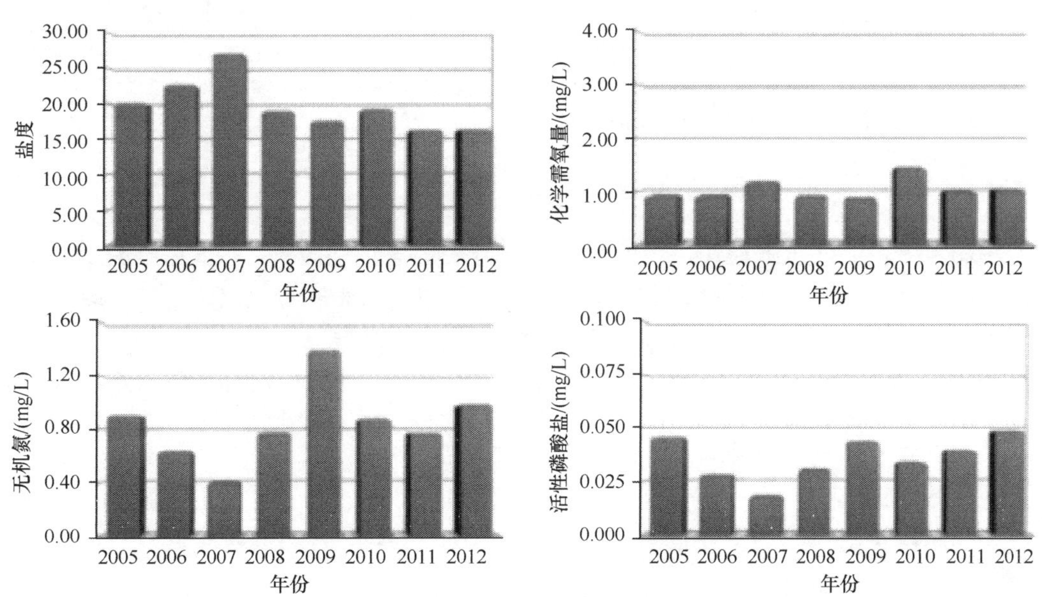

图 8-3 长江口水体中主要环境要素平均值的年际变化

长江口水体中无机氮的平均含量也表现出先降后升并趋于稳定的年际变化趋势，2007 年最低，2010 年以来趋于稳定；活性磷酸盐的平均含量自 2007 年以来呈升高趋势，高浓度区的分布范围自 2009 年以来由河口区向两侧近岸海域扩展；化学需氧量的平均值年际变化不大，在 0.9mg/L 左右波动，仅近岸局部水域出现 2.0mg/L 以上的高值区。

珠江口：2005~2012 年夏季，珠江口水体盐度小于 25 的区域范围呈先升后降并趋于稳定的年际变化趋势，2010 年河口盐度小于 25 的区域范围最大，超过 10 000km^2；2012 年与 2011 年相当，约为 6000km^2。2005~2012 年，珠江口水体中化学需氧量、无机氮、活性磷酸盐含量分布状况的年际波动较大；2010 年以来，水体中化学需氧量、活性磷酸盐的平均含量趋于稳定（图 8-4）。

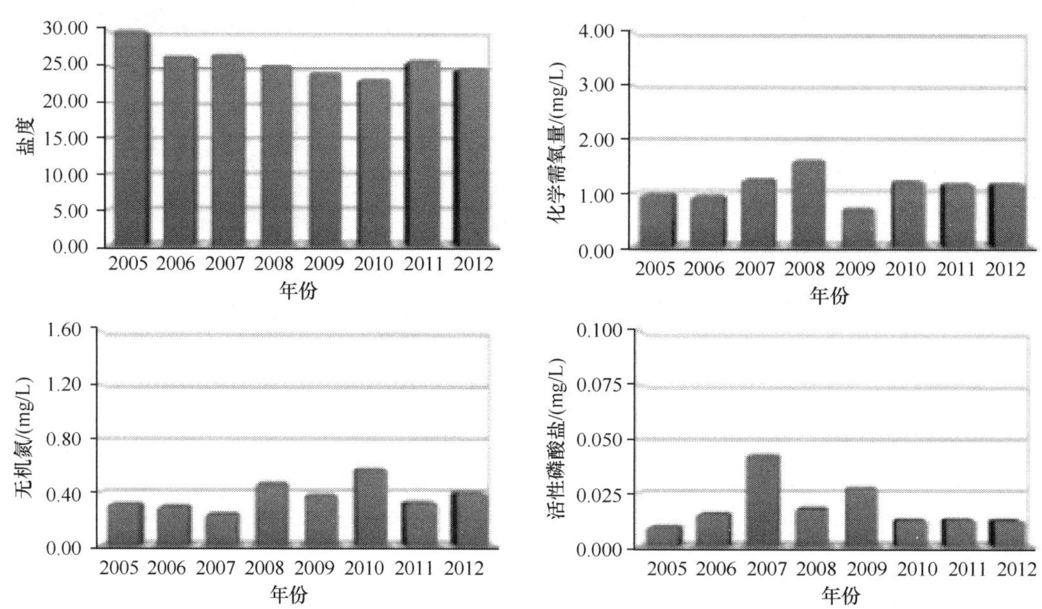

图 8-4 珠江口水体中主要环境要素平均值的年际变化

8.1.2 排污口入海污染源状况

8.1.2.1 入海排污口排海状况

2010 年，对 472 个入海排污口的排污状况开展了监督性监测，并重点监测 100 个入海排污口邻近海域的环境质量。监测的入海排污口中，工业排污口占 34%，市政排污口占 36%，排污河占 21%，其他类排污口占 9%。

2010 年对入海排污口排污状况的监测结果显示，入海排污口达标排放次数占全年监测总次数的比例为 46%。其中，117 个入海排污口全年 4 次监测均达标；78 个排污口有 3 次达标；77 个排污口有 2 次达标；71 个排污口有 1 次达标；仍有 129 个排污口全年 4 次监测均超标排污，但其占监测排污口总数的比例比上年下降 4%。

不同类型入海排污口的达标次数比例从高到低依次为：工业排污口（53%）、其他类排污口（46%）、市政排污口（43%）、排污河（40%）。

入海排污口排放的主要污染物是总磷、COD_{Cr}、悬浮物和氨氮，其单要素达标率依次为 70%、75%、78%和 90%，与 2009 年相比均有所提高。铜、铅等重金属污染物的达标率均在 97%以上。

2011 年入海排污口中工业排污口、市政排污口、排污河及其他排污口达标排放的比率分别为 51%、49%、53%和 54%。全年入海排污口的达标排放次数占监测总次数的 52%，与上年相比提高了 6 个百分点。其中，121 个入海排污口全年 4 次监测均达标；85 个入海排污口有 3 次达标；81 个入海排污口有 2 次达标；75 个入海排污口有 1 次达标；仍有 83 个入海排污口全年 4 次监测均超标排污，但其占监测排污口总数的比例比上年下降 9 个百分点。

2012 年 3 月、5 月、8 月和 10 月入海排污口达标排放的比率分别为 50%、51%、54%和 50%，全年入海排污口的达标排放次数占监测总次数的 51%，与上年相比基本持平。监测的 435 个排污口中，139 个入海排污口全年 4 次监测均达标；57 个入海排污口有 3 次达标；65 个入海排污口有 2 次达标；63 个入海排污口有 1 次达标；仍有 111 个入海排污口全年 4 次监测均超标排污，占监测排污口总数的比例较上年增加了 7 个百分点。

2012 年，实施监测的排污口污水入海总量为 322 亿 t，污染物入海总量为 214 万 t，其中悬浮物、COD_{Cr}、氨氮和总磷的入海量分别为 130 万 t、77 万 t、4.6 万 t 和 0.75 万 t。连续 5 年实施监测的 176 个排污口污染物入海量统计结果显示，COD_{Cr}、氨氮和总磷等主要污染物入海量总体呈下降趋势。

8.1.2.2 排污口邻近海域环境质量状况

2010 年，对 100 个入海排污口邻近海域水质、沉积物质量和生物质量的监测结果显示，入海排污口邻近海域环境质量总体状况仍然较差，与上年相比未见明显改善。其中，86 个排污口邻近海域水质劣于第四类海水水质标准，9 个排污口邻近海域沉积物质量劣于第三类海洋沉积物质量标准。

88 个排污口邻近海域水质不能满足所在海洋功能区的水质要求，海水中的主要污染物是无机氮和活性磷酸盐。与 2009 年相比，5 个排污口邻近海域水质明显改善，已能够满足所在海洋功能区的水质要求；11 个排污口邻近海域水质下降，其中 8 个排污口邻近海域海水中的无机氮和活性磷酸盐含量显著升高，海水水质变为劣四类。

36 个排污口邻近海域沉积物质量不能满足所在海洋功能区沉积物的质量要求，沉积物中的主要污染物为铜、石油类和镉。与 2009 年相比，3 个排污口邻近海域沉积物质量有所改善；12 个排污口邻近海域沉积物质量下降，其中 4 个排污口邻近海域沉积物中的重金属和石油类含量升高，已不能满足所在海洋功能区沉积物的质量要求。

共有 38 个排污口邻近海域采集到贝类样品，其中 24 个排污口邻近海域贝类生物质量不能满足所在海洋功能区的生物质量要求，主要污染物为粪大肠菌群、石油烃和铜。

2011 年 5 月和 8 月，分别对全国 96 个和 95 个入海排污口邻近海域水质进行监测。5 月监测结果显示，76 个排污口邻近海域水质不能满足所在海洋功能区水质要求，占监测总数的 79%；8 月监测结果显示，70 个排污口邻近海域水质不能满足所在海洋功能区水质要求，约占监测总数的 74%。5 月和 8 月劣于第四类海水水质标准的排污口邻近海域分别占监测总数的 71%和 65%（图 8-5）。

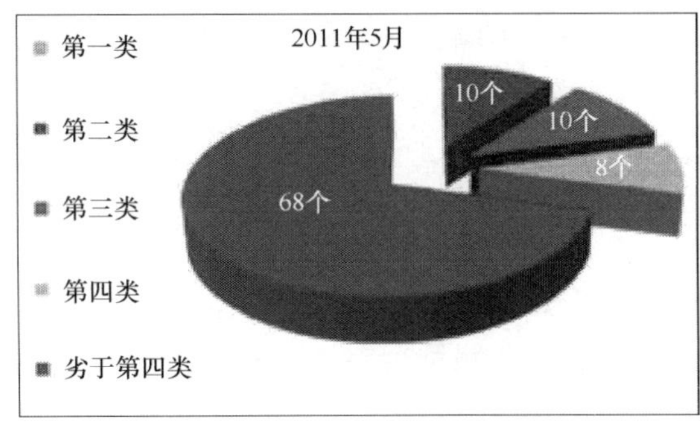

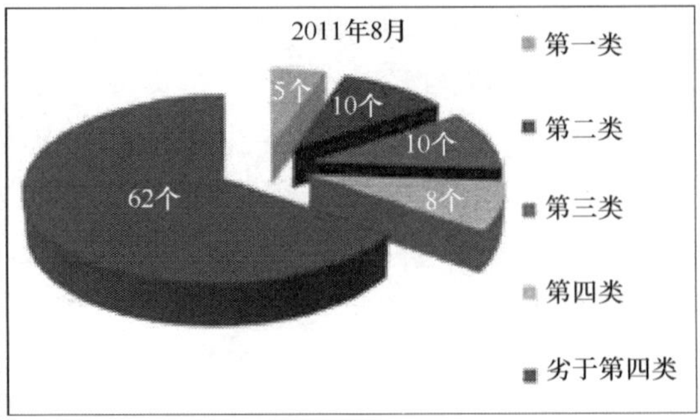

图 8-5　2011 年 5 月和 8 月入海排污口邻近海域水质类别（彩图请扫描正文末页二维码阅读）

排污口邻近海域水体中的主要污染物是无机氮、活性磷酸盐和化学需氧量，个别排污口邻近海域水体中重金属、粪大肠菌群等的含量超标。与 2010 年相比，18 个排污口邻近海域水体中无机氮和活性磷酸盐含量降低，水质略有改善；6 个排污口邻近海域水体中无机氮、汞和铅等污染物含量升高，水质进一步恶化。

对全国 86 个入海排污口邻近海域沉积物质量进行监测，其中 30 个排污口邻近海域沉积物质量不能满足所在海洋功能区沉积物质量要求，主要污染物为石油类、铜和铬。与上年相比，19 个排污口邻近海域沉积物中石油类、铜和镉等污染物含量降低，沉积物质量有所改善；10 个排污口邻近海域沉积物中石油类、铬和铜等污染物含量升高，沉积物质量下降。

共有 34 个排污口邻近海域采集到贝类样品，其中 16 个排污口邻近海域贝类生物质量不能满足所在海洋功能区的生物质量要求，主要污染物为石油烃、铅和粪大肠菌群。

2012 年 5 月和 8 月，分别对全国 97 个和 86 个入海排污口邻近海域水质进行监测。5 月监测结果显示，77 个排污口邻近海域水质不能满足所在海洋功能区水质要求，占监测总数的 79%；8 月监测结果显示，74 个排污口邻近海域水质不能满足所在海洋功能区水质要求，占监测总数的 86%。5 月和 8 月劣于第四类海水水质标准的排污口邻近海域分别占监测总数的 72%和 76%（图 8-6）。

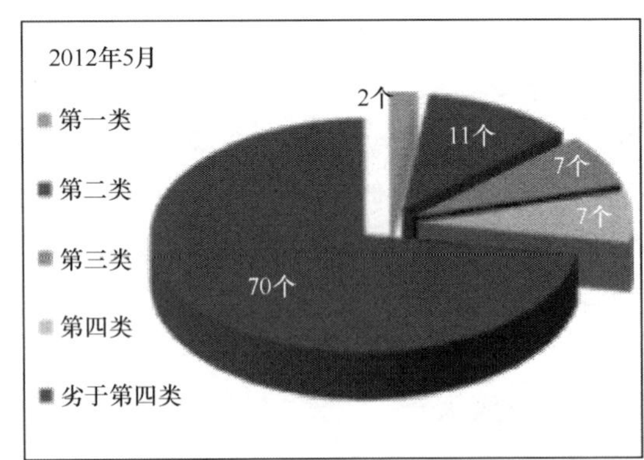

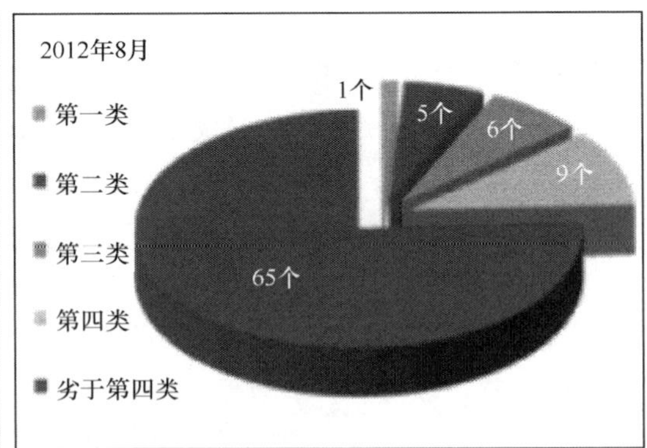

图 8-6　2012 年 5 月和 8 月入海排污口邻近海域水质等级（彩图请扫描正文末页二维码阅读）

排污口邻近海域水体中的主要污染物是无机氮、活性磷酸盐、化学需氧量和石油类，个别排污口邻近海域水体中重金属、粪大肠菌群等含量超标。富营养化依然是排污口邻近海域最主要的环境问题，75%以上的排污口邻近海域水体呈富营养化状态，40%以上的排污口邻近海域为重度富营养化。与 2011 年同期相比，排污口邻近海域呈富营养化状态的比例明显升高。

对全国 84 个入海排污口邻近海域沉积物质量进行监测，其中 25 个排污口邻近海域沉积物质量不能满足所在海洋功能区沉积物的质量要求，主要污染物为石油类、镉、汞和粪大肠菌群。与 2011 年相比，19 个排污口邻近海域沉积物中石油类、镉等污染物含量降低，沉积物质量有所改善；13 个排污口邻近海域沉积物中石油类、镉和硫化物等污染物含量升高，沉积物质量下降。

共有 26 个排污口邻近海域采集到贝类样品，其中 11 个排污口邻近海域贝类生物质量不能满足所在海洋功能区生物质量要求，主要污染物为粪大肠菌群、石油烃、镉和铅。

8.1.3　海洋大气污染物沉降

在珠海大万山、舟山嵊山、青岛小麦岛、大连大黑石、旅顺、蓬莱、东营、塘沽、秦皇岛、盘锦、营口仙人岛、北隍城等监测站开展了海洋大气污染物的干沉降监测。

2010 年监测结果显示，气溶胶中无机氮和重金属铅含量最高值出现在秦皇岛监测站，分别为 72.9μg/m^3 和 739.9ng/m^3；最低值出现在大万山监测站，分别为 5.7μg/m^3 和 24.9ng/m^3。气溶胶中重金属铜含量最高值出现在嵊山监测站，为 527.0ng/m^3；最低值出现在盘锦监测站，为 10.9ng/m^3。

2010 年，在渤海区域开展了大气污染物湿沉降通量的监测。监测结果显示，渤海无机氮湿沉降以硝酸盐为主，无机氮湿沉降通量最高值出现在蓬莱监测站，为 7.15t/(km^2·a)；最低值出现在营口监测站，为 0.73t/(km^2·a)。重金属铜和铅的湿沉降通量最高值出现在塘沽监测站，分别为 5.31kg/(km^2·a)和 5.63kg/(km^2·a)；最低值出现在旅顺监测站，分别为 0.65kg/(km^2·a)和 0.06kg/(km^2·a)。上述三种大气污染物湿沉降通量整体上呈现河北和山东沿岸明显高于辽宁沿岸的特征。

2011 年气溶胶中硝酸盐和铵盐含量最高值均出现在蓬莱监测站，分别为 23.0μg/m^3 和 5.9μg/m^3；最低值均出现在大连大黑石监测站，分别为 4.8μg/m^3 和 2.4μg/m^3。气溶胶中重金属铜含量最高值出现在舟山嵊山监测站，最低值出现在珠海大万山监测站，分别为 244.7ng/m^3 和 13.0ng/m^3。铅含量最高值出现在葫芦岛监测站，最低值出现在营口仙人岛监测站，分别为 178.6ng/m^3 和 26.7ng/m^3。

渤海无机氮湿沉降以硝酸盐为主，无机氮湿沉降通量最高值出现在塘沽监测站，最低值出现在大连大黑石监测站，分别为 11.0t/(km^2·a)和 1.9t/(km^2·a)。重金属铜的湿沉降通量最高值出现在塘沽监测站，最低值出现在大连大黑石监测站，分别为 4.9kg/(km^2·a)和 0.7kg/(km^2·a)。重金属铅的湿沉降通量最高值出现在营口仙人岛监测站，最低值出现在大连大黑石监测站，分别为 0.7kg/(km^2·a)和 0.1kg/(km^2·a)。

2012 年气溶胶中硝酸盐含量最高值出现在秦皇岛监测站，最低值出现在大连大黑石监测站，分别为 25.3μg/m^3 和 3.4μg/m^3；铵盐含量最高值出现在塘沽监测站，最低值出现在珠海大万山监测站，分别为 8.1μg/m^3 和 1.8μg/m^3；重金属铜含量最高值出现在葫芦岛监测站，最低值出现在盘锦监测站，分别为 69.4ng/m^3 和 11.1ng/m^3；重金属铅含量最高值出现在秦皇岛监测站，最低值出现在珠海大万山监测站，分别为 147.9ng/m^{3}和 34.7ng/m^3。

硝酸盐湿沉降通量最高值出现在塘沽监测站，最低值出现在秦皇岛监测站，分别为 3.9t/(km^2·a)和 0.5t/(km^2·a)；铵盐湿沉降通量最高值出现在营口监测站，最低值出现在塘沽监测站，分别为 1.3t/(km^2·a)和 0.6t/(km^2·a)。

8.1.4 海洋垃圾污染状况

2010~2012 年，在我国近岸海域开展了海洋垃圾监测，监测内容包括海面漂浮垃圾（海漂垃圾）、海滩垃圾和海底垃圾的种类、密度和来源等。

8.1.4.1 2010 年海洋垃圾分布

海漂垃圾：海面漂浮垃圾主要为塑料袋、塑料瓶和聚苯乙烯泡沫塑料碎片等。漂浮大块和特大块垃圾平均个数为 22 个/km^2；表层水体小块和中块垃圾平均个数为 1662 个/km^2，密度为 9kg/km^2。分类统计结果显示，塑料类漂浮垃圾数量最多，占 54%；其次为聚苯乙烯泡沫塑料类和木制品类，分别占 23%和 6%。

海滩垃圾：海滩垃圾主要为塑料袋、塑料片和聚苯乙烯泡沫塑料碎片等，平均个数为 3 个/100m^2，总密度为 77g/100m^2。分类统计结果显示，塑料类垃圾数量最多，占 52%；其次为聚苯乙烯泡沫塑料类和木制品类，分别占 22%和 8%。

海底垃圾：盘锦二界沟海域、葫芦岛万家海域、锦州港倾倒区、东营 30 万亩现代渔业示范区毗邻海域、连云港连岛东海区海域、盐城海水养殖示范区、杭州湾北岸奉贤海域、宁波岳头沙滩附近海域、潮州大埕湾第一哨所附近海域、揭阳神泉港附近海域和三亚小东海海域的海底垃圾监测结果显示，海底垃圾平均个数为 759 个/km^2，平均密度为 90kg/km^2。其中塑料类垃圾数量最多，占 83%。

海洋垃圾来源：2010 年海洋垃圾监测结果显示，70%的海滩垃圾和 59%的海面漂浮垃圾来源于人类海岸活动；航运和捕鱼等海上活动产生的海滩垃圾和海面漂浮垃圾分别占 12%和 24%；与吸烟相关的垃圾分别占 9%和 6%（图 8-7）。

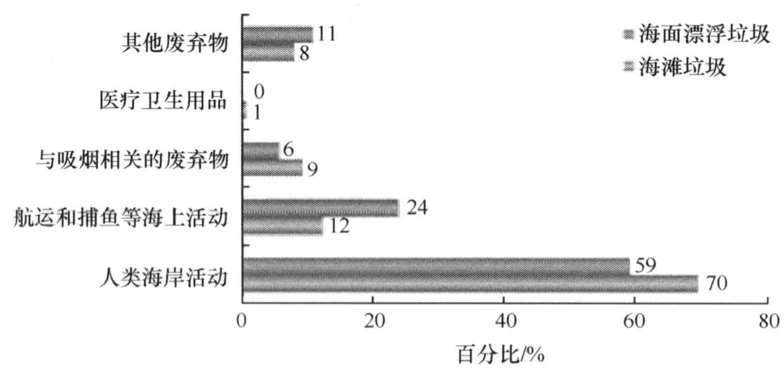

图 8-7 2010 年监测海域海面漂浮垃圾和海滩垃圾来源（彩图请扫描正文末页二维码阅读）

8.1.4.2 2011 年海洋垃圾分布

海漂垃圾：监测区域内的海面漂浮垃圾主要为塑料碎片、聚苯乙烯泡沫塑料碎片、片状木头和塑料瓶等。漂浮大块和特大块垃圾平均个数为 17 个/km^2；表层水体漂浮的小块和中块垃圾平均个数为 3697 个/km^2，平均密度为 10kg/km^2。漂浮塑料类垃圾数量最多，占 53%，其次为聚苯乙烯泡沫塑料类和木制品类，分别占 19%和 14%。垃圾数量较多区域主要为旅游区、港口区和养殖区。

海滩垃圾：监测区域内的海滩垃圾主要为塑料包装袋、聚苯乙烯泡沫塑料碎片和烟蒂等。海滩垃圾平均个数为 62 686 个/km^2，平均密度为 1114kg/km^2。塑料类垃圾数量最多，占 50%，其次为木制品和玻璃类，均占 12%。旅游区和港口区附近的海滩垃圾数量密度最大。

海底垃圾：监测区域内的海底垃圾主要为塑料袋、木块和玻璃瓶等，平均个数为 2543 个/km^2，平均密度为 336kg/km^2。其中塑料类垃圾数量最多，占 57%。

海洋垃圾来源：77%的海滩垃圾和 71%的海面漂浮垃圾来源于人类海岸活动；航运和捕鱼等海上活动产生的海滩垃圾和海面漂浮垃圾分别为 3%和 4%；与吸烟相关的海滩垃圾和海面漂浮垃圾分别为 11%和 5%（图 8-8、图 8-9）。

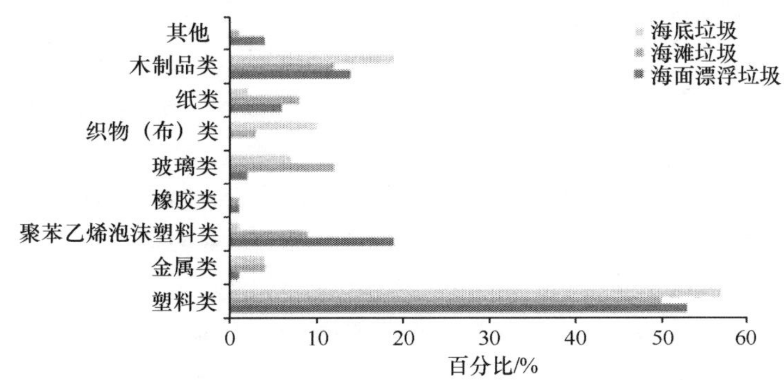

图 8-8 2011 年监测海域海洋垃圾主要类型（彩图请扫描正文末页二维码阅读）

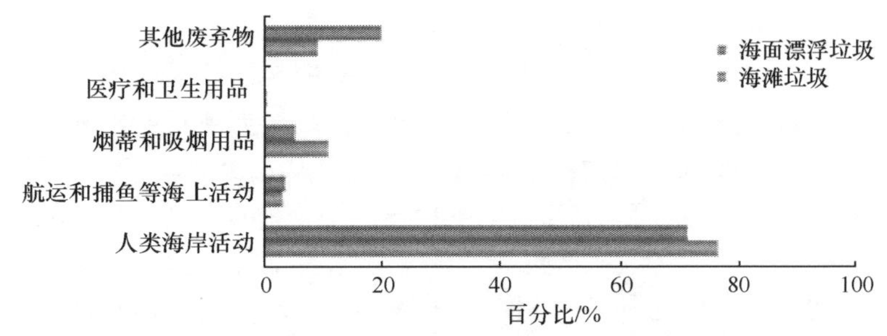

图 8-9 2011 年监测海域海面漂浮垃圾和海滩垃圾来源（彩图请扫描正文末页二维码阅读）

8.1.4.3 2012 年海洋垃圾分布

海漂垃圾：监测区域内的海面漂浮垃圾主要为聚苯乙烯泡沫塑料碎片、塑料袋和片状木头等。大块和特大块漂浮垃圾平均个数为 37 个/km^2；中块和小块漂浮垃圾平均个数为 5482 个/km^2，平均密度为 14kg/km^2。聚苯乙烯泡沫塑料类垃圾数量最多，占 57%，其次为塑料类和木制品类，分别占 23%和 12%。87%的海面漂浮垃圾来源于陆地，13%来源于海上活动。

海滩垃圾：监测区域内的海滩垃圾主要为塑料袋、聚苯乙烯泡沫塑料碎片和玻璃碎片等，平均个数为 72 581 个/km^2，平均密度为 2494kg/km^2。塑料类垃圾数量最多，占 59%，其次为木制品和聚苯乙烯泡沫塑料类，分别占 12%和 10%。94%的海滩垃圾来源于陆地，6%来源于海上活动。

海底垃圾：监测区域内的海底垃圾主要为塑料袋、废弃渔网和塑料瓶等，平均个数为 1837 个/km^2，平均密度为 127kg/km^2。其中塑料类垃圾数量最多，占 74%。

8.1.5 海水环境质量

8.1.5.1 近岸海域水质

2010 年全国近岸海域水质总体为轻度污染，近岸海域监测面积共 279 225km^2，其中一类、二类海水面积 177 825km^2；三类海水面积 44 614km^2；四类、劣四类海水面积 56 786km^2。按照监测点位计算，一类海水占 31.5%，二类海水占 31.2%，三类海水占 14.1%，四类海水占 4.7%，劣四类海水占 18.5%。2010 年影响全国近岸海域水质的主要污染因子是无机氮和活性磷酸盐。

四大海区近岸海域中，南海和黄海水质良好，渤海水质差，东海水质极差。渤海、黄海、东海和南海劣四类海水站位所占比例分别为 14.3%、1.9%、43.1%和 6.0%。9 个重点海湾四类和劣四类海水站位的比例分别为：辽东湾 83.4%、渤海湾 87.5%、黄河口 0.0%、胶州湾 25.0%、长江口 77.8%、杭州湾 100.0%、闽江口 50.0%、珠江口 60.0%、北部湾 0.0%，其中杭州湾全部为劣四类海水，渤海湾、长江口、闽江口和珠江口劣四类海水比例均不低于 50%。

各沿海省（自治区、直辖市）中，广西和海南近岸海域水质为优，一类海水比例占 60%以上，且一类、二类海水比例占 90%以上；山东近岸海域水质良好，一类、二类海水比例在 80%以上；辽宁、河北、江苏、福建和广东近岸海域水质一般，一类、二类海水比例在 70%左右；天津、上海和浙江近岸海域水质极差。

2011 年全海域海水中无机氮、活性磷酸盐、石油类和化学需氧量等指标的综合评价结果显示，我国管辖海域海水环境状况总体较好，但近岸海域海水污染依然严重。符合第一类海水水质标准的海域面积约占我国管辖海域面积的 95%，符合第二类、第三类和第四类海水水质标准的海域面积分别为 47 840km^2、34 310km^2 和 18 340km^2，劣于第四类海水水质标准的海域面积为 43 800km^2，比上年略有下降。四个海区中，渤海和黄海的劣四类水质海域面积分别增加了 990km^2 和 3010km^2，东海和南海的劣四类水质海域面积分别减少了 3110km^2 和 5120km^2。

2012 年符合第一类海水水质标准的海域面积约占我国管辖海域面积的 94%，符合第二类、第三类和第四类海水水质标准的海域面积分别为 46 910km^2、30 030km^2 和 24 700km^2，劣于第四类海水水质标准的海域面积为 67 880km^2，较上年增加了 24 080km^2。渤海、黄海、东海和南海劣于第四类海水水质标准的海域面积分别增加了 8870km^2、6990km^2、6700km^2 和 1520km^2。劣于第四类海水水质标准的区域主要分布在黄海北部、辽东湾、渤海湾、莱州湾、江苏沿岸、长江口、杭州湾、珠江口的近岸海域。

8.1.5.2 近岸海域富营养化

2010 年，全海域共发现赤潮 69 次，累计面积 10 892km^2。东海赤潮规模最大，发现次数和累计面积分别为 39 次和 6374km^2；南海分别为 14 次和 223km^2；黄海分别为 9 次和 735km^2；渤海分别为 7 次和 3560km^2。

2011 年全国近岸海域总体富营养化状况为轻度富营养化。富营养化指数为 1.2，其中，轻度富营养化点位占 7.0%，中度富营养化点位占 13.3%，重度富营养化点位占 4.7%，严重富营养化点位占 5.3%。四大海区近岸海域中，东海富营养化指数为 2.85，为中度富营养。其他各海区富营养化指数均小于 1.0。重要海湾中，杭州湾、珠江口和长江口富营养化指数大于 5.0，为重度富营养；渤海湾和辽东湾富营养化指数为 2.0～5.0，为中度富营养；闽江口和胶州湾富营养化指数为 1.0～2.0，为轻度富营养；黄河口和北部湾富营养化指数均小于 1.0。

2012 年，呈富营养化状态的海域面积约 9.8 万 km^2，较上年增加 2.4 万 km^2，其中重度、中度和轻度富营养化海域面积分别为 19 250km^2、39 980km^2 和 38 660km^2。重度富营养化海域主要集中在黄海北部、辽河口、渤海湾、莱州湾、长江口、杭州湾和珠江口的近岸区域。

8.1.6　近海生态系统

8.1.6.1　近海生态系统健康状况

2010 年，为掌握我国近岸典型海洋生态系统的健康状况及变化趋势，我国对 18 个海洋生态监控区的河口、海湾、红树林、珊瑚礁和海草床生态系统开展监测，监控区总面积达 6.4 万 km^2（表 8-2）。

表 8-2　2010 年全国海洋生态监控区基本情况

主要生态系统类型	生态监控区名称	生态监控区面积/km^2	健康状况
河口	双台子河口	3 000	亚健康
	滦河口一北戴河	900	亚健康
	黄河口	2 600	亚健康
	长江口	13 668	亚健康
	珠江口	3 980	亚健康
海湾	锦州湾	650	不健康
	渤海湾	3 000	亚健康
	莱州湾	3 770	亚健康
	杭州湾	5 000	不健康
	乐清湾	464	亚健康
	闽东沿岸	5 063	亚健康
	大亚湾	1 200	亚健康
珊瑚礁	雷州半岛西南沿岸	1 150	亚健康
	广西北海	120	健康
	海南东海岸	3 750	亚健康
	西沙珊瑚礁	400	亚健康
红树林	广西北海	120	健康
	北仑河口	150	亚健康
海草床	广西北海	120	亚健康
	海南东海岸	3 750	健康

处于健康、亚健康和不健康状态的海洋生态监控区分别占14%、76%和10%。中国主要海湾、河口及滨海湿地生态系统处于亚健康或不健康状态。连续6年的监测结果表明，中国海湾、河口及滨海湿地生态系统存在的主要生态问题是富营养化及氮磷比失衡、环境污染、生境丧失、生物入侵、生物多样性低等。

8.1.6.2 海洋生物多样性

2011年夏季，在我国典型海洋生态系统和关键生态区域开展了海洋生物多样性状况监测，监测内容包括浮游生物、底栖生物、海草、红树、珊瑚等生物的种类组成、数量分布等。典型海洋生态系统和关键生态区域鉴定出浮游植物627种，浮游动物774种，底栖生物955种，海草7种，红树植物11种，造礁珊瑚66种。浮游生物和底栖生物的物种数和生物多样性指数从北至南呈增加趋势，符合其自然分布规律。

渤海区域鉴定出浮游植物142种，主要类群为硅藻和甲藻；鉴定出浮游动物52种，主要类群为桡足类和水母类；鉴定出底栖生物305种，主要类群为环节动物、软体动物和节肢动物。

黄海区域鉴定出浮游植物162种，主要类群为硅藻和甲藻；鉴定出浮游动物80种，主要类群为桡足类和水母类；鉴定出底栖生物236种，主要类群为环节动物、软体动物和节肢动物。

东海区域鉴定出浮游植物308种，主要类群为硅藻和甲藻；鉴定出浮游动物333种，主要类群为桡足类和水母类；鉴定出底栖生物444种，主要类群为环节动物、软体动物和节肢动物。

南海区域鉴定出浮游植物503种，主要类群为硅藻和甲藻；鉴定出浮游动物625种，主要类群为桡足类和水母类；鉴定出底栖生物446种，主要类群为软体动物、节肢动物和脊索动物；鉴定出造礁珊瑚66种，海草7种，红树植物11种。

生物多样性指数：是生物种数和种类间个体数量分配均匀性的综合表现，用Shannon-Wiener多样性指数表征。

8.1.7 海洋沉积物

2011年在我国管辖海域514个站位开展了海洋沉积物监测，监测指标包括石油类、重金属、砷、硫化物和有机碳等。近岸海域沉积物综合质量状况总体良好，铜和铬含量符合第一类海洋沉积物质量标准的站位比例为83%，其余指标符合第一类海洋沉积物质量标准的站位比例均在94%以上。近岸以外海域沉积物质量状况良好，仅个别站位铅和铜含量超第一类海洋沉积物质量标准（图8-10）。

4个海区中，渤海和东海近岸沉积物综合质量良好的站位比例最高，均为93%，黄海和南海良好的站位比例分别为91%和84%。

全国重点海域沉积物综合质量评价结果显示（表8-3），黄海北部近岸和珠江口海域沉积物综合质量一般，其他重点海域的综合质量均为良好。其中，黄海北部近岸沉积物中主要超标要素为镉、铜和铬，大连湾沉积物中石油类和镉污染严重；珠江口海域沉积

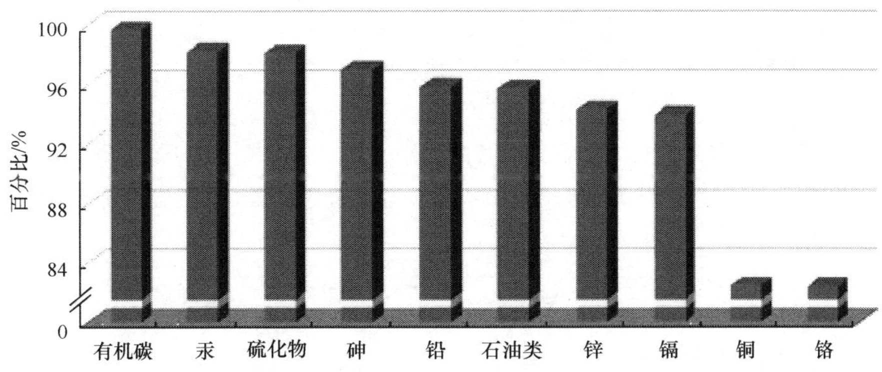

图 8-10 2011 年近岸海域各监测指标符合第一类海洋沉积物质量标准的站位比例

物中主要超标要素为铜、锌和铅，局部海域沉积物中石油类污染严重。辽东湾沉积物中主要超标要素为汞，营口局部海域沉积物中汞污染严重；东海中南部近岸的浙江温州和福建宁德局部海域沉积物中的主要超标要素为铬。

表 8-3 2011 年全国重点海域沉积物综合质量评价结果

重点海域	综合质量	重点海域	综合质量
辽东湾	良好	东海南部近岸	良好
渤海湾	良好	粤东近岸	良好
莱州湾	良好	珠江口	一般
黄海北部近岸	一般	粤西近岸	良好
苏北近岸	良好	北部湾	良好
长江口—杭州湾	良好	海南近岸	良好
东海中部近岸	良好		

2012 年在我国管辖海域 581 个站位开展了海洋沉积物监测，监测要素包括石油类、重金属、砷、多氯联苯、硫化物和有机碳。

近岸海域沉积物质量状况总体良好，沉积物中铜含量符合第一类海洋沉积物质量标准的站位比例为 85%，其余监测要素含量符合第一类海洋沉积物质量标准的站位比例均在 96%以上。近岸以外海域沉积物质量状况良好，仅个别站位的部分监测要素含量不符合第一类海洋沉积物质量标准（图 8-11）。

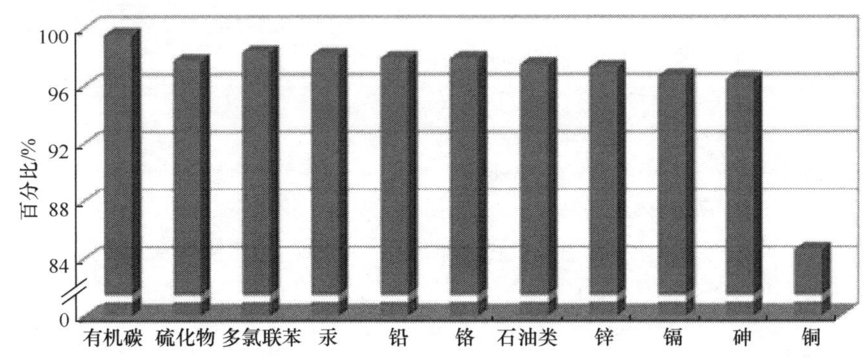

图 8-11 2012 年近岸海域各监测指标符合第一类海洋沉积物质量标准的站位比例

4个海区中，东海近岸沉积物综合质量良好的站位比例最高，为96%，渤海、黄海和南海近岸沉积物综合质量良好的站位比例依次为95%、94%和91%。

全国重点海域沉积物综合质量评价结果显示，黄海北部近岸沉积物综合质量状况较差，其余重点海域综合质量良好。黄海北部近岸污染区域集中在大连湾，主要超标要素为石油类、铜、镉和锌，其中石油类含量超第三类海洋沉积物质量标准（表8-4）。

表8-4　2012年全国重点海域沉积物综合质量评价结果

重点海域	综合质量	重点海域	综合质量
辽东湾	良好	东海南部近岸	良好
渤海湾	良好	粤东近岸	良好
莱州湾	良好	珠江口	良好
黄海北部近岸	较差	粤西近岸	良好
长江口—杭州湾	良好	北部湾	良好
东海中部近岸	良好	海南近岸	良好

8.2　我国海洋环境面临的主要问题

8.2.1　海洋经济的迅猛发展给近海环境带来巨大压力

“十二五”时期是全面建设小康社会的攻坚时期，是转变经济发展方式、深化改革开放的重要时期，也是环境保护事业发展的关键时期，也是我国工业化、城镇化、现代化快速发展时期。特别是2008年以来，国务院相继批准实施了多个沿海地区经济发展规划（表8-5），沿海地区已经进入新一轮海洋开发和区域经济发展阶段。发展中的不平衡、不协调、不可持续问题依然突出，表现在产业布局和结构不尽合理、环境基础设施不完善、环境监管能力不足、制约科学发展的体制机制障碍依然较多等。

表8-5　近年来国务院批准实施的沿海区域经济发展规划

序号	沿海地区区域经济发展规划
1	中国图们江区域合作开发规划纲要，0908
2	辽宁省沿海经济带发展规划，0807
3	黄河三角洲高效生态经济区发展规划，0912
4	河北沿海经济发展规划，2011.11
5	天津滨海新区综合配套改革试验方案，0803
6	山东半岛蓝色经济区发展规划，1101
7	江苏沿海地区发展规划，0906
8	关于进一步推进长江三角洲地区改革开放和经济社会发展的指导意见，0809
9	关于推进上海加快建设国际金融中心和国际航运中心的意见，0904
10	浙江海洋经济发展示范区规划，11.3
11	浙江舟山群岛新区发展规划，2013.01.23
12	广西北部湾经济区发展规划，0802

续表

序号	沿海地区区域经济发展规划
13	海西经济区发展规划，1103
14	广东海洋经济综合试验区发展规划，1107
15	珠江三角洲地区改革发展规划纲要（2008—2020 年），0812
16	横琴总体发展规划，0906
17	加快建设海峡西岸经济区的若干意见，0905
18	海南国际旅游岛建设发展规划纲要（2010—2020 年），0912

8.2.1.1 我国沿海地区中长期社会经济发展形势分析

（1）沿海开发战略实施后的发展趋势

国外经济学家钱纳里、库兹涅兹、赛尔奎等，基于几十、上百个国家的案例，采取实证分析的方法，得出了经济发展阶段和工业化发展阶段的经验性判据，进而得出了“标准结构”。不同学者对发展阶段的划分不尽相同，其中具有代表性的是钱纳里和赛尔奎的方法，他们将经济发展阶段划分为前工业化、工业化实现和后工业化阶段，其中工业化实现阶段又分为初期、中期、后期三个时期。判断依据主要有人均 GDP 水平、三次产业结构、就业结构、城市化率等标准（表 8-6）。

表 8-6 我国工业化实现阶段

基本指标	前工业化阶段（1）	工业化实现阶段			后工业化阶段（5）
		工业化初期（2）	工业化中期（3）	工业化后期（4）	
2005 年人均 GDP（PPP）/美元	745~1 490	1 490~2 980	2 980~5 960	5 960~11 170	>11 170
三次产业结构（产业结构）	A>I	A>20%，A<I	A<20%，I>S	A<10%，I>S	A<10%，I<S
第一产业就业人员占比（就业结构）	>60%	45%~60%	30%~45%	10%~30%	<10%
人口城市化率（空间结构）	<30%	30%~50%	50%~60%	60%~75%	>75%

根据研究，我国总体上目前处在工业化中期向工业化后期过渡的时期。从我国沿海地区发展来看：基于人均 GDP 指标衡量，2010 年，我国沿海地区人均 GDP 为 4.97 万元，按当年平均汇率计算为 6581 美元，按 2005 年不变价计算为 14 129 美元，处于后工业化阶段。从三次产业结构来看，我国沿海地区三次产业的比例为 7.3∶50.6∶42.1，农业占比<10%，第二产业所占比例大于服务业，处于工业化后期阶段。从城市化率来看，我国沿海地区城市化率为 63.2%，处于工业化后期阶段。因此，综合来看，我国沿海地区仍处于工业化后期阶段，且正在向后工业化阶段迈进。

（2）我国沿海地区城市化发展趋势

由于我国制造业主要集中于沿海地区，且我国新一轮经济开发活动仍然以制造业为主，因此我国沿海地区的工业所占比例将长期保持在比较高的水平。根据预测，我国 2015 年沿海地区第二产业增加值所占的比例与 2010 年相比，基本处于稳中有降的水平，即由 45.8%下降到 45.0%，下降约 0.8 个百分点。

我国沿海地区城市化水平将进一步提高，城镇人口所占的比例将由2010年的63.2%上升到66.7%，上升3.5个百分点。预计人均GDP将由2010年的4.97万元上升到7.69万元，按当年平均汇率计算为10 931美元，按2005年不变价计算为23 468美元，远高于后工业化阶段的水平。总体上说，我国沿海地区城市化发展将进一步推进，并继续保持处于人均GDP远高于后工业化阶段水平，但产业比例和城市化率处于工业化后期的水平。这是由我国产业结构的地域分布特点决定的，但我国沿海地区服务业比例将进一步提高，工业将逐步向内陆转移的趋势是无法改变的，未来5~10年，我国沿海地区将逐步由工业化后期阶段逐步过渡到后工业化阶段。

（3）我国沿海地区污染物排放预测

随着沿海地区社会经济的持续发展，人口将持续向沿海省市集中，沿海地区城市化进程将稳步提升。由于生活方式的改变和生活水平的提高，人均生活污染物排放量也将持续增加。根据沿海地市国民经济和社会发展“十二五”规划等相关规划，预计规划范围内常住人口将由2010年的2.96亿人增长到2015年的3.21亿人，增长比例为8.4%；城市化率将由2010年的63.2%增长到2015年的66.7%，增长比例为5.5%；地区生产总值将由2010年的14.72万亿元增长到2015年的24.66万亿元，增长比例为67.5%，其中工业增加值将由2010年的6.74万亿元增长到2015年的11.10万亿元，增长比例为64.7%。

预计总氮产生量将由2010年的165.5万t增长到2015年的174.8万t，增长比例为5.6%；总磷产生量将由2010年的17.8万t增长到2015年的18.6万t，增长比例为4.5%，见表8-7。

表8-7　我国“十二五”期间沿海负荷增长趋势预测

省（自治区、直辖市）	2010年产生量/万t		2015年产生量/万t		2015年增长比例/%	
	总氮	总磷	总氮	总磷	总氮	总磷
辽宁省	13.14	1.63	13.18	1.63	0.3	0.2
河北省	14.42	1.61	14.45	1.61	0.2	0.1
天津市	9.42	0.93	9.59	0.94	1.8	1.1
山东省	29.79	3.55	30.37	3.64	1.9	2.5
江苏省	11.32	1.07	11.93	1.14	5.4	6.5
上海市	11.39	1.07	13.47	1.24	18.3	15.9
浙江省	19.54	1.93	21.46	2.10	9.8	8.8
福建省	14.68	1.59	15.59	1.67	6.2	5.0
广东省	35.49	3.70	37.31	3.86	5.1	4.3
广西壮族自治区	1.94	0.21	2.27	0.24	17.0	14.3
海南省	4.43	0.49	5.17	0.57	16.7	16.3
全国	165.5	17.8	174.8	18.6	5.6	4.5

从表8-7来看，我国沿海省（市）污染负荷增长速率差异较大，环渤海地区的污染负荷增长较慢，但海南省、上海市、广西壮族自治区的增长率均超过了10%，说明污染物排放的区域结构将发生转变。我国沿海经济发展相对较慢的区域，如海南省、广西壮族自治区污染负荷增长较快，对当地削减污染物负荷、逐步减少污染物排放量、保护当地近岸海域环境质量提出了更为艰巨的任务。总体上，随着我国新一轮沿海开发战略的实施，占入海污染物总量80%以上的陆源污染负荷将进一步增加，面源污染控制、入海河流水质

改善任务将进一步加重，海域富营养化和有害藻华问题将依然存在，局部海域的重金属、持久性有毒有害污染将日益凸显，海上溢油与化学品泄漏风险将明显加大，近海生态安全将面临更大压力，保护和改善近岸海域环境质量将面临诸多挑战，同时对提升产业能级，推进节能减排、应对气候变化、保障生态安全、海洋综合管理和公共服务提出了更高的要求。

8.2.2　陆海统筹，控制陆源污染面临的技术和管理问题

陆源负荷输入是近岸海域无机氮、活性磷酸盐严重超标的最主要原因。“十一五”期间，我国在水污染物总量控制方面采取了工程减排、结构减排和管理减排三大措施，总量减排方面取得显著成效。但由于目前沿海地区流域总量控制指标为 COD 和氨氮，而海域环境污染控制因子是总氮、总磷和石油类三项指标，因此，海域污染控制与陆域污染控制指标难以衔接，氮、磷入海负荷得不到有效控制，导致海域富营养化问题成为常态。

从陆源污染控制的角度，目前陆域氮、磷污染负荷主要来自农业面源、城市面源、生活点源（特别是污水处理厂尾水）、畜禽养殖污染，以及部分氮磷排放量较大的行业，如化肥、食品加工等行业。与点源污染的集中性相反，面源污染具有分散性、隐蔽性、随机性的特征，它随流域内土地利用状况、地形地貌、水文特征、气候、天气等的不同而具有空间异质性和时间上的不均匀性，因此不易监测、难以量化，防控的难度较大。此外，污水处理厂脱氮除磷工艺尚不成熟，且治理费用较高，处理效力低。总体上，随着国家污染控制力度的加大，海域氮、磷的超标情况会进一步改善，但要恢复到 20 世纪六七十年代的水平尚需要很长的时间和更大的人力、物力、财力投入。

污水处理厂脱氮除磷能力不足。有相当部分早年建成的污水处理厂不具备脱氮除磷的能力，导致出水中氨氮、总磷超标排放。工艺上进行脱氮除磷的改造，需要增加大量构筑物，增加占地面积和大量的运行费用，改造难度较大，投资高，成为困扰这些污水处理厂正常运行和实现稳定达标的难题之一，有些地方污水收集没有实行清污分流或没有严格做到清污分流，在雨季大大降低了处理厂效率，更成为氮、磷污染的重要原因。现有《城镇污水处理厂污染物排放标准》对于氮、磷的排放要求偏低。尽管我国对城镇污水处理厂污染物排放标准中总氮、总磷的排放做出了更严格的要求，然而与海洋保护的要求仍有巨大差距。

农业面源污染分散不易控制。农业面源污染主要来自种植业、畜禽养殖业和水产养殖业。种植业的化肥施用量巨大，大量营养物随地表径流流失进入海洋；畜禽养殖产生的畜禽尿液、冲洗场地的污水、畜牧场和加工厂的污水也是重要的氮、磷污染来源；高密度、高产量的养殖模式产生了大量有机和无机污染物，也成为海洋氮、磷污染的重要组成部分。由于上述农村和农业面源污染分布分散，难以控制，导致大量农业面源污染进入海洋成为陆域氮、磷污染的最重要组成部分。

与其他水体相比，海洋本身具有较强的自净能力，加之海洋生物的吸收利用，对氮、磷营养负荷有一定的消纳吸收能力，然而与进入海洋的氮、磷污染总量相比还远远不足，过剩的氮、磷营养物质无法在真正意义上实现降解，它们在海洋的物理、生物化学过程中基本上只是转换存在形式，只有少量氮可能变成气态逸出，同时藻类还具有在空气中

固氮的作用。在对海洋进行水环境容量计算核定时往往会被忽视，导致人们对于海洋的消纳能力有过高的估计，而允许过量的陆域氮、磷污染物进入海洋。

沿海地区往往是经济最发达也是人口最稠密的地区，很多地区的海洋环境保护不得不为经济发展让路，因此在管理上、政策上多有对于经济发展的倾斜，也成为陆域氮、磷污染的潜在诱因。

8.2.3 海洋油气田开发工程监管不力，溢油管理制度不完善

8.2.3.1 海洋油气田开发工程的生态环境影响

随着海洋油气资源勘探规模和区域的不断扩大，其对海洋环境和生态的影响也日益严重，海洋石油开发的各个环节包括海底油气勘探、油气开采、油气集输等都存在破坏生态环境的危险。

在石油勘探过程中，地震法所使用的地下爆破震源、噪声都会对周围的生态环境产生影响；采用电磁法等勘探技术同样会对所在海域的海洋生物产生影响。

在油气开采过程中，主要污染源是钻井设备和施工现场，钻井过程中会产生大量的废弃泥浆，这些泥浆中包含了各种油和烃类，以及各种钻采的废渣，这些泥浆如果处置不当，泄漏进入周边的海域，将对周围的环境产生毒害作用。同时，在油气开采平台或者导管架安装，以及钻采过程中会产生巨大的振动噪声，影响周边环境。

在油气运输过程中，由于海洋油气平台一般远离大陆，一般采用油轮或者管道运输，也有采用浮式储油装置（FPSO）收集后运输的办法，在油气运输过程中，由于自然因素或者人为操作的因素会产生油气泄漏的风险，一旦泄漏会产生巨大的环境影响。

（1）生产废水

生产废水主要是随原油天然气一起从地下开采出来的生产水，其量的大小取决于生产规模和各油井含水率或注水量。这些生产水不但含油量大，且排放时间长，成为油田污染的最大污染源，生产水中除主要成分石油烃外，还含有一些非烃类有机物（大部分为羧酸盐）和溶解性芳香烃类，以及氨氮等无机物。

（2）泥浆钻屑

泥浆钻屑成分视其种类、性质、处理剂的使用各有不同，主要污染物是石油类、盐类、可溶性金属元素、有机硫化物和有机磷化物等。一旦排海，部分沉降到钻井平台邻近海床，会给局部海床造成一定的污染，部分会随海流漂移扩散，造成水体悬浮物增加的同时，释出的污染物还会污染水体。

（3）生活污水

生活污水主要是钻井开采船舶和平台上的清洗水、粪便水等，主要污染物有石油、大肠杆菌、BOD_5、COD、悬浮物、N、P 等，一般平台都有生活污水处理设备，经处理后均能满足船舶排污标准。

（4）落地原油

落地原油是在采油作业中未入平台大罐或集输管线而落入海的原油，主要出现在试油试采时、井下作业起下钻杆、抽出油杆/管时或管线阀门泄漏等事故中。一般采用机械回收或化学消油剂处理。

海洋石油在钻探、开采、集输等过程中都会给环境造成影响，其中尤以石油污染为主，石油进入海洋后，除部分低分子质量烃易逃逸蒸发到大气外，绝大部分石油会进入水体，发生乳化溶解、扩散、沉淀作用，污染水体、海床的同时，影响到鱼类及其他海洋生物的生存环境。

采油废水主要是随原油一起被开采出来，经过油气分离和脱水处理后脱出的废水。采油废水水质情况复杂，含石油类、表面活性剂等高分子难降解有机污染物，含有大量溶解性无机盐，氯离子浓度更高达每升上万或数十万毫克，具一定的腐蚀性，同时还含有硫及杀菌剂。因此，高盐度采油废水属于难处理废水。废水中的多环芳烃类物质具有强烈的“三致”作用，排放到自然环境后也不易被天然生态系统降解。

2007 年，国家海洋局对海洋油气区开展专项监测，截至 2007 年 11 月底，我国海洋油气勘探开发及运输活动虽未造成重大海洋污染事故，但与 2006 年相比，渤海监测油气区邻近海域水体中 COD 和石油类含量仍然偏高。发生 0.1t 以上溢油事故 38 起，总溢油量 748～898t，50t 以上重大溢油事故 5 起。2008 年，国家海洋局加强海洋油气区专项监测力度，增加了油气区环境监测项目，内容包括水质、沉积物质量、生物质量、底栖生物种类和数量。2008 年 8～9 月，位于广西北海市 30 余海里的涠洲岛发生溢油事件，造成环岛景区海滩较大面积污染，给涠洲岛海岸景观和渔业经济造成一定损失。我国海上油气田生态环境状况依然不容乐观。此外，国内已有研究表明，埕北油田的开采活动导致附近海水中石油浓度上升，沉积物受到铜的污染且油类浓度持续上升，底栖生物环境已属非健康状态；南海北部湾油田开发活动导致平台混合区（半径 1000m 范围）环境质量明显劣于平台外围海域，混合区 500m 范围内明显受油田勘探开发影响，沉积物各项污染物含量相对较高，周围海域底栖生物的生物量和栖息密度分布不均；涠洲油田部分水质已出现石油类等轻微超标，沉积物在平台周边已有较明显的石油累积现象出现，底栖生物出现贝类和鱼类 Pb 超标，尤以贝类为甚。我国目前关于海上油气井勘探开发的环境影响研究仍处于探索阶段，尚未建立起较为完善的理论和成熟的评价方法，急需建立起一整套完备的油气田海洋生态环境保护措施。

8.2.3.2　海洋油气田开发的环境监管问题

从近年来海上油气田开发及溢油事故的教训来看，我国在海洋油气田开发工程环境监管方面存在以下几个方面的问题：①企业自身环境监管不力，环境责任缺失，存在有法不依的问题；②事故发生后应急处置不力，各部门反应较为滞后，缺乏国家层面的综合协调；③损害赔偿低。这些问题反映出我国在海洋污染事故的管理体系仍不完善，应急响应能力不足。

8.2.4　沿海地区重化工产业发展的生态环境影响

随着我国沿海重化工产业的发展，化工企业得到持续发展，化学品产量大幅度增加，生产规模不断扩大，创造了巨大的经济效益。由于化工企业排污量、用水量都很大，考虑到经济原因、排污条件较好和交通运输便利，化工企业往往分布在沿海地区。对海岸带环境和生态系统产生直接压力。

（1）化工产业类型齐全，污染物多样

沿海化工业包括石化、医药、农药三大类型，主要有无机化工原料、有机化工原料、石油化工、化学肥料、农药、高分子聚合物、精细化工和医药化工等，企业类型众多，特征污染物不同。化工生产排出的污水，一般富含 N、P、COD 等污染物，具有有害性、好氧性、酸碱性、富营养性、油覆盖性、高温等特点；一般的化工废气，含有 HCl、苯等有毒有害气体，具有易燃易爆、有毒性、刺激性、腐蚀性、含尘等特点；化工生产过程中的废渣及持久性有机污染物（POP）对沿海区域的环境有着长期、潜在的影响。化工生产的这些特点，对区域水环境都会产生极大的影响，从而影响到人和其他生物的生活与生存。

（2）排污处理工艺简单，污染物危害大

化工企业排放的污染物种类较多，危害性极大，造成污染治理难度加大，尤其是有毒有机废水的长期排放，对海域生态系统构成的健康安全风险难以预测。有研究曾采用鱼和大型蚤对各种工业废水和市政废水进行急性毒性试验，结果表明，以化工和石油化工废水的生态毒性最大，其中经过处理并达到国家排放标准的多种废水仍有较高的生态毒性，化工废水中所含的苯系物、酚类和酯类等有机污染物有一定的生物积累性和内分泌系统干扰毒性，是人类的隐形杀手。

多数化工企业间歇式地向污水处理厂排放废水，水量、水质波动大，仅以传统的化学污染物检测法不足以有效检测组分复杂且有毒的工业废水；而污水厂处理以生化为主，工艺相对简单，缺乏针对特征污染物的强化物化预处理手段，生化系统抗污染负荷冲击能力和脱氮除磷能力差，其对水环境的生态风险和对人群健康的威胁令人担忧。

（3）化工事故频发，环境安全风险大

化工行业生产过程中使用大量易燃、易爆、有毒及强腐蚀性材料，在其生产、使用、储存、运输、经营及废弃处置等过程中易发生火灾、爆炸、中毒、放射等事故。沿海地区靠近人口聚居区，经济较为发达，一旦发生重大环境事故，势必造成严重的生态影响，给人民生命财产带来重大损失。

2004 年 3 月，川化集团未经批准，擅自开车试生产造成重大事故，大量高浓度氨氮废水排入沱江，造成沱江特大水污染事件。沱江下游近百万群众的饮用水受到污染，内江市三产全部停业近 10 天，致使各种鱼类死亡，直接损失近 3 亿元，造成严重的社会影响。沱江特大水环境污染事件还对沱江的生态环境产生重大影响，据专家估算，当地流域水环境生态系统至少要五六年才能基本恢复。

2005 年 11 月，中石油吉林石化公司双苯厂苯胺装置发生爆炸，共造成 5 人死亡、1 人失踪、近 70 人受伤，爆炸发生后，约 100t 苯类物质（苯、硝基苯等）流入松花江，造成了江水严重污染，沿岸数百万居民的生活受到影响，并且引起了国际经济纠纷。

（4）管理监督不够，应急系统不完善

化工企业的执法监管能力和手段不足，违法排污企业尚未得到有效监管。多数企业未安装水量、水质在线监控仪器或虽安装但不能正常运行；一些企业通过下水道或私设暗管违法排污，应急系统尚不完善。

（5）环境准入门槛低

目前重化工产业向沿海推进的趋势十分明显，已经形成多个重化工产业集聚区，冶金、石油、化工、装备制造业等传统中化工行业优势明显。但目前沿海各地对行业的资源环境效率要求不明确，环境准入门槛不高，对企业的污染控制技术水平缺乏更高要求，给沿海地区环境安全带来较大隐患。

8.2.5　围填海工程缺乏科学规划，监督执法体系不完善

8.2.5.1　我国海岸带围填海工程的生态环境影响

当前新一轮的沿海开发已经成为国家发展战略，海峡西岸经济区、江苏沿海开发、北部湾沿海经济区的建设与发展势头日新月异，过去 10 多年来，我国围填海工程规模大、速度快、技术落后，围填海工程与海洋生态环境保护之间的矛盾日益升级。

（1）滨海湿地大幅度减少、湿地生态服务价值显著降低

滨海湿地面积锐减，湿地自然属性急剧改变，滩涂生态服务功能削弱，生物多样性降低，群落结构改变，种群数量减少，甚至濒临灭绝。围填海对底栖生物的影响特别大，可能是永久性的。湿地重要的生态系统严重退化，使生态服务功能大幅度衰减。围填海导致每年的生态服务价值损失 1888 亿元，约相当于目前国家海洋生产总值的 6%。

（2）鸟类栖息地和觅食地消失，湿地鸟类受到严重影响

湿地减少使得大量鸟类无处栖息和觅食，数量和种类显著下降。

（3）海洋和滨海湿地碳储存功能减弱，影响全球气候变化

全球湿地占陆地生态系统碳储存总量的 12%～24%，围填海将滨海湿地转为农业用途，导致湿地失去碳汇功能，转变为碳源。用作工业或城镇建设用地则完全丧失了其碳汇功能。

（4）海岸带景观多样性遭到破坏

人工景观取代自然景观，降低了自然景观美学价值，很多景观资源被破坏，其海岸原始景观在很长时期内难以恢复，严重弱化了海洋休闲娱乐功能。

（5）鱼类生境遭到破坏，渔业资源锐减，影响渔业资源延续

区域水文特征改变，破坏鱼群洄游路线、栖息环境、产卵场、仔稚鱼肥育场和索饵场，很多鱼类生存的关键生态环境破坏，导致渔业资源锐减，对渔业资源可持续发展影响严重。

（6）陆源污染物增加，水体净化功能降低，海域环境污染加剧

产生大量工程垃圾，加剧海洋污染；海岸水动力系统和环境容量急剧变化，减弱了海洋环境承载力，加重了海洋环境污染。形成土地后的开发利用又产生大量陆源排污，使水质更加恶化、海水富营养化，赤潮发生概率也大大增加。

（7）改变水动力条件，引发海岸带淤积或侵蚀

周边海洋水动力条件变化破坏岸滩和河口区冲淤动态平衡，发生淤积或侵蚀，对航道、港湾和海堤等造成严重威胁。宜港资源衰退，许多深水港口需重新选址或依靠大规模清淤维持。

（8）重要海湾萎缩甚至消失，生态服务功能减弱

一些重要海湾面积大幅度萎缩，重要景观消失。纳潮量减少，水交换能力变差，水环境容量下降，净化纳污能力削弱，湾内富营养化。围填海后污水不断排入，湾内水质

进一步恶化。

（9）地面沉降风险加大，海岸防灾减灾能力降低

围填海加剧沿海地区地面沉降，湿地丧失使其调节径流和风暴潮的缓冲功能显著下降，海洋灾害破坏程度加剧。围填海工程对海岸带及海洋生态环境的影响相当严重，需要开展系统深入的科学研究，相关的科学问题受到学术界的高度关注。

8.2.5.2 我国围填海工程管理中存在的问题

（1）围填海工程的管理缺乏海洋生态系统科学的支撑

国内海洋界对海洋生态系统的研究与国际上几乎同步开始，但在有关海洋生态方面的基础工作积累较少。此外，我国海洋生态系统的研究主要集中在近海较深的海域，而对海岸带水域及滨海湿地的关注较少，因此对与国民经济有重要关联的滨海湿地的海洋生态系统，人们的认识相当不足。此外，我国不同海区的海湾、河口和海涂等滨海湿地的自然条件有很大的差异，对于这些海域我国目前尚缺乏生态系统层面上的科学认识。

大规模、快速的围填海工程影响的主要是滨海湿地生态系统的稳定性、可持续利用等，对于围填海工程对生态系统的影响，其论证研究相当薄弱，而对围填海工程对生态系统的持续影响的分析更加缺失；虽然有学者对不同区域的海洋生态服务价值进行理论层面的分析研究，但没有在海洋管理中融入海洋生态补偿管理的内容。生态系统的服务功能一旦受到破坏，整治与恢复的代价往往很大，并且后续的影响很漫长。在科学认识支撑不足的前提下，大规模围填海可能会严重损害海洋生态系统的服务功能，带来多方面的负面影响，制约今后沿海地区社会经济的可持续发展。

（2）围填海工程监督检查和执法监察体制有待于进一步完善

国家海洋局负责对全国围填海活动的监督管理，并下辖中国海监总队及北海、东海、南海分局和其他实施海域，对它们实施监督检查和执法监察，其职责在近岸海域与省（市）、县（市）海洋管理部门的海域管理内容重叠。

在省（市）层面上，海洋管理部门作为地方政府的一个行政部门，地方政府的意志和实施围填海的决策对海洋管理部门形成巨大的压力。在沿海县（市）层面上，填海造地大多是以地方政府为主导的海洋开发活动，不少填海工程项目与“书记工程”“省长、市长工程”联系在一起，地方海洋行政主管部门和执法监察的管理、执法很难到位，有时甚至会转变成积极促进围海造地工程。

8.2.6 海洋环境监测系统尚不健全，监测技术不完善

我国海洋环境监测体系覆盖的区域主要是近岸及近海海域，其目的是对我国人为活动影响区域的海洋环境质量，海洋生态健康状况，赤潮、海岸带地质灾害等进行监测与评价，为海洋环境管理提供依据，监测的手段主要是现场船舶监测。海洋观测系统主要集中在岸基观测台站。从海洋监测覆盖范围来看，主要还是近岸与近海，主要薄弱环节是远海监测能力不足，连续自动观测能力薄弱。

海洋生态环境监测技术虽然取得了一定的进展，但仍存在以下问题：①海洋有机污

染物监测取得一定进展，但现有方法只能满足常规海洋有机污染物的检测，对一些新的重要海洋有机污染物缺乏检测方法；②海水中营养盐和无机污染物的监测技术目前只能采用富集和萃取样品的方法，然后在实验室进行样品分析，缺乏现场痕量物质富集、萃取、分析技术和设备；③海洋致病微生物检测技术初步形成较系统的技术体系，但大多数技术成果在检测灵敏度、仪器稳定性和重复性方面需大量验证；④海洋浮游生物监测技术相当薄弱，浮游生物图像识别技术研究远远落后于发达国家。

海洋环境监测能力是实施海洋生态环境监测与风险控制的基础。经过 40 多年的建设和发展，我国具备了一定的海洋环境监测能力、海洋环境信息应用能力和海洋环境预报能力。但海洋环境保障体系建设起步较晚，就业务化系统的规模、能力及实际预报保障总体水平而言，大体接近国外发达国家 20 世纪 90 年代初期的水平。目前我国海洋环境监测存在的问题和技术瓶颈如下。

8.2.6.1　管理体制没有理顺、规章制度尚不健全

我国目前涉及海洋监测的部门、单位、机构较多，除国家海洋局外，环保部、农业部、水利部、科技部、中科院、交通运输部、气象局、海军、大专院校、沿海地方政府有关部门，以及海洋工程部门都开展与海洋相关的监测或研究活动，各部门缺乏有机联络和合作，造成重复建设、资金分散，甚至相互制约，严重制约了我国海洋环境监测事业的发展。没有资源和数据共享机制，严重影响了我国海洋科学研究和海洋环境预报的有效发展。缺乏国家统一的近海海洋监测系统，监测资源和监测数据不能共享共用已成为制约我国海洋科学发展的主要瓶颈之一。

8.2.6.2　监测理念落后、技术支撑不足、主要设备依赖进口

目前我国海洋环境监测的理念相对落后，缺乏总体设计，目的不够清晰。为监测而监测、单纯为科学研究积累资料而监测。此外，我国还没有形成海洋环境监测技术研究、开发与推广应用的一套有效机制，缺乏系统的研究计划和固定的经费来源。近年来，我国一些涉海单位在新的监测技术方法的研究开发、标准的建立、规范的修订等方面做了一些工作，但多数技术尚未进入业务化转化过程，未能形成相应的技术标准和规范。特别是深海海底监测技术，要实现海底监测网络的建设，还存在很多技术瓶颈和难题，包括长距离高保真的数据和电能传输海底光纤电缆、全自动耐高压低功耗的海底监测仪器，能在水深大于 5000m 工作的水下机器人等。

在监测仪器方面，甚至常用的如高精度电导率和温度剖面测量仪（CTD）、声学多普勒海流剖面仪（ADCP）、海面动力环境监测高频地波雷达（HFGWRD）、剖面探测浮标（Argo）、投弃式温度深度计（XBT）等，国产机存在不少工艺问题，缺乏市场竞争力，水下自主航行监测平台（AUV）和水下滑翔器（glider）在国外已应用于水下监测，而我国则刚立项研制。因此，至今除了台站和锚系浮标以外，海洋仪器设备几乎全部依赖进口。

8.2.6.3　海洋离岸监测和监测能力薄弱

经过几十年的努力，我国初步建立了近海海洋监测系统，但受我国海洋监测技术

水平、经济支撑能力、海洋监测管理体制等因素的制约，其监测时空分辨率、持续监测时间、资源的利用率，都不能满足国家海洋科学监测和科学研究的需要。就我国近300万km^2的海域，目前的常规海洋监测以110多个岸基监测台站为主，仅属于近岸监测，而对远离海岸的近海，则只有3个水文气象浮标和17条近海标准断面，迄今尚没有海上固定式长期海洋综合监测平台，也缺少海洋多学科综合性监测浮标。不但与欧美、日韩有明显差距，即使与周边国家泰国（15个）、印度（12个）、印度尼西亚（10个）、越南（5个）相比也相当薄弱。由此可见，我国近海长期海洋监测和实时监测系统建设与我国国力严重不符。

断面监测也不容乐观，断面位置变动太多，次数越来越少，已从每月一次降到每半年一次，甚至一年一次；数据共享性差，投入大，产出少，数据使用率低。我国不少的调查船数据来源于研究项目，但一方面该数据未纳入全国海洋监测系统中，使用率很低；另一方面数据缺乏系统性、连续性。已经完成或正在组织实施的“专属经济区和大陆架勘测”专项、“西北太平洋海洋环境调查与研究”专项，以及“我国近海海洋环境与资源综合调查”专项，均属我国近海大型基础调查，属常规性基础数据的获取和积累，执行周期有限，不具备长期持续性。

8.2.6.4 长期、连续、实时、多学科同步的综合性监测欠缺

海洋局、气象局和农业部的临海监测台站，功能较为单一、专业，不利于对整体过程和相互作用进行深入的描述。现有的陆地生态系统监测站CERN中，中国科学院的3个海洋站的监测海域主要集中在3个台站所在地点及所在湾区，缺乏对中国近海关键区的监测，如渤黄海、长江口区、南海中部与南部海区；监测内容少，主要是常规的海洋生态环境参数和气象参数。中国科学院、福建省建设的区域性海洋监测系统还是试验性的，有待提高和完善。

缺少长期、系统和有针对性的近海海洋科学监测，是导致对我国近海诸多重大海洋科学问题的认识肤浅、争论长久、难以取得重大原创性成果的主要原因，因而是制约我国海洋科学发展的主要瓶颈之一。随着我国国民经济的发展和社会的进步，海洋经济和海上军事活动日益增强，众多新的海洋科学问题摆在科学家面前等待解决。从满足海洋科学技术创新的需求出发，针对关键海域的重大海洋科学问题，加强近海区域性长期综合监测网络建设，获取全天候、综合性、长序列、连续实时的监测数据，对于我国海洋科学发展与重大海洋科学问题的解决迫在眉睫。

8.2.6.5 海洋环境监测层次有待提高

国家海洋局2006年发布的《中国海洋环境质量公报》中含有各种介质的污染状况评价和分级内容。评价方法中涉及海洋环境的污染状况，但评价标准中未包含浮游生态系统结构和功能变化、富营养化和赤潮等生态指标，未在系统的生态环境理论（如生物泵理论、食物网理论、微生物环境理论、微型生物碳泵理论等）指导下进行生态系统层面的全面监测和监控，对区域海洋生态系统的认识不够系统，而这些是海洋生态环境质量评价中必不可少的、最重要的评价指标之一。因此，应尽快完善适合我国近海特点的生态环境质量综合评价方法及相应的监测、管理体系，以有效推进我国的海洋生态环境

保护工作。

8.2.6.6　海洋生态与环境监测的质量控制和质量保证薄弱

海洋环境监测的质量标准是目前我国海洋环境监测的薄弱环节，包括监测设计质量、现场测量质量、仪器设备质量、采样质量、实验室分析测试质量、数据质量、评价模型的质量、数据产品加工质量及服务质量等在内的监测质量管理体系尚未健全。到目前为止，只有部分监测机构取得了国家和地方技术监督部门质量检测机构计量认证或 ISO 9000 系列的质量认证，尚难以保证海洋环境监测数据的质量。

8.2.6.7　海洋生态监测体系建设处于起步阶段

海洋生态监测的仪器、技术、方法标准、队伍和网络等都不完善，海洋生态环境监测工作基础比较薄弱，基本上处于起步阶段。

综上所述，目前我国海洋环境保障的主要问题是实时监测能力薄弱，业务化预报能力低，信息共享和服务保障能力差，海洋环境保障综合集成建设投入不足，尚未开展能够全面支撑海洋环境保障业务能力的立体监测、数据传输、综合信息处理、预报警报、辅助决策及相关的管理系统等体系建设，海洋环境质量评价较为单一，需要在我国海洋环境监测与风险控制系统的建设中进一步完善。

8.2.6.8　我国缺乏海洋环境质量基准研究支持

目前，我国没有在真正意义上建立起相应的水环境质量标准体系，而制约我国海洋环境质量标准体系改进和完善的主要原因之一是我国缺乏相应的水生态基准资料。我国的水环境质量基准的相关研究并不系统，所颁布制定的水环境质量标准多借鉴于发达国家的生态毒性资料，从而形成了重标准而轻基准，跨越式制定水环境质量标准的阶段发展特点。我国于 1988 年制定的 GB 3838《地面水环境质量国家标准》和 1997 年修订实施的 GB 3097《海水水质标准》，其主要依据是日本、前苏联、欧洲等国的水质标准和美国的水质基准资料，往往仅侧重于引用国外鱼类毒性资料。以生态学的角度，不同的生态区域有不同的生物区系。对某个生物区系无害的毒物浓度，也许会对其他区系的生物产生不可逆转的毒性效应。因此，仅参考发达国家的水生态基准资料来确定我国的水环境质量标准，只能是权宜之计。

目前尚缺乏充分的科学证据说明我国现行的海水水质标准可以为我国海洋环境中大多数水生生物提供适当的保护，导致我国的环境保护工作一直都是在充满矛盾和效果不理想的状态下运转。我国环境保护工作一直存在着“欠保护”和“过保护”的问题，前者不能保证人体健康和生态系统的持续安全，后者虽然对生态系统有益无害，但考虑发展中国家的经济成本就意味着无谓的浪费。不同的国家和地区制定海洋环境质量标准均需要以区域性海洋质量基准为基础和依据，以确保可给予本区域环境生态恰当的保护。

8.2.6.9　海洋生态环境风险管理的信息支撑能力薄弱

我国从 20 世纪 60 年代开始就陆续进行了海洋环境数据的监测工作，虽然在海洋观测技术方面经过 50 多年的建设和发展，已初步建立了由海洋站、浮标、调查监测船、卫星遥感和航空遥感组成的立体监测网的雏形，特别是“九五”“十五”期间，依托863计划等科技攻关项目的支持，涌现了一大批科技成果，极大地提高了我国海洋监测体系的研究和发展水平，但综合生态环境监测系统和数据的集成及生态预警方面的功能还都比较弱或没有考虑。目前我国尚缺乏海洋风险管理的综合信息服务平台建设，急需整合汇集风险源、海洋水文动力、海洋生态环境监测、海洋环境灾害等各类基础信息，为海洋风险管理提供快速、有力的支撑。

8.2.7 海洋生态环境灾害的应急处置能力有待加强

海洋生态环境灾害的应急处置能力主要包括灾害应急物质的储备，海洋污染的清除与处置，海上救援及突发环境事故的快速反应等诸多方面。目前我国海洋生态环境灾害应急储备明显不足，应急物资储备的空间布局不尽合理，海上溢油回收等技术、设备落后。

8.2.7.1 海上溢油应急能力建设

（1）溢油污染应急管理体制不足

溢油应急涉及多个部门，其间的协作机制不完全明确，无法形成一体化管理的态势，难以形成高效、科学的溢油污染应急管理体系。

（2）溢油污染应急能力有限

应急力量仍然薄弱，缺乏专业化、大型化的应急船舶、设备和专业队伍。主要原因有：一是地方政府对溢油应急能力建设的重视程度和投入不够；二是相关企业的责任不能有效落实；三是缺少健全的资源共享和利用机制，企业应急反应积极性不高；四是专业溢油应急队伍缺乏，不适应溢油应急形势的需要。

（3）海洋溢油污染应急决策指挥系统较落后

应急决策指挥系统是溢油应急工作的指挥中枢，但目前我国各级海上搜救中心的指挥决策系统仍十分落后，很大程度上依赖人工操作和经验判断，信息传输不通畅，智能化、自动化程度低，现场信息难以实时传递到指挥中心，严重制约应急工作的科学决策。

8.2.7.2 化学品泄漏应急能力建设

危险化学品泄漏的事故可能没有溢油事故频繁，而且事故泄漏量较小，但影响范围相当大，比如1t氯的泄漏能够影响4.8km^{2}的范围，应急反应更为复杂，数以百万计的危险化学品种类，多样的行为方式，复杂的毒性，应急反应技术不如溢油成熟，使应急人员与人群皆处于风险中，对人类潜在的影响比溢油严重得多。

目前中国处理水上危险化学品泄漏事故应急反应能力还存在许多薄弱环节：一是决策水平有待提高，因为危险化学品的复杂性和危险性导致事故发生后往往难以正确决策；二是清污水平比较落后，缺乏相应的围控、清污等设备；三是缺乏应急联动机制，诸多码头、岸边设施危险化学品泄漏事故暴露出的一个严重问题是陆地和水上没有形成应急反应联动机制，与预防控制措施脱节，致使危险化学品污染严重；四是在中国危险化学品运输量越来越多的状况下，对其研究仍在起步阶段。

目前，国内外的危险化学品数据库大多基于陆地危险化学品泄漏特征建立，但危险化学品在水中的稀释度和分解过程不同于陆地，这种数据库在应用于水上应急时，实用性受到一定限制。因此应开展水上危险化学品泄漏事故应急相关技术的研究，为危险化学品事故应急反应、处置提供科学决策的支持平台。

8.3　我国海洋环境保护研究现状

8.3.1　海洋环境污染控制

（1）陆源点源污染物总量减排

“十一五”以来，我国开展了陆域水体 COD 总量减排工作，实现“十一五”期间我国陆域 COD 排放总量减少 12.4%左右的目标，主要采取了工程减排、结构减排、管理减排三方面的措施。通过采取工程减排，“十一五”累计新增城市污水日处理能力超过 6000 万 m^3，到“十一五”末，全国城市污水日处理能力达到 1.25 亿 m^3，城市污水处理率由 2005 年的 52%提高到 75%以上；通过结构减排，钢铁、水泥、焦化及造纸、乙醇、味精、柠檬酸等高耗能高排放行业淘汰落后产能，造纸行业单位产品化学需氧量排污负荷下降 45%；通过管理减排，“十一五”中央财政投入 100 多亿元，用于支持全国环保监管能力和污染减排“三大体系”建设，全国已建成 343 个省、地市级污染源监控中心，15 000 多家企业实施自动监控，配备监测执法设备 10 万多台（套），环境监测、在线监控、执法监察能力显著增强。通过总量减排工作，2010 年全国地表水国控断面高锰酸盐指数平均浓度为 4.9mg/L，比 2005 年下降 31.9%，七大水系国控断面好于Ⅲ类水质的比例由 2005 年的 41%提高到 59.6%。

根据《“十二五”污染物总量减排规划》，“十二五”期间，要持续深入推进主要污染物排放总量控制工作，严格控制增量，强化结构减排，细化工程减排，实化监管减排，加大投入、健全法制、完善政策、落实责任，确保实现 4 项减排约束性指标，推动经济社会又好又快发展。“十二五”减排的重点领域和着力点应放在 4 个方面：强化源头管理，严格控制污染物新增量；突出结构减排，着力降低污染物排放强度；注重协同控制，强化 COD 和氨氮工程减排；优化养殖模式，开展农业源减排工程建设。

（2）农业面源污染减排

农业面源污染是指在农业生产活动中，氮素和磷素等营养物质、农药及其他有机或无机污染物质，通过农田的地表径流和农田渗漏，形成环境污染，主要包括化肥污染、农药污染、集约化养殖场污染。主要污染物是重金属、硝酸盐、NH_4^+、有机磷、六六六、COD、DDT、病原微生物、寄生虫和塑料增塑剂等。我国农业以不到世界 10%的耕地，基本解决了超过世界 20%的人口吃饭问题。但由于我国农业整体科技含量不高，尤其是农民的环保意识较低，随之而来的农业面源污染日益严重，已超过工业及城市生活污染而成为水体最大的污染源。

按耕地面积计算，我国化肥施用量达 40t/km，一些蔬菜基地化肥施用量高达 100t/km，远远超过发达国家设置的 22t/km 施用量安全上限。其结果造成氮、磷营养物质过剩，引起湖泊、河流、近海水域的富营养化。同时，氮肥气态损失的危害不可估量。据统计我国农田施用化肥和有机肥产生的氮氧化物气体逸失量约占世界的 1/3，作为温室气体影响了气候变化。此外，我国农药年施用量达 130 多万 t，而利用率仅为 30%左右。化肥、农药累积于引用水源和土壤中，对人体健康构成了威胁。我国是畜禽养殖大国，畜禽粪便、废物产生和排放量较大，每年产生量约为 17.3 亿 t，是工业固体废物的 2.7 倍，大量畜禽粪便没有得到资源化利用，成为农业生产导致面源污染的主要原因之一。

1）从源头控制农业面源污染的措施。

实施农田最佳养分管理，多种施肥方式相结合、采取生物固氮技术、开发新型肥料、平衡施肥、配方施肥、施用缓释肥。大力推广测土配方施肥，多施有机肥，提倡化肥深施、集中施、叶面喷施，以提高肥料利用率。推广无公害、高效、低残留化学农药，从而最大限度地控制化肥、农药连年持续攀升的不良势头，对蔬菜地连作土壤酸化地区，应采取合理轮作和增施适量的石灰，调解土壤酸碱度，以提高肥料利用率和减轻化肥、农药造成的面源污染。

2）畜禽养殖污染控制措施。

遵循“以地定畜、种养结合”的基本原则，倡导有效控制污染的畜禽养殖业清洁生产，对畜禽饲养量实行总量控制，包括根据土地环境容量确定养殖规模，保证畜禽养殖产生的废弃物有足够土地消纳，减少环境污染，增加土壤肥力的养殖业容量化控制；对畜禽粪便进行生化处理，作为肥料、饲料和燃料等综合利用于居民生活、农业种植和渔业生产中，实现畜禽粪便的资源化利用；畜禽粪便污水无害化处理再排放。建设粪便生物氧化塘多级利用工程，研究应用以鸡粪作为主要原料的饲料生化技术。通过改常流滴水为畜禽自动饮水，改稀料喂养为干湿料喂养，改水冲粪为人工干清粪，实现减少污染物排放量的养殖业减量化处置；完善养殖污水处理利用工程，包括污水收集输送管网、污水厌氧处理设施、沼液贮存设施等。实现以农养牧，以牧促农的生态化发展。农村集市建立畜禽统一宰杀区，毛、皮、内脏等“下脚料”实行回收利用，变废为宝，生产再生饲料或颗粒有机肥。

3）建立生态农业模式。

近年来我国着重发展了以庭院生态农业为主的生态农业模式。主要有三种：一是以沼气建设为中心环节的家庭生态农业模式；二是物质多层次循环利用的庭院生态农业模式；三是种、养、农、牧、渔综合经营型家庭生态农业模式。以沼气为纽带的“三位一体”“四位一体”“西北五配套”生态农业模式在我国各地发展迅速，实现了种植业、养殖业、加工业的有机结合，大大提高了资源利用率，不仅降低了化肥、农药的使用量，节约生产成本，同时改善了土壤综合性能，提高农产品品质，提升农业综合效益。有效提高了资源利用率和减少发展规模养殖对周围水域的污染，控制农业面源污染。

（3）海洋垃圾污染控制

为了保护海洋环境，防治垃圾污染海洋环境，国际上和我国先后制定了防治垃圾污染海洋环境的海洋法公约及法律法规，主要有《联合国海洋法公约》、国际海事组织（IMO）的《MAPPOL73/78 公约》、联合国的《防止倾倒废物及其他物质污染海洋公约》、《中华人民共和国海洋环境保护法》《中华人民共和国防止船舶污染海域管理条例》和《船舶污染物排放标准》，对于海洋垃圾相关的规定是比较全面、具体的，能够覆盖海洋垃圾的各项主要来源。

尽管各部门的管理职能分工是清楚的，但由于海洋垃圾不同管理环节的责任在不同的部门，如何对海洋垃圾这一问题进行系统的管理还需要进行一定的协调工作。2008 年 9 月，交通运输部海事局、农业部渔业局、国土资源部、国家海洋局、全军环办及环境保护部共 6 个部门在大连召开了全国海洋垃圾防治经验交流会，介绍了各部门在海洋垃圾防治方面的工作。

8.3.2 海洋生态保护

8.3.2.1 海洋保护区网络体系建设初显成效

海洋保护区作为一种重要的海洋功能区，目标是通过对利用和影响海洋环境的人类活动进行管理，长期地保护、恢复及明智地利用、理解和享受世界海洋遗产。中国自 20 世纪 80 年代末开始海洋自然保护区的选划，5 年之内建立起 7 个国家级海洋自然保护区。建立海洋自然保护区的意义在于保持原始海洋的自然环境，维持海洋生态系统的生产力，保护重要的生态过程和遗传资源。1995 年，我国有关部门制定了《海洋自然保护区管理办法》，贯彻养护为主、适度开发、持续发展的方针。近 20 多年来，我国海洋保护区数量和面积稳步增长，到 2010 年年底，已建成典型海岸带管理系统、珍稀濒危海洋生物、海洋自然历史遗迹及自然景观等各类海洋保护区 221 多处，其中海洋自然保护区 157 处，海洋特别保护区 64 处，总面积达 3.3 万 km^2（含部分陆域），占管辖海域面积的 1.12%，其中国家级海洋自然保护区 32 处，国家级海洋特别保护区 17 处，涉及海岛的海洋保护区 57 个，初步形成海洋保护区网络体系。此外，已建立海洋国家级水产种质资源保护区 35 个，覆盖海域面积达 505.5 万 hm^2。2005 年，建立第一个国家级海洋特别保护区，至今达到 21 个。2011 年，国家海洋局开始建设国家海洋公园，并批准 7 处国家级海洋公园。

海洋自然保护区通过国立项目、常规项目及国际合作项目等，从特种保护、繁殖，到生态系统修复等方面进行了大量研究，取得了显著的效果。广西、海南、广东等地进行了大规模的红树林湿地恢复建设工程，以及珊瑚礁恢复建设工程。例如，广西山口红树林保护区自 1993 年建区以来，保护区的天然红树林面积逐年增加，至 2008 年红树林面积达 818.8hm^2，比建区时的 730hm^2 扩大了 12%，红树林生态系统健康状况良好。

当前我国的海洋保护区工作还存在着管理体制尚需完善、海洋保护区建设管理工作的经费投入缺少长效支持、海洋保护区网络建设尚需加强等方面的不足。下一步要大力推进海洋保护区选划建设，加快海洋保护区网络体系建设步伐；加强海洋公园建设，创建精品国家海洋公园；积极探索海洋生态保护与利用的协调模式，为海洋资源可持续利用提供示范；加强已建海洋保护区的监督管理，不断提高海洋保护区管理成效。

8.3.2.2 海岸带生态修复与治理逐步开展

由于海岸带自然要素和生态过程的复杂性，海岸带成为一个既有别于一般陆地生态系统又不同于典型海洋生态系统的独特生态系统。海岸带既具有重大的生态效益，又具有重大的经济效益，但由于人口不断地向海岸带地区集聚，使海岸带面临的压力越来越大，资源和环境问题越来越严重。目前世界各国对海岸带采取了多种保护措施，早在1972年10月27日，美国颁布了《海岸带管理法》（CZMA），随之韩国、日本、新加坡、英国等国家也先后制定了海岸带管理法律、法规。同时为了减少资源破坏和避免生态进一步恶化，利用人工措施对已受到破坏和退化的海岸带进行生态恢复，由于人类对海岸带生态系统复杂性认识的局限性，目前对海岸带生态恢复的研究还主要集中在单个的生态因子上，对海岸带生态系统的综合系统的恢复技术仍处在探索研究阶段。目前我国对于海岸带生态修复技术的研究和应用正在逐步开展。沿海地区积极开展滨海湿地恢复、自然侵蚀岸线修复和城市滨海岸线整治，并对受损的红树林、海草床、海湾、河口等海岸带管理系统实施生态修复工程。大力开展红树林种植、珊瑚礁修复、人工鱼礁投放、增殖放流、开堤通海、退养还滩等工作，成为海岸带管理保护与建设的重要内容，为海岸带管理保护与建设提供了实践经验。

我国海岸带生态恢复的基本思路是，根据地带性规律、生态演替及生态位原理选择适宜的先锋植物，构造种群和生态系统，实行土壤、植被与生物同步分级恢复，以逐步使生态系统恢复到一定的功能水平。海岸带生态恢复的总体目标是，采用适当的生物、生态及工程技术，逐步恢复退化海岸带生态系统的结构和功能，最终达到海岸带生态系统的自我持续状态。因海岸带生态资源的修复是一项难度大、涉及范围广、因素诸多的复杂系统工程，所以既需要创新的技术措施，又要有当地强有力的行政组织管理行为的密切配合，必须严格控制陆源、面源、点源污染，技术措施才能得以实施并具有实施的意义。

8.3.3 海洋环境管理与保障

8.3.3.1 基于功能区划的海域使用管理

在2002年国务院批准的《全国海洋功能区划》基础上，制定了新的《全国海洋功能区划（2011~2020年）(《区划》)。《区划》科学评价我国管辖海域的自然属性、开发利用与环境保护现状，统筹考虑国家宏观调控政策和沿海地区发展战略，提出了海洋开发、利用的指导思想、基本原则和主要目标，将我国内水、领海、毗连区、专属经济区、大陆架及管辖的其他海域划分为农渔业、港口航运、工业与城镇用海、矿产与能源、旅游休闲娱乐、海洋保护、特殊利用、保留等8类海洋功能区，确定了渤海、黄海、东海、南海及台湾以东海域共五大海区、29个重点海域的主要功能和开发保护方向，并据此制定保障《区划》实施的政策措施。《区划》是我国海洋空间开发、控制和综合管理的整体性、基础性、约束性文件，具有自上而下的控制性作用，是编制地方各级海洋功能区划及各级各类涉海政策、规划，开展海域管理、海洋环境保护等海洋管理工作的重要依据。

8.3.3.2 海洋环境监测能力得到长足发展

在过去20年中，随着海洋环境保护事业的不断发展，监测工作的不断深入，海洋环境与生态监测从小到大，从弱到强，从一般到具体，从现状评价到宏观预测，从局部控制到全国海洋环境质量保证，蓬勃发展壮大，形成了具有中国特色的海洋环境与生态监测体系。在监测队伍建设和监测技术水平上有很大的提高和进步，同时，监测管理制度也不断完善，制定了一系列法规、标准及管理办法。可以说，中国的海洋环境与生态监测工作有了长足的发展。

（1）初步建成了海洋环境与生态监测网络

国家海洋局：1984 年组建了“全国海洋污染监测网”（即全国海洋环境监测网）。从此，我国近岸、近海水域的水文、水质监测转入常规监测业务。该网共设海上测点 232 个，覆盖约 150 万 km^2 海域。1999 年，国家海洋局开展了“中国海洋环境监测系统——海洋站和志愿船观测系统”建设项目。该建设方案借鉴国外先进的海洋环境监测技术，采用了海洋、电子、计算机、信息通信等领域高新技术。通过该项目的实施完成，在局属系统内建立并基本形成分别覆盖国家、海区、省、市、县 5 个层次，结构合理，条块结合，分级管理的海洋环境自动监测业务体系。2003 年，国家海洋局新组建了全国海洋环境立体监测网。该网利用由卫星、飞机、船舶、浮标（包括锚定浮标、ARGO 浮标、漂流浮标）、岸基监测站、平台、志愿船等手段构成的海洋环境立体监测系统，任务是对我国管辖的全部海域实行监测监视。该体系在近岸、近海和远海监测区域，以及主要海洋功能区，全面开展海洋环境质量和海洋生态监测，并对海洋赤潮、风暴潮、海上巨浪、海冰及海上溢油等海洋环境问题进行监测监视。

环境保护部：1994 年，由国家环境保护总局直属单位——中国环境监测总站和沿海 11 个省（自治区、直辖市）的 65 个环境监测站组成了“全国近岸海域环境监测网”，监测水质污染情况。1999 年 12 月，国家环保总局完成近岸海域环境功能区划，并下发“近岸海域环境功能区管理办法”。2001 年 10 月，国务院批复了国家环境保护总局上报的《渤海碧海行动计划》方案，计划用 15 年时间，使渤海海域环境质量明显好转，生态系统得到初步改善。2002 年 5 月，为进一步发挥全国近岸海域环境监测网的作用，提高近岸海域环境监测能力和水平，国家环境保护总局在各海区分别设立 7 个“中国环境监测总站近岸海域环境监测分站（中心站）”。各分站的职责主要是负责辖区近岸海域环境质量监测、事故应急监测和入海污染源调查，以及海水浴场水质监测等。新的海域环境监测网，将密切监控我国各海区的环境质量状况。至此，国家环境保护总局在短短的几年内，在海洋环境污染监测方面建立健全了组织机构、技术支撑单位及业务化运行体系。

（2）海洋环境与生态监测设备研发

随着经济的发展，海洋开发强度逐步加大，我国正在成为世界顶尖海洋环境与生态监测设备公司活跃的大舞台，但国内厂家由于起步较晚，在这个大舞台中只能充当配角，据统计，国外厂家占据了我国海洋环境与生态监测仪器 95%的市场份额。但是随着近年海洋战略的提出，我国海洋设备研发水平正在迅速发展，部分产品已经接近国际甚至超越国际水平，大批的海洋设备人才队伍为我国海洋设备的发展提供了坚实的基础。

8.3.3.3 海洋环境风险应急能力逐步提升

海洋生态风险可分为突发性风险与累积性风险，前者又可分为移动风险源（主要由海上油和化学品船舶运输等构成）和固定风险源（主要由国家石油战略储备基地、沿海重化工集中区、海上油气田与沿海核电站等组成）；后者主要指由海洋生物带来的生态风险，包括海洋赤潮与绿潮、外来物种入侵、特定物种暴发（如水母）等，针对这些主要的海洋生态环境风险，我国目前初步形成了监控能力。

（1）海上移动源（海上运输）风险源监控

海上移动源风险主要包括海上溢油和海上化学品泄漏风险。

1）海上溢油风险源监控。

针对海上溢油，我国目前已初步建成卫星、航空、雷达、船舶等多种监测技术相结合的海洋溢油事件监测体系和应急体系，基本覆盖整个中国近海。开展石油勘探开发定期巡航、溢油卫星遥感监测、石油平台视频及雷达监测等海洋石油勘探开发的监管和溢油风险排查，并在重点石油勘探开发区及周边海域进行水质、沉积物质量、底栖环境和生物质量监测，建立了原油指纹信息库、海上溢油应急漂移预测预警系统及海上无主漂油溯源追踪系统等，初步建立了海洋环境敏感区决策支持系统。

2）海上化学品泄漏风险监控。

对于海上化学品泄漏，我国已经开展了现场监测和跟踪监测，并针对潜在的污染源，对 PAH、OCP、PCB、PFOS/PFOA、HBCD 和 TBBPA 等优先控制污染物的分析方法进行了技术储备，为应对化学品泄漏事件后的快速送检、及时检测、确定污染物种类、排查污染源等一系列工作奠定技术基础。利用区域风险评价技术方法，通过源项分析、环境后果分析、风险表征和风险评价，以及风险管理 4 个评价过程，确定我国化学品泄漏风险高发区域及风险等级划分。

（2）沿海固定源风险监控

沿海固定源风险区主要包括国家石油战略储备基地、沿海重化工集中区、海上油气田与沿海核电站等组成；我国目前已经对相关高风险区进行了识别与监控，如对于放射性物质泄漏（核电站）风险，国家海洋局依托现有的海洋环境监测业务体系，通过船舶走航、岸（岛）基站及海上石油平台定点监测等方式，构建了多元化的放射性物质监测体系，对我国管辖海域的大气、海水及海洋生物等主要海洋环境介质实施放射性物质监测。日本福岛核泄漏事故发生后，我国国家海洋局及时组织开展了海洋放射性物质预测预报工作，对核泄漏物的大气扩散趋势和放射性污水扩散影响进行预测，分析评估了核泄漏事故可能对我国产生的影响。

（3）累积性生物风险监控

对于赤潮，自 2003 年起，我国海洋部门每年对 19 个赤潮监测区开展常规监测和跟踪监测，并发布《海洋专报 赤潮（绿潮）月报》，制定了沿海省（自治区、直辖市）和部分县、市级的赤潮（绿潮）海洋风险应急预案体系，开展了赤潮风险评价，确定了我国赤潮风险高发海域。

对于外来物种入侵，通过科学的监测站点布设，采取现场调查和遥感影像分析相结合的方法，对我国沿海 11 个省（市）（不包括台湾省）的互花米草群落进行了观测调查。此外，还针对局部区域泥螺、水母等生物入侵问题进行了连续监测，初步掌握了外来物种入侵方式和来源、分布范围、密度等情况，并建立了生物入侵物种库。结合国外物种的入侵风险评价的研究成果，建立了沿海各省外来入侵物种风险评价的指标体系，确定外来物种入侵风险图。对于海洋水母暴发也建立了局部的监测计划和方案，密切关注由此带来的生态风险。

8.4　我国海洋环境保护的战略需求

海洋是人类环境的重要组成部分。地球表面有近 71%的面积被海水覆盖，可以说海洋是地球上一切生命的摇篮，为众多生物提供了生活的家园。对人类而言，海洋还是一个巨大的资源宝库，蕴藏了大量人类所需的食物资源、药物资源、矿产资源和其他资源，还为人类提供了舟楫之便和各种优美的自然景观，是人们进行商业、文化交流及迁徙的重要通道，以及具有文化、娱乐优势的发展旅游的一大场所。此外，海洋环境以其自身的承载力和净化能力为维持人类环境与自然界的平衡发展发挥了无可替代的作用，对于人类的生存和发展有着不可或缺的重要意义。

8.4.1　改善近海环境质量，维护海洋生态安全的需求

我国既是陆地大国，也是海洋大国，拥有 18 000 多 km 的大陆海岸线，6500 多个岛屿。依据《联合国海洋法公约》和中国的主张，管辖有近 300 多万 km^2 的辽阔海域。在过去的几十年来，我国沿海地区社会经济经历了一个快速发展的阶段，由于在海洋资源开发利用过程中重视对资源的索取，而对海洋生态及环境的保护力度相对不足，我国海洋生态环境问题日益突出，如入海污染物显著增加，氮、磷污染严重，富营养化及营养失衡，赤潮频发，新型污染物等问题日益凸现，海洋生态系统服务功能严重衰退等，我国海洋生态安全面临严重挑战。随着国家新一轮沿海发展战略的实施，海洋可持续发展面临更为严峻的挑战。在社会经济快速发展的今天，环境改善已成为关系民生、增进人们福祉的重大问题。通过海洋环境与生态工程建设，加强海洋环境综合治理，修复受损生态系统，控制海洋环境污染，保护海洋生物多样性，已经成为改善海洋环境质量、保障海洋食品安全、维护海洋生态系统健康、保护海洋生态安全的现实需求，也是维护社会公平与稳定的重要保障。

8.4.2　促进沿海地区社会经济可持续发展的需求

我国是海洋大国，广阔的海洋中蕴藏着十分丰富的生物资源、油气资源和各种矿产资源，是国家的宝贵财富。我国人口众多，陆地资源相对贫乏，海洋将成为支撑我国社会经济可持续发展的重要保障，海洋资源（包括被发现的和尚未开发的潜在资源和服务）和海洋生态环境是支持人类经济社会可持续发展的重要物质基础。21 世纪是海洋世纪，是人类全面开发、利用、保护海洋的新世纪。在 21 世纪我国经济迅速增长、人口快速增加及城市化进程加快而陆地资源日益枯竭的背景下，立足陆海统筹，科学开发海洋资源和保护海洋生态环境，在开发利用海洋资源、发展海洋经济，构建现代海洋产业体系的同时，如何防治海洋环境污染，维护海洋生态健康，探索沿海地区社会经济与海洋生态环境相协调的科学发展模式，增强我国对海洋环境的管控能力，是我国海洋环境保护

工作亟待回答和解决的严峻问题，也是海岸带地区转变经济发展模式、实现经济社会可持续发展的必然选择，也是推动我国沿海地区经济社会和谐、持续、健康发展，实现21世纪宏伟蓝图的必由之路。

8.4.3 建设海洋生态文明的需求

十八大报告将生态文明建设纳入中国特色社会主义事业总体布局，明确提出建设资源节约型、环境友好型“美丽中国”的发展目标。要求把生态文明建设放在突出地位，融入经济建设、政治建设。海洋生态文明是我国建设生态文明不可或缺的组成部分，建设“美丽中国”离不开美丽海洋。在建设海洋生态文明的进程中，采取工程技术手段，控制海洋环境污染，改善海洋生态，提升海洋管理能力，探索沿海地区工业化、城镇化过程中符合生态文明理念的新的发展模式，是建设海洋生态文明不可或缺的内容。

8.5 面向2030年的世界海洋环境发展趋势

8.5.1 海洋经济的绿色增长将成为各国首选之路

8.5.1.1 Rio+20提出的绿色经济

2012年6月20~22日，来自约191个联合国成员国的130位政府首脑，和共5万多名代表参与在巴西里约热内卢举行的“里约+20”峰会。本次峰会主要围绕“可持续发展和消除贫困背景下讨论发展绿色经济”和“为促进可持续发展建立制度框架”两大主题展开讨论。如果说20年前里约联合国环境与发展大会确立的核心概念是可持续发展，那么2012年“里约+20”联合国可持续发展大会提出的新概念就是绿色经济。一是提出了基于强可持续发展的绿色思想，强调地球关键自然资本的非减发展，意味着人类经济社会发展必须尊重地球边界和自然极限。二是提出了包含自然资本在内的生产函数，要求绿色经济在提高人造资本的资源生产率的同时，要将投资从传统的消耗自然资本转向维护和扩展自然资本，要求通过教育、学习等方式积累和提高有利于绿色经济的人力资本。总体上绿色经济浪潮具有强烈的经济变革意义，认为过去40年占主导地位的褐色经济需要终结，代之以在关键自然资本非退化下的经济增长，即强调强可持续性的绿色经济新模式。

新倡导的绿色经济包括经济高效、规模有度、社会包容等要素，相对于以往不涉及经济模式变革的浅绿色改进，是一种深绿色的变革。“里约+20”会议上通过的49页283条的文件《我们憧憬的未来》，有“可持续发展和根除贫困语境下的绿色经济”专章，强调绿色经济为传统以效率为导向的经济模式增加了两个重要维度。第一，绿色经济试图将空气、水、土壤、矿产和其他自然资源的利用计入国家财富预算，强调经济增长要控制在关键自然资本的边界之内；第二，绿色经济试图将“公平”或包容性变成与传统经济学中的“效率”同等重要的基本理念。

8.5.1.2 海域和海洋资源开发程度提高

海洋是人类的第二个生存空间，蕴藏着丰富的资源和巨大的能量。自1994年《联合国海洋法公约》生效以来，世界许多沿海国家都把开发利用海洋列入国家的发展战略，并将发展海洋经济作为国家经济发展的基本国策。相对于陆地上能源危机、资源危机，海洋新能源、新资源开发才刚刚起步。随着陆地资源的大量消耗及人口的增加，尚未得到完全开发的海洋资源就成了各方竞相争夺的对象。美国、英国、澳大利亚、加拿大、韩国、日本等许多沿海国家相继制定了各具特色的海洋经济可持续发展原则和战略，并将发展海洋经济作为增强国力，解决各国当前面临的人口膨胀、陆域资源紧张、环境恶化等全球性问题的根本出路。同时，技术的进步和经济的发展促进了海洋的应用，人类开发海域和海洋资源能力的大幅度提高，使各国海洋经济迅猛发展，同时也使海洋环境面临更大的压力。

8.5.1.3　海洋经济的绿色增长之路

海洋经济是一种高度依赖海洋资源、环境，以海洋资源和环境消耗为代价的特殊经济体系。由于海洋经济可持续发展主要依赖海洋资源及其环境经济的可持续发展，海洋经济与自然资源、生态环境退化风险之间的关系也就最为直接和密切。但如果人们只关注海洋经济的快速发展，就会忽视海洋经济发展过程中所带来的海洋资源日益耗竭、海洋生态环境严重破坏等问题。为了保证海洋健康，保护海洋环境，确保海洋经济的绿色增长及海洋资源的可持续利用和海洋环境的可持续承载，各国争先走上了海洋经济的绿色增长之路。

工业化进程发展到一定阶段，能源和环境污染等问题不断涌现，实现资源利用的代际公平性和经济发展的持续性成为当前讨论的一个核心问题，可持续发展思想为寻求最优解提供了选择。绿色经济由于其内容广泛、标准起点不太高，允许的范围相对宽松，与理想的可持续发展有较强的拟合性；同时，还具有较强的可操作性和易评价性，可以作为可持续发展理论框架下的一个次优解，是实现可持续发展的一种发展模式。

海洋经济绿色发展是一个多层次、多侧面体现海洋经济绿色发展的立体框架。以海洋经济可持续发展为指导，将绿色理念融入海洋经济、社会发展的各个部分，通过技术创新，改造传统海洋产业，控制高能耗、高污染产业，推进海洋绿色制度创新，在开发利用中保护海洋资源和环境，使得一定时期内海洋经济效益、生态效益和社会效益均有所提高，最终实现海洋经济的可持续发展。

8.5.2　海洋环境监测的全球化、信息化趋势

国际海洋环境监测的目标是构建覆盖全球的立体观测系统。海洋和陆地具有本质上的不同，由于海洋本身具有流动性，一个地区出现的环境问题，将随着海水的不断交换和流动，或早或晚地传播至另一地区。换句话说，人类目前尚无法将某一海域的环境问题有效地控制在本海区内。因此，全球性或区域性合作开展海洋环境监测是当前较为普遍的形式。海洋监测体系所支持的技术已发展成为包括卫星遥感、浮标阵列、海洋水文/气象观测站、水下剖面、海底监测网络和科学考察船的全球化监测网络，并提供全球实时或准实时的基础信息和产品服务。例如，全球海洋观测系统（GOOS）从空间、空中、

岸基平台、水面、水下等多平台对海洋各个区域进行综合立体观测；全球海洋实时观测网（ARGO）则建立了一个实时、高分辨率的全球海洋中上层监测系统。

在海洋环境监测信息化方面，发达国家利用先进的海洋监测技术和设备，构建起信息化的海洋环境监测站网络，对海洋环境进行长时间序列的连续监测，把现场实况传送到陆基中心，并通过互联网实时传送到世界各地的用户。监测站网络的构建伴随着卫星遥感技术、水声和雷达探测技术、水平和水下观测平台技术、传感器技术、无线通信技术和水下组网技术的进步，使得海洋监测技术总体上向长时间、实时、同步、自动观测和多平台集成观测方向发展。海洋监测进入了从沿岸、空间、水面、水体、海床对海洋环境进行多平台、多传感器、多尺度、准同步、准实时、高分辨率的四维集成监测时代。

计算机模拟技术也被更多地与海洋环境监测结合起来，根据以往的海洋环境监测资料建立数学模型，再不断用环境监测资料去验证和修正模型，与此同时，根据实际情况，不断减少监测频率和密度，最终达到用最小的监测频率和密度获得最大的信息量的目的。这种做法的主要优点是大量的海洋环境质量信息可通过地理信息系统（GIS）快速而准确地向社会提供直观而详细的海洋环境质量信息服务；所建立的数学模型还可以用来模拟海上突发污染事件的发展过程，推算事件发生的准确时间和地点，对加强海洋环境管理具有不可忽视的作用；由于海上实际工作时间明显减少，将大大地降低监测费用。

通信技术也是海洋监测信息化的重要内容，随着复杂和先进的传感器和其他水下设备的开发，伴之而来的是大量需要被处理的数据和不断增长的数据传输量。因此，新的水下数据传输技术也在不断地被开发。水下数据通信属于通用技术，比较容易实现，具有海洋特色的水下通信与网络技术有待拓展。水下高带宽通信方式主要包括水声通信、射频电磁波通信、光纤通信、自由空间光学激光通信等。以上通信技术对于不同的高速数据传输方式及其在水下高带宽通信应用中存在各自优势和不足，应根据海洋环境特性进行选择。在海洋环境立体监测系统建设及观测数据的传输过程中，水声通信与组网技术将发挥不可或缺的作用。过去几十年的持续研究，使得水下通信与原始通信系统相比，无论在性能还是稳定性方面都有很大改进。近 10 多年来，在点到点通信技术和水下组网协议方面取得了重大进展，但仍面临严重挑战。

8.5.3 海洋环境保护全球化趋势

随着全球经济一体化的加深，海洋环境问题日益成为跨国家、跨地区的全球化问题，国际合作在应对海洋环境问题上显得日益重要。在未来的 20 年中，随着传统污染物质如近海氮、磷污染问题的逐渐解决，其他新型的环境污染和生态问题会日益突出。这些新型的问题在可预见的未来 20 年中，将包括海洋垃圾、海洋溢油、远洋捕捞和海洋酸化及新型的化学类污染如 POP 物质和纳米材料。除了关注的环境问题类型有较大变化外，关注的环境问题地理区域也会从目前的近岸海域向远洋、公海和深海转变。

未来针对国际海洋环境合作中的第一个趋势是跨境性和全球性，如在应对海洋垃圾、海洋溢油、远洋捕捞和海洋酸化方面。在应对这些问题中，各国、各地区除了在本国、本地区开展污染源头控制和环境生态保护措施外，必须参与国际履约活动，展开联合的环境和生态保护行动。例如，政府间海洋学委员会作为国际海洋事务的主管组织，已经提出建立全球海洋观测系统，此计划被列入联合国《21 世纪议程》。到 2030 年，该计划估计在全球范围内广泛开展实施。预计到 2030 年，在应对海洋垃圾、海洋溢油方面，多国参与的跨境污染控制、监测和削减联合海洋工程将会在若干发达国家之间率先建立实施，其工程活动中取得的经验和积累的技术向全球其他国家地区逐步推广。全球目前存在的十几个区域的海洋行动计划（如西北太平洋行动计划）将就海洋环境保护进一步加强交流，因此全球可能产生更多的区域海洋行动计划，并且跨国界、跨地区的海洋环境监测数据共享平台及联合风险预警和应急平台将会逐步被建立和普及。

未来国际海洋环境合作中的另一个趋势是发达国家对欠发达国家环保技术的壁垒将会逐步被打破。欠发达国家在技术、科技方面相对落后，在节能减排、控制削减海洋污染物和保护海洋生态方面急需发达国家提供工程技术支持和工程管理经验。欠发达国家的海洋污染可能由于跨境、跨区特点（如海上溢油扩散）或者极端地质灾害、极端气候变化引发的灾害（如海啸、地震引起的海洋垃圾的扩散漂流或者海上油田事故造成溢油扩散）对发达国家海域环境造成不利影响，使得发达国家必须降低或者取消技术的壁垒，对欠发达国家进行技术支持，共同应对海洋环境问题。

未来国际海洋环境合作中的第三个趋势是对全球气候的变动在海洋环境中的影响更加关注。目前由联合国教育、科学及文化组织，政府间海洋学委员会，联合国工业发展组织，国际海事组织及联合国粮食及农业组织五大机构发布的《海洋及沿海地区可持续发展蓝图》指出，排放到大气中的二氧化碳最终被海洋吸收的比例已接近 26%，从而导致对一些浮游物已形成海洋酸化的威胁，并危及整个海洋食物链及有赖于此的社会经济活动。应对全球气候的变化需要世界各国，特别是发达国家的联合行动，共同节能减排，发展绿色经济技术。

8.6 重大海洋环境保护专项建议

8.6.1 重大海洋环境与生态工程建议

8.6.1.1 海洋生态文明示范区工程

（1）需求分析

开展海洋生态文明示范区建设，探索沿海地区经济社会与海洋生态、环境承载力相协调的科学发展模式，是落实十八大精神、推动我国海洋强国建设和推进生态文明建设的重要举措。对于促进海洋经济发展方式转变，提高海洋资源开发、环境和生态保护、综合管控能力和应对气候变化的适应能力，实现沿海地区的可持续发展具有重要的战略意义。

（2）总体目标

建立人海和谐的海洋经济发展模式和区域发展模式，初步建立海洋生态文明示范区的评价标准和体系。构建优势突出、特色鲜明、核心竞争力强的现代海洋产业体系，实现海洋经济又好又快发展；海洋资源开发利用能力、效率大幅提高，基本形成节约集约利用海洋资源的发展方式；入海污染物排放得到有效控制，海洋环境质量明显改善，海洋生态系统服务功能得到有效维护；加强海洋历史文化挖掘，加大社会公共文化设施建设和开放水平，开展多层次、多形式的海洋生态文明科普宣传和媒体传播，实现海洋生态文明观念在全社会的牢固树立；进一步改革完善海洋管理体制，加大体制机制创新力度，实现海洋管理保障能力稳步提高。

（3）主要任务

以辽宁辽东湾、山东胶州湾、浙江舟山、福建沿海为代表海区，开展海洋生态文明示范区建设，探索海洋生态文明示范区的评价体系。

1）调整产业结构与转变发展方式。

优化岸线资源配置，加快构筑现代海洋产业体系，改造升级传统产业，积极发展海洋服务业，培育壮大海洋战略性新兴产业。依据沿海地区海域和陆域资源禀赋、环境容量和生态承载能力，科学规划产业布局，优化产业结构。大力发展海洋生物资源利用、海水淡化与综合利用、节能环保、海洋能源开发等海洋新兴产业，发展循环经济和低碳经济，用生态文明理念指导和促进滨海旅游业、海洋文化产业等服务产业的发展，引导国民的海洋绿色消费。提高海洋工程环境准入标准，提升海洋资源综合利用效率。

2）管控污染物入海，改善海洋环境质量。

加强流域水环境综合整治，推动入海污染物总量控制，加快市政基础设施建设，强化入海排污口污染防治，完善海上交通运输污染防治，加强海洋倾废监督管理。建立、完善有关部门联合监管陆源污染物排海的工作机制。加快污水处理厂建设，限期治理超标入海排放的排污口，实施集中深海排放。通过生态修复等手段，开展海洋环境整治工作。建立和实施主要污染物排海总量控制制度，加强海上倾废排污管理，逐步减少入海污染物总量，有效改善海洋环境质量。

3）强化海洋生态保护与建设，保障海洋生态安全。

强化海洋保护区规范化建设，加强对典型生态系统的保护，严格控制围填海规模，大力推进海洋生态修复，构建海洋生态环境安全风险防范体系。识别和筛选海洋生物多样性与渔业资源保护热点区域，探讨我国海洋生物洄游设计技术方法，开展我国海洋自然保护区的空缺分析技术研究，集成研究海洋保护区保护网络构建技术，构建海洋自然保护区空间网络体系，提出空间优化方案，推进标准化建设，为指导我国海洋自然保护区发展规划编制与晋级申报及调整审批提供重要技术支撑。建立实施海洋生态保护红线制度，保护自然岸线和滨海湿地，开发仿自然岸线设计的围填海技术，保护海洋重要生态功能区。提高涉海工程的环境准入标准，建立、完善海洋生态价值补偿制度和功能补偿机制。建立海洋生态环境安全风险防范体系，保障海洋环境和生态安全。

4）海洋生态文明的制度建设与公众参与。

构建海洋生态文明特色教育体系、宣传网络和教育基地，营造有利于海洋生态文明建设的社会氛围。开展海洋生态文明宣传教育，培育海洋生态文明意识。建立公众参与机制，营造全社会共同参与海洋生态文明示范区建设的良好氛围，最终使公众从海洋生态文明建设中获益。

8.6.1.2　实施国家河口计划

（1）需求分析

河口是河流与海洋交汇的水域区，流域自然变化和人类活动以河流为纽带，对河口及其毗邻海域产生深刻影响。在过去的几十年中，随着流域社会经济迅猛发展，流域高强度人类活动如土地利用变化、水库/大坝修建、跨流域调水、农药化肥大量使用、城市快速扩展等通过河流的输送，对海湾环境与生态产生了深刻的影响，导致河口及毗邻区出现生态系统平衡被破坏、生态系统服务功能退化，各类环境问题不断凸显，如海水入侵、海岸侵蚀、河口湿地萎缩、生物资源退化、近海富营养化等，已经对沿海地区的经济社会发展及海洋生态环境安全构成了严峻的威胁与挑战。为此亟待采取针对性的保护措施，恢复河口生态环境，支撑河口地区社会经济可持续发展。

（2）总体目标

通过开展河口计划，推进全国范围内河口区环境的普查工作，明确我国河口的总体环境状况和普遍环境问题。通过筛选确定一批优先试点河口，制订和实施有针对性的管理和保护计划，为指导我国其他河口的管理和保护提供有价值的参考和经验。

（3）主要任务

1）河口生态系统健康状况评价及主要问题诊断。

调查河口生态环境、资源禀赋及资源开发利用情况。建立描述包括有毒污染物、营养物、自然资源在内的河口区数据库；识别河口的自然资源价值及资源利用情况；确定其健康情况，建立河口的生态环境现状评级和评价系统、指标体系和技术方法，进行河口生态系统健康评价；确定河口的健康状况、退化原因和未来状况发展趋势。

2）制订河口生态环境保护措施。

针对河口区生态环境问题及其原因，将整个河口的化学、物理、生物特性，以及它的经济、娱乐和美学价值作为一个完整的系统来考虑，以流域为单位，制订河口综合性保护和管理计划，建立管理和实施机制，完善相关环境立法，健全监督和监管机制，为河口计划的实施提供有效的法律和政策支撑。

3）建立实施与效果的监控计划。

制订河口计划实施的监测网络，以流域为对象，对流域、河口区环境，以及河口计划实施过程中的关键参数进行观测，对实施效果进行评估，并将评估结果反馈到河口生态环境保护计划中，以便随时做出修正。

建设河口生态环境现状评价指标体系。调查河口水质、自然资源及河口利用情况，识别和描述河口的自然资源价值及资源利用情况，描述河口环境现状，确定其健康情况，建立河口的生态环境现状评级和评价系统、指标体系和技术方法。定义河口“健康”的参照标准，并对河口健康状况给出可量化的评价和评级结果。

建立河口数据库。搜集和描述包括有毒污染物、营养物、自然资源在内的河口区数据资料，并形成专门的数据库，确定已开展的保护措施的效果，分析对河口生态保护最有价值的数据，不断更新完善数据库的数据结构。

确定首要问题，制订河口计划。确定河口的健康状况、退化原因和未来发展趋势，监控和实施全面保护和管理计划，制订个性化的措施，有针对性地解决当前所面临的最严峻的环境问题。

健全河口监测网络，完善河口环境质量基准、标准体系。开展我国河口区优控污染物和生物毒理学研究，建立河口区生态学基准指标体系，制订河口区生态学基准技术规范，识别敏感区并制订关键生态学指标的基准值；建立河口区沉积物质量基准的技术方法，针对敏感本土海洋底栖生物的保护，制订优控污染物的沉积物基准限值；建立海洋环境的人体健康基准技术方法，制订优控污染物的人体健康基准限值，注重基准向标准的转化。

8.6.1.3 海洋保护区网络构建及优化

（1）需求分析

过去60年，特别是最近20年，我国的海洋保护区及特别保护区的数量和面积发展迅速，已远远超出预期。然而，就目前我国各类海洋保护区总体情况来看，还存在一些不合理的方面和弊端。首先，空间布局不合理。目前，我国自然保护区晋升机制主要是“自下而上”的申报形式，即地方政府或业务主管部门申报，国家组织评审和审批，由于缺乏空间布局的宏观指导，造成一些区域自然保护区过于密集，而一些无论是生物多样性保护还是渔业资源保护均非常重要，确实需要通过建立国家级自然保护区予以保护的区域，却由于地方或部门没有申报而没有建立，成为自然保护的空缺区域。其次，建设目的不明确。由于缺乏科学规划指导，一些地方曾主动积极申报国家级自然保护区，然而，随着一些保护区周边区域社会经济发展需求的变化，保护与发展的矛盾逐渐激化，往往提出调整自然保护区范围和功能的要求，由于缺乏国家级自然保护区统一的科学规划，针对某一申请调整的自然保护区在国家生物多样性和渔业资源保护中的战略地位、在国家生态安全格局中的战略位置和功能不清，保护区面积是否合适、功能区划怎样调整等问题存在严重的技术瓶颈，给国家自然保护区审批与调整带来诸多的技术难题，甚至影响地方自然保护区建设和管理成就。最后，界限划分不科学。由于缺乏国家级自然保护空间布局的科学规划，目前国家级保护区基本上是按照行政区界划建的，没有包含整个生态区域，或者将不适合划归保护区范围的地段也包含了进来，从而没有真正发挥自然保护区的保护功效。

（2）重点任务

1）海洋自然保护区网络构建与优化技术方法研究。

在收集、整理、分析国内外已有的自然保护区网络构建与优化技术的基础上，结合我国自然保护区实际情况，探讨我国海洋生物洄游设计技术方法，提出我国海洋自然保护区网络布局技术方案。

2）海洋自然保护区网络构建。

在我国自然保护热点区域的筛选及国家级自然保护区空缺分析结果的基础上，开展我国海洋自然保护区网络构建研究，提出我国海洋自然保护区网络建设方案。

3）海洋自然保护区网络优化。

通过我国当前海洋自然保护区空间布局特征分析，基于我国海洋自然保护区网络布局技术方案，对已构建的海洋自然保护区网络进行优化，提出我国海洋自然保护区网络空间优化方案。

（3）预期目标

针对我国海洋自然保护区空间布局合理性与重要生态系统和关键物种保护成效问题，在识别和筛选海洋生物多样性与渔业资源保护热点区域的基础上，开展我国海洋自然保护区的空缺分析技术研究，集成研究海洋保护区保护网络构建技术，构建海洋自然保护区空间网络体系，提出空间优化方案，为指导我国海洋自然保护区发展规划编制与晋级申报及调整审批提供重要技术支撑。

8.6.2　重大海洋环境与生态科技专项建议

8.6.2.1　海洋环境风险监控和应急技术研究与示范

（1）必要性分析

近年来，我国海上溢油、化学品泄漏等海洋生态灾害事件频发，境外临近海域也时有环境污染或灾害事件发生，对我国海洋环境安全与人体健康构成了严重威胁。针对严峻的环境风险态势，我国目前已经建立了部分风险监控与应急的计划和方案，但在实际应用中仍有诸多不完善之处。为维护我国海洋权益，保障我国海洋环境安全，进一步完善和提升现有应急反应体系的能力和科学性，检验其可行性与实用性，有必要选择适当区域开展海洋环境风险监控与应急技术的研究与示范，为全面保护我国海洋环境提供技术支持。

（2）重点内容与关键技术

以辽东湾和舟山群岛为示范区域，分别以海上溢油与化学品泄漏为示例，开展海洋环境风险监控与应急技术研究与示范，具体包括以下几方面。

1）调查分析区域风险来源，结合历史数据与现状调查，制订示范区域的风险监控与应急方案。

2）构建区域环境监测网络，对目标污染物实施实时、连续、立体式监测，提升数据传输与处理等信息化水平，对风险事件做到提前发现、尽早预警。

3）完善建立计算机模拟技术，开发污染物环境迁移与风险预警模型，提高对污染物环境行为的预测性，为应急处置提供支持。

4）完善风险应急物资与设施布设，研究风险监控与应急的技术需求、物质需求与人员队伍需求。

5）研究风险应急的各部门联动机制，提出保障机制与政策需求。

6）研究风险应急善后技术与政策，包括事件问责、生态恢复、经济补偿、法律援助等。

7）在示范区域进行情景分析与示范演练。

（3）预期目标

制订示范区域风险监控与应急方案，涵盖从示范区域潜在风险源识别到善后政策的各个方面；构建示范区域海洋环境监测网络；建立示范区域风险监控与应急决策支持平台，显著提升风险监控与应急的信息化水平，做到对风险事件实时监控、尽早预警、科学预测及远程指挥。

8.6.2.2 海洋环境质量基准/标准体系构建

（1）必要性分析

在防止海洋污染和保护海洋环境的管理手段中，海洋环境质量标准的作用最为基础，应用也最为广泛。而海洋环境质量基准标示了海洋环境中不同介质对特定污染物受纳能力的底线，是制订海洋环境质量标准的准绳和科学依据。在保障海洋生态环境安全中，海洋环境质量基准起着基础性的支撑作用。

严格地说，我国并没有在真正意义上建立起相应的水环境质量基准体系，而制约我国水质标准体系改进和完善的主要原因之一就是我国缺乏相应的水生态基准资料，所颁布制定的水质标准多借鉴于发达国家的生态毒性资料和相关基准/标准限值，但由于我国海洋环境的优控污染物、区域生态环境特征、生物区系分布、人体暴露途径与特征等各方面都与国外不尽相同，因此对于我国海洋生态环境保护的科学性值得商榷，也影响了对海洋环境污染等事故的风险评估。

此外，海洋环境基准的原创性研究能力标志着一个国家海洋环境科研的实力，随着保护海洋生物多样性和海洋环境管理工作的进一步强化与深化，制定符合我国国情的近海环境质量基准势在必行。因此，根据我国近海洋生物区系的特点和污染控制的需要，开展相应的海洋生态毒理学研究和海洋环境质量基准定值方法学的研究，构建符合我国近海环境特征的海洋环境质量基准体系，对加强我国海洋环境质量的监测、评价与监督管理，制定海洋环境保护技术政策、标准，维护和提高海洋环境质量，控制海洋环境污染都具有重要意义。

（2）重点内容与关键技术

1）开展我国海洋优控污染物研究。进行我国海洋环境污染物调查，结合历史数据，提出我国海域的优控污染物清单，并建立优控污染物筛选技术规范。

2）开展海洋生物毒理学基准研究。进行海洋生物区系调查，结合历史数据，筛选优先保护物种；开展本土物种室内驯化与毒性测试研究，在建立海洋生物毒理学基准技术规范的基础上，制订我国海洋优控污染物的毒理学基准。

3）开展海洋生态学基准研究。通过对海洋生态因子的调查和数据分析，建立我国海洋生态学基准指标体系，制订海洋生态学基准技术规范，识别海洋保护敏感区并制订关键生态学指标的基准值。

4）开展海洋沉积物质量基准研究。调查我国重点海域沉积物质量状况，建立海洋沉积物质量基准的技术方法，针对敏感本土海洋底栖生物的保护，制订优控污染物的沉积物基准限值。

5）开展海洋环境的人体健康基准研究。基于海洋区域的服务功能分析，调研我国沿海地区人群的暴露途径和消费模式，结合哺乳动物毒理学与流行病学数据分析，建立海洋环境的人体健康基准技术方法，制订优控污染物的人体健康基准限值。

6）开展基准向标准的转化研究。基于经济、技术、管理等可行性分析，基于基准研究成果，制订修订优控污染物的海洋环境质量标准。

（3）预期目标

提出我国海洋环境优控污染物清单；构建我国海洋环境质量基准的技术体系。制订适于我国海洋环境特征的优控污染物筛选、生物学毒理基准、生态学基准、沉积物质量基准和人体健康基准技术规范；提出我国海洋环境优控污染物的基准建议值；制订基准向标准转化的技术规范，并提出我国海洋环境优控污染物的标准建议值，全面支持我国海洋环境质量标准的制订和修订。

第 9 章　新时期农村环境保护战略和重大任务研究

9.1　我国农村环境保护现状分析

9.1.1　农村经济

9.1.1.1　行政区划与人口

根据《2012 中国统计年鉴》，2011 年我国县级区划总数为 1942 个，乡镇级区划总数为 33 270 个，行政村总数为 599 127 个。全国城镇、乡村人口数分别为 68 103 万人、64 730 万人，占总人口的比例分别为 51.27%、48.73%，城镇化率为 51.27%，城镇人口第一次大于农村人口数（表 9-1）。

表 9-1　2011 年全国各地区乡镇和行政村数量

地区	县级区划数/个	乡镇数/个	行政村数/个	乡村人口	
				人口数/万人	占总人口比例/%
北京	2	182	3 950	279	13.8
天津	3	134	3 821	264	19.5
河北	136	1 959	49 035	3 939	54.4
山西	96	1 196	28 135	1 808	50.3
内蒙古	28	669	11 282	1 077	43.4
辽宁	44	897	11 100	1 576	36.0
吉林	40	618	9 121	1 281	46.6
黑龙江	64	895	9 055	1 668	43.5
上海	1	110	1 722	251	10.7
江苏	49	956	16 393	3 010	38.1
浙江	58	944	29 958	2 060	37.7
安徽	62	1 257	15 732	3 294	55.2
福建	59	929	14 432	1 559	41.9
江西	81	1 396	16 880	2 437	54.3
山东	91	1 246	74 844	4 727	49.1
河南	109	1 863	47 346	5 579	59.4
湖北	64	936	25 576	2 774	48.2
湖南	87	2 159	42 928	3 621	54.9
广东	67	1 143	19 502	3 519	33.5
广西	75	1 126	14 361	2 703	58.2
海南	16	204	2 556	434	49.5
重庆	19	823	8 803	1 313	45.0
四川	137	4 395	47 987	4 683	58.2

续表

地区	县级区划数/个	乡镇数/个	行政村数/个	乡村人口	
				人口数/万人	占总人口比例/%
贵州	74	1 445	17 568	2 256	65.0
云南	116	1 244	12 953	2 927	63.2
西藏	72	682	5 261	234	77.3
陕西	83	1 219	27 370	1 973	52.7
甘肃	69	1 227	16 149	1 611	62.9
青海	39	366	4 161	305	53.8
宁夏	13	193	2 316	321	50.2
新疆	88	857	8 830	1 247	56.5
合计	1 942	33 270	599 127	64 730	48.7（平均）

9.1.1.2 农村经济发展

根据《2012 中国农村统计年鉴》，2011 年农林牧渔业总产值 81 303.9 亿元，比 2010 年 69 319.8 亿元增长了 17.3%。2011 年农村居民人均纯收入 6977.3 元，比 2010 年 5919.0 元增长了 17.9%。2011 年农村居民人均生活消费支出 5221.1 元，比 2010 年 4381.8 元增长了 19.2%。

根据《2012 中国统计年鉴》，2011 年农业生产总值 41 988.64 亿元，按照可比价格计算，比 2010 年 36 941.11 亿元增长了 13.7%。农村居民人均纯收入为 6977.00 元，同比增长 17.9%。在农业方面，2011 年主要农产品产量 113 905.20 万 t，比 2010 年增长 4.4%，其中，粮食产量 57 120.85 万 t，占农产品总产量的 50.1%。农作物总播种面积 162 283.22×$10^3$$hm^2$，比 2010 年增长 1%，其中，粮食作物播种面积 110 573×$10^3$$hm^2$，占总播种面积的 68.1%。2011 年农用化肥施用量 5704.24 万 t，比 2010 年 5561.70 万 t 增长了 2.5%，其中，氮肥、磷肥、钾肥、复合肥的施用量分别为 2381.40 万 t、819.20 万 t、605.10 万 t、1895.10 万 t，分别占农用化肥施用总量的 41.7%、14.4%、10.6%、33.2%。2011 年农用塑料薄膜使用量 229.5 万 t，比 2010 年 217.3 万 t 增长了 5.3%，其中，地膜使用量 124.5 万 t，地膜覆盖面积 19 790.5×$10^3$$hm^2$。2011 年农药使用量 178.7 万 t，比 2010 年 175.8 万 t 增长了 1.6%。

在乡镇企业发展方面，2012 年全国乡镇企业总产值比上年增长 9.8%，其中乡镇第三产业总产值增长 12.2%。2012 年，农村居民人均纯收入 7917 元，比上年增长 13.5%，扣除价格因素，实际增长 10.7%。农村居民收入实际增速已经连续 3 年快于城镇居民收入增长（表 9-2，表 9-3）（数据来源：国家统计局《中华人民共和国 2012 年国民经济和社会发展统计公报》，国家统计局网站，2013 年 2 月 22 日。农业部乡镇企业局《2012 年全国乡镇企业发展平稳向好 结构进一步优化》，中国农业部网站，2013 年 1 月 25 日）。

表 9-2　2011 年全国各地区农村经济发展情况

地区	农林牧渔总产值/亿元	一产增加值占地区生产总值比例/%	人均纯收入/元	人均纯消费/元
北京	363.1	0.9	14 735.7	11 077.7
天津	349.5	1.4	12 321.2	6 725.4
河北	4 895.9	12.0	7 119.7	4 711.2
山西	1 207.6	5.8	5 601.4	4 587.0
内蒙古	2 204.5	9.2	6 641.6	5 507.7
辽宁	3 633.6	8.7	8 296.5	5 406.4
吉林	2 275.1	12.1	7 510.0	5 305.8
黑龙江	3 223.5	13.6	7 590.7	5 333.6
上海	314.6	0.7	16 053.8	11 049.3
江苏	5 237.4	6.3	10 805.0	8 094.6
浙江	2 534.9	4.9	13 070.7	9 965.1
安徽	3 459.7	13.4	6 232.2	4 957.3
福建	2 730.9	9.3	8 778.6	6 540.9
江西	2 207.3	12.0	6 891.6	4 659.9
山东	7 409.7	8.7	8 342.1	5 900.6
河南	6 218.6	12.9	6 604.0	4 320.0
湖北	4 252.9	13.1	6 897.9	5 010.7
湖南	4 508.2	13.9	6 567.1	5 179.4
广东	4 384.4	5.0	9 371.7	6 725.6
广西	3 323.4	17.5	5 231.3	4 210.9
海南	1 002.4	26.2	6 446.0	4 166.1
重庆	1 265.3	8.4	6 480.4	4 502.1
四川	4 932.7	14.2	6 128.6	4 675.5
贵州	1 165.5	12.7	4 145.4	3 455.8
云南	2 306.5	16.1	4 722.0	3 999.9
西藏	109.4	12.3	4 904.3	2 741.6
陕西	2 058.6	9.9	5 027.9	4 491.7
甘肃	1 187.8	13.6	3 909.4	3 664.9
青海	230.8	9.5	4 608.5	4 536.8
宁夏	354.7	8.9	5 410.0	4 726.6
新疆	1 955.4	17.6	5 442.2	4 397.8
合计	81 303.9	—	6 977.3	5 221.1

9.1.2　农村环境保护

9.1.2.1　农村环境保护工作总体进展

近年来，党中央、国务院和社会各界日益关注农村环保工作，各地区、各部门不断加大农村环境保护力度，部分农村地区环境质量有所改善，为开展农村环境综合整治奠定了良好基础。

表 9-3　2011 年全国各地区农业生产发展情况

地区	农业总产值/亿元	粮食产量/万 t	农作物总播种面积/（$\times10^3$hm^2）	耕地面积/（$\times10^3$hm^2）	化肥施用量/万 t	农用塑料薄膜使用量/t	农药使用量/t
北京	163.37	121.77	302.58	231.69	13.84	13 268	3 936
天津	179.87	161.83	467.98	441.09	24.39	12 568	3 796
河北	2 775.27	3 172.60	8 773.69	6 317.30	326.28	123 785	83 006
山西	767.14	1 193.00	3 797.42	4 055.82	114.57	41 531	28 382
内蒙古	1 057.85	2 387.51	7 109.90	7 147.24	176.94	60 660	24 474
辽宁	1 307.15	2 035.50	4 145.68	4 085.28	144.64	142 248	56 565
吉林	1 020.44	3 171.01	5 222.32	5 534.64	195.20	57 069	45 595
黑龙江	1 801.84	5 570.60	12 222.93	11 830.12	228.44	75 589	77 958
上海	165.07	121.95	400.63	243.96	11.97	20 489	6 295
江苏	2 640.95	3 307.76	7 663.25	4 763.79	337.21	106 440	86 500
浙江	1 152.04	781.60	2 462.71	1 920.85	92.07	58 416	63 854
安徽	1 714.84	3 135.50	9 022.94	5 730.19	329.67	86 114	117 475
福建	1 136.18	672.80	2 285.80	1 330.10	120.93	57 814	58 276
江西	917.82	2 052.79	5 486.79	2 827.09	140.77	47 710	99 537
山东	3 843.62	4 426.29	10 865.44	7 515.31	473.64	318 317	164 812
河南	3 599.90	5 542.50	14 258.61	7 926.37	673.71	151 616	128 747
湖北	2 299.30	2 388.53	8 009.57	4 664.12	354.89	65 044	139 524
湖南	2 391.67	2 939.35	8 401.97	3 789.37	242.49	73 729	120 431
广东	2 042.16	1 360.95	4 572.03	2 830.73	241.30	44 035	114 082
广西	1 602.48	1 429.93	5 996.48	4 217.52	242.71	37 403	66 229
海南	401.00	188.04	838.35	727.51	47.73	19 387	46 854
重庆	751.22	1 126.90	3 413.09	2 235.93	95.58	39 332	20 324
四川	2 454.26	3 291.60	9 565.55	5 947.40	251.23	122 227	61 910
贵州	655.30	876.90	5 021.22	4 485.30	94.08	40 857	14 469
云南	1 124.72	1 673.60	6 667.47	6 072.06	200.47	91 229	48 157
西藏	49.62	93.73	241.43	361.63	4.79	1 032	963
陕西	1 360.70	1 194.70	4 181.04	4 050.35	207.27	37 912	12 410
甘肃	848.45	1 014.60	4 094.76	4 658.77	87.24	143 989	68 413
青海	102.91	103.36	547.73	542.72	8.27	5 406	1 995
宁夏	223.61	358.95	1 260.39	1 107.06	38.24	15 244	2 692
新疆	1 437.89	1 224.70	4 983.47	4 124.56	183.68	182 977	19 340
合计	41 988.64	57 120.85	162 283.20	121 715.90	5 704.24	2 294 437	1 787 001

（1）农村环境保护日益受到重视

党中央、国务院高度重视农村环境保护工作，做出了一系列重要部署。党的十七届三中、四中和五中全会明确要求，加强农村工业、生活污染和农业面源污染防治。在 2011 年的全国“两会”上，胡锦涛总书记要求把加强农村环境综合整治作为解决“三农”问题的重要内容。温家宝总理要求把农村环境保护摆上环境保护的重要位置。李克强同志

2008年以来对于有关农村环境保护的批示近20次。《中华人民共和国国民经济和社会发展第十二个五年规划纲要》明确提出“加强农村基础设施建设和公共服务，推进农村环境综合整治”等要求。

（2）农村环境综合整治稳步推进

2008年，中央财政设立农村环境保护专项资金，实施“以奖促治”政策。截至2012年，中央财政共安排135亿元，支持各地约3.1万个村镇开展农村环境综合整治和生态示范建设，约6000万农村人口直接受益。目前，环境保护部、财政部共组织21个省（自治区、直辖市）和2个计划单列市开展农村环境连片整治示范。2981个乡镇和238个村达到国家级生态乡镇（原全国环境优美乡镇）和国家级生态村建设标准。农村饮用水水源地环境保护工作得到加强，农村生活污染治理设施覆盖范围逐步扩大，一批畜禽养殖污染问题得到解决，部分地区农村环境质量明显改善。

（3）农村环保体制机制初步建立

农村环境综合整治目标责任制试点工作稳步推进。环境保护部制定了《农村环境综合整治目标责任制考核规定（试行）》，在12个省（市）开展了农村环境综合整治目标责任制试点工作，并完成试点考核，为全面推行农村环境综合整治目标责任制奠定了基础。

“以奖促治”的制度化建设逐步加强。财政部、环境保护部印发了《中央农村环境保护专项资金管理暂行办法》《中央农村环境保护专项资金环境综合整治项目管理暂行办法》和《关于加强“十二五”中央农村环境保护专项资金管理的指导意见》。环境保护部印发了《关于深化“以奖促治”工作促进农村生态文明建设的指导意见》《关于进一步加强农村环境保护工作的意见》《农村环境连片整治工作指南（试行）》《农村环境综合整治“以奖促治”项目环境成效评估办法（试行）》等规范性文件，使“以奖促治”工作进一步规范化和科学化。

农村环保投入机制不断健全。在中央农村环保专项资金带动下，各地积极建立和拓宽农村环保资金渠道。河北、辽宁、安徽、福建、广东、贵州、宁夏等省区设立了省级农村环保专项资金。部分省区采取从本级排污费中列支部分资金、对涉农资金进行整合等方式，加大农村环保投入。

（4）农村环境监管能力有所提高

辽宁、四川、甘肃、宁夏等环境保护厅增设了农村处，广东设立了生态与农村处，河南、江苏加挂了农村处牌子。截至2010年年底，全国共有乡镇环保机构1892个，实有人数7154人。农村环境监测工作逐步启动，环境保护部印发了《关于加强农村环境监测工作的指导意见》，并组织省级环境监测部门对798个实施“以奖促治”的村庄开展了地表水、环境空气、土壤样品监测试点。

（5）农村环保科技支撑得到加强

环境保护部印发了《分散式饮用水水源地环境保护指南》《农村生活污染防治技术政策》《农村生活污染控制技术规范》《畜禽养殖污染防治技术政策》《畜禽养殖业污染治理工程技术规范》《畜禽养殖场（小区）环境守法导则》《温室蔬菜产地环境质量评价标准》《食用农产品产地环境质量评价标准》《化肥使用环境安全技术导则》《农药使用环境安全技术导则》《农业固体废物污染控制技术导则》等标准、规范和技术指导文件。

启动了农村环境连片整治等项目建设和投资技术指南的研究编制工作。

9.1.2.2 具体工作开展情况

1）耕地保护。下发了《关于提升耕地保护水平全面加强耕地质量建设与管理的通知》，出台了《土地复垦条例实施办法》，进一步加强耕地质量建设和生态管护。批准了《全国土地整治规划（2011—2015 年）》，提出在“十二五”期间，再建成 26.7 万 hm^2 旱涝保收的高标准基本农田。

2）农村饮水安全。开展了全国部分省（自治区、直辖市）农村生活排水和水源地保护调查评估，对农村饮用水水源地保护、饮用水源管理、农村生活污水排放处理进行了调查研究；开展农村饮用水水源地保护的培训工作，加大宣传力度，提高农民水源保护意识；在有条件的地区，大力推行城乡供水一体化。

3）水土流失、农村河道综合整治。水土流失综合治理投资规模继续扩大，长江上游、黄河中游、西南石漠化地区、东北黑土区等主要水土流失防治区重点治理力度进一步加大，全面开展了全国坡耕地水土流失综合整治试点工程。大规模水土流失综合治理有效减少了江河湖库泥沙，保护了珍贵的水土资源，改善了项目区生态环境和群众的生活生产条件。

4）农村环境综合整治。环境保护部召开全国农村环境保护工作会议，制定印发《关于进一步加强农村环境保护工作的意见》，明确了“十二五”农村环保工作的总体思路、主要目标、重点任务和政策措施。不断扩大“以奖促治”资金规模，大力推进农村环境连片整治工作，截至目前，环保部、财政部与 23 个示范省（自治区、直辖市）人民政府签订了《农村环境连片整治示范协议》，明确了整治区域、目标任务和成效要求。到目前，中央财政已安排 135 亿元农村环保专项资金，支持各地开展农村环境综合整治，一大批群众最关心、最直接、最现实的突出农村环境问题得到解决。

5）土壤环境保护。党中央、国务院高度重视土壤污染防治工作，各地区、各部门认真贯彻落实中央关于环境保护工作的决策和部署，不断加大工作力度，在开展土壤基础调查、完善相关制度规范、强化污染源监管、提升土壤污染防治科技支撑能力、组织污染土壤修复与综合治理试点示范等方面进行了积极探索和有益实践，取得了初步成效，为未来一段时期，土壤环境保护和综合治理工作打下了坚实基础。

6）农村环境卫生监测。中央财政支持在全国 700 个县 14 000 个监测点开展农村环境卫生监测工作。监测内容包括农村污水、垃圾、粪便无害化处理，土壤卫生、病媒生物防治及农村学校环境卫生。通过农村环境卫生监测工作，了解了目前农村环境卫生的基本状况，为控制和消除环境中健康危害因素、进一步采取公共卫生干预措施提供了依据。

7）农村改厕。中央项目的实施调动了地方政府和农民群众改厕的积极性和参与性，加快农村改厕步伐和无害化进程，推动实现农村改厕目标。2011 年和 2012 年共完成 681 万户农村无害化卫生厕所。农村改厕项目的实施，有效预防和减少了疾病的发生，明显改善了农村环境卫生面貌，促进了群众卫生行为和习惯的养成，推动了农村精神文明建设和新农村建设，项目得到了群众的认可和欢迎，综合效益日趋显现。

8）农业面源污染防治。2012 年全国农业面源污染国控监测点达到 160 余个、监测小区达到 1200 余个，新建了由 300 余个定位监测试验点组成的农田地膜残留污染国控监测网络，初步搭建了覆盖全国的监测网络框架，在太湖、滇池和巢湖等流域及三峡库区建成了一批农业面源污染防治示范区，将农业生产与农村生活统筹考虑、有机整合，在政策支持和技术应用等方面探索了切实可行的有效的措施。

9）推进农业清洁生产。农业部在北京、天津、河北、辽宁、安徽、江西、山东、河南、湖北、湖南、重庆、四川、贵州、云南、甘肃、宁夏、大连等 24 省（自治区、直辖市）和计划单列市等地实施了以地膜回收利用、蔬菜清洁生产、畜禽生态养殖等为核心内容的农业清洁生产技术示范。组织 24 个省（自治区、直辖市）在 137 个村继续实施农村清洁工程试点示范，全国已建成农村清洁工程示范村 1500 多个，开发出了较为成熟的生活垃圾、污水、人畜粪便处理工艺与配套设备，示范村的生活垃圾、污水、农作物秸秆、人畜粪便处理利用率均达到 90%以上，化肥、农药减施 20%以上。

10）农村环境监测试点。国家出台了《关于全国生态和农村环境监察工作的指导意见》，明确了生态和农村环境监察的重大意义、重点领域、工作内容和保障措施，规范并指导全国生态和农村环境监察工作。中国环境监测总站组织全国环境监测系统继续开展全国农村环境质量试点监测工作，并逐步扩大监测范围。通过加大生态和农村环境监察工作力度，为生态文明建设保驾护航。

9.1.2.3 农村环境质量

根据《2012 中国环境状况公报》，2012 年全国 798 个村庄的农村环境质量试点监测结果表明，试点村庄空气质量总体较好，农村饮用水源和地表水受到不同程度污染，农村环境保护形势依然严峻。

2012 年，共监测 781 个试点村庄的空气质量状况，729 个村庄空气质量未出现超标现象，占 93.3%。监测天数累计共 7832 天，达标天数为 7280 天，占 93.0%。其中，二氧化硫全部达标，二氧化氮达标比例为 99.9%，可吸入颗粒物达标比例为 92.1%。

试点村庄 1370 个饮用水水源地监测断面（点位）水质达标率为 77.2%。其中，地表水和地下水饮用水源地水质达标率分别为 86.6%和 70.3%。地表水饮用水源地水质主要超标指标为氨氮、总磷、五日生化需氧量、高锰酸盐指数和溶解氧，总氮为湖泊（水库）类饮用水源地的首要超标指标。地下水饮用水源地水质主要超标指标为总大肠菌群、氨氮、氟化物、锰和总硬度。

试点村庄 984 个地表水水质监测断面（点位）中，Ⅰ～Ⅲ类、Ⅳ～Ⅴ类和劣Ⅴ类水质断面（点位）比例分别为 64.7%、23.2%和 12.1%。主要超标指标为五日生化需氧量、氨氮、总磷、高锰酸盐指数和石油类，湖泊（水库）主要超标指标为总氮。少数试点村庄地表水存在重金属超标情况。

9.1.3 存在的主要问题分析

近年来，随着农村经济的快速发展，农业产业化、城乡一体化进程的不断加快，农村环境问题日益突出，主要包括以下几方面。

9.1.3.1　农村水环境问题突出，部分饮用水水源地存在环境安全隐患

我国是一个人口众多的发展中国家，受自然、地理、经济和社会等条件的制约，农村饮水困难和饮水不安全问题突出。特别是占国土面积72%的山丘区，地形复杂，农民居住分散，很多地区缺乏水源或取水困难，不少地区受水文地质条件、污染及开矿等人类活动的影响，地下水中氟、砷、铁、锰等含量，以及氨、氮、硝酸盐、重金属等指标超标，必须经过净化处理或寻找优质水源才能满足饮水卫生安全要求。随着我国经济社会的发展，人口规模的不断扩大，排入江河湖库的废污水不断增加。从全国情况看，水污染态势呈总体恶化趋势，形势严峻。水污染正从东部向西部发展，从支流向干流延伸，从城市向农村蔓延，从地表向地下渗透，从区域向流域扩散，农村水环境特别是饮水安全面临巨大压力。

2007年5月，国务院批准了《全国农村饮水安全工程“十一五”规划》，要求“十一五”期间解决1.6亿农村人口的饮水安全问题，使集中式供水受益人口比例由40%提高到55%，供水质量和服务水平要有较大提高。其中，优先解决对农民生活和身体健康影响较大的饮水安全问题。重点是饮用水中氟大于2mg/L、砷大于0.05mg/L、溶解性总固体大于2g/L、耗氧量（COD_{Mn}）大于6mg/L、致病微生物和铁、锰严重超标的水质问题，以及水量不足、水源保证率低、取水极不方便的问题。根据近几年来在全国部分村庄开展的环境质量监测的结果，村庄周边地表水总体为中度污染，主要污染指标为粪大肠菌群、氨氮、高锰酸盐指数。近年来，虽然国家投入了大量资金解决农村饮用水问题，农村的供水方式和供水能力也取得了一定进步，但农村饮用水供水水质卫生问题仍没有得到明显改观，农村用水的保障优先性低于城市和工业用水，水源性缺水和水质性缺水并存。截至2012年年底，全国仍有约1.7亿农村人口存在饮水不安全问题。尽管农村饮水安全工作取得了很大成就，但农村供水总体上依然薄弱，解决农村饮水安全问题的任务依然十分艰巨。

截至2010年年底，全国还有4亿多农村人口的生活饮用水采取直接从水源取水、未经任何设施或仅有简易设施的分散供水方式，占全国农村供水人口的42%，其中8572万人无供水设施，直接从河、溪、坑塘取水。除原农村饮水安全现状调查评估核定剩余饮水不安全人口外，由于饮用水水质标准提高、农村水源变化、水污染及早期建设的工程标准过低、老化报废、移民搬迁、国有农林场新纳入规划等，还有大量新增饮水不安全人口需要纳入规划解决，农村饮水安全工程建设任务仍然繁重。

同时农村饮用水水源类型复杂、点多面广，保护难度大，加之目前农业面源污染及生活污水、工业废水不达标排放问题严重，进一步加大了水源地保护的难度，甚至南方部分水资源相对丰富的地区也很难找到合格水源。农村饮用水水源保护工作涉及地方政府多个部门及群众的切身利益，涉及面广、解决难度大，特别是受现阶段农村经济发展水平和地方财力状况等因素制约，水源地保护措施难以落实。目前部分农村供水工程，特别是先期建设的单村供水工程存在设计时未考虑水质处理和消毒设施，或者设计了但未按要求配备，配备了但不能正常使用等现象，造成部分工程的供水水质不能完全达标。由于缺乏专项经费，一些地方缺乏水质检测设备和专业技术人员，水质检测工作十分薄弱。

9.1.3.2 农业化学品使用量居高不下，面源污染严重

我国农业发展创造了世界奇迹，用占世界 7%的土地养育着占世界 22%的人口。在农业快速发展，解决十几亿人口温饱问题的过程中，化肥、农药、农膜的使用，对粮食的增产发挥了重要的作用，但同时也造成了较大程度的农业面源污染。尽管这些年来，测土配方施肥的推广，有机、绿色农业的发展，以及农村清洁工程的实施和生态乡镇、生态村的创建等对种植业污染问题的解决起到了一定的效用，但种植业污染状况仍然不容乐观。具体表现如下。

1）化肥施用多，流失量大。近 10 年来，种植业化肥施用量持续增加（图 9-1），2007 年我国农田（按耕地 1.22 亿 hm^2 和园地 1302.7 万 hm^2 计算）平均每公顷化肥施用量 379.5kg，比世界平均耕地化肥施用量（约 120 kg）高出 259kg 之多，大大超出了国际公认的安全上限 $225kg/hm^2$，化肥消费量已经跃居世界第一位。而据相关报道，我国某地区的单位面积化肥施用量已超过 $1000kg/hm^2$。我国单位面积化肥施用量不平衡，西部施用不足，东部过度依靠化肥提高产量，区域差异显著。由于气候、耕作方式的不同，内蒙古、黑龙江、云南、吉林等地的平均施肥量要低于全国平均水平（2011 年年底全国平均单位面积施肥量约为 $0.444t/hm^2$）。而河南、山东、湖南、湖北的单位面积施肥量均比全国平均水平要高出很多。与此同时，因施用方式不当，化肥利用率低，只有 35%左右被植物吸收，其余大部分未被利用的化肥养分通过径流的淋溶、吸附和侵蚀等方式进入环境，污染水体。

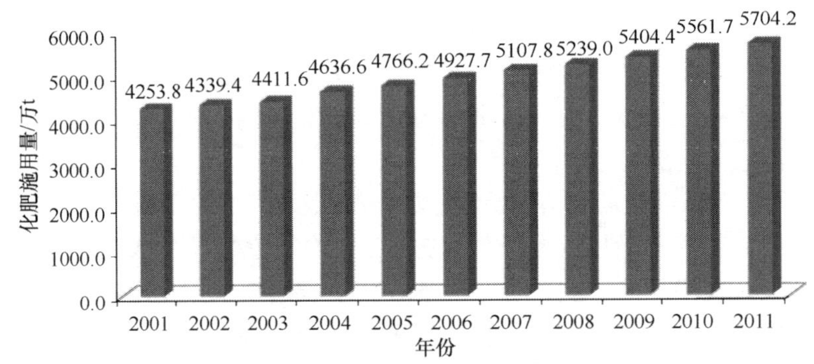

图 9-1 近年我国化肥施用量变化

2）农药用量大，污染重。我国农药使用量居世界第一，且使用量持续增长（图 9-2）。据《农药工业“十二五”发展规划》，我国 2010 年农药生产量（有效成分）达 234 万 t。2011 年，农药使用量 178.7 万 t，比 2010 年增加 1.6%。所用农药中有杀虫剂、有机磷和高毒类农药，占比均为 70%左右。农药利用率很低，约 70%的农药散落于环境中，对土壤、地表水、地下水环境造成污染，当前农药污染面积已达 933.3 万 hm^2。长江、松花江、黑龙江等重要河流，以及巢湖、太湖等重点水域都已不同程度地遭受农药的污染，江苏、江西及河北等地地下水中也已发现有六六六、阿特拉津、乙草胺、杀虫双等农药的残留。

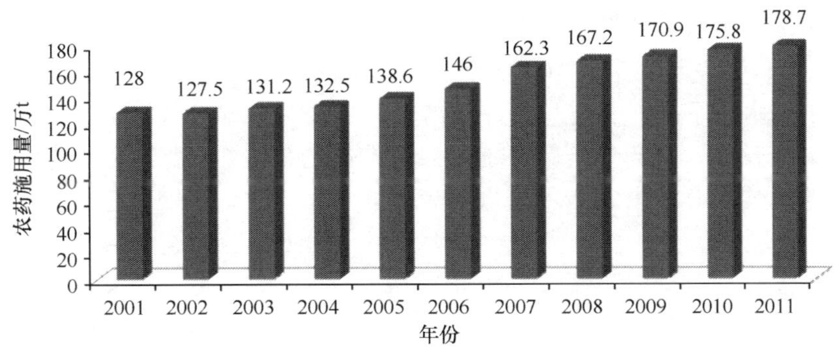

图 9-2　近 10 年我国农药使用量变化

农药被使用后会以各种形式残留在农作物、农产品和土壤、大气、地下水等环境要素中。由于生物富集和食物链传递，积少成多，积低毒成高毒。我国食品农药残留物的检出率几乎是 100%，这些都在直接危害人体的健康。由农药污染引起的食品安全问题应引起高度重视。仅 2012 年的食品安全事件中就不乏农药残留的相关报道。例如，张裕葡萄酒农药门事件中，张裕葡萄酒被检测出存在农药残留，并指出多菌灵有致癌风险，为美国禁用的农药。而根据绿色和平组织的检测报告，“立顿”绿茶、茉莉花茶和铁观音样本均含有农业部明令禁止在茶树上使用的高毒农药灭多威。其中，“立顿”铁观音被发现含有早在 2002 年农业部就禁止在茶树上使用的三氯杀螨醇，“立顿”绿茶则含有国家规定不得在茶树上使用的硫丹。

3）农药包装物管理缺乏，成为环境隐患。农药包装废弃物是在农业生产使用过程中产生的被废弃的包装物，包括用塑料、玻璃、铝箔、纸板等材料制作的瓶、桶、罐、袋等农药包装物。我国是农药生产使用大国，农药主要分为杀虫剂、杀菌剂、除草剂等；剂型则包括粉剂、颗粒剂、乳油、水剂等。不同类型农药的包装材料往往各不相同，目前我国的农药包装均以小型包装为主，按包装材料来分，包装农药的玻璃瓶约占 25%，塑料瓶约占 45%，铝箔袋约占 30%。

据统计，目前我国每年农药原药的消费量达到 50 万 t 左右，一年所需的农药包装物达到 80 亿~100 亿个。由于长期以来，农药包装废弃物造成的环境污染一直未能得到环保部门的有效管理，我国农药包装废弃物量不断增加，由此产生的环境污染危害也日益突出。据调查我国许多地区的农民使用农药后，有 50%~70%的人随手将农药瓶扔在田间地头或河里，只有 2%~3%的人会考虑烧掉或处理掉废弃包装袋。随意丢弃的农药包装废弃物成了田间地头的主要污染物，据江西地区的实地调查发现，平均每亩农田残留的农药包装物 5～10 个，全省每年丢弃的农药包装物在 2 亿个以上。据估计，我国每年废弃的农药包装物有 30 多亿个，有 10 万~15 万 t，这些包装绝大多数不属于可降解材料，残留的时间也较久，年复一年，实际残留于环境中的农药包装废弃物的数量可能更大。

这些随意丢弃的数量庞大的农药包装废弃物进入环境后，也成为威胁农村环境安全的一大隐患，已成为农村环境整治中的突出问题。以玻璃、塑料等材质为主的农药包装废弃物，已成为我国农村环境中的固体废物污染的重要来源，扎伤农民及农村儿童的事情也常有发生，这些不易降解的材料会在土壤中形成阻隔层，影响农业生产，污染地表水及地下水，威胁饮用水水源地安全。此外，这些废弃的包装物也浪费了大量的原材料资源，进一步加剧了社会资源的耗费。

同时，农药包装废弃物中残留的农药也是重要的环境污染源。农药残留会流入河流、渗入地下，引起水质下降，引起鸟类、家禽（畜）中毒，对人畜生命安全构成一定的威胁。有研究调查发现，农药包装废弃物中残留的农药量占包装废弃物总量的 2%~5%，丢弃于田间的包装废弃物中农药累积量最高可达 40g/亩。这些农药废弃物散落在农田、地头、河流、池塘边等处，构成了无数个大大小小的污染源，这些污染源形成了控制难度很大的面源污染。由于长期以来，农药包装废弃物环境污染一直未能得到环保部门的有效管理，使得我国农药包装废弃物量不断增加，由此产生的环境污染危害也日益突出。农药包装废弃物污染如得不到有效的管理，其带来的环境问题将对居民身体健康、水源保护、新农村及生态文明建设产生不利影响。

而目前在我国部分已开展农药包装废弃物污染防治的地区，也主要以农药包装废弃物的分类回收为主，而对回收后的农药包装废弃物如何处理缺乏针对性的污染控制对策和适应性技术，多参照农村固废的处置途径，主要是作为垃圾进行集中填埋处理，此法虽然可控制大田的面源污染，但由于废弃的农药塑料（玻璃）包装物内残留的农药很难降解，在适宜条件下，通过挥发或伴随渗滤液迁移出场外，对填埋点附近大气、水质和土壤造成了严重污染。焚烧是农药包装物的另外一种处理工艺，然而目前大部分以露天焚烧为主，缺乏对焚烧全过程的污染控制技术及环境风险评价，有的农户直接投入家庭烧火做饭的炉灶中焚烧，其安全和环境风险有待商榷。有些农药包装废弃物回收加工点，甚至将农药包装物直接掺入其他回收物，加工成一次性餐具、食品包装袋、儿童玩具，对生态环境和人类身体健康造成了严重威胁。

4）农膜使用量逐年增加，污染压力大。近十几年来，我国农膜使用量呈逐年显著递增趋势（图 9-3），2011 年达 229.5 万 t。农膜回收利用少，残留率高达 40%左右。由于目前使用的绝大部分农膜在土壤中自然降解需要 200 年以上，残留农膜的化学毒性会对土壤乃至地下水构成污染威胁。

农业生产上多应用 0.012mm 以下的超薄地膜，这样的地膜成本低、易破碎、难回收。随着地膜栽培年限的增加，土壤中的残膜量不断增加，阻碍土壤毛管水和自然水的渗透，影响土壤的吸湿性，对水分运动产生阻碍，从而破坏土壤结构，降低肥力水平，阻碍作物生长发育，甚至引起地下水难于下渗和土壤次生盐碱化，最终导致大幅度减产。

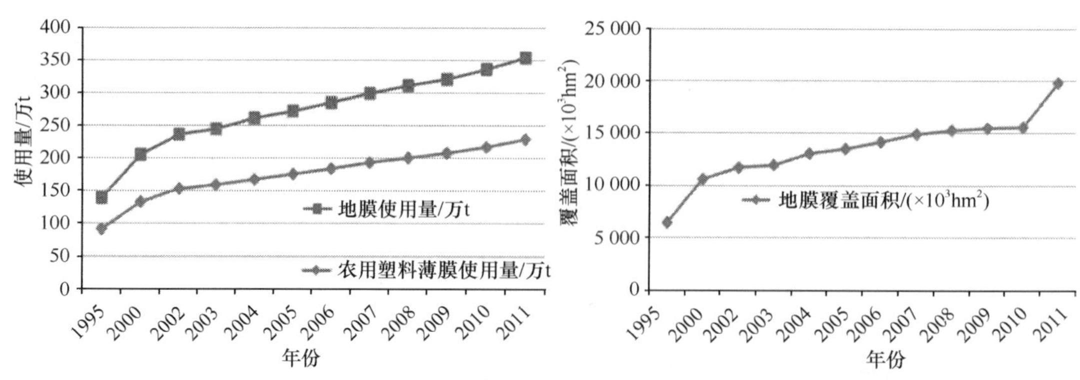

图 9-3　1995~2011 年我国农用薄膜和地膜使用量及地膜覆盖面积

不论地膜还是棚膜，使用一定时间后都会老化、破碎，让其残留在农田，或随农田径流漂移和风的作用飞扬至某一地方而无人管理会对环境造成不良影响。例如，北京一份调查报告指出：目前在农村，篱笆、河流、垃圾堆、电线杆上到处都有残旧地膜，不但有碍景观，还造成生态环境的破坏，人畜受害，曾发生牲畜吃残膜后发生胀肚子被杀掉的现象。

众所周知，农膜材料的主要成分是高分子化合物，在自然条件下，这些高聚物难以分解，使用后残膜若不及时回收，长期残留于地里，会影响土壤的透气性，阻碍土壤中的水分流动，影响农作物根系的生长发育，造成减产。据报道，凡是农作物根部有残留地膜的植株都减产，蔬菜减产 2%~10%，小麦减产 5%~95%。此外，残留农膜还会缠绕犁头和播种机轮盘，影响田间作业。

从更深更远一点看可以推断，随着时间推移和种植覆盖次数的增加，农膜残留不仅会影响土壤表层且会影响土壤深层，使土壤环境日趋恶化，使覆盖效益与增产效果降低，从而威胁到依赖土壤生存的人类。

5）秸秆综合利用率低，威胁环境安全。我国秸秆产生量每年在 6 亿 t 左右，其中 76%左右为稻谷、小麦、玉米作物秸秆，60%左右的秸秆产生在黑龙江、河北、山东、河南、江苏、安徽、湖北、湖南和四川 9 个省份。据估算，通过还田、发电、氨化等形式被利用的秸秆有 60%左右。秸秆焚烧屡禁不止，对大气环境构成较大威胁。

据农业部 2010 年发布的《全国农作物秸秆资源调查与评价报告》，秸秆一直是农民的基本生产、生活资料，是保证农民生活和农业发展生生不息的宝贵资源，可用作肥料、饲料、生活燃料、食用菌基料及造纸等工业原料等，用途十分广泛。但是，随着农村经济快速发展和农民收入的提高，秸秆的传统利用方式正在发生转变。调查结果表明，2009 年秸秆作为肥料使用量约为 1.02 亿 t（不含根茬还田，根茬还田量约 1.33 亿 t），占可收集资源量的 14.78%；作为饲料使用量约为 2.11 亿 t，占 30.69%；作为燃料使用量（含秸秆新型能源化利用）约为 1.29 亿 t，占 18.72%；作为种植食用菌基料使用量约为 1500 万 t，占 2.14%；作为造纸等工业原料使用量约为 1600 万 t，占 2.37%；废弃及焚烧量约为 2.15 亿 t，占 31.31%（图 9-4）。

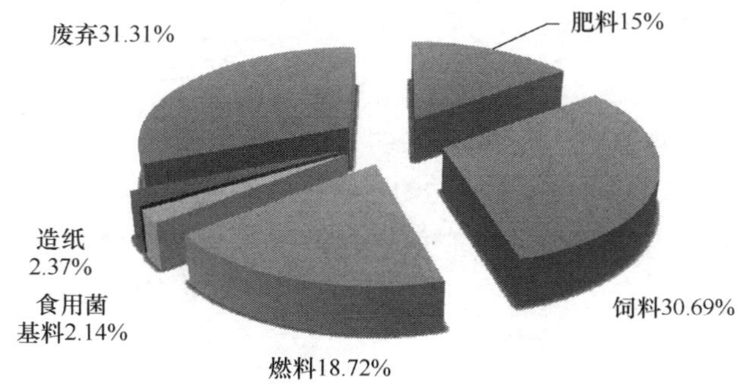

图 9-4　秸秆各种用途占可收集资源量的比例（彩图请扫描正文末页二维码阅读）

9.1.3.3　污染治理设施缺乏，生活污染严重

随着城市化进程的加快，小城镇和乡村聚居点人口迅速增加，城市化倾向日趋

明显。但与城市相对规范的规划、较完善的基础设施相比，小城镇和乡村聚居点在这些方面明显落后，绝大部分村镇的生活污水未经处理而直接排入河道，成为农村水污染的主要来源。全国约 4 万个乡镇，大多数没有健全的环保基础设施；60 多万个建制村中，绝大部分污染治理还处于空白。据测算，全国农村每年产生生活污水 90 多亿 t，生活垃圾约 2.8 亿 t，其中大部分未经处理随意排放，南方河网密集地区将垃圾就近排入自然水体中，北方干旱地区通过沟渠排放，经自然降解后渗入地下，导致村镇环境质量下降。

农村污染治理工作目前处于起步阶段。根据对 2010 年《中国城乡建设统计年鉴》相关数据的统计分析，全国范围内对农村生活污水进行处理的村为 27 825 个，占全国村总数的比例只有 4.9%。而我国城市（包括直辖市、副省级市、地级市、县级市等各类城市）污水处理率已达 75.3%，县城污水处理率也已达到 41.6%。北京、天津、上海、江苏、浙江、广东等少数发达省（市）正在开展此项工作，对农村生活污水进行处理的村的比例能达到 10%以上，上海达到 43%，为全国最高，其他大部分省份尚没有全面开展此项工作，只是在部分村镇进行了试点。

在生活垃圾处理方面，存在农村生活垃圾基础设施建设滞后、生活垃圾处理缺乏资金投入等问题。目前，我国垃圾的收集运作模式为“户负责投放，村负责收集，乡镇（街道）负责中转，市负责处理”，经济较发达地区或大城市的周边农村，建立了科学的垃圾管理机制，对农村垃圾进行统一收集、运输和处理，这种管理模式取得的实际效果很好，但是处理运输成本比较高，我国大部分偏远农村没有符合标准的垃圾处理设施，仍以利用废旧坑塘简易填埋为主；有些村庄的生活垃圾根本不作处理。大部分远郊农村地区，尤其是经济较为落后的地区，农村生活垃圾基础设施建设滞后，乡镇和村没有能力提供垃圾处理的服务，通常将垃圾收集后露天堆置，或者任由村民随意倾倒，无序堆放于村前屋后、沟渠河塘、道路两旁。

在农村饮水安全工程建设方面，也极为缺乏。截至 2010 年年底，全国已建的 52 万处农村集中式供水工程，平均每处日供水能力 154m^3，受益人口 1061 人。在集中供水工程中，有 90%是单村供水工程，平均每处日供水能力仅 50m^3，受益人口仅 522 人。

9.1.3.4　养殖业发展迅速，污染物排放总量大

（1）畜禽养殖业

我国畜禽养殖业发展迅速，据统计，2011 年，我国猪、牛、家禽年末存栏量分别约为 6.62 亿头、0.47 亿头、113.3 亿只（《2012 中国农村统计年鉴》），肉类产量连续 23 年居世界第一。自 2006 年以来，畜牧业产值占农林牧渔业总产值的比例稳定在 30%以上，畜牧业已经成为部分地区农村经济的支柱产业和农民增收的主要来源。我国畜禽规模化养殖水平逐步提高，2010 年，全国生猪、蛋鸡和奶牛规模养殖比例已分别达到 65%、79%、47%（表 9-4~表 9-6）。

畜禽养殖污染物排放总量大，污染份额高，区域差异明显。根据《第一次全国污染源普查公告》，我国 2009 年畜禽养殖业主要水污染物排放量：化学需氧量 1268.26 万 t，总氮 102.48 万 t，总磷 16.04 万 t，铜 2397.23t，锌 4756.94t。畜禽养殖业粪便产生量 2.43 亿 t，尿液产生量 1.63 亿 t。重点流域畜禽养殖业主要水污染物排放量：化学需氧量

表 9-4　主要牲畜出栏量和畜产品产量及增长情况

指标	单位	1999 年	2000 年	2010 年	2011 年	2011 年为 2010 年百分比/%
猪	万头	51 977.2	51 862.3	66 686.4	66 170.3	99.2
羊	万只	18 820.4	19 653.4	27 220.2	26 661.5	97.9
家禽	亿只	74.3	82.6	110.1	113.3	102.9
兔	万只	22 103.0	25 878.2	46 452.5	47 470.4	102.2
肉类总产量	万 t	5 949.0	6 013.9	7 925.8	7 957.8	100.4
猪牛羊肉产量	万 t	4 762.3	4 743.2	6 123.2	6 093.7	99.5
猪肉产量	万 t	4 005.6	3 966.0	5 071.2	5 053.1	99.6
牛肉产量	万 t	505.4	513.1	653.1	647.5	99.1
羊肉产量	万 t	251.3	264.1	398.9	393.1	98.5
禽肉产量	万 t	1 115.5	1 191.1	1 656.1	1 708.8	103.2
兔肉产量	万 t	31.0	37.0	69.0	73.1	105.9
奶类产量	万 t	806.9	919.1	3 748.0	3 810.7	101.7
禽蛋产量	万 t	2 134.7	2 182.0	2 762.7	2 811.4	101.8

数据来源：2012 中国农村统计年鉴

表 9-5　中国畜牧业主要指标占世界的比例　(%)

指标	1978 年	1980 年	1990 年	2000 年	2005 年	2009 年	2010 年
肉类产量	8.70	10.81	16.88	26.60	27.43	27.54	27.57
牛奶产量	0.28	0.28	0.91	1.76	5.12	6.09	5.66
羊毛产量	5.19	6.30	7.15	12.66	17.41	17.81	18.93

注：不包括瓜类；1990 年以前为猪、牛、羊肉产量的比例。资料来源：联合国 FAO 数据库

表 9-6　中国畜牧业主要指标居世界的位次

指标	1978 年	1980 年	1990 年	2000 年	2005 年	2008 年	2010 年
肉类产量	3	3	1	1	1	1	1
牛奶产量	34	35	20	17	5	3	3
羊毛产量	5	4	4	2	2	2	1

705.98 万 t，总氮 45.75 万 t，总磷 9.16 万 t，铜 980.03t，锌 2323.95t。根据第一次全国污染源普查动态更新数据，2010 年畜禽养殖业主要水污染物排放量中化学需氧量、氨氮排放量分别为当年工业源排放量的 3.23 倍、2.30 倍。全国共有 24 个省份的畜禽养殖场（小区）和养殖专业户化学需氧量排放量占各省农业源排放总量的 90%以上。山东、黑龙江、河北、辽宁、河南、内蒙古等 6 个省（自治区）的畜禽养殖场（小区）和养殖专业户化学需氧量排放量合计占全国的 50%以上，宁夏、天津、海南、北京、云南、贵州、新疆、上海、青海、西藏等 10 个省（自治区、直辖市）均低于 1%。

畜禽养殖污染是农村地区水环境质量下降的重要原因，对土壤环境和农产品质量安全构成威胁，并影响人居环境质量和人体健康，未来一段时期，我国畜禽养殖污染将呈现点面结合的态势，污染防治压力将持续加大，形势十分严峻。根据《全国畜牧业发展第十二个五年规划》，到 2015 年，全国肉、蛋、奶产量将分别达到 8500 万 t、2900 万 t

和 5000 万 t，全国畜禽养殖总量将达到 14 亿头（猪当量）；规模化养殖比例将提升 10~15 个百分点，养殖总量将达到 7 亿头（猪当量）。按照现有畜禽养殖污染防治水平测算，化学需氧量、氨氮的年排放量预计将分别达到 1260 万 t、80 万 t，畜禽养殖污染防治压力较大（图 9-5，图 9-6）。

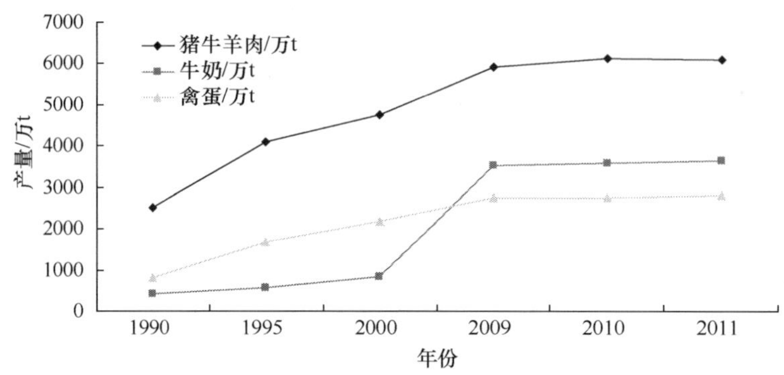

图 9-5　我国农村经济主要指标（1990~2011 年）

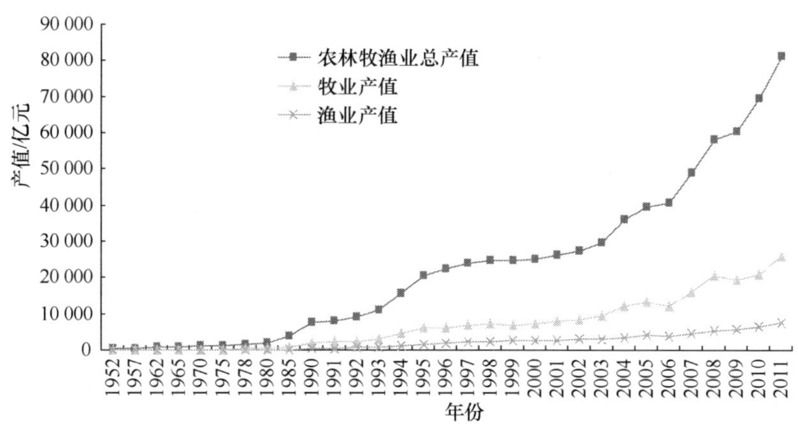

图 9-6　我国农林渔业总产值（1952~2011 年）

（2）水产养殖

改革开放以来，我国渔业经济实现了快速增长，水产品产量持续增加，自 2002 年取代泰国，成为世界第一水产品出口国，继而又成为世界第一水产品贸易大国，连续 21 年位居世界第一，成为世界第一渔业大国，水产品总产量占世界 1/3 以上（约占 35%），尤其是我国水产养殖业的发展，使我国成为唯一养殖产量超过捕捞产量的渔业大国，水产养殖产量已占到全球养殖产量的 70%（《农业部关于推进渔业节能减排工作的指导意见，农渔发〔2011〕34 号》）。使世界渔业发生了根本性的转变，即由只注重捕捞转向既注重捕捞，又注重水产养殖业（表 9-7，图 9-7）。

根据农业部、环保部《2011 中国渔业生态环境状况公报》，2011 年，全国渔业生态环境监测网对渤海、黄海、东海、南海、黑龙江流域、黄河流域、长江流域和珠江流域及其他重点区域的 120 个重要渔业水域和 43 个国家级水产种质资源保护区的水质、沉积物、生物等 18 项指标进行了监测，监测总面积 1920.7 万 hm^2。结果表明中国渔业水域生态环境状况总体保持稳定，局部渔业水域污染仍比较严重，主要污染物为氮、磷、石油类和铜。

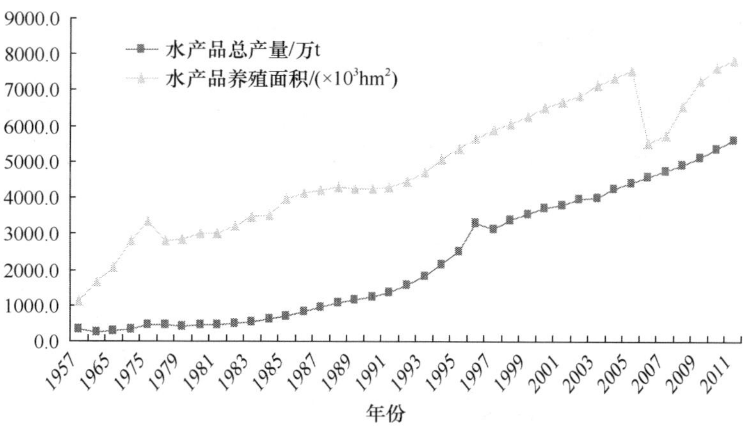

图 9-7　我国水产品总产量与养殖面积（1957~2011 年）

表 9-7　我国水产品产量和养殖面积及增减情况（1990~2011 年）

指标	单位	1990 年	1995 年	2000 年	2010 年	2011 年	2011 年为 2010 年百分比/%
水产品总产量	t	12 370 203	25 171 794	37 062 295	53 730 024	56 032 090	104.3
养殖产量	t	6 078 295	13 530 557	22 368 401	38 288 351	40 232 630	105.1
水产品养殖面积	$\times10^3hm^2$	4 258.7	5 385.3	6 508.1	7 645.2	7 835	102.5
内陆养殖面积	$\times10^3hm^2$	3 829.4	4 669.4	5 264.8	5 564.3	5 728.6	103.0

数据来源：《2012 中国农村统计年鉴》

渔业的快速发展为调整农业经济结构、促进农民增收、丰富农产品市场供应、改善消费者膳食结构做出了重要贡献。但养殖生产方式落后，水资源利用效率低，池塘老化，净化设施设备配备不足，配合饲料使用率低，投喂冻鲜小杂鱼养殖现象普遍，局部地区养殖排放污染问题突出，水产品加工综合利用水平低，部分加工企业存在用水量大、废弃物多、综合能耗高问题。根据《全国第一次污染源普查公告》，我国水产养殖业主要水污染物排放量：化学需氧量 55.83 万 t，总氮 8.21 万 t，总磷 1.56 万 t，铜 54.85t，锌 105.63t。重点流域水产养殖业主要水污染物排放量：化学需氧量 12.67 万 t，总氮 2.15 万 t，总磷 0.41 万 t，铜 24.62t，锌 50.15t。

9.1.3.5　城市向农村转移，外来污染加重

随着城镇化发展，城市污染加速向农村转移。从目前污染转移的情况来看，主要包括：城市污染向农村转移和旅游污染向农村转移。近些年来，由于城市普遍加强了环保建设与监管，一些高污染、高能耗、高水耗“三高”企业的生产成本和处理污染物成本大大增加，高污染企业在城市的生存空间被不断挤压，急待寻求外部生产空间，许多污染企业无法在城市立足。另外，急待获得经济快速发展的农村由于资金短缺，环保政策、标准和规章制度较城市宽松，加之环保意识较低、地方干部急功近利等因素的影响，迫切需要引进工业企业入驻，以推动本地经济发展，因此一些企业便搬出中心城区，搬向郊区和农村，造成工业污染的转移。2010 年我国乡镇企业实现增加值达 106 250 亿元，同比增长 11.38%；乡镇企业总产值 454 600 亿元，同比增长 11.23%；实现利润 26 200 亿元，

同比增长 11.58%，2010 年我国乡镇企业全年新增就业人数超过 240 万人，从业总人数达 1.58 亿人。大多数乡镇企业由于经营规模小、布局分散、生产经营粗放、缺乏污染治理设施，成为农村环境污染的主要来源之一。我国乡镇工业企业的产业结构和地理分布特点是低、小、转、散，乡镇工业污染排放负荷行业的地理特点十分突出。乡镇企业主要集中在技术水平低、污染治理难的造纸、制革、电镀、印染、水泥、制砖、煤炭、有色金属、非金属和黑色金属矿物采矿业等行业，结构性污染突出；同时，乡镇企业相对寿命较短且转产频繁，其污染物种类、排放量及其相应的污染处理工艺也存在诸多变数。《2007 中国乡镇企业年鉴》表明，2006 年乡镇地区工业废水、废气和固体废弃物排放量所占比例分别上升到 22%、24.9%和 39.4%，且单位产值废水排放量为县及县以上工业的 2.55 倍，有毒物质的排放浓度为 3~10 倍。根据《全国乡镇工业污染源调查公报》，我国乡镇地区工业废水处理率仅为 40.1%，比县及县以上工业废水处理率低 36%；工业废气净化处理率为 27.9%，低 42.9%；工业废弃物综合利用率为 30.9%，低 12%；工业锅炉烟尘排放达标率为 35.3%，低 42.7%；工业炉窑的烟尘排放达标率为 5.6%，低 48.7%。一些城郊地区已成为城市生活垃圾及工业废渣的堆放地，全国因固体废弃物堆存而被占用和毁损的农田面积已超过 200 万亩。由于工业生产需要各种原料，很多原料性污染也伴随着企业的转移，从外地转移到农村，从而造成和推动了城市污染企业向农村转移的局面。

城市无力处理的剩余垃圾向城乡结合部或附近农村的无序倾倒和排放，以及城市报废车辆、废旧电器等非法销入农村地区，也对农村的大气、水体和耕地造成了不同程度的垃圾污染。

此外，由于乡村旅游的兴起，旅游相关产业的飞速发展所带来的生活污染和交通污染，人文景观和娱乐设施开发所造成的生态破坏，也给作为旅游目的地的农村带来了沉重的污染负荷。

由乡村旅游发展带来的环境问题主要表现在：一是乡村旅游资源开发、建设过程中带来的生态破坏和环境污染问题，充分利用农村、农业的自然资源发展乡村旅游，已经成为许多农村地方政府发展当地经济的重要举措。但一些农村地方在开发旅游资源时，缺乏深入的调查研究和全面的科学论证，盲目开发，致使许多旅游资源遭受掠夺式开发，甚至还造成了许多不可再生资源的损害和浪费。同时，在发展乡村旅游，进行食宿、娱乐、养殖、道路等设施工程建设时，对于生态环境并没有采取相应的保护措施，而是就地取材、乱砍滥伐、乱堆乱放，致使植被被破坏，水土大量流失，动物失去栖息环境，动植物物种减少，生态平衡遭到破坏。二是乡村旅游经营活动中重效益轻保护造成的生态破坏和环境污染问题。大多数乡村旅游项目的开发者、经营者在开发、经营时，一味追求短期经济效益，而忽视了对生态资源、生态环境的保护。由于忽视垃圾清运、处理，在乡村旅游景（区）点随处可见游客丢弃的大量的各类生活垃圾，如有些乡村景（区）点开发的野炊、篝火、放烟花、游船等旅游项目所造成的对农村生态环境的污染，还有景（区）点超规模接待游客对乡村自然生态系统平衡造成的影响与破坏。

9.1.3.6　土壤环境质量恶化，食品安全存在隐患

由于长期过量、不合理地使用化学肥料、农药、农膜及污水灌溉，污染物在土壤中

大量残留，直接影响土壤生态系统的结构和功能，使生物种群结构发生改变，生物多样性减少，土壤生产力下降，土壤理化性质恶化，影响作物生长，造成农作物减产和农产品质量下降，对生态环境、食品安全和农业可持续发展构成威胁，土壤污染形势严峻。近 20 年来，我国农用塑料使用量猛增，特别是地膜的用量和覆盖面积已居世界首位。目前平均每年有 45 万 t 地膜残留于土壤中。由于农膜很难降解，影响土壤通气和水肥传导，造成粮食减产。我国农药利用率低，一般约为 30%，低者不足 10%。我国农药使用中以杀虫剂为主，占农药总用量的 78%，其中，又以甲胺磷、敌敌畏等毒性较高的品种使用最多。大部分农药流失进入大气、水体、土壤及农产品中，一些难降解的农药在土壤中残留量逐年增加，全国目前至少有 1300 万~1600 万 hm^2 耕地受到农药污染。据不完全调查，目前全国受污染的耕地约有 1.5 亿亩，全国污水灌溉耕地 3250 万亩，固体废弃物堆存占地和毁田 200 万亩，合计占耕地总面积的 1/10 以上，其中多数集中在经济较发达地区。此外，我国农村的土壤也遭受不同程度的重金属污染，土壤中的无机污染物主要包括镉、汞、铬、铅、铜、锌等重金属和砷、硒、氟等非金属污染物。据我国农业部进行的全国污灌区调查，在约 140 万 hm^2 的污水灌区中，遭受重金属污染的土地面积占污水灌区面积的 64.8%，其中轻度污染的占 46.7%，中度污染的占 9.7%，严重污染的占 8.4%。我国每年因重金属污染而造成粮食减产 1000 多万 t，被重金属污染的粮食每年多达 1200 万 t，合计经济损失至少 200 亿元。

土壤污染带来严重后果：一是影响耕地质量，造成直接经济损失。土壤污染破坏了农田生态系统的结构和功能，改变了土壤的理化性质，影响了土壤营养物质的转化和能量的交换，导致作物减产、农产品质量下降，造成经济损失。二是影响食品安全，威胁人体健康。土壤污染造成污染物质在土壤中的富集，从而造成污染物进入农产品，引起农产品中有害物质超标，污染物通过食物链进入人体引起人体慢性或急性中毒，甚至致癌、致畸、致突变等。三是影响农产品出口，降低国际竞争力。目前，集约化农田农药、兽药残留，硝酸盐污染、重金属富集与农膜残留等较为普遍，严重影响了我国农产品质量安全。频繁过量施用氮肥，导致蔬菜中硝酸盐含量严重超标，某些磷肥含氟、镉和砷等有害物质，增加了蔬菜、粮食中氟和重金属的含量。由于土壤污染具有累积性、滞后性、不可逆性的特点，治理难度大、成本高、周期长，将长期影响经济社会的发展。土壤污染问题已经成为影响群众身体健康、损害群众利益、威胁农产品安全的重要因素。

9.1.3.7　农村环境管理机构缺乏，监管能力弱

我国各地的环境保护机构设置几乎都一样，设有省、市、区/县级环境保护机构，一直以来国家环境工作的重点都在城市，我国农村环境保护是在 20 世纪 90 年代后城市污染治理取得一定成就后才逐步开始受到政府重视，农村环境管理起步较晚、发展缓慢，农村环境管理力量薄弱，农村的环境保护工作尚在起步阶段。

国家的基层环保部门是县一级的环保机构，绝大多数村镇都没有设立专门的环境管理机构，县级环保部门也较少在其所管辖村镇设立派出机构，县区直属部门及乡镇绝大多数更没有明确分管环境保护的领导，虽然现在一些镇一级政府也建立了环保机构，但是多属空架子，没有相应的人员和资金，农村环保职能基本没有履行，与日益繁重的基层环保工作、严峻的农村环境污染形势不相适应。

农村环境管理存在的问题主要表现在：①农村基层环保派出机构覆盖范围小。目前我国除了开展连片整治示范区大部分设有农村基层环保派出机构外，其他各县市区基本上还处在“空白”状态；全国尚没有建立完善的农村环境监测网络，农村环境状况底数不清、情况不明，有约30%的县级环保局没有监测站，环境监测仪器装备陈旧落后。②规范化建设差距较大。机构设置上各地的做法不统一，有分片设所，也有在当地乡镇政府建立综合性的执法机构。在工作实效上，乡镇政府内建立综合性的执法机构，虽然承担一定的环保工作职能，也做了一定的工作，但由于人员兼职多、精力难以集中，而且人员属于乡镇编制，流动性大，队伍不稳定，对乡镇的依赖性较大，影响环境监管作用的发挥。③农村基层环保专业技术人员缺乏。专业技术人才总量严重不足、整体素质偏低，缺乏必要的监测、监察能力，技术支撑力量薄弱。④缺乏足够的公共投入。一是缺乏直接公共开支渠道。尽管近年来国家在农业和环保两方面都不断加大投入，但是由于农村环保的交叉性及人们对环保问题认识不足，直接用于农村环境保护的公共投入明显不足。二是缺乏基础建设公共投资。对关系广大农民身体健康、生活质量的公共环境基础设施投资，国家财政投入很少。三是缺乏有效的财政支持。农村面源污染控制、农产品产地环境监管、小城镇环境基础设施建设等工作急需拓展资金渠道，以得到国家和地方政府强有力的财政支持。

9.2 新时期我国农村环境保护趋势与特征分析

9.2.1 农村发展趋势分析

9.2.1.1 农业总产值

根据《2012 中国统计年鉴》，过去 10 年我国农业总产值的情况如表 9-8 所示，2001~2011 年年均增长率为 11.4%，按此计算预测 2017 年、2020 年和 2030 年农业总产值分别为 80 249.54 亿元、110 942.5 亿元、326 550.2 亿元。未来 10~15 年农业总产值将保持较快的发展，有利于改善农民生活水平，提高农村自身治理环境污染的能力。

9.2.1.2 人口增长预测

（1）人口概况

根据《2012 中国统计年鉴》，截至 2011 年年底，全国年末总人口为 134 735 万人，同 2000 年的 127 627 万人相比，10 年共增加 7108 万人，年均增长率为 5.4‰。其中由于城镇化进程的加快，农村人口逐渐下降，由 2001 年的 79 653 万人降低到 2011 年的 65 656 万人（表 9-9）。

表 9-8 2001~2011 年我国农业总产值情况

年份	农业总产值/亿元
2001	14 241.9
2002	14 931.5
2003	14 870.1
2004	18 138.4

续表

年份	农业总产值/亿元
2005	19 613.4
2006	21 522.3
2007	24 658.1
2008	28 044.2
2009	30 777.5
2010	36 941.1
2011	41 988.6
年均增长率	11.4%

表 9-9　2001~2011 年我国人口变化情况

年份	总人口/万人	农村人口/万人
2001	127 627	79 563
2002	128 453	78 241
2003	129 227	76 851
2004	129 988	75 705
2005	130 756	74 544
2006	131 448	73 160
2007	132 129	71 496
2008	132 802	70 399
2009	133 405	68 938
2010	134 091	67 113
2011	134 735	65 656
年均增长率	5.4‰	–1.9%

（2）人口预测

根据国务院下发的《国家人口发展“十二五”规划》，“十二五”期间，人口年均自然增长率控制在 7.2‰以内，全国总人口控制在 13.9 亿人以内。基于此规划，以 2011 年的人口数量为基数，以 5.4‰的年均增长率计算，预测 2017 年的人口总数量约为 139 188 万人。以 2017 年的人口数量为基数，以 7‰的年均增长率计算，预测 2020 的人口总数量约为 142 131 万人。2020 年以后，由于各因素的影响，人口增长速度变缓，以 2020 年的人口数量为基数，以 6‰的年均增长率计算，预测 2030 的人口总数量约为 150 892 万人。

9.2.1.3　城镇化水平预测

《中华人民共和国国民经济和社会发展第十二个五年规划纲要》明确 2015 年我国城镇化率达到 51.5%。根据《2012 中国统计年鉴》，从 2001~2011 年我国城镇化率逐年提高，由 2001 年的 37.7%上升到 2011 年的 51.3%，增长了 13.6 个百分点。2011 年全国农村人口达 65 656 万人，与 2001 年相比，农村人口减少了约 13 907 万人，随着城镇化程度的不断提升，非农人口将迅速增长，农村人口将逐渐下降（图 9-8）。

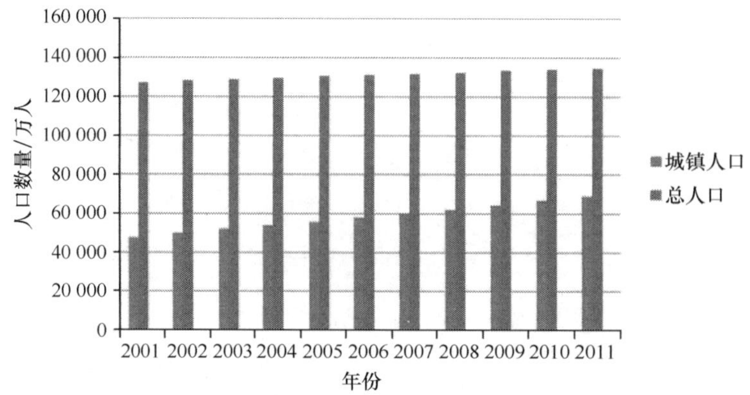

图 9-8　2001~2011 年我国城镇化发展水平（彩图请扫描正文末页二维码阅读）

考虑到农村人口向城镇集聚数据、生态移民计划（“十二五”“十三五”）等重大因素，2011~2020 年人口空间迁移总的趋势表现为：农村人口向城市转移，城镇人口逐渐增加，农村人口逐渐减小。综合以上因素，采取趋势线法，预测 2020 年城镇化率将达到 63.2%，2030 年城镇化率将达到 76.6%。

1）农村人口预测。

根据以上预测结果，我国 2017 年总人口达到 139 188 万人，城镇化率达到 59.2%；2020 年总人口达 142 131 万人，城镇化率为 63.2%，2030 年总人口达 150 892 万人，城镇化率为 76.6%，可测算 2017 年我国农村人口达 57 809 万人；2020 年农村人口达 54 501 万人，2030 年农村人口达 42 425 万人。

2）粮食需求量预测。

《“十二五”我国农村改革发展预期目标》中提出“十二五”期间，我国的食物及粮食安全目标是保障全体人民从“吃饱”到实现“吃好”。根据测算，2006～2008 年我国人均粮食消费水平为 394kg（包括国内产量和净进口）。按照目前我国每年人口净增量，2015 年全国人口达到 13.75 亿人，人均粮食需求按 400kg 计算，全国粮食总需求量为 5.50 亿 t，以粮食自给率 95%计算，需要国内生产 5.225 亿 t。到 2020 年，我国人口总量约 14.3 亿人，人均粮食消费量按照 420kg 计算，粮食需求总量将达到 6.006 亿 t，以粮食自给率 95%计算，需要国内生产 5.7057 亿 t。

因此，根据国家统计局提出的我国粮食消费标准和农业部等有关部门的研究，预测到 2017 年人均粮食需求量应为 400kg，2020 年人均粮食需求量应为 420kg，到 2030 年人均粮食需求量应为 440kg。以预测的 2017 年、2020 年及 2030 年的城镇人口和农村人口数量来计算，预计到 2017 年我国需要的粮食总产量约为 5.6 亿 t，到 2020 年我国需要的粮食总产量约为 6 亿 t，到 2030 年我国需要的粮食总产量约为 6.6 亿 t。未来 20 年粮食总量需求将持续加大，对人多、地少的中国来说，势必要把增加单位耕地产量作为必要措施，未来农业化学品投入强度将持续增强，农业面源污染压力巨大。

3）主要农产品产量。

根据《2012 中国统计年鉴》，2001~2011 年我国粮食产量、畜产品总产量、水产品总产量见表 9-10。根据《全国现代农业发展规划（2011—2015 年）》《全国渔业发展第十二个五年规划（2011—2015 年）》，到 2015 年水产品总产量超过 6000 万 t，粮食综合生产能力超过 5.4 亿 t，肉类总产量达到 8500 万 t。基于此种判断，分别对 2017 年、2020 年、2030 年我国粮食产量、畜产品总产量、水产品总产量进行预测，如表 9-11 所示。

表 9-10　2001~2011 年我国粮食、畜产品和水产品总产量

年份	粮食产量/万 t	畜产品总产量/万 t	水产品总产量/万 t
2001	45 263.7	6 105.8	3 795.9
2002	45 705.8	6 234.3	3 954.9
2003	43 069.5	6 443.3	4 077.0
2004	46 946.9	6 608.7	4 246.6
2005	48 402.2	6 938.9	4 419.9
2006	49 804.2	7 089.0	4 583.6
2007	50 160.3	6 865.7	4 747.5
2008	52 870.9	7 278.7	4 895.6
2009	53 082.1	7 649.7	5 116.4
2010	54 647.7	7 925.8	5 373.0
2011	57 120.8	7 957.8	5 603.2
年均增长率	2.40%	2.70%	3.90%

表 9-11　我国粮食、畜产品和水产品总产量情景预测

年份	粮食产量/万 t	畜产品总产量/万 t	水产品总产量/万 t
2017	65 855.8	9 337.179	7 049.031
2020	70 712.13	10 114.09	7 906.35
2030	89 638.27	13 201.75	11 591.28

4）主要农用投入品用量。

根据《2012 中国统计年鉴》，2001~2011 年我国农用柴油使用量、化肥施用量、农药使用量、农用塑料薄膜使用量见表 9-12，年均增长率分别为 2.60%、2.20%、2.80%和 4.00%。在不考虑其他因素影响下，预测了 2017 年、2020 年、2030 年我国农用柴油使用量、化肥施用量、农药使用量和农用塑料薄膜使用量，见表 9-13。

表 9-12　2001~2011 年主要农用能源和化学投入品使用情况

年份	农用柴油使用量/万 t	化肥施用量/万 t	农药使用量/万 t	农用塑料薄膜使用量/万 t
2001	1 485.25	4 253.8	127.48	1 449 286.0
2002	1 507.47	4 339.4	131.13	1 530 756.2
2003	1 574.63	4 411.6	132.52	1 591 670.3
2004	1 819.47	4 636.6	138.6	1 679 985.2
2005	1 902.66	4 766.2	145.99	1 762 325.4
2006	1 922.78	4 927.7	153.71	1 845 481.8
2007	2 020.81	5 107.8	162.28	1 937 467.9
2008	1 887.85	5 239.0	167.23	2 006 924.3
2009	1 959.89	5 404.4	170.90	2 079 696.7
2010	2 023.12	5 561.7	175.82	2 172 991.4
2011	2 057.44	5 704.2	178.70	2 294 535.9
年均增长率	2.60%	2.20%	2.80%	4.00%

表 9-13　我国主要农用能源和化学投入品使用情景预测

年份	农用柴油使用量/万 t	化肥施用量/万 t	农药使用量/万 t	农用塑料薄膜使用量/万 t
2017	2 400.001	6 499.802	210.903 2	2 903 320
2020	2 592.11	6 938.296	229.119 8	3 265 840
2030	3 350.634	8 625.053	301.990 8	4 834 241

9.2.2　中国农村环境保护缺位分析

与发达国家相比，我国农村环境保护工作缺位与不足之处主要体现在以下 5 个方面。

9.2.2.1　城乡之间缺乏系统规划布局

目前，我国农村正处于一个发展转型期，大量原住居民由于就业、就学等原因流向城镇和市区，部分村落正走向衰退，留守的主要是老人、妇女、小孩，村落发展中没有凝聚力和动力，形成“空心村”；而部分村落由于路网骨架、基础设施等的完善，并有与城市发展提供服务功能相应的产业支撑，村落保持了发展的活力；另外一些村落，由于城市空间外延的需要，农村土地不断减少，最后农民转变为城市（镇）居民，成为城市的一部分，农村也就不存在了。可见，农村的发展与城镇密切相关，必须将农村的发展与城市统筹考虑。而我国不论是经济发展还是环境保护主要都集中在城市范围，且将城市与农村人为割裂开，城乡二元结构明显，就城市论城市、就农村论农村现象比较严重，缺乏将农村规划与城镇规划乃至城市群发展战略相衔接的规划，既造成了农村与城市（城镇）发展不协调，又造成了农村缺乏特色。“千村一面”的发展现象普遍存在，一旦这种特色被硬性抹杀后，也许就永远退出人们的视野，也就没有了所谓的“乡愁”。

9.2.2.2　法律法规及政策标准不健全

许多发达国家在进行资源环境保护时，都会出台相应的法律法规，为生态环境建设提供制度支持。例如，美国对各地农地、水等自然资源保护的实践证明，生态环境保护各项法律和计划的实施使生态保护收到了良好的效果。特别是美国联邦政府于 1985 年修订的《农业法》中制定的“农地保护计划”，大规模地实施退耕还草、退耕植树或休耕；到 1990 年共将 1.18 亿 acre①的农地纳入，发挥了巨大的生态效益和经济效益。综观国外畜禽养殖业的发展，为了保护农村环境，也都有一系列的法律法规体系作支撑。日本由于人口稠密，并于 20 世纪 70 年代发生了严重的“畜产公害”，因此畜禽污染的立法最多，先后制定了 7 个与畜禽污染管理控制相关的法律，其中直接相关的有《废弃物处理与清除法》《防止水污染法》和《恶臭防止法》；《美国联邦水污染控制法》中的规定侧重于畜禽场院建设管理，其污水无论排入自身贮粪池，还是排入流经本场的水体，均需得到许可；此外，德国规定畜禽粪便不经处理不得排入地下水源或地面；挪威为了防止畜禽污水污染水资源，1970 年颁发《水污染法》，环保部于 1973 年、1977 年、1980 年又发布了许多法规，规定在封冻和被雪覆盖的土地上禁止倾倒任何牲畜粪肥，禁止畜禽污水排入河流；丹麦为了减少粪便污染，规定根据每公顷土地可容纳的粪便量，确定

① 1acre=0.404 856hm^2。

畜禽最高密度指标；施入裸露土地上的粪肥必须在施用后 12h 内犁入土壤中，在冻土或被雪覆盖的土地上不得施用粪便；每个农场的贮粪能力要达到贮纳 9 个月的产粪量。总之，国外环境保护的法律法规健全而又翔实，可操作性强，执法手段先进而有效，加上国民的守法意识较强，所以，执行起来容易到位。

而我国的立法落后于生态保护和建设的发展，对农村许多环境的新问题和生态保护方式缺乏有效的法律支持；相对于国外的一系列环保策略，我们现有的农村政策显得极其单调和薄弱。此外，一些重要法规对生态环境保护和补偿的规范不到位，尤其是缺乏一些基于市场的信息与环境经济政策和手段。例如，《中华人民共和国水法》规定了水资源的有偿使用制度和水资源费的征用制度，各地也制定了相应的水资源费管理条例，但大多没有将水资源保护补偿、水土保持纳入水资源费的使用项目。总之，在农村环境保护立法及政策方面，我国目前与发达国家相比差距极大，还有一段很长的路要走。

9.2.2.3　基础研究及技术推广能力薄弱

农村环境保护工作应是一项综合、系统的工程，要使其长期、可持续地开展，不但要有宏观层面上的政策支持，还要有相应的技术体系和监督管理体系，而环境友好型科研技术体系的出台是生态补偿的重要组成部分。在环境治理方面，许多发达国家的基础研究工作非常细致，技术推广体系也比较发达，如加拿大一个县级政府部门为保护地下水、控制农业面源污染而颁布农田使用流质厩肥的条例。根据水文地质条件、土地利用类型、土壤物理性状，特别是土壤的排水性，明确划定全县允许使用流质厩肥的农田和草地范围；近年来德国各个州政府为减少农业面源污染，陆续颁布了一系列有利于环境安全和农业可持续发展的限定性和推荐性农业生产技术标准。而我国幅员辽阔，各地自然地理、社会经济往往存在较大差距，更需要加强基础研究，从实际出发，因地制宜地研究、推广各类农村环保实用技术。因此，我国在今后的生态环境保护方面除了提供直接的资金支持以外，还应加大生态保护的基础科研力度，建立适合中国农村条件，特别是各地农民不同经营方式的环保型农业技术推广服务体系，促进对农业生态环境的保护。

9.2.2.4　缺乏有效的监督管理机制

有效的监督机制对执行环境法规有着重要作用。欧美对生态环境保护的监督管理是十分严格的。美国在实施“保护计划”的区域内，如果农户不参加“保护计划”，政府则取消该农户享受农业扶持及参加联邦农业部“农产品计划”的资格。1996 年“保护计划”为期 10 年的保护期过后，部分休耕的耕地要想重新种植农作物，必须严格遵守 1985 年及 1990 年修改后的《农业法》中有关耕地保护的条款，否则，就取消其“农产品计划”；而那些已经退耕还林还草的耕地，则永久性地退出农作物种植领域。发达国家对各项农业环境技术标准执行情况的监督主要通过政府专项拨款，依托当地的农业科研和技术推广部门代行这一职能。中国目前在环境治理方面无论是在重要的水源保护区，还是水体污染已很严重的流域和高污染风险地，均无从源头控制的监督体系和相应的奖惩措施，对农民和农村农资供销专业户不规范的生产、经营行为缺乏指导和监督。为此除应加强农村基层专职环保机构设置和管理外，还应依托流域管理部门和农村农业技术推广体系，建立从源头控制的监督机制和体系。在水体污染严重的流域和高污染风险地区，通过国家地方共同投资方式，采用“绿箱”政策，试行水源涵养地、水源保护区的限定性农业生产技术标准，鼓励和推动环境友好的替代技术和限定性农业生产技术标准的广泛应用，对造成严重环境影响的不规范生产行为实施相应的惩罚措施。

9.2.2.5 环境保护与政策措施一体化难以实现

由于以化肥、农药为主的现代投入品的大量使用，以及不当的农业生产方式导致土地质量退化（沙化、盐渍化、水土流失、土壤污染等）、耕地锐减而引发一系列农业环境问题。过去农业环境问题的产生主要是由高投入、高产出、高能耗的生产方式带来的，是靠对自然资源的掠夺和环境的破坏带来的，是不可持续的。大量化肥、农药等生产要素的使用，对森林的破坏和耕地的大量开垦等，虽然在短时期内给农业生产带来了效益，但也产生了不可逆转的环境问题。人们虽然也采取了各种措施进行环境治理与改善，但是“先污染、后治理”并不能完全消除环境污染带来的负面影响。因此改变农业生产方式，实现农业环境保护与环境政策一体化是保护农业环境的关键。所谓一体化的环境政策即要求人们在制定和实施有关社会经济政策的早期就对环境问题加以考虑。经济政策在制定过程中一定要进行环境影响评价。对于经济政策的环境影响评价主要有环境成本分析、环境效果分析和环境费用负担分析等政策可行性评价。任何一项经济政策只有在通过事先充分的环境评估并取得良好评价后才能实施，如果不进行环境风险评估或采取不负责任的评估态度，一旦实施起来，其产生的环境后果将是非常严重和不可逆转的。日本过去在发展化学工业中产生的汞污染和人体中毒事件虽然得到圆满解决，但至今在国民心中留有余悸。日本不仅颁布了《环境影响评价法》，而且严格执法并对违法事件进行严肃处理。欧盟在环境影响评价方面建立了“欧盟环境管理和审计体系”和“公共与个人项目对环境影响的评估体系”，前者监督工业活动对环境的影响，后者评价城镇设计规划对环境的影响，这一评价对城镇设计规划最终是否被采纳有直接的影响。我国于 2003 年颁布实施了《环境影响评价法》，但目前还仅限于对建设项目及部分专业规划进行环境影响评价，而且规划环评才刚刚起步，政策环评尤其对一些重大农村经济政策的环境评估尚缺乏法律依据，有待于进一步完善和提高。

9.2.3 新时期特征分析

9.2.3.1 生态文明是新时期的时代特征

2007 年，党的十七大报告中提出“建设生态文明”，将“全面协调可持续发展”作为科学发展观的重要内容，提出建设“资源节约型、环境友好型社会”，并将“建设生态文明”作为 2020 年全面建成小康社会的五大奋斗目标之一。同时，新修改的《中国共产党章程》中，也加入了“人与自然和谐”“建设资源节约型、环境友好型社会”等内容。十七届四中全会第一次把生态文明建设与经济建设、政治建设、文化建设和社会建设并列提出，正式确立了“五位一体”的现代化建设布局。2012 年的十八大报告中，“生态文明”的地位进一步凸显，第一次提出“推进绿色发展、循环发展、低碳发展”“建设美丽中国”，并作为实现社会主义现代化和中华民族伟大复兴的总任务，强调生态文明建设基本路线是加快建立生态文明制度，健全国土空间开发、资源节约、生态环境保护的体制机制，推动形成人与自然和谐发展的现代化建设新格局；指明建设生态文明的现实路径，就是转变经济发展方式、优化国土空间开发格局、全面促进资源节约、加大自然生态系统和环境保护力度、加强生态文明制度建设等具体内容和要求。这一表述提出了“生态文明新时代”的新概念，将生态文明提升到了人类社会发展的一个特定时代的高度。

9.2.3.2　城乡一体化是新时期农村建设的必然趋势

城乡一体化是我国城市化发展和现代化的一个新阶段，要求把工业和农业、城市与农村、城镇居民和农村居民作为一个整体进行统筹规划，通过体制改革和机制创新，促进城乡在规划建设、产业发展、市场信息、政策措施、生态环境保护、社会事业发展的一体化，改变长期形成的城乡经济、社会、政治、文化、生态五重二元结构，使整个城乡经济社会全面、协调、可持续发展。

党的十六届五中全会把建设社会主义新农村作为我国现代化进程中的重大历史任务，强调“要统筹城乡经济社会发展，推进现代农业建设”。十八大也提出，城乡发展一体化是解决“三农”问题的根本途径，坚持工业反哺农业、城市支持农村和多予少取放活方针，加快发展现代农业，坚持把国家基础设施建设和社会事业发展重点放在农村，加快完善城乡发展一体化体制机制，形成以工促农、以城带乡。坚持走中国特色新型工业化、信息化、城镇化、农业现代化道路，推动信息化和工业化深度融合、工业化和城镇化良性互动、城镇化和农业现代化相互协调，促进四化同步发展。十八届三中全会审议通过的《中共中央关于全面深化改革若干重大问题的决定》再次强调了城乡一体化的发展思路，并明确提出，城乡二元结构是制约城乡一体化发展的主要障碍，明确表示要打破城乡二元结构，以工促农、以城带乡、工农互惠、城乡一体 4 个内涵组成新思路来发展城乡一体化。打破城乡传统的二元结构，消灭工农差别、城乡差别，统筹城乡发展，使城乡呈现一体化的协调发展趋势，是我国建设社会主义新农村的必由之路。

城乡一体化发展是解决“三农”问题的根本途径，农村的发展不能走先污染后治理的老路，必须要统筹城乡发展、深入贯彻城乡一体化发展，切实把农村环保放到更加重要的战略位置。城乡的经济发展在促进城乡一体化的同时要重视经济发展对生态环境的影响，不仅要在生态环境承载力内进行，而且要通过对生态环境的进一步有效保护和整治来拓展生态环境的承载能力，使生态系统自身获得良性循环。

在城乡一体化形势下，城市和农村的环境保护被统一纳入一个大系统加以规划和保护，农村经济增长方式的转变进一步得到重视，农村经济发展要从传统的城乡污染梯度转移型向城乡生态环境互动互补型转化，破除城乡环境对立的格局，推进城乡生态环境协调发展。

此外，在城乡一体化背景下以农村为城市发展服务为导向，进一步强化农村生态环境对城市发展的作用，在农村不同区域设置不同的经济、社会发展目标，因地制宜地利用本区域资源优势，为城市提供生态特色服务，既能避免因同质化生产导致的恶性竞争，又能发挥各自的比较优势，创造出区域多赢的局面，实现城乡共容式发展。调整农业结构、加强绿色园区建设、发展绿色农业和生态农业，构筑都市农产品生产基地，进一步挖掘农业的旅游、观光、休闲等生态功能，形成以绿色生态产业为依托的都市生态环境圈，使之成为调节城乡生态平衡，推进城乡一体化的新领域。

9.2.3.3 新型城镇化将为新时期农村建设提供有力支撑

城镇化是现代化的必由之路，中国的城镇化率从 1978 年的 18%到 2012 年达到了 52.6%，中国的城镇化在快速推进。十八大报告明确提出：坚持走中国特色新型工业化、信息化、城镇化、农业现代化道路，推动信息化和工业化深度融合、工业化和城镇化良性互动、城镇化和农业现代化相互协调，促进工业化、信息化、城镇化、农业现代化同步发展。新型城镇化是未来中国经济的驱动力量，将成为未来中国经济和社会发展的主推力。李克强总理也多次强调，工业化和城镇化是现代化的必由之路，中国未来几十年的最大发展潜力就在于城镇化。十八届三中全会审议通过的《中共中央关于全面深化改革若干重大问题的决定》中提到，完善城镇化的健康发展机制，坚持走中国特色新型城镇化道路，推进以人为核心的城镇化，推动大中小城市和小城镇协调发展、产业和城镇融合发展，促进城镇化和新农村建设协调推进，优化城市空间结构和管理格局，增强城市综合承载能力。在十八届三中全会中，城镇化和新农村被协调并进地提出，打破了以往单纯提出发展城镇化的误区，能更有效地防范以往城市化带来的弊端，提出城镇化和新农村协调发展，不仅能够延续以往新农村发展的成果，也为新时期农村建设提供有力的支撑。

9.2.3.4 农业现代化是新时期农村建设必然选择

逐步实现农业现代化，是中国社会主义现代化建设的重要组成部分，是社会主义新农村建设的首要任务。2007 年的《中共中央国务院关于积极发展现代农业扎实推进社会主义新农村建设的若干意见》全面阐释了新时期农业现代化的内涵，即“用现代物质条件装备农业，用现代科学技术改造农业，用现代产业体系提升农业，用现代经营形式推进农业，用现代发展理念引领农业，用培养新型农民发展农业”。

2008 年党的十七届三中全会进一步提出了“两个转变”的农业现代化路径，即“家庭经营要向采用先进科技和生产手段方向转变，增加技术、资本等生产要素投入，着力提高集约化水平；统一经营要向发展农户联合与合作，形成多元化、多层次、多形式经营服务体系方向转变，发展集体经济，增强集体组织服务功能，培育农民新型合作组织，发展各种农业社会化服务组织，鼓励龙头企业与农民建立紧密型利益联结机制，着力提高组织化程度”。2010 年党的十七届五中全会在深刻把握和深刻认识当前我国经济社会发展阶段和新形势下工农城乡关系的基础上提出了“三化同步”思想，即“在工业化、城镇化深入发展中同步推进农业现代化”。十八大提出走以工业化、城镇化、信息化和农业现代化“四化”并举的新型城镇化道路。2013 年指导“三农”工作的中央一号文件《中共中央国务院关于加快发展现代农业 进一步增强农村发展活力的若干意见》中指出，2013 年农业农村工作的总体要求是：全面贯彻党的十八大精神，以邓小平理论、“三个代表”重要思想、科学发展观为指导，落实“四化同步”的战略部署，按照保供增收惠民生、改革创新添活力的工作目标，加大农村改革力度、政策扶持力度、科技驱动力度，围绕现代农业建设，充分发挥农村基本经营制度的优越性，着力构建集约化、专业化、组织化、社会化相结合的新型农业经营体系，进一步解放和发展农村社会生产力，巩固和发展农业农村大好形势。

农业现代化是中国农村和农业发展的根本途径，是新时期农村建设的必然选择。推进农业现代化，强化社会主义新农村建设的产业支撑，是建设社会主义新农村这一战略决策的重要组成部分。实现农业现代化就是要实现农业产业化、农业规模化、农业科技化。中科院发布以农业现代化为主题的《中国现代化报告 2012》提出农业现代化的三大战略重点：提高农业效率、加快农业结构调整、提高农民生活质量。发展生产、农民增收、改善农村生态环境是新时期农村建设的重点，新时期农村建设必须把推进现代农业建设作为重要基础，大力推进农业现代化建设，发展粮食生产，优化农业区域结构、产品结构和农村产业结构，推进农业结构战略性调整，大力推进科技创新和农业经营体制机制创新，发展生态农业，从而可以为农村改革和发展创造良好条件，促进城乡经济社会健康协调发展，从根本上转变农业增长方式，有效保护和合理利用农业资源，实现可持续发展，使广大农民群众分享改革发展的成果，提高农民生活质量。

9.2.4　新时期压力与挑战

9.2.4.1　生态文明建设给农村环境保护提出了更高的要求

环境保护是生态文明建设的主阵地，农村是生态文明建设的重点，农村生态文明建设是实现农业可持续发展、农村和谐发展、农民物质生活与精神生活丰富的重要举措，是农村经济可持续发展的前提和保障。同时，农村是生态文明建设的难点，我国农业、农村生产比较落后，已经成为国民经济的薄弱环节，农村经济不平衡性发展、制度的缺陷所引发的一系列问题使得生态文明建设面临着很多困境。

农村生态文明建设，必须要深入贯彻落实生态文明理念，切实把农村环保放到更加重要的战略位置，不仅强调人与自然、人与人、人与社会和谐共生、全面协调发展的生态价值诉求，更重要的是以科学发展、可持续发展为战略理念，以发展生态农业、绿色农业为依托，把生态文明建设融入新型城镇化发展全过程，大力开展农村环境整治，进一步深化“以奖促治”工作，不断改变农村环境面貌，通过宣传、教育和培训引导广大农民树立生态文明观念，促进形成资源节约与环境友好的农村产业结构、生产方式和生活方式，实现农村经济社会环境的整体性协调发展。

9.2.4.2　快速城镇化、工业化发展给农村环境保护带来新的挑战

工业化是城镇化的经济基础，城镇化是工业化的空间依托。2005~2011 年，我国的年均工业化率为 42.3%，工业化进程尚未完成，未来 10~15 年是我国最终完成工业化的时期；1978~2011 年，我国的城镇化率由 17.9%提高到 51.3%，年均提高 1 个百分点，与发达国家城镇化水平的差距迅速缩小，我国城市数量由 193 个增加到 657 个，初步形成了以都市圈、城市群为主体，大中小城市协调发展的城镇发展格局，但城市化仍然滞后于工业化。目前，我国正处于城镇化发展的转折时期，正进入城镇化中期发展阶段，2013 年，我国城镇化率预期达到 53.37%，年均提高 0.43 个百分点，是世界同期城市化速度的 2 倍。同时，伴随着城镇化的发展，出现了人口集中、工业集聚和农业集约化发

展，特别是由于过快的工业化、城镇化发展超出了资源环境承载能力，水资源及其带来的问题尤为突出，全国650多座城市，有400多座城市缺水，110座严重缺水。“旧账未还、又欠新账”，人口、土地、资源、环境的矛盾日益突出，城镇化发展最终导致资源短缺、生态环境质量严重恶化，城镇的持续健康发展受到制约，人类的生存受到严重威胁。

新型城镇化道路是一条以提高城镇化质量为导向，坚持集约发展、绿色发展、低碳发展、多元形态、四化同步、以人为本的城镇化道路，新型城镇化讲求城乡互补、协调发展，这就要求新型城镇化与新农村建设形成良性互动，让新型城镇化带动新农村建设，新农村建设助推新型城镇化，注重工业反哺农业、城镇支持农村，促进公共财政向农村倾斜、基础设施向农村延伸、公共服务向农村覆盖，加快村镇建设、发展乡村产业、强化基层治理、改善农村环境，积极稳妥开展新型农村社区建设，率先推进产业集聚区、城市近郊区的新型农村社区建设，探索建立新型农村社区管理体制。

同时，城镇化是一个复杂的系统工程，随着城镇化的推进，资源、环境、生态等问题也不容忽视。面对城镇化建设中用地失控严重、区域环境质量下降、生态破坏较为普遍等诸多问题，李克强明确表示，新型城镇化，要树立集约、高效、绿色理念，努力寻求破解资源、环境约束的有效办法，高度重视新型城镇化建设中的许多重点难点问题，如优化人口与经济空间布局、促进新型城镇化与农村环境保护相辅相成、形成资源节约环境友好的生产消费模式、可持续发展等。加强农村环境保护是新型城镇化建设的必然选择，农村环境保护中要以农村为城市发展提供生态服务为导向，坚持以人为本、集约型、和谐发展型、可持续发展，根据农村地区资源环境承载能力，进行农村功能定位，明确农村生态功能定位及发展方向，走新型城镇化道路。

9.2.4.3 人民日益增长的物质需求给农业生产环境带来巨大压力

人口增加造成的日益增长的粮食需求直接影响着农业在土地上的生产投入强度，化肥、农药、地膜及规模化养殖的投入对土地、水资源环境、空气造成严重影响。从目前的预测来看，我国在2020年人口将达到13亿~14亿人，2030~2040年达到人口高峰，为15亿~16亿人，此后逐步下降。根据国家统计局提出的我国粮食消费标准和农业部等有关部门的研究，到2020年我国需要的粮食总产量约为6亿t，到2030年我国需要的粮食总产量约为6.6亿t。未来20年粮食总量需求将持续加大，目前，我国耕地只有18.27亿亩，人均仅有1.38亩，这意味着要增加我国的粮食产量必须提高单位面积产量，加大对单位土地的投入，同时也意味着，如果不考虑技术进步的影响，目前的土地投入强度在可预期的20~30年不会下降。因此，农业生产本身带来的农业污染在可预见的将来依然会呈现高位运行态势。

长期以来，我国农业的首要任务是保障农产品有效供给，增加产量是第一位的。随着人民生活水平的提高，目前我国人民群众的消费观念已由“吃得饱”向“吃得好、吃得安全”转变，更多地考虑农产品是否安全、是否有益于健康，把农产品质量安全与数量安全摆在同等重要的位置。因此，要满足人民群众生活水平不断提高的需求，必须要统筹好数量、质量和效益的关系，农村环境保护面临的压力将持续加大。

9.3　战略对策与措施

9.3.1　健全完善农村环保法规和政策，推动农村环境保护法制化

推动将农村环境保护纳入国家法制化管理体系。修改完善《环境保护法》涉及农村环境保护的内容，研究制定和发布《土壤环境保护法》等法律法规，推动各地制定出台地方性农村环保法规和规章。加快出台《畜禽养殖污染防治条例》。

加快完善农村环境标准和规范体系。制定完善村镇生活污水和垃圾处理、农业面源污染防治等方面的标准和规范。修订农药、畜禽养殖等污染物排放标准和土壤环境质量标准。加快制定农村环境质量、人体健康危害和突发污染事故相关监测、评价标准和方法。推动各地制定地方性农村环境保护标准和规范。

围绕“以奖促治”工作，开展配套政策、规划的研究和制定工作，及时总结各项措施执行情况和各地经验教训，真正把这项政策落到实处，让农民得到实惠。

9.3.2　加强农村环境系统管理，建立城乡环境保护统筹体制

环境治理和保护方面的城乡差距，既是城乡二元结构的重要表现，又是城乡二元体制的结果，统筹城乡环境保护的基本思路，就是要形成城乡环保全面推进、工农业污染防治并重的新格局。要改革城乡二元环境治理、保护体制，统筹城乡环境保护，调整“城乡分治、城市中心”的发展观念，以流域、区域整体为单位，实行城乡统筹。

强化农村环保队伍建设。按照“权责匹配，重心下移”原则，强化基层环境监管，增加基层环保机构队伍建设，落实人员编制，重点乡镇要逐步设置环保机构，明确环保工作人员。配齐配强环境监测、监察执法和宣教队伍，推进环境执法、环境监测、环境宣传“三下乡”。在开展农村环境连片整治、生态文明建设试点示范等的乡镇，要设立专门的环保机构，配备专职人员。

逐步建立农村环保设施运行管理的产业化、市场化机制。重点培育农村环保技术咨询、建设施工、管理服务等产业发展。积极建立治污设施建设、运行、维护一体化管理模式，探索适合不同地区的第三方运管、属地管理、村民自管等模式。

9.3.3　完善环境公共财政体系，增加农村环境保护投入

政府要把环境保护作为公共财政支出的重点，积极调整支出结构，加大对农村环境保护的投入。建立政府、企业、社会多元化投入机制。加大中央和地方财政资金投入力度。继续实施“以奖促治”“以奖代补”政策，中央财政逐年加大农村环保专项资金投入力度，引导地方财政加大投入，重点支持农村环境连片整治和农村生态文明建设试点示范。实行“以奖促保”政策，各级人民政府要逐步加大土壤环境保护和综合治理投入力度，中央财政对土壤环境保护工程中符合条件的重点项目予以支持。逐步加大中央财

政对农村饮水安全工程、中小河流和农村河道治理、规模化畜禽养殖污染防治、秸秆综合利用、清洁能源推广等资金投入。地方财政要保障农村环境基础设施运行经费和环境监督、监测等工作经费。落实企业责任，按照“谁污染、谁治理”的原则，保障污染治理的资金投入。引导社会资金参与农村环境保护和综合整治，鼓励农民自愿投工投劳。

9.3.4 完善农村环境经济政策，全面推动农村生产生活环境保护

我国应制定系统化环境经济政策，从农业生产投入品、清洁生产过程、环保产业发展等角度，通过公共财税、税收、信贷等手段，鼓励刺激环境友好商品、产业的发展。一是在国家层面实施针对有机肥生产、运输、销售、施用，以及有机食品基地建设的指导性意见，引导开展有机肥市场化生产运作，给予有机肥和化肥同等的补贴奖励政策，鼓励社会资本、企业资金投入有机肥生产加工。二是各级地方政府基于国家指导意见，结合地方实际情况，因地制宜地设计有机肥价格补贴、机械补贴、购买补贴等公共财政政策，同时出台针对有机肥生产、加工、运输企业的税收政策，明确税收优惠比例、贷款利率、企业要求等。三是支持有机肥环保产业发展，采用市场化运管机制，国家应给予有机肥产业和化肥产业同等的财税政策，并逐步限制化肥生产使用，对有机肥生产加工适当给予贴息贷款或其他信贷优惠，支持企业前期基本建设，支持特效、特种有机肥出口。

引导绿色消费。同绿色产品销售企业，尤其是低能耗、环保产业合作，结合家电下乡等活动，加大补贴和监督力度，推行农村绿色消费。

9.3.5 强化农村生态环保科技支撑和能力建设，提高支撑能力

加快农村环保科技成果转化，研发一批低成本、效果好、易操作的治理技术和装备。研发农村生态系统监测、诊断、评估技术，构建农村环境生态系统健康模式。研发农业面源污染监测与评价技术。研究农产品产地生态安全评价技术与区划方法，以及农村环境综合整治、环境友好型产业和农业循环经济等关键技术，并选择典型地区开展技术示范。研究生态农业的环境、经济效益，开展农业政策环境影响评价研究。研究不同生态经济区新农村人居环境质量综合评价技术。开展支撑和完善农业农村环境管理的政策法规研究。

开展农村适用成熟技术推广。在系统总结我国农村适用技术的基础上，选择推广成熟的农村环保技术，如畜禽粪便和秸秆综合利用技术、土壤污染控制技术、农药残留速测技术等，引导农民科学施肥用药，减少农用化学品对农业生态环境的污染，从源头上削减污染物；同时推广污染处理技术，如“防治乡镇工业废水、废气新技术，污灌区污染控制的治理技术，生物监测技术，高浓度有机废水、烟气脱硫等污染控制技术，进行废物资源化再生利用，不断提高科技进步在农村环境保护中的贡献率。

开展农村环保设备技术研发。研发农村畜禽粪便、农作物秸秆资源化利用途径及农村清洁能源生产、利用的技术与设备。研发农村生活垃圾收集、贮运及无害化处理处置技术与设备，以及农村生活污水收集、处理技术与设备。加强监测、执法等仪器

设备配备。

9.3.6 加强环境宣传与培训，提高农民环境意识，推动公众参与

结合社会主义新农村建设，加大农村环保宣传教育投入，健全宣教基础设施，提高群众的环境意识，引导广大农民自觉培养健康文明的生产、生活、消费方式。开展多层次、多形式的农村环境保护知识宣传教育，使农村环保宣传教育进入学校、社区、家庭，提高群众的环境意识，推广健康文明的生产、生活和消费方式，调动农民参与农村环境保护的积极性和主动性，逐步建立群众参与式农村环境保护机制。实施千乡万村环保科普行动计划，印发农村环境保护手册和挂图，加强农村环境保护工作培训，推广典型经验和模式。

9.4 重大政策建议

9.4.1 推动农村环境保护的基础性支撑配套体系建设

（1）建立农业农村环境监测预警体系

加大农业农村环境监测预警体系建设力度，尽快完善省级农业农村监测站，在此基础上建设地市级和县级农业环境监测站，逐步建成省、市、县三级农村污染监测网。同时，建立健全现有的农业环境监测网络，建立起完善的农业农村污染动态监测网络体系。建立农业农村生产环境数据信息平台，为农业生产、农业技术推广创建基础性的信息交流途径，为农业生产、食品安全提供环境预警服务。

（2）深化农业农村污染的基础性调查与监测

在第一次全国污染源调查的基础上，开展农业农村污染源动态更新工作，细化农业农村污染源普查，摸清不同污染源排放规律和对环境污染指标的贡献率等污染底数，土壤污染对农业生产能力和食品安全的影响幅度和大小，及时准确地掌握农村污染状况和变化趋势，为制订科学可行的污染控制措施提供依据。

（3）积极开展农业农村污染防治技术研究与示范

鼓励支持新型农村技术的基础性研究和前期开发。结合农业现代化和农村城镇化发展趋势，开展集约化的农业面源污染防治、规模化畜禽养殖污染防治、农村产业集聚区污染防治等技术研究。加快推进农村环保科研成果转化，研发一批适合农村环境保护的低成本、效果好、易操作的治理设备。推动各地加快建立专业化的农村环保技术服务队伍。制定有机肥生产和使用、有机食品生产、农业废弃物综合利用等技术推广政策，引导推动农村环保技术开发、设备制造等产业发展。

9.4.2 创立新型农村环境保护体制机制

（1）建立城乡统筹的环境保护体制机制

统筹兼顾、协同推进城乡环境保护，把农村环境保护摆到与城市环境保护同等重要

的地位，促进城乡环境质量全面改善。完善城乡一体化的环境保护与建设管理体制，形成全覆盖、网络化的环境保护省、市、县、乡镇四级监管体系。严格执行建设项目环评，推进战略与环评规划。加强对大气、土壤、水环境的城乡统筹综合整治，着力推进以饮用水源保护、垃圾及污水集中处理、土壤污染防治为重点的城乡生态环境建设。加强城乡污水处理、水资源利用与保护设施、防洪设施等的整体协调，推进城乡之间、区域之间环境保护基础设施共建共享，形成城乡统筹的生态环境综合保护与建设新格局。

（2）实施农村环境综合整治目标责任制

建立农村生态环境综合整治目标责任制，落实省级人民政府的农村生态环境保护目标责任，并实施目标责任考核。环境保护部与省（自治区、直辖市）人民政府和计划单列市人民政府签署农村环境综合整治目标责任书，各省（市）对目标任务按年度进行分解并上报环境保护部，环境保护部据此进行考核。考核体系分为两部分：一部分是工作目标，主要包括建制村整治数量等定量指标；另一部分是工作要求，主要包括体制机制建设等定性指标。环境保护部组织考核，将考核结果上报国务院批准后，单独通报各省（市）人民政府。同时，环境保护部将研究制订相关奖惩措施。

（3）实施农村环境监管一体化建设

厘清现存法律体系，进而完善环境监管体制法律规定。建立“统一监督管理与分级、分部门相结合”的环境管理体制，应对现有环境法律进行清理、整合、创新，制定一部专门的环境监管体制法，并将农村环境监管纳入其中。明确农村环境监管部门的地位、机构组成、各部门职责，以及相互协调、配合和监督的程序等。提高农村环境监管机构地位，延伸农村环境监管机构建设。逐步配齐配强农村环境监测、监察执法和宣教队伍。

建立健全农村环境监管协调机制，明确各农村环境监管机构的权限与职责，统筹城乡监管职能。坚持以城带乡、以镇带村，将农村的环境监测、监察、统计、宣教信息等环境监管职能建设纳入城市环境监管体系，统筹考虑，从而实现城乡一体化环境的监管。

（4）探索建立乡村环境社会化管理服务体系

引导建立乡村公共服务机构和有效运转机制。通过政策推动、项目引导，建立以村为基本单位、农户为基本服务对象、乡村公共服务机构为主体的农村社会化服务体系。积极探索建立乡村社区物业化、契约化管理服务模式，引入市场机制，将秸秆、粪便、垃圾等废弃物资源化利用和环境污染治理市场化，与治理者的收益挂钩；通过机制带动，鼓励企业、各类合作经济组织和农民的广泛参与。

第 10 章　新时期环境风险与健康战略研究

环境与健康问题已经成为全球瞩目的焦点问题。改革开放以来，随着我国社会经济的快速发展及城镇化建设的加速推进，人民群众物质生活水平得到了极大的提高。与此同时，由于粗放型经济增长方式没有得到根本扭转，我国环境面临的压力不断加大，由于环境污染所导致的健康危害正变得日益严重，并受到人们的广泛关注。环境污染对健康的影响问题已成为关系到群众切身利益、威胁社会安定团结、影响经济可持续、社会和谐发展的主要问题之一。

有研究数据显示，2000 年，由于空气污染引起的健康损害导致我国 GDP 的损失达 0.37%，如果不采取有效的环境管理和保护措施，到 2020 年，由此导致的 GDP 损失将达到 9.52%，而对健康的影响更是难以估量。随着经济的发展，工业、农业的发展和环境保护及人民健康之间的紧张关系还会持续存在。此外，近年来，我国环保部门收到的关于环境问题的投诉逐年上升，其中相当一部分投诉是直接反映环境污染对人民群众所造成的健康损害问题。在未来的一段时期内，我国人口将继续增加，经济总量将再翻两番，资源、能源消耗持续增长，环境保护面临的压力将越来越大，由于环境引发的健康问题也将越来越突出。如果处理不好，不但会影响经济的可持续发展，而且将影响社会的稳定和国家安全。

党中央、国务院一贯重视环境与健康问题。新中国成立伊始即确立了“预防为主”的卫生工作方针，广泛开展爱国卫生运动，建立环境卫生机构，培养干部队伍，制定相关标准、条例，对环境健康知识进行宣传教育，积极开展相关的科研工作，对预防传染病的发生和流行、保护人民群众身体健康、保障国家建设和经济发展顺利进行发挥了积极而不可替代的作用。2007 年 10 月 15 日，胡锦涛总书记在十七大报告中明确指出：“要重点加强大气、水和土壤等污染防治，改善城乡人居环境”；在第六次全国环保大会上，温家宝总理提出“全面推进、重点突破，着力解决危害人民群众健康的突出环境问题”；《国务院关于落实科学发展观，加强环境保护的决定》中指出：“要努力让人民群众喝上干净的水，呼吸清洁的空气，吃上放心的食物，在良好的环境中生产和生活”，并强调“要推动环境科技进步，开展环境与健康研究”。以上内容充分体现了党中央、国务院“以人为本”的精神和对环境健康工作的重视。我国的环境与健康问题面临着前所未有的巨大挑战，但同时也是环境管理模式转变的一次难得的机遇。

环境与健康工作涉及的内容非常广泛，在阐明环境中的物理、化学、生物、社会及心理社会因素与人体健康的关系，揭示环境因素对健康影响的发生、发展规律的基础上，要提出充分利用对人群健康有利的环境因素，消除和改善不利的环境因素的相关法规、管理规定和措施，即要充分发挥人的主观能动性，实行科学管理。这就要求各级管理部门必须采取综合手段正确处理环境与健康的关系，并在此过程中，注意提出明确的阶段性目标、相应的管理指标和实现途径，以此切实提高工作效率。

国外特别是发达国家在环境与健康领域已有了较长时间的研究，积累了很多经验，建立了较为科学和完善的环境健康管理体系。但是，在借鉴发达国家环境管理体系的同时，需要注意的是，我国的现状与发达国家的发展历史并不完全相同。例如，日本在较长时期的经济发展过程中，依次经历了工业化带来的公害问题、城市化带来的区域环境污染及全球性工业化和城市化进程加快带来的全球环境问题，并逐一加以解决和面对；而我国由于经济发展迅猛且不平衡，使我们目前必须同时面对上述三类严重的环境问题，在经济发展的同时，制定应对各类环境问题的相关政策和管理办法。此外，我国在经济、社会、文化背景、技术水平上与美国、日本等发达国家有很大差异，因此，在实施环境管理中需结合我国自身的情况，制订有中国特色的环境健康安全体系。

本章将在全面梳理我国环境健康与环境问题关系的基础上，指出我国目前环境与健康管理工作中存在的问题及需求，吸取美国、日本、韩国及欧盟国家的环境与健康管理经验和教训，认识我国未来一段时期内环境管理工作的重大方向和问题，提出工作的管理目标和指标，最终提出适合我国国情的、基于人群健康的环境管理模式和管理路径，从而有效地保护人民群众健康，保障我国经济和社会的可持续发展。

自 20 世纪 80 年代实施改革开放政策以来，中国社会经济一直保持高速发展。与此同时，中国的环境资源问题日益突出，环境污染问题同样受到各方面的关注，污染形势十分严峻、复杂。尽管在中国各级政府及相关部门的努力下，中国的污染问题未出现严重恶化，部分地区污染态势未定甚至有所好转，但近几十年来，随着我国经济的快速发展，环境污染导致健康损害的问题频繁发生。据统计，“十一五”期间发生的 232 起较大（Ⅲ级以上）环境事件中，56 起为环境污染导致健康损害事件，37 起环境事件发展为群体性事件，涉及环境与健康问题的就有 19 起。陕西省凤翔县、河南省济源市和湖南省武冈市等 31 起重特大重金属污染事件，对群众健康和社会稳定都造成了严重威胁，尤其是环境污染的长期效应，将会对数代人的健康造成长期影响。严峻的环境现实告诉我们：关注环境污染对人体健康的损害已刻不容缓，抓好环境与健康工作已经迫在眉睫。

为着力解决损害群众健康的突出环境问题，统筹安排、突出重点、有序推进环境与健康工作，进一步加强环境与健康的管理工作，环境保护部于 2005 年 1 月成立了专门负责环境与健康工作的环境健康与监测处，针对目前我国环境与健康工作中存在的问题，积极开展了多方面的工作，取得了显著成效。为进一步加强部门间协调、配合，推进国家环境与健康工作持续、健康、顺利开展，2007 年 3 月，环保部、卫生部联合制定了《环境与健康工作协作机制》。2007 年 11 月，环保部与卫生部合作，共同牵头联合 16 个部委，制定并颁布了指导国家环境与健康工作科学开展的第一个纲领性文件《国家环境与健康行动计划（2007—2015）》，成立了国家环境与健康工作领导小组并建立了协调工作机制。以上措施，为顺利推进环境与健康工作创造了有利的条件。对于我国环境与健康工作有序健康发展，起到了积极的推动作用。

但是，环境污染对健康的影响具有污染物种类多、成分复杂、人群环境污染物暴露水平较低（与职业暴露相比）、潜伏期长、影响因素多等特点，使得环境污染与健康损害因果关系的确定具有很大的不确定性。并且，由于历史、经济和体制的原因，我国环境与健康方面的工作还比较滞后，基础工作较差，技术研究薄弱，对环境污染引起的健康损害的总体情况不明。显然，目前我国环境与健康工作的现状与我们所面临和要解决的问题是很不相适应的，深入细致地开展环境与健康及其管理工作具有很强的创新性和巨大的挑战性。

10.1　我国环境污染的基本态势

10.1.1　大气污染仍然是我国的突出环境问题

我国现阶段的城市大气污染类型主要为机动车尾气型、燃煤型及复合型。此外，还有社会反响比较大的、典型污染源造成的局部大气污染问题，如生活垃圾焚烧可能带来的局部大气污染。

在全球大气治理的背景下，中国大气污染问题却日趋严重。根据最新的国际能源统计数据，中国 2009 年二氧化碳排放量居世界第一，比 2008 年增加了 13%，占世界总排放量的 25.36%；与此相比，位于世界第二的美国二氧化碳排放量比 2008 年下降了 7%，其排放总量占中国的比例为 70.35%。

随着我国经济的飞速发展，工业化和城市化进程的加快，大气污染，尤其是城市大气污染日益严重，并已成为影响人群健康的主要危险因素之一。据《2010 年中国环境状况公报》显示，空气质量达到一级标准的城市仅 20 个（占 3.6%）、79.2%的城市达到二级标准，15.5%的城市达到三级标准，1.7%的城市劣于三级标准。同时，由于我国不同地区间经济发展的不平衡，我国不同区域城市的大气污染类型又不尽相同。不同来源的大气污染，其污染物的种类和成分也不同，带来的健康影响存在差异。严重的大气污染使人们的生存环境和社会的持续发展面临着严峻的挑战。

机动车尾气来源污染物可对人体的呼吸系统、心血管系统、神经系统、内分泌系统和生殖系统等产生危害或引起癌症的发生。2008 年北京奥运会期间，北京市政府采取了一系列空气污染控制措施，其中最主要的一项措施就是机动车单双号限行，从而使奥运会期间的北京地区大气质量得到了显著改善。国内外学者的调查研究显示，奥运会期间空气质量明显改善，特别是机动车尾气来源 $PM_{2.5}$ 和臭氧浓度的降低，可有效减少人群呼吸系统和心血管系统相关疾病的发生情况。研究还发现，$PM_{2.5}$ 对人体心血管系统的效应是其不同成分综合作用的结果。还有研究发现，在奥运会期间，北京地区多环芳烃水平明显下降，而同时期人群超额患癌风险也出现明显下降。根据上述结果，研究者估计，如果污染源控制措施在奥运会之后得以延续，由多环芳烃导致的人群患癌风险将降低 46%~49%。

我国煤炭资源丰富，储量高达 8600 亿 t，居世界第三位。我国也是燃煤大国，煤炭占总能源结构的 75%，而且燃煤方式大部分采用原煤直接燃烧，燃煤产生的二氧化硫和烟尘排放量均占其排放总量的 80%以上。世界银行 1997 年报告指出，中国对煤的依赖为世界之最，在过去 10 年里，中国的煤产量增加了 40%；燃煤是中国北方城市如太原、兰州等城市大气中颗粒物和二氧化硫排放的主要来源，且中国大部分城市的这两种污染物浓度都超过世界卫生组织公众健康标准的 2～5 倍。因此，燃煤污染仍然是影响我国人群健康的一个重要危险因素。

生活垃圾焚烧是近年来影响我国城市空气质量的另一重要污染来源。当前我国城市化进程发展迅猛，土地资源紧缺，城市生活垃圾激增，垃圾处理能力相对不足，由此所引发的生活垃圾处置演变成困扰城市可持续发展的巨大难题，以卫生填埋为主的生活垃圾处理方式面临着重大变革，越来越多的大中型城市积极探索采用焚烧方式处理生活垃圾。近年来，由于兴建生活垃圾焚烧厂，其排放的二噁英类及重金属污染日益受到公众的关注，但我国尚缺乏此方面人群暴露和相关健康风险的系统定量研究，政府也不能就相关防控问题给出明确答案和制度性对策，由此引发公众对二噁英类等污染物排放的担忧，很多城市垃圾处理面临既无地可埋又不能焚烧的困境，一些焚烧厂建设计划搁浅，严重影响了社会经济的可持续发展。

10.1.2 饮水形势严峻，污染事件频发

据《2011 中国环境状况公报》显示，2011 年，全国地表水总体为轻度污染。湖泊（水库）富营养化问题仍然突出。长江、黄河、珠江、松花江、淮河等十大水系监测的469 个国控断面中，Ⅰ～Ⅲ类、Ⅳ～Ⅴ类和劣Ⅴ类水质断面比例分别为 61.0%、25.3%和13.7%。主要污染指标为化学需氧量、五日生化需氧量和总磷。27 个国控重点湖（库）中，Ⅰ～Ⅲ类、Ⅳ～Ⅴ类和劣Ⅴ类水质的湖（库）比例分别是 29%、23%和 48%。同时由于各地区的人口密度、工业化程度和污水处理能力的不同，我国水污染的地理分布十分不平衡。

全国监测的 400 个城市中地表和地下水体的污染非常严重，近 90%的城市河段受到不同程度的污染，近一半城市的地下水受到污染，湖泊的富营养化问题严重；我国七大水系 407 个重点监测断面中，38.1%的断面满足Ⅰ~Ⅲ类水质要求，32.2%的断面符合Ⅳ~Ⅴ类水质要求，29.7%的断面属于劣Ⅴ类水质。大部分城市和地区的地下水水质存在一定程度的点状或面状污染，且以人口密集和工业化程度较高的城市中心区为主。

而在中国农村，生活饮用水水源主要以地下水为主。2006 年 8 月至 2007 年 11 月，全国范围的农村饮用水与环境卫生现状调查结果显示：调查水样未达到基本卫生安全标准，超标率为 44.36%；地表水超标率为 40.44%，地下水超标率为 45.94%；集中式供水超标率为 40.83%，其中近三年中央投资建设水厂超标率为 38.99%，分散式供水超标率为 47.73%。农村饮用水超标的主要因素是微生物指标超标。农村饮用水消毒率低，是导致饮用水微生物指标超标的主要原因。

10.1.3 土壤环境污染不容忽视，潜在危害大

据 2006 年年底的不完全统计，全国受污染的耕地约有 1.5 亿亩，污水灌溉污染耕地3250 万亩，固体废弃物堆存占地和毁田 200 万亩，合计约占耕地总面积的 1/10 以上，其中多数集中在经济较发达的地区。据估算，全国每年遭重金属污染的粮食达 1200 万 t，造成的直接经济损失超过 200 亿元。

在土壤污染所引发的健康问题中，污水灌溉农田造成的土壤污染对健康的影响占相

当大的比例。城市生活污水灌溉可造成土壤中病原微生物的污染；而工业废水灌溉污染土壤中危害最大的是金属矿采选业、金属冶炼加工业、石油化工加工业、印染、制药、化工等行业的有机废水。污染范围集中在农田灌溉区，灌溉水中的镉、铅对灌区周围居民造成健康危害。石油污水灌溉造成土壤中石油的苯并（a）芘等多环芳烃致癌物的积累，并污染地下水。同时，工业固体废弃物处置不当和农药、化肥的滥用也是导致土壤重度污染的主要因素，由此导致的土壤中重金属的污染情况也不容忽视，如镉、汞、铅、铬和铊的污染等。

10.2 我国目前主要的环境与健康问题

人类的健康受到多种因素的影响和制约，其中主要取决于他们生活的内部环境和外部环境（即遗传和生存环境因素，生存环境又包括个体的生活环境和群体的社会环境），以及人在这种环境中生活的状态和方式。根据世界卫生组织的研究结果：人的健康和寿命有 15%取决于遗传因素，17%取决于环境因素，60%取决于行为与生活方式，8%取决于医疗条件。可见环境因素与人类健康密切相关。

在环境因素中，生活环境是对人群健康直接产生影响的主要因素。其主要包括大气、水、土壤、居住环境、交通环境等。这些环境对人体健康产生影响的主要方式是通过环境污染物对人体的作用，其中有毒有害的污染物会产生急性或致命危害，同时低浓度、长时间反复作用于人体还会产生慢性危害和致癌等各种健康影响。世界卫生组织 2006 年报道，全球接近 1/4 的疾病由可以避免的环境暴露引起，每年超过 1300 万人的死亡归因于可预防的环境因素（韩秀霞，2006）。因此加强环境保护，控制环境污染对于预防和解决环境对健康的影响不可或缺。

近年来，中国人群总体健康水平不断提高，但是若干与环境污染相关的疾病的发病率和死亡率呈上升趋势，环境污染对健康的负面影响已经凸显：过去 30 年，我国恶性肿瘤死亡率从 83.65/10 万上升到 134.80/10 万；出生缺陷发生率从 1996 年的 8.87‰上升至 2007 年的 14.79‰；中国城市儿童哮喘患病率从 1990 年的 0.91%上升至 2000 年的 1.50%，10 年间上升了 64.8%，其中环境因素均起着不容忽视的作用（苏杨和段小丽，2010）。

资料显示，我国人群死亡前 10 位疾病的病因和疾病危险因素中，行为生活方式因素占 37.73%，人类生物学因素占 31.43%，环境因素占 20.24%，医疗卫生保健因素占 10.08%。WHO 估计，2006 年在我国，可避免的环境因素导致的死亡约占总死亡的 1/4~1/3，环境污染所带来的健康危害占总的疾病负担的 31%（陶庄，2010）。可见环境污染已成为影响我国居民健康和造成死亡的主要因素之一。

不仅如此，在我国环境污染的变化与健康问题的关系也十分复杂，其主要特征是：第一，中国环境健康问题是在全球环境变化和中国社会经济迅速发展的背景下产生的。第二，健康危害通常表现为环境多介质、多因素的综合作用。第三，环境健康问题的区域性明显。第四，环境变化对健康的影响较难评价和预测。第五，目前还缺乏多部门综合协调管理。

10.2.1 大气污染带来的健康危害

大量资料表明，大气污染能严重危害人体健康，引起多种疾病。大气污染对健康的影响包括呼吸系统疾病、心血管系统疾病、免疫应答异常和出生缺陷等（Zareba *et al.*，2001）。大气污染对人体健康的危害包括直接危害和间接危害。直接危害包括引起急性中毒和呼吸系统疾病、心血管系统疾病、机体免疫功能下降和致癌作用等慢性危害；间接危害包括影响气候和太阳辐射、产生温室效应和形成酸雨等。此外，大气污染中的不同污染物对人体健康的影响程度也不同。例如，近年来十分重视的大气污染物 $PM_{2.5}$ 对人体的危害就十分严重。表 10-1 为美国国家环境保护局（EPA）有关大气 $PM_{2.5}$ 污染与几种疾病结局的研究结果，可见其与多种疾病均有相关关系。同时国内的研究结果也指出，大气污染物 $PM_{2.5}$ 所含化学成分与人体的血压变化具有相关关系，其中收缩压的变化与 $PM_{2.5}$ 所含氯、镍和锶的浓度具有相关关系，舒张压的变化与 $PM_{2.5}$ 所含的有机碳、元素碳、聚甲醛、氯、氟和铅的浓度具有相关关系，脉压的变化与 $PM_{2.5}$ 所含的镍和镁的浓度具有相关关系；此外该研究还发现，收缩压的变化与 $PM_{2.5}$ 所含的锰、铬和钼的浓度无相关关系，而舒张压的变化与 $PM_{2.5}$ 所含的铬和钼的浓度无相关关系（Wu *et al.*，2013）。

表 10-1 美国 EPA 有关大气 $PM_{2.5}$ 污染与几种疾病结局的研究结果

暴露时间	结果	因果关系确定
长期	死亡	因果
	心血管作用	因果
	呼吸效应	可能因果
	生殖发育效应	诱因
	癌症、致定变性、基因毒性的影响	诱因
短期	死亡	因果
	心血管	因果
	呼吸效应	可能因果
	中枢神经系统效应	不充分

资料来源：改自美国 EPA，2009，表 2~6

近年来，我国的大气质量虽然有所改善，但总体来看我国的大气污染情况仍然十分严峻，由此所引发的健康问题也十分严重。世界银行 1997 年发表的结果指出，据估计，中国大气污染引起约 17.8 万人过早死亡，超额死亡 11.1 万人，住院 22 万人，急诊 430 万人次，大气污染致病造成的工作日损失达 740 万/（人·a），“活动受限”300 万日（世界银行，1997）。2002 年出版的《中国的人类发展报告》指出：2000 年我国因大气污染有 60 万人过早死亡，550 万人患慢性支气管炎，210 万人患呼吸系统疾病。

在我国大气污染中，城市大气污染的程度较为严重，对居民健康造成了严重危害。20 世纪初在中国 11 个最大城市中，每年因空气中烟尘和细颗粒物导致 5 万人过早死亡，40 万人患慢性支气管炎（Zareba *et al.*，2001）。世界卫生组织 2006 年报道，在我国，每年因城市空气污染导致的超额死亡达到 17.8 万人口。为探讨城市大气污染与健康损害之间的关系和特征，我国对 26 个城市进行大规模的调查。调查结果表明：①中国城市大气污染类型逐渐由原来的煤烟型污染向机动车尾气与煤烟型污染并存的混合型转变；②恶性肿瘤尤其是肺癌是城市居民的主要死因；③居民肺癌死亡率分布与 26 个城市市区大气污染程度一致；④工业化和城市化导致大气污染严重程度与肺癌死亡分布一致；⑤现有的关于燃料燃烧而造成的室内空气污染对人体健康的影响则主要集中在呼吸系统，空气污染与居住者呼吸系统症状的发生和肺功能的下降关系密切。

此外，室内空气污染特别是由于室内燃料燃烧所造成的室内空气污染给人体带来的健康危害也越来越受到人们的关注。2002 年世界卫生组织报告指出，全球疾病负担的 2.7%归因于室内空气污染；还有学者估计，中国每年约有 42 万人的死亡与室内空气污染有关（Smith，2005），其中因室内燃料燃烧所引起的室内污染造成的死亡超过 38 万人。2007 年在对减少室内空气污染的收益研究中发现，中国每年约有 350 万人（95%CI：80 万~1470 万）因室内空气污染而导致早死（Mestl *et al.*，2007）。同时发现如果所有室内空气中 PM_{10} 满足室内空气质量标准（日平均值 150μg/m^3），那么估计将有 90 万（95%CI：20 万~480 万）城市人群可以免于早死，280 万（95%CI：70 万~1240 万）农村人群可以免于早死（Mestl *et al.*，2007）。

10.2.2　水污染带来的健康危害

世界卫生组织 2006 年的调查指出（Unicef，2006），人类疾病 80%与水污染有关。世界上有 2500 万名以上的儿童因饮用被污染的水而死亡，约有 10 亿人以上因饮用被污染的水而患上多种疾病，每年全世界因水污染引发的霍乱、痢疾和疟疾等传染病的人数超过 500 万人。据世界卫生组织 2005 年报道，全球每年有 80 万人死于腹泻，其中 90%是 5 岁以下儿童，绝大多数死亡发生在发展中国家。在我国，88%的腹泻可归因于不安全的饮用水、不良的卫生设施和卫生行为（WHO，2006）。由于饮水不安全造成腹泻、消化系统癌症等所造成的经济损失按统计寿命计算，占当年 GDP 的 1.9%（白雪涛和曹兆进，2008）。可见水污染可直接威胁民众的健康和生命安全。

水污染对于人体健康的影响主要有以下几个方面（蔡春林等，2010）：①引起急性和慢性中毒。水体受化学有毒物质污染后，通过饮水或食物链便可能造成人体中毒，如甲基汞中毒、镉中毒、砷中毒等。铅等也可对人体造成危害。这些急性和慢性中毒是水污染对人体健康危害的主要方面。②致癌作用。水体中的某些有机化合物，部分有毒有害无机物和重金属等都可以致癌和致突变。居民长期接触和饮用致癌、致突变的污染水，可增加人群的癌症发病率和死亡率。例如，饮用水中存在氯化有机物，可使消化系统和泌尿系统的癌症死亡率增加。砷的浓度过高的饮用水使皮肤癌发病率上升。③发生以水为媒介的传染病。人畜粪便等生物学污染物污染水体，可能引起细菌性肠道传染病如伤寒、霍乱、痢疾等；肠道内常见的病毒如传染性肝炎病毒等，均可通过水污染引起相应的传染病；某些寄生虫病也可通过水污染传播。

在我国水污染主要是由于工农业废水及生活污水排放造成总氮、总磷超出水环境容量。同时中国的湖泊富营养化较严重，尤其以太湖、巢湖、滇池富营养化程度较重。水体富营养化除了影响城市供水外，还可造成藻类大量繁殖，形成藻类毒素；以此类湖泊为饮用水水源，在经过氯化消毒后，可与藻类有机物形成具有潜在致癌致突变性的消毒副产物，对饮用该水源的人群产生潜在危害。流行病学研究表明，饮用水源中的微囊藻毒素污染与肝癌、大肠癌的发病率具有相关关系。近期的流行病学研究还表明，饮用水水源中的化学物质（如硝酸盐、亚硝酸盐和铬）污染是消化道癌症的主要危险因素之一。据估计，在中国大约 11%的消化道癌症归因于饮用水水源中化学物质的污染（Zhang and Zhu，2010）。

此外，水污染还可使原本肿瘤低发的地区出现肿瘤高发的现象。2004 年多家媒体报道，淮河水源严重污染，肿瘤高发。经过对淮河流域三县 22 个乡镇，163 个村庄的 268 万人口及其居住地区的调查研究确定，在原来属于恶性肿瘤死亡较低发的淮河支流地区，确实出现了恶性肿瘤高发，主要涉及消化道恶性肿瘤和肺癌。在对我国某地区水污染对肝癌发生风险的测量和估计的研究中，以污染的水为环境因子，以肝癌死亡为健康指标，研究结果也表明：如果水污染程度降至参考水平，将有 75.72%的男性和 66.39%的女性避免死于肝癌（陶庄和杨功焕，2010）。

另外，尽管目前由介水传染病引起的死亡与以往相比已明显减少，但由于生物性污染造成的介水传染病目前仍然存在，在当前乃至今后相当长的时间内水体生物性污染仍然是影响健康的主要问题，尤其是在中国广大中西部农村，感染性疾病仍然是当地 5 岁以下儿童死亡的主要因素之一。

综上所述，水污染特别是饮用水污染所引起的群众健康危害也是中国亟待解决的环境健康问题之一。

10.2.3 土壤污染带来的健康危害

由于工农业生产和人类生产生活，对土壤造成了一定程度的污染，被污染的土壤对于人体产生的危害是不容忽视的，并且土壤一旦被污染就很难修复，对于人体健康的影响是持续性的。

由于城市污水灌溉造成的土壤污染对人体健康的影响主要是由各类病原体引起的消化系统症状，污水灌溉区居民沙门氏菌和蛔虫感染率、婴幼儿急性腹泻发病率及其死亡率远高于对照区。同时有证据证明，土壤中存在的钙、镁等离子会增加水的硬度，硬水地区居民中某些组织内钙镁浓度较软水地区高，也会增加心血管疾病的患病率。

同时土壤重金属污染对人体健康的危害形势同样严峻。通过对土壤镉污染暴露区儿童生长发育指标身高、体重、胸围、肺活量等进行调查发现，污染区儿童生长发育水平较对照区落后，说明土壤镉污染对暴露儿童生长发育有一定影响。此外，对暴露于土壤镉污染的育龄妇女生殖健康进行调查发现，污染区已婚妇女不孕症发生率高于非污染区已婚妇女；已婚妇女早产发生率及死产发生率均高于非污染区已婚妇女。并且污染区居民恶性肿瘤、呼吸系统疾病、消化系统疾病及新生儿病的标化死亡率均高于非污染区。可见土壤污染对人群尤其是敏感人群的健康损害十分严重。

10.2.4 气候变化带来的健康危害

气候变化问题是 21 世纪人类社会面临的最严峻挑战之一，事关人类生存和各国发展（于贵瑞等，2001）。环境污染对气候的影响很大，大气污染物如 CO_2、NH_4 等温室气体会导致温室效应，使气候不断变暖，对局部地区和全球气候都会产生一定影响，而且是导致气候变化的主要原因。尤其对全球气候的影响，从长远的观点看，这种影响将是很严重的。此外以气候变暖为主要特征和趋势的全球气候变化还会不断加剧人类生存环境的恶化。不但气候变化事件本身可直接危害人类的健康和生命安全，而且由气候变化引起的生态环境变化也会产生更为广泛的适合媒介生物及病原体孳生的环境，引起疾病分布范围的扩大和流行强度的增强，加剧传染病的传播，引起重大公共卫生和健康问题（图 10-1）。

2007 年 6 月 4 日，我国发布了《中国应对气候变化国家方案》。该方案指出，气候变化可能引起热浪频率和强度的增加，而极端高温事件引起的死亡人数和严重疾病也将增加。

值得注意的是，气候变化不仅表现在变暖，与越来越多的热浪相应出现的还有寒潮。寒潮对人群健康的影响也十分巨大。2008 年，我国的强寒冷冬季造成了广泛的社会影响。分析寒潮天气对居民心脑血管疾病死亡的影响的研究结果显示，温度降幅大且伴随高气压的寒潮可能会造成心脑血管疾病死亡风险的升高，居民每日心脑血管疾病、急性心肌梗死和脑血管疾病死亡的风险分别增加 50%、91%和 68%（钟堃等，2010）。

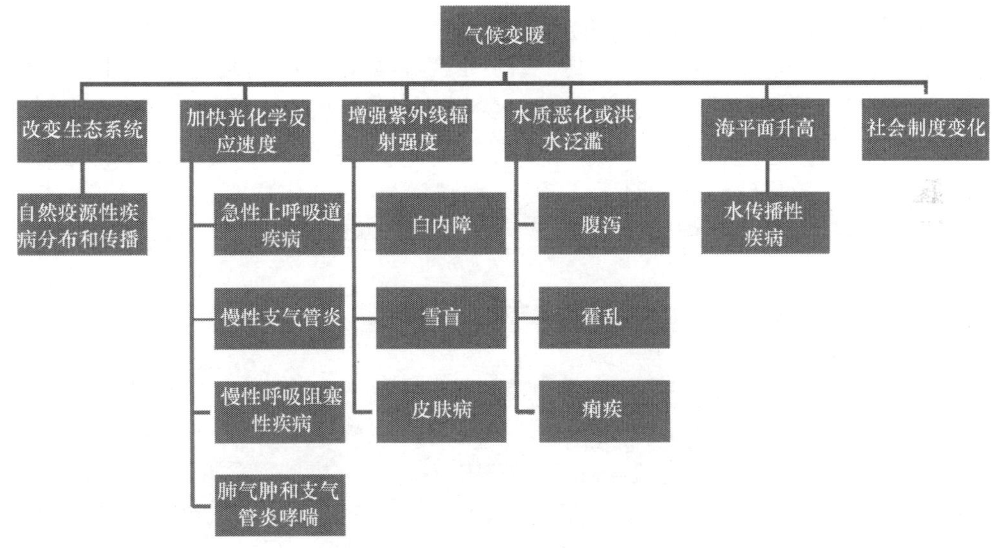

图 10-1　气候变化对人体健康的影响

另外，热浪、风暴、洪水、干旱、台风等极端气候事件会通过各种方式对人类健康造成影响，导致伤残率、死亡率的增加，并对公共卫生设施造成破坏（秦大河等，2005）。流行病学专家对 1996~1999 年洪涝灾区和非灾区人群疾病发病情况进行了回顾性调查，结果显示灾区人群 1996 年、1998 年急性传染病发病率分别为 863.181/10 万和 736.591/10 万，均高于非灾区年均发病率，循环系统、神经系统、消化系统等疾病及损伤与中毒等八大类慢性非传染病的患病率在灾区均高于非灾区（黄磊等，2007）。2004 年在浙江登陆的第 14 号台风“云娜”造成全省 75 个县（市、区）1299 万人受灾，44.4 万人一度被洪水围困，紧急转移安置人口 46.8 万人，死亡 179 人，失踪 9 人，受伤 1800 多人；农作物受灾面积 39.2 万 hm^2，绝收面积 6.9 万 hm^2。可见极端天气对人体健康和社会的危害十分巨大。

10.2.5 区域性的环境与健康问题

当前我国大气环境形势十分严峻，在传统煤烟型污染尚未得到控制的情况下，以臭氧、细颗粒物（$PM_{2.5}$）和酸雨为特征的区域性复合型大气污染日益突出，区域内空气重污染现象大范围同时出现的频次日益增多，严重制约社会经济的可持续发展，威胁人民群众的身体健康。2010 年，重点区域城市二氧化硫、可吸入颗粒物年均浓度分别为 $40\mu g/m^3$、$86\mu g/m^3$，为欧美发达国家的 2~4 倍；二氧化氮年均浓度为 $33\mu g/m^3$。卫星数据显示，北京到上海之间的工业密集区为我国对流层二氧化氮污染最严重的区域。按照我国新修订的环境空气质量标准评价，重点区域 82%的城市不达标。此外随着重化工业的快速发展、能源消费和机动车保有量的快速增长，排放的大量二氧化硫、氮氧化物与挥发性有机物导致细颗粒物、臭氧、酸雨的二次污染呈加剧态势。2010 年 7 个城市细颗粒物监测点的年均值为 $40\sim90\mu g/m^3$，超过新修订的环境空气质量标准限值要求的 14%~15.7%；臭氧监测试点表明，部分城市臭氧超过国家二级标准的天数达到 20%，有些地区多次出现臭氧最大小时浓度超过欧洲警报水平的重污染现象。复合型大气污染导致能见度大幅度下降，京津冀、长三角、珠三角等区域每年出现灰霾污染的天数达 100 天以上，个别城市甚至超过 200 天。同时，淮河流域等重点流域的水质经过近年来的整治，虽然已有所好转，但水污染情况仍然十分严重，对周围人群的健康的威胁十分巨大。可见，区域性的环境与健康问题对于我国环境健康的管理工作意义十分巨大。因此现就部分重点区域的环境与健康问题作一概述。

10.2.6 目前环境污染及其健康危害的特征

由于地域经济发展的不平衡和地理的多样性，导致了当前中国传统与现代环境健康问题并存的局面。环境污染对居民健康的不利影响已经逐步显现。一些地区环境污染已经对健康造成了严重的损害。随着各级政府部门对环境污染问题的重视程度逐渐增加，对环境污染治理的投入力度也逐渐加大，从局部环境来看，部分污染地区的环境有所改善，环境污染对人体健康的不良影响也得到了控制。由于环境污染对人体的暴露途径广、作用时间长，加之多种污染因素造成的复合性污染比较重，对人体造成的健康影响也比较复杂，因此给调查研究和管理工作也造成了极大的困难。

总的来讲，目前中国的环境与健康问题具有以下几个特点。

1）污染程度高，复合型污染严重。中国部分地区的大气、水环境等处于污染较严重的状态。许多城市环境质量尚未达到国家二级标准，而我国的环境标准还远低于世界卫生组织指导标准值。

2）人群对污染物暴露水平高、污染物暴露范围较宽，并且，历史累积污染物对健康的影响在短时间内难以消除。经初步推算，中国地级及地级以上城市有超过 1.5 亿人口生活在污染严重的大气环境中。环境污染已经形成点源与面源污染共存、生活污染和工业排放叠加、各种新旧污染与二次污染相互复合的态势，环境污染问题空前复杂，各种环境介质均受到污染，因此人群可通过各种环境介质接触污染物，接触途径广泛，导致人体健康损害的多样化。

3）不同地区污染类型有很大差异，大气污染特别是机动车尾气来源的大气污染及其健康损害是我国城市地区的主要环境与健康问题，而农村大气污染则以燃煤或生物质燃料燃烧污染为主，此外，水污染和土壤污染也是农村地区面临的主要环境与健康问题。

4）传统污染与新的污染都比较严重。自 20 世纪 90 年代以来，中国的环境污染问题不但没有得到有效的控制，还呈现进一步恶化的趋势，环境污染程度相当严重。新产品、新产业的出现还导致了许多新化合物的出现，新的化学物质的生产和使用所带来的新型污染与传统污染物质交织在一起，造成复合型污染，使得环境与健康问题更加复杂，使我们面临更复杂的健康问题。

5）环境与健康的管理手段不足，现行的许多环境管理制度及管理目标大多缺乏与健康问题的衔接，一些与环境和健康问题密切相关的重要环境管理制度尚未建立起来。

从发展趋势看，上述 5 个方面的问题短期内难以一下子全部解决，需要科学地、分阶段地逐步解决管理目标。未来环境污染的健康风险逐步增强，环境健康管理工作形势严峻。

10.3 我国环境健康管理存在的问题及需求分析

中国实行改革开放政策以来，为了经济的高速发展，人们不仅付出了巨大的资源环境代价，也付出了沉重的人体健康代价。2003 年中国由于空气污染造成发病和过早死亡的健康损害经济损失为 1573 亿元，占当年 GDP 的 3.8%。2002 年世界卫生报告指出，全球疾病负担的 2.7%归因于室内空气污染，我国因固体燃料室内污染造成的死亡超过 38 万人。中国农村 90%的人使用非清洁燃料和旧式炉灶，50%以上受环境中的吸烟暴露。目前环境健康问题已经引起了中国政府部门的高度重视。中国的环境与健康管理工作正在原来的基础上逐步得到加强。但是，目前中国环境与健康管理工作的基础仍显薄弱，相关的科研和技术支撑体系也很不完善，使得中国环境与健康管理工作整体仍处在一个较低的水平，存在着一定的问题。

10.3.1 现有环境与健康管理工作所存在的主要问题

1）环境污染对人群健康的潜在影响巨大，但缺乏制定政策的科学证据。

2）环境与健康工作管理松散，缺乏长效机制。

3）环境与健康管理专业队伍建设和技术力量不足。

4）环境与健康基础研究薄弱，急需进行人群健康调查、研究和监测。

5）环境与健康管理工作缺少工作经费保障，需增加投入。

6）环境与健康风险预警工作和突发事件应急处置能力建设需要加强。

10.3.2 加强环境健康管理的政策需求

中国环境与健康管理工作的基础比较薄弱，导致目前中国环境与健康管理工作的整体水平仍处在一个较低的阶段。从政策层面上讲，至少在以下几个方面需要得到加强。

（1）建立和完善环境健康管理的行政体制

总体而言，中国政府尚未建立一套有效的统筹解决环境与健康问题的行政管理体系。中国涉及环境与健康管理事物的两大重要部门环保部和卫生部，在国务院赋予其政府管理职能中均没有特别针对环境与健康事务的职能。同时，《国家环境与健康行动计划》需要跨部门密切配合实施，虽对各相关政府部门的职能进行了划分，但其本身的权威性和公信力受到质疑，环境与健康管理工作政府职能不清的问题并未得到根本解决。

（2）需要制定一套完整的法律法规体系和政策工具

现有的法律法规体系尚不健全，还不能很好地满足目前环境与健康管理工作的需要。例如，现有的环境影响评价过程中，往往强调的是对大气、水、土壤等环境的影响，而忽视了环境对健康的影响等。此外，我国目前还没有环境与健康方面相应的法律。因此针对实际工作中所存在的问题，需要从总体上完善现有的环境与健康相关的法律法规，使之成为一套完整的体系。

（3）需要建立环境与健康风险管理的预防、预警和应急工作机制

目前环境与健康风险管理的体系尚不完善。为了提高对可控制的环境有害因素及其健康危害的预测和管理决策能力，需要根据环境污染和健康影响的状况、现行的管理政策等开展环境与健康风险的评估工作。在科学的评估工作的基础上，对可能发生的严重环境污染及其健康危害进行预警，尽量做到早分析、早预报、早干预，防止重大环境污染与健康损害事件的发生。

（4）需要建立环境与健康损害赔偿机制和法律体系

如今，人民群众的维权意识较之以往有了很大的加强。但尴尬的是，当环境污染健康损害事件发生之后，群众缺乏环境维权的依据和手段，因此难以对污染者形成实质性的制约和监督。此外，环境污染健康损害的认定技术和方法体系也未建立，难以对环境污染和健康损害之间的因果关系进行判定。即使有明确的证据证明环境污染导致了健康损害的发生，对赔偿的标准和程序等也尚未有统一的规定。因此，急需开展环境污染健康损害赔偿的法律制度研究工作，进一步强化环境污染的法律责任，完善环境污染健康损害赔偿的法律依据，并研究制订环境污染健康损害的程度鉴定、赔偿标准与程序等具体的赔偿办法。

第 11 章　新时期的环境责任与全球环境战略研究

11.1　新时期的国际环境与发展战略格局

11.1.1　全球环境问题的现状与趋势

全球环境问题是指当代国际社会面临的一系列超越国家和地区界限，由人类活动作用于环境而引发的关系到整个人类生存与发展的问题（杨青，2007）。近年来，一系列全球性环境问题日益凸现，对人类生存与发展构成严重威胁。在过去几百年间，以全球变暖为主要特征，全球的气候与生态环境发生了重大的变化：水资源短缺、生态系统退化、土地侵蚀加剧、生物多样性破坏、臭氧层耗损、大气化学性质改变、渔业产量下降等。这些变化都具有“全方位、大尺度、多层次、长时期”的特点，不仅对人类自身健康和安全构成直接和潜在的威胁，对经济和社会的长期稳定和发展提出严峻挑战，而且从根本上损害人类赖以生存的自然生态系统，很可能造成生态系统不可逆转的破坏，动摇人类生存和发展的生态基础。

目前，全球环境问题主要包括全球气候变暖、臭氧层损耗、生物多样性减少、土地荒漠化、森林植被破坏、水资源和海洋污染、酸雨污染等几大问题，正严重威胁着人类的生存和发展（崔达，2008）。

（1）全球气候变暖问题日益严峻，谈判进展缓慢

近百年来，许多观测资料表明，地球气候正经历一次以全球变暖为主要特征的显著变化，中国的气候变化趋势与全球的总趋势基本一致。政府间气候变化专门委员会（IPCC）第四次评估报告指出，人类活动使得全球大气中二氧化碳、甲烷和氮氧化物等物质的浓度自 1750 年以来显著增加，且远高于工业化前的水平。观测显示，全球气候系统正在变暖。近百年来的地表温度约上升 0.74℃，而近 50 年来的上升幅度则接近前者的两倍。报告同时用“非常可能”代替了前次报告中的“可能”，来描述人为造成的温室气体浓度增加是导致近 50 年来全球平均气温上升的主要原因。

气候谈判一直是各国应对气候变化的最重要的政治举措之一。2005 年，联合国气候变化框架大会启动了新一轮的谈判。2007 年第 13 次缔约方大会在印度尼西亚的巴厘岛召开。美国政府一方面表示要重回联合国气候变化大会框架公约下的谈判，另一方面拒绝承认和加入《京都议定书》。因此，针对这种情况，在“公约”中的“长期合作行动”（LCA）开启与美国谈判的窗口。这就是人们常说的“双轨制”——公约下的长期合作行动和《京都议定书》的谈判。巴厘岛大会产生的“巴厘路线图”要点有三条：一是《京都议定书》中的附件 1 国家（美国除外），要对《京都议定书》的第二承诺期做出更高的政治减排承诺；二是美国要做出相应的政治承诺，并与《京都议定书》的附件 1 国家的政治承诺可以相比较；三是主要的发展中国家要做出本国适当的减缓行动。2008 年在

波兰的波兹南召开的第 14 次缔约方大会上持续推动巴厘路线的既定方针。从法律的角度讲，巴厘路线图中所制定的“双轨制”，由于缔约条文用语有一些不同之处，给各方埋下了法律层面上不一致，使谈判在法律约束力和可比较性的问题上，陷入相互交缠之中。

发达国家与发展中国家之间的巨大分歧一直是国际气候变化谈判的焦点。由于欧盟和丹麦政府不遗余力地推动和国际媒体的大力宣传，气候变化问题引起政府、企业和公众的重视，达到了一个崭新的高度。尽管哥本哈根的第 15 次缔约方大会没有取得有约束力的决议，但是产生了巨大而深远的影响。在气候变化谈判中，涉及 10 个领域，主要有减缓、适应技术转让、资金支持、市场机制、能力建设、共同愿景、土地利用、减少森林砍伐、农业发展和经济社会影响等。其中减缓、适应能力建设、资金支持和土地利用是谈判的重点。在这些领域中，发展中国家和发达国家“两军对垒”，分歧显著。例如，在减排目标中，发展中国家要求发达国家在 1990 年的基础上，到 2020 年减少 35%～40%，2050 年减少 95%以上。2020 年之前发达国家向发展中国家每年提供的资金支持占其 GDP 的 0.5%～1%，也就是说，每年至少提供 1400 亿美元支持发展中国家的能力建设、适应和减缓等。发达国家有义务和责任向发展中国家转让技术，并与知识产权区分开来。但在哥本哈根会议的最后一刻宣布的哥本哈根协议，既没有约束力，减排的政治承诺也很低。在资金问题上，发达国家同意在快速启动基金上 2010~2012 年每年提供 100 亿美元，到 2020 年达到 1000 亿美元。这些快速启动基金与发展中国家提出的“新的、额外的、充分的公共资金”的标准，相差甚远。2012 年以后的资金来源，也仍是未知数（侯艳丽和杨富强，2011）。

在发展中国家和发达国家两大阵营中，存在着不同的国家联盟。不同的国家联盟组织的诉求，增加了气候谈判的复杂性。归纳起来，当前谈判中的分歧主要体现在三个方面：一是发达国家对《京都议定书》第二承诺期（2012~2020 年）的温室气体减排承诺非常保守，达不到科学家和发展中国家预期的目标；二是对于发展中国家最为关心的环保技术转让和资金支持问题，发达国家一直未做出回应，也不愿进行谈判；三是发达国家试图向发展中国家转嫁责任，企图给发展中国家制订减排指标，对此许多发展中国家表示，在获得资金和技术支持之前是不可接受的（中国林业科学研究院，2010）。

（2）汞排放成为全球关注的焦点问题

汞是常温下唯一呈液态的金属，在环境中具有持久性、易迁移性和高度生物蓄积性，是环境中毒性最强的重金属元素之一。汞有别于其他金属的特异性，使得汞及其化合物广泛应用于世界上的各种产品和工艺中，包括小型金矿开采、测压表、温度计、电气开关、荧光灯、补牙剂、电池和氯乙烯单体（VCM）、一些传统药物生产，以及宗教仪式过程中，其大量使用和排放不可避免地造成了持久的、大范围的、严重的汞污染。汞污染之所以成为一项全球性议题，主要原因是汞被公认为是可通过大气进行跨国境传输的全球性有毒污染物。汞污染对人体健康危害极大，这点对于孕妇和婴幼儿尤甚。

进入 21 世纪后，汞污染问题引起了全球各界的广泛关注。2001 年，联合国环境规划署（UNEP）理事会启动全球汞评估项目，使汞的问题上升为全球共同面对和解决的环境问题，在全球汞削减进程中具有里程碑意义。在汞排放问题上，各国是自愿控制还是强制减排，一直是全球协议谈判的焦点；削减汞的供应、减少产品和工艺对汞的需求，以及控制汞的国际贸易是谈判重点。2009 年 2 月，UNEP 理事会第 25 届会议决定制定针对全球汞问题的具有国际法律约束力的文书，谈判于 2010 年启动，至 2013 年结束，其间召开 5 次政府间谈判委员会（INC）会议，最终于 2013 年 1 月 19 日通过国际汞公约，联合国环境规划署将其命名为《水俣公约》。该条约于 2013 年 10 月在日本正式签署。全球范围内的履约时间为 2018~2020 年。

《水俣公约》对汞的使用和排放做出了明确限制，确立了减排时间表。此外，还要求含汞体温计、血压计和荧光灯在内的多个含汞产品在 2020 年前退出市场或达到规定的含汞标准；要求限时淘汰添加汞的生产工艺如含汞氯碱工艺，大幅度减少含汞生产工艺中汞的使用量，如含汞 PVC 制造工艺；要求限制汞的大气排放，包括限制燃煤发电厂、燃煤工业锅炉、有色金属冶炼、废物焚烧及水泥制造等行业中的汞排放。《水俣公约》预计 2016 年生效。其生效后，签约国将禁止新建汞矿；现有汞矿 15 年内关闭，且不得用于小金矿采金；氯碱行业用汞禁止外流；所有汞贸易应在其许可的范围内且要有书面协议。我国作为汞的应用大国，面临着汞减量减排的巨大压力。

（3）臭氧层保护履约取得一定进展

近 20 年来，人们逐渐认识到平流层大气中的一些微量成分，如含氯、含氢自由基，氮氧化物等对平流层臭氧的分解具有催化作用，而人类的某些活动能直接或间接地向平流层提供这些物质，致使平流层臭氧的稳定性受到威胁并导致臭氧的损耗。自 1985 年起，各国科学家相继在南极、北极、欧洲上空、大洋洲上空、亚洲上空发现臭氧空洞。臭氧层损耗现象越来越严重，引起了人们越来越广泛的关注。在联合国环境规划署的资助下，1985 年 3 月 22 日各国在维也纳召开保护臭氧层全球代表大会，成功缔结了《保护臭氧层维也纳公约》。该公约促进了保护臭氧层所必需的全球合作。然而，该公约只是一个框架性质的公约，仅制定了保护臭氧层的一般原则和框架结构，确立了共同保护臭氧层的精神，但没有关于缔约国责任和义务的具有拘束力的条款或规则，也没有行动的具体目标和时间表。1986 年 12 月，第一次蒙特利尔会议正式召开。由于整个谈判过程仍充满了争论和矛盾，会议未取得成果。1987 年，第二次蒙特利尔会议召开，会议围绕科学的地位、控制措施、贸易条款和发展中国家的特殊情况等 4 个核心问题展开谈判。经过反复的争论，谈判各方最终成功地达成了《损耗臭氧层物质的蒙特利尔议定书》。该议定书规定了控制消耗臭氧层物质（ODS）的内容，包括受控物质的生产量和消费量及其起始控制限额的基准，并要求发达国家分别自 1989 年起将 5 种最为重要的氯氟烃的消费量和生产量冻结在 1986 年的水平，发展中国家的控制时间比发达国家相应延迟 10 年。

随着《保护臭氧层维也纳公约》和《损耗臭氧层物质的蒙特利尔议定书》的缔结，臭氧层保护取得了显著的进展。至今已有 190 多个国家加入了公约——议定书体系，全球主要消耗臭氧层物质（ODS）的生产和消费也停止了增长并开始下降，主要发达国家对于既定的削减任务已基本履行完毕。在多边基金的帮助下，大多数发展中国家也已经制定了适合本国实际的淘汰计划，并不断加快削减进程。从《保护臭氧层维也纳公约》和《损耗臭氧层物质的蒙特利尔议定书》的实施情况来看，整个过程是令人满意的，因此，臭氧层保护领域被世人广泛地认为是环境保护领域的一个成功的例子，并且被作为解决其他环境问题的一个典范加以仿效（王蕾，2010）。

（4）生物多样性减少速度加快，履约过程利益集团分化

近几十年来，随着生态环境不断恶化，物种丧失正在不断加剧，这已引起国际社会的广泛关注。当前地球上生物多样性减少的速度比历史上任何时候都快。据科学家估计，按照每年砍伐1700万 hm^2 的速度，在今后30年内5%~10%的热带森林物种可能面临灭绝。总体来看，大陆上66%的陆生脊椎动物已成为濒危种和渐危种。海洋和淡水生态系统中的生物多样性也在不断丧失和严重退化，其中受到最严重冲击的是处于相对封闭环境中的淡水生态系统。

为保护物种，20世纪70年代，国际社会签署了诸如《濒危野生动植物种国际贸易公约》《关于特别是作为水禽栖息地的国际重要湿地公约》等一系列有关物种资源保护的条约。20世纪80年代后期，国际社会开始酝酿制定一份对生态系统、物种和遗传资源三个层次实行全面保护的国际法律文书，因此，自1988年开始进行《生物多样性公约》（《公约》）的政府间谈判，并于1992年5月达成《公约》文本，随后于1992年6月在巴西里约热内卢“联合国环境与发展大会”开放签署。1993年12月29日，《公约》正式生效。目前《公约》拥有175个缔约方。中国于1993年初加入《公约》，是最早加入《公约》的国家之一。

《公约》在履约方针、专题方案和跨领域方案与相关准则的设立上，以及审议与反馈机制的建立上，已经取得一定进展。但是，《公约》要真正有效地取得有利于生物多样性的具体成果，必须依靠国家一级的履约，特别是要将生物多样性在环境领域以外的其他领域中主流化，并纳入所有相关的部门政策和计划中。在《公约》的谈判和实施的过程中，《公约》逐渐表现出其政治性的一面。由于缔约国生物多样性丰富程度不一，各国经济发展水平的差异，以及世界的政治和经济格局变化，各国政府逐渐构成了不同的利益集团。这些利益集团为了维护共同的利益，在谈判中紧密合作，表达一致的声音。利益集团的分化和形成既是促进《公约》实施的动力，而有些时候又会对《公约》的谈判形成阻碍。早在《公约》的谈判和实施初期，缔约国在诸如《公约》中的知识产权条款、财政资源等问题上产生分歧，明确形成了发展中国家和发达国家两大阵营。至今，这种分化仍然是缔约国分化的主要格局，但随着议题的变化和《公约》的实施，发达国家缔约国和发展中国家缔约国内部分别形成了新的小集团。近年来，由发展中国家形成的、比较活跃的集团主要有：77国集团+中国，生物多样性大国联盟非洲集团、拉丁美洲和加勒比集团。而发达国家主要分为欧盟国家、非欧盟的发达国家和日新澳（日本、新西兰和澳大利亚）（张丽荣等，2009）。

（5）土地荒漠化问题仍然严重，履约进展缓慢

荒漠化是当前全球最严重的环境问题之一。目前，全球荒漠化面积已达到3600万 km^2，占整个地球陆地面积的1/4，相当于俄罗斯、加拿大、中国和美国国土面积的总和。全世界受荒漠化影响的国家有100多个，约9亿人。尽管各国人民都在进行着同荒漠化的抗争，但荒漠化以每年5万~7万 km^2 的速度扩大，相当于爱尔兰的国土面积。到20世纪末，全球将损失约1/3的耕地。在人类当今诸多的环境问题中，荒漠化是最为严重的灾难之一。

由于国际社会1977年后采取的一系列针对荒漠化问题的全球行动相继以失败而告

终，1992 年世界环境发展大会期间，根据联合国环境规划署第 3 次荒漠化评估，以非洲国家为首的发展中国家坚持将荒漠化问题列入《21 世纪议程》，并要求联合国设立政府间谈判委员会，拟订具有法律约束力的文件，来帮助发展中国家进行荒漠化防治。1992 年 12 月，联全国大会通过第 47/188 号决议，正式设立政府间谈判委员会。1994 年 6 月 17 日《联合国关于在发生严重干旱和/或荒漠化的国家特别是在非洲防治荒漠化的公约》(《荒漠化公约》)在巴黎通过。1994 年 10 月 14~15 日，《荒漠化公约》在巴黎开放签字。1996 年 12 月 26 日《荒漠化公约》生效。

2002 年约翰内斯堡全球可持续发展首脑会议再次强调了防治荒漠化对消除贫困、改善环境和实现千年发展目标的作用。到 2005 年，《荒漠化公约》缔约方达到 191 个，成为各联合国公约中缔约方数量最多的公约。《荒漠化公约》生效后，受影响国家纷纷制订国家行动方案。截至 2005 年 5 月，80 个国家完成了《国家行动方案》的制订。非洲、亚洲和拉丁美洲分别制订了区域行动计划，区域专题网络相继启动。

然而，由于受荒漠化影响的国家多为发展中国家，发达国家对履行公约的态度不甚积极。发达国家履约的政治意愿依然不足，提供资金的机制仍不完善，导致很多受影响的发展中国家无法按照公约要求实施国家行动方案。发达国家称荒漠化是发展中国家不重视生态环境与自然资源保护所致，强调荒漠化防治是各主权国家自身的事情，不具有全球性，而不愿兑现资金与技术援助的承诺。发展中国家则强调荒漠化的重要原因之一是殖民和资源掠夺，必须由发达国家提供一定的资金和防治技术。因此，长期以来公约的履行在这种矛盾中缓慢推进。目前，防治荒漠化方面的资金支持和技术转让等问题依然没有得到根本性解决，而且在土地退化零增长愿景这一新的重大战略问题上出现严重分歧，仍将存在长期的国际博弈。

(6) 酸雨污染范围扩大

酸雨通常指 pH 低于 5.6 的降水，但现在泛指酸性物质以湿沉降或干沉降的形式从大气转移到地面上。酸雨中绝大部分是硫酸和硝酸，主要来源于排放的二氧化硫和氮氧化物。20 世纪六七十年代以来，随着世界经济的发展和矿物燃料消耗量的逐步增加，矿物燃料燃烧中排放的二氧化硫、氮氧化物等大气污染物总量也不断增加，酸雨分布有扩大的趋势。欧洲和北美洲东部是世界上最早发生酸雨的地区，但亚洲和拉丁美洲有后来居上的趋势。酸雨危害可以发生在距其排放地 500~2000km 处，酸雨的长距离传输会造成典型的越境污染问题。

空气污染主要是人类大量燃烧化石燃料造成的，并主要分布在污染源集中的城市地区。酸雨的长距离输送，则使酸雨污染发展成为区域环境问题和跨国污染问题。酸雨问题首先出现在欧洲和北美洲，现在已出现在亚太的部分地区和拉丁美洲的部分地区。欧洲和北美洲已采取了防止酸雨跨界污染的国际行动。在东亚地区，酸雨的跨界污染已成为一个敏感的外交问题。酸雨危害表现为：可以直接使大片森林死亡，农作物枯萎；也会抑制土壤中有机物的分解和氮的固定，淋洗与土壤离子结合的钙、镁、钾等营养元素，使土壤贫瘠化；还可使湖泊、河流酸化，并溶解土壤和水体底泥中的重金属进入水中，毒害鱼类；加速建筑物和文物古迹的腐蚀和风化过程；可能危及人体健康。

11.1.2 全球环境治理的历史进程

自 20 世纪 90 年代起，随着“governance”概念的发展，全球环境治理的理念开始出现，并在欧美蔓延开来。到目前为止，对全球环境治理国际上尚未形成各方都认可的定义，但它已经在许多官方和非官方的场合被频繁地使用。一般来说，全球环境治理往往被用来指为保护全球环境而建立起的一系列全球性组织机构、资金机制、规范、程序、公约、标准、措施和行动等的总和（王华等，2012）。日益紧迫的全球环境问题，在制度因素方面催生了一些新的研究理论、方法与经验实践，并重点集中在法则、规范、标准与决策过程上，而这些要素构成了正在凸现的全球环境治理体系。随着国际社会对全球环境问题认识的深化和全球行动的进展，一个多层次的全球环境治理体系已经基本成型。最明显的特征是全球环境治理的参与主体越来越多元，过去主要是国家，现在包括联合国机构、非联合国的国际机构组织、国际行业协会、跨国企业、非政治组织和机构等非国家行为体。全球环境治理的基本方式是平等、民主协商，治理的途径是自上而下和自下而上相结合。同时，全球环境治理不只是一整套规则，也不只是一种活动，而是一个过程，它在不同的历史阶段有着不同的现实表现形式。总之，全球环境治理是一个体系，与可持续管理、政府决策等联系甚广，是一种多元化、多层面、多视角的理念。在基于科学的政策制定及其过程、行动中，全球环境治理必须保持公平、透明；必须架构自然与人文、科学与社会、科学与政策之间的桥梁；必须建立新型的能够确保广泛的多部门参与和多学科之间对话的长期沟通的协调机制。

近年来，关于全球环境治理的研究也在不断扩展和进步（孙鸿烈等，2007）。全球环境治理在国际尺度上正开展系统工作，用以确定、分析、处理、评估日益紧迫的全球环境变化问题。国际上全球环境治理研究已开始从理念探讨向实践转化。一批致力于全球环境治理的学者出版了系列论著，欧盟委员会出版了《欧洲管理白皮书》。这些专著从制度、贸易、教育等多角度阐述了全球环境治理。欧洲多国连续数年举办了全球环境管理系列会议。国际上也已经实施了系列全球环境治理的研究计划。其中，全球治理计划（global governance project）在地球系统分析框架的基础上，采用定性的社会科学研究方法，研究国际制度、政治过程、组织及其他影响正在凸现的全球环境管理体系的诸多因素。计划重点研究制度与组织的效力、认知、环境决策过程、制度间的相互作用、私营企业在管理系统中的作用、全球民主政治模式，另外，国际全球环境变化人文因素研究计划（IHDP）的两个核心计划，即全球环境变化的制度因素（IDGEC）、全球环境变化和人类安全（GECHS）与“全球环境管理”密切相关。前者研究制度在产生、恶化及解决大尺度环境问题上的作用；后者则将由前瞻性、跨学科交叉的国际研究计划所得出的研究成果与决策联系起来。

全球环境治理，特别是其协调机制理念在全球环境公约的制定、履约过程中得到了充分体现。保护全球环境需要全世界共同努力和协同行动，最有效的全球协调行动方式就是制定全球范围的多边条约。为此，多数国家和国际机构开展了全球环境科学研究活动，日益推动了环境外交和多边环境条约谈判的进程，成为国际环境外交的重要组成部分。现在国际上针对特定全球环境问题的国际环境公约多达 230 个以上，如《联合国气候变化框架公约》《京都议定书》《生物多样性公约》《卡塔赫纳生物安全议定书》等。近两年全球环境基金（GEF）启动了全球环境管理的履约能力需求评估研究，旨在支持各受援国通过评价履约能力现状，找出能力不足和需求，确定能力建设的优先领域，并提出战略和行动计划。与全球环境管理的法规因素相应，国际环境法研究在过去 10 年有了较大发展。国际环境法中有很多问题事关各国的重大政治经济利益，故各国政府和法学家对这些问题予以高度重视。需要指出的是，现行国际环境法的制定与实施仍主要受制于发达国家，发达国家透过一系列国际组织及衍生出来的法律、条约、协议，控制了全球化市场，推广着发达国家的“游戏规则”。

国际社会最初对国际环境问题的关注是应急性的，国际条约的达成及国际社会对环境问题的协商也往往是为了应对眼前的、可见的环境问题，突出表现为零碎的、临时性的特征。至今，国际社会“言必谈环境”，几乎所有大规模的国际会议都将环境问题列为其议程的一个部分，环境问题已经内化到国际决策当中。如何解决好全球环境问题是当前世界面临的最重大课题之一，全球环境治理也因此成为全球治理的重要内容。纵观近年来全球环境治理研究和发展历程，可以发现其呈现以下特点。

（1）全球环境条约体系的制度化和环境因素在全球治理决策中的制度化

国际环境条约最早可以追溯到 19 世纪末关于界河用水管理、捕鱼及对某种野生生物如迁徙类候鸟的保护等的相关条约，并且缔约国主要限于少数的几个国家。第二次世界大战以后，尤其是联合国成立以来，随着国际社会对环境问题的重视，在联合国及其专门性组织的协调下，在更多的环境领域达成了相关国际环境条约，以规范各国的环境行动，但是总体而言，这一时期的国际环境条约处于零散的发展状态。在 1972 年联合国人类环境会议之后，国际社会对人类环境问题和国际环境法的基本原则有了一定程度的共识，国际社会认识到国际合作解决环境问题是必由之路，所以，环境条约开始大量达成。至今，据不完全统计，有 700 多个多边环境协定（MEA）和 1000 多个双边条约、公约、议定书及修正案等（孙凯，2006）。这些国际环境条约涵盖国际环境问题的所有议题领域，条约的达成对于规范各种行为体的行为、更好地保护环境及实现可持续发展等方面起到了积极的作用。

国际社会从对环境问题的漠视，到 1972 年人类环境会议对环境问题的关注，再到对环境和发展问题的关注，以及今天的可持续发展，国际社会“言必谈环境”，环境因素已经渗透到全球治理决策当中。可持续发展是“既满足当代人的需要，又不对后代人满足他们需要的能力构成危害的发展”，这一理念要求当代人在当前发展的同时，在进行发展决策当中充分考虑未来世代人的权利，强调世代间的责任感，要求在人类不断地与自然生态系统相协调的同时，保持环境、经济和社会发展的可持续性。可持续发展的理念为全球环境治理注入了新的活力，在这一理念的推动下，国际经济活动已经不再单纯为了片面追求经济利益而不顾环境保护，环境因素越来越成为与国际贸易、国际信贷、经济援助等项活动密切相关的一个具有举足轻重影响的重要因素。不符合环境标准的产品受到限制，逐渐被作为国际贸易的一条基本准则，而且环境标准越来越严格，限制的范围也越来越广泛。环境保护成为进行经济决策时必然考虑的一个因素。近年来的亚太经济合作组织会议、西方八国集团会议等也都把环境问题列为会议的一项重要议程，这也充分反映了环境问题在国际决策中的重要地位。

（2）全球环境治理当前由发达国家主导

全球环境治理最重要的事务之一就是在什么样的环境问题上如何投入人、财、物。当前的气候变化、生物多样性、国际水域、荒漠化等全球环境问题主要是由发达国家提出的，对许多发展中国家来说并不是其主要环境问题，使许多发展中国家感兴趣的议题没能得到足够重视。例如，发展中国家面临的最严峻的问题之一是缺乏安全的饮用水，但此问题没有成为明确的全球环境问题，没有得到相应的国际援助；如果有国际援助资金作为种子资金，支持发展中国家饮用水的改善，情况会大不一样。联合国环境规划署受到发展中国家的影响，不会完全按照西方国家出资人的想法去行动，于是所发挥的作用就差强人意（王华等，2012）。

（3）全球环境治理中各方利益目前进一步分化

当前，各方在全球环境治理中的利益诉求越来越多，博弈越来越复杂。南北阵营内部的不同诉求也越来越多，分歧越来越大。在北方阵营发达国家里面，欧洲、美国、日本、澳大利亚等在很多议题上也变得对立，特别是美日、欧盟、澳大利亚。发展中国家分歧也很多，如对绿色经济的问题，拉丁美洲国家很困惑，而非洲一些国家由于受欧洲的影响愿意推动；中国在这方面有些尴尬，会受到一些小岛国的指责。

（4）非政府组织的影响越来越大

非政府组织的活动越来越多，对全球环境问题的解决发挥着越来越大的作用，在全球环境治理中的参与和声音越来越强，对公众舆论的影响也越来越大。近年联合国专门提出决议，邀请非政府组织代表参加联合国的活动。许多国际环保非政府组织拥有环境领域的专家资源而具备高度的专业性，针对重大环境问题提出的新概念、新思想和新措施具有很强的说服力，影响甚至左右全球环境治理进程。针对特定的环境问题开展调查，评估环境影响，公开相关环境破坏行为信息，提供舆论压力，促使问题改善，在全球环境治理中发挥着重要作用。国际环保非政府组织通过各种方式，如讲座、主题活动、考察、发表环境问题报告，提高社会关注度和公众参与度，促进相关知识普及。

（5）全球环境治理进展缓慢

21 世纪以来，全球环境治理进展不大。在 1992 年联合国环境与发展大会上，发达国家所做的资金承诺现在的执行率只有 7%左右；当然不同部门、不同机构、不同国家对这个数字有不同的讲法，但是普遍来说不到 10%。根据联合国环境规划署发布的《全球环境展望》四和五，从 1992 年起的 20 年以来，全球各国环境状况总体上是恶化了，环境问题的地理和社会分布失衡加剧。发达国家有局部改善，但是大多数发展中国家和欠发达国家没有改善，甚至是恶化，同中国状况差不多，整体恶化，局部改善。少数全球和区域性环境问题有改善，但是多数还是没有进展甚至恶化，根据《全球环境展望》五，在 90 个国际商定的最重要的环境指标里面，有 4 个取得了重大进展，有 40 个取得了一定进展，还有 24 个没有取得进展，有 8 项是恶化的，还有 14 个没有数据无法评估。

11.1.3 全球环境治理的特点

这些地球气候与环境的变化主要由人类活动造成，实际上反映了人与自然之间关系的变化。这些全球性变化不仅给地球生态系统本身带来了显著的影响，而且对社会价值体系、世界政治格局甚至经济格局也产生了深刻的影响。在社会价值方面，人们对自身生产和生活方式的深刻反思和价值观念的深层次变化，导致了对“生态文明”的诉求。同时，全球环境问题也拓展了传统的安全概念，成为国家安全的重要组成部分。应对这些全球环境问题，需要全世界各个国家的共同努力，认识问题的本质，构建合理的合作机制。归纳起来，全球环境问题呈现以下特点。

1）全球性。全球环境问题在规模和波及范围上具有全球性。事实表明，全球性环境问题会影响到所有国家、所有民族及所有人的日常生活。过去的环境问题无论是影响的范围、对象还是产生的后果，都具有局部性、区域性特点。而当代环境问题则表现了明显的全球性，这是因跨国、跨地区的流动性。例如，一些国际河流，上游国家造成的污染，可能危及下游国家；一些国家大气污染造成的酸雨，可能会降到别国等。当代出现的一些环境问题，如气候变暖、臭氧层空洞等，其影响的范围是全球性的，它们产生的后果也是全球性的。当代许多环境问题涉及高空、海洋甚至外层空间，其影响的空间尺度已远非农业社会和工业化初期出现的一般环境问题可比，具有全球性的特点。

2）复杂性。生态学的第一条法则是：每一种事物都与别的事物相关。全球环境问题之间具有内在的联系，它们之间相互联系，形成了一个错综复杂的、不可分割的系统，每一个问题都和其他任何一个问题相关，每一个针对某一问题的明确的解决办法会使其他问题恶化或受到干扰。全球环境问题涉及了人类生存环境的各个方面，如森林锐减、草场退化、沙漠化、土壤侵蚀、物种减少、水源危机、气候异常、城市化问题等，已扩展到人类生产、生活的各个方面。随着当代科技的迅猛发展，由高新技术引发的环境问题日渐增多，如核事故引发的环境问题、电磁波引发的环境问题、超音速飞机引发的臭氧层破坏、航天飞行引发的太空污染等。这些环境问题技术含量高、影响范围广、控制难、后果严重，已引起世界各国的普遍关注。环境问题的复杂性，要求我们必须采取综合整治的措施，才能减轻或控制其影响，预防其发生。

3）长期性。全球环境问题的产生是一个相对较长的逐步积累的过程，现在所面临的环境问题，可能是几年、几十年甚至几百年来人类活动的结果。虽然人类已进入现代文明时期，进入后工业化、信息化时代，但历史上不同阶段所产生的环境问题，在当今地球上依然存在。同时，现代社会又滋生了一系列新的环境问题。这样，形成了从人类社会出现以来各种环境问题在地球上的积累、组合、集中暴发的复杂局面。全球环境问题造成的影响也是长期性的，它们不仅是对当代人的威胁，更重要的是对后代的威胁。全球环境问题的解决也是长期性的，而不是一个立竿见影、能立刻解决的问题，如沙漠化、湿地的破坏等环境问题即使能恢复，也需要付出巨大的代价和相当长的时间坚持不懈的努力，而一些全球环境问题如物种灭绝等是不可逆转、不可恢复的。

4）严重性。全球环境问题从根本上威胁到人类生存的社会环境和自然环境，从而对人类构成生存挑战。每年有 600 万 hm^2 具有生产力的旱地变成无用的沙漠，它的总面积在 30 年内将大致等于沙特阿拉伯的面积。每年有 1100 多万 hm^2 的森林遭到破坏，这在 30 年内将大致等于印度的面积。这些森林的很大部分将变成不能支持定居在那里的农民生活的低质农田。矿物的燃烧将二氧化碳排入大气中，造成了全球气候逐渐变暖，这种温室效应可能将全球平均气温提高到足以改变农业生产区域、提高海平面使沿海城市被淹及损害国民经济的程度；其他工业气体有耗竭地球臭氧保护层的危险，它将使人和牲畜的癌症发病率急剧提高，海洋的食物链将遭到破坏；工农业将有毒物质排入人工食物链及地下水层，并达到无法清除的地步。

5）政治社会性。由于当代环境问题已影响到社会的各个方面，影响到每个人的生存与发展，因此，全球环境问题已绝不是仅限于少数人、少数部门关心的问题，而成为全社会共同关心的问题。保护环境已成为全人类的共识，解决环境问题已成为社会各部门、各学科关注的焦点。全球环境问题已不再是单纯的技术问题，而成为国际政治、各国国内政治的重要问题。其表现在：全球环境问题已成为国际合作和交往的重要内容；全球环境问题已成为国际政治斗争的导火索之一，如各国在环境义务的承担、污染转嫁等问题上经常产生矛盾并引起激烈的政治斗争；世界上已出现了一些以环境保护为宗旨的组织，如绿色和平组织等，这些组织在国际政治舞台上已占有一席之地，成为一股新的政治势力。

6）超越意识形态性。从本质上看，全球环境问题具有超民族、超意识形态的特点。纵观当今世界，无论是社会主义国家还是资本主义国家，无论是发展中国家还是发达国家，无论是君主制国家、西方民主制度国家还是伊斯兰宗教国家，生态与环境问题都普遍存在，这些问题都具有全球性的特点。用传统的意识形态视角来看待这些问题显然是落伍了。如何妥善地解决这些带有全球性特点的环境问题，涉及全人类当前的和长远的利益，与每一个人息息相关。这种普遍相关、相互依存的性质，内在地要求人们克服国家、民族、集团的偏见，超越意识形态的分歧，加强合作，共同推进全球环境问题的解决。正如《人类环境宣言》中所说："保护和改善人类环境是关系到全世界各国人民的幸福和经济发展的重要问题，也是全世界各国人民的迫切希望和各国政府的责任。"

11.1.4 新时期的国际环境与发展战略格局

从全球环境合作的发展态势来看，当前世界政治和经济形势依然复杂多变，全球性环境问题已经由国际社会持续关注的焦点，逐步演化成为承载政治、经济、外交、文化等诸多因素的复合体。在全球化、区域化大背景下，国际环境治理进程明显加快，国际环境规则趋于机制化、刚性化，南北矛盾更加尖锐，南南分歧开始显现，国内与国际环境问题相互交织。

从环境问题对一国的影响程度上看，随着全球和区域环境问题与国家政治、经济和安全等领域不断相互渗透，一体化和复杂化程度日益增强，对一国而言环境也已不再是"低政治议题"，环境安全日益成为一个国家非传统安全的基本要素，环境利益成为一个国家核心利益的组成部分。

在全球发展前进的大浪潮中，中国与世界正在发生双向影响。作为新兴发展中国家，我国环境保护面临着更为复杂的国际政治和经济形势。中国与世界的发展进程逐步融为一体，众多全球环境问题正在不断恶化，对我国环境与发展的不利影响也日益增大。另外，中国对世界的环境影响也正在明显增加，中国在国际环境事务中的责任问题凸现。2010年中国成为世界第二大经济体后，中国的发展更加受到世界瞩目。国际社会对中国的期待和中国在国际事务中的实际地位与作用发生了重要变化，希望中国成为"负责任的利益相关方”。在环境与发展领域，随着中国周边跨界环境问题的显性化及中国企业走出去进程中环境争议的频发，“中国环境威胁论”此起彼伏，国际社会要求我国承担更大的环境责任的呼声越来越高，我国的国际形象受到严重关注。若处理失当，将威胁我国实现可持续发展的国际资源和环境空间，影响我国走和平发展道路与建设和谐世界战略的顺利实施。

总体上，我们面临着来自国际、国内的双重压力与挑战，明显表现为“双向影响严峻、内外利益攸关、国际形象关切、大国责任凸现、挑战机遇并存”的局面。当前国内环境形势依然严峻，发达国家一两百年出现的环境问题，在我国近 30 多年的快速发展中集中显现，呈现明显的结构型、压缩型、复合型特点。老的问题尚未解决，新的问题接踵而至，不断呈现。另外，随着绿色、低碳和循环发展成为世界潮流，绿色发展成为体现国家竞争力、占领战略制高点的重要领域。国际经济形势倒逼中国经济转型，需要我们进一步深入研究国际环境发展的关注点与国内资源环境及敏感问题的联系。综合考虑国际金融危机区域化纵深发展、新兴市场国家复苏乏力、美国重返亚太、周边领土争端加剧、跨界环境问题不断升级等问题在全球、区域、国家三个维度上对我国的影响，加强国际政治、经济、环境新形势下我国环境保护的总体战略布局的设计与谋划。

11.2 我国面临的主要全球与区域环境问题和挑战分析与识别

11.2.1 我国参与的全球环境合作

11.2.1.1 我国面临的主要全球环境问题

全球变化对我国环境的影响是显著的、多方面的和深刻的。在全球变化的背景下，我国的环境问题日趋严重，自然生态系统的改变如气候不断变暖、冰川退化、森林减少、草原退化、荒漠化面积不断增加、生物多样性减少、北方干旱化增加、极端天气气候事件加剧等。

青藏高原在 13 000ft（英尺）（1ft=0.3048m）之上大约有 46 298 座冰山。在过去 20 年里，西藏的气温已经升高了 1.1℃。这是一个非常敏感的区域，因为世界上有七大河流都发源于此：中国的长江和黄河、印度的印度河和恒河、越南的湄公河、孟加拉国的布拉马普特拉河、缅甸的萨尔温江。大约有 20 亿人口都靠此生活，如进行工业和农业生产、航运和发电等。中国科学院的董光荣在 2006 年 5 月表示，2005 年冰山的融化速度已经达到了令人担忧的 7%。更高的温度将会进一步融化冻土，将土地变成沙漠。融化的冰山将最终引发更多的干旱、加剧沙漠化和沙尘暴，这些都已经在困扰着中国。

IPCC 科学家于 2007 年 9 月在伦敦召开的会议上宣称，地球气温上升 2℃是不可避免了。温度上升 2℃的后果是：在亚洲地区，随着喜马拉雅冰川消融，多达 10 亿人将缺少淡水供应；印度的玉米和小麦产量将下降 5%；中国的大米产量将下降 12%，沿海洪水发生概率增加。据国内相关研究，按目前全球变暖的趋势持续下去，30 年后我国主要农作物（稻米、小麦、玉米）将减产 5%～10%，病虫害发生频率和危害程度将明显增加；水资源的短缺呈加剧趋势，预计21世纪30年代，即使采取严格的节水措施，黄河流域仍将缺水200亿t；传染病的种类和影响范围将明显扩大，一些已经绝迹的传染病又有死灰复燃的可能；我国未来海平面还将继续上升，到2030年中国沿海海平面上升1～16cm，预计到21世纪末将达到30～70cm。这将使许多海岸区遭受洪水泛滥的机会增大、遭受风暴影响的程度和严重性加剧，气候突变事件发生概率增加，并可能在大范围地区造成灾难性的后果。

今后，国际上要求发展中国家特别是像我国这样的发展中大国采取保护气候措施的压力将显著增加，我国将面临越来越多的国际履约问题。中国作为世界上第二大二氧化碳排放国和一个负责任的大国，以及从自身可持续发展的目标着眼都应做出理智的选择，采取综合的对策和积极的行动，充分利用国际上应对全球变化的机遇，在全球环境保护的进程中争取主动，实现生产和消费模式的全方位变革，以保证可持续发展目标的实现。

11.2.1.2 我国参与的全球环境合作机制及特点

自1949年新中国成立以来，我国经历了三大改造、第一个五年计划等时期，已对各种环境问题产生了初步认识，中国于1971年恢复其在联合国的合法席位，并借此开始积极参与各种全球环境问题的治理。基于1978年改革开放以来，中国的经济迅速发展，对外交流合作逐步扩大，使得中国参与全球环境治理的程度也在不断地加大（吴昊和麻宝斌，2011）。

中国在不断加强改革力度、扩大改革开放的进程中，尽管要持续面对人口、资源、环境等诸多发展瓶颈，但是，中国依然从自身国情出发，通过了许多国内有关环保的举措，提出了经济与环保并举、经济效益与环境效益及社会效益相统一的战略方针。而且，中国还积极参与了全球环境治理的相关活动。例如，中国于1992年在巴西里约热内卢的联合国环境与发展大会中签署了世界上第一个关于减少温室气体排放、控制全球变暖的国际公约——《联合国气候变化框架公约》，并以此彰显了中国坚决维护自身及全球经济与社会的可持续发展，进而保持了作为世界上最大发展中国家的良好形象及负责任的态度。自从签署《联合国气候变化框架公约》之后，全球就进入了可持续发展时代，环境保护也已经成为发展经济的重要前提。与此同时，中国也积极参与了全球环境治理的各项活动。例如，1997年，在日本东京签署了《联合国气候变化框架公约》的补充协议——《京都议定书》，其目标为：将大气中的温室气体含量稳定在一个恰当的水平，以此防止剧烈的气候变化对人类造成不同程度的伤害；2007年，中国在印度尼西亚巴厘岛参与制定了“巴厘路线图”，从而以不断加强国际合作为基础，明确了世界各国努力落实《联合国气候变化框架公约》的具体领域；2009年，中国在哥本哈根积极参与商讨了《京都议定书》承诺到期之后的后续方案，即2012~2020年的全球减排协议，此次会议被喻为“拯救人类的最后一次机会”；2010年年底，中国积极参加了在墨西哥坎昆举行的联合国气候大会，旨在希望能够通过一个有约束力的国际协定，以替代2012年到期的《京都议定书》，并将各国在2009年哥本哈根会议上达成的减排协议纳入联合国决议中。

我国本着对国际环境与资源保护事务积极负责的态度，参加或者缔结了多项关于环境与资源保护的国际公约和条约，并把这些文件的精神引到国家的法律和政策之中。同时，我国也积极履行了这些条约规定的义务。例如，我国批准了《中国逐步淘汰消耗臭氧层物质的国家方案》，相继颁布了 100 多项有关保护臭氧层的政策和措施，建立了消耗臭氧层物质替代品和其他环保相关产品的开发和生产基地，顺利完成了《蒙特利尔议定书》规定的阶段性削减指标。此外，我国还推动了一些具有代表性的国际环境保护重要文件的出台，如《人类环境宣言》（1972 年）、《内罗毕宣言》（1982 年）、《里约环境与发展宣言》（1992 年）、《21 世纪议程》（1992 年）、《国际清洁生产宣言》（1998 年），并按照文件的要求，积极推动中国环境保护事业的发展，走可持续发展道路。

自从 1971 年恢复在联合国的合法席位以来，尤其是 1978 年改革开放后，中国的对外开放程度逐步扩大，而且，中国参与全球环境治理的广度及深度亦渐次延伸。30 多年来，中国通过参与国际环境合作取得了丰硕的成果。首先，中国的环境外交在实践中逐步开展起来，成为中国对外关系的重要组成部分。环境外交，从保护全球生态的角度出发，以处理国际环境纠纷、制定有关国际环境公约、谋求推进环境领域的国际合作为基本目标，其核心是将全球利益与单个国家利益有机结合起来，寻找二者间的最佳结合点。中国十分重视国家间关系中的这一新的领域，一直积极参与全球性和地区性的环境事务，与联合国开发署、世界银行、亚洲开发银行、全球环境基金等机构在环境领域展开广泛的合作，签署了 40 多项与环境和资源保护相关的国际公约，同世界各国签订了许多环境合作协定或备忘录。作为最大的发展中国家和环境大国，中国在国际环境外交领域成为了发展中国家的代表，在国际环境和发展领域发挥着重要的作用。

当前，中国在不断加强国内环保的基础上，正以负责任的大国姿态积极参与全球环境治理的各项活动，但是，囿于自身国情及复杂的国际形势，中国也面临自身发展的独特性和局限性。

（1）经济持续高速增长的国内诉求与资源环境矛盾日益突出

在历史发展的脉络中，中国有盛有衰，自从改革开放以来，以实现民族复兴为动力，新中国的经济持续高速的增长，尤其在经济危机时期，依然保持着高速增长的态势，并引领世界经济的发展。虽然当前中国正处于经济发展方式的转变时期，而且，在“十二五”规划纲要中，将经济增长速度降为 7%，但是，经济持续高速增长的国内诉求亦不可避免地成为了中国在参与全球环境治理时不得不考虑的现实需求。然而，我国目前仍然呈现一种高投入、高消耗、高污染的粗放型经济增长方式，这导致我国经济社会发展与资源环境的矛盾日益突出，在解决环境问题的同时，新的环境问题也不断凸现。发达国家上百年工业化过程中分阶段出现的环境问题，在我国 20 多年里集中出现，呈现结构型、复合型、压缩型特点。当前，我国正进入大范围生态退化和复合型环境污染的阶段。环境污染和生态破坏造成了巨大的经济损失，不仅危害群众健康，影响社会稳定和环境安全，而且对亚洲邻国造成了不同程度的影响，导致区域冲突、贸易争端与外交制掣，从而危及国家安全。

（2）环保立法及政策跟进不足

任何社会的发展均是一个基于客观基础，并由量变逐步达到质变的过程，中国正处于并将长期处于社会主义初级阶段，人口多、底子薄、资源人均占有量少，这些均是中国不可避免的天然缺陷。而且当前，中国正在进行政治、经济等方面的全面性改革，市场化、城市化趋势正以前所未有的速度推广开来。因此，中国天然的客观缺陷及当前的特殊阶段国情，致使中国环保方面的立法及政策跟进不足，从而导致了局部地区出现了人与自然失调的不良局面，最终影响了中国在参与世界各项环境保护活动时应有的作用。尽管我国推出了一系列环境法，但在可操作性、执行力度及针对性方面尚有薄弱环节，在国际环境法制定过程中所发挥的作用比较弱。迄今为止，我国对国际环境法的研究远远不能满足国家开展环境外交、处理国际环境事务、进行国际环境问题决策的需要。

（3）履约压力加大（孙鸿烈等，2007）

我们必须对国际环境公约谈判与履约工作的重要性、艰巨性、复杂性有充分的认识。以温室气体减排为例，尽管我国在《京都议定书》第一承诺阶段（2008~2012 年）不需承担减排任务，但来自发达国家的压力与日俱增。在 2005 年 11 月在加拿大蒙特利尔召开的《联合国气候变化框架公约》第 11 次缔约方大会上，发展中国家的减排责任成为这次会议上讨论的焦点。发达国家立场非常一致：必须把以中国、印度和巴西等为首的发展中国家纳入承担延缓温室气体排放义务的行列。

（4）高端协调机制缺乏

我国（区域、流域、行业）经济发展和环境保护工作条块分割严重，与全球环境管理所倡导的长期协调机制相违背。由于社会经济发展水平和历史原因，我国东部、中部、西部地区在人口、资源、环境、社会经济发展方面有着巨大差距，即“数字鸿沟”。这导致它们应对全球环境变化能力的差异显著。同时，不同区域的生态服务功能迥异。但当前区域间各自发展现象比较突出，缺乏区域之间的统筹、协调。我国参与全球环境管理，应该在国家层面上有所作为。

（5）科技支撑不足

我国尚未形成适合国情和适合发展的生态与环境科技体系，制约着中国参与全球环境管理进程。具体表现为：原创性基础研究欠缺，手段相对落后，研究方法与国外相比差距较大；自然与人文、科学与社会、科学与政策沟通不畅，缺乏行之有效的对话机制；缺少大跨度学科交叉的系统综合研究；偏重末端治理，忽视全过程和区域型控制；长期、连续、动态的基础数据积累不够；缺少自主知识产权的集成技术与成套设备；科技对政府决策的支撑力度薄弱；缺乏全球视野，参与国际计划及国际标准制定能力不足，在国际项目中发挥作用不够；等等。

总之，全球环境治理是一项需要世界各国共同参与合作的系统性工程，但是，由于中国自身的局限性，中国在遵守负责任处理环境问题的承诺、积极参与全球环境治理时，不可避免地会面临不同层面的困境。如果中国恰当合理地处理自身所面临的困境，则必然会对全球环境治理减轻许多压力；反之，如果中国未能合理应对所处困境，则将会对自身及全人类的可持续发展产生负面效应。因此，中国如何采取有效措施，以应对自身在全球环境治理过程中所遇到的困境，将是一个任重而道远的任务。

11.2.1.3 对我国参与的全球环境合作形势的基本判断

中国作为发展中大国，在全球环境问题上一直受到来自国际上的巨大挑战。尤其进入 21 世纪以来，形势更加严峻（涂瑞和，2007）。在 2006 年 11 月北京举行的气候变化圆桌会议上，欧盟贸易委员彼得·曼德尔森强调，“未来所有关于气候变化和贸易的谈判中，中国都将被置于中心位置。”首先，妥善应对和解决全球环境问题将有助于我国化解不利的国际舆论，缓解国际压力，维护我国作为一个负责任大国的形象，提升国家的软实力；其次，积极主动地参与全球环境问题的解决，有利于我国开拓新的发展空间，可以有效地遏制发达国家利用国际环境规则限制我国发展空间的企图，减少对我国社会经济发展的负面影响；再次，通过对全球环境问题的全面参与，促进我国在产业政策、能源政策、技术政策、财税政策和贸易政策上做出积极的调整，进而优化我国在全球产业分工和贸易中的格局；最后，全球环境问题的妥善应对和解决，有利于我国建设生态文明，实现资源节约型、环境友好型社会战略目标，加速形成节约能源资源和保护生态环境的产业结构、增长方式和消费模式。

然而，在国际环境合作问题上，全球利益与国家利益、长远利益与现实成本、政治意愿与现实能力、实际角色与外交策略等多重矛盾的交织，以及国家未来社会发展的不确定性和环境变化本身的不确定性，使中国环境保护的国际合作面临许多挑战。

1）中国面临能力与意愿矛盾交织的双重困境。在加强国际环境合作方面，中国面临着双重压力的困境：一方面，国际环境制度的演化向着约束范围更广、约束力更强、约束规则更细的方向发展，中国面临日益强大的国际压力；另一方面，从现实看，中国较低的经济发展水平、相对落后的技术水平和有限的资源又使之难以承受与自身不相适应的国际义务。一方面，中国要维护自身权益，除表明原则立场之外，必须对环境保护的国际合作领域的核心议题提出建设性的意见和具体方案；另一方面，由于未来环境领域发展的高度不确定性，以及科学研究基础的相对薄弱，中国对许多具体问题的取向又难以对自身的利益做出清晰的判断，往往在谈判中陷入被动局面。

2）中国面临外部压力与内部改革之间的多层次博弈。中国作为环境大国，作为崛起中的大国，必然要参与国际环境合作，在其中发挥更大的作用。然而，中国参与国际环境合作有其复杂性和矛盾性。在中国参与国际环境合作客观进程的背后，在看似代表全人类和各个民族国家共同利益的背后，存在着少数国家尤其是西方大国的掌控和私利，存在着“王道”与“霸道”的多重较量，存在着各国的本国利益与新的全球共同利益的冲突，存在着外部压力与内部改革（包括政治体制的改革、经济体制的市场化与本土文化的坚守等）之间的多层次博弈。因此，面对利害攸关的国际环境议题的严峻挑战，如何在不确定性条件下做出明智的判断和选择，以维护国家的政治、经济利益和国际形象，中国不得不慎重行事，这也是值得学者认真思考和研究的问题。

面对这些压力与挑战，中国参与全球环境合作需坚持自己一贯的原则与立场。1990年 7 月，中国国务院环境保护委员会通过了《我国关于全球环境问题的原则立场》（国家环境保护总局政策法规司，1999），指出目前存在的全球性环境问题，主要是发达国家在过去一两个世纪中盲目追求工业化造成的后果。直到现在，发达国家依然是世界资源的主要消耗者和污染的主要排放者。因此，它们对全球性环境问题负有不可推卸的责任；同时，发达国家在长期无偿地使用人类资源的基础上得到了发展，拥有较强的保护全球环境所需要的资金和技术力量，理应承担更多的实际义务。我国提出的全球环境问题的原则立场逐渐为世界各国所认同，这些原则立场概括起来就是：正确处理好环境保护与发展的关系，经济发展必须与环境保护相协调；明确国际环境问题的主要责任，保护环境是全人类共同的任务，但是发达国家负有更大的责任；维护国家主权，加强环境领域的国际合作，要以尊重国家主权为基础；发达国家不应把环境保护作为提供发展援助的附加条件，不应借口保护环境设置新的贸易壁垒；保护环境和发展经济离不开世界的和平与稳定；处理环境问题应当兼顾各国的现实利益和长远利益等（李绪鄂，1991；吕建华，2007）。

我们必须意识到，随着中国经济和综合国力的迅速发展，环境权利与义务是相对等的。中国从单纯的世界受援国，逐渐开始承担更多的国际义务。也就是说，中国已经进入“毕业期”。根据国内人均生产总值，世界银行已不再为中国提供无偿贷款，日本也于 2008 年结束对中国的官方发展援助。基于我国发展阶段，结合国际发展情况，未来中国参与国际环境合作有三个发展趋势（黄淼，2008）：一是中国将全面地参与国际环境合作，中国的声音与意见对全球环境治理秩序与规则的确立日益重要；二是随着经济快速发展和国际威望的提高，中国将承担更多的环境责任，环境风险也将增大，可能引发双边和区域环境冲突；三是在一定时期内中国还将获得一些国际援助，但将逐渐面临对外环境援助工作。

11.2.2　我国参与的区域（双边）环境合作

11.2.2.1　我国面临的主要区域（双边）环境问题

从地理位置关系看，我国是世界上拥有邻国最多的国家之一，与中国陆上接壤的国家有 14 个，隔海相望的国家有 6 个，地缘因素造成我国面临的区域（双边）环境问题繁多，跨界影响关系复杂。总体来看，我国面临的区域（双边）环境问题可分为周边环境问题和非周边环境问题。从引发环境问题的原因看，可分为三类：由环境介质跨界移动引起的跨界环境问题、由国际贸易引起的环境问题，以及资金的跨国流动，即外商对华投资和我国对外投资引起的环境问题；从环境介质的类型看，可分为跨界水和海洋污染问题、大气污染物的远距离传输问题、固体废物污染问题和跨界生态保护问题；从跨界影响方式看，可分为直接影响和间接影响，如跨界水体污染直接影响下游国家，废物进口直接给进口国造成环境影响，产品贸易则是产品生产过程间接造成的环境影响；另外，有些环境问题的产生是人为活动的影响大一些，有些是自然因素作用大一些，有些是长期才能解决，有些则是短期内可以解决。

综合考虑，我国主要面临三类区域（双边）环境问题（表 11-1，图 11-1）。

表 11-1　我国区域（双边）环境问题的类型

环境问题类型	目前所涉及的或被关注的国家和区域
一、由环境介质流动引起的环境问题	
1. 水	
（1）跨界水污染和生态影响	俄罗斯、哈萨克斯坦、朝鲜、蒙古国 大湄公河次区域（GMS）
（2）陆源污染造成的海洋污染	日本、韩国、朝鲜、俄罗斯（远东）
2. 气（大气远距离传输）	
（3）酸雨	日本、韩国、朝鲜、俄罗斯（远东）

续表

环境问题类型	目前所涉及的或被关注的国家和区域
（4）沙尘暴	蒙古国、日本、韩国、哈萨克斯坦、朝鲜、俄罗斯（远东）
（5）光化学烟雾（O_3）	
（6）汞污染	亚太区域乃至全球
（7）棕色云	南亚、西亚、东亚
二、由国际贸易引起的环境问题	
（8）电子废物非法贸易对环境的影响	美国、日本、韩国、东南亚、东北亚、欧洲国家
（9）木材贸易引起的生态破坏	俄罗斯、东南亚
（10）国际运输造成的生态破坏	东盟、日本、韩国
（11）其他产品贸易引起的环境问题	美国、欧洲、阿拉伯国家联盟（阿盟）
三、由跨国投资引起的环境问题	非洲、东南亚、阿盟、拉丁美洲

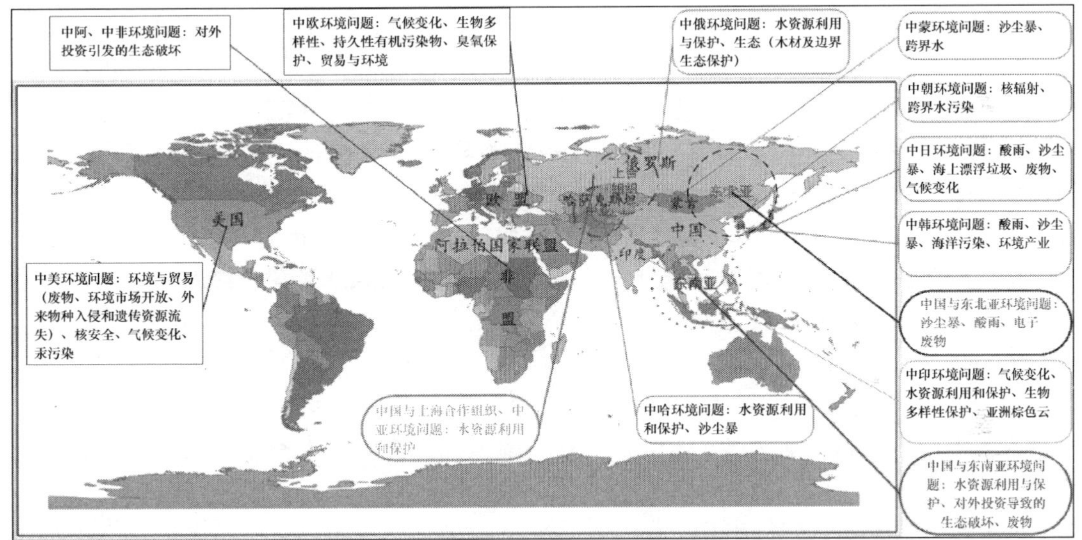

图 11-1 我国面临的主要区域（双边）环境问题示意图（彩图请扫描正文末页二维码阅读）

我国面临的主要区域（双边）环境问题及特点如下。

1）跨界大气污染问题在周边区域关注度显著上升。我国是造成东亚跨界大气污染的主要污染排放源，日韩认为其遭受严重影响。在中日韩三国环境部长会议及中日、中韩环境合作联委会等多边和双边环境合作机制中，中方在大气污染问题上面临的压力较大，未来不排除区域跨界大气污染防控协议化的可能性。

我国在光化学烟雾问题上遭受来自日本的明显压力。根据《中日韩三国环境合作联合行动计划》（2010~2014 年），三国将“轮流举办研讨会就臭氧污染形成机制进行讨论、构建互信，并从 2010 年开始探讨具体研究合作活动”。目前，针对光化学氧化物污染问题，已举办 4 次研讨会。第四次光化学氧化物研讨会会议纪要含有具体合作计划，且与我国有关。但我国还没有在大区域尺度开展针对大气光化学氧化剂的系统研究，尚不掌握我国东部地区大气臭氧污染的整体状况和输送规律。

2）我国跨界水体环境问题突出，引发跨界纠纷风险较大。我国是世界上国际河流最多的国家之一，并且多处于国际河流的发源地和上游。我国拥有 16 条重要跨界河流，其中 13 条发源于我国，主要分布于东北、西北和西南三大地区，涉及 19 个国家，影响包括我国在内的约 30 亿人口。在水环境质量方面，2010 年中国环境监测总站对我国跨国界河流（含湖泊）的水质进行了监测（此次共监测了中俄、中蒙、中朝、中哈、中吉、中越、中缅、中印和中尼 38 条国界河流及 3 个界湖、76 个断面（点位），额尔古纳河呼伦贝尔伊木河断面和朋曲西藏定结断面未监测），根据监测结果，2010 年国界河流（湖泊）总体为轻度污染，但部分国界河流（湖泊）污染形势仍不容乐观。其中，中蒙国界湖泊贝尔湖为重度污染；中越国界河流元江和藤条江出境水体为重度污染，南溪河出境水体为中度污染；中朝国界河流鸭绿江、图们江为中度污染；中缅国界河流南畹江出境水体为重度污染，大盈江出境水体为中度污染；中哈国界河流伊犁河出境水体为中度污染。而在水资源利用方面，西北地区的中哈界河额尔齐斯河和伊犁河，西南地区的湄公河水资源利用矛盾突出。依据我国当前环境保护相关工作规划，跨界河流的水质问题可以在中期内（未来 15~20 年）得以较好解决，但水资源利用矛盾将长期存在。

3）我国陆源污染造成的海洋污染形势不容乐观，以渤海湾污染和海上漂浮物为主。中、日、韩等国均存在陆源污染造成的海洋污染问题，并在海洋漂浮垃圾、渤海污染等方面存在相互影响和作用。而日韩民间一般认为我国在东北亚是主要的海洋陆源污染国，日韩政府称本国受到严重影响，并提出希望开展联合监测研究。

4）由于自然因素的作用和起源复杂等原因，东北亚沙尘暴问题在短期内难以改善。沙尘暴问题为韩国的关注重点，中日韩环境部长会议特别成立了司长级对话机制，与监测和技术工作组开展相关实质性工作。我国作为沙尘暴上风向国家，在监测、预警合作中经济上将会是付出大于收获。

5）汞污染问题已开始进入地区或国际环境合作的重要议事日程，我国被认为是主要排放大国，压力将不断增加。2013 年 10 月中国代表团在日本签署《关于汞的水俣公约》，将加快推进我国土壤污染治理和流域治理的进程。

6）大气棕色云覆盖印度洋、南亚、东南亚和我国最南部上空，尽管相关科学研究缺乏，但未来很有可能成为亚洲最大的区域环境问题。

7）由贸易引发的区域性环境问题主要有两类：一是固体废物，特别是电子废物非法贸易导致的环境污染，我国是受害方，美、日、韩是主要的输出国，东南亚成为重要中转站；二是我国从俄、东南亚的木材进口对当地造成的一些生态破坏。

8）随着对外投资规模的不断扩大，我国境外投资企业在海外屡屡引发环境争议，对外投资环境管理成为新的挑战。

9）气候变化、生物多样性保护、臭氧层保护、化学品管理和核安全等全球环境问题成为地区关切的重要问题，充分体现在区域和双边环境合作进程中。

总体上，我国经济发展中的粗放型增长方式和所产生的生态环境问题对周边国家环境产生了一些不利影响，并引发了一些区域和双边环境问题。我国在某些敏感问题上面临的挑战和压力呈现不断加大的趋势，潜在风险较大。某些周边国家通过在与我国有关的跨界环境问题上对我国施压，将环境议题政治化、作为辅助外交手段的倾向日趋明显。同时，我国也面临诸如电子废物越境转移、（核）放射性等来自境外的环境威胁和生物遗传资源流失等问题，尚需我国妥善加以应对，以减少对我国的不利影响，通过进一步在区域环境合作战略中加以谋划，将其发展为我国可采取主动的环境合作领域。

11.2.2.2 我国参与的区域（双边）环境合作机制及特点

双边环境合作是我国环境合作中最活跃的机制，发挥着主渠道作用。我国以协议为基础的双边环境合作最早始于 1980 年 2 月 5 日国务院原环境保护领导小组办公室与美国环保局在中美科技合作协议下签署的环境保护科技合作协议，之后，迅速全面展开，呈现出合作所涉及的国家和地区不断增多、合作机制不断增加、合作层次不断提升的特点。截至 2009 年，我国已与 41 个国家签署了 60 个双边环保合作文件，其中欧洲 22 国、美大地区 7 国、亚洲 10 国、非洲 2 国。我国的双边环境合作在资金与技术引进、管理与政策经验借鉴、人员交流和能力建设方面取得了显著成绩。

近年来，作为全球环境合作机制的补充和双边环境合作的拓展，区域环境合作迅速发展，我国以周边国家为重点的区域环境合作框架初步形成，在次区域、区域和泛区域层次上形成了多个机制，主要有东北亚地区相关环境合作、东亚酸沉降监测网（EANET）、东盟-中日韩环境部长会议/东盟-中国环境合作、大湄公河次区域（GMS）经济合作、上海合作组织/中亚区域环境合作等。其中东北亚地区相关环境合作机制又包括：中日韩三国环境部长会议（TEMM）、东北亚环境合作会议（NEAC）、东北亚次区域环境合作计划（NEASPEC）等综合性环境合作，以及中日韩沙尘暴合作司长级会议、西北太平洋行动计划等针对特定环境问题的环境合作。

作为国家总体外交工作的重要组成部分，区域（双边）环保国际合作已成为国家领导人机制的重要议题。截至 2013 年 5 月，纳入国家领导人重大外交和国务活动的环境合作机制已达 12 项，包括中美战略与经济对话机制、中俄总理定期会晤机制下的中俄环保分委会、中欧环境政策对话、中日韩环境部长会议、中国-东盟环保合作及大湄公河次区域环境合作机制等。

目前，我国参与和建立的主要区域和双边环境合作机制如图 11-2 所示。

（1）我国参与的区域环境合作机制分类

我国参与和推动的区域环境合作，与我国国际地位与区域形象紧密相关。根据经济发展程度及对经济与环境保护关系的认识划分如下。

1）横向互动型的区域环境合作。

横向互动型的环境治理是指处在同一经济发展水平国家之间的治理。而这种合作，更多地被限定在北方国家合作、南南环境合作之间，如中国-东盟环保合作、上海合作组织环境合作等。

2）纵向互动型的区域环境合作。

纵向互动型的区域合作指的是处在不同经济发展水平国家之间的合作。在区域环境合作方面，相对发达国家拥有丰富的经验与资金，而欠发达国家缺乏资金来源和技术能力。在中国参与的周边环境治理范畴内，东北亚环境合作属于典型的纵向互动型的区域环境合作。

3）交叉型的区域环境合作。

该形式类似于南-北-南环境合作，即发达国家与发展中国家交织，由于面临共同的环境挑战开展的区域环境合作形式，如大湄公河次区域环境合作、中日韩环境合作、东

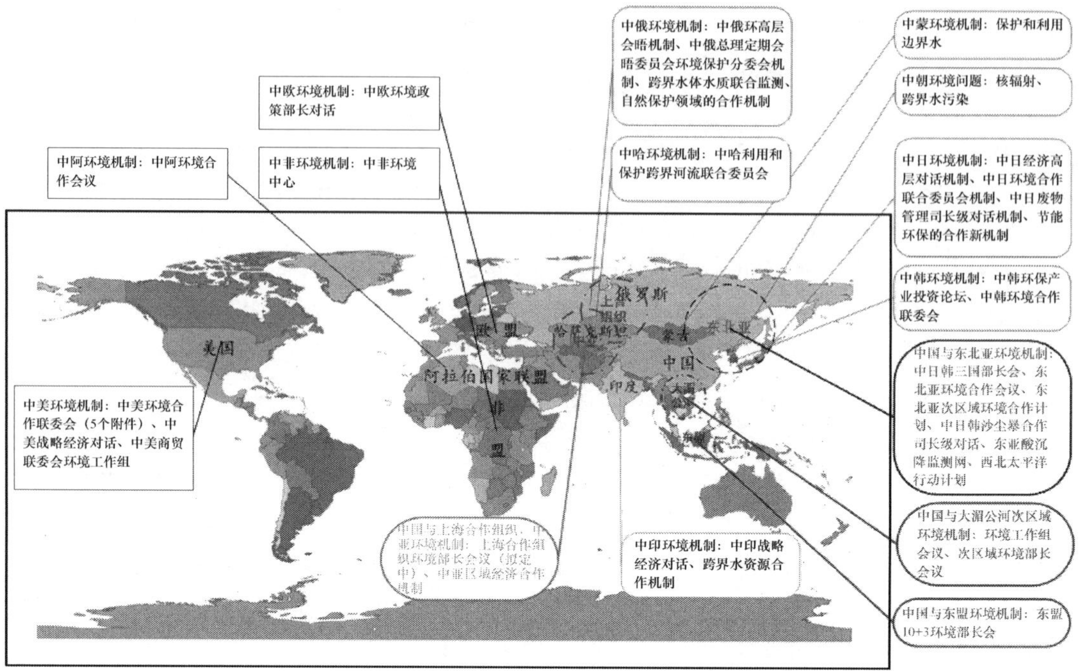

图 11-2　我国主要区域（双边）环境合作机制（彩图请扫描正文末页二维码阅读）

亚酸雨监测网络合作、联合国环境规划署西北太平洋行动计划（NOWPAP）和联合国环境规划署东亚海协作体合作计划（COBSEA）等。

（2）我国参与和周边国家有关的区域环境合作的地域划分

东南亚环境合作：东盟与中国（10+1）环境合作、东盟与中日韩（10+3）环境合作、大湄公河次区域环境合作。其中，中国-东盟环境合作主要是关注区域环境政策高层对话与能力建设发展；大湄公河次区域环境合作则重点以区域环境规划、生态系统服务等议题缓解下游国家关注的“流域综合环境管理”的压力，但由于美国介入势力强大，本地区的“水政治压力”国际化明显。

东北亚环境合作：本地区大国关系与区域利益形势复杂多样，主要包括中、日、韩三国环境合作；中国、蒙古国、韩国、俄罗斯、朝鲜（朝鲜于 2009 年因联合国对其制裁而退出）等国参加的大图们江环境合作；由中国、日本、韩国、朝鲜、俄罗斯、蒙古国等参与的东北亚次区域环境合作计划（NEASPEC）。本地区政治互信较差，环境合作受制于国际关系因素复杂，区域环境合作的内生动力较弱。

中亚环境合作：以上海合作组织框架下的环保合作为主，重点包括中国、哈萨克斯坦、俄罗斯、吉尔吉斯斯坦、塔吉克斯坦、乌兹别克斯坦等国合作，蒙古国根据区域划分不仅涉及东北亚环境合作，也较多地参与中亚区域环境合作。本地区的重点在于“水环境”，中俄、中哈与上海合作组织关系相互交织，促使本地区的环境合作稳定度与国家能源安全战略密切相关。

西亚环境合作：主要涉及中国-阿拉伯国家合作论坛下的有关合作。该合作更多地关注环境合作知识共享与能力发展对话，在没有过多边界领土问题与跨界污染问题纠纷的大背景下，“生态文明与民族可持续发展”的“理念输出”将是本地区合作的重点。

南亚环境合作：以印度、中国、孟加拉国、缅甸四国经济合作论坛为平台的合作（目前尚在启动阶段）。印中孟缅大通道建设是中国陆上丝绸之路的重点之一，是促进中国-南亚-西亚合作的大战略，也将是未来中国推动与南亚环境合作的主要平台，但“中印”双边因素将是决定中国-南亚环境合作成效的主要阻力。

周边区域大气问题合作：由中国、柬埔寨、印度尼西亚、日本、老挝、马来西亚、缅甸、蒙古国、菲律宾、俄罗斯、韩国、泰国和越南等组成的东亚酸沉降监测网络是我国参与的周边区域大气问题合作机制。日本是该合作机制的主要推动国，由于 2013 年中国雾霾问题，日本将东亚酸沉降监测网络的大气物质扩大化、区域公约化的态度更为明朗。

周边海洋问题合作：西北太平洋和中国南海是中国周边海洋生态环境合作的重点地区。其中，中国、日本、韩国和俄罗斯参与的联合国环境规划署西北太平洋行动计划（NOWPAP），更多地关注海洋垃圾、海洋应急等问题，在现有阶段，由于中日韩三国间的领海纷争，该合作暂处于数据交换、能力建设阶段，我国主要承担的是数据和信息网络区域活动相关工作；中国南海是国际社会关注的热点，中国、越南、柬埔寨、泰国、马来西亚、新加坡、印度尼西亚、菲律宾、韩国等参与的联合国环境规划署东亚海协作体合作计划（COBSEA），在全球环境基金支持下已开展了红树林保护项目，由于目前中国南海政治敏感性极高，各国对 COBSEA 投入了新的关注，力争在机制和资源上占据主动权，中国、韩国均更希望将该合作机制秘书处设在本国，但由于韩国投入资金较大，且与东盟国家没有领海纠纷，胜算较大。

（3）我国参与的区域（双边）环境合作的总体特点

1）区域和双边机制在国际环境合作中发挥着不同的作用。

与双边合作机制相比，区域合作由于参与国家多，合作协调难度大，利益关系复杂多变，务虚的特征往往比较明显。从目前情况看，在我国参与的与周边国家的区域环境合作机制中，大部分虚多实少，一些长期处于信息交流、对话等水平上，如东北亚环境合作会议（NEAC）、东北亚次区域环境合作计划（NEASPEC）等。相较之下，双边合作机制更直接、现实、简洁，也不易受第三方的干扰和影响。只要双方有意愿，合作就能成功，效率高，见效快。

2）区域（双边）环境合作机制的发展是解决区域（双边）环境问题的实际需求和国家政治经济关系综合作用的结果。

中国与东盟，以及中亚国家环境合作机制即是在国家环境保护工作与政治外交大局双重需要的基础之上得以进一步发展起来的。

随着东盟战略地位日渐突出，我国与东盟的环境合作迅速升温。为落实时任国家总理温家宝 2007 年 11 月在第 11 届中国-东盟高峰会议上的倡议，环境保护部于 2010 年组建成立中国-东盟环境保护合作中心，该合作中心成为中国第一个区域环境保护合作平台。

随着中国与中亚国家合作进程的加深，2012 年 12 月 5 日在吉尔吉斯斯坦比什凯克举行的上海合作组织成员国总理第十一次会议上，时任国家总理温家宝提出成立“中国-上海合作组织环境保护合作中心”，并表明中方愿依托该中心同成员国开展环保政策研究和技术交流、生态恢复与生物多样性保护合作，协助制定本组织环保合作战略，加强环保能力建设。

3）合作机制的发展程度因合作议题的特点而不同。

已有区域（双边）主要环境合作机制涉及跨界水利用和保护、酸雨、沙尘暴、生物多样性保护、固体废物管理等各类环境问题。总的来看，一般性/综合性机制涉及的问题较多，更多的是起到一种指导性作用，合作深度不够；而针对某一问题的机制，如针对跨界水、沙尘暴和酸雨等的机制，则合作内容比较具体和深入。

4）相关机制间存在相互影响和作用。

一是同一问题往往同时置于双边与区域合作机制之中，相互借力。一方面，由大国参与的区域环境合作机制往往成为“大国”将其双边问题区域化，凸显其政治与经济利益的另一个舞台。这一点在我国与周边的俄罗斯、哈萨克斯坦、日本等国开展的环境合作中表现较为明显。例如，当中俄、中哈之间的水资源利用与保护问题在双边合作机制中不能很好解决的时候，俄罗斯、哈萨克斯坦等国就会利用上海合作组织这一区域合作机制，加以突破。另一方面，对于某些在双边合作中棘手的问题往往可以利用区域机制予以化解，如在中日双边合作陷入僵局时，中日韩环境合作则可以发挥更大的积极作用。

二是同一区域内不同环境机制的共存在一定程度上导致合作的分散化及对合作资源的竞争。例如，随着传统大湄公河次区域（GMS）资金支持国家（主要是以瑞典、芬兰等国家）或机构加大对跨界环境问题，特别是涉及跨界流域管理、区域生态系统服务、气候变化及区域环境政策主流化等议题的关注，其意向资助主题逐步与医药研究中心等区域机构对接，这直接导致了国际资金转移流向湄公河委员会等区域机构。

三是多边环境合作机制往往影响着双边和区域环境合作机制的内容，如气候变化、生物多样性等多边合作的热点问题往往也是区域和双边合作的重点。

5）机制泛化，效率低下问题有所显现。

有些综合性环境合作机制如东北亚环境合作会议（NEAC）和东北亚次区域环境合作计划（NEASPEC）参与国类似、活动类似，缺乏实质性合作内容，有必要进行适当改革。

6）强调环境合作与其他领域合作关联度，对环境合作机制的效率提出更高要求。

2013年GMS核心环境项目二期实施与GMS环境工作组相关会议的情况显示，GMS环境合作正逐渐显示出以下特点：对跨部门合作与协调的需求日益增加，捐资方既要求看到赠款投入带来的切实效果，又希望环境部门与其他部门项目的实施产生协同效应；对机构强化与能力建设的要求不断提升。

7）某些区域环境合作域外国家或组织积极介入，外部因素复杂。

在大湄公河次区域，多重域外国家或组织积极介入，导致次区域合作机制利益博弈不只局限在成员国之间，进一步加剧了次区域合作的复杂性。近年来，美、日、印等国相继加大了在大湄公河次区域的投入，尤其是加强了在基础设施、能源与资源，以及环境保护等方面的参与力度。除域内的GMS及湄公河委员会外，在这一地区由域外国家主导或参与的环境相关合作机制包括美国的湄公河下游行动计划、日本的政府开发援助计划、韩国的新亚洲外交构想，以及印度参与的恒河-湄公河流域合作。

8）区域（双边）环境合作机制中的博弈日趋明显，部分国家在区域环境合作中通过双边和多边同时推进对我国敏感的议题。

如中日韩环境合作中日本关注的大气污染议题也是中日环境合作联委会的合作领域，目前日本正力求将这一问题区域化。在地区多边合作中，日本还提出“建立亚洲清洁空气伙伴关系计划”，重点就$PM_{2.5}$、光化学烟雾等涉及人体健康的问题加强区域合作；

并计划在中日韩环境部长会议框架下新成立关注区域大气污染问题的“司长政策对话论坛”，利用与联合国环境规划署亚太办合作的亚洲理工学院组织的“亚太区域大气环境问题论坛”和亚洲城市空气质量政府间会议两个平台，与日本希望推动的中日韩跨界大气污染防治合作并轨。在中日双边合作中，日本也在第十六次中日环境合作联委会会议上提出希望中方在东亚酸沉降监测网的框架内也能支持增加 $PM_{2.5}$ 的内容。而我国目前在合作推进策略方面手段比较单一，且相应资金机制无法到位，导致涉及我国重大关切的合作领域无法在项目层次上得以推进，难以争取我国重大关切合作领域的主导权。

9）周边政治外交政策与领土、领海争端对环境合作产生双向交互影响。

中国周边国际形势复杂，由于中印、中日、中韩、中越、中菲等领土、领海争端带来的周边政治影响深远，加之美国“重返亚太”政治外交冲击力较大，我国周边环境合作处于“十字路口”，需要重新定位。一方面，现有周边区域环境合作多以项目参与为主，自我输出影响力有限，需要进一步明确中国环境保护“走出去”的战略定位；另一方面，周边区域环境合作作为国家“软实力”和“巧实力”的展现，将有利于国家整体政治外交大局的部署，以坚持“互信、互利、平等、协作”的新周边安全观为根基，推动中国环境保护“走出去”。

11.2.2.3　对我国参与的区域（双边）环境合作形势的基本判断

（1）区域（双边）环境问题合作优先度分级

区域（双边）环境问题及合作的优先程度取决于问题的自然强度和社会强度。所谓自然强度是指区域（双边）环境问题所具有的常态风险和突发事件风险的状况及其对生态和人体健康可能造成的影响，以及该环境问题的发展趋势等。社会强度是指所涉国家及国际社会对某一区域（双边）环境问题的关注程度，解决该问题与维护我国环境、经济和政治利益的关系等方面的情况。区域（双边）环境问题的自然和社会强度可以用一系列指标来衡量（表 11-2）。

表 11-2　识别区域（双边）环境问题及合作的优先程度的指标体系

两类强度	主要指标	
自然强度	1）环境问题的常态风险（采用环境质量指标）	
	2）环境突发事件的风险（采用风险等级指标）	
	3）对生态环境和人体健康的影响（采用受环境影响对象数量的指标）	
	4）环境问题的发展态势（采用描述常态风险、突发事件风险，以及所造成的影响随时间变化趋势的指标）	
社会强度	5）外交政策战略重点	5a）国家规模：是否是大国
		5b）位置关系：是否是周边国家
		5c）国家发达程度：是否是发展中国家
	6）战略定位/合作利益	6a）环境利益，有利于降低环境问题的自然强度
		6b）国家安全利益，有利于扩大国家安全合作
		6c）经济利益，有利于扩大经济合作
	7）国际关注度	7a）相关方的关注度，如已经建立机制，则选择现有合作机制的级别
		7b）国际社会的关注度
		7c）现有合作机制的效果和未来发展趋势
	8）国内关注度	在国内环保工作议程中的优先性

据此，我国主要区域(双边)环境问题及合作的优先程度可以分为4个等级(表11-3)。

表11-3　我国主要区域（双边）环境问题及合作的优先程度

环境问题类型	目前所涉及的或被关注的相关国家和区域	自然强度	社会强度	合作优先程度
1. 由环境介质流动引起的环境问题				
水				
1）跨界水污染	俄、哈、朝、蒙、上合	高	高	第一
	大湄公河次区域（GMS）	高	高	第一
2）陆源污染造成的海洋污染	日、韩、东北亚	中	低	第三
气（大气远距离传输）				
3）酸雨	日、韩、东北亚	高	高	第一
4）沙尘暴	蒙、日、韩、哈、东北亚	高	中	第二
5）光化学烟雾（O_3）	日	低	中	第三
6）汞污染	亚太区域乃至全球	中	中	第三
7）棕色云	西亚、中亚、东亚	低	中	第三
2. 由国际贸易引起的环境问题				
8）电子废物非法贸易引起的环境问题	美、日、韩、东南亚、东北亚、欧洲国家	高	高	第一
9）木材贸易引起的生态破坏	俄、东南亚	中	高	第二
10）国际运输造成的生态破坏	东盟、日、韩	低	低	第四
11）其他产品贸易引起的环境问题	美、欧	低	低	第四
3. 由对外投资引起的环境问题	非洲、东南亚、阿盟	中	高	第二

第一类问题包括跨界水体污染、电子废物越境转移、酸雨、气候变化等问题，是我国面临的首要区域（双边）环境问题，也是国际合作的重点；

第二类问题包括沙尘暴、木材贸易引起的生态破坏、对外投资引起的环境污染和生态破坏、跨界地区的生态和生物多样性保护、核安全等问题，应该引起足够重视；

第三类问题有海洋污染和光化学烟雾、汞污染、棕色云等大气远距离传输问题，应该密切跟踪，做好技术储备。

第四类问题主要是那些非周边的，或者是在区域或双边合作中反映出来的一般性全球环境问题，可以按照我国资金和技术需求以及合作方的兴趣推动相关双边或区域合作。

（2）对区域（双边）环境合作形势的基本判断

总体上看，目前我国面临的区域环境问题凸现，形势严峻。在部分区域（双边）环境合作机制中矛盾点和分歧点已经进入集中暴发期，我国面临的各方压力明显增大，机制内各方博弈加剧的可能性较大。然而随着中国在环境合作中主动性和参与度的上升，中国也正逐步在区域环境合作中开辟能够解决中国环境问题迫切需求的新的合作领域。同时，未来地区政治和经济的总体发展变化也将反映在区域环境合作中，中国在区域（双边）环境合作中挑战与机遇并存。

在一些区域环境问题上，我国既是受害者，又是责任者，应对这些问题不仅是中国的国际责任和形象问题，而且是关系到我国的可持续发展的自身利益问题。这就决定了应对区域环境问题，特别是减缓和解决我国面临的跨界大气污染等区域环境问题，根本出路在于做好国内的相关环境保护工作，国际合作的作用只是缓解压力、争取理解、维护利益、赢得时间、谋求空间和寻求支持，是辅助手段。同时，由于这一时期也是我国解决国内环境问题的一个关键时期，若能加强针对区域环境合作战略的顶层设计、统筹兼顾、“以外促内、以内带外”，将能有效带动国内环境问题的解决，缓解敏感区域环境问题对我国的压力，并在区域环境合作的一些议题领域中掌握战略主动。

11.3　我国应对全球和区域环境问题的对策建议

11.3.1　应对全球环境问题的对策建议

全球环境问题的演进推进当今国际环境政治议程的发展，由应对全球环境问题引发的国家博弈与利益之争，构成了全球环境治理的国际大背景。随着综合国力的增强和国际影响力的提升，中国在全球环境问题上所发挥的作用与承担的责任亦将会逐渐增加，如何在当前的全球环境政治形势下，制定并实施一套既符合中国国情又在现行国际环境治理框架范围内的环境治理战略，已成为解决中国环境问题和环境外交的当务之急。就中国自身而言，自 1978 年改革开放以来，中国已经取得了令世人瞩目的成就。例如，经济方面的物质基础明显夯实，在 2011 年已经成为世界上第二大经济体。而且，政治、文化等方面的软实力得到明显提升，国际影响力亦正在逐步增强。但是，伟大成就的背后是不可回避的资源大量消耗、环境生态的日益恶化。因此，加快中国经济发展方式的转变，实现由粗放型向集约型的过渡，是中国对治理全球环境问题应承担的必要责任与义务。

根据对未来国际环境合作趋势的判断，提出以下几点应对措施建议。

1）树立合作意识，国家利益与全球环境治理兼顾（吴昊和麻宝斌，2011）。

全球化让世界各国紧密地相互依赖，和平与发展依然是世界的主题，而基于中国人与自然、人与人、人与社会和谐相处的传统思想而构想的“和谐世界”则是实现并维持生态环境良性循环、世界经济持续发展的必由之路。中国正以高速的发展实现民族的伟大复兴，故而，在世界上塑造一个负责任的大国形象就显得尤为重要，负责任的大国形象几乎是世界上所有国家对一国所施行的国际行为而产生的总体印象及评价，标志着一个国家的国际声誉及国际影响力。在全球环境治理的复杂形势之下，中国必须坚持共同合作的理念，在依靠理性手段维护国家利益的前提下，坚守处理国际关系的各项基本原则，遵守联合国宪章，积极履行已经加入的各项有关环境治理的国际条约，主动承担各项国际义务，为正确合理地处理各种全球环境问题做出应有的贡献。

2）深入研究全球环境治理体系，制定合作战略，增大投入。

全面深入参与全球环境治理，需要深入研究，制定合作战略。只有做到知己知彼，才能在国际环境制度中占据主动，主导规则制定。与此同时，需要增大相关投入，包括培养国内国际环境专家、建设谈判队伍、派遣中国环境大使和参赞；研究全球、区域和双边环境战略，提出切实有效的对策；建立国际合作项目储备库，有体系有步骤地推出中国倡导的环境合作项目。

3）完善国际环境协调机制，加强国内部门协调，增大国际谈判授权，解决环境争端，做到主动出牌（吴昊和麻宝斌，2011）。

全球治理的崭新理念及实践模式，为全球环境治理提供了有益的借鉴与清晰的体系框架指导。推而论之，全球环境治理必然是诸多相关利益主体的共同参与，这需要整个世界所有主权国家在全球范围内以平等的姿态，协商对话、共同为全球的生态环境而努力。因此，只有建立健全国际协调机制、积极协调处理不同区域和不同领域内的局部冲突、团结世界各国、以全球环保为己任，才能够以强而有效的合力，来共同应对全球环境逐步恶化的严峻问题。中国已经参与了全球环境治理的合作模式，并将以此为契机，为共同优化人类生态环境而长期持续地努力参与其中。

另外，国际环境谈判，有利于争取国内重要发展机遇期，维护国家利益。谈判的基础是国内部门的协调，统筹国家各方面利益。环境问题是综合的问题，涉及国内众多部门。无论是环境公约谈判，还是国际环境争端解决，都需要加强部门协调，增大国际谈判授权，形成合力，主动出牌，争取更大的国家权益。

4）在继续争取外援资金的同时，逐渐形成我国对外环境援助战略和行动，塑造国家环境形象。

利用重要战略机遇期，继续争取外援资金，支持国内环境工作，尤其是环境治理理念和先进技术的引进。将环境保护援助纳入国家整体对外援助体系中，为亚洲、非洲及阿拉伯发展中国家提供环境援助，输出我国环境理念、技术，推动环保产业的发展，塑造国家负责任的形象。规范中国企业环境责任，加强中国企业环境责任意识，出台《中国企业境外环境责任规范》。

5）强化中国公民的社会效能。

自“冷战”结束之后，国际非政府组织有如雨后春笋般大量增加，而且在全球各种复杂事务中，俨然已经成为了全球治理模式中不可或缺的参与者和贡献者。全球公民社会一般是指世界范围内的各种非政府领域的组织以世界共同目标、共同价值、共同信念等为追求目标而共同结合在一起的一种形式，其主要包括国际非政府组织、跨国公司等。由于全球环境问题的广泛性与复杂性，必须有全球公民社会各种形式的组织参与其中。实践业已证明，唯有不断强化中国公民社会（譬如各种民间环保组织）的效能，才能充分发挥中国在全球环境治理中的应有作用。

6）健全法律法规、政策及其配套体制。

伴随着经济转型的发展及绿色 GDP 的提出，有关环保领域内的立法、政策及配套体制的建设已显得尤为重要。一方面，在环保立法上，需要结合国际政治、经济、外交及国际法的相关形势合理有效地制定环保法律法规：另一方面，在政策及配套体制上，要着力发展推广循环经济等有关绿色经济的发展模式，而且，对于高科技且有利于环保的技术产业，要实施适当的鼓励、支持及补贴，从而在开展全球环境治理的前提下，能够更有效地发展中国经济。

11.3.2　应对区域（双边）环境问题的对策建议

随着中国综合国力的不断上升，国家利益的外延势必有所延伸，而国家利益的实现又必然要求中国在区域合作进程中扮演更为积极的角色。这就要求我们在区域合作中要转变思路，从过去的跟而不促，到积极应对。在切实着力解决自身环境问题的基础上，积极应对敏感议题，承担与发展水平相适应的国际义务，同时在区域环境合作中发挥与大国地位相适应的主动性。为推进中国更积极、更深入地参与区域环境合作，提出如下政策建议。

（1）研究制定重要大国和区域的环境合作战略

首先研究制定中俄、中美、中日、大湄公河次区域、中国-上合，以及中欧、中非等环境合作战略，逐渐构建明确的、系统的、超前的和长期的区域及双边环境合作路线图，增强我国与重要大国和重要区域环境合作的主动性、整体性和长期战略谋划。

（2）增信释疑，推动跨界环境问题对话与合作

我国面临严峻的跨界水体污染、跨界大气污染问题，而且我国是明确的责任方，引发跨界纠纷的风险较大。同时，有关对外投资环境争端、危险废物越境转移、物种迁移和生态保护，甚至大气棕色云和汞污染等问题，也正在或将要困扰着我国“睦邻、安邻、富邻”外交战略的实施。解决这些跨界污染问题，根本上要从治理国内的污染入手，同时要加强相关的区域环境合作，积极推动大气与水等跨界环境问题对话与合作。

首先，跨界水体污染和水资源利用、危险废物越境转移、沙尘暴和酸雨的长距离传输、物种迁移和生态保护等跨界污染问题涉及环保、水利、林业、农业、商贸等部门，需要成立一个应对跨界生态环境问题的国家领导小组，以加强领导、统一协调。

其次，借鉴中俄环境合作机制的模式，适时建立健全或强化中哈、大湄公河次区域、中蒙、中朝及中印环境合作机制，加大合作力度，开展信息交流、联合监测、应急体系建立等务实合作。

最后，针对危险废物越境转移、沙尘暴和酸雨的长距离传输等跨界污染问题，开展专项战略研究。

（3）积极构建陆上丝绸之路与海上丝绸之路的环境合作平台，探索周边南南环境合作新范式

陆上丝绸之路与海上丝绸之路的核心是维护我国政治外交与经济发展利益。未来应通过积极构建中国-东盟环境保护合作中心这一“海上丝绸之路”、中国-上海合作组织环境合作中心这一“陆上丝绸之路”两大周边区域环境合作平台，不断探索周边与南南环境合作新范式，为国家政治与经济利益保驾护航。

自 2006 年以来，利用中国政府的援助资金，已有来自东盟（含大湄公河次区域）和上海合作组织成员国的 300 多名环境与发展高级官员来华开展人员交流，其中 2011 年我国发起的中国-东盟绿色使者计划更成为中国推动南南环境合作的主要能力建设品牌之一。未来应以落实《中国南南环境合作：绿色使者计划》为战略实施核心，以中国-东盟绿色使者计划为实践经验依托，尽快启动《中国南南环境合作：中国-上海合作组织绿色使者计划》和《中国南南环境合作：中国-非洲绿色使者计划》相关工作。设计与构建中国南南环境合作联盟，全面推动绿色使者计划国际化、旗舰化、品牌化，充分借鉴东盟绿色使者计划的实施经验和效果，着力将南南使者计划打造为中国国际环境合作能力建设的旗舰项目，搭建中国南南环境合作联盟。

（4）借助区域环境合作推动环境对外援助，建立与国际标准接轨的对外援助统

计体系

中国对外援助的许多项目中都已产生了实际用于环保目标的援助支出，然而由于中国对外援助的领域划分与国际分类方式存在较大差别，许多包含环境目标的援助项目中用于环境部分的实际援助额未能在中国对外援助统计数据中得以体现。因此，改善中国对外环境援助缺位现状，既需要设立环境援助专项，也需要参照国际通行标准完善中国对外援助的分类方式，凸显环保目标在对外援助项目中的重要地位。

未来我国应优先借助区域环境合作机制与平台，着力推动将环境保护内容纳入对外援助计划之中，重点对东南亚、非洲地区开展环境培训和污染治理技术开发等环境外援工作，并应建立与国际接轨的援助分类体系，将用于环境目标的资金援助和项目援助发展为参与区域环境合作的主要形式之一。同时，加强环境合作和环境援助的外宣工作，提高中国环境援助资金数据的透明度，使国际社会客观了解中国在环境援助领域的态度和作为，向国际社会展示中国负责任的大国形象，同时也向受援国展示中国与之开展全面多层次合作的诚意与能力。

（5）构建对外投资绿色管理框架，以环境友好的方式利用国际资源

对外投资和开拓自然资源的国际市场是我国经济发展的一个必然趋势。目前，一些对外投资的中国企业忽视对当地生态环境的保护、屡屡引发环境争议，已给我国国家形象造成了严重的负面影响。对此，未来要加紧构建完善的对外投资环境管理体系，加强政府对走出去企业的监管和引导。将强制企业海外项目环境影响评价机制化，建立多级海外投资环境事故应急机制；并通过构建中国企业走出去环境政策咨询服务平台，形成“走出去”的“政策支持—咨询服务—项目实施—宣传建设”的综合服务链条。为避免在环境和政治影响高度敏感的地区开展投资经营活动，引发环境争议，应考虑建立基于区域的国别投资敏感地名录和地图库，开发并启用对外投资项目快速评估工具，帮助预先排查重大的、明显的投资风险。同时，加大对发展中国家环境法律法规和政策的研究投入，为中国企业走出去提供智力支持。

11.3.3 加强相关体制、机制与能力建设

（1）加强国际环境合作协调机制和管理机构建设，“国际国内并举”、协调发展、协同推进

当前，国际环境合作已成为我国政治外交工作的重要组成部分，与国内环保工作一道共同构成了我国环境保护事业的整体，二者并举，协调发展，协同推进。为适应国际环境合作工作的这一新的定位，首先，要完善国内国际环境合作协调机制，明确建立由外交部指导、环境保护主管机构负责、各有关部门分工协作的统一协调机制；其次，将国际环境合作纳入国家环境保护规划和相关对外合作规划当中，统一部署和落实；最后，加强环境保护部国际环境合作管理机构建设。

（2）加强国际公约履约能力建设

大力加强国际环境公约谈判和履约能力建设；制定和完善环境履约相关政策法规，加强履约关键技术储备；加强生态系统承载力状况变化监测、受威胁生物资源监测评估与预警。

（3）构建国际环境战略与对策研究基地

我国对大部分全球与区域环境问题的基本机理、现状、影响情况和发展趋势都缺乏基本研究，直接制约着我国应对全球与区域环境问题的对外和对内战略与对策的制定。为此，我国应制定全球与区域环境问题研究专项规划与计划，构建国际环境战略与对策研究基地，组织国内研究机构开展系统和长期的基础观测和研究工作。围绕重大国际环境问题开展战略与政策研究，为政府部门在国际环境合作政策的制定、国际谈判、加强国内与国际的沟通联系等方面提供决策依据和研究支撑。尤其要重视对跨界环境焦点问题的研究，搭建跨界环境问题研究平台，推动跨界环境问题应急机制建设，建立国家与地方协调互动的跨界环境问题决策支持体系。推动建立跨界环境风险与对策模拟实验室，为科学定量分析跨界环境问题研究提供基础条件。

（4）建立多层次多渠道的国际环境合作体系

在强化政府间国际环境合作这一主渠道的同时，要逐步建立健全地方国际环境合作机构，加强指导，帮助地方提高能力；并鼓励、推动和规范民间国际环境合作，建立多层次多渠道的国际环境合作体系。

（5）加强与国际组织，特别是联合国系统的环境合作工作

通过 4 种方式加强我国与联合国环境规划署等联合国系统，以及其他重要国际组织的环境合作工作：一是加强归口管理，建立由环境保护部负责的统一对外和对内的管理协调机制；二是研究制定与国际组织的环境合作战略；三是在相关国际组织派驻或推荐专家和官员；四是适当增加中国对一些重要国际组织及活动项目的赠款。

（6）建立应对全球与区域环境问题专项资金，加大投入力度

从开展全球和区域环境问题的研究、相关国际合作活动到国际环境公约的履约都需要大量的资金支持，加大投入力度，建立充足的专项资金十分必要。

（7）建立专门的国际环境战略与政策研究队伍

我国目前的国际环境合作已跨越了简单的“迎来送往”和“借鉴经验、引进资金和技术”的阶段，进入了一个战略上高度综合化、技术上高度专业化的新时期，必须要有充分的技术储备和超前的政策支持。鉴于国际环境问题的政治敏感性特点，较难分散利用现有的环境政策研究力量，必须建立一支专门从事国际环境战略和政策研究的队伍。

（8）建立国际环境合作战略的定期评估机制

国际环境合作涉及国际和国内两个大局，形势错综复杂，需要建立专家咨询机制，与时俱进，定期评估和更新国际环境合作战略。

（9）建设中国环境合作智库网络

建立环保国际合作专家咨询委员会。组成由环境与发展领域知名专家参与的学术顾问委员会，为重点区域环境问题研究提供高层次指导，开展重点或热点国际环境问题学术交流活动。积极鼓励和支持环保国际合作与学术交流，推动环保国际合作研究与交流人才培养，积极开展与国际组织、区域机构、国际智库，以及相关私营部门的周边环境问题研究合作；建立与相关地方的合作伙伴关系。

第 12 章　新时期环境保护若干战略对策问题研究

尽管我国环境保护工作取得了明显成效，但未来环境形势依然十分严峻，老的环境问题尚未解决，新的环境问题日益显现。城市灰霾、河流水污染、地下水污染、土壤污染、重金属污染等一些老百姓关注的问题十分突出。据了解，每年环境污染损失（包括财产性损失和健康损失）已占我国 GDP 的 3%以上，给人民生活和健康带来了严重威胁。随着我国城镇化、工业化的快速推进，在 2020 年左右，我国很多资源的消耗将达到峰值点，而从发达国家经验来看，在资源消耗达到高峰值时，污染是最严重的，治理难度也很大。如何在快速转型时期做好环保事业的发展对政府和学界都是非常大的挑战。日益严重而又复杂的环境问题，使得我国环境质量改善的难度和压力进一步加大，新时期环境保护工作更为复杂和艰巨。

为应对新时期环境方面的挑战，党中央、国务院高度重视，把环境保护摆上了更加重要的战略位置。加强新时期环境保护战略研究，提出下一个 10 年，特别是“十三五”期间我国环境保护战略目标和重大举措，将能够有效地克服目前国家中长期环境决策的盲目性和随意性，是落实科学发展观、转变经济发展发展方式的内在要求，是全面建成小康社会的重要保障，具有重要的战略意义和现实意义。当前和今后一个时期，需要积极探索环境保护新道路，开创环境保护新局面，要完善经济政策，强化环境法治，创新体制机制，加强科技支持，切实解决制约科学发展和损害群众健康的突出环境问题。

12.1　新时期环境保护战略对策创新对推进生态文明建设具有重要意义

12.1.1　生态文明建设对新时期环境保护战略提出了新要求

党的十七大第一次把建设生态文明作为一项战略任务确定下来，提出要基本形成节约能源资源和保护生态环境的产业结构、增长方式、消费模式，推动全社会牢固树立生态文明观念。党的十七届四中全会首次把生态文明建设提升到与经济建设、政治建设、文化建设、社会建设并列的战略高度。党的十八届三中全会对生态文明建设提出新要求，强调用制度建设生态文明。建设生态文明，在我国是形势使然，积极建设生态文明，努力促进人与自然和谐，是经济社会发展全局赋予环境保护工作最重要最根本的时代重任，是推进环境保护历史性转变的目标指向，是新时期环境保护事业的灵魂所在。

探索环境保护战略新道路，本质上就是推动生态文明建设。2011 年 12 月，在第七次全国环境保护大会上，李克强副总理强调，要积极探索环境保护新道路，实现经济效益、社会效益、资源环境效益的多赢，促进经济长期平稳较快发展与社会和谐进步。新时期，生态文明建设对环境保护战略提出了新要求：一是加快实现“三个转变”，包括从重经济增长轻环境保护转变为保护环境与经济增长并重，从环境保护滞后于经济发展转变为环境保护和经济发展同步，从主要用行政办法保护环境转变为综合运用法律、经济、技术和必要的行政办法解决环境问题。二是积极开拓创新。首先是观念创新，从消极被动的生态修复转变到积极主动的生态安全预防，从单一的政府管制转变为多元的各方参与，将生态文明的观念贯穿于社会生产生活的各个环节和方面；其次是制度创新，从制度上解决生态环境的整体性、长期性与不可逆性问题；最后是科技创新，在社会经济发展过程中，坚持科学的态度，以产业结构的优化升级、科学布局和高新技术手段的研发运用来解决生态环境问题，提高环境保护的科技支撑。三是严格执行环境保护制度，实行最严厉的环境保护制度，建立健全与现阶段经济社会发展特点和环境保护管理决策相一致的环境法规、经济政策、标准和技术体系。

12.1.2　环保压力不断加大，环保战略思路迫切需要转变

环境问题日益严重与增长方式转变缓慢的矛盾日益突出，协调经济与环境关系的难度越来越大。随着环保压力不断加大，必须要有清醒的思想认识和足够的应对准备，加快从被动环保向主动环保转变，重视顶层设计、抓好执行、多手段搞环保，积极探索环境保护新道路，转变环境保护战略思路。新时期环境保护战略要求发展绿色经济、强化社会治理、实施绿色政治、推行生态文化和维护环境健康，使环境保护从较低的绿色程度转向较高的绿色程度。探索环保新道路必须主动避免发达国家走过的“先污染后治理、牺牲环境换取经济增长”的环保老路，促进环境与经济的高度融合，实现清洁发展、节约发展、安全发展和可持续发展。

新时期环保战略思路转变，必须准确判断环境保护所处的历史方位，继续推进历史性转变。历史性转变是科学发展观在环境保护领域的集中体现，是全面调整环境与经济关系的重要指南。目前，环境保护滞后于经济发展，环保工作正处于艰难的负重爬坡状态，是不争的严峻现实。因此，必须把环境保护摆上更加突出的战略位置，与经济社会发展统筹考虑、统一安排、同时部署，尽力缩短历史性转变的进程，探索新时期环境保护新道路才会有更加广阔的前景。同时，相对以往的发展思路发生了重大变化，需要相应的对策驱动、引导与规制，应以强基础、破瓶颈、补短板为原则推进政策体系转型与升级。

12.1.3　解决好新时期重点领域的环保问题需要战略对策创新

环境保护战略是一个演进的过程，是一个在继承中进行创新的过程。目前的环保对策体系与新时期环境保护战略还存在较大差距。加快推进现有环保政策体系创新是全面贯彻落实科学发展观，是环境保护战略实施和生态文明建设的必然要求。新时期环境保护战略对策创新包括：一是观念创新，从单一的政府管制转变为多元的各方参与，将生态文明的观念贯穿于社会生产生活的各个环节和方面；二是制度创新，要从制度上解决生态环境的整体性、长期性与不可逆性问题；三是科技创新，必须在社会经济发展过程中，坚持科学的态度，以产业结构的优化升级、科学布局和高新技术手段的研发运用来

解决生态环境问题。

强化环境保护战略对策创新，要确定两个理念：一是把提高环境保护水平作为环保工作的主体，明确提高环境保护水平是科学发展观在环保领域的一个具体实现，是环保地位在党的执政理念体系中不断上升的体现；二是把建设“两型社会”作为环保工作的主线（夏光，2012）。实现政策体系的转型与升级依据制度政策的基础条件，与新时期环境保护战略实施要求存在差距，需分别从5个方面实施改革（“创”“转”“调”“深”“提”），一些不合时宜或存在短板的环保对策需要进行重大创新（“创”）；一些与生态文明建设要求截然相反的环保对策需要进行根本性、战略性和历史性转变（“转”）；一些基本满足生态文明建设要求，但是与生态文明建设要求仍有一定差距的环保对策需要进行适应性调整（“调”）；一些正在逐步建立并不断完善的环保对策需要进一步深化（“深”）；一些基本满足生态文明建设要求，但是仍存在很大改善空间的环保对策需要进一步提升改进（“提”）。

12.2 环境保护制度政策的基础与挑战

12.2.1 环境保护制度政策的基础

（1）初步建立了生态环境建设与保护的制度框架体系

随着《中共中央关于深化改革若干重大问题的决定》出台，包括自然资源资产产权制度和用途管制制度、资源有偿使用制度、生态补偿制度等一系列政策制度的部署，说明生态环境建设与保护已经开始了长效稳定机制的探索。自1973年召开第一次全国环境保护会议到现在，我国在积极探索环境管理办法中，找到了具有中国特色的一系列环境管理制度，包括环境保护目标责任制、综合整治与定量考核、污染集中控制、限期治理、排污许可证制度、环境影响评价制度、“三同时”制度和排污收费制度等。回顾我国30年来的环境保护制度建设，环评制度、排污许可与总量控制制度、征收排污费等各项制度逐渐完善，节能量、碳排放权、排污权、水权交易市场等环保市场化机制逐步升级，合同环境服务等创新模式大范围推广，生态环境建设与保护的制度框架体系也逐步清晰。可以认为，未来一段时期内立法和制度建设将成为环保领域的工作重心，加强生态保护责任制建设，用制度创新保障环保市场运行，激发环保主体市场活力，将推动环保产业发展步入新的阶段。

（2）环保行政主管部门升级，带动地方环保部门地位和能力提升

2008年3月，第十一届全国人大一次会议通过的国务院机构改革方案决定组建环境保护部。原环保总局升级为环境保护部，对全国环境保护工作实施统一监督管理，其主要职能是制定规范性文件的职能、环境科学技术方面的职能、环境监测预警职能、环境执法监督职能、环境宣传教育职能和环境应急与事故调查职能。升级后的环境保护部成为国务院的组成部门，其职能范围并未发生改变，但能够在相当程度上改变过去“弱势”地位，有利于各项环保职能的履行（李健，2009）。环保行政部门的升级充分体现了国家对环境保护问题更加重视，提高了环保机构的地位和权威性，这种地位和权威性的提高，对其各项职能的履行都起到积极的作用，也使环境保护部更多地、更加积极主

动地参与国家的综合决策，大大增强了环境保护机构的“话语权”，将环境保护的信息和声音及时地传达到政府核心决策层，更方便、更有力地将环境问题纳入国务院的重大决策中。

（3）环境法律体系逐步完善，环境执法能力不断提升

21 世纪以来，我国环境立法有了很大进展，环境法律体系逐步完善。环境立法从无到有，从少到多，逐渐建立了由综合法、污染防治法、资源和生态保护法、防灾减灾法等法律组成的环境保护法律体系。目前已经形成了以《中华人民共和国宪法》为基础，以《中华人民共和国环境保护法》为主体的环境法律体系。在污染防治方面，国家制定了《中华人民共和国大气污染防治法》《中华人民共和国水污染防治法》《中华人民共和国环境噪声污染防治法》《中华人民共和国固体废物污染环境防治法》《中华人民共和国环境影响评价法》《中华人民共和国循环经济促进法》《中华人民共和国清洁生产促进法》等；在资源和生态保护方面，制定了《中华人民共和国森林法》《中华人民共和国草原法》《中华人民共和国渔业法》《中华人民共和国水法》《中华人民共和国煤炭法》《中华人民共和国野生动物保护法》《中华人民共和国水土保持法》等；在防灾减灾方面，制定了《中华人民共和国防震减灾法》《中华人民共和国防洪法》和《中华人民共和国气象法》等；为消除放射性废物、医药废物环境安全隐患，国家颁布了《中华人民共和国放射性污染防治法》和《医疗废物管理条例》。同时，国务院还制定了多部行政法规，如《规划环境影响评价条例》《太湖管理条例》《放射性废物安全管理条例》等。环境立法在环境保护的主要领域都基本做到了有法可依。此外，国家积极开展环境执法大检查，执法力度进一步加大。目前，我国的环境执法工作正在逐步形成以集中式执法检查活动为推动，以日常监督执法为基础，以环境监察执法稽查为保证，以公众和舆论监督为支持的现场监督执法工作体系。这些法律法规的建立健全及环境执法能力的提升，对我国环境保护法规体系的逐步完善、推进环境保护战略对策实施起了重要的促进作用。

（4）国家环境监察体系建设在不断推进

环境监察体系建设是实现国民经济又好又快发展的有效手段，也是维护公众环境权益的重要途径，是推进新时期环境保护战略实施的重要保障。近 10 年来，环境监察工作取得了显著成绩，初步建立起适合我国国情的环境监察体系，环境监察能力逐步提高，主要表现在：一是环境监测制度初步建立。在已颁布的《中华人民共和国环境保护法》《中华人民共和国大气污染防治法》《中华人民共和国环境噪声污染防治法》《中华人民共和国水污染防治法》等法律法规中，对建立监测制度、组建监测网络、制定监测规范等均作出了规定和要求；我国还先后颁布了《全国环境监测管理条例》《环境监测质量管理规定》《环境监测管理办法》等环境监测的法规制度，对加强环境监测管理、规范环境监测行为起到了重要的作用。二是环境监测能力建设不断增强。目前地级以上城市已建成 900 多套空气自动监测系统，七大水系建成了 190 多套水质自动监测系统；国控监测网建设取得一定成效、拓展了环境监测业务领域，初步建立了环境监测技术体系。三是环境监察队伍建设和工作条件得到改善，截至 2010 年，全国环保系统已建立 2587 个环境监测站，形成了由中国环境监测总站、省级环境监测站、地市级环境监测站及区县级环境监测站组成的四级环境监测网络，环境监察机构标准化建设初见成效。四是核与辐射环境安全监管工作逐步开展，在全国已有 29 个省（自治区、直辖市）建立了独

立的辐射环境监督（监测）站，各省辐射环境监督站具备了常规辐射环境监测的基本能力。五是环境监测技术体系日趋规范，目前已建立了环境空气、地表水、噪声、固定污染源、生态、固体废物、土壤、生物、核与辐射9个环境要素的监测技术路线，颁布了水、空气、生物、噪声、放射性、污染源等方面的监测技术规范，以及主要污染物排放总量监测技术规范，颁布了20余项环境监测质量保证和质量控制方面的国家标准。六是环境信息和宣教能力有所提高，基本建成了国家、省、地市三级环境信息管理机构，31个省级环境保护局和130个城市环境保护局配套相应的软件、硬件设备，基本具备开展环境信息技术支持和服务工作的能力；环境宣传能力建设稳步推进。

（5）环境经济政策体系框架已经搭建起来

环境经济政策是指按照市场经济规律的要求，运用价格、税收、财政、信贷、收费、保险等经济手段，调节或影响市场主体的行为，以实现经济建设与环境保护协调发展的政策手段（王金南，2008）。与传统行政手段的“外部约束”相比，环境经济政策是一种“内在约束”力量，具有促进环保技术创新、增强市场竞争力、降低环境治理成本与行政监控成本等优点。我国目前实行的环境经济政策主要包括排污收费政策、征收资源税的政策、奖励综合利用的政策、环境保护经济优惠政策，以及关于环保资金渠道的政策等。我国排污收费制度相对比较完善，一些地方也开展了绿色信贷、生态补偿、排污权有偿使用及交易等政策的试点工作；对重点生态功能区转移支付从2008年的61亿元增加到2012年的371亿元，实施了退耕还林、退草还林等重大生态建设工程。环境经济政策是解决环境问题最有效、最能形成长效机制的办法，也是宏观经济手段的重要组成部分，更是落实科学发展观的制度支撑，随着包括绿色信贷、绿色保险、绿色证券在内的一系列环境经济政策的陆续出台，环境经济政策体系的框架也逐渐清晰。

（6）环保投入不断加大

我国在大力推进经济社会发展的同时，在环境保护方面采取了一系列重大措施，环境保护投入力度不断加大。从“十五”“十一五”到“十二五”，环境保护投资总额、占GDP的比例、占固定资产投资比例、弹性系数等方面均呈上升趋势。2009年，在我国政府4万亿扩大内需投资中，约有3000亿元投入环保相关产业；“十一五”末期环保投入达到13 750亿元，其占GDP的比例达到1.6%（中国投资资讯网）。近年来，我国采取多条渠道，通过政府、企业、民间和社会的各种投入，包括国外的引进、环保投入方面有了明显增加，特别是国债资金将生态建设和环境保护作为投资重点，带动了社会资金对生态环境的投入，财政投入过去5年节能环保累计达1.14万亿元。环保资金投入的不断加大，有利于促进我国环保事业持续健康发展，也有利于推进新时期环境保护战略的实施。

12.2.2 环境保护制度政策面临的问题与挑战

（1）环境保护的体制机制障碍

虽然我国环保决策机制和考核机制不断完善，在科学决策、民主决策上有了很大加强，但国家层面系统推进生态环境保护建设的组织领导和协同机制尚未形成，决策失误仍在一些地方频繁发生，环境不作为和行政干预环境执法的现象仍然存在。环境保护与经济发展综合决策机制不健全，在实践中重经济轻环保的现象一直存在，许多地方以牺牲资源环境为代价来发展经济，经济发展方式粗放，环境与发展决策长期背离。引领科学发展的干部考核机制仍不完善，没能从根本上扭转一些地方政府单纯追求 GDP 政绩的倾向，不少地方为抓"政绩"，片面追求 GDP 增长率，现行领导干部绩效考核体系中资源节约、生态环境保护的指标权重偏低。此外，现行生态环保体制存在职能分散交叉，权责脱节，环境管理的碎片化问题，据统计，我国主要生态环保职能有 53 项，40%在环保部门，60%分散在其他 9 个部门，环保部门承担的 21 项职责中，与其他部门交叉重复的占 48%（张军红和刘稚亚，2013）。制度的互相制约，没有完善的制度体制，仅靠人们的觉悟使得环保工作取得的成效是有限的，环境保护仍是经济社会发展中的薄弱环节。

（2）环境经济政策体系尚未真正建立

目前，我国环境产权制度不明晰，环境经济政策体系还不完善，主要表现在如下几个方面：一是排污权、碳排放权交易制度刚刚起步，还没有真正建立起完善的排污权交易市场机制，在实践中还存在一些问题，如相关法律制度尚未确立、总量控制指标难以确定、指标的原始分配难以做到公平，以及排污权交易信息平台和交易市场不完善等。二是生态补偿制度建设仍在摸索，由于环境权界定不清，加上支持资金严重不足、补偿标准低且缺乏可持续性，我国生态补偿机制尚不完善，如生态补偿的融资渠道和主题单一，以部门为主导的生态补偿责任主题不明确，与此同时，生态补偿领域过窄、标准偏低，以"项目工程"为主的补偿方式缺乏稳定性。三是环境税费政策不到位，与环保相关的税种消费税、资源税、车船税等主要是调控经济行为，这些税种在制定之初并不是以环境保护为目的，各种税收之间缺乏协调性，因而并未充分发挥促进污染减排的作用，环保效果未被重视。四是环境资源定价机制还未形成，我国再生资源价格高于初始资源价格，导致企业缺乏进行资源再生、循环利用的动力，而是选择利用初始资源；废弃物处理成本高于排放成本，使许多企业宁愿缴纳排污费也不愿意治理污染物。五是公众参与生态文明建设的机制尚未建立，公众参与程度不高，参与的领域窄，对政府环境决策参与较少。主要原因是公众参与缺乏相应的制度保障，参与程序、途径、方式不明确。此外，由于制度设计上的缺陷同样导致了环境保护非政府组织不能发挥其应有的作用。大部分环境保护组织并没有完全独立，资金来源对政府有一定的依赖性，因而在表达意见的程序中没有完全独立的话语权，其对政府权力的制约作用大打折扣。

（3）生态环境建设投入力度仍然较小

尽管我国环保投入逐年增加，环境建设和能力建设得到一定加强，但仍然没有建立有利于科学发展和环境保护的财税机制。我国环保投入财政预算支出制度还不健全，在一定程度上，环保财政支出还只是"问题"导向的应急投资，环保投入总量与控制环境污染、改善环境质量的需求存在较大差距，环境基础设施建设长期滞后。"十一五"期间我国环保投资约占同期国内生产总值的 1.35%，而发达国家在 20 世纪 70 年代环保投资已经占 GDP 的 1%~2%。同时，我国还未建立健全稳定的财政投入机制，环保部门经费不足、效率低下，排污费改革后环保系统经费保障情况比较严峻，尤其是中西部地区，基层环保局，以及执法和能力建设等费用受到的影响较大。此外，我国环保投融资机制不健全，社会化投融资机制未建立。从目前我国环保投融资资金来源看，财政投资占绝对多数，投融资主体单一、渠道不畅。而且我国现行的环保投资体制投融资权责部分，没有明晰政府、企业和个人之间的环境责权和事权，没有建立投入产出与成本效益核算机制，限制了对社会环保资金的拉动效应，导致了环保资金总体投入偏低，影响环境质量的改善。

（4）环境保护法律法规不健全

虽然我国环境法制建设取得较大进展，环境法制体系初步形成，环境执法发挥了积极作用，但一些重要的环境保护领域立法薄弱，存在着一些重要的立法空白，如缺少土壤污染、生物安全、遗传资源保护、核安全等。新时期环境保护建设对法律法规体系提出了新的、更高的要求，许多新的制度与理念未能体现，生态文明要求还没有融入经济社会各领域的相关法律法规中。目前，有法不依、执法不严、监管不力的问题仍十分突出：首先，环境法律配套滞后，不易操作、原则性规定多，影响了法律的贯彻执行。如在现行的《环境影响评价法》中虽然明确规定了公众参与，却没有明确公众参与范围。其次，对当前环境问题针对性不强，缺少一部专门约束政府行为的环境法律，如地方保护问题等。最后，环境法律法规中的处罚力度弱，缺乏强制手段，违法成本低、守法成本高、执法成本高。此外，环保社会监督的法律机制尚不健全。现行环境法律关于公民环境权益、环境损害赔偿及环境纠纷调解处理等规定尚不健全，公众参与环境决策、环境监督及自身环境权益维护缺乏程序和渠道，公众的环境监督作用难以有效发挥。

（5）科技支撑不足

目前，我国环境保护技术支撑体系尚未建立，有利于生态环境建设的创新机制尚未形成。由于我国目前科技创新体制尚不完善，我们的创新主体不是企业，而更多的是高校和科研院所，创新主体错位制约了科学成果发挥更大的作用。科技创新缺少技术集成，我们过去一直注重单项技术的研发。例如，污水处理新工艺不断推陈出新，包括生物方法、物理方法、雾化方法等，但真正被社会广为接受、高效低耗的并不多。环境科技投入总体不足，科技水平不高，科研对环境保护、建设支撑不够，科技成果转化率不高，尚未形成适合国情的生态和环境技术开发体系。此外，知识产权体系不完善，我国现行的知识产权制度尽管对生态环境的保护有一定的促进作用，但是由于其自身的原因和历史发展的局限，在诸多方面还有待完善或者创新。现行专利制度不健全，无法对生态环境进行有效保护。遗传资源保护的好与坏都直接或者间接地影响着我国生态环境保护的进程。近年来，我国在遗传资源保护方面做出了很大努力，总结了一些经验，并日趋规范化，但是仍然存在一些问题亟待解决。

12.3 新时期环境保护战略对策的建设思路

12.3.1 顶层设计，统筹规划

新时期生态环境建设与保护是一项系统工程，不单涉及节能减排、保护环境，还涉及经济、政治、文化和社会等方面。如果没有经济、政治、文化、社会的融合就不可能有生态保护的建设，而制度建设是五位一体融合的有效途径。要按照“五位一体”总体布局要求，强化顶层设计，通过制度设计将生态环境建设要求融入经济建设、政治建设、

文化建设、社会建设的各方面和全过程。同时，在设计环境保护制度时要统筹考虑环境保护政策、水资源政策、国土空间政策、森林资源政策等，对各项政策的推进路径进行统筹规划，完善环境保护战略实施的政策制度体系，为新时期环境保护战略实施提供制度规范。

12.3.2　多措并举，协同增效

我国现行的涉及生态环境建设与保护的制度政策很多，但是总体来看制度政策的错位、缺位、失位情况还很多，要按照生态文明建设的要求，进一步解构旧的不可持续的制度政策，对现行的经济政策、环境政策、资源政策等进行一次系统评估，以强基础、破瓶颈、补短板为原则推进制度政策体系转型，废除、整合、改进、新建一批政策，形成一套有效的环境保护战略对策体系。同时要加强多种政策之间的协调配合，减少政策之间的冲突和不协调，最大限度地发挥“制度红利”。

12.3.3　加大投入，强化创新

加大环境保护的财政投入，不断落实和完善相关财税政策，建立完善的环保财政预算制度，积极做好年度环保预算资金安排，确保预算资金及时下达。建立长期、稳定的环保投入机制，积极引进外资，多层次、多渠道、多途径、多种经济成分共同筹措资金，提高环保投资效率，为环境保护各项工作的顺利开展提供资金保障。同时根据生态文明建设任务的差异突出重点，强化创新，以科技创新支撑环保未来。加大科技投入的力度，提高环境科技创新能力，将环境技术的研发与实际问题结合起来，切实发挥科技在环境保护中的作用。

12.3.4　科技支撑，立足法制

发挥好科技的支撑保障作用，建设新时期环境保护战略实施的科技支撑体系。加强基础研究和前沿技术研究。组织具有创新能力的原创性基础研究和技术研发，形成科学高效的污染控制策略和防治技术体系。围绕前沿领域，设立跨领域的科研项目，培养跨领域的科学家及其团队，创造积极的科研气氛，最大限度地调动科学家的主观能动性。加快建立以企业为主体、市场为导向、产学研相结合的技术创新体系。同时，尽快完善我国生态环境保护法规体系，制定一部系统全面的生态环境保护法。增强环保法律体系的可操作性，对环境法律法规中义务性条款均要设置相应的法律责任和处罚条款，同时要加大处罚力度。统一协调全社会的力量，在建立的良好法制保障下，共同保护环境、共同推动环境保护战略实施。

12.3.5　全民参与，社会治理

大力推动全民环保理念，动员最广泛的社会力量参与到环境保护中来，充分发挥公众参与的主力军作用。通过环境保护观念在全社会的宣传、教育、普及和传播，提高全

民的环境意识，提升全民环境伦理道德水平，培育人与自然和谐相处的世界观和核心价值观念。建立和完善环境保护信息公开制度，畅通参与渠道，扩大公众生态环境知情权和监督权，健全生态环境立法听证制度，完善立法听证程序，完善生态环境新闻宣传管理机制，充分发挥新闻媒体的舆论引导和监督作用，促进环境保护决策民主化。

12.4 新时期环境保护战略对策建设

12.4.1 加强环境保护的体制机制建设

（1）建立环境保护的组织领导体制

由于多方面原因，我国的环境保护体制建设落后于环保实际需要，政府的环境保护管理职能分散在各个部门，采取按生态和资源要素分工的部门管理模式，缺乏强有力的、统一的环境保护监督管理机制。新时期环境保护战略对策创新，必须加强环境保护的体制机制建设，建立健全环境保护的组织领导体制。领导体制是指在组织内部与领导活动中，组织机构的设置、领导权限的划分及其所形成的用以规范领导活动范围和方式的制度体系。可以说，领导体制就是领导权限、组织运作、领导关系的制度化、体系化。科学的领导体制应该具备恰当的权力分配、合理的机构设置、有力的法律保障和灵活的自我调节等方面特征。

建立健全环境保护的组织领导制度。首先，在中央层面建立国务院统一领导的环保领导体制，负责新时期环境保护战略实施的顶层设计和整体部署，统筹各方力量，协调跨部门和跨区域问题，形成政府领导、部门分工、环保监管、企业治理、舆论监督、公众参与的良好的环保工作机制。其次，坚持齐抓共管、统分管结合明确部门职权，增强中央与地方环境管理部门之间的互动机制，最大限度地保证环境保护措施的实施效率；完善环境保护的目标管理责任制，形成严格监管、严格考核和严格奖惩的管理机制。

（2）建立职能有机统一的生态环保大部门体制

大部制即大部门体制，是为了推进政府事务综合管理与协调，按政府综合管理职能合并政府部门，组成超级大部的政府组织体制，其特点是扩大一个部所管理的业务范围，把多种内容有联系的事务交由一个部管辖，从而最大限度地避免政府职能交叉、政出多门、多头管理，提高行政效率。目前，我国已进入环境高风险期，然而作为环保的主要责任部门，却面临着与众多部门职能交叉、权责不清的尴尬，有权无责、有责无权、权责不匹配、过于集中与过于分散并存。我国当前的环保职能被分割为三大方面：污染防治职能分散在海洋、港务监督、渔政、渔业监督、军队环保、公安、交通、铁道、民航等部门；资源保护职能分散在矿产、林业、农业、水利等部门；综合调控管理职能分散在发改委、财政、经贸（工信）、国土等部门。环境问题往往涉及各个部门、各个行业和各个地区的权力和利益调整，当环保职能在与其他政府职能发生冲突时，环保部门的“综合协调”功能往往没有得到应有的尊重。因此，环境保护部门应当在生态文明建设中发挥引导者、推动者和实践者的作用，在国家协调生态文明建设体制中发挥主导作用，建立职能有机统一、运行高效的生态环境保护大部门体制，由环保大部门来统一管理资源、保护生态。同时，设立全国环境总督察，探索推行省以下环保机构垂直管理，加快推进资源和生态环境保护的大部制框架体系。

（3）健全环境保护考核引导机制

一是完善经济社会发展考核评价体系。把经济发展方式转变、资源节约利用、资源消耗、环境损害、生态效益等纳入统计指标，使生态环境的承载能力也作为经济社会发展水平的重要标志，从而较好地衡量经济增长的资源环境代价，使之逐步成为评价地方政府经济业绩具可操作性的指标体系。

二是把环境保护任务和要求纳入地方党政绩效考核。要促使政府真正履行好环保职能，必须依靠行之有效的环保绩效考核。作为领导班子和领导干部综合考评的重要内容，让那些不重视污染防治工作、没有完成年度任务的领导得不到提拔重用；让那些重视环境保护，防治污染工作取得成效的领导干部得到重用。

三是严格考核问责，实施环保责任终身追究制。对各级政府建立生态环境保护的约束性规范，要做到将主要污染物排放总量控制指标和其他重要指标层层分解落实到各地区、各部门，落实到重点行业和单位，确保约束性指标任务的完成。要对造成严重事故的责任人包括地方、行政官员严格追究其法律责任，尤其是刑事责任。追究环境破坏者的刑事责任，是保护环境的重要制度安排。同时，推行地方领导干部离任生态审计制度。把官员的升迁同对环境的考核挂钩，进一步把环保标准引入官员的政绩考核中。尤其是在地方领导即将离任时，上级有关部门应对其辖区的山地、林地、草地、绿化、沿海、沙滩、江河等进行考察和检查，其中重点考核其在任期间生态环境是否遭受污染和破坏，特别是考核其在任期间各项经济决策和本人政绩是否以牺牲生态环境为代价。切实将环境指标真正纳入官员考核机制。凡是在任期内发生重大污染事故，造成人员伤亡、财产损失，或任期内辖区环境质量大幅下降、群众对环境质量问题反映强烈的，一律不能提拔。另外责任追究要落实到实处，不能流于形式，对造成重大环境污染和社会影响的，一律实行主要领导就地免职，不允许异地做官，酌情移送司法机关追究法律责任。如果有的官员因为重大污染事故被免职或引咎辞职，但过不了多久又换个部门任职或异地任职，这样根本起不到追究的作用。

（4）建立最严格的环境资源管理制度体系

“最严格”是对当前阶段而言，体现了一个不断优化改进提升的内涵。最严格的资源环境管理内涵包括国土空间、耕地保护和水资源、能源、环境等方面的最严格管理。对当前资源环境管理目标而言，要从准入、标准、基线、基本要求、监管执行等整个管理链条均实施与管理目标定位一致的严格要求，确保管理目标可以实现。随着生态文明建设的深入推进，管理目标提高，则要求提高、标准提高、基线提高、红线加严等，则“最严格”上升到一个新的水平层次，来推进实现生态文明建设的阶段性目标。

推行最严格的环境资源管理制度，主要包括：一是推进实施城市环境总体规划。建立城市开发利用的资源消耗上线、环境质量底线、恢复和增强城市生态功能。二是“提标”和“加标”。以维护环境质量和人体健康安全为基础，提高现有污染物排放标准和环境质量标准，或者增加新的污染物排放标准和环境质量标准。三是实施最严格的污染总量管理制度。在重点污染行业全面实施主要污染物总量指标量化管理。推行总量削减替代制度，对年度主要污染物总量指标考核不通过地区暂停所有新建项目的环评审批。四是逐步实施最严格的环境质量管理制度。严格控制区域环境质量不超标，以质量确定产业布局、产业结构和产业规模。五是实施产能等量或者减量置换制度。实施区域限批、落后产能淘汰。六是各地区根据环境治理要求单位产品排放强度的末位淘汰制度。七是建立环境资源节约保护的“领跑者”制度。八是实施环境质量反降级制度。九是实施严格环境准入制度。修订高耗能、高排放、资源型行业准入条件，提高行业准入门槛。采用末端绩效逐步淘汰法，“十三五”淘汰产能过剩行业 10%~15%，“十四五”淘汰 20%~30%，是推进环境风险分级动态管理制度的有力措施。

（5）建立环境保护公众参与机制

一是增强公众环境意识，倡导全民参与环境保护。公众环境意识是衡量一个国家或地区环境保护水平的最重要标志之一。环境保护和环境可持续发展的根本动力在于环境保护的全民参与。我国当前环境保护工作的根本任务之一，就是采取措施大力提高公众的环境意识，倡导全民参与环境保护，主要包括 4 个方面：①在法律上确定公民环境权的地位并明确其具体内容，为公众参与提供法律保障。公民的环境权是指公民有在良好适宜的环境中生存的权利，如清洁水权、清洁空气权等，同时又有保护环境的义务。要发挥公众参与作用，必须扩展环境权益，赋予公众全面参与环境保护的权利。②加强和推进环境宣传教育，使广大居民增强环境意识和环境观念，养成良好的环境道德、环境习俗、环境习惯等，进而提高公众参与环保的能力和质量。③发展环境保护民间组织，从法律和政策上鼓励公众组织各种环保社团、参与环境保护。支持绿色社团、推动绿色运动，作为民间群众性组织的绿色社团，以环境利益为宗旨，亲善自然，关注未来，无论在发达国家还是在发展中国家都是推进环境改善的巨大力量。④建立公众参与环境影响评价制度。公众参与环境影响评价具有重要的意义：一方面，行动建议人评价、专家评价不可能穷尽该项目可能对环境的全部影响，公众参与可以提供给主管部门更充分的资料作为决策依据；另一方面，与开发建设最有利害关系的是当地社区居民，从公民环境权的角度出发，居民有权对开发计划提出反对或修正意见。另外，政府在改善环境中的作用往往是基于公众对环境状况的强烈不满和改善环境的强烈愿望。

二是建立完善的环境信息公开制度，保证公众知情权、监督权、参与权。定期向社会公布大气质量状况，主要饮用水水源地、重点流域、湖泊水库的水质状况。建立新闻发言人制度，定期发布全国环境质量公报、环保工作进展及动态等环境信息，面向社会公示环境违法案件、企业强制性清洁生产审核等情况；实施鼓励公众检举揭发环境违法行为的激励措施。

三是发挥社会团体的舆论监督作用。舆论监督是规范企业环境行为、提高政府执法和管理水平的有效机制。新时期环境保护战略实施，应发挥社会团体的舆论监督作用，按照“政群分开、政策引导、部门指导、依法管理”的原则，将民间环保组织作为公众参与环保工作的基础和载体，积极予以扶持。通过举行环境保护集会、演讲、报告、展览、演出、情报交流、学术研究等各种群众性活动，有效拓宽了群众环保利益诉求渠道，提升了公众的环保意识，形成公众参与环保的新局面。同时，完善新闻宣传管理机制，宣传和普及环境保护理念与知识，加强舆论引导。

四是探索政府、企业、公众定期沟通、平等对话、协商解决的机制和平台。推行环保信访听证制度，搭建听证平台，使环保行为公开、透明、公平、公正，置于群众和社会监督之下，既为当事人提供了一个质询、辩论、协商和评议的机会，又为双方寻求最佳解决方案找到了一条途径，维护了群众的合法权益。

12.4.2　完善环境保护的环境经济政策体系

（1）完善环境税收政策

环境税收政策是调节污染行为和保护环境的一种经济手段。广义的环境税收政策包括独立环境税、与环境和资源有关的税收和优惠政策、消除不利于环境的补贴政策和环境收费政策；狭义的环境税主要是指对开发、保护和使用环境资源的单位和个人，按其对环境资源的开发利用、污染、破坏程度进行征收的一种税收，即独立环境税（王金南，2008）。目前，实施环境税的国家较少，主要是一些经济合作与发展组织（OECD）国家建立的污染税和碳税，而我国尚未构建出以环境保护为目的的环境税收体系。随着我国经济的快速增长，经济增长与资源、环境间的矛盾越来越突出。当经济增长带来环境破坏的时候，可以通过一系列环境保护税收政策及相应的补偿机制来激励资源的使用者调节经济行为，减少资源耗用对外部环境的破坏，同时用筹集到的资金更好地治理和保护环境。推进环境税费政策体系建设，主要包括如下几方面。

一是积极研究开征专门以环境保护为目标的独立性环境税。以独立性环境税为核心，统筹增值税、消费税和关税等税制改革，调整和优化整体税收结构，将环境保护因素作为重要因素纳入资源税、车船税、车辆购置税、消费税制等相关税种设计中，尽量不增加企业的整体税负，形成一套完整的促进资源节约和环境保护的税制体系。

二是逐步实行排污费改税，完善排污收费和环境服务收费机制。以治污成本内部化为目标，以补偿治理成本为基准，适当提高环境服务收费和排污收费标准，促进形成有效的环境服务收费和排污收费。

三是逐步完善环保优惠政策，梳理并清理现行税收优惠政策中不利于生态文明建设的政策内容，落实完善增值税、营业税、关税、出口退税等有关环境保护优惠政策。

四是加快环保相关税收的绿色化改革，实现税制绿色转型。我国现行税制中与环境保护存在着联系的税种主要是消费税、资源税、增值税、企业所得税等，虽然与环境有关的税种资源税、消费税等税收收入占总税收的 10.7%左右，但是这些税种算不上真正意义上的环境税，因为这些税种的设置很少考虑环境因素，保护环境的作用不明显。从发达国家环境税收政策实施情况看，税收绿色化已成为一种发展趋势，提高了有利于环境的税收在整个税额中的比例。加快环保相关税收的绿色化改革，实现税制绿色转型。

（2）建立环保生态补偿机制

生态补偿是指对由人类的社会经济活动给生态系统和自然资源造成的破坏及对环境造成的污染的补偿、恢复、综合治理等一系列活动的总称（张劲松，2013）。建立生态补偿制度主要意义在于：一方面建立生态补偿制度是追求人与自然和谐发展的要求，是把生态环境建设保护提升到国家具体管理的层面上来，规范每一个社会成员、社会团体，关注我们生存的自然环境；另一方面建立生态补偿制度是我国走可持续发展道路的必然选择，有助于利用经济激励和社会宏观管理手段，促使生态环境资源的开发利用过程与一般商品再生产过程相结合，从而达到在整体上对全社会的生产活动进行宏观调节；另外，建立生态补偿制度是区域协调发展的重要保证，以生态环境建设为重点、以追求生态效益为中心、兼顾经济效益和社会效益，实现三大效益的协调统一。当前，我国人均自然资源严重不足，加之长期掠夺式的过度开发，使资源的供需矛盾十分突出，生态环境状况面临严峻形势。建立相应的生态保护政策与补偿制度，确保资源的开发利用建立在生态系统的自我恢复能力可承受范围之内，是国家实施可持续发展战略的基本要求。

建立环保生态补偿机制，一是设立国家生态补偿专项资金，推行资源型企业可持续发展准备金制度，加快制定实施生态补偿条例，逐步扩大补偿范围。二是推行针对主体功能区的生态补偿制度建设。各地区、各部门在大力实施生态保护建设工程的同时，积极探索在森林、草原、湿地、流域和水资源、矿产资源开发、海洋，以及重点生态功能区等领域生态补偿机制建设。三是建立针对主体功能区的配套财政、土地政策等政策。主体功能区建设将是一项长期的系统工程，加强中央政府的宏观调控能力是主体功能区成功建设的前提，而完善的配套政策体系则是主体功能区成功建设的保障。尽快实施与主体功能区规划相配套的相关政策，对推进生态文明建设具有十分重要的意义。四是重点加大对中西部地区、重点生态功能区、自然保护区等的转移支付力度。五是实施环境分区分类管理，针对不同的各区域环境功能定位，实施差异性政策。

（3）全面推进绿色信贷

绿色信贷常被称为可持续融资或环境融资，是环境保护部、人民银行、银监会三部门为了遏制高耗能高污染产业的盲目扩张，于 2007 年 7 月 12 日联合提出的一项全新的信贷政策。绿色信贷的本质在于正确处理金融业与可持续发展的关系，其主要表现形式为：为生态保护、生态建设和绿色产业融资，构建新的金融体系和完善金融工具。目前，我国绿色信贷只停留在政策层面，法律地位比较缺乏。因此，需要国家相关部门、专业人士和机构共同制定具体的专业标准。同时建立一个外部压力机制，分配一定的绿色信贷指标给各商业银行，从制度上要求银行必须按一定比例完成绿色信贷指标。此外，建立绿色信贷平台、银行征信管理系统，包括环评审批验收信息，提高环境准入门槛，在源头防范环境风险和金融风险。建立和完善绿色信贷激励与监督机制，为环境友好型企业或机构提供贷款扶持并实施优惠利率，对污染企业的新建项目投资和流动资金进行贷款额度限制并实施惩罚性高利率；在直接融资渠道上，研究一套针对“两高”企业的，包括资本市场初始准入限制、后续资金限制和惩罚性退市等内容的审核监管制度。

（4）重点行业和地区推开环境风险强制险

环境风险是通过环境介质传播的，能对人类社会及其生存、发展的基础环境产生破坏、损失乃至毁灭性作用等不利后果的事件的发生概率；它也可以理解为环境受危害的不确定程度，以及事故发生后给环境带来的影响。运用保险工具，以社会化、市场化途径解决环境污染损害，有利于促使企业加强环境风险管理，减少污染事故发生；有利于迅速应对污染事故，及时补偿、有效保护污染受害者权益。目前，我国已经开展的环境污染责任保险试点工作主要集中在船舶污染、化工等行业。由于缺乏国家环境污染责任保险的法律支持，各个地区环境污染责任保险试点实施方案侧重点和政策有较大区别，很多地区在实施环境污染责任保险中并未要求“强制”，仅是给出试点范围并鼓励或者要求企业投保环境保险。因此，需要加强探索在重点污染行业、高环境风险行业实行强制责任险，并在高环境风险行业和高环境风险区域、流域全面推进实施环境污染责任险。同时，环保部门联合保监会、保险公司开发合理可行的重点污染行业环境保险产品，要促进一批环境保险产品服务中介机构和环境责任仲裁机构。

（5）继续推进实施以奖促治、以奖代补、以奖促保

长期以来，由于资金长期严重不足，我国农村环境保护欠账较多，农村环境基础设施普遍薄弱，环境脏、乱、差现象十分严重。2008 年年底，国家建立了以奖促治政策，设立了中央农村环境保护专项资金，用于解决农村地区存在的突出环境问题。进一步加强农村面源污染治理，不断丰富“以奖促治”政策内涵，完善政策体系，提高项目和资金管理效率，通过“抓点、带线、促面”，确保和扩大惠民的政策效果。抓点，就是要针对存在群众反映强烈、严重危害农民群众健康的突出环境问题的村庄，大力整治，整治一个见效一个；带线，就是针对不同地区存在的某一类最突出环境问题，开展集中整治，取得成效；促面，就是要一方面针对重点流域、区域和问题突出地区开展集中连片治理；另一方面通过解决某一类最突出环境问题带动其他问题的全面解决，积极探索农村环保新道路，树立典型和样板，改善区域环境质量。全力推行以奖促治，探索建立农村环境污染治理长效机制，促进形成资源节约与环境友好的农村产业结构、生产方式和生活方式，建设农村生态文明。实行以奖促保政策，保护耕地环境质量。建立土壤环境质量调查、监测制度，构建土壤环境质量监测网，完善相关政策、法规和标准，加快形成国家土壤环境保护体系，逐步改善土壤环境质量。深化以奖促治、以奖代补，推进城乡环境公共服务均等化。

（6）继续推进“双高”产品名录

“高污染”产品是指在生产过程中污染严重、难以治理的产品；“高环境风险”产品是指在生产、运贮过程中易发生污染事故、危害环境和人体健康的产品。“双高”产品名录的制定工作始于 2006 年下半年。为控制“两高一资”（高耗能、高污染、资源性）产品出口，国务院于 2006 年 12 月底，明确要求环保总局会同有关部门制定高污染、高环境风险产品的名录，建立控制双高产品出口的政策体系。制定双高产品名录，不仅是限制“双高”产业和保护公众健康的迫切需求，也是我国履行国际环保义务的实际行动。截至 2012 年年底，我国仍在运行的产品目录中，已有 596 项产品属于“双高”产品，而这 596 项“双高”产品中，既有仍在享受出口退税的产品，也有标有环保友好工艺的产品。其中与“十二五”期间 4 项总量控制污染物关系密切、排放量较大、减排潜力也较大的“双高”产品近 20 个；包含与重金属相关的“双高”产品 150 余种；包含大量有毒有害、直接危害人体健康的产品，如含有持久性有机污染物的农药产品、含致癌芳香胺的染料、危害海洋生态的有机锡系列、防污涂料等；包含具有高环境风险特性的产品近 400 种。继续推进“双高”产品名录，不仅为出口退税、加工贸易政策制定和实施提供依据，也为绿色贸易、绿色税收等一系列环境经济政策的实施提供具体的可操作对象。

（7）建立落后产能退出机制

落后产能是指在生产工艺、技术、效率、产出规模等因素的综合作用下，其利润水平低于市场平均水平的企业生产能力。落后产能导致的资源浪费、环境破坏所产生的社会成本往往远大于其实现利益。建立落后产能的市场退出机制是转变经济发展方式、调整经济结构、提高经济增长质量和效益的重大举措。当前，我国落后产能问题比较突出

的重要原因之一是资源和环境破坏的代价不能有效得到反映，落后产能所带来的“高污染、高物耗、高能耗”的社会成本不能有效内化到企业的生产成本中。因此，应着力深化要素市场改革，积极利用财政、金融、土地等扶持政策，鼓励落后产能退出市场或转型发展；将社会成本内化到企业生产成本中，消除落后产能生存的空间，从资源、环境、能耗、物耗等角度全面建立并细化落后产能的界定标准；逐步完善以资源、环境、能耗、物耗为主要标准的淘汰落后产能的法律法规体系；探索建立新建项目与淘汰落后产能相衔接的审批机制，落实产能等量或减量置换制度，分步完善落后产能退出机制。

12.4.3 强化环境保护的法制化建设

由于我国环境污染和生态破坏已到了岌岌可危的地步，同时又面临着全球环境问题的巨大压力，为保证国民经济的持续快速健康发展，必须完善环境法治，进一步加强环境立法，加快配套的环境法规的制定进程，加重对环境违法行为的处罚，强化环境保护的法制化建设。

（1）修改现有法律，完善我国的环境立法

要完善我国的环境立法，必须在环境资源法体系化发展的思想基础上，修改和调整现有的环境与资源法律法规内容。一是修改有关环境与资源的法律，在现有法律的基础上作一些条款的补充。修订《中华人民共和国环境保护法》《中华人民共和国大气污染防治法》等，以适应保护环境与资源的需要。在新时期新战略指导下，《中华人民共和国环境保护法》应产生新理念，从单纯的防治污染和其他公害，保护和改善生活环境和生态环境，转变为以人为中心的自然-社会-经济复合系统的协调发展基础上的循环经济活动模式，即以持续的方式使用资源，提高效益节约能源，减少废物，改善传统的生产和消费模式，控制环境污染和改善环境质量，使人的发展保持在地球的承载能力之内。二是在制定宪法过程中，必须把环境保护写入章程，强化其在整个发展中的重要地位。积极推动民商法、行政法、刑法等与环境法律法规的协调统一，发挥国家法律体系对生态环境保护的司法保障作用。三是对环境资源保护工作中出现的新领域、新问题进行立法，制定生物多样性、核安全、土壤污染防控等方面的法律法规，加强大气、水、海洋、土壤等环境质量和环境风险防控标准体系建设。

（2）加强环境保护的刑事立法，确保罪责刑相一致

从激励角度讲，制止环境违法只有两个手段：一是提高惩罚的概率；二是加大惩罚力度。根据《刑事诉讼法》规定，目前环保机关只能向公安机关、司法机关举报污染环境的犯罪行为，不享有起诉意见权。因此，应赋予公民对各种环境犯罪行为享有起诉权，这有利于加强对环境犯罪的惩治。同时，将环境污染和破坏问题在刑法中加以规定，使之犯罪化、刑罚化，严格追究环境污染者和生态破坏者的责任。强化执法，加大行政处罚、民事赔偿和刑事处罚力度。严格执法，环保部门被赋予对违法排污企业的现场查封权、财产扣押权、违法所得罚没权等强制处罚手段。

从目前环境保护法律实施的情况看，一些环境保护法律的权威还没有真正树立起来，存在有法不依、执法不严、违法不究的现象。我国刑法从第 338 条到第 436 条共有 15 个关于破坏环境资源方面的犯罪，其刑事责任的规定一般都是“三年以下有期徒刑或

者拘役，并处或者单处罚金；后果特别严重的，处三年以上七年以下有期徒刑并处罚金”，只有个别特别严重的犯罪才判处十年以上有期徒刑。从造成的损失及其社会危害性来看，相对于其他犯罪而言，处刑明显偏轻。另外，所有的关于破坏环境资源的犯罪，均未设置没收财产刑，因此，对破坏环境资源保护罪中的严重犯罪，应增设没收财产刑和加大罚金数额，用于被破坏的环境资源的补偿或修复（徐立，2010）。

（3）推进环境管理体制改革，提高环境执法监督水平

推进环境保护管理体制改革，仿效司法独立改革，增强环境保护执法的独立性。环境保护执法的独立性可以使环境执法摆脱地方保护主义的干扰，从而真正实现环境保护执法的正当性和实效性。国家环保机构在业务上是独立的，环保工作不受政府干预，以排除各方面对环保工作的干扰。

加强执法监督，切实提高执法监督水平。加强执法，提高执法能力是解决环境问题的关键；强化监督，提高监督水平是解决环境问题的保证。在环境保护的监督上应该加强行政立法，赋予环保监督部门独立的监察权，使之对环境违法行为的查处可以不受地方的约束，进而做到执法监督上的公平正义。同时，建立区域联合执法制度，完善跨行政区域执法合作机制和部门联动执法机制，探索环境公益诉讼、环境案陪审团、法律援助、环境法庭等新举措，提高环境法治水平；建立“权责明确、行为规范、监督有力、运转高效”的资源环境执法监督机构，建设一支数量与任务匹配的资源环境执法监督队伍。

12.4.4　加大环境保护领域的投入

目前，我国在整个国民经济预算中环境保护投入是非常低的，没有足够的资金、技术和人员投入环境保护中。加大环境保护的投入刻不容缓，这一部分投入不仅是在环境保护部门，切实提高环境保护部门的各方面需要，也可以投入到新的环保经济发展中，以促进环境保护经济的发展，带动全社会的环境保护事业。

（1）建立完善的环保财政预算制度

财政预算体制是国家政治体制的一个重要方面，是政府正常运转的重要保障，其核心是财政预算权力在国家立法机关与国家行政机关之间的横向划分与制衡，以及财政预算收支范围与预算管理权限在各级政府之间的划分。近年来，随着对环境保护工作的重视程度不断提升，国家对环境保护投资也逐年攀升。然而，尽管我国环保投资总额呈现增长，但是在 GDP 中比例仍较低。“十一五”期间，国家环保投资总额为 21 623.1 亿元，仅占全国 GDP 的 1.4%，占全社会固定资产投资的 2.3%。国家预算内环保投资占污染治理项目投资总额的比例也不断降低，而其他资金来源占比高达 90%以上。随着我国公共财政制度的改革，国家预算内环保投资应随财政收入的增加而相应扩大，将环境保护作为支出的一大类单列，并下设环境监测、污染治理、环境规划、环境标准、环境信息、环境科学、行政管理及各类资源保护等子项目。同时，继续将生态建设与环境保护作为国债资金和中央预算内投资重点，加大对国家确定的重点生态项目和污染治理项目的资金投入。此外，积极做好年度环保预算资金安排，通过预算指标提前告知的方式，督促各部门早日确定年度环保支持重点，加快资金分解计划，确保预算资金及时下达。

（2）建立长效、稳定的环保投入机制

要建立政府环保投资增长机制，通过立法形式确定一定时期内政府环保投资占GDP的比例或占财政支出的比例，并且明确规定环保投资增长速度要略高于国民经济增长率。与此同时，在我国财力有限、财政支出刚性较强的情况下，要大幅提高环保的财政投入尚面临许多困难，因此，有必要寻求其他的资金筹措渠道，建立环境保护专项基金，完善环境保护资金来源结构。在很长一段时间里，我国环保投入隶属于基本建设支出、科技三项费用专项支出等科目之下，并未形成独立科目。自 2007 年 1 月 1 日《政府收支分类改革方案》及《2007 年政府收支分类科目》全面实施后，在 17 个政府支出功能分类科目中，“211 环境保护”支出科目第一次以类级科目的形式出现，分设 10 个大款项 50 个小项，主要支持方面包括推动节能减排、推进环境污染治理等重大工程等。要做实这一科目，应高度重视环境保护工作，建立环境保护支出与经济发展、财政收入双向响应机制，稳步提升环境保护科目支出额度，逐步提高环境保护支出占财政支出比例，确保环境保护投入增速高于经济发展速度。

（3）建立政府、社会、市场多样化投融资机制

单纯的政府与市场二元化方式已经不能满足我国现阶段环境保护的需要，必须拓展思路，进行制度创新，将政府管理与市场机制有机结合起来，建立与完善政府、企业、个人相结合的环境与发展投融资体制。单单从环境污染治理投资来看，目前我国环境污染治理投资的资金来源，按照投资渠道，可以分为基建防治污染投资、老企业更新改造污染治理资金、城市环境基础设施建设中部分资金、排污收费用于污染治理的财政补助等；按照来源主体，可以划分为国家预算内资金、环保专项资金和其他资金，其中，其他资金还包括企业自筹资金、国内贷款和国外资金等。积极引进外资，多层次、多渠道、多途径、多种经济成分共同筹措资金，提高环保投资效率。

12.4.5 创新环境保护的科学支撑体系

（1）建立“大科研”的环境科技工作体制

树立“科学技术是环保工作的第一生产力”的理念，将实施“科教兴国”战略与落实可持续发展战略紧密结合，认真落实环保优先和科教优先方针，不断提高环境保护工作科技含量。一是对《国家中长期科学和技术发展规划纲要（2006—2020 年）》进行修调，在低碳技术、绿色经济、生态恢复和环境治理技术等重要领域瞄准核心问题，加强科技战略布局；适时启动相关的战略性先导科技专项。二是强制实行绿色技术标准，制定并强制性执行各类绿色、低碳、节能、减排、环保技术标准和标识制度。三是实施最严格的知识产权保护技术。四是发挥市场配置科技技术基础性作用。五是实施科技绿色化转型，以科技创新提升经济发展的质量、效益、竞争力，实施以清洁、智能、低碳、高效益为特征的新科技革命。六是实施污染控制与治理重大专项。组织开展节能环保产业的基础性研究和科技攻关，在共性技术、关键技术和核心技术上，推广技术使用，重大技术装备示范。

（2）加大先进科技的推广力度

积极依托高等院校、科研院所，建立环保专业人才培养机制和以市场为导向的环保

技术推广转让机制，促进环保科研成果的转化，鼓励环保科技人员创业。一是依靠科技进步来实现清洁生产，加大投入和服务，推进节能环保、新能源、新材料、生物医药、信息技术等符合生态文明的战略性新兴产业发展。二是技术创新、应用推广衔接，产学研合作机制，促进可再生能源的规模化应用，绿色产业的发展。三是采用绿色生产技术来改进工艺流程，改造提升化工、能源、铝加工、钢铁等高耗能高污染的企业技术。四是抓好以融资、建设、运营、监理、咨询、信息、培训等为主要内容的环境服务体系建设，为经济和社会可持续发展提供多层次、多渠道、多功能、全方位的环境服务。

（3）推动环保科技自主创新体系建设

国家要对敢于投入研发、提升产品质量、进行技术升级的企业行为给予引导和鼓励，在政策、资金、人才等方面给予支持。政府环保科技投入重点向企业倾斜，促进高等院校、科研院所同企业结盟，使企业成为环保研发投入、成果应用和自主创新的主体。同时，需要多维创新齐头并进，通过原始创新、引进吸收再创新、集成创新来发展各类绿色技术，包括：①大力发展战略性、基础性和先导性技术；②农业技术、工业技术、建筑技术、节水技术；③主要耗能行业的节能关键技术，先进煤电、核电等重大装备制造核心技术，清洁技术，低碳技术，节能降耗技术；④污染防治关键技术，防治灰霾、光化学烟雾、有毒有害物质，以及水污染、土壤治理的共性技术和关键技术；⑤建立生态退化区植被快速重建与生态修复关键技术体系；⑥资源集约化利用、循环经济技术体系。

参考文献

白雪涛, 曹兆进. 2008. 健康中国所面临的主要环境卫生问题. 河北省环境科学学会环境与健康论坛暨2008年学术年会

蔡春林, 覃文庆, 邱冠周. 2010. 水污染对人体健康危害. 环境污染与大众健康学术会议

程明亮. 2009. 环境毒物砷污染与肝病. 第三届世界中医药学会联合会肝病专业委员会学术会议

崔达. 2008. 全球环境问题与当代国际政治. 苏州: 苏州大学博士学位论文

国家环境保护总局政策法规司. 1999. 中国缔结和签署的国际环境条约集. 北京: 学苑出版社

韩秀霞, 陆如山. 2006. WHO 警告全球近 1/4 的疾病因环境暴露所致. 国外医学情报, (9): 4-5

郝吉明, 尹伟征, 岑可法. 2016. 中国大气 $PM_{2.5}$ 污染防治策略与技术过程. 北京: 科学出版社

侯艳丽, 杨富强. 2011. 气候变化谈判与行动. Energy of China, 8(8): 8-13

环境保护部. 2001—2012. 中国环境质量公报

黄磊, 李巧萍, 徐影, 等. 2007. 气候变暖时不我待——解读《中国应对气候变化国家方案》. 中国减灾, 7(7): 12-13

黄淼. 2008. “相互帮助, 协力推进”——中国积极参与国际环境合作. 环境保护, 5(5): 68-71

蒋洪强, 张静, 王金南. 2012. 中国快速城镇化的边际环境污染效应变化实证分析. 生态环境学报, 21(2):293-297

李健. 2009. 环保行政主管部门职能研究. 法制与社会, 11(中):200

李绪鄂. 1991. 全球环境问题和我国的原则立场. 中国人口·资源与环境, 2(2): 29-32

刘红敏, 连之伟. 2002. 室内环境污染与健康. 建筑热能通风空调, 6(6): 47-49

吕建华. 2007. 生态环境问题:国际政治经济新焦点. 新远见, 9(9): 30-42

秦大河, 丁一汇, 苏纪兰, 等. 2005. 中国气候与环境演变评估(I): 中国气候与环境变化及未来趋势. 气候变化研究进展, 1(1): 4-9

世界银行. 1997. 碧水蓝天:2020年的中国. 北京: 中国财政经济出版社

苏杨, 段小丽. 2010. 中国环境与健康工作的现状、问题与对策. 环境与健康: 跨学科视角: 72-98

孙鸿烈, 葛全胜, 张雪芹. 2007. 全球环境管理理念对中国的启示. 自然科学进展, 16(12): 1536-1542

孙凯. 2006. 演进中的全球环境治理体系. 中国海洋大学学报: 社会科学版, 4(4): 35-39

陶庄, 杨功焕. 2010. 环境因子对人群健康影响的测量与评估方法. 环境与健康杂志, 4(4): 342-346

涂瑞和. 2007. 在全球化和区域化快速发展背景下看我国的环境问题. 环境保护, 18(18): 25-30

王华, 尚宏博, 安祺, 等. 2012. 关于改善中国参与全球环境治理的战略思路. 环境与可持续发展, 6(6): 9-13

王金南. 2008. 建立环境经济政策体系推动又好又快发展(上). 中国环境报, 2: 1-5

王金南, 马国霞, 曹东, 等. 2012a. 中国环境经济核算研究报告 2010. 重要环节信息参考(环境保护部环境规划院内刊)

王金南, 於方, 曹东, 等. 2012b. 实施空气质量 PM_{10} 新标准的人体健康效益分析. 重要环境信息参考(环境保护部环境规划院内刊)

王蕾. 2010. 臭氧层保护国际法律制度研究——兼论我国对相关国际义务的履行. 青岛: 中国海洋大学硕士学位论文

王五一, 杨林毛, 李海蓉. 2007. 我国的环境变化与健康风险. 科学对社会的影响, (4): 22-28

吴昊, 麻宝斌. 2011. 中国参与全球环境治理: 背景、现状与对策. 长春工业大学学报: 社会科学版, (5): 8-11

夏光. 2012. 生态文明建设的制度创新. 环境保护, (23):19-22

徐立. 2010. 环境资源应加强刑法保护. 新华文摘, (21):158

杨青. 2007. 全球环境问题与国际环境合作. 新远见, 5: 66-76

杨员, 张新民, 徐立荣, 等. 2015. 美国大气挥发性有机物控制过程及对中国的启示. 环境科学与管理,

(1): 1-4
于贵瑞, 牛栋, 王秋凤. 2001. 联合国气候变化框架公约. 资源科学, (23): 10-16
张劲松. 2013. 生态文明十大制度建设论. 行政论坛, (2): 5-12
张军红, 刘稚亚. 2013. 发展经济要腾出空间来治理环境. 经济, 8(8): 10-12
张丽荣, 成文娟, 薛达元. 2009. 《生物多样性公约》国际履约的进展与趋势. 生态学报, 29(10): 5636-5643
中国林业科学研究院. 2010. 国际气候变化谈判最新进展. http://www.ccchina.gov.cn/Detail. aspx?newsId= 28618&TId=62[2010-2-8]
钟堃, 刘玲, 张金良. 2010. 北京市寒潮天气对居民心脑血管疾病死亡影响的病例交叉研究. 环境与健康杂志, 27(2): 100-105
Mestl H E S, Aunan K, Seip H M, *et al*. 2007. Health benefits from reducing indoor air pollution from household solid fuel use in China—three abatement scenarios. Environment International, 33(6): 831-840
Pan G, Zhang S, Feng Y, *et al*. 2010. Air pollution and children's respiratory symptoms in six cities of Northern China. Respiratory Medicine, 104(12): 1903-1911
Peters G P, Andrew R M, Boden T, *et al*. 2013. The challenge to keep global warming below 2°C. Nature Climate Change, 3(1): 4-6
Smith J Z K. 2005. Indoor air pollution from household fuel combustion in China: a review. The 10th International Conference on Indoor Air Quality and Climate. http://ehs. sph. berkeley. edu/krsmith/page. asp?id=1[2015-12-3]
Smith R K. 2010. 环境健康的比较评估: 中国应用状况概要. 见: 王五一, 等. 环境与健康: 跨学科视角. 北京: 社会科学文献出版社: 40-52
Unicef WHO. 2006. Meeting the MDG drinking water and sanitation target. The urban and rural challenge of the decade. Geneva Switzerland WHO
WHO. 1992. 维多利亚宣言. Interntional heart health Conference Victoria, Canada, May 28th, 1992
WHO. 2006. Facts and figures:water sanitation and hygiene links to health. http://www. who. int/water_sanitation_health/ factsfigures 2005. pdf[2015-11-26]
WHO UNEP. 2008. Health environment: managing the linkages for sustentainable development:a toolkit for decision-makers. Geneva:WHO:16-24
Wu S, Deng F, Huang J. 2013. Blood pressure changes and chemical constituents of particulate air pollution: results from the healthy volunteer natural relocation(HVNR)study. Environ Health Perspect, 121(1): 66-72
Wu S, Deng F R, Niu J. 2011. Exposures to $PM_{2.5}$ components and heart rate variability in taxi drivers around the Beijing 2008 Olympic Games. Science of the Total Environment, 409(13): 2478-2485
Zareba W, Nomura A, Couderc J P. 2001. Cardiovascular Effects of Air Pollution: What to Measure in ECG? Environmental Health Perspectives, 109(suppl 4): 533-538
Zhang J M, Mauzerall D L, Zhu T, *et al*. 2010. Environmental health in China: progress towards clean air and safe water. Lancet, 375(9720): 1110-1119